全国地层多重划分对比研究

（63）

青海省岩石地层

主　编：孙崇仁
副主编：陈国隆　李璋荣
编　者：孙崇仁　喇继德　李璋荣　刘广才
陈国隆　冀六祥　孙进保　王冬青

中国地质大学出版社

内 容 简 介

本书在1∶100万和大量1∶20万及部分1∶5万区域地质调查资料的基础上，利用和参考普查勘探、科研等成果，应用现代地层学的新理论和新方法，以地层多重划分的观点，重点论述省内近200个岩石地层单位的创名、沿革、定义、层型、地质特征及区域变化，对生物地层、年代地层亦做好较详尽的讨论，并进行了地层区划四级划分，首次建立了青海省级地层数据库。附有青海省采用的岩石地层单位和不采用的地层名称等附录。

本书可供区域地质调查、矿产勘查、地质教学及科学研究等方面参考利用。

图书在版编目(CIP)数据

青海省岩石地层/孙崇仁主编．—武汉：中国地质大学出版社，1997.2(2012.7重印)
(全国地层多重划分对比研究；63)
ISBN 978-7-5625-1191-5

Ⅰ．青…
Ⅱ．孙…
Ⅲ．地层学—青海省
Ⅳ．P535.244

中国版本图书馆CIP数据核字(2008)第062438号

青海省岩石地层 孙崇仁 主 编

责任编辑：宋长起 责任校对：熊华珍

出版发行：中国地质大学出版社(武汉市洪山区鲁磨路388号) 邮编：430074
电话：(027)67883511 传真：67883580 **E-mail**：cbb @ cug. edu. cn
经 销：全国新华书店 **http**：//www. cugp. cn

开本：787毫米×1092毫米 1/16 字数：560千字 印张：21.875 插页1
版次：1997年2月第1版 印次：2012年7月第3次印刷
印刷：武汉教文印刷厂 印数：1001—1500册

ISBN 978-7-5625-1191-5 定价：77.00元

序

100 多年来，地层学始终是地质学的重要基础学科的支柱，甚至还可以说是基础中的基础，它为近代地质学的建立和发展发挥了十分重要的作用。随着板块构造学说的提出和发展，地质科学正经历着一场深刻的变革，古老的地层学和其他分支学科一样还面临着满足社会不断进步与发展的物质需要和解决人类的重大环境问题等双重任务的挑战。为了迎接这一挑战，依靠现代科技进步及各学科之间相互渗透，地层学的研究范围将不断扩大，研究途径更为宽广，研究方法日趋多样化，并萌发出许多新的思路和学术思想，产生出许多分支学科，如生态地层学、磁性地层学、地震地层学、化学地层学、定量地层学、事件地层学、气候地层学、构造地层学和月球地层学等等，它们的综合又导致了“综合地层学”和“全球地层学”概念的提出。所有这一切，标志着地层学研究向高度综合化方向发展。

我国的地层学和与其密切相关的古生物学早在本世纪前期的创立阶段，就涌现出一批杰出的地层古生物学家和先驱，他们的研究成果奠定了我国地层学的基础。但是大规模的进展，还是从 1949 年以后，尤其是随着全国中小比例尺区域地质调查的有计划开展，以及若干重大科学计划的执行而发展起来的。正像我国著名的地质学家尹赞勋先生在第一届全国地层会议上所讲：“区域地质调查成果的最大受益者就是地层古生物学。”1959 年召开的中国第一届全国地层会议，总结了建国十年来所获的新资料，制定了中国第一份地层规范（草案），标志着我国地层学和地层工作进入了一个新的阶段。过了 20 年，地层学在国内的发展经历了几乎十年停滞以后，于 1979 年召开了中国第二届全国地层会议，会议在某种程度上吸收学习了国际地层学研究的新成果，还讨论制定了《中国地层指南及中国地层指南说明书》，为推动地层学在中国的发展，缩小同国际地层学研究水平的差距奠定了良好基础。这次会议以后所进行的一系列工作，包括应用地层单位的多重性概念所进行的地层划分对比研究、区域地层格架及地层模型的研究，现代地层学与沉积学相结合所进行的盆地分析以及1∶5万区域地质填图方法的改进与完善等，都成为我国地层学进一步发展的强大推动力。为此，地质矿产部组织了一项“全国地层多重划分对比研究（清理）”的系统工程，在 30 个省、直辖市、自治区（含台湾省，不含上海市）范围内，自下而上由省（市、区）、大区和全国设立三个层次的课题，在现代地层学和沉积学理论指导下，对以往所建立的地层单位进行研究（清理），追溯地层单位创名的沿革，重新厘定单位含义、层型类型与特征、区域延伸与对比，消除同物异名，查清同名异物，在大范围内建立若干断代岩石地层单位的时空格架、编制符合现代地层学含义的新一代区域地层序列表，并与地层多重划分对比研究工作同步开展了省（市、区）和全国两级地层数据库的研建，对巩固地层多重划分对比研究（清理）成果，为地层学的科学化、系统化和现代化发展打下了良好基础。这项研究工作在部、省（市、区）各级领导的支持关怀下，全体研究人员经过5年的艰苦努力已圆满地完成了任务，高兴地看到许多成果已陆续要出版了。这项工作涉及的范围之广、参加的单位及人员之多、文件的时间跨度之长，以及现代科学理论与计算机技术的应用等各方面，都可以说是在我国地层学工作不断发展中具有里程碑意义的。这项研究中不同层次成果的出版问世，不仅对区域地质调查、地质图件的编测、区域矿产普查与勘查、地质科研和教学等方面都具有现实的指导作用和实用价值，而且对我国地层学的发展和科学化、系统化将起到积极的促进作用。

首次组织实施这样一项规模空前的全国性的研究工作，尽管全体参与人员付出了极大的辛勤劳动，全国项目办和各大区办进行了大量卓有成效和细致的组织协调工作，取得了巨大的成绩，但由于种种原因，难免会有疏漏甚至失误之处。即使这样，该系列研究是认识地层学真理长河中的一个相对真理的阶段，其成果仍不失其宝贵的科学意义和巨大的实用价值。我相信经过广大地质工作者的使用与检验，在修订再版时，其内容将会更加完美。在此祝贺这一系列地层研究成果的公开出版，它必将发挥出巨大社会经济效益，为地质科学的发展做出新的贡献。

程裕淇

前　　言

地层学在地质科学中是一门奠基性的基础学科，是基础地质的基础。自从19世纪初由W 史密斯奠定的基本原理和方法以来的一个半世纪中，地层学是地质科学中最活跃的一个分支学科，对现代地质学的建立和发展产生了深刻的影响，作出了不可磨灭的贡献，特别是在20世纪60年代由于板块构造学说兴起引发的一场“地学革命”，其表现更为显著。随着板块构造学的确立，沉积学和古生态学的发展，地球历史和生物演化中的灾变论思想的复兴和地质事件概念的建立，使地层学的分支学科，如时间地层学、生态地层学、地震地层学、同位素地层学、气候地层学、磁性地层学、定量地层学和构造地层学等像雨后春笋般地蓬勃发展，这种情况必然对地层学、生物地层和沉积地层等的传统理论认识和方法提出了严峻的挑战。经过20年的论战，充分体现当代国际地质科学先进思想的《国际地层指南》(英文版）于1976年见诸于世，之后在不到20年的时间里又于1979、1987、1993年连续三次进行了修改补充，陆续补充了《磁性地层极性单位》、《不整合界限地层单位》，以及把岩浆岩与变质岩等作为广义地层学范畴纳入地层指南而又补充编写了《火成岩和变质岩岩体的地层划分与命名》等内容。

国际地层学上述重大变革，对我国地学界产生了强烈冲击，十年动乱形成的政治禁锢被打开，迎来了科学的春天，先进的科学思潮像潮水般涌来，于是在1980年第二届全国地层工作会议上通过并公开出版了《中国地层指南及中国地层指南说明书》，阐述了地层多重划分概念。于1983年按地层多重划分概念和岩石地层单位填图在安徽区调队进行了首次试点。1985年《贵州省区域地质志》中地层部分吸取了地层多重划分概念进行撰写。1986年地质矿产部设立了“七五”重点科技攻关项目——“1∶5万区调中填图方法研究项目”，把以岩石地层单位填图，多重地层划分对比，识别基本地层层序等现代地层学和现代沉积学相结合的内容列为沉积岩区区调填图方法研究课题，从此拉开了新一轮1∶5万区调填图的序幕，由试点的贵州、安徽和陕西三省逐步推向全国。

1∶5万区调填图方法研究试点中遇到的最大问题是如何按照现代地层学的理论和方法来对待与处理按传统理论和方法所建立的地层单位？如果维持长期沿用的按传统理论建立的地层单位，虽然很省事，但是又如何体现现代地层学和现代沉积学相结合的理论与方法呢？这样就谈不上紧跟世界潮流，迎接这一场由板块构造学说兴起所带来的“地学革命”。如果要坚持这一技术领域的革命性变革，就要下决心花费很大力气克服人力、财力和技术性等方面的重重困难，对长期沿用的不规范化的地层单位进行彻底的清理。经过反复研究比较，我们认识到科学技术的变革也和社会经济改革的潮流一样是不可逆转的，只有坚持改革才能前进，不进则退，否则就将被历史所淘汰，别无选择。在这一关键时刻，地质矿产部和原地矿部直管局领导作出了正确决策，从1991年开始，从地勘经费中设立一项重大基础地质研究项目——全国地层多重划分对比研究项目，简称全国地层清理项目，开始了一场地层学改革的系统工程，在全国范围内由下而上地按照现代地层学的理论和方法对原有的地层单位重新明确其定义、划分对比标准、延伸范围及各类地层单位的相互关系，与此同时研建全国地层数据库，巩固地层清理成果，推动我国地层学研究和地层单位管理的规范化和现代化，指导当前和今后一个时期1∶5万、1∶25万等区调填图等，提高我国地层学研究水平。1991年地质矿产部原直管局将地层清理作为部指令性任务以地直发(1991)005号文和1992年以地直发(1992)014号文下发了《地矿部全国地层多重划分对比（清理）研究项目第一次工作会议纪要》，明确了各省（市、自治区）地质矿产局（厅）清理研究任务，并于1993年2月补办了专项地勘科技项目合同（编号直科专92-1)，并明确这一任务分别设立部、大区和省（市、自治区）三级领导小组，实行三级管理。

部级成立全国项目领导小组

组长	李廷栋	地质矿产部副总工程师
副组长	叶天竺	地质矿产部原直管局副局长
	赵　逊	中国地质科学院副院长

成立全国地层清理项目办公室，受领导小组委托对全国地层清理工作进行技术业务指导和协调以及经常性业务组织管理工作，并设立在中国地质科学院区域地质调查处（简称区调处）。

项目办公室主任	陈克强	区调处处长，教授级高级工程师
副主任	高振家	区调处总工，教授级高级工程师
	简人初	区调处高级工程师
专家	张守信	中国科学院地质研究所研究员
	魏家庸	贵州省地质矿产局区调院教授级高级工程师
成员	姜　义	区调处工程师
	李　忠	会计师
	周统顺	中国地质科学院地质研究所研究员

大区一级成立大区领导小组，由大区内各省（市、自治区）局级领导成员和地科院沈阳、天津、西安、宜昌、成都、南京六个地质矿产研究所各推荐一名专家组成。领导小组对本大区地层清理工作进行组织、指导、协调、仲裁并承担研究的职责。下设大区办公室，负责大区地层清理的技术业务指导和经常性业务技术管理工作。在全国项目办直接领导下，成立全国地层数据库研建小组，由福建区调队和部区调处承担，负责全国和省（市、自治区）二级地层数据库软件开发研制。

各省（市、自治区）成立省级领导小组，以省（市、自治区）局总工或副总工为组长，有区调主管及有关处室负责人组成，在专业区调队（所、院）等单位成立地层清理小组，具体负责地层清理工作，同时成立省级地层数据库录入小组，按照全国地层数据库研建小组研制的软件及时将本省清理的成果进行数据录入，并检验软件运行情况，及时反馈意见，不断改进和优化软件。在全国地层清理的三个级次的项目中，省级项目是基础，因此要求各省（市、自治区）地层清理工作必须实行室内清理与野外核查相结合，清理工作与区调填图相结合，清理与研究相结合，地层清理与地层数据库建立相结合，“生产”单位与科研教学单位相结合，并强调地层清理人员要用现代地层学和现代沉积学的理论武装起来，彻底打破传统观点，统一标准内容，严格要求，高标准地完成这一历史使命。实践的结果，凡是按上述五个相结合去做的效果都比较好，不仅出了好成果，而且通过地层清理培养锻炼了一支科学技术队伍，从总体上把我国区调水平提高到一个新台阶。

三年多以来，参加全国地层清理工作的人员总数达400多人，总计查阅文献约24 000份，野外核查剖面约16 472.6 km，新测剖面70余条约300 km，清理原有地层单位有12 880个，通过清查保留的地层单位约4721个（还有省与省之间重复的），占总数36.6%，建议停止使用或废弃的单位有8159个（为同物异名或非岩石地层单位等），占总数63.4%，清查中通过实测剖面新建地层单位134个。与此同时研制了地层单位的查询、检索、命名和研究对比功能的数据库，通过各省（市、自治区）数据录入小组将12 880个地层单位（每个单位5张数据卡片）和10 000多条各类层型剖面全部录入，首次建立起全国30个（不含上海市）省（市、自治区）基础地层数据库，为全国地层数据库全面建成奠定了坚实的基础。从1994年7月—11月，分七个片对30个省（市、自治区）地层清理成果报告及数据库的数据录入进行了评审验收，到1994年底可以说基本上完成了省一级地层清理任务。1995—1996年将全面完成大区和总项目的清理研究任务。由此可见，这次全国地层清理工作无论是参加人数之多，涉及面之广，新方法新技术的应用以及理论指导的高度和研究的深度都可以堪称中国地层学研究的第三个里程碑。这一系统工程所完成的成果，不仅是这次直接参加清理的400多人的成果，而且亦应该归功于全国地层工作者、区域地质调查者、地层学科研与教学人员以及为地层工作做过贡献的普查勘探人员。全国地层清理成果的公开出版，必将对提高我国地层学研究水平，统一岩石地层划分和命名指导区调填图，加强地层单位的管理以及地质勘察和科研教学等方面发挥重要的作用。

鉴于本次地层清理工作和地层数据库的研建是过去从未进行过的一项研究性很强的系统工程，涉及的范围很广，时间跨度长达100多年，参加该项工作的人员多达300～400人，由于时间短，经费有限，人员水平不一，文献资料掌握程度等种种主客观原因，尽管所有人员都尽了最大努力，但是在本书中少数地层单位的名称、出处、命名人和命名时间等不可避免地存在一些问题。本书中地层单位名称出现的“岩群”、“岩组”等名词，是根据1990年公开出版的程裕淇主编的《中国地质图（1：500万）及说明书》所阐述的定义。为了考虑不同观点的读者使用，本书对有“岩群”、“岩组”的地层单位，均暂以（岩）群、（岩）组处理。如鞍山（岩）群、迁西（岩）群。总之，本书中存在的错漏及不足之处，衷心地欢迎广大读者提出宝贵意见，以便今后不断改正和补充。

在30个省（市、自治区）地层清理系统成果即将公开出版之际，我代表全国地层清理项目办公室向参加30个省（市、自治区）地层清理、数据库研建和数据录入的同志所付出的辛勤劳动表示衷心的感谢和亲切的慰问。在全国地层清理项目立项过程中，原直管局王新华、黄崇轲副局长给予了大力支持，原直管局局长兼财务司司长现地矿部副部长陈洲其在项目论证会上作了立项论证报告，在人、财、物方面给予过很大支持；全国地层委员会副主任程裕淇院士一直对地层清理工作给予极大的关心和支持，并在立项论证会上作了重要讲话；中国地质大学教授、全国地层委员会地层分类命名小组组长王鸿祯院士是本项目的顾问，在地层清理的指导思想、方法步骤及许多重大技术问题上给予了具体的指导和帮助；中国地质大学教授杨遵仪院士对这项工作热情关心并给以指导；中国地质科学院院长、部总工程师陈毓川研究员参加了第三次全国地层清理工作会议并作了重要指示与鼓励性讲话；部科技司姜作勤高工，计算中心邬宽廉、陈传霖，信息院赵精满，地科院刘心铸等专家对地层数据库设计进行评审，为研建地层数据库提出许多有意义的建议。中国科学院地质研究所，南京古生物研究所，中国地质科学院地质研究所，天津、沈阳、南京、宜昌、成都和西安地质矿产研究所，南京大学，西北大学，中国地质大学，长春地质学院，西安地质学院等单位的知名专家、教授和学者，各省（市、自治区）地矿局领导、总工程师、区调主管、质量检查员和区调队、地研所、综合大队等单位的区域地质学家共600余人次参加了各省（市、自治区）地层清理研究成果和六个大区区域地层成果报告的评审和鉴定验收，给予了友善的帮助；各省（市、自治区）地矿局（厅）、区调队（所、院）等各级领导给予地层清理工作在人、财、物方面的大力支持。可以肯定，没有以上各有关单位和部门的领导和众多的专家教授对地层清理工作多方面的关心和支持，这项工作是难以完成的。在30个省（市、自治区）地层清理成果评审过程中一直到成果出版之前，中国地质大学出版社，特别是以褚松和副社长和刘粤湘编辑为组长的全国地层多重划分对比研究报告编辑出版组为本套书编辑出版付出了极大的辛苦劳动，使这一套系统成果能够如此快地、规范化地出版了！在全国项目办设在区调处的几年中，除了参加项目办的成员外，区调处的陈兆棉、其和日格、田玉莹、魏书章、刘凤仁多次承担地层清理会议的会务工作，赵洪伟和于庆文同志除了承担会议事务还为会议打印文稿，于庆文同志还协助绘制地层区划图及文稿复印等工作。

在此，向上面提到的单位和所有同志一并表示我们最诚挚的谢意，并希望继续得到他们的关心和支持。

全国地层清理项目办公室（陈克强执笔）

1995年8月15日

目　录

第一章 绪论

一

青海省位于我国西部腹地，地广人稀，东南邻四川省，北、东依甘肃省，南与西藏自治区接壤，西与新疆维吾尔自治区毗邻，介于东经89°35′—103°04′，北纬31°39′—39°19′之间，东西长约1 200 km，南北宽约800 km，面积约为720 000 km^2。

青海省地处青藏高原北部，连同西藏素有“世界屋脊”之称。平均海拔在3 000 m以上。全省最高点布喀达坂峰位于青海西部、新疆边界，海拔6 860 m；最低点位于甘肃、青海交界的下川口湟水谷地，海拔1 650 m，两者高差达5 200 m。地貌上具有南北三分的特色：北部为高海拔的祁连山地，中部为中海拔的柴达木盆地及西秦岭山地，南部为高海拔的可可西里—巴颜喀拉山、唐古拉山山地，是“世界屋脊”的重要组成部分，也是长江、黄河的源头地。

省内共有7条一、二级山脉，13条三级山脉和数百条四级山脉。

祁连山脉位于本省东北部，由一系列北西西-南东东向的三、四级山脉组成。西段地势高峻，一般海拔在4 000 m以上，主峰岗则结吾雪山海拔为5 826.8 m。祁连山脉西段自北而南由走廊南山、托莱山、托莱南山、疏勒南山和青海南山等三、四级山脉组成，具有北川南山，谷岭相间的格局；东段地势相对较低，自北而南由冷龙岭、达坂山和拉鸡山等三级山脉及其间的大通河谷地、湟水谷地、西宁盆地等组成。祁连山西延至当金山口即与阿尔金山相连。

阿尔金山呈北东东方向横卧于甘肃、青海、新疆边界，主体属新疆所辖。省内仅有其中的两条四级山脉——阿哈提山和安南坝山。阿哈提山主峰海拔4 758 m，安南坝山主峰海拔5 798 m，其余多在3 500～4 000 m之间。两山北坡直下塔里木盆地，坡陡谷深，南坡面迎柴达木盆地，脉舒势缓。

柴达木盆地是位居我国第三的大型内陆盆地，东西长约850 km，南北宽约300 km，面积达255 000 km^2。盆地中心为盐湖沉积平原和湖积、冲积平原，海拔一般为2 700 m左右；边缘海拔一般为3 000～3 200 m，西部可达3 500 m，为倾斜洪积冲积平原。盆地东北缘为一系列四级荒漠残山环绕，自西而东有赛什腾山、绿梁山、锡铁山、全吉山、欧龙布鲁克山、阿木尼克山、牦牛山、布赫特山、阿尔茨托山等，构成一条若断若续的反S型山链，西南缘为昆仑山。

昆仑山及其以南的广大地区，省内习称“青南高原”，已属青藏高原的腹地，与川西高原和藏北高原连为一体。青南高原汇集了5条一、二级山脉：北带为昆仑山、阿尼玛卿山；中带为可可西里山和巴颜喀拉山；南带为唐古拉山。高原内有5 800～6 000 m的高山30余座，6 000～6 860 m的高山10余座，其中包括阿尼玛卿山主峰玛积雪山（6 282 m）、可可西里山主峰布喀达坂峰雪山（6 860 m）和唐古拉山主峰格拉丹东雪山（6 621 m）等，以其雄伟挺拔，神秘莫测，壁立千仞，冰川倒悬称著于世。

青海省处于东亚外流水域与中亚内陆水域的接合部，水系具有东西三分的格局。从甘肃省的天祝县境到祁连山“五河之源”，从日月山到青海南山，从鄂拉山到布青山，从昆仑山口到乌兰乌拉山，从祖尔肯乌拉山到唐古拉山主峰，构成一条贯穿省内东北与西南的蛇形水域分界线。此线以东为东亚外流水域，面积占全省2/3，分属黄河、长江、澜沧江三大水系，亦是它们的发源地，素有“江河源头”之称。全区地势极高，除东部少量河谷地带海拔3 500 m左右外，绝大部分海拔皆在4 000～6 000 m以上，为典型的高寒山区。水域分界线以西为中亚内陆水域，自北而南可分为北祁连山、南祁连山、柴达木盆地和青南高原西部四大汇水区。其中柴达木盆地为内陆水域的核心地区，其余为过渡地带。

江河源头和内陆水域发育众多湖泊，水域面积占全省面积1.8%。可分三大湖群：青南高原中、东部为江河源湖群，各湖皆与外流水域沟通，为淡水湖；沿两大水域分界线西侧发育有一系列大型湖泊，为中亚内陆水域东缘蛇形湖群，这一湖群具有过渡型特点，咸水湖、淡水湖并存，但高矿化度的盐湖并不发育，一般位于水源区者为淡水湖，汇水地段为咸水湖；在柴达木盆地及其周边为典型的内陆水域湖群，以咸水湖和盐湖为主，并且具有新生代湖盆收缩或残留盐湖的特点。

青海省的地理位置和地形特征决定了本区为典型的高原大陆性气候。低温多变，冬长夏短，干燥多风，低压贫氧，日照长而辐射强为其主要特点。

全省平均气温为－5.6～8.6℃。海拔2 500 m以下的黄河、湟水谷地为暖区，平均气温3～9℃。柴达木盆地为次暖区，年均气温2～5℃。4 000 m以上的祁连山地和青南高原为冷区，年均气温在－2℃左右。其中祁连山木里地区和青南五道梁地区为特殊的冷区，年均气温达－6℃。全省年均降雨量17.6（冷湖）～764.4 mm（久治），属高寒荒漠干旱型。青南高原雨雪较多，年降水量在500 mm以上。全省年日照时数在2 300～3 600之间，其中以柴达木冷湖年日照最长。太阳辐射总量在国内仅次于西藏自治区。

本省大气密度为0.73～1.2kg/m^3，相当于海平面的56%～80%。平均气压在5 800～8 200Pa之间，仅及海平面的2/3。大气含氧量大都在0.174～0.233kg/m^3之间，比海平面少20%～40%。

二

青海省处于高寒地带，交通不便，自然条件恶劣，自19世纪末至20世纪40年代的近半个世纪时间内，虽有国内外地质学者先后在省境北部地区做过零星的地质调查，但缺少区域上的系统工作，基本属地质空白地区。

中华人民共和国成立后，省内地质工作有了很大的发展，随着地质找矿、1∶100万和1∶20万区域地质调查成果的取得，地层研究工作也逐渐开展起来。目前，已完成的1∶20万区域地质调查已覆盖全省4/5以上的面积，所余为黄河源区、可可西里、唐古拉山的西端和中段。通过1∶100万区域地质调查和综合科学考察，各地层分区的地层单位、各时代古生物群落、从前寒武纪至第三纪的火山岩系、不同类型的变质岩及层次分明的地质构造特征已基本被查明，使人们对青海20多亿年来的地质演化史和地壳结构的复杂性有了较深入的认识。随着地层研究工作的逐渐开展，以不同断代为对象的地层专题科学研究，亦在不同区段先后展开，并取得丰硕的成果。其中研究较为深入的是东昆仑山前寒武纪和晚古生代地层，柴达木盆地北缘的震旦纪、寒武纪、奥陶纪、石炭纪和侏罗纪地层。南祁连山、东昆仑山南坡、唐古拉山东段的三叠纪和西段的侏罗纪地层，均成为西北地区上述地层研究的重点区段。同时，随着地层研究的深入和大量的地层、古生物资料的积累，先后于60年代初出版了《祁连山地质志》及编写了《柴达木地质志》（油印本），1976—1979年出版了有关青海䗴类的著作及《西北地区古生物图册·青海分册》，1980年出版了《西北地区区域地层表·青海省分册》。为了反映我省区域地质特征及其研究程度，1971年和1981年先后出版了两代1：100万青海省地质图，1982年出版了《青藏高原区域地层简表》，1983年出版了《南祁连山三叠系》，1984年出版了《青海西宁—民和盆地渐新世至中新世孢粉组合》，1985年出版了《柴达木盆地第三系孢粉学研究》，1986年出版了《青海布尔汗布达山南坡石炭纪、三叠纪地层和古生物》，1987年出版了《青海省祁漫塔格晚古生代地层》及《青海省及毗邻地区变质带与变质作用》，1988年出版了《青海柴达木盆地东北缘早、中侏罗世地层及植物群》，1990年出版了《青海玉树地区泥盆纪—三叠纪地层和古生物》，1991年出版了《青海省区域地质志》及《柴达木盆地轮藻化石》，1994年出版了《青海可可西里及邻区地质概论》等专著。与此同时，有关青海省地层和古生物方面的论文及著作，亦常见于各种地质论文集和地质期刊中。所有这些，是省内外广大地质工作者在我省四十多年来辛勤劳动的结晶。

四十余年来，虽经省内外广大地质工作者的艰辛努力，取得了举世瞩目的光辉业绩，但是，省内造山带与稳定地块相间并存，地质构造复杂，多种课题急待我们去研究了解，尤其在地层单元划分方面，多年来以统一地层划分为指导，多数岩石地层单位的划分是以地层的年代顺序和古生物内容确定的，由此而建立的地层单位，不仅违背现代地层学理论指导下的地层多重划分概念，同时亦不符合《国际地层指南》和《中国地层指南及中国地层指南说明书》的有关规定，由此导致了目前地层划分的混乱，予以地层为对象的综合研究以及野外区调填图造成极大的不便。为了消除地层划分的混乱，提高其科学性，地质矿产部（简称地矿部，下同）不失时机地开展全国地层多重划分对比研究。“青海省地层多重划分对比研究”是“全国地层多重划分对比研究”项目的组成部分之一。

1991年3月青海省地质矿产局（简称青海省地矿局，下同），以［1991］青地函字第12号函要求我队“根据地矿部直管局005号文精神，结合我省实际情况，迅速编写设计，局不另下任务，待设计书审批后签定合同。”据此，我队于1991年4月组建“青海省地层多重划分对比研究”项目组负责完成该项任务。项目组于同年5月提交了项目设计书，8月25—26日设计书在省地矿局主持下审查通过并责令予以实施。

三

“青海省地层多重划分对比研究”项目的目的，将以地层多重划分理论为指导，以《国际地层指南》及《中国地层指南及中国地层指南说明书》为准则，以岩石地层单位的清理研究为重点，重新明确省内现有岩石地层单位的定义、划分、对比标准、延伸范围及各类地层单位的相互关系，提高其科学性，消除混乱，便于人们在地层单位的划分、命名、理解和应用上具有共同的标准。项目的重点在于“清理”，将非岩石地层单位排除在岩石地层单位范畴之外，在清理的基础上进行岩石地层对比，并参考生物地层和年代地层的结论建立起区域地层格架。通过地层数据库的建立，将促进地层学研究和地层单位划分与管理的规范化、现代化，以及指导我省即将大规模开展的1∶5万区域地质调查填图，提高我省区域地层研究程度和水平，并与全国一道跻于国际区域地质填图和地层学研究的先进行列。

为达到上述目的，依据地矿部地直发［1992］014号文关于印发《地质矿产部全国地层多重划分对比研究项目第一次工作会议纪要》的通知及《全国地层多重划分对比（清理）研究项目总体设计》的要求，结合省内具体情况，我省清理研究的重点为晚元古代至第三纪地层，内容以岩石地层单位划分（清理）研究为基础，对研究程度相对较高、资料丰富的稳定地区，进行区域地层综合分析并研究其地层格架；对研究程度较低的造山带地区，只进行岩石地层单位的清理；对元古宙高度变质变形岩层，鉴于与邻省（区）对比的需要也进行了初步清理；对第四纪地层和花岗岩等岩体暂不予清理。

四

青海省地质构造复杂，处于华北板块的南缘、华南板块的北缘及华南板块、藏滇板块缝合带的北部，为一多旋回构造活动区。在每个地质发展历史阶段中，都表现出强烈的造山运动或造陆运动，同时亦受其控制而形成多旋回的沉积史。依据构造旋回和其控制的沉积历史，从早元古代至第三纪大体可分四个大的阶段。

元古宙阶段：省内元古宙地层主要分布于北半部，具双层层系结构特征，其间以发生于1 900 Ma 的湟源运动形成的不整合面将其分隔。下部早元古代为活动型沉积：为砂泥质岩-中基性火山岩-镁质碳酸盐岩岩系，经受区域热流动力变质作用，具有以角闪岩相为主的多相变质，构成柴达木地块及祁连山造山带之结晶基底。上部中、晚元古代，为次活动型或次稳定型沉积：下部为石英岩-砂泥质岩岩系，中部为碳酸盐岩岩系，上部为砂泥质岩岩系。受区域动力变质作用，形成绿片岩相变质岩，与早元古代地层一起褶皱构成青藏高原北部稳定的大陆壳，晚元古代晚期地层不整合其上。

总观，前震旦纪地壳长期稳定沉降，地层厚度大，且延续时间长，沉积速率小，粗碎屑岩极为少见，生物不发育，地层变质变形明显。主要分布于昆仑山南坡-秀沟-玛沁断裂带以北。

震旦纪—早古生代阶段：为一地壳活动时期，元古宙晚期形成的联合古陆西南缘开始解体，使青藏高原北部从华北板块上肢解出来，进入早古生代以裂谷发育为重要特征的活动阶段，形成早古生代活动型沉积，即结晶基底之上的盖层沉积。早古生代末，北部强烈的造山——区域动力变质型构造运动，使晚泥盆世地层不整合覆于早古生代地层之上，形成祁连造山带，一度活动的柴达木板片再度固结；青海南部和南秦岭等地则可能是一场造陆——区域热流动力变质型构造运动。此阶段的沉积地层组合单位，包括有活动型的早古生代地层和稳定盖层性质的震旦纪至中奥陶世地层以及早为世人瞩目的含蓝闪石片岩的中寒武世地层。活动型早古生代地层成带状分布于北祁连山、南祁连山及柴达木盆地南缘昆仑山。沉积类型复杂，既有火山岩发育的北祁连山、拉脊山型，也有以碎屑岩为主的南祁连山型和拉配泉、赛什腾山-沙柳河、祁漫塔格型的火山岩、碎屑岩、碳酸盐岩建造；稳定型震旦纪至中奥陶世地层分布于柴达木板片边缘。震旦纪地层与早古生代（∈—O）地层基本上是形影相随，尽管各时代地层之间具有沉积间断，但它们的产状仍然协调一致，岩石组合、建造相同，同属一构造层，与下伏早元古代地层为不整合接触，其上又被晚泥盆世地层不整合覆盖。

晚古生代—早中生代阶段：构造运动向南迁移，在北部祁连造山带的基底上，盖层沉积

(D_3—T）纵然有数次沉积间断存在，但均系升降运动为主，表现在相辅而行的晚泥盆世—石炭纪—二叠纪与三叠纪地层由北向南的沉积迁移。南部华力西期较为明显的活动，形成稳定地区早石炭世与晚石炭世地层间的普遍平行不整合接触。同时在宗务隆山、阿尼玛卿山以及青南、藏北等地发生广泛而强烈的地裂作用，使青南-藏北地壳解体，导致特提斯构造域形成与发展。晚期活动使东昆仑山南坡及阿尼玛卿山的晚古生代活动带形成闭合褶皱，因闭合不彻底，于三叠纪时又一次张裂为活动带。印支运动席卷青南、藏北、川西广大地区，是一规模宏伟的造山运动，早期活动使晚三叠世陆相火山岩地层不整合于早、中三叠世地层之上；晚期活动强烈，影响广泛，使宗务隆山及其以南广大地区封闭，褶皱产生一系列的同斜褶曲与逆掩断裂，形成巴颜喀拉造山带。在此阶段由于构造运动频繁，地层沉积类型多变，组合复杂：既有活动型，又有稳定型；既有海相，也有陆相。生物群既有北方型，也有南方型。稳定型沉积主要分布于柴达木板片与祁连山加里东褶皱带上，次在西倾山和唐古拉山地区。岩石组合以碎屑岩、碳酸盐岩为主，局部夹有煤线。柴达木盆地北缘、南缘见有火山岩。活动型沉积以北西西向条带状分布于宗务隆山、纳赤台—阿尼玛卿山及通天河流域。在宗务隆山的南北两侧均为稳定型沉积，惟有沿宗务隆山狭长断裂带内为活动型沉积。岩石组合以碳酸盐岩、碎屑岩为主夹片理化中—基性火山岩、火山角砾岩。在纳赤台—阿尼玛卿山一带地层呈东西向延伸，为碎屑岩、火山岩、碳酸盐岩建造；在可可西里-巴颜喀拉山及同德—泽库地区以三叠纪地层为主，前者以砂板岩系而著称，岩性单调，但韵律明显，递变层理与舌状象形印模发育，总厚达 1 500 m 以上，后者为碎屑岩夹中—酸性火山岩及灰岩，向西北延伸至宗务隆山，向东与西秦岭相接。在玉树-西金乌兰湖断裂带内地层呈东西向条带状分布，岩性组合以中性、中性—基性、酸性火山岩为主，夹碎屑岩、碳酸盐岩，以岩相急剧变化为特征，总厚达 9 600 m 以上。

中、晚中生代至新生代（侏罗纪—第三纪）阶段：青藏高原开始进入陆内造山阶段，沉积以陆相碎屑岩建造为特征，燕山运动在唐古拉山地区使陆相白垩纪地层不整合覆于海相侏罗纪地层之上，侏罗纪地层发生褶皱并伴有中—酸性岩浆活动。在北部地区表现为断块升降，出现山间断陷盆地沉积，并伴有陆相火山喷发堆积；喜马拉雅运动除形成中新世地层与下伏第三纪地层、中新世地层与上新世地层、上新世地层与第四纪地层之间的不整合外，不但产生了青海湖、花海子、茶卡、托索湖等新断陷盆地，同时使柴达木、西宁、共和等盆地继续大幅度下降，沉积了内陆湖泊相的砾、砂砾及砂、泥质碎屑岩岩系。东部含膏盐，西部具有生油层及储油层，同时使高原地壳水平方向缩短，垂直方向加厚，强烈隆起，古褶皱山系复活，发生强烈断块隆起，在山前及山间发生强烈推覆、逆掩，形成十分壮观的推覆体和辗掩构造，使地层体发生位移，形成复杂的分布格局。

总观，我省从早元古代至第三纪各类地层皆有分布，且以三叠纪沉积最为广泛，约占全省面积的1/2，石炭纪、二叠纪及元古宙地层亦占有重要位置。志留纪（包括志留纪）前为海相沉积，自白垩纪始为陆相沉积，泥盆纪至侏罗纪海相与陆相地层并存。沉积类型以活动型、次活动型（过渡型）为主。地层相变显著，多期变形变质叠加改造地层，大套复理石地层大面积分布，混杂岩带、强变形带、火山岩地层亦极为发育，中间稳定岩块和各推覆岩片多处可见，显示出较为典型的造山带特征。

地层的不均一性，在垂向上表现为依据不同属性的分层，在横向上表现为相应的分区。分层和分区在地层研究中具有同等重要的意义。依据 1994 年 7 月“全国地层多重划分对比研究”项目，“地层区划工作会议”规定的《全国岩石地层区划原则》和《中国岩石地层区划简图说明》，青海省以南昆仑-秀沟-温泉-泽库（隐伏）断裂带为界，北部属华北地层大区（Ⅴ）之秦祁昆地层区（Ⅴ$_1$），其南为华南地层大区（Ⅵ）之巴颜喀拉地层区（Ⅵ$_1$）、羌北-昌都-思茅地层区（Ⅵ$_2$）和南秦岭-大别山地层区（Ⅵ$_3$）。其中秦祁昆地层区又分祁连-北秦岭地层分区（Ⅴ$_1^2$）和东昆仑-中秦岭地层分区（Ⅴ$_1^1$）。巴颜喀拉地层区又分玛多-马尔康地层分区（Ⅵ$_1^1$）、玉树-中甸地层分区（Ⅵ$_1^2$）。羌北-昌都-思茅地层区又分西金乌兰-金沙江地层分区（Ⅵ$_2^1$）和唐古拉-昌都地层分区（Ⅵ$_2^2$）。南秦岭-大别山地层区的迭部-旬阳地层分区（Ⅵ$_3^1$）仅有西延少部分属青海省范围，本书称西倾山小区（Ⅵ$_3^{1-1}$）。

本书在上述岩石地层分区的基础上，依据区域地质构造、地层基本特征相同，组级地层单位一致及分布面积一般较小等原则，在地层分区（Ⅲ级）的基础上，将省内划分为15个地层小区（图1-1、表1-1）。

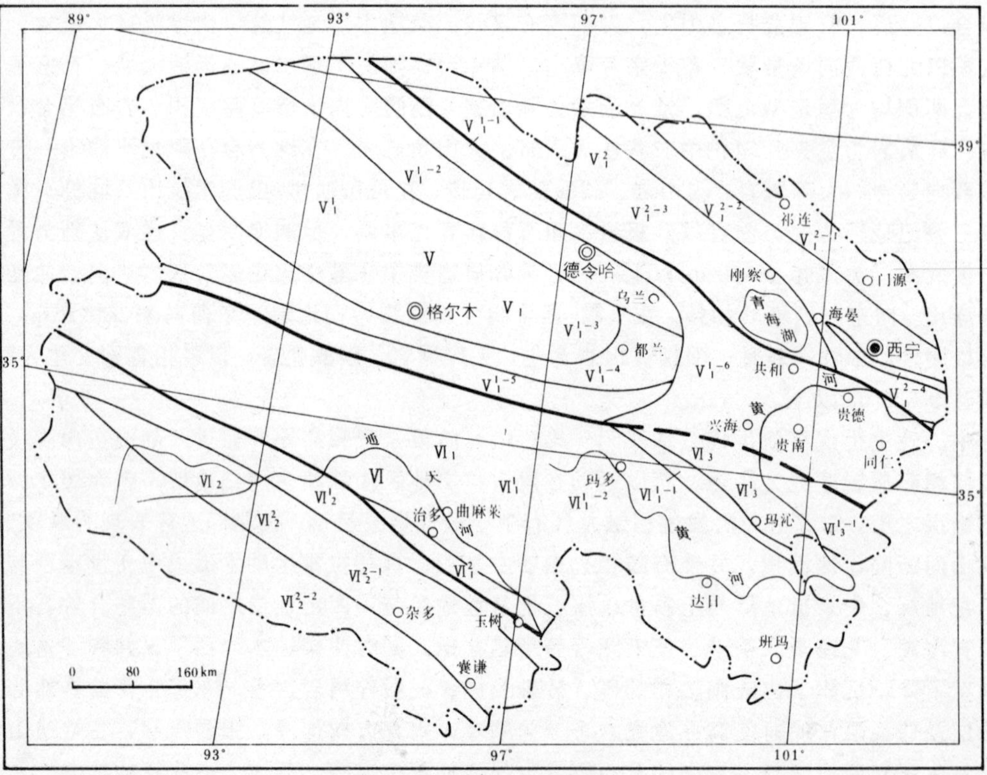

图1-1　青海省岩石地层区划图

Ⅴ. 华北地层大区；Ⅴ$_1$. 秦祁昆地层区；Ⅴ$_1^1$. 东昆仑-中秦岭地层分区；Ⅴ$_1^{1-1}$. 宗务隆山小区；Ⅴ$_1^{1-2}$. 柴达木北缘小区；Ⅴ$_1^{1-3}$. 柴达木盆地小区；Ⅴ$_1^{1-4}$. 柴达木南缘小区；Ⅴ$_1^{1-5}$. 东昆仑南坡小区；Ⅴ$_1^{1-6}$. 兴海-同仁小区；Ⅴ$_1^2$. 祁连-北秦岭地层分区；Ⅴ$_1^{2-1}$. 北祁连山小区；Ⅴ$_1^{2-2}$. 中祁连山小区；Ⅴ$_1^{2-3}$. 南祁连山小区；Ⅴ$_1^{2-4}$. 拉脊山小区

Ⅵ. 华南地层大区；Ⅵ$_1$. 巴颜喀拉地层区；Ⅵ$_1^1$. 玛多-马尔康地层分区；Ⅵ$_1^{1-1}$. 阿尼玛卿山小区；Ⅵ$_1^{1-2}$. 曲麻莱小区；Ⅵ$_1^2$. 玉树-中甸地层分区；Ⅵ$_2$. 羌北-昌都-思茅地层区；Ⅵ$_2^1$. 西金乌兰-金沙江地层分区；Ⅵ$_2^2$. 唐古拉-昌都地层分区；Ⅵ$_2^{2-1}$. 乌丽-杂多小区；Ⅴ$_2^{2-2}$. 赤布张错-雁石坪小区；Ⅵ$_3$. 南秦岭-大别山地层区；Ⅵ$_3^1$. 迭部-旬阳地层分区；Ⅵ$_3^{1-1}$. 西倾山小区

（一）华北地层大区（Ⅴ）

本省仅包括该大区的西南缘地域，北界沿阿尔金断裂带延入甘肃省境内，南界为昆仑南缘-秀沟-温泉-泽库断裂带，东延出省。为华北板块的西南缘过渡带。

1. 秦祁昆地层区（$Ⅴ_1$）

位于我省北半部，华北地层大区的西南边缘，北、东两个方向超越省界，西、南界与华北地层大区界线一致。为早古生代在华北、华南联合古陆间由张裂作用形成的构造活动区，前期以沉降（含断陷）为主，后期（志留纪）转为褶皱隆升。活动带内裹挟了许多古陆块，呈岛链状分布，如中祁连带、柴达木盆地北缘带、昆仑山中部带。区内早古生代及该代之前的海相活动型沉积地层发育，二者地层序列总体特征相近，海槽内多数群级地层单位可以延伸。

（1）祁连-北秦岭地层分区（$Ⅴ_1^2$）

省内只包含该地层分区的西部祁连山地区，北、西、东三个方向超越省界，南以土尔根达坂山—宗务隆山—青海南山北缘、化隆地块南缘与东昆仑-中秦岭地层分区分隔。为加里东造山带、祁连-北秦岭后加里东古陆，早古生代以海相活动型沉积为主，后加里东为海相稳定型及陆相沉积为主。区内区域地质构造特征基本相同，岩石地层基本特征相同，区内多数组级单位可以延伸。

①北祁连山小区（$Ⅴ_1^{2-1}$）：其范围包括走廊南山、托来山、冷龙岭及达坂山，其南界位于中祁连隆起—西宁盆地北缘。早古生代为海相活动型沉积，晚古生代及其后为海陆交互—陆相盖层沉积。区内地质构造复杂，大小断裂极为发育，密集成带，使各地层单位多呈断块出露，形成大小不一的构造透镜体。

②中祁连山小区（$Ⅴ_1^{2-2}$）：包括托来南山、疏勒南山、大通山、日月山、西宁盆地及化隆地区。南以疏勒南山—青海湖北缘、化隆地块南缘一线与南祁连山小区及兴海-同仁小区分界，东、西两端越出省外。为前寒武纪隆起。主要出露元古宙变质岩系。

③南祁连山小区（$Ⅴ_1^{2-3}$）：西自当金山口，东至青海湖东岸，包括乌兰达坂、查干鄂博图岭、哈拉湖南山、布哈河流域及青海湖。南界位于土尔根达坂山—宗务隆山—青海南山的北缘。区内基底以早古生代奥陶纪—早志留世活动型沉积为主，具区域变质特征；晚古生代—三叠纪地层遍布全区，为稳定型盖层沉积。

④拉脊山小区（$Ⅴ_1^{2-4}$）：限于拉脊山地区。北、南与中祁连山小区毗邻，西端至湟源，东端延出省外。以早古生代早期活动型沉积为特征，早古生代晚期及其后为盖层沉积。

（2）东昆仑-中秦岭地层分区（$Ⅴ_1^1$）

省内仅包含其西部东昆仑及中秦岭的西端，为华力西期—印支早期造山带，以晚古生代—中生代早期活动型—次活动型沉积为主。

①宗务隆山小区（$Ⅴ_1^{1-1}$）：包括土尔根达坂山、柴旦北山、宗务隆山等地区，北与南祁连山小区相接，南以大柴旦—德令哈—野马滩一线与柴达木北缘小区分界，东以哇洪山与兴海-同仁小区相交。为华力西期造山带，以晚古生代次活动型沉积为特征。西段地层碳酸盐岩较多，火山岩稀少，厚度小，变质程度低；东段碳酸盐岩减少，火山岩增多，厚度增大，变质较深。

②柴达木北缘小区（$Ⅴ_1^{1-2}$）：包括阿尔金山、赛什腾山、绿梁山、锡铁山、欧龙布鲁克山、布赫特山、阿木尼克山及都兰沙柳河地区。南以上述诸山的南缘与柴达木盆地小区毗连。以稳定型晚元古代—中生代沉积为主，晚奥陶世有活动型沉积出现。

③柴达木盆地小区（$Ⅴ_1^{1-3}$）：为整个柴达木盆地地区。为中—新生代陆相沉积覆盖。

④柴达木南缘小区(含东昆仑北坡)(V_1^{1-4}):包括祁漫塔格、布尔汗布达山及鄂拉山地区,北与柴达木盆地小区毗连,南以昆仑山中央大断裂为界,与东昆仑山南坡小区分隔。以前震旦纪变质岩系为基底,其上以次稳定型—稳定型古生代及陆相中、新生代沉积为特征,基本特征同柴达木北缘小区。

⑤东昆仑南坡小区(V_1^{1-5}):包括昆仑山主脊及南坡地区,以中、晚元古代活动型沉积与晚古生代—中生代早期次活动型沉积为特征。

⑥兴海-同仁小区(V_1^{1-6}):包括青海南山、共和盆地、兴海—同仁地区。南以温泉-泽库隐伏断裂与西倾山小区毗邻。早印支期造山带,以活动型—次活动型晚古生代及早中生代沉积为主。区内最老地层为二叠纪沉积,早、中三叠世沉积地层组成褶皱基底,其中滑塌混杂堆积现象普遍。

(二)华南地层大区(Ⅵ)

本省处于该大区的西北部,其西、南、东界均在省境以外。区内前寒武纪地层仅在玛沁西南(阿尼玛卿山)和玉树苏莽(唐古拉山)呈断块出露,以片岩、片麻岩组合为特征。早古生代大部分地区缺失沉积,仅在省内东南边缘见有奥陶纪稳定型沉积。石炭纪始进入特提斯演化阶段,为内陆海和陆表海彼此依连的广海环境。晚三叠世晚期,以造山形式形成青南北部印支期造山带。青南南部的唐古拉古陆,早、中三叠世大都缺失沉积,晚三叠世时陆表海漫侵接受沉积,形成稳定型碎屑岩、碳酸盐岩建造。

1. 南秦岭-大别山地层区($Ⅵ_3$)

省境内仅包含其中的迭部-旬阳地层分区($Ⅵ_3^1$)的西延部分,省内称西倾山小区$Ⅵ_3^{1-1}$。为印支造山带内的中间地块,四周被造山带包围,具三层结构特征,即基底、盖层及大型山间盆地坳陷沉积。基底东延至白龙江—西汉水一带出露,为中—晚元古代变质岩系"碧口群",盖层以晚古生代—中生代早期的稳定型碳酸盐岩岩系为主,化石丰富,门类齐全,且以三叠纪沉积齐全完整为特征。南以花石峡-玛沁断裂与巴颜喀拉地层区分界。

2. 巴颜喀拉地层区($Ⅵ_1$)

位于本省中南部,北部西段与华北地层大区相接,东北部与西倾山小区毗邻,南以西金乌兰湖—治多—玉树北一线与西金乌兰湖-金沙江地层分区分界,东、西延出省境。为印支期造山带。以晚古生代及三叠纪沉积为主,尤以三叠纪沉积最为发育,岩性单一,厚度巨大,可分性极差,由陆源碎屑岩为主的复理石岩系组成。

(1)玛多-马尔康地层分区($Ⅵ_1^1$)

位于巴颜喀拉地层区的北部,基本特征与巴颜喀拉地层区一致,以活动型内陆海三叠纪沉积地层发育为特征。

①阿尼玛卿山小区($Ⅵ_1^{1-1}$):包括阿尼玛卿山地区,为板块缝合带,带内以北西西向为主的大小断裂十分发育,主要断裂近于平行,时而分叉、合并,致使不同时代地层和次级褶皱呈断层接触,在南北两侧边界断裂附近常有片理化带生成,沿带发育多种具片理、片麻理的变砂岩、千枚岩、片岩、片麻岩及混合岩,这些变质程度差异悬殊的变质岩沿断裂带断续分布,直接接触,各地段变质作用强度不同。超基性岩发育,呈岩片、岩块产出。该带实为一构造推覆带。

②曲麻莱小区($Ⅵ_1^{1-2}$):包括可可西里山、可可西里盆地、巴颜喀拉山及达日—班玛地区。以坳陷形式继承晚古生代而发展成的三叠纪内陆海盆地,由巨厚的泥、砂质岩石组成,沉积连续,火山活动微弱,为一沉降和堆积速率较高的浅海和半深海环境沉积。

（2）玉树-中甸地层分区（$Ⅵ_1^2$）

位于巴颜喀拉地层区的东南边缘，北以扎河—治多—哈秀一线与曲麻莱小区分界，南以扎河西—玉树一线与西金乌兰-金沙江地层分区分界，向东延出省外，向西尖灭于扎河以西，该分区与西金乌兰-金沙江地层分区在青海省境内地层特征差异甚微，分界不清晰，岩石地层单位一致。为晚古生代—中生代早期断陷或板块缝合带。带内辉长岩、超基性岩发育，出露地层以二叠纪、晚三叠世活动—次活动型碎屑岩、碳酸盐岩及火山岩系为特征。

3. 羌北-昌都-思茅地层区（$Ⅵ_2$）

西起西金乌兰湖，东南经苟鲁山克错、扎河西、玉树而入四川，北与巴颜喀拉地层区为邻，南界在西藏自治区境内。由唐古拉古陆及其北部边缘印支期造山带组成。

（1）西金乌兰-金沙江地层分区（$Ⅵ_2^1$）

位于羌北-昌都-思茅地层区北部，南界西部以乌兰乌拉山北缘与曲麻莱小区分界，东南以扎河西—玉树一线与玉树-中甸地层分区分界，东、西延出省境。其地层特征与玉树-中甸地层分区基本一致，出露地层主要为晚三叠世沉积，由中基性—中性—中酸性火山岩及野复理石岩系组成，但基性、超基性岩不发育。

（2）唐古拉-昌都地层分区（$Ⅵ_2^2$）

位于西金乌兰-金沙江地层分区以南，为早古生代—中生代陆块，北部为稳定型奥陶纪—中三叠世海相沉积，晚三叠世始为浅海及海陆交互相含煤岩系；南部侏罗纪地层发育。

①乌丽-杂多小区（$Ⅵ_2^{2-1}$）：位于西金乌兰-金沙江地层分区之南，南与赤布张错-雁石坪小区毗邻，且被其超覆，两者界线呈不规则锯齿状，出露最老地层为早奥陶世沉积，为碎屑岩夹火山岩系，其上被晚古生代碎屑岩、碳酸盐岩夹火山岩不整合覆盖。晚二叠世地层不整合于早二叠世地层之上，为含煤岩系，以产大量华夏植物群化石为特征。中三叠世沉积不整合其上，由碎屑岩及碳酸盐岩组成，晚三叠世为海陆交互相含煤岩系，中晚侏罗世地层分布零星，为稳定型沉积。总观该区为一长期隆起区。

②赤布张错-雁石坪小区（$Ⅵ_2^{2-2}$）：位于唐古拉-昌都地层分区的南部，西、南、东延入西藏自治区境内。区内几乎全被中—晚侏罗世地层覆盖，由浅海相、滨海相及陆相红色碎屑岩、碳酸盐岩夹膏盐层组成，不整合于下伏地层之上。地层褶皱呈开阔平缓的对称型，圈闭性良好，轴向不定，多呈短轴状。下伏石炭纪、二叠纪及晚三叠世地层呈断块局部出露。总观该区侏罗纪时为唐古拉-昌都地块上的负向坳陷区。

青海省岩石地层区划，横跨华北、华南两个地层大区，本书以地层大区分篇各成系统进行阐述。

五

岩石地层单位清理研究的职责是做好仲裁，严格把关，将省内使用过或正在使用的符合和不符合《国际地层指南》和《中国地层指南及中国地层指南说明书》规定的岩石地层划分、术语和程序的、具有岩石地层单位名称的地层单位均作为清理对象。其中包括非正式岩石地层单位、徒具岩石地层单位形式的非岩石地层单位、定义不完备的岩石地层单位的修订，被肢解的岩石地层单位定义和名称的恢复，被误解的岩石地层单位名称、命名人、命名年份及文献等方面的考证与订正。主要方法是查清各岩石地层单位的名称、名称出处、原始定义、划分标准和历史演变；查清同物异名或异物同名的岩石地层单位，并按规定对应停止使用的岩石地层单位名称提出建议；经过清理重新明确所采用的岩石地层单位的定义、划分标准及延伸标准，指出单位层型的位置和名称；有选择地对本区及邻省（区）的层型剖面和主要参考剖面进行野外核查和必要的补充描述，使之满足现代地层沉积学的要求。

岩石地层单位是多种地层单位类别中最重要和最基本的一类，其中“组”是岩石地层划分的基本正式单位，是岩石地层单位等级居中的岩石体。组应当是完全根据岩性划分各地地层柱的惟一正式的岩石地层单位（《国际地层指南》，中译本，1979）。组的特征和属性及作用的重要，使它成为清理研究的重点，对于组的清理严格遵循《国际地层指南》和《中国地层指南及中国地层指南说明书》的程序规定，在坚持宏观性和可填图性标准的同时，既坚持概分、宜少、实际效用最大、数量最少的原则，又考虑划分命名的科学性和优先权，采用综合分析、区别对待的方法。如对知名度很高的组，虽然问题较多，但已约定俗成沿用至今，则采取修订，不轻易停用；但对那些具有岩石地层单位名称而非岩石地层单位的组，特别是以生物、年代对岩石地层单位肢解、分割的非岩石地层单位，绝不顾惜，均予废弃或建议停用。对于同物异名、异物同名的岩石地层单位，依据有关规定做合理的处理。对于群依据不同情况分别对待：对于包含组级单位的群，依据有关规定做适当的修订或厘定，使其成为高级的岩石地层单位；对于不含组级单位的群，依其岩石组合特征、研究程度和进一步划分的可能性做如下处理：岩性组合简单，研究程度较高，再分组的可能性不大的，一律降群为组；对于岩石组合复杂，研究程度较低，随着研究程度的提高可能进一步分组的群，则给予保留，但均重新修订或厘定，使其内涵变为岩石地层单位，符合岩石地层单位划分的标准，尤其是对以往以群代统的单位。省内目前尚未出现正式的段和层级岩石地层单位，本次清理中也不建段和层级岩石地层单位，以便将来1：5万区域填图时对单位的使用有更大的灵活性和机动性。

地层清理研究的总原则为一物一名，对于省内从未曾命名的地层体，依据研究程度的高低和分布特征、出露条件等分别新建了正式的或非正式的岩石地层单位。

青海省地矿局在青地发字（1991）第194号《关于发送“青海省地层多重划分对比研究设计评审意见书”的通知》中指出：“地层多重划分对比研究，在我国地质工作发展里程碑上具有着划时代的意义，是一项细致而繁重的工作，在时间短、任务繁重、尚无经验的情况下，望承担课题的同志发扬刻苦精神，边工作边学习，边总结经验，并要有所创新，保证质量按时完成任务，为在槽区地层多重划分对比研究工作积累新经验而努力。”依据全国项目办的部署及青海省地矿局的批示，项目组全体同志认真学习地矿部直管局地直发（1991）005号文《通知》、《全国地层多重划分对比研究总体设计书》、《中国地层指南及中国地层指南说明书》、《国际地层指南》以及有关文件、理论著作和经验介绍材料，以达到在思想上彻底转变观念，统一认识，明确任务，掌握方法，遵守原则，使全体成员能以现代地层学的理论来指导工作，此为清理研究工作的准备阶段。

资料的搜集是清理研究工作的基础，资料的完备程度将直接影响清理研究的质量。项目组填制四种工作卡片，即地层资料卡片、地层资料索引卡片、地层单位名称登记卡和实测剖面登记卡。各卡片的填制均要求按栏目逐项认真填写，同时主要断代负责人对地层资料卡片收录的剖面，按照岩石地层单位划分的准则进行初步的清理，并编制剖面横向对比图。

在基本完成资料搜集工作的基础上，结合野外核查的成果，立即进行岩石地层单位的彻底清理，在消化资料的同时，首先编绘每个单位的层型地层柱及划分沿革表，分析研究不同划分沿革中的物质实体及其位置，然后结合沉积盆地剖面横向对比图，做出抉择。对于符合岩石地层划分程序的再划分或修订予以承认；保留再划分的单位，并按岩石地层单位划分的准则进一步重新修订；对于根据地质年代认识的结论肢解岩石地层单位的再划分或修订单位，因不符合岩石地层单位规定，将它们归入清理对象之中；对于那些一开始就不是岩石地层单位涵义的岩石地层单位、名称，依据其具体情况分别给予重新厘定，使其转变为具岩石地层单位涵义，或停用、排除在岩石地层单位之外。

在彻底进行清理研究的基础上，依据岩石地层单位所处的大地构造环境、地层序列的总体特征及沉积范围等进行综合地层区划，同时按照全国项目办的统一部署，填制“岩石地层单位登记卡片”，并进行微机录入，建立省级数据库。

青海省地层多重划分对比研究，以历年来1∶100万、1∶20万、1∶5万及公开出版的有关地层研究专题报告或专著，作为清理研究的基础资料，同时也参考了有关的普查、勘探资料成果。资料截止1992年底，部分1∶5万区调成果到1993年底。清理研究均以原始实测剖面为基础，重测剖面以最新成果为准。各类层型的选择与确定、单位编号及代号的使用均依据有关规定执行。

六

“青海省地层多重划分对比研究”项目，自1991年项目组组建至1994年9月，共历时3年零5个月，这期间在地矿部“全国地层多重划分对比研究”项目办和西北、西南大区项目办的指导、协调及省项目领导小组的关怀和支持下，经项目研究组全体同仁的艰苦努力，勤奋工作，保质保量按期完成了清理研究任务。3年多来共计完成的主要工作量，见表1－2。

表1－2　青海省地层多重划分对比研究主要工作量统计表

参阅各类资料（份）	搜集地层剖面（条）	选用剖面（条）				野外核查剖面（km）		搜集、核实岩石地层单位数（个）			采用岩石地层单位（个）						建议不采用地层名称（个）	同物异名及异物同名（个）
											本省				外省			
		正层型	选层型	副层型	参考剖面	核查	踏勘	群	组	段	群	组	新建组	蛇绿混杂岩	群	组		
1170	1545	107	46	14	540	15	300	132	262	2	32	101	6	2	7	29	183	34

该项目由青海省区调综合地质大队项目研究组承担。组长：孙崇仁，副组长：李璋荣、陈国隆。各篇章执笔及参与工作的人员为：绪言，孙崇仁；前奥陶纪，孙崇仁（执笔）、喇继德（执笔）、王文；奥陶纪、志留纪、泥盆纪，李璋荣（执笔）、刘丽萍；石炭纪、二叠纪，刘广才（执笔）、李向红；三叠纪，孙崇仁、陈国隆（均执笔）；侏罗纪、白垩纪，冀六祥（执笔）、晏萍；第三纪，孙进保。其中生物地层：前震旦纪，孙崇仁；寒武纪—泥盆纪，李璋荣；石炭纪、二叠纪，刘广才；三叠纪，陈国隆；侏罗纪、白垩纪，冀六祥；第三纪，孙进保。统一编纂：岩石地层部分，孙崇仁；生物地层部分，陈国隆。数据库微机录入：王冬青、李萍萍。绘图：张晓兰、余景辉。赵国柱、于振家、周光弟、白美骞、邓中林等同志参加了部分工作。另在整个工作中始终得到全国项目办高振家总工程师、张守信研究员、魏家庸教授、简人初高级工程师、西南大区郝子文总工程师、饶荣标研究员、徐星琪副研究员，西北大区汤中立总工程师、张二朋研究员、郑文林高级工程师、裴梅芳工程师及青海省地矿局金万福总

工程师、王培俭高级工程师、青海省区调综合地质大队（以下简称青海省区综队）队长吴向农等悉心指导和帮助，有关相邻兄弟省（区）的项目组都给予大力的支持与协助。青海省项目研究组亦向在工作中给予支持和帮助的有关同仁致以衷心的感谢和敬意！

《青海省岩石地层》专著，汇集了省内外广大同仁几十年辛勤劳动的成果，由于时间、篇幅和清理研究者水平有限，资料不能尽述其详，文图谬误在所难免，敬请读者批评指正。

第一篇

华北地层大区

华北地层大区在本省主要位于北纬36°以北，即东昆仑山及其以北广大地区。区内各时代地层发育较全，从晚太古代（?）至第四纪地层皆有分布，仅缺失晚志留世沉积。志留纪（含志留纪）前为海相沉积，自白垩纪始为陆相沉积，泥盆纪至侏罗纪为海相沉积与陆相沉积并存。碎屑岩岩系始终占有主导地位，碳酸盐岩、火山岩和膏盐岩系也很发育。该区自晚太古代（?）至第三纪沉积历史，可划分为7个自然段：即前震旦纪、震旦纪—中志留世、晚泥盆世、石炭纪—二叠纪、三叠纪、侏罗纪—早白垩世、晚白垩世—第三纪。

第二章
前震旦纪

前震旦纪地层集中分布于省内北半部的中祁连山和柴达木盆地周缘，其次在北祁连山和东昆仑山南坡也有零星出露（图 2-1)。沉积类型、变质作用存在显著差异的两套岩系：下部晚太古代（?）—早元古代地层为一套中、高级变质岩系，原岩为泥砂质-泥钙质复理石岩系夹中基性火山岩，沉积厚度近万米，属活动型沉积；上部中、晚元古代长城纪—青白口纪地层为碎屑岩-碳酸盐岩岩系，属次稳定型沉积，经受区域动力变质作用，形成绿片岩相变质岩系。总厚度 3 600 m 至 7 600 余米。

前震旦纪地层共有岩石地层单位 28 个。其中群级 12 个（含引用外省 1 个)，组级 16 个（含引用外省 2 个)。

第一节　岩石地层单位

化隆（岩）群　Ar_3PtH　(05-63-0009)

【创名及原始定义】　化隆（岩）群系化隆群的重新修订名。青海省地质科学研究所（以下简称青海省地研所）王云山、庄庆兴等（1978）在《青海省震旦亚界划分与对比》一文介绍①。化隆群为青海省地质局东部地质队（1962）在化隆地区 1∶5 万普查找矿时创建。原始定义指：分布于化隆地区的变质岩系，主要为一套片岩、片麻岩夹多层石英岩、大理岩，总厚度 9 000～12 000 m 。由上而下分为亚曲组、佛爷岭组、沙家组、智尕昂组、官庄沟组、拉木组、合什加组七个组。

【沿革】　1964 年西北地质局青海综合地质大队区域地质测量队（以下简称青海综合地质大队区测队)，将拉脊山西端相当化隆群的变质岩系命名为“尕让群”。尕让群与化隆群为同物异名，根据优先命名原则，本书停用尕让群一名。同时认为化隆群所包含的各组接触关系不清，受构造干扰地层层序尚难定论，将其修订为化隆（岩）群，同时停用原化隆群包含的各组。

① 王云山、庄庆兴等，1978，青海省震旦亚界划分与对比，青海省地研所。

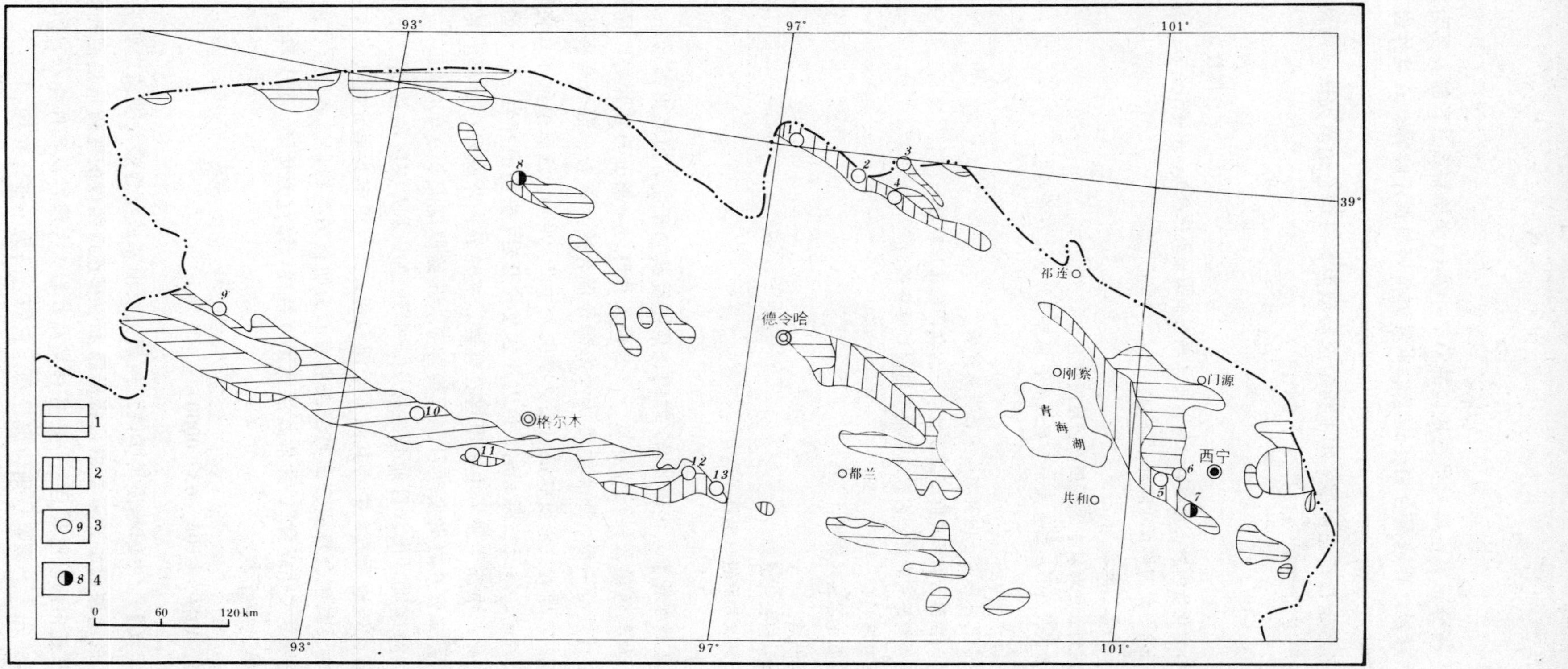

图 2-1 青海省前震旦纪地层分布及各类层型位置及编号

1. 早元古代地层露头；2. 长城纪—青白口纪地层露头；3. 正层型及编号；4. 选层型及编号；

层型名称：*1.* 花儿地；*2.* 南白水河；*3.* 五林沟；*4.* 五个山；*5.* 北门峡；*6.* 东岔沟；*7.* 拉脊山；*8.* 万洞沟；*9.* 狼牙山；*10.* 白沙河；*11.* 万保沟；*12.* 小庙；*13.* 丘吉东沟

【现在定义】 指分布于化隆至贵德地区的一套中高级变质岩系。下部主要为黑云斜长片麻岩、黑云钾长片麻岩，普遍混合岩化；上部主要为角闪斜长片麻岩、石英片岩、黑云斜长片麻岩等，顶底不明。

【层型】 创名者未指定正层型，本书指定选层型为青海综合地质大队区测队（1964）测制的贵德县拉脊山—尕让剖面（101°34′，36°14′）。

化隆（岩）群	总厚度>1 276.37 m
14. 暗灰色混合岩化角闪斜长片麻岩（被加里东期石英闪长岩体破坏，出露不全）	>25.27 m
13. 黑灰色混合岩—角闪斜长片麻岩	40.34 m
12. 黑灰色黑云斜长片麻岩	130.35 m
11. 黑灰色角闪斜长片麻岩夹含石榴石云母石英片岩	194.35 m
10. 浅肉红色角闪长石石英岩夹黑云石英片岩，顶部为片状长石石英岩	91.34 m
9. 灰黑色黑云石英片岩	121.15 m
8. 灰黑色角闪斜长片麻岩，内有花岗闪长岩脉穿插	38.43 m
7. 灰色混合岩—含黑云斜长片麻岩及混合岩—含角闪斜长片麻岩	111.84 m
6. 糜棱岩化角闪斜长片麻岩，内有碎裂混杂白岗岩脉穿插	148.18 m
5. 黑灰色黑云片麻岩	24.27 m
4. 灰绿色绿泥石化黑云片麻岩	18.19 m
3. 黑云斜长片麻岩	23.83 m
2. 灰色混合岩—斜长片麻岩	149.45 m
1. 灰褐色黑云钾长片麻岩（出露不全）	>159.38 m

【地质特征及区域变化】 化隆（岩）群的选层型受构造干扰，顶底出露不全，界线不明。主要为一套黑灰—灰黑色黑云斜长片麻岩、黑云钾长片麻岩夹黑云石英片岩，局部见混合岩化。选层型向西在日月山一带，下部主要为片麻岩及混合质片麻岩、混合岩夹片岩；上部主要为片岩夹片麻岩、大理岩、条痕状混合岩，厚度大于 2 500 m。选层型向东在化隆地区，下部主要为黑云石英片岩、黑云长英片岩、角闪片岩及片麻岩，夹石墨片岩、含石墨大理岩、石英岩，普遍混合岩化；中部主要为中—厚层石英岩，夹片岩、片麻岩；上部主要为角闪黑云片麻岩、角闪片岩、二云片岩夹大理岩、石英岩等。出露厚度大于 9 000 m。

化隆（岩）群的地质时代，目前分歧较大，但均缺少令人信服的依据。青海省地矿局（1991）在《青海省区域地质志》中将其归并于湟源群，时代厘定为早元古代。本书认为化隆（岩）群从宏观岩性及其组合特征方面与湟源群有较为明显的差别，二者变质程度也不一致，分布地区有别，现恢复“化隆群”，并依其层状无序特征，修订为化隆（岩）群，时代暂归属晚太古代（?）—早、中元古代。

托赖（岩）群 Pt_1T （05-63-0000）

【创名及原始定义】 中国地质科学院地质研究所前寒武纪地质及变质岩研究室（1962）在《中国西部地区的前寒武系》一文中，将出露于中祁连山西段的变质地层称托赖群。原始定义：“分布于中祁连山西段前震旦系，由各种结晶片岩、大理岩及各种片麻岩所组成，其总厚度达 1 500～7 000 m。上覆岩层则为震旦系，它们之间为不整合接触。”

【沿革】 王云山、陈基娘（1987）在《青海省及毗邻地区变质地带与变质作用》专著中，将其称为野马南山群。同时指出野马南山群一名为甘肃省第二区域地质调查队（以下简称甘肃省第二区调队）1982 年创名，代表中祁连山西端下中元古界或前震旦系。青海省地矿局(1991) 在《青海省区域地质志》沿用野马南山群一名，代表疏勒南山一带下元古界。但又同时指出野马南山群一名为《西北地区区域地层表·甘肃省分册》1975—1980 年首次命名，经核实，甘肃省第二区调队、甘肃省地层表编写组均未命名野马南山群。野马南山群实为误传，理应停用。本书依据优先原则恢复托赖（现已改名为托来）群一名，并以其层状无序特征修订为托赖（岩）群。

【现在定义】　指分布于托来山及走廊南山一带一套中、高级变质岩系，岩性以片麻岩、片岩、大理岩为主，局部夹石英岩，未见顶底。

【层型】　创名者未指定正层型，本书指定选层型为甘肃省第二区调队（1974）测制的青海省祁连县五林沟剖面（98°22′，38°56′）。

托赖（岩）群	总厚度＞2 491.00 m
8. 灰白色厚层状白云岩夹二云片岩（钾长花岗岩侵入，未见顶）	＞302.00 m
7. 灰白色厚层白云岩。背斜北翼为变质酸性熔岩（?）	360.00 m
6. 灰黑色石榴石黑云奥长片麻岩、矽线石黑云斜长片麻岩夹绿灰色斜长角闪片岩及大理岩。沿片麻理有花岗质及长英质细脉贯入	412.00 m
5. 白色透辉石大理岩，厚层状白云岩及绿灰色变质含粉砂质灰岩互层，灰岩具有条带状构造	137.00 m
4. 灰黑色、紫灰色石榴石黑云斜长片麻岩。上部夹多层不纯薄层大理岩；下部以石榴石角闪斜长片麻岩为主	202.00 m
3. 深灰色、灰绿色斜长角闪岩。钾质注入的混合岩化现象普遍	287.00 m
2. 钾长疏斑混合质条痕状角闪片麻岩，钾质和长英质沿片麻理注入，形成眼球状和条带状构造	338.00 m
1. 深灰色混合质条痕状石榴石黑云斜长麻岩，长英质以脉状和蠕虫状注入，混合岩化强烈的地段呈花岗片麻状构造（背斜轴部，未见底）	＞453.00 m

【地质特征及区域变化】　托赖（岩）群在祁连县托勒牧场一带出露较好，下部由矽线黑云斜长片麻岩、石榴石黑云斜长片麻岩、石榴石奥长片麻岩、钾长角闪片麻岩、斜长角闪岩、二云片岩及透辉石大理岩组成，厚度大于 2 491 m；上部由白云石英片岩、黑云石英片岩与砂质灰岩、大理岩所组成，出露厚度大于 4 077 m。上部和下部在罗格奚和托勒牧场东南可见渐变过渡。在克克里河一带下部为灰褐—灰色斜长片麻岩、斜长角闪岩、绿泥石英片岩、浅粒岩、混合岩夹大理岩凸镜体，厚度 1 500～2 000 m；上部为黑云斜长片麻岩、二云石英片岩、斜长角闪岩、大理岩夹安山岩，出露厚度 1 500 m。在托勒牧场大羊陇一带下部为片麻岩、片岩及石英岩、浅粒岩夹大理岩，普遍混合岩化，眼球状、条带状等混合岩发育；上部以片岩为主夹石英岩、大理岩。从区域分布特征分析：托赖（岩）群为一套中高级变质岩岩系，宏观岩性、组合特征基本一致，变质程度属低角闪岩相，原岩为砂泥质岩-中基性火山岩-镁质碳酸盐岩岩系。上部富镁碳酸盐岩在省内形成规模巨大的白云岩矿床。该（岩）群的地质时代推测为早元古代，其理由请见本章第三节。

【其他】　托赖（岩）群出露于大通县宝库河中、上游地区和互助县干禅寺一带。下部以片麻岩为主夹大理岩、石英岩凸镜体，上部为以片岩为主的中、高级变质岩系。青海省地矿局（1991）在《青海省区域地质志》中依据统一地层划分原则，将其归属于湟源群刘家台组或东岔沟组。本书将其归并于托赖（岩）群。理由为：①从宏观岩性、组合特征分析与分布于托勒牧场五林沟一带的托赖（岩）群一致，下部以片麻岩为主，夹大理岩、石英岩凸镜体，并普遍见混合岩化；上部以片岩为主夹片麻岩、白云质大理岩、大理岩等。②变质程度一致，均以低角闪岩相为主。③原岩沉积一致，下部以泥砂质沉积为主夹较多的火山岩；上部碎屑岩增多，并出现碳酸盐岩和镁质碳酸盐岩。④从地理分布上均出露于中祁连山北侧和北祁连山南侧。综上所述因岩石地层单位划分的原则为宏观岩性一致，组合特征一致，相对层位一致，故将其归属于托赖（岩）群较为合理。

甘肃省第一区域地质调查队（以下简称甘肃省第一区调队）1972年将干禅寺一带出露的该套地层归属马衔山群，也应给予重新厘定。

湟源群　Pt_1H　（05－63－0010）

【创名及原始定义】　青海综合地质大队区测队（1964）创建于湟源地区，原始定义："代表下震旦统。岩性主要为含碳质（或石墨）片岩、大理岩、含石榴石片岩、千枚状片岩、板岩、千枚岩、石英岩和千枚状（或板状）泥质结晶灰岩、凝灰质砂岩等变质岩系，由下而上分刘家台、东岔沟、磨石沟、青石坡四个组。"

【沿革】　1978年王云山、庄庆兴等①将湟源群厘订为中元古界长城系。张起振、张以茀（1981）② 及王云山、陈基娘（1987）依据沉积类型、变质程度的差异及所取得的同位素年龄值等将刘家台组和东岔沟组归属下元古界。1991年青海省地矿局在《青海省区域地质志》中将湟源群限制在刘家台组和东岔沟组，时代归属下元古界。将磨石沟组、青石坡组重新创名称湟中群，时代归属中元古代长城系。本书考虑东岔沟组与上覆磨石沟组之间有"热事件发生"（王云山、陈基娘等，1987），故对创名者所指定的正层型剖面东岔沟组与磨石沟组之间的整合提出存疑（详见本章第三节），但鉴于该套地层为初步清理未进行核查，仍采用创名者所测剖面，把原整合接触改为不整合（?）。地层划分沿用青海省地矿局（1991）的划分方案，并赋予岩石地层单位涵义。

【现在定义】　指出露于中祁连山东段一套中—高级变质岩系，底界不明，顶界与湟中群磨石沟组厚一块层状石英岩不整合（?）接触。自下而上由刘家台组和东岔沟组并合而成。

【地质特征及区域变化】　湟源群广泛分布于湟源、湟中及乐都北山一带，下部以含碳质片岩为主夹大理岩，上部为变碎屑岩，偶夹碳酸盐岩，区域上岩性变化不大，层位稳定，但厚度变化较大。其地质时代归属早元古代，理由详见本章第三节。

刘家台组　Pt_1l　（05－63－0011）

【创名及原始定义】　青海综合地质大队区测队（1964）创建于湟中县刘家台。指"分布于湟源一带上部灰色中厚层块状中、粗粒大理岩；下部灰—灰黑色含碳质（或石墨质）的云母石英片岩、石英云母片岩等夹透镜状大理岩。以上部稳定的大理岩作标志层与东岔沟组分界"。

【沿革】　该组岩性稳定，标志层清晰，创名以来除时代归属有所变更外沿用至今。

【现在定义】　指广泛分布于湟源一带，整合于东岔沟组之下一套以含碳质片岩为主夹大

---

② 张起振、张以茀，1981，青海省地质图说明书，青海省地研所。

理岩组合而成的地层。下部以含碳质石英云母片岩为主夹大理岩，上部为中、粗粒大理岩。以中、粗粒大理岩的消失与东岔沟组分隔，底界不明。

【层型】 正层型为青海综合地质大队区测队（1964）测制的湟中县东岔沟剖面（101°21′，36°34′）第1—5层。

上覆地层：**东岔沟组** 铁染石墨质云母石英片岩

——————整 合——————

刘家台组	总厚度＞1 191.03 m
5. 灰白—深灰色中厚—块层状、中粗粒不纯大理岩	108.72 m
4. 灰黑色含碳质白云母石英片岩或含碳质云母石英片岩	263.56 m
3. 含碳质石英白云母片岩或含碳质石英二云母片岩夹含碳质云母石英片岩	128.90 m
2. 灰色含碳质石英绢云片岩夹少量灰黑色含碳质云母石英片岩及含阳起石变斑晶绿泥片岩或含碳质石英二云母片岩夹含碳质云母石英片岩	364.27 m
1. 含碳质石英二云母片岩夹大理岩透镜体（未见底）	＞325.58 m

【地质特征及区域变化】 刘家台组在湟源县刘家台地区，因分布较广且出露较全而得名。上部大理岩厚度114 m，下部含碳质石英云母片岩、云母石英片岩，夹数层透镜状大理岩及少量石榴石云母石英片岩、石英角闪片岩、透闪石英片岩和绿泥石英片岩，出露厚度大于1 082 m。在乐都北山千沙沟一带，为出露厚度近千米的二云石英片岩夹石英岩及大理岩。地质时代为早元古代。

东岔沟组 Pt_1d （05-63-0012）

【创名及原始定义】 创名于湟中县东岔沟。创名者、时间、正层型同刘家台组。原始定义："分下、上亚组。下亚组主要为灰—银灰色、灰黑色含石榴石的云母石英片岩、二云石英片岩和石墨片岩，中夹绿泥云母石英片岩、角闪片岩等；上亚组下部为浅灰绿—深灰色千枚状云母石英片岩、千枚状石英云母片岩，上部为银灰色千枚岩（局部夹碳酸盐岩）、绿泥石英片岩及角闪片岩，顶部为硅质千枚岩。"

【沿革】 东岔沟组层位稳定，岩性宏观特征及其组合特征较为明显，以不含大理岩及硅质岩而区别于刘家台组与磨石沟组，自创建以来除其时代归属有所变更外，沿用至今，本书沿用。

【现在定义】 指整合于刘家台组之上、不整合（?）磨石沟组之下一套变质的碎屑岩组合，底以刘家台组顶部中粗粒大理岩的消失分界，顶以石英岩的始现（或不整合）与磨石沟组分隔。

【层型】 正层型为青海综合地质大队区测队（1964）测制的湟中县东岔沟剖面（101°21′，36°34′）第6—11层。

上覆地层：**磨石沟组** 厚—块层状石英岩

～～～～～～不 整 合 （?）～～～～～～

东岔沟组	总厚度1 720.35 m
11. 银灰色千枚岩夹碳酸盐岩、绿泥石英片岩及角闪片岩，顶部为硅质千枚岩，内有闪长岩脉穿插	282.80 m

10. 浅灰绿色千枚状石英云母片岩（或千枚状板岩）夹黑绿色及淡灰绿色薄层石英云母片岩，内有变闪长岩脉穿插　73.58 m

9. 银灰色、灰色含石榴石云母石英片岩及板状含石榴石石英片岩夹千枚状含石榴石云母石英片岩、千枚状含黑云石英片岩和数层石英岩凸镜体，底部为黄褐色含石榴石石英云母片岩，内有闪长岩脉穿插　527.26 m

8. 银灰色、灰色含石榴石云母石英片岩夹绿色透闪石—阳起石片岩及薄层含角闪黑云石英片岩　768.96 m

7. 浅灰绿色石英岩　30.35 m

6. 铁染石墨质云母石英片岩　37.40 m

——————— 整　合 ———————

下伏地层　**刘家台组**　中厚—块层状不纯大理岩

【地质特征及区域变化】　东岔沟组广泛分布于湟源、娘娘山、宝库河及乐都北山，以湟中县东岔沟一带出露完整而得名。上部为云母石英片岩、石英云母片岩、千枚岩，偶夹碳酸盐岩、绿泥石英片岩及角闪片岩，厚度大于 575 m；下部为石榴石云母石英片岩、二云石英片岩，夹绿泥石英片岩、角闪片岩及大理岩、石英岩，厚度 1 797 m。大通山一带岩性为二云石英片岩夹石英岩，厚度大于 864 m。在乐都北山为片岩夹大理岩，厚度 1 390 m。地质时代为早元古代。

在乐都下杨家、上杨家、大泉石沟、互助下路沟等地，东岔沟组都见有铁矿化，乐都大峡有磷矿化。

达肯大坂（岩）群　Pt_1D　(05-63-0019)

【创名及原始定义】　青海省石油普查大队（1956）将分布于柴达木盆地北缘的以片麻岩为主的老变质岩系创名为“达肯大坂系”（1962 年发表），将其上的以片岩为主的变质地层命名为“锡铁山系”。

【沿革】　1962 年地质部地质科学研究院地质研究所前寒武纪地质及变质岩研究室分别称其为“达肯大坂组”和“锡铁山组”。1965 年地质部石油地质局综合研究队西北区队将其改称“达肯大坂群”，其时代归属前震旦纪③。王云山、庄庆兴等 1978 年将达肯大坂群的涵义扩大延伸至柴达木盆地北缘的整个老变质岩系，即包含原来的达肯大坂组和锡铁山组，时代归属长城纪—蓟县纪。青海省地矿局（1991）在《青海省区域地质志》中，将其下部以片麻岩为主之地层厘定为“达肯大坂群”，归属下元古界，将分布于布赫特山及赛什腾山一带达肯大坂群上部以片岩、千枚岩夹大理岩为主的地层归属“长城系”和“蓟县系”。本书沿用达肯大坂群，并以其层序不清，尚难定论为由，将达肯大坂群修订为达肯大坂（岩）群。

【现在定义】　指分布于柴达木盆地北缘一套中、高级变质岩系。岩性主要为片麻岩、片岩、大理岩、角闪岩及混合岩。顶、底界不明。

【层型】　选层型为青海省第一区域地质调查队（以下简称第一区调队）1981 年测制的大柴旦镇脑儿沟西剖面（94°52′，38°12′）。单位层型出露不全。

达肯大坂（岩）群　总厚度＞2 152.40 m

③ 据青海省地矿局，1991，青海省区域地质志，（介绍）。

16. 深灰—黑灰色含黑云辉石变粒岩夹灰—深灰色厚层条带—条纹状白云石大理岩（未见顶） >70.10 m
15. 灰色厚层状细粒白云石大理岩，下部为白色厚层状中粗粒大理岩夹少量变粒岩 79.20 m
14. 灰黑色含辉石钙质变粒岩，横向与大理岩呈相变关系 21.70 m
13. 灰黑色含辉石钙质变粒岩夹深灰色大理岩 88.00 m
12. 深灰色—黑灰色白云石大理岩夹浅灰—灰白色厚层状细条纹状大理岩及少量深灰色含辉石钙质变粒岩 264.10 m
11. 灰—灰白色厚层状石英片岩 23.30 m
10. 灰—深灰色黑云斜长片麻岩 46.40 m
9. 灰—浅紫灰色含角闪黑云石英片岩夹少量灰绿—暗绿色斜长角闪片麻岩 72.10 m
8. 浅紫灰色含石榴石矽线石黑云石英片岩夹少量绿色斜长角闪片麻岩 299.60 m
7. 浅紫灰色黑云石英片岩夹少量绿色斜长角闪片麻岩 91.80 m
6. 浅紫灰色石榴石黑云石英片岩夹少量绿色斜长角闪片麻岩 158.40 m
5. 绿灰色黑云二长片麻岩夹灰绿色黑云角闪斜长片麻岩 213.20 m
4. 灰黄褐色黑云长石石英岩与暗绿灰色黑云斜长片麻岩互层夹银灰色二云斜长片麻岩及少量绿色斜长角闪片岩 139.40 m
3. 绿灰色黑云二长片麻岩夹灰绿色黑云角闪斜长片麻岩 132.40 m
2. 灰—绿灰色含角闪黑云二长片麻岩 45.60 m
1. 绿灰色角闪黑云斜长片麻岩夹少量角闪斜长片麻岩（未见底） >407.10 m

【地质特征及区域变化】 达肯大坂（岩）群在柴达木盆地北缘断续出露，西自阿尔金山南坡的阿卡腾能山、青新界山、俄博梁北山，折向东南的塞什腾山、达肯达坂、绿梁山、锡铁山、全吉山及欧龙布鲁克，向东延至布赫特山一带。达肯大坂（岩）群在横向上总体岩性变化不大，以中、高级变质片麻岩、大理岩等为主，普遍混合岩化。在阿尔金山南坡的青新界山、俄博梁北山等地，下部为混合片麻岩、混合岩化黑云斜长角闪岩等；上部为黑云斜长变粒岩、黑云中长变粒岩、花岗质混合片麻岩等，局部为橄榄大理岩、透闪大理岩、含石墨大理岩等。未见顶底，出露厚度 2 220～5 669 m。在小赛什腾山一带，下部为黑云中长片麻岩、含石榴石、黑云中长片麻岩、黑云斜长片麻岩等夹石英片岩、大理岩等；上部为黑云奥长片麻岩、角闪斜长片麻岩夹变粒岩。未见顶底，出露厚度 2 456 m。在锡铁山、绿梁山地区，下部为二云片岩、矽线二云片岩、黑云斜长片麻岩、斜长角闪岩等，普遍混合岩化；中部为黑云斜长片麻岩、黑云斜长片岩、斜长角闪岩，偶夹大理岩；上部为黑云斜长片麻岩、大理岩及花岗质混合岩。未见底界，出露厚度 4 492 m。在欧龙布鲁克和全吉山一带，不整合伏于全吉群麻黄沟组之下，由混合岩、混合岩化黑云角闪斜长片麻岩等组成，未见底，出露厚度 2 226 m。在德令哈东侧的哈里他哈答四一带，下部为混合岩、混合质角闪斜长片麻岩；上部为条带状、条痕状混合岩及斜长角闪岩、黑云斜长片麻岩。未见顶底，出露厚度 1 998 m。在达肯大坂（岩）群未取得可靠的地质时代依据。依据其区域岩性对比其时代暂归属于早元古代。达肯大坂（岩）群地质时代为早元古代，上延可能达晚元古代。

金水口（岩）群　Ar_3PtJ　(05-63-0032)

【创名及原始定义】 青海省区域地质测量队（以下简称青海省区测队）于 1971 年在《1∶20 万诺木洪幅（J-47-[31]）、1∶20 万香日德农场幅（J-47-[32]）区域地质测量报告》中，将诺木洪南山一带的中高级变质岩系创名为“金水口组”，代表震旦系下统。由下而上分四个岩组，第一岩组：黑云斜长片麻岩、斜长角闪岩、大理岩互层组；第二岩组：大理岩与黑云斜长片麻岩互层组；第三岩组：黑云斜长片麻岩与片岩互层夹大理岩和少量斜长角闪岩岩组；第四岩组：片岩岩组，上与冰沟组碳酸盐岩整合。

【沿革】 王云山、庄庆兴等1978年将金水口组改称“金水口群”①，并将第一、第二、第三岩组归并称下岩组，第四岩组称上岩组。归属长城系。1982年庄庆兴、孙广智等，将东昆仑山野马泉—白沙河一带相当金水口群下岩组变质岩系，由下而上划分为白沙河组、塔西尔沟组、胡热里格沟组④。1986年青海省地研所庄庆兴等在《青海省东昆仑山前寒武系》一文中，又将上述三组归并厘定为金水口群，原金水口群上岩组重新命名为“小庙群”。《国际地层指南》指出“当一个单位被划分成两个或两个以上的单位时，原来的名称不应当用于任一新划的单位。”据此，下岩组不应再用“金水口群”一名，应重新厘定单位名称。本书恢复王云山等金水口群，并依据其下岩组［白沙河（岩）组］层状无序特征将其修订为金水口（岩）群。

【现在定义】 指分布于东昆仑山北坡中、高级变质岩系。底界不明，顶部与狼牙山组平行不整合接触。自下而上由白沙河（岩）组、小庙组并合而成。

【地质特征及区域变化】 金水口（岩）群分布于东昆仑山北坡，下部主要由变粒岩、片麻岩、混合岩、混合片麻岩、混合花岗岩、白云石大理岩、大理岩、橄榄大理岩及角闪岩等中高级变质岩系组成，层序杂乱、岩性横向变化较大；上部以石英质变质岩系为主，横向上较为稳定，岩性变化不大。

金水口（岩）群依据其变质年龄值推断其地质年龄为早元古代—中元古代长城纪，但有可能下延至晚太古代，详见白沙河（岩）组及本章第三节。

【其他】 出露于东昆仑山东端苦海一带的中、高级变质岩系，下部为角砾状条带混合岩、条带状混合片麻岩、大理岩及斜长角闪岩；中部为条带状混合岩化黑云角闪斜长片麻岩、石榴石黑云斜长片麻岩、黑云石英片岩、变粒岩夹条带状混合岩、角闪岩及白云石大理岩；上部石英岩与石榴石云母石英片岩互层。未见底。其上与布青山群呈断层接触。1961年北京地质学院昆仑山区测队，将其命名为“苦海群”。清理研究认为该套地层其宏观岩性特征及组合方式与金水口（岩）群基本一致，为金水口（岩）群的同物异名单位。但该套地层构造复杂，层序不清。另据中国地质大学（武汉）(1991)⑤大地电磁测深表明，苦海和赛什塘等地的该套地层，是推覆岩片，大地电磁测深证实该套地层最大厚度仅约1 km左右，属顶盖性质。据此“苦海群”虽命名在先，但命名地所指岩层非原地产物，且该套地层构造复杂，层序杂乱，用其代表东昆仑中、高级变质岩系尚欠合理。本书将其归并于金水口（岩）群，但因构造复杂，建组条件不足，暂归“金水口（岩）群”。“苦海群”一名本书停用。

王云山、任增基、金玉声1991年在金水口（岩）群斜长角闪岩中，获得Sm－Nd同位素等时线年龄值（1 443±2）Ma⑥。其时代应为元古宙。

白沙河（岩）组 Ar_3Pt_1b (05－63－0025)

【创名及原始定义】 为白沙河组的重新修订，白沙河组为庄庆兴、孙广智等（1982）创建于格尔木市白沙河出山口附近④。原义指下被灰色花岗岩体侵入破坏，上与塔西尔沟组呈断

④ 庄庆兴、孙广智等，1982，东昆仑山野马泉—白沙河地区前寒武系剖面研究报告，青海省地研所。
⑤ 中国地质大学（武汉）应用地球物理研究所，1991，南水北调西线工程大地磁测成果报告。
⑥ 王云山、任增基、金玉声，1991，青海省昆仑山缝合带及基底研究（手稿）。

层接触，在塔西尔沟为渐变过渡关系。主要为灰色条痕一条带状混合岩、眼球状混合岩、黑云斜长片麻岩，夹大量灰白色白云石大理岩、灰绿色镁橄榄大理岩，上部镁质大理岩增多，并出现浅粒岩、变粒岩及二云片岩。大理岩组分所占比例较高是划分该组的主要依据。

【沿革】 庄庆兴等（1986）将白沙河组与塔西尔沟组、胡热里格沟组合并称“金水口群”⑦。本书沿用白沙河组，并依据其层状无序特征，将其修订为白沙河（岩）组，取代庄庆兴等（1986）的“金水口群”，并停用塔西尔组、胡热里格沟组。

【现在定义】 指分布于东昆仑山，位于小庙组之下一套由各种变粒岩、片麻岩、混合岩、混合片麻岩、混合花岗岩、白云石大理岩、大理岩、橄榄大理岩及角闪岩组成的中、高级变质岩系。顶部以大套石英质岩石或片岩的始现和大套片麻岩的消失（或断层）与小庙组分界，底界不明。

【层型】 正层型为创名者（1982）测制的格尔木县白沙河剖面（93°34′，36°16′）。

上覆地层：小庙组　灰白色中厚—厚层石英岩夹灰色混合岩化含石榴石矽线黑云斜长片麻岩（本层构成向斜核，未见顶）

════ 断　层 ════

白沙河（岩）组	总厚度>13 021.3 m
66. 灰绿色混合岩化黑云斜长片麻岩	>118.3 m
65. 灰色混合岩化角闪黑云斜长片麻岩	125.2 m
64. 灰白色混合岩化黑云变粒岩	267.1 m
63. 灰色黑云变粒岩、灰绿色含透辉角闪变粒岩，夹灰白色石英岩	422.7 m
62. 灰白色白云石大理岩	16.8 m
61. 灰色条痕—条带状混合岩、混合岩化黑云斜长片麻岩，夹灰白色长石石英岩	484.3 m
60. 灰色黑云斜长变粒岩	138.9 m
59. 灰色条痕—条带状混合岩	163.5 m
58. 灰色混合岩化黑云角闪斜长片麻岩	420.6 m
57. 灰色含红柱矽线黑云斜长片麻岩与灰色含黑云浅粒岩互层，夹少量白色石英岩	248.7 m
56. 灰色含眼球条痕—条带状混合岩	92.4 m
55. 灰色含眼球条纹—条带状混合岩，与白色含镁橄榄白云石大理岩、含白云质镁橄榄大理岩互层	163.7 m
54. 灰色混合岩化含辉石角闪黑云斜长片麻岩夹白色白云石大理岩	132.3 m
53. 灰色条纹—条带状混合岩化黑云斜长片麻岩	69.0 m
52. 白色灰绿色镁橄榄透辉大理岩、透辉镁橄榄大理岩，夹灰色混合岩化含黑云斜长片麻岩	158.4 m
51. 灰色混合岩化黑云斜长片麻岩、灰色混染（石英）闪长岩	13.3 m
50. 灰色条纹—条带状混合岩化黑云斜长片麻岩，灰色混染片麻状黑云石英闪长岩	131.0 m
49. 灰色条纹—条带状混合岩	112.2 m
48. 灰色混合岩化黑云斜长片麻岩与白色透辉大理岩互层	111.6 m
47. 灰色条纹—条带状混合岩夹灰色混合岩化黑云斜长片麻岩	243.9 m
46. 灰绿色混合岩化黑云斜长片麻岩夹白色镁橄榄大理岩	88.2 m
45. 灰色混合岩化黑云变粒岩	229.7 m
44. 灰绿色含石榴石斜长角闪片岩	106.2 m

⑦ 庄庆兴等，1986，青海省东昆仑山前寒武系，青海省地研所。

43. 灰色深灰色混合岩化黑云长石石英岩 95.0 m
42. 灰绿色混合岩化含黑云角闪斜长岩 27.6 m
41. 灰色灰绿色混合岩化黑云角闪斜长片麻岩 81.0 m
40. 灰色眼球状混合岩夹灰色条纹—条带状混合岩 118.2 m
39. 灰色条痕状、条纹—条带状混合岩化黑云斜长片麻岩 78.8 m
38. 灰色压碎条纹—条带状混合岩夹眼球状混合岩、黑云斜长片麻岩 85.4 m
37. 灰绿色含黑云角闪斜长片麻岩夹少量灰白条带状混合岩 109.6 m
36. 灰色条带状小眼球状混合岩 159.4 m
35. 灰白色混合岩化含黑云长石石英岩夹灰白色大理岩 68.8 m
34. 灰色条带状眼球状混合岩化黑云斜长片麻岩夹混合岩化角闪斜长片麻岩 788.4 m
33. 灰色条带状混合岩（局部为眼球状混合岩）与灰绿色混合岩化含黑云角闪斜长片麻岩互层 353.1 m
32. 灰色条带状混合岩化黑云斜长片麻岩夹条带状混合岩 275.3 m
31. 灰色片状黑云变粒岩 174.0 m
30. 灰色条纹—条带状混合岩（黑云浅粒岩）、灰色混染片麻状花岗闪长岩 230.3 m
29. 灰色条纹—条带状混合岩化黑云斜长片麻岩 20.1 m
28. 灰色条痕状混合岩 114.6 m
27. 灰色条纹—条带状混合岩化含矽线黑云斜长片麻岩 164.6 m
26. 灰色混合岩化黑云斜长片麻岩 95.2 m
25. 灰色条痕状、条纹—条带状混合岩、含眼球条带状混合岩化长石石英岩、灰色混染片麻状花岗岩 >248.5 m

══════ 断　层 ══════

24. 灰色糜棱岩化二云片岩与灰色云母石英片岩互层 >102.7 m
23. 灰色糜棱岩化条带状条痕状混合岩、碎裂混合岩化浅粒岩，夹灰色二云片岩、白色含金云镁橄榄白云石大理岩 414.1 m
22. 灰色条带状混合岩夹灰色深灰色黑云斜长变粒岩（混染闪长玢岩） 451.2 m
21. 白色镁橄榄大理岩夹灰色压碎条纹状混合岩 143.3 m
20. 浅灰色碎裂条痕—条带状混合岩夹少量灰绿色镁橄榄大理岩 438.8 m
19. 白色白云石大理岩夹少量灰色条带状混合岩 138.1 m
18. 灰色白色白云石大理岩 >256.4 m

══════ 断　层 ══════

17. 灰色混合岩化含石榴石黑云斜长片麻岩 >335.0 m
16. 灰色压碎混合岩化黑云斜长片麻岩（黑云变粒岩） 233.4 m
15. 灰色混合岩化含石榴石黑云斜长片麻岩夹灰色条纹—条带状混合岩 27.8 m
14. 灰色黑云斜长片麻岩、灰绿色含角闪黑云斜长片麻岩，夹白色石英岩、灰红色石榴石云母石英片岩、白云石大理岩 141.4 m
13. 白色含石英白云石大理岩 66.4 m
12. 灰色条带状混合岩夹混合岩化含矽线黑云斜长片麻岩 935.8 m
11. 灰色条纹—条带状混合岩化黑云斜长片麻岩夹条纹条带眼球状混合岩 279.2 m
10. 白色浅灰绿色含金云母镁橄榄大理岩夹灰色条纹—条带状混合岩、灰色云母石英片岩、灰绿色角闪片岩、粉红色石英岩 >377.8 m

══════ 断　层 ══════

9. 灰色条痕—条带状混合岩夹混合岩化含矽线黑云斜长片麻岩 >291.9 m
8. 灰色混合岩化黑云变粒岩（浅粒岩） 55.1 m

7. 灰色条带状混合岩 51.3 m

6. 灰色混合岩化黑云斜长片麻岩 124.1 m

5. 灰色含黑云长石石英岩、黑云变粒岩（浅粒岩） 149.2 m

4. 深灰色条带状眼球状混合岩夹混合岩化含红柱矽线黑云斜长片麻岩 252.2 m

3. 灰色条纹—条带、眼球状混合岩，夹混合岩化含堇青矽线黑云斜长片麻岩、含红柱黑云斜长片麻岩 300.6 m

2. 灰色灰绿色含黑云长石石英岩夹灰绿色符山石榴石硅灰矽卡岩 55.1 m

1. 灰色条痕—条带状混合岩（未见底） >54.5 m

～～～～～～ 侵 入 接 触 ～～～～～～

灰色花岗闪长岩侵入

【地质特征及区域变化】 白沙河（岩）组主要沿柴达木盆地南缘的东昆仑山北坡分布。西起青新交界的祁漫塔格，经布尔汗布达山，东至苦海一带，总体呈北西西、东西走向分布。在正层型地白沙河一带，下部以条痕—条带状混合岩、混合岩化黑云斜长片麻岩、眼球状混合岩为主夹白云石大理岩及少量黑云变粒岩、石英岩；中部以条纹状、条带状混合岩为主夹黑云斜长片麻岩、大理岩、变粒岩及片岩；上部以混合岩化黑云斜长片麻岩为主夹白云石大理岩、混合岩。顶以断层与小庙组接触。在塔西尔沟地区，下部主要为透辉石岩夹透辉石榴石大理岩、混合岩、透辉石矽卡岩；中部主要为含眼球条带状混合岩、条纹—条带状混合岩夹混合岩化黑云斜长片麻岩、混合岩化斜长角闪片岩及粗粒大理岩；上部以眼球状混合岩、条带状混合岩与黑云斜长片麻岩、黑云角闪斜长片麻岩互层为主，夹少量片岩。未见顶底，出露厚度 2 686.7 m。在小庙地区，与小庙组整合（?），下部以混合岩化石榴石黑云石英片岩、混合岩化石榴石矽线片岩、含红柱石蓝晶矽线片岩为主夹混合岩、石榴石矽线斜长片麻岩；上部以混合岩化黑云斜长片麻岩为主夹石英片岩、混合岩。未见底，出露厚度 2 756 m。

【其他】 白沙河（岩）组中获得的同位素变质年龄值有：格尔木县乌图美仁乡拉陵灶火条带状混合岩 Rb－Sr 全岩年龄值 1 549.3 Ma、1 666.6 Ma。都兰县诺木洪金水口混合花岗岩 Rb－Sr 全岩年龄值 1 990 Ma。1∶20 万塔鹤托坂日幅斜长角闪岩 Sm－Nd 等时线年龄值（1 929±33）Ma。1∶20 万塔鹤托坂日幅片麻岩中的锆石 U－Pb 同位素年龄值 1 850 Ma。1∶20万塔鹤托坂日幅斜长角闪岩 Sm－Nd 等时线年龄值（1 927±34）Ma 等，均代表白沙河（岩）组的变质年龄。白沙河（岩）组地质时代为早元古代，有可能下延至晚太古代，详见本章第三节。

小庙组 Ch*x* (05－63－0026)

【创名及原始定义】 庄庆兴等（1986）建“小庙群”于都兰县小庙地区⑦。指：“原金水口组的第四岩组，主要为石英岩、云母石英片岩、黑云斜长片麻岩夹大理岩的组合。相当数量的石英岩的出现是本群的主要识别标志，经受混合岩化的小庙群以平行不整合伏于未受混合岩化的冰沟群之下。”

【沿革】 小庙群虽为一地方性年代地层单位，但所指岩性宏观特征、组合方式、层位涵义明确、清晰，自创建以来除其时代归属有变更外，沿用至今。本书降群为组，修订为小庙组，隶属于金水口（岩）群之中。

【现在定义】 指位于白沙河（岩）组中、高级变质岩系之上、平行不整合于狼牙山组之下的一套以石英质岩石为主的变质岩系，主要为石英岩、云母石英片岩、变长石石英岩夹黑云斜长片麻岩与大理岩等。底以大量石英质岩石或片岩的始现或断层与白沙河（岩）组分界，顶以平行不整合面与狼牙山组分界。

【层型】 正层型为创名者 1986 年测制的都兰县小庙剖面（96°26′，36°03′）第 26—38 层。

上覆地层：狼牙山组　深灰色块层碎裂白云岩

——————— 平行不整合 ———————

小庙组	总厚度＞714.70 m
38. 灰色白云石英片岩夹灰色薄—中厚层白云石大理岩	＞4.90 m
37. 灰色白云石英片岩夹肉红色厚—巨厚层白云石英岩	25.20 m
36. 灰色眼球状混合岩化石英片岩夹黄白色中厚层白云石大理岩	25.60 m
35. 灰色条带状眼球状混合岩化白云石英片岩、含石榴石二云石英片岩	116.30 m
34. 灰色条带状眼球状混合岩化含石榴石二云石英片岩夹厚层石英岩及白云石大理岩	154.20 m
33. 灰白色中厚—厚层石英岩，灰绿色中厚层含白云石英岩夹条带状混合岩化黑云变粒岩	175.70 m
32. 灰色条带状混合岩	19.20 m
31. 灰白色含黑云长石石英岩夹深灰色含二云石英岩	38.00 m
30. 灰白色条带状混合岩	31.60 m
29. 灰白色中厚层条带状混合岩化含黑云石英岩夹少量灰色条带状混合岩化黑云斜长片麻岩	26.50 m
28. 灰色中厚层含黑云长石石英岩与灰色条带状混合岩互层	53.30 m
27. 灰白色中厚—厚层长石石英岩	21.70 m
26. 灰色条带状混合岩化黑云斜长片麻岩夹灰白色中厚层长石石英岩	22.50 m

═══════ 断层（？）⑧ ═══════

下伏地层：白沙河（岩）组　灰褐色条带状混合岩化含石榴石黑云斜长片麻岩

【地质特征及区域变化】 小庙组主要分布于柴达木盆地南缘，正层型向西在开木棋陡里格东北出露为长石石英岩、石英岩与二云石英片岩互层，夹白云斜长片麻岩、矽线二云片麻岩及大理岩，厚度 2 300 m。白沙河一带为灰白色中厚—厚层石英岩夹灰色混合岩化含石榴石矽线黑云斜长片麻岩，与下伏白沙河（岩）组断层接触，厚度大于 266 m。在诺木洪南山的五龙沟、白日其利一带，下部为石英岩、白云石英片岩；上部为白云石英片岩夹石英岩，厚度大于 599 m。小庙组的石英质岩石具有区域稳定性，是省内各区进行岩石地层对比的的重要标志。小庙组无可靠的地质时代依据，本书依据岩性将其暂置于中元古代长城纪。

托莱南山群　Pt_2T　(05-63-0001)

【创名及原始定义】 甘肃省第二区域地质测量队（以下简称甘肃省第二区测队），1974 年在《1∶20 万祁连山幅（J-47-[9]）区域地质测量报告》中创建。原始定义：“指分布于托莱南山分水岭及其北坡地区的蓟县系。可分为上、中、下三个岩性组。它和青白口系是连续沉积。其下未见底，出露厚度 4 731 m。”

【沿革】 1976 年叶永正依据叠层石在纵向上分布的特点，将托莱南山群下岩组下部划归

⑧ 创名原始剖面为整合，笔者依据正在进行的 1∶5 万金水口幅（I-47-133-4）、巴尔图达吾幅（I-47-133-B）新资料修改。

党河群，上岩组上部划归龚岔群⑨。1981 年钱家骐、宫保军进一步将托莱南山群自下而上划分为南白水河组、花儿地组⑩。

【现在定义】 指龚岔群其它大坂组轻变质碎屑岩之下一套以巨厚层碳酸盐岩和碎屑岩为主组成的地层序列。底界不明，顶部以平行不整合与其它大坂组接触。自下而上由南白水河组和花儿地组并合而成。

【地质特征及区域变化】 托莱南山群在青海境内主要分布于托来南山及疏勒南山一带，呈北西-南东向延伸。下部以碎屑岩占优势，上部以碳酸盐岩为主，组成砂泥岩-碳酸盐岩层系，经受区域动力变质作用而形成低绿片岩相的变质岩，区域上岩性稳定，变化不大。地质时代依据叠层石分析归属中元古代长城纪—蓟县纪。

南白水河组 Pt_2n (05-63-0002)

【创名及原始定义】 系钱家骐、宫保军（1981）对中祁连山西段的上前寒武系进行专题研究时⑩，在青海省天峻县南白水河地区创建。原义指"岩性由紫色、紫红色粗砂岩、中细粒砂岩夹紫红色、灰色、灰绿色粉砂质板岩，泥质板岩及灰岩组成，厚 699 m。"

【沿革】 叶永正（1976）根据叠层石组合⑨，将托莱南山群下部部分碎屑岩夹碳酸盐岩地层划归长城系并命名为党河群。钱家骐、宫保军（1981）⑩依据叠层石组合特征，将"党河群"进一步划分命名为下部"小别盖组"和上部"乌兰达乌组"。甘肃省地质矿产局（以下简称甘肃省地矿局）在《甘肃省区域地质志》（1989）将小别盖组改称"苏里组"。青海省地矿局在《青海省区域地质志》（1991）沿用。本书从岩石地层单位划分准则考虑，认为南白水河组、"小别盖组"、"苏里组"、"乌兰达乌组"宏观岩性组合特征基本一致，三者之间没有明显的差别，尤其在区域上更难以区分。前人依据叠层石组合特征和微古植物化石将其分割是不符岩石地层单位划分原则的。鉴于该套地层在南白水河地区较为发育，出露较好，构造简单，具有代表性，现沿用南白水河组一名。停用党河群、小别盖组、乌兰达乌组、苏里组。

【现在定义】 整合于花儿地组碳酸盐岩组合之下一套浅变质的碎屑岩为主，夹少量碳酸盐岩所组成的地层序列，底界不明，顶以大套厚层灰岩的始现或碎屑岩的消失与花儿地组分界。

【层型】 正层型为甘肃省第二区测队（1972）测制的天峻县苏里乡南白水河剖面（97°49′，38°49′）第 1—24 层。

上覆地层：**花儿地组** 灰色中厚层状灰岩夹薄层灰岩及钙质板岩，灰岩中产叠层石 *Osagia* f.

——————— 整 合 ———————

南白水河组	总厚度＞4 302.00 m
24. 灰色、灰绿色泥质粉砂质板岩	62.00 m
23. 紫红色砂岩，夹少量紫红色砂质板岩	191.00 m
22. 灰色薄层灰岩	172.00 m
21. 紫红色粗粒石英砂岩，夹石英岩和砂质、粉砂质板岩	274.00 m
20. 灰色厚层状结晶灰岩	337.00 m

⑨ 据钱家骐、宫保军，1981，祁连山西段中—上元古界的划分与对比。
⑩ 钱家骐、宫保军，1986，祁连山西段中—上元古界的划分与对比。甘肃地质。

19. 灰紫色厚层状粗砂岩，夹少量黄褐色石英岩；上部夹少量凸镜状灰岩	28.00 m
18. 灰黑色粉砂质板岩，夹少量灰色石英岩、石英砂岩	210.00 m
17. 灰色、灰白色厚层状石英砂岩，夹灰黑色硅质岩、钙质板岩	127.00 m
16. 上部灰色粉砂质板岩，夹少量石英砂岩、石英岩；下部灰黑色泥、钙质板岩	74.00 m
15. 灰黑色厚层状含藻灰岩，产 *Collenia* 聚环叠层石群	20.00 m
14. 灰黑灰绿色钙质板岩夹中厚层状结晶灰岩	72.00 m
13. 灰白色中—厚层状结晶灰岩，上部含叠层石 *Kussiella* f.	158.00 m
12. 灰绿色、暗紫色粉砂质板岩，底部夹暗紫色钙质板岩及少量灰色石英岩	297.00 m
11. 灰黑色薄层状结晶灰岩	25.00 m
10. 上部暗紫色石英砂岩，下部暗紫色石英粗砂岩及石英岩	378.00 m
9. 灰色、灰白色中—厚层状结晶灰岩	333.00 m
8. 紫色、暗紫色钙质砂岩夹石英岩，灰色硅质灰岩	148.00 m
7. 黄褐色石英岩，夹石英砂岩、硅质岩	43.00 m
6. 紫色厚层状钙质砂岩，含砾粗砂岩，夹紫色黄褐色砂质、粉砂质板岩及凸镜状灰岩	198.00 m
5. 灰绿色钙质板岩	450.00 m
4. 上部灰绿色砂质板岩，夹灰紫色砂岩、粉砂岩及透镜状粗砂岩；下部灰绿色硅质板岩，夹少量灰色、灰白色石英岩、硅质岩	337.00 m
3. 灰色、灰白色石英岩，夹灰色、灰绿色硅质板岩和少量硅质岩	105.00 m
2. 灰绿色钙质板岩夹暗紫色、紫色粉砂岩，含砾粗砂岩等	114.00 m
1. 灰色厚层状石英岩夹灰色薄层状硅质灰岩及紫色粉砂岩（出露不全）	>149.00 m

【地质特征及区域变化】 南白水河组在青海省境内，主要分布于天峻县杂河—南白水河—乌兰达乌一带及瓦户东侧，呈北西-南东向展布。在正层型地区下部为一套杂色石英岩、变质砂岩和粉砂岩、粉砂质板岩、板岩互层为主夹薄层灰岩；上部以灰色石英砂岩与灰黑色中厚层结晶灰岩互层为主夹硅质岩、粉砂质板岩、板岩，出露厚度 3 729 m。在其上部灰岩中产叠层石：*Colonnella* f.，下部产：*Kussiella*。正层型地向西在花儿地一带，主要由紫色粗砂岩、中细粒砂岩夹紫红色、灰色、灰绿色粉砂质板岩、泥质板岩及灰岩组成，出露厚度 609 m，产叠层石：*Conophyton* f. 及 *Colonnella* f. 和大量微古植物化石，时代为蓟县纪。正层型地向东在乌兰达乌一带下部为灰色、浅绿灰色薄层状、中厚层状粉砂岩、变石英粉砂岩、砂质板岩、泥质板岩、泥钙质板岩夹砂岩、粉砂质灰岩及灰岩；上部为灰色、灰白色中厚层状白云岩、灰色、深灰色、灰绿色钙泥质板岩、粉砂质板岩、砂质板岩夹粉砂岩及微晶灰岩，出露厚度 2 098 m，其上被阿木尼克组不整合。产叠层石：*Conophyton garganicus*，*C.* f.，*Colonnella* f.，*Paracolonnella* f.，*Collenia* f. 及 *Kussiella* f. 等及微古植物，时代为长城纪—蓟县纪。

总观该组为西厚东薄，西部以细碎屑岩、碳酸盐岩为主，东部下部以粗碎屑岩为主，向上变细，正向层序明显、清晰。从沉积物判断，沉积中心位于西部，向东为一退积型层序。其时代为长城纪—蓟县纪。

花儿地组 Jx*h* (05-63-0003)

【创名及原始定义】 钱家骐、宫保军（1981）创建于青海省天峻县花儿地⑨。原始定义："岩性为灰色、深灰色、灰褐色中厚层状、厚层状微晶灰岩、砂质结晶白云岩夹灰黑色泥质板岩，与下伏南白水河组呈整合接触，出露厚度 367 m"。

【沿革】 花儿地组基本为一岩石地层单位，所指岩性以碳酸盐岩为主，岩性稳定，层位清晰，自建组以来变化不大，本书仍沿用。

【现在定义】 指整合于南白水河组之上，平行不整合于其它大坂组之下一套以灰岩、白云岩为主，局部夹板岩组成的地层序列。底以大套厚层灰岩的始现或碎屑岩的消失与南白水河组分界；顶以平行不整合面或灰岩、白云岩的消失与其它大坂组分隔。

【层型】 正层型为创名者1981年测制的天峻县花儿地剖面（97°11′，39°07′）第6—10层。

上覆地层：**其它大坂组** 紫色、暗紫色薄层状砂质粉砂岩夹暗紫色凸镜状含砾粗砂岩

——————— 平行不整合 ———————

花儿地组　　总厚度>367.00 m

10. 深灰色、灰黑色微晶灰岩　　>27.00 m

9. 灰色厚层状、块状微晶灰岩，含叠层石：*Litia robusta*，*Chaiella* cf. *limpeica*，*Huardiella geppii*，*Baicalia* cf. *baicalica*，*Baicalia* f.，*Anabaria acuta*，*Paracolonnella* f.，*P.* aff. *laohudingensis* 等；微古植物：*Lignum* sp.，*Polyporata microporosa*，*Laminarites antiquissimus* 等　　36.00 m

8. 紫灰色厚层状、块状微晶灰岩，含微古植物：*Asperatopsophosphaera umishanensis*，*Trachysphaeridium chihsienense*，*T. incrassatum*，*Lophosphaeridium* sp.，*Microconcentrica induplicata*，*Lignum nematoideum*，*Polyporatum* sp.　　70.00 m

7. 桔黄色薄层状夹中厚层状砂质结晶白云岩，中上部夹玫瑰色薄层状灰岩，含微古植物：*Lophosphaeridium* sp.　　162.00 m

6. 灰褐色中厚层状夹薄层状、块状不等粒硅质灰岩，底部夹灰黑色泥质板岩，灰岩中含叠层石：*Litia robusta*，*Gornostachia* cf. *longa*，*Paracolonnella* cf. *laohudingensis*，*P.* f.；微古植物：*Taeniatum crassum* 等　　72.00 m

—————— 整　合 ——————

下伏地层：**南白水河组** 灰褐色薄层状长石石英砂岩，顶部有厚约1 m的海绿石砂岩，K-Ar同位素年龄值为531.4 Ma，含微古植物：*Polyporata* sp.

【地质特征及区域变化】 花儿地组在正层型地主要为浅海内源碳酸盐岩沉积，由灰色、灰褐色中厚层、块层状微晶灰岩、硅质灰岩组成，厚度367 m，产叠层石和微古植物化石，时代为蓟县纪。由正层型地向东花儿地组主要分布在托来南山的北坡其它大坂、花儿地、硫磺山及南白水河一带。横向上岩性变化不大，在东部南白水河一带主要为灰色、灰黑色厚层状灰岩，出露厚度1 156 m。在五个山一带，由含粉砂质结晶灰岩、鲕状灰岩、鲕状白云岩、白云岩夹角砾状灰岩及泥质灰岩组成，厚度361 m，含叠层石 *Baicalia*，*Gymnosolen*，*Chihsienella*，*Tungussia* 等，时代为蓟县纪。花儿地组在西部白云岩质地纯净，为一良好的白云岩、石灰石含矿层。总观花儿地组为在正常浅海陆架条件下的沉积物。

龚岔群 QnG (05-63-0004)

【创名及原始定义】 钱家骐、宫保军（1986）介绍⑩：叶永正（1976）依据原托莱南山群上部 *Gymnosolen* 普遍分布，并与 *Minjaria* 叠层石共生等特点，划分出的地方性年代地层单位，代表青白口系。

【沿革】 钱家骐、宫保军（1981）将龚岔群进一步由下而上划分为其它大坂组、五个山

组、哈什哈尔组、窑洞沟组。以上划分、命名虽为地方性年代地层单位，但其所指宏观岩性特征、组合方式及相对层位清晰，野外易于辨别、填图。本书沿用。

【现在定义】 指分布于中祁连山西段平行不整合于托莱南山群花儿地组之上一套碎屑岩、碳酸盐岩组合而成的地层。顶界不明。自下而上由其它大坂组、五个山组、哈什哈尔组、窑洞沟组并合而成。

【地质特征及区域变化】 龚岔群分布于托莱南山北坡的其它大坂—五个山一带及疏勒南山，呈狭长条状展布，主要为一套经受区域动力变质作用的低绿片岩相的陆源碎屑岩和碳酸盐岩地层，富含叠层石及微古植物。区域上岩性变化不大，较为稳定，依据叠层石分析归属晚元古代青白口纪。

其它大坂组 Qn*q* (05-63-0005)

【创名及原始定义】 钱家骐、宫保军（1981）创建于天峻县花儿地剖面，指“下部为紫、灰紫色薄—中厚层砂质粉砂岩与含砾石英岩状细粒长石石英砂岩、含砾中粗粒长石石英砂岩互层夹少量灰绿色含凝灰质石英粉砂岩；上部为灰色薄—中厚层细粒石英砂岩夹黑、灰绿色碳质板岩、泥质板岩，厚度为1 055～1 310 m，分布于其它大坂分水岭南侧，向东西两侧相变为砂质与碳质板岩。”

【沿革】 自创名以来，沿用至今，本书仍沿用。

【现在定义】 指平行不整合于花儿地组碳酸盐岩之上，整合于五个山组碳酸盐岩之下的一套轻变质碎屑岩。下部以灰紫色、灰绿色变质含砾中粗—细粒长石石英砂岩为主；上部以灰色石英细砂岩为主夹黑色、灰绿色板岩。底以碎屑岩的出现与花儿地组分界，顶以碎屑岩的消失与五个山组分界。

【层型】 正层型为钱家骐等（1981）测制的天峻县花儿地剖面（97°11′，39°06′）第1—8层。

上覆地层：五个山组　深灰色、灰黑色薄层砂质鲕状灰岩与灰色中厚层细粒石英砂岩互层

———— 整　合 ————

其它大坂组　　总厚度＞1 055.00 m

8. 灰绿色、灰色薄层夹中厚层状细粒石英砂岩，上部夹泥质粉砂岩　342.00 m

7. 灰色中—厚层状细粒石英砂岩夹灰绿色泥质板岩，含微古植物：*Quadratimorpha ordinata*，*Taeniatum crassum*，*Polyporata* sp.　197.00 m

6. 黑色含碳质板岩夹灰色薄层状粉砂岩、砂岩、含微古植物：*Trachysphaeridium incrassatum*，*Polyporata microporosa*，*P.* sp.，*Taeniatum crassum*　120.00 m

5. 灰色薄层变中粒石英砂岩夹黑色含碳质板岩，含微古植物：*Asperatopsophosphaera umishanensis*，*Trachysphaeridium chihsienense*，*T. incrassatum*，*T. simplex*，*Pseudozonosphaera verrucosa*，*Polyporata* sp.，*P. obsoleta*　26.00 m

4. 黑色含碳质泥质板岩夹灰色薄层砂质粉砂岩　140.00 m

3. 紫色、灰紫色中厚层状砂砾质粉砂岩夹灰绿色含凝灰质硅质粉砂岩　14.00 m

2. 上部紫色中厚层含砾中粗粒长石石英砂岩与紫色细砂岩、粉砂岩互层；底部暗紫色中厚层含砾石英岩状细粒长石石英砂岩夹粉砂岩、细砂岩　98.00 m

1. 紫色、暗紫色薄层砂质粉砂岩夹暗紫色凸镜状含砾砂岩　＞118.00 m

—————— 平行不整合 ——————

下伏地层：**花儿地组**　灰色厚层状微晶灰岩

【地质特征及区域变化】　其它大坂组正层型所在地向西延入甘肃省境内、向东至五个山一带平行不整合于花儿地组之上，整合于五个山组之下。主要为紫色、灰绿色砂泥质岩，厚度1 310 m，含微古植物：*Asperatopsophosphaera umishanensis*。东延至查干布尔嘎斯一带，岩性相变为灰色、深灰色粉砂质板岩、含碳质板岩夹灰岩。该组从东到西，沉积相由陆缘滨海→滨海→浅海陆架环境转变。地质时代归属中元古代青白口纪。

五个山组　Qnw　(05-63-0006)

【创名及原始定义】　钱家骐、宫保军（1981）创建于祁连县五个山剖面。指："岩性下部为浅灰色厚层状、块层状砂质白云质灰岩与钙泥质板岩互层，底部夹玫瑰色薄层灰岩；上部为灰色厚层状微晶灰岩、含碳质结晶灰岩夹硬绿泥粉砂质板岩及钙泥质板岩，出露厚度473 m，与下伏其它大坂组呈整合接触。"

【沿革】　自创建沿用至今。

【现在定义】　整合于其它大坂组砂板岩组合之上、哈什哈尔组板岩及粉砂岩组合之下的一套以碳酸盐岩组合为主的地层。岩性主要为浅灰色砂质白云质灰岩、灰色微晶灰岩、含碳质结晶灰岩，夹灰绿等色钙质与粉砂质板岩。外延出现硅质灰岩、鲕状或角砾状灰岩、碎屑泥灰岩及石膏层等。顶以灰岩的消失与哈什哈尔组分界，底以灰岩的出现与其它大坂组分界。

【层型】　正层型为钱家骐等（1981）测制的祁连县五个山剖面（98°18′，38°45′）第9—12层。

上覆地层：**哈什哈尔组**　灰色薄层状凝灰质粉砂岩夹凝灰质板岩

——————整　合——————

五个山组　　总厚度473.00 m

12. 灰色厚层不等粒微晶灰岩夹玫瑰色薄层微晶灰岩，灰岩中含叠层石：*Gymnosolen furcatus*，*Beishanella multinodosa*　　15.00 m

11. 灰色硬绿泥石粉砂质板岩夹薄层凝灰质板岩　　63.00 m

10. 灰色薄层含碳质结晶灰岩夹钙质泥质板岩　　60.00 m

9. 浅灰色厚层—块状砂质白云质灰岩与泥钙质板岩互层。下部玫瑰色薄层灰岩，白云质灰岩、灰岩中含微古植物：*Trachysphaeridium minor*；叠层石：*Linella zhuica*，*L. jinxianensis*，*L.* cf. *avis*，*L.* cf. *ukka*，*L.* f.，*Beishanella multinodosa*，*Clavaphyton* f.，*Gymnosolen levis*，*G.* cf. *confragosus*，*Songjiella* f.，*Scopulimorpha* f.，*Inzeria tjomusi*，*Tungussia nodosa*，*Plumaria compactila*，*Baicalia capricornia*，? *Minjaria* f.，*Wawusia mirabilis*，*Kussiella corrugisa*　　335.00 m

——————整　合——————

下伏地层：**其它大坂组**　紫色粉砂质板岩、碳质泥质板岩夹凸镜状泥质粉砂质板岩。含微古植物：*Asperatopsophosphaera umishanensis*

【地质特征及区域变化】　五个山组由正层型所在地向西至花儿地，碳酸盐岩中镁质成分减少，钙质增高，出现大量鲕状灰岩，厚度增大至963 m，至查干布尔嘎斯一带出现厚—块层石膏层，构成工业石膏矿体，石膏层与灰岩为相变过渡关系。总厚度1 094 m。与上、下地层整合接触。地质时代归属中元古代青白口纪。

该组在横向上表现为东部五个山地区，下部为潮间中能环境条件下沉积的以砂屑为主的白云质灰岩，上部为潮下低能环境以微屑为主的产丰富叠层石的碳酸盐岩。在花儿地一带，显示地台边缘高能浅滩沉积的特点。西至查干布尔嘎斯为干燥条件下半局限流通的潮坪膏岩沉积，窑洞沟地区向浅海陆架环境转变。

哈什哈尔组　Qn*h*　(05 - 63 - 0007)

【创名及原始定义】　钱家骐、宫保军（1986）创建于甘肃省肃北县窑洞沟剖面[10]。原始定义："岩性由灰色、深灰色砂质板岩、钙质粉砂岩、富菱铁矿岩屑粉砂岩夹钙质石英细砂岩及凝块灰岩组成，厚度 411～937 m，与下伏五个山组及上覆窑洞沟组为整合接触。"

【沿革】　自创名沿用至今。本书沿用甘肃省清理定义。

【现在定义】　指整合于五个山组灰岩之上和窑洞沟组灰岩之下的一套轻微变质碎屑岩。主要岩性为灰色、灰紫色、灰绿色及灰黑色砂质板岩、钙泥质板岩与粉砂岩夹砂质灰岩、石英细砂岩及砾岩凸镜体。顶底分别以灰岩的出现与消失作为组界标志。上下关系均为整合。

【层型】　该组正层型，为甘肃省肃北县窑洞沟剖面（95°51′，39°35′），创名者 1981 年测制。主要由灰色、深灰色砂质板岩、钙质粉砂岩夹含菱铁矿钙质粉砂岩、砂质凝块灰岩组成，厚度 411 m。凝块灰岩和砂质板岩中含微古植物 *Trachysphaeridium*，*Asperatopsophosphaera*，*Trematosphaeridium holtedahlii* 等。时代为青白口纪。由正层型所在地向东延至青海省，以祁连县五个山剖面（98°21′，38°44′）第 13—16 层作为次层型，该剖面为甘肃省第二区测队 1974 年测制。

上覆地层：**窑洞沟组**　深灰色藻灰岩夹含铁质灰岩，产叠层石：*Paraconophyton inconspicum*（不清楚拟锥叠层石）

——————— 整　合 ———————

哈什哈尔组　　总厚度 1 652.00 m

16. 深紫红色薄层板状片理化粉砂岩，下部夹薄层白云母石 英大理岩和灰绿色安山质凝灰岩　　934.00 m
15. 黑色薄层板状钙泥质粉砂岩　　338.00 m
14. 深灰色厚层—块状灰岩，产叠层石：*Pacraconophyton inconspicum*（不清楚拟锥叠层石）　　84.00 m
13. 灰色薄层状凝灰质粉砂岩夹凝灰质板岩　　296.00 m

——————— 整　合 ———————

下伏地层：**五个山组**　灰色厚层不等粒微晶灰岩夹玫瑰色薄层微晶灰岩　　15.00 m

【地质特征及区域变化】　哈什哈尔组在五个山地区分别整合于五个山组之上和窑洞沟组之下，下部以黑色薄层板状钙质粉砂岩为主；上部以紫红色薄层板状粉砂岩为主夹大理岩和安山质凝灰岩，厚度 1 272 m。东延至天峻县干沟一带，整合于五个山组之上，下部以紫色块状砾岩、粗砂岩为主夹细砂岩；上部以灰黑色、灰绿色细碎屑砂岩、粉砂岩为主夹中粒砂岩，顶部夹不稳定砾岩，未见顶，出露厚度 878 m。在天峻县冬沃伦扎一带出露为灰色、紫红色中细粒石英砂岩夹薄层粉砂岩，偶夹含砾砂岩，未见底，出露厚度 423 m。窑洞沟组碳酸盐岩整合其上。

总观哈什哈尔组具有潮坪沉积特征，含叠层石：*Katavia karatavica* 及大量微古植物化石，时代为青白口纪。

窑洞沟组 Qny (05-63-0008)

【创名及原始定义】 钱家骐、宫保军（1986）创建于甘肃省肃北县窑洞沟剖面[10]。原始定义："岩性为灰色、深灰色中厚层状、厚层状隐晶质灰岩、凝块灰岩、角砾状灰岩、白云岩夹紫红色、深灰色钙质板岩，与上覆震旦系多若诺尔群石板墩组呈假整合接触，出露厚度 462～863 m。"

【沿革】 自创名沿用至今，本书沿用甘肃省清理涵义。

【现在定义】 指整合于哈什哈尔组碎屑岩之上的一套碳酸盐岩。主要岩性为灰色、深灰色隐晶质灰岩、角砾状灰岩、竹叶状灰岩、玫瑰色泥质灰岩，夹紫红色、深灰色板岩。底界以灰岩的出现与哈什哈尔组砂岩分界，顶界多呈断层接触，在北祁连山则被白杨沟群不整合覆盖。

【层型】 正层型为甘肃省肃北县窑洞沟剖面（95°51′，35°35′），创名者 1981 年测制。东延至青海省以祁连县五个山剖面第 17—24 层作为次层型（98°21′，38°44′），剖面为甘肃省第二区测队（1974）测制。

窑洞沟组	总厚度 783.00 m
24. 灰—深灰色厚层状灰岩（断层切割，未见顶）	341.00 m
23. 灰色厚层状含藻灰岩，中部含赤铁矿结核	49.00 m
22. 灰色中厚层角砾状灰岩	20.00 m
21. 灰—深灰色厚层状含藻灰岩，产叠层石，经西北地质科学研究所鉴定有：? *Gymnsolen* sp.（? 裸枝叠层石）	5.00 m
20. 灰色千枚状粉砂岩与薄层状灰岩互层	20.00 m
19. 灰—深灰色厚层状藻灰岩，产叠层石，经南京古生物研究所鉴定有：? *Baicalia* sp.（? 贝加尔叠层石）	102.00 m
18. 深灰—灰黑色薄层状钙质泥质粉砂岩，含石墨及云母鳞片	148.00 m
17. 深灰色藻灰岩夹含铁质灰岩，产叠层石：*Paraconophyton inconspicum*（不清楚拟锥叠层石）	98.00 m

———— 整 合 ————

下伏地层：**哈什哈尔组** 深紫红色薄层板状片理化粉砂岩，下部夹薄层白云母石英大理岩和灰绿色安山质凝灰岩

【地质特征及区域变化】 窑洞沟组延入青海省，在五个山一带下部主要为灰色、深灰色薄层灰岩与深灰—灰黑色薄层状钙质泥质粉砂岩。上部为灰—深灰色薄层灰岩、结晶灰岩、微晶灰岩等，灰岩中含叠层石：*Linella jinxianensis*，*Katavia* cf. *dalijiaensis*，*Inzeria* cf. *toctogulii*，*Gymnosolen* cf. *ramsayi* 等。东延至天峻县冬沃伦扎一带整合于哈什哈尔组之上，下部为灰色厚层状灰岩，产叠层石：? *Muraephyton* sp.；上部为深灰色、灰色千枚状泥质板岩夹灰岩凸镜体，产叠层石：*Collenia* sp.。顶部出露不全，出露厚度 561 m。

总观窑洞沟组为一碳酸盐岩台地沉积，略显退积型沉积特征，时代为青白口纪。

湟中群 Ch*H* (05-63-0013)

【创名及原始定义】 青海省地矿局于 1991 年在《青海省区域地质志》中命名。指原

“湟源群”上部的磨石沟组和青石坡组，为石英岩、石英砂岩、粉砂岩、板岩和千枚岩组成的石英岩-砂泥质岩层系，属低绿片岩相，时代归属长城纪。

【沿革】 自创名沿用至今，本书沿用。

【现在定义】 指不整合（?）湟源群之上，平行不整合于花石山群之下由石英岩、石英砂岩、粉砂岩、板岩和千枚岩组成的浅变质岩岩系，底以大量石英质碎屑岩的始现或不整合与湟源群东岔沟组分界。自下而上由磨石沟组和青石坡组组成。

【地质特征及区域变化】 湟中群为一套低绿片岩相的变质岩系，由石英岩、石英砂岩、粉砂岩、板岩和千枚岩组成。主要分布于茶拉河以东的娘娘山、拉脊山西段及乐都北山等地。时代归属中元古代长城纪。

磨石沟组 Ch*m* (05-63-0014)

【创名及原始定义】 青海综合地质大队区测队在1964年1∶20万西宁幅（J-47-[30]）区调时创建于湟中县磨石沟。原始定义指：“岩性主要为乳白—灰色厚—块层状石英岩，顶部及底部为灰—浅灰绿色中、薄层石英岩夹硅质千枚岩，局部地段底部夹少许千枚状绢云母石英片岩和绢云母变粒岩。总厚度541.7～670.4 m。”

【沿革】 该组自建组以来除时代归属有所变更外，名称、涵义、顶底界线均沿用至今，本书沿用。

【现在定义】 指不整合（?）于东岔沟组之上，青石坡组之下一套以石英质碎屑岩夹硅质千枚岩组合为主的变质岩系。底以石英质碎屑岩的始现（或不整合）与东岔沟组分界；顶以厚层石英质岩石的消失或厚层千枚岩的始现与青石坡组分隔。

【层型】 正层型为创名者1964年测制的湟中县东岔沟剖面（101°21′，36°34′）第12—16层。

上覆地层：**青石坡组** 硅质千枚岩

——————— 整 合 ———————

磨石沟组	总厚度541.77 m
16. 薄层石英岩夹硅质千枚岩	63.97 m
15. 硅质千枚岩夹薄层石英岩	32.65 m
14. 薄层石英岩夹硅质千枚岩	127.52 m
13. 灰—灰绿色中—厚层状石英岩夹硅质千枚岩	242.91 m
12. 乳白色—灰色厚—块层状石英岩	74.72 m

~~~~~~~ 不 整 合 （?） ~~~~~~~

下伏地层：**东岔沟组** 硅质千枚岩

【地质特征及区域变化】 磨石沟组自刚察县茶拉河、海晏县洪合日河向东南延至娘娘山、东岔沟、西岔沟及乐都北山等地。主要是一套乳白色、灰白色、灰黑色、肉红色厚—块层状石英岩、石英岩状石英砂岩、石英岩状杂砂质石英砂岩，夹灰色中细粒石英砂岩、变泥质粉砂岩、石英粉砂岩、板岩，或夹（千枚状）云母石英片岩、绿泥片岩等。交错层理、波痕及干裂构造发育，具滨海相沉积特征。在东西延展250 km范围内宏观岩性及组合特征、厚度均较稳定，是良好的区域性标志层位。各地厚度为：茶拉河、洪合日河厚度大于935 m；宝库、大通、湟源及拉脊山等地，厚度670～1 000 m；乐都北山一带，厚度大于643 m。另在茶拉
~~~~~~~

河和洪合日河两地，磨石沟组下部有石英砾岩（含砾石英岩），由此推测磨石沟组与东岔沟组之间可能有不整合存在。

【其他】 磨石沟组石英岩质地纯净，SiO_2 含量达 97%以上，构成大型多个石英岩矿床，探明总储量约占全省石英岩已探明总储量的 95%以上。该组岩石普遍变质，在湟中县田家寨乡大卡阳该套地层的石英岩、含铁石英岩及云母石英片岩中获得 Rb－Sr 同位素等时线年龄值 1 122 Ma（见《青海省区域地质志》）。

同名异物单位：刘鸿允（1959）在甘肃省天祝县臭牛沟北约 6 km 的磨石沟，将介于上石炭统下部绿述组与二叠系间的上石炭统上部的地层命名为磨石沟组，详见《中国地层典（七）石炭系》（1966）。同时王建章（1959）将同一地点之早石炭世地层亦称为磨石沟组。

青石坡组 Ch*q* （05－63－0015）

【创名及原始定义】 青石坡组创名于湟中县青石坡，创名者、时间、出处、层型同磨石沟组。原始定义："由千枚岩、千枚状（或瓦板状）泥质结晶灰岩和凝灰质砂岩等组成的类复理石建造，局部夹凝灰岩和变安山岩扁豆体，靠底部夹薄层石英岩，总厚度 413～2 401 m。"

【沿革】 青石坡组在横向上岩性较稳定，宏观特征明显，自建组以来除时代归属有异议外，无他变化。本书除对其单位层型底界做必要的修订外，基本上维持原义。

【现在定义】 指整合于磨石沟组变石英质碎屑岩之上、平行不整合于克素尔组白云质碳酸盐岩组合之下，一套灰色薄层粉砂质板岩夹变粉砂岩、钙质板岩、千枚岩、结晶灰岩等浅变质地层。底以巨厚层石英质变质碎屑岩的消失与磨石沟组分隔。

【层型】 正层型为创名者（1964）测制的湟中县东岔沟剖面（101°21′，36°34′）第 17—20 层。

上覆地层：**克素尔组** 黄褐色薄板状结晶灰岩

——————— 平行不整合⑪ ———————

青石坡组	总厚度 413.22 m
20. 富含褐铁矿的绢云千枚岩	31.79 m
19. 深灰色千枚状结晶灰岩	81.99 m
18. 千枚岩及条带状钙质千枚岩	48.34 m
17. 千枚岩，下部为硅质千枚岩	251.10 m

——————— 整 合 ———————

下伏地层：**磨石沟组** 薄层石英岩夹硅质千枚岩

【地质特征及区域变化】 青石坡组分布较为广泛，与磨石沟组形影相随，在刚察县茶拉河沟脑发育较全，层序清晰，变质轻微，主要是一套灰色薄层粉砂质泥板岩，薄—厚层石英粉砂岩，夹中细粒石英砂岩及钙质板岩，厚度为 1 819.9 m。与下伏磨石沟组整合接触，与上覆克素尔组平行不整合接触。自下而上沉积物颜色由灰色变为灰绿色、灰紫色。黄铁矿晶体（或结核）由少量—富含—少量。岩石由粉砂质板状千枚岩夹浅灰色轻变质泥质石英粉砂岩至细砂岩、含砾砂岩、石英砂岩，显示由粗—细—粗的层序特征。原生构造为波状层理、交错

⑪ 创名剖面为整合接触，经创名人 1977 年核查为平行不整合接触。见：孙崇仁等，1978，拉脊山西段磷矿普查报告（手稿）。

层理、干裂—水平层理—交错层理发育，显示由动荡滨海—闭塞海湾—海滩的沉积环境。由刚察茶拉河东延至大通娘娘山、湟中拉脊山及互助甘滩等地，其宏观岩性特征基本一致，厚度有所增大，达 2 400 m。

【其他】 青石坡组在茶拉河剖面以平行不整合伏于富含蓟县纪叠层石的花石山群之下。青海省第九地质队（1985）在平安县古城乡红土嘴的钙质板岩及湟中县丹麻乡黑沟台的碳质石英板岩、含磷碳质石英板岩中，取得 Rb－Sr 同位素等时线年龄值为 796.3Ma，仅作为青石坡组时限的参考资料。

目前，青石坡组为我省含磷最富的层位，省内已知的黑沟峡磷矿、东岔沟磷矿、秀马沟磷矿、小茶石浪磷矿均赋存于青石坡组地层之中。

花石山群 Jx*H* (05－63－0016)

【创名及原始定义】 青海综合地质大队区域地质测量队（1964）进行 1∶20 万西宁幅（J－47－[36]）区调时创建于湟中县花石山，代表中震旦统。指主要由白云岩和少许结晶灰岩组成的浅海相碳酸盐岩建造，中部夹厚约 15～50 m 之千枚岩。千枚岩岩性稳定，分布甚广，系良好的标志层。以此将花石山群分为：下部克素尔组和上部北门峡组，其间为整合渐变关系。

【沿革】 自创名以来沿用至今，本书沿用。

【现在定义】 指平行不整合于青石坡组之上一套以白云质碳酸盐岩组合为主的地层，顶界不明。由下而上包含克素尔、北门峡两个组级单位。

【地质特征及区域变化】 花石山群为一套以碳酸盐岩为主的地层，属低绿片岩相，与下伏湟中群为平行不整合接触，集中分布于刚察县赞宝化久山、马老得山、拉脊山西段一带，在大通县老爷山、互助县南门峡等地亦有零星分布。

克素尔组 Jx*k* (05－63－0017)

【创名及原始定义】 克素尔组创名于湟源县克素尔，创建者、时间、出处同花石山群，代表中震旦统下部。主要为灰白—灰—深灰色厚—块层状白云岩，局部地段底部有厚约 5 m 的角砾状结晶灰岩，顶部为灰—深灰色千枚岩标志层（局部含黄铁矿），厚度为 319.2～991.03 m。

【沿革】 克素尔组岩性及其组合特征明显、标志层清晰，自创建以来除其时代归属有异议外，其名称、界线基本被沿用。本书沿用克素尔组，并依据岩石地层单位划分原则，考虑在区域上克素尔组顶部千枚岩中夹有灰绿、灰紫色砂砾岩及见有平行不整合等特征，将其顶界重新修订为千枚岩层之底层面。底界经核查确定为平行不整合。

【现在定义】 平行不整合于青石坡组浅变质砂泥质碎屑岩组合之上、整合（或平行不整合）伏于北门峡组之下的一套以白云质碳酸盐岩组合为主的地层序列，产叠层石及微古植物化石。顶以灰—深灰色千枚岩的始现与北门峡组分隔。

【层型】 正层型为创名者（1964）测制的湟中县北门峡剖面（101°18′，36°27′）第 4—9 层。

上覆地层：**北门峡组** 灰—灰黑色千枚岩夹千枚状泥质结晶灰岩

———————— 整 合 ————————

克素尔组	总厚度 1 577.18 m
9. 灰—深灰色厚—块层状白云质结晶灰岩	31.02 m
8. 灰白色大理岩化白云质结晶灰岩	65.53 m
7. 深灰—黑灰色中厚层状白云质结晶灰岩	240.10 m
6. 深灰色厚—块层状白云质结晶灰岩	307.01 m
5. 灰—深灰色薄—厚层状白云质结晶灰岩，底部见厚约 5 m 的灰褐色、淡紫色角砾状灰岩	87.53 m
4. 千枚状泥质结晶灰岩夹薄层灰岩及钙质千枚岩	845.00 m

——————— 平行不整合 ———————

下伏地层：**青石坡组**　银灰-深灰色千枚岩，其中夹有凸镜状薄层石英岩

【地质特征及区域变化】　克素尔组主要分布于刚察县马老得山、拉脊山北坡、大通县老爷山至互助县南门峡及松多山一带，以鲕状白云岩为特征，岩性、厚度较为稳定，正层型所在地厚度 1 577.18 m。马老得山厚度 1 888 m。克素尔组底部有一层砾岩，砾石成分随地而异，变化较大，由东向西、自南而北变厚，砾石直径增大：北门峡仅见厚 5 m 的灰褐色、淡紫色角砾状灰岩，东岔沟已变为含砾钙质石英砂岩，克素尔则变为砂砾岩，厚度 17 m，海晏县茶拉河东侧为石英砾岩，刚察县马老得山为中—粗砾岩，厚度 5～6 m，赞宝化久山为粗—巨砾岩，厚度约 140 m，互助县南门峡为粗—巨砾岩，厚度 0～30 m。克素尔组底部多为含铁砂砾岩，在马老得山和南门峡含贫铁矿层。

【其他】　克素尔组是省内白云岩和石灰岩的主要含矿层位。在马老得山剖面块层状白云岩中，产叠层石：*Collenia* f.，*Tielingella* f.，*Anabaria* f.，*Baicalia* f.，*Kussiella* f.，*Tungussia* f.，*Minjaria* f.，*Scopulimorpha* f. 及微古植物化石等，组合面貌可相当于蓟县剖面南口系—蓟县系铁岭组的叠层石组合，其时代可暂归蓟县纪。

北门峡组　Jx*b*　（05-63-0018）

【创名及原始定义】　北门峡组创名于湟中县北门峡，创名者、时间、出处同花石山群。原始定义："代表中震旦统上部，岩性主要为灰白—深灰色厚—块层状白云岩（偶夹少许白云质结晶灰岩），局部具条带、鲕状和豹皮状构造或含燧石条带。部分地段有硅化现象，顶部在花石山等地有不稳定之角砾状白云岩层，厚度为 208.5～817.3 m。"

【沿革】　北门峡组岩性宏观特征明显，层位较为稳定，自建组以来，除时代归属有异议外，名称、单位层型界线均未有大的变更。本书沿用，并将其底界修订在千枚岩底层面。

【现在定义】　指整合于克素尔组之上（区域上见有平行不整合）的一套浅变质岩系：上部以白云岩为主；下部为灰—灰黑色千枚岩组成的地层序列，产叠层石及微古植物化石。底以灰—灰黑色板岩、千枚岩的始现，整合或平行不整合与克素尔组分界，顶界不明。

【层型】　正层型为创名者（1964）测制的湟中县北门峡剖面（101°18′，36°27′）第 10—13 层。

北门峡组	总厚度＞860.64 m
13. 灰色条带状白云岩（未见顶）	＞135.51 m
12. 灰—灰白色厚—块层状白云岩，部分具条带状构造，局部含燧石条带	312.56 m
11. 灰—灰白色厚—块层状白云岩	369.25 m

10. 灰—灰黑色千枚岩夹千枚状泥质结晶灰岩　　43.32 m

——————　整　合　——————

下伏地层：**克素尔组**　灰—深灰色厚—块层状白云质结晶灰岩

【地质特征及区域变化】　北门峡组主要分布于刚察县马老得山和湟中县花石山地区。岩性较为稳定，宏观特征明显，上部为块层白云岩、硅质白云岩及厚—巨厚层硅质条带白云岩，顶部夹硅质岩，厚度各地变化不大，为稳定的碳酸盐岩台地沉积；下部为板岩、含粉砂粘板岩夹白云质砾岩、白云岩、灰岩等，厚度 203 m，普遍含有铁质结核及碳质硅质磷块岩，局部富集成矿。本组也是省内白云岩矿和石灰岩矿的主要层位。

【其他】　在大通县鸾沟南—龙口门一带，见有一套底部以紫红色、黑灰色厚—巨厚层含砾砂岩平行不整合于克素尔组之上。下部为灰色、绿灰色含砾砂岩、含砾板岩与灰黑色绢云板岩、粉晶白云岩互层，厚度 290 m；中部为灰白色灰质白云岩，与绿灰色硅质岩、灰黑色碳质板岩、钙质板岩、灰岩呈互层状，厚度为 520 m；上部为灰色、灰白色细晶白云岩、灰质白云岩、角砾状灰质白云岩夹灰岩，厚度 961 m，产丰富的微古植物化石。青海省第九地质队 1990 年，将其命名为“鸾沟群”。本书认为鸾沟群为北门峡组同物异名单位，建议停用。

北门峡组的时代本书暂归蓟县纪，可详见本章第三节。

万洞沟群　Pt_2W　(05-63-0030)

【创名及原始定义】　由“万洞沟系”演绎而来。“万洞沟系”为青海石油普查大队 1958 年创建于万洞沟地区（1962 年发表）。原始定义指“分布于南祁连山地区（柴达木盆地北缘[12]）的震旦系，岩性为硅质灰岩、绿泥石石英片岩、变质砾岩、火山岩，含 *Collenia* 化石，厚度 4 310 m。”

【沿革】　“万洞沟系”涵义较为广泛，它包含了现所指的“万洞沟群”、“滩间山群”和“牦牛山组”的部分地层。青海省第一区调队（1981）将分布于赛什腾山至滩间山一带的，以片岩、碳酸盐岩为主的相当于万洞沟群的地层，称达肯大坂群上亚群。

【现在定义】　指分布于柴达木盆地北缘万洞沟一带千枚岩、片岩、大理岩、白云岩、石英岩、结晶灰岩为主夹中基性火山岩的中—浅变质岩系。顶底界线不明。

【层型】　万洞沟群创名者未指定层型，本书指定青海省第一区调队 1981 年在 1∶20 万马海幅（J-46-[17]）区调时测制的大柴旦镇万洞沟东剖面（94°27′，38°23′）第 1—12 层为选层型。

上覆地层：**滩间山群**　灰绿色蚀变安山岩

══════　断　层　══════

万洞沟群　　总厚度＞2 246.10 m

12. 灰色、灰白色厚层大理岩　　＞116.20 m

11. 灰色中厚—厚层状、条带状大理岩与灰绿色绢云石英片岩互层，局部夹绿泥片岩　　392.20 m

10. 绿—灰绿色凝灰质砂岩夹灰色中厚—厚层状硅质条带结晶灰岩　　343.80 m

9. 灰—黑灰色、白色厚层状结晶灰岩与片理化中基性火山岩互层夹少量绿色斜长角闪片岩　　383.00 m

---

⑫ 原始定义中地名有误，实为柴达木盆地北缘地区（编者注）。

8. 灰绿色绢云石英片岩　181.80 m

7. 灰色厚层状（40～50cm）硅化白云岩夹少量浅灰色薄层状石英岩　129.30 m

6. 白色厚层状含少量硅质条带白云岩　33.80 m

5. 灰色硅质条带细粒状白云岩　75.20 m

4. 深灰—黑灰色绢云千枚岩夹灰色厚层状硅质条带结晶灰岩　91.80 m

3. 绿—灰绿色斜长角闪片岩夹灰色厚层状硅质条带结晶灰岩，向上渐变为以灰色绿泥绢云千枚岩为主，夹灰岩及绿色斜长角闪片岩　148.20 m

2. 深灰色千枚岩　189.40 m

1. 深灰—黑灰色含石榴石千枚岩，向下渐变为以灰色千枚岩为主，夹含石榴石千枚岩及绿泥片岩（因断层破坏，底部层位出露不全）　＞161.40 m

【地质特征及区域变化】　单位层型顶底不明，仅以其涵义厘定之。凡出露于柴达木盆地北缘的中—浅变质前震旦纪地层，均归于万洞沟群中。下部为深灰色千枚岩、绢云千枚岩夹绿色斜长角闪片岩及少量层状硅质条带结晶灰岩；中部为灰色厚层状含硅质白云岩；上部为绢云石英片岩、结晶灰岩、大理岩为主夹片理化中基性火山岩及凝灰质砂岩。顶以断层与滩间山群灰绿色蚀变安山岩接触。

万洞沟群岩性变化较大，选层型所在地以东的联合沟一带，下部以灰黑色绿帘绢云片岩、电气石绢云石英片岩、绢云千枚岩、石榴石绢云片岩为主夹结晶灰岩、大理岩及少量石英岩；中部以灰色白云石大理岩、结晶灰岩、硅化白云岩为主，夹千枚岩及石英岩；上部以千枚岩与硅化白云岩互层为主，夹少量石英岩及条带状灰岩，产叠层石：*Conophyton* f.，*Gymnosolen* f.，*Jurusania* f. 等；顶部以暗绿色斜长角闪片岩为主夹斜长角闪岩及千枚岩。出露厚度大于2 050.1 m。在布赫特山西侧的敖包娃一带，下部为条痕状混合岩及片岩，夹少量大理岩；中部以白云石大理岩为主；上部以角闪片岩、云母片岩、石英片岩等为主，夹白云石、白云母大理岩；顶部为褐黄色巨厚层大理岩夹绿泥石片岩、石英片岩及白云母片岩，未见底顶，出露厚度大于5 601 m。在布赫特山东南侧的阿母内可山一带，下部为经混合岩化作用形成的条纹状混合岩夹石英岩及片岩；中部以黑云石英片岩、黑云片岩、角闪片岩及石英片岩为主，夹石英岩、大理岩等；上部以透闪石大理岩、白云石大理岩为主，夹片岩、变粒岩。顶底出露不全，出露厚度大于4 353.36 m。

从区域分布分析，各地出露的万洞沟群的岩性相差较大，但总体上以片岩、千枚岩及碳酸盐岩为主，与以片麻岩为主的达肯大坂岩群（岩）性截然不同。出露厚度在赛什腾山一带较小（2 050.1～2 246.1 m），布赫特山一带较大（4 353.36～5 601.00 m）。万洞沟群未取得可靠的年龄值，其时代有待进一步研究，本书暂归中元古代。

【其他】　分布于柴达木盆地北缘的万洞沟群，与分布于柴达木盆地南缘的小庙组、狼牙山组、丘吉东沟组，在宏观岩性特征、岩石组合方式及相对层位上基本一致。从区域上推究，下部基本为一套以硅质岩为主夹白云石大理岩的中高级变质岩系；中部为中—浅变质的镁质碳酸盐岩为主夹碎屑岩的变质岩系；上部为中—浅变质的以碎屑岩为主夹碳酸盐岩的变质岩系，此种特征在剖面表现特别明显。故本书认为柴达木盆地北缘、南缘与中祁连山地区前震旦纪变质岩系应为统一的整体，为同一沉积盆地的产物，岩石地层单位应统一。鉴于柴达木盆地北缘地区该套地层研究程度较低，故暂按不同地层系统分别清理命名（详见后文）。

冰沟群　Pt*B*　（05－63－0031）

【创名及原始定义】　青海省区测队（1971）在《1：20万诺木洪幅（J－47－[31]）、1：20

万香日德农场幅（J-47-[32]）区域地质测量报告书》中创建“冰沟组”。创名地点为都兰县冰沟地区。原始涵义代表震旦系上统，由下而上分三个岩组，第一岩组：大理岩、结晶灰岩岩组；第二岩组：结晶灰岩、大理岩、板岩夹石英岩岩组；第三岩组：变砂岩、板岩岩组。与下伏金水口群整合接触。

【沿革】 青海省地研所、青海省第一地质队（1975）将格尔木市野马泉地区狼牙山一带的浅变质碳酸盐岩夹碎屑岩地层命名为狼牙山组。1978年王云山、庄庆兴等将冰沟组改称冰沟群①，并重新划分为上、下两个岩组，归属蓟县系。同时又将狼牙山组改称狼牙山群，由下而上划分为石英岩、灰岩夹板岩组和碳酸盐岩组，归属蓟县系。庄庆兴等（1986）重测了冰沟剖面，将原冰沟组以碎屑岩为主的第三岩组命名为“丘吉东沟群”，将第一、第二岩组重新厘定为冰沟群⑦。本书经清理研究沿用冰沟群一名，并赋予新的涵义。

【现在定义】 厘定后的冰沟群指平行不整合于小庙组之上一套浅变质的碳酸盐岩、碎屑岩组合。其下部以碳酸盐岩为主夹细碎屑岩；上部以碎屑岩为主夹硅质岩、碳酸盐岩。顶界不明。由下而上包括狼牙山组和丘吉东沟组。

【地质特征及区域变化】 冰沟群为一套碳酸盐岩-碎屑岩建造。下部以碳酸盐岩为主，上部以碎屑岩为特征，其下与金水口（岩）群小庙组为平行不整合接触，属低绿片岩相变质岩系。主要分布在柴达木盆地南缘布尔汗布达山一带，在柴达木盆地西南缘狼牙山和丘吉东沟一带亦有零星分布。时代为蓟县纪—青白口纪。

狼牙山组 Jx*l* (05-63-0027)

【创名及原始定义】 王云山、庄庆兴等（1978）在《青海省震旦亚界划分对比》一文中介绍：青海省地研所、青海省第一地质队（1975）创名狼牙山组于格尔木市野马泉地区的狼牙山。原义指巴音果勒下游狼牙山一带出露的一套轻微变质的碳酸盐岩夹碎屑岩地层。由下而上划分为两个岩组，暂时对应震旦系全吉群的砂页岩组和白云岩组。

【沿革】 青海省区测队（1971）将出露于都兰县冰沟地区金水口（岩）群之上的以碳酸盐岩为主夹碎屑岩的变质地层创名为“冰沟组”，代表震旦系上统。王云山、庄庆兴等（1978）将冰沟组改称“冰沟群”，时代归属蓟县纪。将狼牙山组改称“狼牙山群”，并由下而上划分为石英岩、灰岩夹板岩组和碳酸盐岩组，归属震旦系。青海省地层表编写小组（1980）沿用狼牙山群，代表祁漫塔格地区的震旦—青白口系，划分为上、中、下三个岩组：上岩组以碳酸盐岩为主，富含叠层石；中岩组以碎屑岩为主夹碳酸盐岩；下岩组以碳酸盐岩为主夹碎屑岩，产叠层石。庄庆兴、孙广智等（1980—1982）在研究东昆仑山野马泉—白沙河地区前震旦系剖面时，再次对狼牙山群进行了研究，认为狼牙山群可以和冰沟群对比，将其一分为二，由下而上建立了“岩心库组”和“巴音果勒组”。庄庆兴等（1986）重新测制了都兰地区的冰沟剖面，查明原冰沟群第二、第三岩组间为平行不整合接触。将平行不整合面以上的以碎屑岩为主的第三岩组重新命名为“丘吉东沟群”，将平行不整合面以下的第一、第二岩组称“冰沟群”，二者均归属中元古界。这样，冰沟群被分解成两个地层单位——狭义的冰沟群和丘吉东沟群。

本次清理研究认为狼牙山群所包含的“岩心库组”和“巴音果勒组”，二者宏观岩性特征、组合方式基本一致，不易区别，实为同一岩石地层单位——组，故将“狼牙山群”降群为组。建议将狼牙山群所含二组同时停用。

因庄庆兴等在冰沟群第二、第三岩组间查明为平行不整合接触，将其一分为二，本书赞同，但冰沟群一名继续用于第一、第二岩组不符合《国际地层指南》规定，容易引起混乱。本书因原冰沟群第一、第二岩组宏观岩性特征、组合方式和相对层位与狼牙山组一致，而将其归并于狼牙山组中，并将狼牙山组与丘吉东沟组合并称冰沟群。

【现在定义】 厘定后的狼牙山组指平行不整合于小庙组之上、丘吉东沟组之下一套以浅变质的镁质碳酸盐岩、碳酸盐岩组合为主夹细碎屑岩的地层序列。富含叠层石、微古植物。顶底均以平行不整合面分隔。

【层型】 正层型为青海省地研所庄庆兴等（1986）重测的格尔木市野马泉狼牙山剖面⑦（91°48′，37°03′）。正层型顶底出露不全。次层型为都兰县冰沟剖面（96°43′，36°06′）（庄庆兴等1986年重测）、都兰县丘吉东沟剖面（96°51′，36°03′）（庄庆兴等1966年测制）。

格尔木市野马泉狼牙山剖面

上覆地层：**缔敖苏组** 砂砾岩、灰岩

～～～～～～ 不 整 合 ～～～～～～

狼牙山组	总厚度＞2 398.00 m
43. 灰白色、浅灰色块层角砾状白云岩，含叠层石（未见顶）	120.6 m
42. 深灰色厚—巨厚层层纹状碎裂白云岩，含层纹石	40.7 m
41. 灰白色块层细晶白云岩、角砾状白云岩、角砾状含灰质白云岩，含叠层石	287.0 m
40. 灰白色、浅玫瑰色块层亮晶残余粒屑白云质灰岩，含叠层石：*Anabaria* cf. *divergens*	208.3 m
39. 深灰色中厚—厚层层纹状粉晶灰岩，顶部含叠层石，具斜层理	20.0 m
38. 浅灰色块层斑纹状亮晶藻屑含白云质灰岩，含叠层石	81.5 m
37. 深灰色—灰白色、浅玫瑰色、灰绿色厚—巨厚层粉晶灰岩夹灰紫色、灰绿色灰色粘板岩，灰岩中含叠层石，具波状层理，间断性层理	69.4 m
36. 灰色、深灰色厚层斑纹状粒屑含泥质灰岩夹灰绿色灰黑色粘板岩，灰岩中含叠层石	11.3 m
35. 灰绿色厚层粉砂岩、粘板岩，夹灰白色厚层含砾、中粗粒石英砂岩。顶部为红褐色含褐铁矿中细粒石英砂岩夹褐铁矿扁豆体	19.7 m
34. 灰绿色、灰色粘板岩	27.7 m
33. 灰绿色、浅灰色厚—巨厚层细晶白云岩，含叠层石：*Linella* f.	53.0 m
32. 灰白色中厚—厚层细晶白云岩（亮晶藻云岩），含叠层石：*Pseudochihsienella* cf. *inconspicua*，*Conophyton* f.，*Colonnella* f.	37.1 m
31. 浅玫瑰色、灰紫色中厚—厚层粉晶白云岩夹灰白色厚层灰岩，含叠层石	20.4 m
30. 浅玫瑰色厚—巨厚层细晶含灰质白云岩，含叠层石：*Anabaria* f.，*Inzeria* f.，*Kussiella* f.	16.0 m
29. 银灰色、紫灰色粘板岩夹灰色中厚—厚层灰岩，含叠层石	8.2 m
28. 灰白色块层状斑纹状亮晶灰岩，上部浅玫瑰色厚层亮晶灰岩，含叠层石	94.8 m
27. 灰白色、浅灰色块层中晶白云岩	35.8 m
26. 灰紫色、灰绿色、灰色粘板岩与灰白色、黄绿色薄层泥质灰岩互层，含小叠层石，具波状层理	48.4 m
25. 浅灰色薄层泥晶灰岩与灰绿色薄层粉砂岩、板岩互层，灰岩中含小叠层石，具波状层理	9.7 m
24. 浅灰色厚层含硅质条带亮晶粒屑白云岩、粉晶白云岩，夹灰白色厚层灰岩，具纹层理	82.0 m

23. 灰白色厚层碎裂灰岩（辉绿岩侵入） >6.0 m

22. 灰白色厚层硅质条带细晶灰质白云岩 39.6 m

21. 灰色厚层细晶白云岩、细—粉晶灰岩，含叠层石：*Colonnella* f. 及？*Petaliforma* f. 22.5 m

20. 灰色薄—中厚层细晶灰岩与灰色薄—中厚层变细粒石英砂岩、青灰色粘板岩互层，灰岩中含小叠层石 20.3 m

19. 灰色厚—巨厚层泥晶灰岩，含叠层石：*Colonnella* f. 27.2 m

18. 灰绿色、灰色薄—中厚层变细粒海绿石石英砂岩、薄层石英粉砂岩、粘板岩，夹紫褐色赤铁矿海绿石石英砂岩 67.5 m

17. 灰绿色、灰色薄—中厚层变细粒海绿石石英砂岩夹薄层变石英粉砂岩、粘板岩，具交错层、波纹层理及小型波痕构造 >101.3 m

══════ 断 层 ══════

16. 深灰色薄—厚层细粉晶灰岩，含叠层石 >28.8 m

15. 灰色薄层泥晶灰岩，含叠层石：*Chihsienella* cf. *nodosaria*，*Conophyton garganicum*，*C. metulum*，*Colonnella* f. 57.6 m

14. 灰色中厚—厚层泥晶灰岩与灰绿色粘板岩互层，含叠层石：*Conophyton metulum*，*C. annanbaense*，*Colonnella* f. 31.6 m

13. 灰色、深灰色块层亮晶藻团粒含白云质灰岩，微层理发育，含叠层石：*Jacutophyton* f. 27.4 m

12. 灰绿色白云质粘板岩、粉砂岩夹灰色、灰褐色中厚—厚层泥晶灰岩，灰岩中含叠层石：*Conophyton* cf. *habuqieerensis*，*C.* f. 76.0 m

11. 深灰色中厚—厚层中—细砂屑灰岩夹灰绿色粘板岩，灰岩中含叠层石，具同生滑动层理 22.3 m

10. 深灰色中厚—厚层中—细砂屑灰岩与灰绿色粘板岩、泥灰岩互层，具凸镜状层理，含叠层石 22.7 m

9. 浅灰色、灰色厚—巨厚层亮晶藻屑灰岩，含叠层石：*Tungussia* f.，*Colonnella* f.，*Conicodomenia* f. 17.0 m

8. 灰色、灰绿色粘板岩夹深灰色、灰黑色中厚层泥晶泥灰岩，灰岩中具同生角砾、同生滑动层理、不规则层理 17.8 m

7. 灰色、深灰色亮晶鲕粒灰岩，具波状层理、交错层理 47.1 m

6. 灰色、深灰色中厚—厚层粉晶灰岩夹灰色泥质灰岩，灰岩中具同生角砾、同生滑动层理、波状层理 53.9 m

5. 灰色、深灰色粘板岩与薄—中厚层细粉晶含泥质灰岩互层。粘板岩中含微古植物：*Trematosphaeridium holtedahlii*，*T.* sp. 97.3 m

4. 灰色、深灰色白云质粘板岩、粉砂质粘板岩，偶夹灰色、深灰色细粉晶含泥质灰岩，灰岩中局部具硅质条带 176.3 m

3. 灰色板岩与灰色厚层泥晶含白云质灰岩互层，含叠层石：*Conophyton* f.，? *Tielingella* f. 72.4 m

2. 灰色板岩夹灰色、深灰色中厚—厚层泥晶灰岩 53.3 m

1. 浅灰色巨层硅质岩（未见底） >20.5 m

都兰县冰沟剖面

上覆地层：**丘吉东沟组** 黑色含碳质硅质板岩，含硅质粘板岩

══════ 断层接触 ══════

狼牙山组 总厚度 6 009.80 m

38. 灰色块层硅质纹带硅质条带泥晶白云岩夹含碳质粘板岩，板岩中含微古植物：

Trematosphaeridium minutum 59.80 m

37. 灰色板状碳质粉砂质粘板岩夹少量薄层灰岩 15.30 m
36. 黑灰色块层含硅质岩屑粉晶—细晶白云岩，局部具硅质条带，富含叠层石 *Conophyton* f.，*Kussiella binggouensis*，*Kunlunia binggouensis*，*Jurusania* f.，*Boxonia dentata* 66.90 m
35. 灰白色巨层含硅质条带硅质白云岩、深灰色白云质硅质岩，含叠层石 *Minjaria* f.，? cf. *Tielingella* 74.20 m
34. 黑灰色巨层含硅质粉晶—细晶白云岩 13.30 m
33. 灰白色巨层碎裂含灰质白云岩 31.40 m
32. 灰绿色灰紫色粉砂质方解绿泥千枚状板岩夹深灰色含碳质泥晶白云岩、白色白云岩 50.00 m
31. 白色碎裂硅质白云岩 128.20 m
30. 灰绿色粉砂质方解绿泥千枚状板岩夹白色白云岩 12.40 m
29. 白色碎裂含硅质纹带粉晶白云岩，含硅质粉晶灰岩，含叠层石 *Conophton* f. 189.40 m
28. 黑灰色厚—巨层碎裂含硅质粉晶白云岩，含叠层石 104.80 m
27. 深灰色、灰色块层不等粒细晶白云岩，含硅质纹带及条带，含叠层石：*Kussiella* f.，*Conophyton* f. 154.10 m
26. 白色块层硅质不等粒细晶白云岩夹硅质岩，富含叠层石 42.90 m
25. 灰黑色厚—块层硅质条带硅质粉晶白云岩 67.40 m
24. 浅灰色巨层硅质岩夹灰白—灰黑色巨—块层硅质白云岩 61.30 m
23. 浅灰色巨层硅质条带含硅质泥晶白云岩 118.80 m
22. 浅灰色块层硅质粉晶白云岩、粒屑白云岩夹硅质岩，含巨型叠层石 *Conophyton* f.，*Coronaconophyton* f. 79.00 m
21. 灰色、深灰色块层含硅质纹带泥晶白云岩、含硅质粒屑白云岩 126.40 m
20. 灰色、深灰色厚—巨厚层硅质条带含硅质泥晶白云岩，含层纹石 76.60 m
19. 灰色块层粉晶白云岩 52.30 m
18. 灰色厚—巨厚层硅质条带粉晶白云岩 140.80 m
17. 灰色块层硅质泥晶白云岩、粉晶白云岩，夹白云质硅质岩，含叠层石 *Jurusania* f.，*Gymnosolen ramsayi*，*Conophyton* f. 284.60 m
16. 灰黑含粉砂粘板岩、碳质磷块岩、含磷碳质硅质板岩，底部为灰色中—粗粒白云岩屑砾岩。板岩中含微古植物：*Quadratimorpha* sp.。此即冰沟磷矿的含矿层位 59.90 m
15. 灰白色块层白云岩，上部夹灰黑色硅质岩及灰色含硅质变形鲕粒白云岩，含叠层石：*Conophyton* f.，*Jurusania* f. 379.40 m
14. 灰白色块层硅质含团粒粉晶白云岩，富含叠层石 *Baicalia rara*，*Colonnella discreta*，*Kussiella* cf. *enigmatica*，*Minjaria* f.，*Tungussia* f. 434.60 m
13. 灰绿色含硅质粘板岩、绿帘石英绿泥片岩、绿帘钠长片岩夹少量薄层粉晶灰岩，板岩中含微古植物 *Trematosphaeridium minutum*，*Trematosphaeridium* sp.，*Quadratimorpha* sp.，*Margominuscula* sp. 32.10 m
12. 深灰色块层条带状结晶灰岩 276.10 m
11. 灰绿色绿泥千枚状板岩 38.70 m
10. 深灰色块层条带状结晶灰岩，亮晶粒屑粉晶灰岩 544.50 m
9. 灰色块状含石英粉晶灰岩 148.40 m
8. 灰绿色粉砂质粘板岩、泥质粉砂岩、灰绿色绿帘绿泥片岩、绿帘片岩与绿白色薄层粉砂质灰岩、灰色灰岩互层，含微古植物 *Trematosphaeridium minutum*，此即冰沟群的含铁层位 578.30 m
7. 深灰色块层含硅质条带细晶—粉晶白云岩 167.80 m

6. 深灰色厚—巨层硅质条带含硅质粉晶白云岩夹灰白色中厚—厚层硅质岩，含微古植物 *Trematosphaeridium minutum.*，*Lignum* sp. 281.60 m

5. 灰色块层硅质条带中晶—细晶白云岩，含微古植物 *Trematosphaeridium minutum* 230.20 m

4. 深灰色块层硅质条带白云岩、灰质白云岩夹灰白色中厚—厚层硅质岩，含微古植物：*Trematosphaeridium* sp. 306.10 m

3. 灰色块层硅质条带白云岩、含白云石细晶灰岩、砾状硅质岩与灰黑色蚀变（镁铁闪石化）硅质岩互层，含黄铁矿晶体或夹薄层 138.20 m

2. 深灰色块层硅质条带含赤铁矿硅质灰岩 107.50 m

1. 灰黑色薄层条带状亮晶粉晶灰岩夹含磷碳质硅质板岩 336.50 m

——————— 平行不整合 ———————

下伏地层：**小庙组** 灰绿色白云石英片岩、黑云石英片岩夹少量灰白色条带状大理岩

都兰县丘吉东沟剖面

上覆地层：**丘吉东沟组** 灰紫色巨层白云质砾岩，砾砂屑泥质白云岩含微古植物：*Lignum* sp.

——————— 平行不整合 ———————

狼牙山组 总厚度＞929.50 m

14. 灰紫色粘板岩 3.80 m

13. 蛋青色青灰色灰色白云质粘板岩 7.50 m

12. 灰色厚—巨厚层富含燧石结核细—中晶白云岩，顶部深灰色硅质岩，含叠层石：*Conophyton* f. 8.00 m

11. 灰色厚层硅质团块硅质条带粉晶白云岩 53.40 m

10. 灰色厚层硅质白云岩，含叠层石 35.90 m

9. 灰黑色厚—巨层硅质岩，含微古植物：*Trematosphaeridium miuntum* 22.50 m

8. 灰色厚—块层硅质白云岩 79.10 m

7. 灰色粉砂质粘板岩，含微古植物：*Leiopsophosphaera* sp. 122.20 m

6. 深灰色厚—巨层硅质白云岩，含叠层石 48.00 m

5. 灰色厚—巨层硅质岩 48.20 m

4. 灰色巨—块层硅质纹带白云岩夹硅质条带白云岩 184.60 m

3. 灰黑色厚层硅质条带白云岩 88.70 m

2. 灰白色肉红色厚—巨层硅质岩、白云质硅质岩，含叠层石：*Conicodomenia regularis*，*Conphyton* f. 72.30 m

1. 灰色块层含粒屑粉晶白云岩夹硅质粉晶白云岩（未见底） ＞155.30 m

【地质特征及区域变化】 狼牙山组主要断续出露于东昆仑山北坡，在正层型所在地其下部为粘板岩与泥晶白云质灰岩、灰岩、鲕状灰岩、角砾状灰岩夹粉砂质粘板岩、硅质岩，富含叠层石；中部为变细粒含海绿石石英砂岩、粘板岩夹含铁石英砂岩、泥晶灰岩；上部以白云岩、角砾白云岩为主夹灰岩及粘板岩等，含叠层石。

自层型地向东在冰沟一带平行不整合在小庙组之上，下部以条带状白云岩、亮晶和粉晶灰岩，条带状硅质岩为主偶夹千枚岩、粘板岩，底部夹含磷碳质硅质板岩；中、上部以硅质白云岩、白云岩为主夹千枚岩、粘板岩，中部夹灰黑色粉砂质粘板岩、碳质磷块岩。在丘吉东沟一带，下部为含粒屑粉晶白云岩、硅质条带白云岩、硅质白云岩夹硅质岩、白云质硅质岩；上部为硅质岩、硅质白云岩、粉砂质粘板岩、硅质团块及硅质条带粉晶白云岩等，含叠层石及微古植物。未见底，顶与丘吉东沟组白云质砾岩平行不整合接触，厚度大于929.5 m。

【其他】 狼牙山组碳酸盐岩中产丰富的微古植物及叠层石。微古植物有：*Trematosphaeridium minutum*, *T.* sp., *Quadratimorpha* sp., *Lophosphaeridium* sp., *Taeniatum* sp., *Laminarites* sp., *Lignum* sp. 等；叠层石有：*Anabaria* cf. *divergens*, *A.* f., *Baicalia rara*, *Boxonia dentata*, *Chihsienella* cf. *nodosaria*, *Colonnella discreta*, *Conicodomenia* f., *Conophyton annanbaense*, *C.* cf. *habuqieerensis*, *C. circulum*, *C.* f., *Inzeria* f., *Jurusania* f., *Kunlunia binggouensis*, *Minjaria* f., *Tungussia* f. 等，根据所含化石，狼牙山组的时代为蓟县纪。狼牙山组的同物异名单位有"冰沟群"。

丘吉东沟组 Qnqj (05-63-0028)

【创名及原始定义】 最先由庄庆兴等（1986）建群于都兰县丘吉东沟一带⑦，首见于庄庆兴等（1986）《青海省东昆仑山前寒武系》一文。指原冰沟组第三岩组，"它是一套以碎屑岩为主的地层，厚逾1 500 m。据其岩石组合可分三个岩组：即下岩组、中岩组、上岩组。三个岩组分别由砾岩（包括硅质岩、硅质板岩）—砂板岩—碳酸盐岩的层序，是本区前寒武系的最高层位。"

【沿革】 "丘吉东沟群"为一地方性年代地层单位，但所指岩性特征较为明显，沿用至今。本书沿用之，并降群为组。

【现在定义】 指平行不整合于狼牙山组之上一套浅变质的以碎屑岩为主夹硅质岩、镁质碳酸盐岩的地层，富含叠层石及微古植物。底以平行不整合面为界，顶界不明。

【层型】 正层型为庄庆兴等1986年测制的都兰县丘吉东沟剖面（96°51′, 36°03′）第15—35层。

丘吉东沟组	总厚度>1 581.00 m
35. 灰色粉砂质粘板岩（未见顶）	>150.00 m
34. 灰色、浅灰色巨厚层硅质白云岩夹硅质岩，含叠层石：*Spicaphyton qiujidonggouense*	150.00 m
33. 黑灰色粘板岩夹灰色厚—巨厚层变粉砂质细粒长石杂砂岩及绿灰色变泥质细粒石英粉砂岩	289.00 m
32. 灰色、灰绿色含粉砂粘板岩	267.90m
31. 灰色厚—巨厚层变粉砂质细粒长石石英砂岩、变钙质胶结细粒石英砂岩	62.90 m
30. 灰色厚—巨厚层变复成分砂砾岩	27.60 m
29. 灰色粉砂质粘板岩	16.60 m
28. 灰色厚—巨厚层变中细粒长石石英砂岩	27.30 m
27. 灰色千枚状粉砂质粘板岩，Rb-Sr同位素等时线年龄值为（676±65）Ma	19.70 m
26. 灰色厚—巨厚层变钙质胶结复成分砂砾岩夹灰色厚—巨厚层变中粒长石石英砂岩	126.50 m
25. 灰色含粉砂粘板岩	66.80 m
24. 灰色厚—巨厚层变细粒长石石英砂岩	38.90 m
23. 灰色粉砂质粘板岩	39.40 m
22. 灰色含粉砂质粘板岩夹灰色粉砂岩	166.90 m
21. 黑色薄—中厚层碎裂含硅质碳质板岩、碳质硅质岩，含微古植物：*Trematosphaeridium* sp., *Laminarites* sp.	9.40 m
20. 黑灰色含碳质粉砂质粘板岩，含微古植物：*Lignum* sp., ? *Oscillatoriopsis* sp.	58.60 m
19. 深灰色含铁质硅质板岩夹灰黑色薄层碳质硅质岩	7.70 m

18. 灰色薄—中厚层状粉砂泥钙质硅质岩（硅质板岩） 12.80 m
17. 灰色板状含粉砂质粘板岩夹灰黑色薄—中厚层硅质板岩 14.30 m
16. 灰色中厚—厚层硅质条带含胶磷矿粉晶白云岩 2.30 m
15. 灰紫色巨厚层白云质砾岩、砾砂屑泥质白云岩，含微古植物：*Lignum* sp. 26.40 m

——————— 平行不整合 ———————

下伏地层：狼牙山组　灰紫色粘板岩

【地质特征及区域变化】 丘吉东沟组正层型顶部出露不全，从区域上分析仅出露中、下部层位。依据正层型所产叠层石、微古植物化石及 Rb－Sr 同位素等时线年龄值（676±65）Ma 等，确定丘吉东沟组在正层型地时代为青白口纪。

丘吉东沟组主要分布于冰沟和丘吉东沟一带，在冰沟一带仅见其中部层位，岩性为含碳质硅质板岩、含硅质粘板岩、含粉砂质粘板岩；底部与狼牙山组呈断层接触，顶部出露不全，出露厚度大于 12.0 m。在都兰县哈尔汗一带出露者为灰黑色、灰绿色条带状粉砂质粘板岩、石英岩夹变石英粉砂岩，顶底出露不全。

总观丘吉东沟组，在区域上极不稳定，除正层型地出露较全外，其他地区呈断块出现。

万保沟群　Pt*W*　(05－63－0029)

【创名及原始定义】 青海省第一区调队（1981）在《1∶20 万纳赤台幅（I－46－[5]）、格尔木市幅（J－46－[35]）区域地质调查报告》中，将分布于万保沟一带的一套浅变质碎屑岩、火山岩、碳酸盐岩创名为“万保沟群”，时代归中、上元古界。并据岩性组合分为四个岩组，即下碎屑岩组、火山岩组、碳酸盐岩组、上碎屑岩组。

【沿革】 万保沟群为一地方性年代地层单位，自创建沿用至今。本书沿用其名，并将其涵义依据岩石地层单位划分准则进一步厘定。

【现在定义】 指分布于东昆仑山南坡一套由浅变质碎屑岩、火山岩和浅变质碳酸盐岩组成的地层序列。下部以碎屑岩、火山岩为主夹碳酸盐岩；中部以火山岩为主夹碎屑岩；上部以碳酸盐岩为主夹碎屑岩。顶底界线不明。

【层型】 正层型为青海省第一区调队(1981)测制的格尔木市万保沟剖面(94°20′,35°59′)第 1—14 层。层型顶底出露不全，仅相当于该群的下部层位。本书以该队同年测制的格尔木市没草沟剖面（94°09′，35°57′）作为次层型给以补充，剖面第 5—26 层代表中部，第 27—42 层代表上部。

格尔木市万保沟剖面

万保沟群 总厚度>1 088.80 m
14. 灰绿色—暗绿色蚀变玄武岩（未见顶） >15.00 m
13. 灰绿色蚀变玄武岩夹灰绿色蚀变安山岩 197.60 m
12. 浅灰绿色蚀变玄武岩 57.00 m
11. 浅灰绿色蚀变玄武岩夹灰绿色蚀变安山岩及千枚岩 26.30 m
10—9. 浅灰绿色蚀变安山岩 98.60 m
8—7. 浅灰绿色蚀变安山岩夹千枚岩 63.90 m
6. 浅灰绿色蚀变安山岩夹浅灰绿色蚀变碎裂玄武岩 91.40 m
5. 浅灰绿色蚀变安山岩偶夹千枚岩 13.10 m

4. 浅灰绿色片理化蚀变安山岩 40.00 m

3. 灰色片理化不等粒石英长石岩屑质砂岩，偶夹黑灰色绢云石英千枚岩 59.60 m

2. 灰—深灰色（风化浅灰褐色）中厚层状变粉砂—中细粒石英长石岩屑质砂岩夹千枚岩 298.60 m

1. 灰—黑灰色变粉砂岩夹粉砂质碳质板岩（断层切割，未见底） >127.70 m

格尔木市没草沟剖面

万保沟群 总厚度>3 870.10 m

42. 暗绿色片理化凝灰质砂岩夹灰—灰白色厚层条带状结晶灰岩（断层，未见顶） >55.40 m

41. 灰白色、深灰色厚层条带状结晶灰岩 29.70 m

40. 灰绿色—暗绿色片理化凝灰质砂岩夹灰绿色千枚状层凝灰岩 34.50 m

39. 白色—灰白色厚层结晶灰岩与灰绿色钙质凝灰质砂岩互层 41.90 m

38. 灰绿色—暗绿色片理化钙质凝灰质砂岩夹灰绿色板状凝灰质千枚岩 167.30 m

37. 深灰—黑灰色厚层条带状结晶灰岩 259.40 m

36. 白色薄层条带状含粉砂质结晶灰岩 20.40 m

35. 灰色、灰绿色千枚状凝灰质粉砂岩夹少量灰白色条带状灰岩及深灰色泥质-粉砂质板岩 118.60 m

34. 深灰—黑灰色厚层条带状结晶灰岩 134.10 m

33. 灰—浅灰绿色钙质砂岩夹黑灰色板状含绿泥绢云千枚岩及少量灰岩 46.70 m

32. 灰色薄层砂岩夹薄层含粉砂质结晶灰岩。上部灰岩夹层增多，并夹灰紫色片理化砂岩 45.80 m

31. 深灰色厚层条带状结晶灰岩 29.40 m

30. 下部灰绿色板状千枚岩，上部片理化凝灰质砂岩，夹深灰色条带状不纯灰岩 34.60 m

29. 深灰—黑灰色厚层状结晶灰岩，上部夹灰绿色板状绿泥千枚岩 88.60 m

28. 暗绿色片理化层凝灰岩 18.00 m

27. 灰色厚层石英质砂岩夹灰黑色厚层千枚状含硅质粘土质白云岩 7.30 m

26. 灰绿—暗绿色蚀变玄武岩 26.50 m

25. 浅灰色—绿灰色千枚状凝灰岩夹深灰及灰白色条带状灰岩 14.10 m

24. 暗绿色片理化蚀变玄武岩，上部夹灰色薄层灰岩 527.70 m

23. 灰绿—暗绿色片理化蚀变中基性熔岩凝灰岩 19.00 m

22. 暗绿色片理化蚀变玄武岩 128.80 m

21. 灰—灰绿色片理化蚀变安山玄武岩 16.30 m

20. 暗绿色蚀变玄武岩 65.40 m

19. 灰—绿灰色千枚状层凝灰岩夹灰色及白色薄层结晶灰岩 9.70 m

18. 暗绿色片理化蚀变玄武岩夹少量灰绿色薄层凝灰岩 281.50 m

17. 灰—浅绿色片理化蚀变层凝灰岩夹深灰色条带状结晶灰岩 49.70 m

16. 暗绿色片理化蚀变玄武岩夹浅灰绿色凝灰质砂岩，上部夹少量灰白色薄层结晶灰岩 132.40 m

15. 灰—浅灰绿色片理化蚀变安山玄武岩夹少量灰岩 148.60 m

14. 灰绿色—暗绿色片理化蚀变玄武岩夹少量灰岩 185.40 m

13. 浅灰绿色片理化蚀变玄武岩 34.20 m

12. 灰绿色—暗绿色片理化蚀变玄武岩夹少量灰绿色不规则片理化薄层凝灰质砂岩 84.60 m

11. 灰绿—绿灰色片理化蚀变玄武岩 76.70 m

9. 浅灰绿色片理化蚀变玄武岩⑬ 207.90 m

8. 绿—暗绿色蚀变玄武岩夹少量灰绿色凝灰质砂岩及薄层灰岩 85.10 m

7. 灰绿色片理化蚀变中基性凝灰熔岩夹不稳定的暗绿色蚀变玄武岩及少量薄层灰岩 250.60 m

6. 绿—灰绿—暗绿色片理化蚀变玄武岩夹凝灰质砂岩及少量灰岩扁豆体 118.70 m

5. 浅灰—褐灰色蚀变安山玄武岩 8.70 m

4. 深灰—黑灰色厚层条带状结晶灰岩 47.90 m

3. 灰色、浅灰—灰白色中厚—厚层状结晶灰岩与灰—青灰色中厚层状变中细粒钙质岩屑质长石砂岩互层 62.90 m

2. 灰—浅灰色—灰白色中厚—厚层状结晶灰岩夹少量青灰—灰绿色薄层片理化砂岩（出露不全） >56.00 m

【地质特征及区域变化】 正层型下部为浅变质碎屑岩，中部为火山岩夹碎屑岩及碳酸盐岩，上部以结晶灰岩为主夹浅变质碎屑岩及火山碎屑岩。在灰岩中见有叠层石：*Conophyton*? *metulum*，*C.*? *cylindricum*，时代为中晚元古代，出露厚度大于 4 189.2 m。

在正层型地附近的小南川和纳赤台东，上部碳酸盐岩以白云岩为主，中部火山岩以蚀变安山岩为主，未见下部碎屑岩。正层型地向西在石子山一带，岩性以蚀变玄武岩为主夹大理岩，在上部的粉晶灰岩中，产叠层石 *Conophyton* f.，未见底，其上被闹仓坚沟组不整合覆盖，出露厚度大于 2 923.5 m。正层型地向东在哈尔汗一带，上部以白云岩、白云质灰岩为主夹凝灰岩及板岩，下部以安山岩为主夹凝灰岩及砂质板岩，未见顶底，出露厚度大于 2 449.0 m。

万保沟群出露于东昆仑山南坡，严格受断裂控制，呈断块状分布，与其他地层多呈断层接触，未见顶底，局部地段可见新地层不整合覆盖其上。

第二节 生物地层

省内早元古代及其以前地层均无生物依据。中、晚元古代地层产有叠层石及微古植物，按地区分述如下。

一、祁连山东段地区

指祁连县以东的祁连山地区。本区研究程度低，生物面貌不十分清楚，目前仅在磨石沟组、青石坡组中发现微古植物，且仅局限在大通、互助地区。克素尔组、北门峡组含有叠层石和微古植物。

（一）*叠层石*

产于克素尔组和北门峡组碳酸盐岩和硅质岩中。

克素尔组：在马老得山采有 *Tielingella* f.，*Anabaria* f.，*Collenia* f.，*Kussiella* f.，*Linella* f.，*L. annanbaensis*，*Minjaria* f.，*Baicalia* f.，*Tilemsina divergens*，*Scopulimorpha* f.，*Tungussia* f.，*Gymnosolen* f.。在南门峡采有：*Tungussia* f.，*Baicalia* cf. *baicalica*，*B.* f.，*Minjaria* f.，*Anabaria* cf. *chihsienensis*，*A.* f.，*Gymnoselen* f.。在南门峡西格隆地区采有 *Baicalia* cf. *baicalica*。在北多脑沟采有 *Chihsienella* f.，*Conophyton* f.，*Colonnella* cf. *discreta* 等。

⑬ 原稿无第10层。

北门峡组：在马老得山采有 *Tungussia* f.，*Anabaria* f.，*Colonnella* f.，*Collenia* f.，*Minjaria* f.，*Conophyton* cf. *lituum* 等。

（二）微古植物

磨石沟组仅在大通县斜沟—庙沟一带，含有 *Sphaeromorphida* 和 *Trachysphaeridium levis*，*T*. sp.。

青石坡组在大通县庙沟地区、互助县南门峡一带，含丰富的微古植物：*Leiominuscula incrassata*，*Leiosphaeridia asperata*，*Leiopsophosphaera infriata*，*Eomycetopsis crassiusculum*，*Lignum* sp.，*Trachysphaeridium levis*，*Protosphaeridium* sp.，*Pterospermopsimorpha* sp.，*Satka*（?）sp. 等。

克素尔组：在南门峡地区有 *Trachysphaeridium levis*，*T*. sp.，*Trematosphaeridium*，*Asperatopsophosphaera* sp.，*Protosphaeridium* sp.，*Brocholaminaria* sp.。在马老得山有 *Asperatopsophosphaera* cf. *partialis*，*A*. sp.，*Trachysphaeridium* sp.。在赞宝化久山有 *Trematosphaeridium* sp.。

北门峡组：在马老得山一带含有 *Asperatopsophosphaera* cf. *partialis*，*A*. sp.，*Trematosphaeridium* sp.，*Trachysphaeridium* sp.，*Leiopsophosphaera* sp.，? *Quadratimorpha* sp.。在赞宝化久山一带有 *Asperatopsophosphaera* sp.，*Pseudozonosphaera* sp.，*Trachysphaeridium* sp.，*Trematosphaeridium* sp.。在大通县倒人沟一带含有：*Leiosphaeridia* sp.，*L*. *asperata*，*Laminarites antiquissimus*，*L*. sp.，*Trachysphaeridium* sp.，*T*. *laminaritum*，*T*. *levis*，*Jilinella* sp.，*Asperatopsophosphaera bavlensis*，*A*. sp.，*A*. *umishanensis*，*Leiopsophosphaera* sp.，*Trematosphaeridium* sp.，*Protosphaeridium* sp.，*Brochopsophosphaera* sp.，*Satka* sp.，*Kildinosphaera chagrinata*，*K*. sp.，*Brocholaminaria* sp.。

二、祁连山西段地区

指祁连县以西的祁连山地区。长城—青白口纪地层分布广泛，层序较为清晰、完整，叠层石及微古植物丰富，是研究中、晚元古代生物地层的理想地区之一。钱家骐等⑭（1990）对祁连山西段的晚前寒武纪地层进行了专题研究，获得比较丰富的叠层石和微古植物化石，对生物地层进行了初步研究和划分，自下而上建立了三个叠层石组合，同时对微古植物进行了详细描述。

（一）叠层石

1. 第一组合

主要分布于南白水河组中部，常形成不大的凸镜状礁体，产于白云岩或大理岩中，类型简单，以不分叉锥叠层石、圆柱叠层石及具简单平行分叉的柱叠层石为主。主要分子有：*Conophyton garganicus*，*C*. f.，*Jurusania cylindrica*，*Colonnella* f.，*Collenia* f. 等。

2. 第二组合

主要分布于花儿地组中，大多呈层状、似层状产出，以柱状为主。自下而上双叉由简单到复杂，侧部从无壁到有壁。根据产出层位及叠层石特点分两个亚组合。

(1) 下亚组合：产于南白水河组上部至花儿地组下部层位，以富含 *Paracolonnella* cf. *laohudingensis*，*Gornostachia* cf. *longa*，*Conophyton* f.，*Colonnella* f. 等为特征，一般不具分叉

⑭ 钱家骐、宫保军，1990，中祁连山西段中上元古界的层序特征及生物特征，青海地质（1）。

和偶有芽状分叉，柱体侧部无壁，基本层微构造以线状为主。

(2) 上亚组合：产于花儿地组上部，多为分叉柱状叠层石，分叉类型较多，以散开式、强散开式和简单平行分叉为特点，柱体可连续分叉，侧部多无壁或具简单壁。代表分子有：*Anabaria radialis*，*A. acuta*，*Litia robusta*，*Baicalia baicalica*，*B.* cf. *baicalica*，*Chaiella* cf. *limpeica* 等，该亚组合中还发现新型叠层石：*Huardiella geppii*。

第二组合与我国蓟县剖面Ⅲ—Ⅳ叠层石组合有相似之处。*Colonnella*，*Conophyton*，*Baicalia* cf. *baicalica*，*Anabaria* 等，亦存在于蓟县剖面蓟县纪地层之中，时限范围约1 000～1 400 Ma。

3. 第三组合

产于五个山组、哈什哈尔组和窑洞沟组中，以五个山组最为丰富，代表类型是：*Gymnosolen*，*Katavia*，*Linella*，*Jurusania*，*Inzeria*，*Kulparia* 及 *Minjaria* 等。此外尚有：*Tungussia*，*Scopulimorpha*，*Pitella*，*Clavaphyton*，*Parmites*，*Songjiella*，*Anabaria*，*Baicalia*，*Chihsienella* 等。组合特征为：①叠层体的分叉方式多样，几乎柱叠层石的所有分叉类型都有。②柱体侧壁发育程度不一。③柱体形态变化较大，常见的有次圆柱状、块茎状、墙状或板状，分枝中亦见指状、芽状、瘤状等特殊形态。④柱体以小型为主，直径一般1～3 cm，高数厘米至12 cm。⑤组成柱体的基本层，主要为不同类型的穹形，未见典型的锥形。⑥基本层微构造以带状为主，亦有线状、带线状、凝块状微构造。

该组合与我国华北叠层石组合Ⅴ的面貌以及辽东地区五行山群、金县群等叠层石组合面貌均有相似处。

(二) 微古植物

中祁连山西段长城—青白口纪地层中微古植物分布广泛，属种发育，通过孢粉学方法处理，获得37属、57种、24个未定种、5个相似种及3个亲近种，其中以粗面球形藻和糙面球形藻最发育，它们在各岩石地层单位中的分布情况为：

(1) 南白水河组中部仅见：*Trachysphaeridium incrassatum*，*T. rude*，*Asperatopsophosphaera bavlensis*，*Polyporata obsoleta* 等。特点是以粗面为主，膜壳薄而疏松，具简单的规则或不规则排列的褶。

(2) 南白水河组上部目前发现的微古植物，有13个属、19个种、4个未定种，其形态、纹饰虽多属简单类型，但属种明显较下部多，膜壳也厚，如 *Asperatopsophosphaera umishanensis*，*Leiofusa bicornuta*，*Taeniatum crassum* 等。此外，还发现了超微体的 *Margominuscula antiquia*，*M. rugosa* 和古代褐藻碎片 *Laminarites antiquissimus*。反映了本组上部微古植物开始趋向复杂化。典型分子有：*Leiofusa bicornuta*，*L. digitata*，*Asperatopsophosphaera umishanensis* var. *minor*，*A. umishanensis*，*Quadratimorpha* 等。

(3) 花儿地组：该组中的微古植物有如下特征。

①出现壁厚的 *Trachysphaeridium chihsienense*。

②*Margominuscula* 属消失。

③*Kildinella*，*Turuchanica*，*Trematosphaeridium holtedahlii* 及 *Microconcentrica induplicata* 属首次出现。

该组微古植物总的特点是壁厚的类型明显增多，同时还出现一些表面纹饰较复杂及有穴的类型。

(4) 其它大坂组：该组发现的微古植物，有6个属、10个种。*Trachysphaeridium* 属多见。

该组中除 *Quadratimorpha ordinata* 外，其他皆已在下伏地层中出现。*Trachysphaeridium chihsienense* 在该组中有较广泛的分布。

(5) 五个山组：该组微古植物的特点是：

①*Trachysphaeridium* 属大量发育。种数超过了下伏地层中所出现的种的总和。出现了膜壳较厚，表面粗糙，常具半圆形或不规则圆形凹陷，形似不清晰蜂巢构造的：*Trachysphaeridium* aff. *laminaritum*，*T. chihsienense* 仍是代表性分子。

②表面具网状纹饰的 *Dictyosphaera* 属出现。

③*Quadratimorpha* 属繁盛。

该组中微古植物的膜壳有厚有薄，以厚壳居多。表面纹饰及其他面貌较早期的更为复杂多样。

(6) 哈什哈尔组：该组中的微古植物计有 10 个属、17 个种、3 个未定种、2 个相似种。*Trachysphaeridium* 属中，具假网状纹饰的 *Trachysphaeridium stipticum* 首次出现。特殊分子为 *Tasmanites*。

(7) 窑洞沟组：仅见 *Asperatopsophosphaera* sp.，*Polyporata* sp.，*Pseudozonosphaera* sp. 等。

综上所述，祁连山西段南白水河组中部的微古植物，类型比较单调，以薄膜壳者居多。上部微古植物则有一个新发展。除 *Trachysphaeridium*，*Asperatopsophosphaera*，*Pseudozonosphaera* 属外，*Leiopsophosphaera*，*Margominuscula*，*Protoleiosphaeridium*，*Zonosphaeridium*，*Leiofusa*，*Quadratimorpha*，*Taeniatum*，*Lophosphaeridium* 等属也相继出现。同时，还发现了 *Laminarites antiquissimus*。到了花儿地组，出现了膜壳呈同心纹状或穴状的 *Microconcentrica induplicata*，*Trematosphaeridium holtedahlii* 及褶皱明显的 *Kildinella* 分子。

龚岔群微古植物是南白水河组、花儿地组的继承和进一步发展。南白水河组、花儿地组微古植物组合中的大部分属种，在龚岔群继续存在，同时出现一些新的类型，如 *Trachysphaeridium* aff. *laminaritum*，*T. stipticum*，*Dictyosphaera*，*Tasmanites*，*Palaeamorpha* 等。

本区微古植物在地史发展的不同时期中，彼此间既有联系，又有差别，逐步演化，渐次过渡。符合生物属种由少变多，形态由简单到复杂的进化过程。

本区微古植物面貌与中国蓟县长城纪—青白口纪地层层型剖面微古植物面貌具有相似之处。

三、柴达木盆地南缘

(一) 叠层石

柴达木盆地南缘的狼牙山组和丘吉东沟组中的叠层石丰富，主要产于白云岩和硅质白云岩及硅质岩中。已鉴定 21 个群，20 个形。其中 1 个新群，3 个新形。以其群形特征及在地层中垂直分布，可以初步归并为五个叠层石组合，由下而上为：

组合Ⅰ：*Conophyton*－*Colonnella*－*Baicalia* 组合，产于狼牙山组中部硅质白云岩中。主要分子有 *Conophyton* f.，*Jurusania* f.，*Tungussia* f.，*Baicalia rara*，*Colonnella discreta*，*Kussiella* cf. *enigmatica*，*Minjaria* f.，*Scopulimorpha* f.。由于叠层石产出层位及数量较少，组合面貌不甚清晰。

组合Ⅱ：*Conophyton*－*Gymnosolen*－*Jurusania* 组合。产于狼牙山组中部白云岩中，以叠层

体细小且多分叉的 *Gymnosolen ramsayi* 和大量的 *Conophyton* f.，*Jurusania* f. 出现为特征。

组合Ⅲ：*Conophyton*－*Jacutophyton* 组合。出现于狼牙山组上部，代表分子有 *Jacutophyton* cf. *alxaense*，*Conophyton cylindricum*，*C. garganicum*，*C. circulum*，*C.* f.，*Conicodomenia regularis*，*C.* f.，*Coronaconophyton* f.，*Minjaria sakharica*，*Jurusania* f.，*Tungussia* f.，*Kussiella* f.。一般叠层体粗大。锥叠层石形态有两种，其一为宽 5～15 cm，高 20～30 cm，基本层粗而稀疏或呈线状，弧顶钝圆，锥角 40°～90°的宽型叠层石，由硅质组成，产出层位偏下。另一宽 4～8 cm，高达 1 m 以上，基本层细而密集，锥角小于 30°，具轴积或侧芽的长剑状叠层石，产出层位偏上。锥叠层石与大型雅库特叠层石共生。

组合Ⅳ：*Conophyton*－*Kussiella*－*Boxonia* 组合，产于狼牙山组细晶白云岩中。在哈尔汗有：*Inzeria* f.，*Jurusania* f.，*Tungussia* f.。在丘吉东沟以 *Conophyton* f. 为主。而冰沟一带有：*Kussiella binggouensis*，*Kunlunia binggouensis*，*Boxonia dentata*，*Conophyton* f.，*Minjaria* f.，? cf. *Tielingella* 等，叠层体呈层状或礁状产于硅质白云岩或硅质岩中，一般个体细小而密集，分叉较复杂，有的具有厚壁。

组合Ⅴ：*Spicaphyton*－*Conophyton* 组合，代表分子有：*Spicaphyton qiujidonggouense*，*Conophyton* f.。出现在丘吉东沟组上部硅质白云岩中，是本区分布层位最高的叠层石组合。

（二）微古植物

狼牙山组与丘吉东沟组中粉砂质板岩和板岩中发现有少量微古植物。

狼牙山组下部灰色、深灰色白云岩中，含小穴面球藻：*Trematosphaeridium minutum*，*Trematosphaeridium* sp. 及微古植物化石 *Lignum* sp. 碎片。上部灰绿色板岩中含：*Trematosphaeridium minutum*，*T.* sp.，*Quadratimorpha* sp.。在上部灰色板岩中含：*Trematosphaeridium minutum*，*Quadratimorpha* sp. 及 *Leiopsophosphaera* sp. 等微古植物。

在达哇切狼牙山组中部灰黑色砂质板岩中，含 *Trachysphaera* sp.，*Lophosphaeridium* sp.，*Protoleiosphaeridium* sp.，*Symplassosphaeridium* sp.，*Leiomarginata* sp.，*Taeniatum* sp.，*Retinarites* sp.，*Laminarites* sp.，*Brocholaminarites nigrita* 等微古植物。

在狼牙山地区的狼牙山组粘板岩中，仅含 *Trematosphaeridium holtedahlii* 及 *Polyporata* sp.。

丘吉东沟组下部灰色板岩中含：*Lignum* sp.，*Trematosphaeridium* sp.，? *Oscillatoriopsis* sp. 及 *Laminarites* sp. 等微古植物。

本区出现的微古植物分子数量少，皆不能确定到种。属种比较单一，组合面貌及其演化规律不清。

四、东昆仑山南坡

分布于东昆仑山南坡的万保沟群，目前仅在其上部灰岩中见有少量叠层石：*Conophyton*? *metulum*，*C.*? *cylindricum*，*C.* f.。

第三节　岩石地层单位沉积时代

一、早元古代岩石地层单位时代讨论⑮

化隆（岩）群、湟源群、托赖（岩）群、达肯大坂（岩）群、金水口（岩）群及其所含各组岩石地层单位均无生物依据，地层时代尚难定论，现仅据下述理由，将其时代厘定为晚太古代（?）—早元古代。

（1）接触关系方面：在柴达木盆地南缘诺木洪河上游小庙地区，蓟县纪含叠层石的狼牙山组平行不整合于金水口（岩）群之上；在柴达木盆地北缘全吉山、欧龙布鲁克、阿尔金山等地，震旦纪的全吉群不整合于达肯大坂（岩）群之上。由此可见，这套中、高级变质岩系时代早于震旦纪毋庸置疑，早于蓟县纪也是有依据的。但是否早于长城纪？在中祁连山东段，时代为长城纪的湟中群磨石沟组与下伏中高级变质岩系，在沉积建造、变质作用等方面差异较大。主要表现在：①沉积类型不同。磨石沟组底部有含砾石英岩，砾石磨圆度较好，其成分来自下伏地层中的石英质脉岩，具搬运再沉积特征；磨石沟组为石英砂岩岩系，为一新的退积型滨海相沉积，而下伏湟源群为泥砂质-泥钙质类复理石岩系夹火山岩。②变质程度差别较大，湟中群为低级变质程度，属区域动力变质作用类型，而下伏湟源群为中高级变质岩系，属区域动力热流变质作用类型。下伏湟源群、化隆（岩）群等混合岩化作用强烈，并赋存有混合花岗岩与闪长岩脉。岩体（脉）见片理构造，其长轴方向与围岩构造片理、片麻理一致，说明它与围岩遭受同期构造作用。更具说服力的是混合岩化作用与混合花岗岩中，脉岩群向上从未贯入磨石沟组、青石坡组中。上述证明二者之间确有热事件发生，即所称的吕梁运动。

（2）在这套中高级变质岩系内，获得一批同位素年龄数据，用K－Ar法测定变质矿物角闪石和黑云母，年龄值为1 600～1 700 Ma，基本代表吕梁期变质作用终了阶段时间。变质作用接近终了阶段还有大量的伟晶质脉岩贯穿了达肯大坂（岩）群，用Rb－Sr法测定等时线年龄值为：1 563 Ma、1 463 Ma。在柴达木盆地南缘金水口（岩）群混合岩Rb－Sr法全岩年龄值1 549.3 Ma、1 666.6 Ma，混合花岗岩年龄值为1 900 Ma。片麻状构造发育，与大理岩呈互层状产出。采自湟源县响河尔混合花岗岩体中的锆石，用U－Pb法测定年龄值为2 469 Ma。岩体与围岩呈渐变关系，并处于背斜构造轴部，可认为它是早元古代地层靠下部层位。另在柴达木盆地北缘全吉群不整合面以下之角闪斜长片麻岩中锆石U－Pb法测定年龄值为2 205 Ma。在阿尔金山拉配泉北黑云斜长片麻岩中的锆石U－Pb法测定年龄值为2 462.5 Ma，以上三个数据基本上可代表该地层的沉积时间。

综上所述，我们认为这套中高级变质岩系分别被长城纪、蓟县纪、震旦纪沉积地层所不整合覆盖，下未见底。它是一套独立的岩石地层单位，也是在同一种变质作用类型下产生的变质岩石组合体，参用年龄值2 205～2 469 Ma数据，划归早元古代，但不排除下部有晚太古代地层存在的可能性。

二、中、晚元古代岩石地层单位时代讨论

分布于祁连山东段的磨石沟组和青石坡组呈整合连续沉积，含有较为丰富的微古植物。微

⑮ 主要引用了王云山、陈基娘（1987）资料。

古植物以个体较小的分子占主要地位，其中膜壳厚实而光滑的 *Leiominuscula*，*Leiosphaeridia* 属等球形类（Sphaeromorphida）占绝对优势，并伴有个体较大的 *Trachysphaeridium* 等，表面具瘤状及粗糙纹饰的分子，除球形类外，还有 *Eomycetopsis*，*Siphonophycus* 属等线形类（Nemafomorphida），较低级的菌类及 *Schizofusa*，*Nalrimorpha* 属。尚有较球形类、线形类进化程度更高的梭形类（Scaphomorphida）和异形类（Versimorphida）。尤其是裂梭藻（*Schizofusa*），它是真梭细胞生物，标志着在磨石沟组、青石坡组沉积时期开始有高级藻类出现。

磨石沟组、青石坡组所含微古植物，与天津市蓟县剖面之长城纪地层中所含微古植物有相同的特点，球形类中以光面小球藻属、光球藻属占绝对优势。其中 *Leiominuscula incrassata*，*Leiosphaeridia asperata* 等，是长城纪岩石地层串岭沟组代表分子；异形藻类的 *Valvimorpha* sp.，梭形藻类的 *Schizofusa* sp. 是串岭沟组的典型属；*Trachysphaeridium*，*Trematosphaeridium*，*Pterospermopsimorpha*，*Leiosphaeridia* 等，不仅是串岭沟组的常见属，而且也是大红峪组的代表属。

在年龄值方面，磨石沟组斜长角闪片岩 Rb－Sr 法等时线年龄值（1 755.5±309）Ma，青石坡组获板岩 Rb－Sr 法等时线年龄值（899.24±26.063）Ma（青海省第九地质队，1990）；另在磨石沟组还获得片岩 Rb－Sr 法表面年龄值 987.66 Ma、925.65 Ma、919.95 Ma、1 128 Ma、1 217 Ma、1 300 Ma；青石坡组获板岩 Rb－Sr 法表面年龄值 779.66 Ma、771.74 Ma、754.94 Ma 的资料。从年代地层单位分析，出露于祁连山东段的磨石沟组、青石坡组时代应为中元古代长城纪。年代地层单位为长城系。

覆于长城系之上的岩石地层单位克素尔组，含有大量的叠层石和微古植物化石。叠层石以叠层体呈锥状柱体、圆柱体和块茎体为主，且大部分以排列紧密、强烈散开分叉与平行分叉为特征。微古植物面貌沿袭了下伏青石坡组所含微古植物的特征，仍以球形类（Sphaeromorphida）为主，其特点是该组未见膜壳光滑的 *Leiosphaeridia* 属，是以个体较大，表面粗糙的类型占主导，如 *Trachysphaeridium*，*Trematosphaeridium*，*Asperatopsophosphaera*。同时还出现了一些膜壳表面纹饰复杂及具穴的分子 *Brocholaminaria*，*Trematosphaeridium*。可见克素尔组所含微古植物，由于新分子的出现与磨石沟组、青石坡组相比呈现明显的进化趋势。

克素尔组时代依据所含叠层石和微古植物，与蓟县剖面杨庄组和雾迷山组对比性较强，叠层石组合与蓟县剖面相近，如 *Conophyton lituum*，C. f.，*Tielingella* f.，*Tungussia* f.，*Minjaria* f. 等，在雾迷山组都有发现，且前两属为代表类型。同时该组所含有的 *Chihsienella* f.，*Baicalia* cf. *baicalica* 还是铁岭组的代表类型。微古植物在克素尔组发现较少，以球形类为主，以表面粗糙类型为特征的组合面貌与杨庄组和雾迷山组相似，其中的 *Asperatopsophosphaera* 属，在以上两组中较多。

据上述可初步判定克素尔组的时代为中元古代蓟县纪，年代地层单位应归入蓟县系。

在祁连山东段马老得山和赞宝化久一带的北门峡组地层中含有叠层石 *Tungussia* f.，*Anabaria* f.，*Colonnella* f.，*Collenia* f.，*Minjaria* f. 及微古植物 *Asperatopsophosphaera* cf. *partialis*，*A*. sp.，*Trematosphaeridium* sp.，*Trachysphaeridium* sp.，*Leiopsophosphaera* sp.，? *Quadratimorpha* sp.，*Pseudozonosphaera* sp. 等，与蓟县地区长城系高于庄组微古植物组合面貌较相近，但上部出现了 *Pseudozonosphaera* sp.，此属多见于蓟县纪地层杨庄组、雾迷山组至震旦纪地层，*Trachysphaeridium* sp. 和 *Trematosphaeridium* sp. 两属延续时代更长，且层位偏高。从这些微古植物分子在国内已经出现的层位分析，马老得山、赞宝化久一带出

露的北门峡组，其时代可能为长城纪晚期—蓟县纪。但在大通窎沟一带所含微古植物，以球形类（Sphaeromorphida）占优势，褐藻植物 *Laminarites* 较发育为特征，其组合面貌与蓟县剖面青白口纪地层特征确有相同特点，其中 *Trachysphaeridium laminaritum* 和 *Asperatopsophosphaera bavlensis*，皆是蓟县正层型剖面青白口纪地层的重要代表分子，褐藻碎片 *Laminarites antiquissimus* 是青白口纪地层的特征分子。

北门峡组在窎沟含碳板岩、碳质板岩中，获 Rb－Sr 全岩同位素等时线年龄值为（860.04±26.063）Ma。由此可见北门峡组在窎沟一带其时代为青白口纪的可能性很大。青海省第九地质队，依据窎沟一带该套地层所含微古植物化石特征及同位素年龄值，将该套地层划归青白口系，并命名为窎沟群（1990）。本书依据岩石地层划分的准则认为，出露于窎沟一带的"窎沟群"与出露于祁连山东段其他地区的北门峡组，在宏观岩性特征、组合方式方面基本一致。在相对层位上二者都平行不整合于克素尔组之上，因研究者强调生物群的差异，时代有早、晚之分而将其分别命名，但所指确为同一实物。从岩石地层单位辨析，窎沟群为北门峡组的同物异名单位，建议停用，排除在岩石地层单位之外。

综上所述，本书将北门峡组时代暂归蓟县纪，但不排除早延至长城纪、晚延至青白口纪的可能。

祁连山西段出露的托莱南山群，在省内与下伏早元古代地层托赖（岩）群未见直接接触，据甘肃省资料一般呈不整合接触（甘肃省第二区测队，1974）。托莱南山群中的叠层石组合面貌，与蓟县长城—青白口系剖面上的叠层石组合Ⅱ的面貌相似；产于南白水河组下部的叠层石与蓟县地区的大红峪组、高于庄组的叠层石组合面貌相似，都有 *Conophyton garganicus*，*Kussiella* 等代表分子，同位素年龄值约为 1 600～1 400 Ma。在微古植物方面，南白水河组下部微古植物面貌以粗面为主，膜壳薄而疏松，具简单的规则或不规则排列的褶。与蓟县剖面长城系常州沟组至团山子组中的 *Leiominuscula pellucentis*，*L. orentalis*，*L. incrassata*，*Margominuscula rugosa*，*M. antiqua*，*Dictyosphaera macroreticulata*，*D. sinica* 为代表的微古植物相比较，显示了较为年轻的面貌。托莱南山群中上部的微古植物 *Leiofusa bicornuta*，*L. digitata*，*Asperatopsophosphaera umishanensis* var. *minor*，*Quadratimorpha* 等，是蓟县系中的一些主要分子。其叠层石 *Colonnella*，*Conophyton*，*Baicalia* cf. *baicalica*，*B.* f.，*Anabaria* 等，分别出现在蓟县剖面蓟县系叠层石组合Ⅲ及Ⅳ中。

综合上述，出露于祁连山西段的托莱南山群其形成时代为长城—蓟县纪，年代地层单位应归于长城—蓟县系。

出露于祁连山西段的龚岔群，依据其所产叠层石组合和微古植物化石，可与冀西地区的下马岭组、景儿峪组，新疆库鲁克塔格地区的青白口系中白尔岗塔格群进行对比。另在前苏联里菲群（超）卡拉套群典型剖面上 *Gymnosolen ramsayi*，*Minjaria uralica*，*Inzeria tjomusi*，*Jurusania cylindrica* 等大量发育。卡拉套群下限年龄值为 1 050 Ma。依据叠层石组合和微古植物可以初步确定，龚岔群时代为青白口纪，年代地层单位归属青白口系。

分布于柴达木盆地北缘的万洞沟群，目前尚无可靠的时代依据，仅在马海达坂西橄榄沟—万洞沟—滩间山一带，下部灰色厚层硅质条带白云岩中采有叠层石 *Conophyton* f.，*Gymnosolen* f.，*Conophyton cylindricum*，*Linella*，*Jurusania* f.。在柴达木盆地东缘德令哈北山至布赫特山西段及尕海东山和阿母内可山一带，白云石大理岩中含叠层石 *Collumnacollenia* f.，*Conophyton* f.。

以上叠层石定型者为 *Conophyton cylindricum*，此叠层石产于云南昆阳群大龙口组。大龙口组的同位素年龄值为 1 039 Ma；也产于前苏联乌拉尔中里菲群（超）阿夫江组。阿夫江组上部海绿石年龄值为 1 260 Ma，因此可将其时代暂定为长城—蓟县纪，年代地层单位归长城—蓟县系。

分布于柴达木盆地南缘的小庙组，目前尚无可靠的年代资料，年代地层单位归属有待进一步研究。狼牙山组、丘吉东沟组含有丰富的叠层石和微古植物化石。从所含叠层石分析，其时代跨度较大，和蓟县地区可对比为长城—蓟县纪，甚至到青白口纪。该区微古植物分子数量少，且基本上不能确定到种。种属比较单一，组合面貌及其演化规律不甚清楚。分布可以从前寒武纪延至早古生代，但从大量出现的 *Trematosphaeridium minutum*，*Quadratimorpha* 综合分析，时代不应晚于震旦纪，但大部分种属都已出现于蓟县地区的蓟县系。结合叠层石综合考虑，本书暂将狼牙山组年代地层单位归属于蓟县系，丘吉东沟组归属于青白口系。

第四节　重要地层问题的研究与讨论

青海省前震旦纪岩石地层单位仅为初步清理。

晚太古代（?）—早元古代地层，前人依据分布地区的差异，将其分别命名为托赖群（祁连山西部），化隆群、湟源群（祁连山东部），金水口群（柴达木盆地南缘），达肯大坂群（柴达木盆地北缘）。以上划分基本上是以岩石组合特征为依据的划分，后人虽在时代归属方面有不同的解释，因各单位划分标志清楚，界线清晰，宏观岩性组合特征明显，故本书基本沿用。

上述岩石地层单位，经清理查明它们虽在整体上宏观特征差异较大，单位间界线清晰，但在单位内部高度变质变形、构造复杂、层序不清，实为有层无序的构造岩石地层单位，本书除湟源群及其所含各组外，均将其重新厘定为岩群或岩组。

中元古代至晚元古代早期地层是稳定型沉积，其中长城纪为石英-砂泥质岩系，蓟县纪是碳酸盐岩岩系，二者经受区域动力变质作用，形成绿片岩相变质岩，不整合于晚太古代（?）至早元古代中、高级变质岩系之上。岩性稳定，为碎屑岩-碳酸盐岩建造；构造比较简单，岩浆活动微弱，表明它们是在稳定条件下近似于盖层沉积；主要分布于中祁连山和柴达木盆地周缘地区。由于中祁连山东段和西段分别由青海、甘肃两省调查，在划分标准和地层命名上历来自成体系。本次清理我们尊重既成之习俗，对中祁连山西段主要依据甘肃省清理意见。但对甘肃省推荐沿用的“朱龙关群”尚有不同见解，认为分布于朱龙关河两侧的所谓“朱龙关群”，实际上是一套构造复杂，由不同地质时代地层和蛇绿岩组成的有层无序的地层组合，故新建构造岩石单位“托莱山蛇绿混杂岩”代表该套地层（附录Ⅳ）。

中祁连山东段的长城纪、蓟县纪地层，其间以平行不整合面分割。长城纪地层下部主要由石英岩、变石英砂岩夹千枚岩、绢云片岩组成，称磨石沟组；上部主要由变质粉砂岩、板岩、不纯结晶灰岩组成，称青石坡组，二组合并称湟中群，厚达 3 311～4 049 m 左右。蓟县纪地层主要为一套白云岩、结晶灰岩夹千枚岩、硅质岩、含磷-铁矿层，富含叠层石，底部有砾岩，总厚 3 600～7 602 m。依据岩性组合和其间有一沉积间断及北门峡组底部含灰绿色、灰紫色砂砾岩之千枚岩为标志层，将其分为下部克素尔组、上部北门峡组，二者合并称花石山群。

中祁连山东部和西部前震旦纪岩石地层划分，虽然采用了两套系统，但岩石对比性较强，区域宏观岩性特征基本一致，如东段的湟中群、花石山群与西段的南白水河组、花儿地组宏观岩性特征基本一致。

柴达木盆地周缘地区，中元古代地层也依分布地域之不同，前人采用了两套地层系统分别命名：柴达木盆地北缘称万洞沟群，柴达木盆地南缘称金水口（岩）群小庙组和冰沟群狼牙山组。万洞沟群下部以片岩、千枚岩为主夹大理岩、石英岩；上部以灰白色白云石大理岩、大理岩、结晶灰岩为主，顶底出露不全，均以断层切割。小庙组主要为一套以石英质岩石为主的变质岩系。冰沟群为一套浅变质的镁质碳酸盐岩组合夹泥质岩、粉砂岩；丘吉东沟组为一套碎屑岩组合。其岩性宏观特征及组合方式，柴达木盆地北缘和南缘不但可以对比，且与中祁连山东段、西段也可对比。

中元古代—晚元古代早期地层单位的划分，前人尽管受统一地层划分观念的影响，用局部发现的生物遗迹或同位素年龄值给各单位赋予一定的年代地层涵义，但具体单位划分均以岩性宏观特征、组合方式的一致及层位可对比性来确定各单位的界线和命名，其结果基本符合岩石地层单位划分准则。初步清理只是以岩石地层单位划分的准则对各单位界线做合理的修订。如前人所划分的长城系党河群及其所包含的两个组，与南白水河组在岩性特征及组合方式上基本一致，清理将其合并，归于南白水河组。

总观青海省境内前震旦纪至长城纪地层，从其岩石建造特征分析，为次稳定型为主的过渡类型沉积。沉积盆地总体特征为西深东浅，海水由西北沿达肯达坂古陆两侧分别向东、东南方向侵入，在祁连、柴达木地区形成海侵体系域之退积型沉积。首先在中祁连山西段尕河、深沟、南白水河一带，形成以灰黑色粉砂岩、暗紫红色石英砂岩夹石英岩，紫色含砾粗砂岩夹灰岩组合而成的南白水河组地层。随着海侵的扩大，在祁连山东段形成近千米厚的粗—中粒滨海相至浅海相、分选性良好、成分单一的磨石沟组石英岩组合，上超于早元古代地层之上。在西段托来南山一带，则表现为厚度在 2 000～3 000 m 之砂页岩夹碳酸盐岩岩系，灰岩夹层向上部含量增大。在柴达木地块上，则表现为以镁质碳酸盐岩为主含硅质岩的狼牙山组，底部出现含磷层，平行不整合于下伏地层之上，厚度达 6 000 m。但值得注意的是，在该组的中部夹有数层厚度较大的灰绿色粉砂质粘板岩、粉砂岩夹层，在都兰县冰沟剖面尚见有Ⅱ型不整合出现，并出现第二含磷层位。狼牙山组之上为丘吉东沟组，以砂板岩为主，平行不整合覆盖在狼牙山组之上。祁连山西段南白水河组之上覆地层，为由碳酸盐岩组合而成的花儿地组，再上为平行不整合覆于其上的，由碎屑岩、碳酸盐岩呈互层组合成的龚岔群。在祁连山东段磨石沟组之上，为以砂泥质组合为主的青石坡组、镁质碳酸盐岩为主夹硅质条带之花石山群，其间也出现两个含磷层位。

综合上述三个不同地区的地层序列，具有明显的一致性，尽管前人将其归属于不同的时代，但总体宏观岩性特征，组合排列的顺序是一致的。如果我们剔除年代因素，将其按岩性宏观特征、组合方式和相对位置进行对比，结果如图 2-2 所示。

由图可见中祁连和柴达木在长城—青白口纪应为同一沉积盆地。岩石特征基本上可以对比，但由于时间、人力所限，前震旦纪地层未能进行较为详细的对比与清理，各岩石地层单位的时空关系尚待今后进一步研究。

关于小庙组，《青海省区域地质志》(1991) 将其时代归属于长城纪。本书虽在前文中也将其时代归属于长城纪，但从宏观岩性组合特征、层位与白沙河岩组接触关系等分析，本书认为小庙组是一个值得商榷的岩石地层单位。

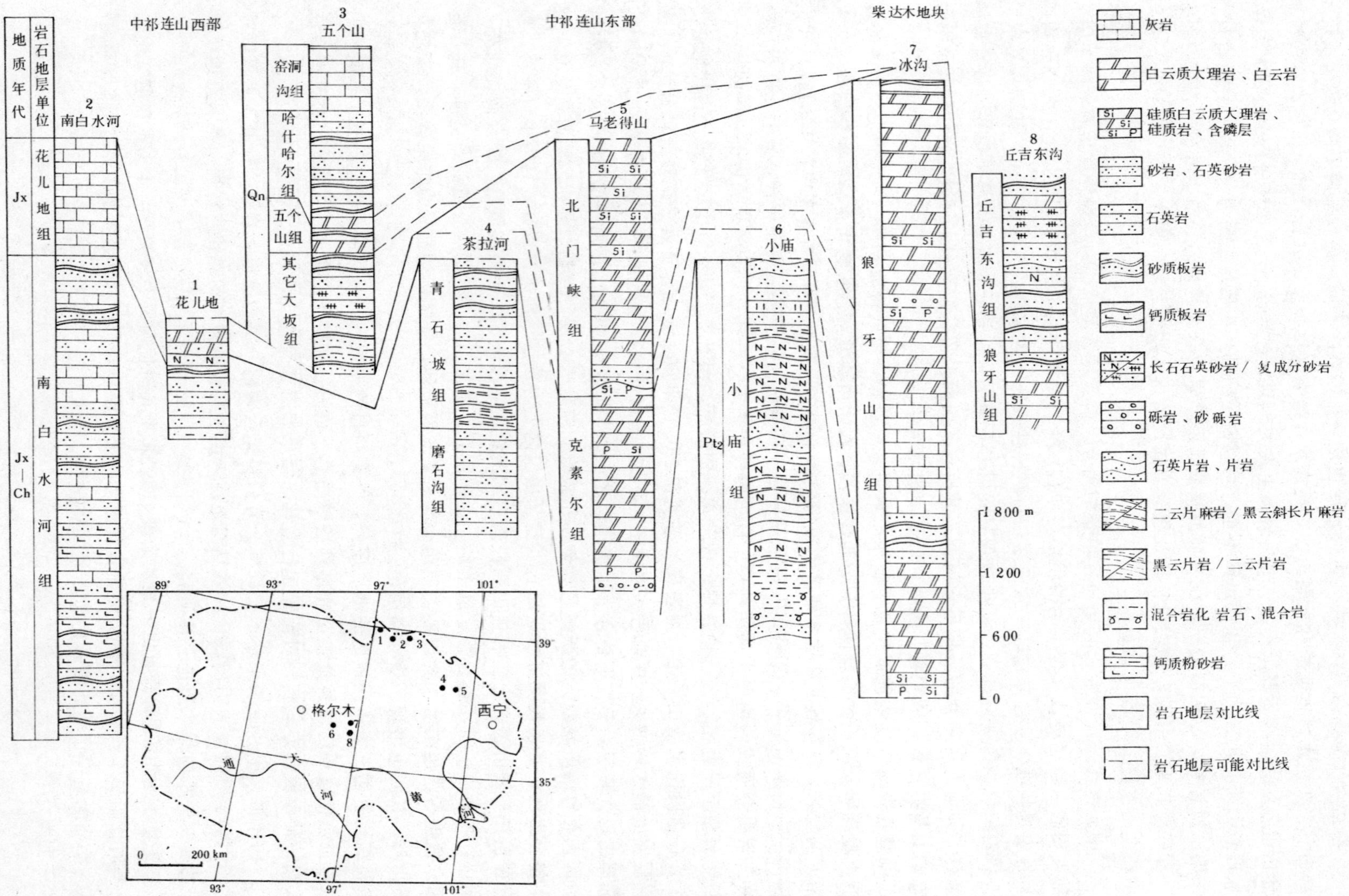

图 2-2　青海省长城纪—青白口纪岩石地层对比图

第三章
震旦纪—中志留世

中元古代末期和晚元古代中期的全吉运动（晋宁运动）使长城纪—青白口纪地层褶皱，与早元古代地层一并构成青藏高原北部稳定的大陆壳，震旦纪—中志留世地层不整合沉积其上。

震旦纪—中志留世地层共有岩石地层单位 36 个，其中群级 7 个（含引自邻省 2 个）、组级单位 29 个（含引自邻省 5 个）。地层组合有活动型的早古生代沉积和盖层性质的震旦纪至中奥陶世稳定型沉积。早古生代活动型沉积呈带状分布于北祁连、南祁连、拉脊山及柴达木盆地南缘东昆仑山一带。沉积类型复杂，既有火山岩发育的北祁连山、拉脊山型，也有以碎屑岩为主的南祁连山型和拉配泉、赛什腾山至沙柳河、祁漫塔格型的火山岩、碎屑岩、碳酸盐岩建造；稳定型盖层沉积仅分布在柴达木盆地北缘欧龙布鲁克一带（图 3-1）。

第一节　岩石地层单位

全吉群　Z∈*Q*　（05-63-0020）

【创名及原始定义】　青海省地质局石油普查大队（即青海石油普查队）于 1956 年在柴达木盆地北缘的全吉山一带创建“全吉系”（见：全国地层委员会，1962，全国地层会议学术报告汇编，兰州地层及煤矿地层现场会议。），指：“分布于柴达木盆地东北部，不整合于老变质岩系之上的震旦系。下部为石英及砾岩；中部夹红色页岩；上部为硅质页岩。厚 2 200 米。”

【沿革】　穆恩之、张文堂、俞昌民等（1962），在《祁连山南坡大柴旦、欧龙布鲁克一带及北坡玉门、肃南区门源、祁连区地层概况》一文中将青海省大柴旦大头羊沟、石灰沟、欧龙布鲁克一带的震旦系称全吉统，并分“下震旦纪下全吉统不整合于花岗片麻岩之上。下部为紫色砾岩，以石英砾岩为主，向上逐渐夹有紫红色及黄色粗砂岩；上部为白色致密石英岩，共厚 450m。上震旦纪上全吉统为浅绿及灰绿色薄层砂岩及页岩的互层，向上夹有石英岩；上部为灰色矽质石灰岩，其上为中寒武纪下欧龙布鲁克统的底部紫色页岩所复盖，共厚 380 m。”1964 年青海省石油普查大队在《柴达木地质志》又改称“全吉群”①，并划分出下部石英岩组，

① 青海省石油普查大队，1964，柴达木地质志（油印稿）。

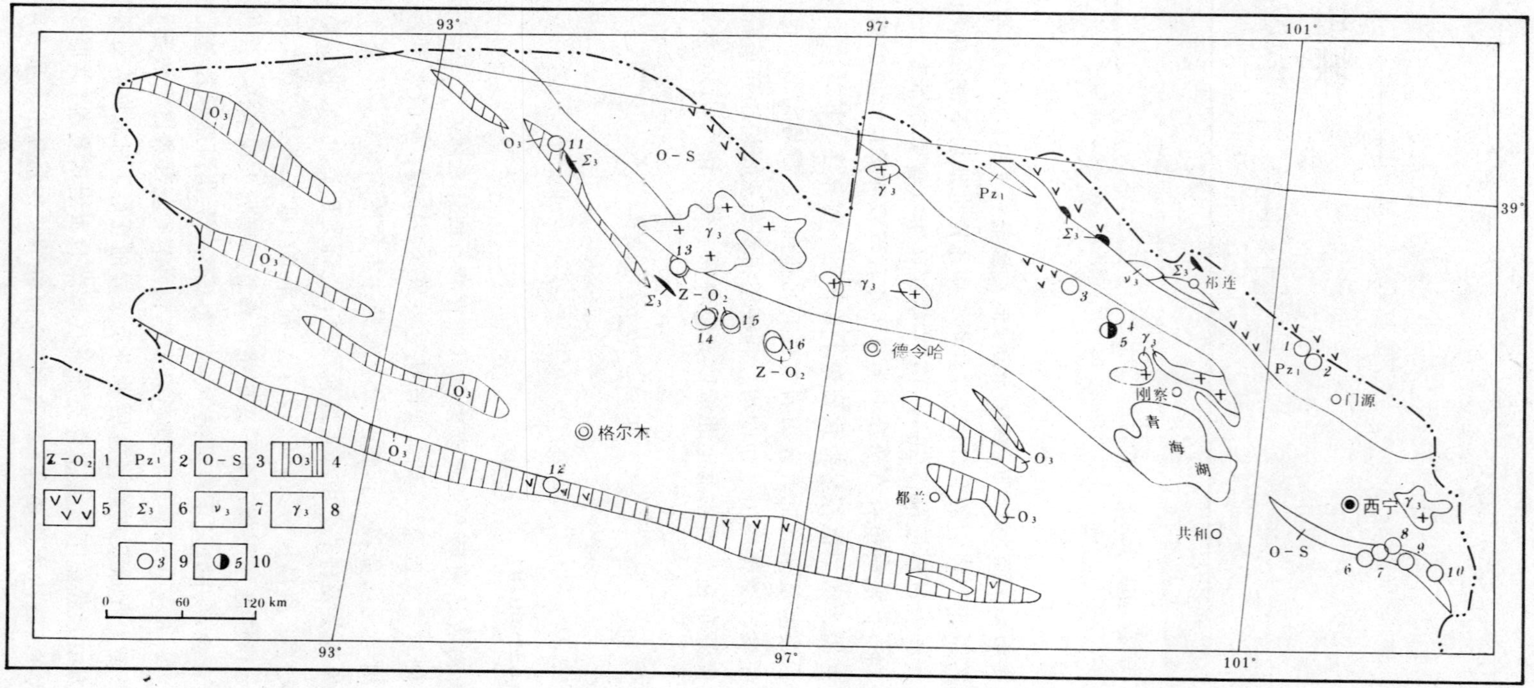

图 3-1　震旦纪—志留纪地层分布及各类层型位置图

1. 震旦纪—中奥陶世盖层沉积地层；2. 早古生代活动型沉积地层；3. 奥陶纪—志留纪活动型沉积地层；4. 晚奥陶世活动型沉积地层；5. 中基性火山岩；6. 加里东期超基性岩；7. 加里东期辉长岩；8. 加里东期花岗岩；9. 正层型及编号；10. 选层型及编号

层型名称：*1.* 大梁河；*2.* 扣门子；*3.* 多索曲；*4.* 克克赛；*5.* 尕洛合；*6.* 深沟；*7.* 东沟；*8.* 下窑北；*9.* 斜沟；*10.* 查甫—柏峡；*11.* 滩间山；*12.* 雪水河—昆仑河；*13.* 雪沟；*14.* 全吉山；*15.* 石灰沟；*16.* 欧龙布鲁克山南坡

上部燧石灰岩组。王云山、庄庆兴等（1978）通过对全吉群地层的详细研究，将其划分为上部“小高炉群”，时代归属早寒武世；下部全吉群，时代归属震旦纪②。依据全吉群岩石组合又划分为四个岩组，由下而上为砂砾岩组、石英岩组、砂页岩组和白云岩组。王云山等（1980）又将“全吉群”的上界移至原“小高炉群”的中部平行不整合面处，并将其自下而上分别命名为麻黄沟组、枯柏木组、石英梁组、红藻山组、黑土坡组、红铁沟组、皱节山组。前四组归属于震旦系，后三组归属下寒武统。1983年王云山、陈基娘又将全吉群的上界置于红藻山组与黑土坡组之间，其下为全吉群，上为“小高炉群”，两群间以平行不整合面分界。

由上述可见“全吉群”为一地方性年代地层单位，建群以来因时代认识不一致而界线多次变更。本书认为“全吉群”虽为一地方性年代地层单位，但它作为群级岩石地层单位所指的岩石组合特征具有一致性，其后的划分均为依据生物和年代的分割，不符合岩石地层单位划分准则。本书恢复“全吉群”的原始概念，并赋予岩石地层单位涵义。

【现在定义】 指分布于柴达木盆地北缘，不整合于达肯大坂（岩）群之上，平行不整合于欧龙布鲁克群之下，为一套由碎屑岩为主夹镁质碳酸盐岩及冰碛砾岩的地层。自下而上由麻黄沟组、枯柏木组、石英梁组、红藻山组、黑土坡组、红铁沟组、皱节山组并合而成。

【地质特征及区域变化】 全吉群基本为一套未变质的砂砾岩、石英岩、砂页岩、白云岩夹冰碛层的地层，下与达肯大坂（岩）群不整合接触，上与欧龙布鲁克群平行不整合接触。分布于柴达木盆地北缘的欧龙布鲁克、石灰沟、全吉山和大头羊沟一带，呈北西-南东向分布。

麻黄沟组 *Zm* （05－63－0021）

【创名及原始定义】 王云山等（1980）建组于欧龙布鲁克东大沟口麻黄沟，指：“角度不整合于老变质岩系之上的一套由砂砾岩向含砾砂岩、砂岩有规律变化的沉积地层。下部为砾岩、含砾砂岩，中部为砾岩夹砂岩，上部为砂岩夹砾岩及砂质粘土岩。砂岩及砾岩中普遍含有钾长石。”

【沿革】 麻黄沟组为一岩石地层单位，自创建以来，涵义无变化，本书沿用。

【现在定义】 不整合于达肯大坂（岩）群中高级变质岩系之上，平行不整合或整合于枯柏木组石英砂岩之下一套由紫灰色砂岩、砂砾岩、含砾砂岩、长石石英砂岩组合而成的地层序列。底、顶分别以不整合和平行不整合或石英砂岩的始现为界。

【层型】 正层型为王云山等(1979)测制(1980年发表)的乌兰县欧龙布鲁克剖面(96°27′，37°17′）第1—9层。

上覆地层：**枯柏木组** 紫灰色、灰白色巨厚层粗—巨砾岩夹中—粗粒石英砂岩及薄层含泥质粉砂岩。砾岩中砾石有石英岩、凝灰岩、花岗斑岩、片麻岩，还有麻黄沟组的灰紫色石英砂岩。发育干裂、波痕及斜层理

——————— 平行不整合 ———————

麻黄沟组 总厚度 430.50 m

9. 灰紫夹黄绿色含砾不等粒杂砂质长石砂岩、长石杂砂岩、长石石英砂岩夹薄层砂质粘土岩，近顶部夹一层灰绿色粗砾岩。发育干裂、波痕、斜层理及交错层，上部以水平层理为主 50.40 m

8. 灰紫色、黄绿色厚层中砾岩、含中粒细砾岩、粗粒石英砂岩，上部为长石杂砂质石英

② 王云山、庄庆兴等，1978，青海省震旦亚界划分对比。青海省地研所。

砂岩	66.20 m
7. 灰白色夹紫灰色巨厚层粗粒长石石英砂岩，具斜层理	43.20 m
6. 紫灰色、黄绿色巨厚层细砾岩，具斜层理	136.20 m
5. 灰紫色、黄绿色巨厚中—粗砾岩，具斜层理	63.10 m
4. 灰白色、紫灰色相间巨厚层中—粗粒长石石英砂岩、石英砂岩	16.00 m
3. 紫红色夹灰绿色薄—中厚层中—粗粒长石石英砂岩，偶含砾石，具交错层及斜层理	6.30 m
2. 紫灰色、灰绿色相间巨厚层含细—中砾粗粒长石石英砂岩、含砾粗粒石英砂岩，顶部为粗—巨砾岩，砂岩中发育大型斜层理	34.60 m
1. 紫红色底砾岩、含砾粗粒长石石英砂岩、石英砂岩、细砂岩夹粉砂质页岩	14.50 m

~~~~~~~~~~ 不 整 合 ~~~~~~~~~~

下伏地层：**达肯大坂（岩）群** 灰绿色角闪斜长片岩、混合岩角闪斜长片岩全岩样品，经青海省地研所用 K－Ar 法测定，年龄值为 742 Ma；角闪石矿物经天津地质矿产研究所用 K－Ar 法测定，年龄值为 1 580 Ma

【地质特征及区域变化】 单位正层型底部为砾岩，下部为紫灰与灰绿色相间巨厚层含细—中砾粗粒长石石英砂岩、细砂岩及粉砂质页岩，具有下细上粗反向韵律特征，砾石向上增多，砾径增大。中部为紫灰色、黄绿色巨厚层中—粗砾岩、细砾岩夹含砾长石石英砂岩，可见两次由粗砾到细砾的次级韵律。上部为灰紫色夹黄绿色、灰白色厚层粗粒长石石英砂岩、含砾不等粒杂砂质长石砂岩、长石杂砂岩、长石石英砂岩，夹砾岩及砂质粘土岩。总体为一由砂砾岩向含砾砂岩、砂岩有规律变化的沉积的韵律层。

麻黄沟组主要分布于欧龙布鲁克、全吉山、石灰沟、大头羊沟及安南坝一带。在欧龙布鲁克山西段，岩性与正层型剖面大体一致，但砾岩之砾径变小，出露厚度减小，与上覆枯柏木组间整合接触，出露厚度大于 387 m。在全吉山一带，由砾岩、含砾砂岩、砂岩等组成，与正层型剖面岩性大体一致，但砾石砾径变小，底以不整合面与达肯大坂（岩）群分隔，顶与上覆枯柏木组石英砂岩整合接触，沉积厚度 457.50～700.84 m。

在安南坝一带由砾岩、含砾粗砂岩组成，底顶出露不全，出露厚度大于 667 m。在依明克乌拉山一带，主要为中—粗粒长石石英砂岩、石英砂岩、含砾砂岩等，与上覆枯柏木组石英砂岩平行不整合接触，底部以不整合面与达肯大坂（岩）群变质岩分隔，厚度 248.2 m。

在全吉山该组中部含微古植物 *Trematosphaeridium* cf. *holtedahlii*。时代为震旦纪。

枯柏木组 *Zk* （05－63－0022）

【创名及原始定义】 王云山等（1980）建组于欧龙布鲁克石英梁南坡，原始定义指麻黄沟组和石英梁组之间的以石英砂岩为特征的岩石组合。“本组岩性可分为三部分，自下而上构成一个由粗到细的沉积韵律。下部砾岩夹石英砂岩，中部为浅肉红色含细砾石英砂岩，上部为中—细粒石英砂岩夹含铁石英石。”

【沿革】 枯柏木组为一岩石地层单位，自建组以来，涵义无变化，本书沿用。

【现在定义】 指平行不整合或整合于麻黄沟组之上、平行不整合于石英梁组之下一套紫灰色、浅肉红色石英砂岩为主的地层序列。下部为砾岩、含砾砂岩；上部为中—细粒石英砂岩，底以平行不整合面或以石英砂岩的始现为界，顶以平行不整合面为界。

【层型】 正层型为王云山等(1979)测制(1980 年发表)的乌兰县欧龙布鲁克剖面(96°27′，37°17′）第 10—12 层。
~~~~~~~~~~

上覆地层：**石英梁组**　紫红色含铁质凝灰质粉砂岩、细砂岩，具底砾岩，中上部夹砾岩

——————— 平行不整合 ———————

枯柏木组　总厚度 128.10 m

12. 肉红色厚—巨厚层中—细粒石英砂岩，发育斜层理及对称波痕　29.60 m

11. 浅肉红色巨厚层含细砾中—粗粒石英砂岩，发育大型斜层理及对称波痕　57.20 m

10. 紫灰色、灰白色巨厚层粗—巨砾岩夹中—粗粒石英砂岩及薄层含泥质粉砂岩。砾岩中砾石有石英岩、凝灰岩、花岗斑岩、片麻岩，还有麻黄沟组的灰紫色石英砂岩。砾径较大，圆度较好，发育干裂、波痕及斜层理　41.30 m

——————— 平行不整合 ———————

下伏地层：**麻黄沟组**　灰紫色夹黄绿色含砾不等粒杂砂质长石砂岩、长石杂砂岩、长石石英砂岩夹薄层粘土岩，近顶部夹一层灰绿色粗砾岩。发育干裂、波痕、斜层理及交错层，上部以水平层理为主

【地质特征及区域变化】　枯柏木组单位正层型岩性特征明显，标志层清晰。下部为紫灰色、灰白色巨厚层粗—巨砾岩夹中—粗粒石英砂岩及薄层含泥质粉砂岩。砾石成分主要为石英岩，次为变酸性晶屑玻屑凝灰岩、花岗斑岩及少量石英砂岩，砾径 6～35 cm，圆度及球度良好，层间还夹有含泥质饼片的中—细粒石英砂岩，干裂构造发育；中部为浅肉红色含细砾石英砂岩；上部为肉红色中—细粒石英砂岩，发育斜层理及对称波痕。底、顶均以平行不整合面为界。

枯柏木组主要分布于欧龙布鲁克、全吉山、石灰沟及安南坝等地。在欧龙布鲁克西段由中—粗粒石英砂岩组成，底部夹石英质砾岩，出露厚度大于 97 m。在全吉山一带为中粗粒石英砂岩，底部含磷，出露厚度 136.71～355.10 m。在安南坝一带为石英岩、变石英砂岩、含砾石英砂岩，出露厚度大于 357 m。在依明依克乌拉山为中—细粒石英砂岩，底部为含砾不等粒石英砂岩，厚度 207.60 m。该组具有东薄西厚的特征，其时代依据上、下地层判别，应为震旦纪。

石英梁组　$Z\hat{s}$　(05－63－0023)

【创名及原始定义】　王云山等（1980）创名于欧龙布鲁克石英梁。王云山等在描述石英梁组时写到：“它平行不整合于枯柏木组之上，具有清晰的间断面。下部为紫红色含铁质凝灰质粉砂岩、粉砂质铁质粘土岩夹不稳定砾岩；中部为白色、灰白色巨厚层石英岩；上部为灰绿色玄武岩、灰白色、灰黑色粉砂质页岩、含海绿石粉砂岩及石英砂岩。”

【沿革】　石英梁组基本为一岩石地层单位，涵义明确，标志清晰，自建组以来无变化，本书沿用。

【现在定义】　指平行不整合于枯柏木组之上，整合于红藻山组之下的一套以灰—灰绿色石英岩、石英岩状砂岩为主，夹海绿石石英粉砂岩、泥质粉砂岩及玄武岩的地层序列。底界以平行不整合面为界，顶界以碳酸盐岩的始现为界。

【层型】　正层型为王云山等(1979)测制(1980 年发表)的乌兰县欧龙布鲁克剖面(96°27′，37°17′）第 13—21 层。

上覆地层：**红藻山组**　灰色、灰黑色含钙质、粉砂质页岩夹石英粉砂岩、细砂岩。上部为紫红色粉砂质粘土页岩及薄层含粉砂质泥晶白云岩，具干裂构造

—————— 整　合 ——————

石英梁组　　　　　　　　　　　　　　　　　　　　　　　　　　　　　　　　　　总厚度 394.80 m

21. 灰色厚层含砾石英岩状砂岩夹紫色粗砂岩、泥质粉砂岩。石英岩状砂岩含铁质斑点，具波痕、干裂及斜层理　22.80 m

20. 灰色、灰绿色含粉砂粘土页岩夹薄层粉砂岩，上部夹含砾细—中粒石英砂岩，具干裂及斜层理　58.60 m

19. 灰色、灰白色中厚—巨厚层石英岩状砂岩，顶部含鲕状赤铁矿，具干裂及斜层理　27.40 m

18. 灰色、灰黑色薄层页岩与灰色海绿石石英粉砂岩互层，底部灰色、灰白色薄层—中厚层细粒石英砂岩，具波状层理、斜层理，顶部薄层细粒石英砂岩、粉砂岩，并含鲕状赤铁矿。发育干裂、雨痕及小流痕构造。海绿石年龄值为 498 Ma　33.60 m

17. 灰色、灰黑色薄层含粉砂质粘土岩，底部有厚 1 m 海绿石粉砂岩，并见厚 3～10 cm 赤铁矿结核层，上部夹竹叶状碎屑粘土岩。本层及第 18、20 层中含有较丰富的微古植物：*Trematosphaeridium holtedahlii*，*Protosphaeridium* sp.，*Tasmanites quanjiensis* (sp. nov.)，*Taeniatum simplex*，*T.* cf. *crassum*，*Laminarites antiquissimus*，*Trachysphaeridium* cf. *laminaritum*，*T.* aff. *laminaritum*，*T.* cf. *incrassatum*，*T.* cf. *rugosum*，*Microconcentrica* sp.，*Lignum* sp.　27.70 m

16. 灰绿色玄武岩，具气孔构造，有的充填绿泥石及碳酸盐矿物。玄武岩的全岩样品，经天津地质矿产研究所用 K－Ar 法测定，年龄值为 700 Ma　4.80 m

15. 灰色薄层中粒石英砂岩、粉砂岩，近顶部夹有赤铁矿扁豆体　1.10 m

14. 灰白色、白色厚—巨厚层石英岩，近顶部夹有厚 1.5 m 的含铁石英岩。发育对称及不对称波痕、斜层理　191.10 m

13. 紫红色含铁质凝灰质粉砂岩、细砂岩，具底砾岩，中上部夹砾岩　27.70 m

－－－－－－－ 平行不整合 －－－－－－－

下伏地层：**枯柏木组**　肉红色厚—巨厚层中—细粒石英砂岩，发育斜层理及对称波痕

【地质特征及区域变化】　石英梁组正层型所在地底部为紫红色含铁质凝灰质粉砂岩，细砂岩，具底砾岩；下部为灰白色巨厚层石英砂岩；中部为灰绿色玄武岩、灰色或灰黑色含粉砂质粘土岩、薄层页岩、灰色海绿石石英粉砂岩等；上部为灰白色厚层石英岩状砂岩、灰色和灰绿色含粉砂粘土页岩、含砾石英岩状砂岩等。构成两个明显的由细到粗的反向沉积韵律。

石英梁组分布于欧龙布鲁克山、全吉山、石灰沟等地。总体岩性较为稳定，中部的玄武岩各地均有出现，为良好的标志层。具东厚西薄的特征，欧龙布鲁克出露厚度 303～395 m，全吉山出露厚度 68～203 m，至安南坝一带尖灭。

石英梁组含较丰富的微古植物，在欧龙布鲁克一带中部的粘土质岩石中含：*Trematosphaeridium holtedahlii*，*Tasmanites quanjiensis*，*Taeniatum simplex*，*T. crassum*，*Trachysphaeridium* cf. *laminaritum*，*Lignum* sp. 等。上述化石大多在三峡地区莲沱组—灯影组中也有出现，时代为震旦纪；在全吉山一带含 *Orygmatosphaeridium* cf. *rubiginosum*，*Protosphaeridium* sp.，*Taeniatum crassum* 等，时代为震旦纪。

红藻山组　*Zh*　(05－63－0024)

【创名及原始定义】　王云山等（1980）于格尔木市大柴旦镇全吉山红铁沟东侧红藻山创建红藻山组。创名者在描述该组时写到："它主要由一套白云岩组成。下部为灰色、紫灰色薄层至中厚层凝灰质砂砾岩、粉砂岩与粉砂质泥晶白云岩、泥晶白云岩；中部为深灰色含硅质

条纹状泥晶白云岩，富产叠层石；上部为泥晶白云岩，富产似红藻及叠层石。”

【沿革】 红藻山组为一岩石地层单位，建组以来涵义无变化，本书沿用。

【现在定义】 指整合于石英梁组之上、整合或平行不整合于黑土坡组之下的一套以灰—灰白色白云岩为主的地层序列。产叠层石、似红藻等化石。下部多含砂泥质、凝灰质，中部多含硅质条带或燧石团块，上部则为较纯的白云岩。底以碳酸盐岩的始现为界，顶以板岩的始现或平行不整合面为界。

【层型】 正层型为王云山等（1979）测制（1980 年发表）的大柴旦镇全吉山剖面（95°51′，37°25′）第 14—22 层。

上覆地层：**黑土坡组** 浅玫瑰色、黄绿色薄层—中厚层泥晶白云岩、含粉砂泥质白云岩，向上为灰色薄层粘板岩，少量泥质白云岩

——————— 整 合 ———————

红藻山组 总厚度 298.50 m

22. 灰色、深灰色藻团粒粗粉晶白云岩、层纹状藻泥晶—粉晶白云岩及含粒屑变形纹层白云岩。含丰富的藻类遗迹，结构形态多样，如花斑状、指纹状、布纹状、肠状、喇叭状、舌状、漏斗状等，初步鉴定为似红藻化石，命名为 *Plicatella quanjishanense*；富产叠层石：*Conophyton quanjishanense*，*C. chaidamuense*，并见蠕虫化石碎片 77.10 m

21. 灰白色中厚—厚层泥晶白云岩，富含叠层石：*Katavia* f.，*Conophyton hongtiegouense* 23.60 m

20. 深灰色厚—巨厚层硅质条带粗粉晶白云岩、纹层藻泥晶白云岩，中部具葡萄石结构。产叠层石：*Conophyton quanjishanense*，*C. chaidamuense*，*Cryptozoon* f.。第 20—22 层含丰富的微古植物：*Asperatopsophosphaera* cf. *umishanensis*，*Trematosphaeridium holtedahlii*，*Polyporata obsoleta*，*Protosphaeridium* sp.，*Micrhystridium* sp.，*Symplassosphaeridium* sp.，*Lignum* sp. 77.70 m

19. 灰色、深灰色中厚层硅质条带叠层藻泥晶白云岩，底部含硅质砾屑。产叠层石：*Cryptozoon* f.，*Conophyton quanjishanense* 45.80 m

18. 灰色白云质内碎屑角砾岩，砾石主要为硅质岩，棱角—次棱角状，扁度较大，砾径 1～20 cm，由白云质胶结 4.20 m

17. 灰色、青灰色厚—巨厚层硅质条带泥晶白云岩、硅质泥晶白云岩，顶部夹黄绿色薄层鲕粒泥晶灰质白云岩，具波痕及斜层理。产叠层石：*Cryptozoon* f. 27.40 m

16. 灰紫色薄—中厚层粉砂质泥晶白云岩，含岩盐假晶，具波痕、交错层 9.70 m

15. 鲜绿色豆状结构凝灰岩，含 K_2O 20.589%，顶部为厚 30 cm 黄绿色碧玉岩 7.10 m

14. 紫灰色薄—中厚层凝灰质砂岩、粉砂岩，底部为含铁凝灰质砂砾岩，上部浅灰色薄—中厚层团粒泥晶白云岩、粉砂质泥晶白云岩，含岩盐假晶，具干裂、斜层理、交错层及波痕构造，产叠层石：*Cryptozoon* f. 25.90 m

——————— 整 合 ———————

下伏地层：**石英梁组** 白色巨层石英岩，下部发育斜层理，顶部含鲕状赤铁矿

【地质特征及区域变化】 正层型下部为灰色、紫灰色薄至中厚层凝灰质砂砾岩、粉砂岩与粉砂质泥晶白云岩、泥晶白云岩，中夹豆状凝灰岩及绿色碧玉岩，白云岩层多见隐生叠层石；中部为深灰色含硅质条带纹泥状泥晶白云岩，散布有内碎屑角砾，近底部见内碎屑角砾岩，砾石主要为硅质岩及少量白云岩。白云岩中富产 *Cryptozoon* f. 等叠层石；上部为块层状泥晶白云岩，富含似红藻，与连生的锥叠层石共生，还有发育不全的拉丝状叠层石。厚度

298.5 m。

正层型所在地向西至安南坝地区下部为深灰色含硅质条带白云岩夹石英岩、石英砂岩；中部为灰色含叠层石白云岩、细晶白云岩；上部为灰白色含叠层石白云岩，产叠层石和藻类。底以平行不整合面与枯柏木组分界。未见顶，出露厚度大于 1 709 m。正层型所在地向东至欧龙布鲁克一带由硅质灰岩和白云岩组成，下部夹粉砂质页岩和板岩。白云岩和硅质灰岩中含叠层石及藻类。底与石英梁组石英砂岩整合接触，顶以平行不整合与上覆欧龙布鲁克群分隔，出露厚度 107.37～169.1 m。

该组岩性较为稳定，在纵向上由下部的薄至中层向上渐变为厚层至块层状。下部多含砂砾质、凝灰质，中部多含硅质，上部则为较纯的白云岩。在横向上其沉积厚度有东薄西厚的特征。红藻山组连生的锥叠层石和褶纹藻的大量出现，是地层时代的重要标志。

红藻山组白云岩及硅质灰岩中含有大量的微古植物及叠层石。微古植物有：*Trematosphaeridium* cf. *holtedahlii*，*Tre. holtedahlii*，*Micrhystridium* sp.，*Symplassosphaeridium* sp.，*Asperatopsophosphaera* cf. *umishanensis*，*Polyporata obsoleta*，*Lignum* sp.，*Trachysphaeridium incrassatum*，*Tra.* cf. *laminaritum*，*Tra. planum*，*Leiopsophosphaera densa*，*Lei. solida*，*Protosphaeridium* sp.；叠层石有：*Boxonia* f.，*Cryptzoon* f.，*Collenia* f.，*Colleniella bella*，*Anabaria* f.，*Linella* f.，*Gymnoslen* f.，*Conophyton quanjishanense*，*Cono. hongtiegouense*，*Cono. chaidamuense*，*Katavia* f.，*Inzeria* f.，*Baicalia* f.；似红藻有：*Plicatella quanjishanense*，*Proglobuloella kunlunia* (gen. et sp. nov.) 等。似红藻在我国南方晚震旦世地层灯影组大量出现，另 *Micrhystridium* 的出现及上部产蠕虫动物碎片化石等，这一特征与湖北峡东地区的灯影组相似，由此推断红藻山组与灯影组相当，其时代为晚震旦世。

黑土坡组　$\in_1 h$　(05-63-0106)

【创名及原始定义】　王云山等（1980）创建黑土坡组于大柴旦镇全吉山红铁沟脑黑土坡。原始定义指："分布于全吉山及石灰沟一带的早寒武世下部地层，与下伏的红藻山组岩性渐变过渡。下部岩性为浅玫瑰色、黄绿色薄—中厚层泥晶白云岩、含粉砂泥质白云岩、粘板岩夹赤铁矿层，中部为灰色、灰黑色含铁质结核页岩及粉砂质粘土岩，上部为黄绿色浅灰色泥质粉砂岩，含少量赤铁矿结核。"

【沿革】　建组时隶属于全吉群，王云山、陈基娘（1983）将其又归属于"小高炉群"，时代归属早寒武世。青海省地矿局（1991）在《青海省区域地质志》中，将其归属于下寒武统下部。黑土坡组建组以来，因对其时代认识不一，归属多次变更，但所指岩石组合特征基本未变，实为一具岩石地层单位特征的地方性年代地层单位，本书沿用，并厘定为岩石地层单位。

【现在定义】　指整合或平行不整合于红藻山组之上，平行不整合或整合于红铁沟组之下，一套自下而上由白云岩与板岩互层、碳质板岩、粘板岩及泥质粉砂岩组成的地层序列。底以平行不整合面或板岩的始现为界，顶以平行不整合面或上覆红铁沟组冰碛砾岩的始现为界。

【层型】　正层型为王云山、陈基娘（1983）重测的大柴旦镇全吉山剖面（95°51′，37°25′）第1—3层。

上覆地层：**红铁沟组**　黄绿色、灰色泥砾岩

——————　平行不整合（或整合）　——————

黑土坡组　　总厚度 123.40 m

3. 黄绿色、浅灰色泥质粉砂岩　　33.00 m

2. 灰黑色含碳质板岩、粘板岩夹细砂岩，产虫牙 *Scolecodonts* 及蠕虫化石碎片，并含丰富的微体古植物 *Micrhystridium* sp.。在粘板岩中采一 Rb-Sr 等时线年龄样，经中国科学院地质研究所测定，年龄值为（590.03±26）Ma。　　78.50 m

1. 黄绿色中—薄层泥晶白云岩与灰色薄层粘板岩　　11.90 m

—————— 平行不整合（或整合） ——————

下伏地层：**红藻山组**　灰色块层状白云岩，富含似红藻与叠层石：*Conophyton quanjishanense*，*Katavia* f. 等

【地质特征及区域变化】 单位正层型下部为黄绿色中薄层泥晶白云岩与灰色薄层粘板岩互层，中部为灰黑色含碳质板岩、粘板岩夹细砂岩，上部为黄绿色浅灰色泥质粉砂岩。厚度123.4 m。

黑土坡组主要分布于全吉山，在石灰沟亦有出露，其岩性下部为土黄色薄—中厚层白云岩，上部为灰黑色碳质板岩。出露厚度大于 10 m。

黑土坡组岩性较为稳定，横向上具东薄西厚的沉积特征。

【其他】 黑土坡组中部含虫牙 *Scolecodonts* 及蠕虫化石碎片，并含丰富的微古植物：*Symplassosphaeridium* sp.，*Trematosphaeridium holtedahlii*，*Taeniatum crassum*，*Orygmatosphaeridium* sp.，*Micrhystridium* sp. 等。

在全吉山黑土坡组碳质板岩中的 Rb-Sr 等时线年龄值为（590.03±26）Ma。据生物特征及同位素年龄值，其时代应为早寒武世。

黑土坡组具进积型沉积序列，为薄层泥晶白云岩、泥质白云岩向碳质页岩、粉砂岩过渡的沉积。黑色页岩具有水平纹理，由于沉积物搬运速度以及含盐度的缓慢改变，黑色纹层与灰色纹层相间，夹有粉砂岩条带，有时出现白色石膏纹层。页岩中古藻繁茂并有浮游生物虫牙化石存在，加之赤铁矿结核的大量出现，推断当时是处于富氧条件，代表水体宁静低洼的潮上沼泽沉积。上部由于淡水不断注入及携带的陆源碎屑、铁质不断增加，碳质及膏盐消失，而形成浅色粉砂质页岩、含赤铁矿结核粉砂岩。

红铁沟组　∈*ht*　(05-63-0107)

【创名及原始定义】 王云山等（1980）创建红铁沟组于全吉山红铁沟，原义指："分布于全吉山、石灰沟的冰碛层。冰碛层分上、下两部分。下部为黄绿色、灰绿色冰碛砾岩，厚度 5～75 m；上部为紫红色冰碛砾岩、含砾粉砂岩夹纹泥层，厚度 12.5～35 m。"

【沿革】 建组时隶属于全吉群，王云山、陈基娘（1983）又将其归属于小高炉群中，青海省地矿局（1991）在《青海省区域地质志》中沿用红铁沟组，归属于下寒武统。

红铁沟组涵义明确，概念清晰，本书沿用。

【现在定义】 指平行不整合或整合于黑土坡组之上，整合于皱节山组之下的冰碛砾岩层。岩性为冰碛泥砾岩，中部夹白云岩，顶部夹冰川纹泥层。底以平行不整合面或冰碛砾岩的始现为界，顶以冰碛砾岩的消失为界。

【层型】 正层型为王云山、陈基娘（1983）重测的大柴旦镇全吉山剖面（95°51′，37°25′）第 4—6 层。

上覆地层：**皱节山组** 浅玫瑰色—灰白色厚层白云岩、含砂白云岩，底部有0.5～1 m厚的含砾白云岩，砾径可达30 cm。向上砾石稀疏变小，为砂质条带白云岩所代替，砂粒磨圆度极好

——————— 整 合 ———————

红铁沟组 总厚度17.50 m

6. 浅灰绿色泥砾岩，砾石之砾径多在4 cm以下，呈次棱角状，泥岩中隐见纹层理，其中石英碎屑下压上绕 0.80 m

5. 紫红色冰碛泥砾岩，靠下部夹有土黄色钙质白云岩，单层厚度2～6 cm 11.70 m

4. 黄绿色、灰色泥砾岩 5.00 m

——————— 平行不整合（或整合） ———————

下伏地层：**黑土坡组** 黄绿色、浅灰色泥质粉砂岩

【地质特征及区域变化】 红铁沟组冰碛层具如下特征：①冰碛层厚度变化大，由十几米至百余米，东厚（石灰沟一带108 m），西薄（全吉山一带17.5 m）；②无分选、无层理、无方向性，砾石分布杂乱，大小混堆；③冰碛砾岩中砾石磨圆度差，以棱角状—次棱角状为主，反映冰川运移距离较近；④冰碛层中砾石成分复杂，有含叠层石及似红藻白云岩、含硅质条带白云岩、火山岩、砂岩及板岩等；⑤冰碛砾石形态复杂多样，有的状似马鞍石，有的似熨斗石，多数砾石具有两个磨光面，状似猴面石。砾石具压裂面及细小冰川擦痕、刻槽；⑥冰碛层内常夹薄层泥质白云岩，纹层理发育。小砾石常下压上绕，即砾石压弯下部纹层，上部纹层绕石而过，是典型的含砾冰川纹泥层。

红铁沟组冰碛层在石灰沟一带可分两层，下部灰色冰碛泥砾岩，上部紫红色冰碛泥砾岩，厚度大于108 m。

红铁沟组依其所在层位，时代归属早寒武世。

皱节山组 $\in\hat{z}$ （05-63-0108）

【创名及原始定义】 王云山等（1980）创建皱节山组于全吉山红铁沟西侧皱节山。原始定义指："下与冰碛层渐变过渡，上与下寒武统上部含磷砾石石英岩状砂岩呈平行不整合关系。底部为近1 m厚的含砾白云岩，向上渐变为砂质白云岩。下部与上部为紫红色石英粉砂岩；中部为灰绿色细粒石英砂岩，纹层理发育；顶部有时可见50 cm厚的灰绿色粉砂岩。"

【沿革】 建组时，皱节山组隶属于全吉群，王云山、陈基娘（1983）又将其划属小高炉群，青海省地矿局（1991）在《青海省区域地质志》中沿用皱节山组，归属下寒武统。皱节山组含义明确，标志清晰，本书沿用。

【现在定义】 指整合于红铁沟组之上，平行不整合于欧龙布鲁克群之下一套由含砾白云岩、砂质白云岩、粉砂岩、细砂岩、细砂质粉砂岩等组合而成的地层序列。底以下伏红铁沟组冰碛砾岩的消失为界，顶以平行不整合面或上覆欧龙布鲁克群含磷砂砾岩的始现为界。

【层型】 正层型为王云山、陈基娘（1983）重测的大柴旦镇全吉山剖面（95°51′，37°25′）第7—10层。

上覆地层：**欧龙布鲁克群** 含磷石英砂岩、含硅磷质岩屑的石英岩状砂岩

——————— 平行不整合 ———————

皱节山组 总厚度56.0 m

10. 灰色薄层细砂质砂岩，顶部有50cm厚的浅灰绿色薄板状粉砂岩。纹层十分发育，靠上部采得皱节虫科化石：Sabelliditidae 14.00 m

9. 灰绿色夹紫红色薄板状粉砂岩、细砂岩，层理发育。产皱节虫科化石：Sabelliditidae；还有微体古植物，经邢裕盛鉴定（下同）：*Trematosphaeridium* cf. *holtedahlii*，*Tre. minutum*，*Osilatorites*? sp.，并见蠕虫化石碎片与齿状（虫牙?）化石碎片 23.50 m

8. 紫红色薄板状含铁质粉砂岩、石英砂岩夹土黄色含砂灰质白云岩（15～20 cm）。砂岩底面有疙瘩状构造，并见斜层理 11.30 m

7. 浅玫瑰色—灰白色厚层白云岩、含砂白云岩，底部有厚0.5～1 m的含砾白云岩，砾径可达30 cm。向上砾石稀疏变小，为砂质条带白云岩所代替，砂粒磨圆度极好 7.20 m

——————— 整　合 ———————

下伏地层：**红铁沟组**　浅灰绿色泥砾岩，砾石直径多在4cm以下，呈次棱角状，泥岩中隐见纹层理，其中石英碎屑下压上绕

【地质特征及区域变化】　正层型底部为近厚1 m的含砾白云岩，向上渐变为砂质白云岩，下部为含铁质粉砂岩；中部薄板状粉砂岩、细砂岩，产皱节虫化石及微古植物；上部为灰色薄层细砂质粉砂岩，顶部有50 cm厚的浅灰绿色薄板状粉砂岩，产皱节虫痕迹化石。

皱节山组主要分布于全吉山和石灰沟一带，在石灰沟以紫红色薄板状砂岩为主，底部为含砾砂质白云岩，隐见冰碛层理，顶部为浅灰绿色粉砂岩和粉砂质页岩，厚度大于17 m。

本组由全吉山出露的两紫(色)层夹一绿(色)层的粉砂岩及细砂岩，向东于石灰沟变为紫色细砂岩，厚度显著变薄。

【其他】　皱节山组粉砂岩中产微古植物：*Trematosphaeridium* cf. *holtedahlii*，*Tre. minutum*，*Osilatorites*? sp.。同时见有蠕虫化石碎片、齿状（虫牙?）化石碎片和大量的皱节虫科Sabelliditidae的遗迹化石。其时代为早寒武世。

皱节山组是在冰川消融，海平面大幅度上升后形成的。下部有浑圆状石英和白云石粗砂，由白云质胶结成砂状白云岩，表现沉积环境相当动荡。上部细砂质粉砂岩及粘土质粉砂岩，砂砾圆度较差，具有薄的水平层理，层面上产大量的生物遗迹化石，这表明是在水流或波浪影响微弱的潮间环境生成的。

北祁连山蛇绿（混杂）岩岩群　Z∈O*B*　(05-63-0033)

为本书新建构造岩石地层单位，见附录Ⅳ。

黑茨沟组　∈*h*　(05-63-0100)

【创名及原始定义】　据甘肃省第一区测队（1972）介绍：由宋叔和（1958）创建于甘肃省天祝县西南的“黑茨沟群”演绎而来。原义指：甘肃省第一区测队（1972）在天祝县黑茨沟所测剖面第1—7层的地层部分，发育于黑茨沟处，在阴沟群淡红色安山质角砾熔岩之下，下部为安山玢岩、安山玄武岩、玄武火山角砾岩夹英安玢岩、含铁硅质岩；上部为英安质角砾凝灰岩、英安集块岩、安山玢岩夹角斑岩、灰岩和赤铁矿层的序列。

【沿革】　黑茨沟组创名于甘肃，由青海省区测队（1967）在《1∶20万祁连县幅（J-47-[17]）区域地质测量报告书》中引入青海，代表分布于托来山东段天宝河上游一带中寒武世地层。此后沿用至今。青海综合地质大队区测队1964年将出露于毛家沟、石湾一带的含中寒武世三叶虫化石的下部为暗紫色杏仁状玄武岩与灰绿色安山玄武岩互层夹泥质灰岩；中部为

灰色至深灰色粉晶灰岩、硅质条带灰岩夹蚀变安山岩及碳质板岩；上部为灰色、黑灰色含碳质绢云硅质板岩、泥质板岩、硅质阳起石板岩夹灰岩及蚀变安山岩的地层命名为"毛家沟群。"本书认为毛家沟群从其宏观岩性特征、岩石组合方式及相对层位与黑茨沟组基本一致，将其归并于黑茨沟组中。

【现在定义】 指阴沟群暗紫色砾岩或砂岩之下的一套火山碎屑岩、中基性火山熔岩，夹细碎屑岩及少许含海生动物化石的碳酸盐岩凸镜体地层序列。顶界在区域上常以火山碎屑岩与阴沟群呈断层或平行不整合，或与香毛山组整合接触，下界未见。

【层型】 选层型为甘肃省天祝县黑茨沟剖面（102°38′，37°12′），甘肃省第一区测队(1972)测制。省内以青海省第一区测队(1976)测制的祁连县天宝河上游黑沟脑剖面(100°53′，37°48′）第1—15层为次层型。

祁连县天宝河上游黑沟脑剖面

黑茨沟组	总厚度＞3 128.00 m
15. 灰绿色片理化全蚀变基性熔岩夹薄层凝灰质板岩（断层切割，出露不全）	＞63.00 m
14. 灰色凝灰质粘板岩夹条带状硅质岩一层	137.00 m
13. 灰绿、灰紫色含硅质粘板岩夹凝灰角砾岩一层	226.00 m
12. 灰绿色块状安山岩夹安山质细火山角砾岩一层	161.00 m
11. 灰绿色片理化基性熔岩角砾岩夹硅质岩	124.00 m
10. 灰绿色厚层状凝灰岩夹暗紫色凝灰岩	278.00 m
9. 紫色凝灰质粘板岩	42.00 m
8. 浅灰绿色厚层状变凝灰岩夹灰绿色凝灰质砂岩及条带状硅质岩	315.00 m
7. 灰绿色橄榄玄武岩	464.00 m
6. 暗绿色蚀变橄榄玄武岩夹暗绿色杏仁状玄武岩及暗紫色角砾状熔岩	599.00 m
5. 灰绿色块状蚀变安山岩	49.00 m
4. 暗绿色蚀变含石英辉石玄武岩夹灰绿色安山岩	139.00 m
3. 灰绿—灰紫色火山角砾熔岩	62.00 m
2. 暗绿色辉石安山玄武岩	143.00 m
1. 灰绿色玄武岩（背斜核部，未见底）	＞326.00 m

【地质特征及区域变化】 黑茨沟组在青海省内岩性主要为黑色中性熔岩凝灰岩、暗绿色杏仁状安山岩、橄榄玄武岩、辉石玄武岩、辉石安山玄武岩、安山玢岩，夹灰绿色凝灰质砂岩、黑色硅质岩及灰岩等。顶底出露不全，以断层与其他地层分隔，出露厚度244.25～3 128.00 m。

黑茨沟组在省内主要分布于走廊南山中段主脊及南坡、托来山东段的天宝河上游地区，在玉石沟一带也有零星分布。以祁连县天宝河上游黑沟脑一带出露连续性好，层序清晰，作为次层型。该剖面下部主要为中基性熔岩、凝灰岩，底部被断层切割；上部以正常沉积碎屑岩夹沉火山碎屑岩及薄层灰岩、大理岩凸镜体。灰岩中产三叶虫：*Hypagnostus qilianensis*，*Amphoton*（*Pseudoamphoton*）*latilimbata*，*Datongites* sp.，*Kootenia* sp.。顶部出露不全，出露厚度1 244 m。

黑茨沟组从黑沟脑向东在天宝河一带呈断块出露，顶底不全。下部为灰绿色、暗绿色玄武岩、辉石安山玄武岩、蚀变安山岩、橄榄玄武岩为主夹角砾状熔岩；上部为灰绿色中基性火山碎屑岩为主，夹条带状硅质岩，出露厚度 3 128.0 m。在互助县石湾一带，顶底均以断层与克素尔组接触，下部以暗紫色和灰绿色杏仁状玄武岩、蚀变安山玄武岩为主夹薄层泥质灰岩，泥灰岩中产三叶虫 *Chittidilla* (*Diandongaspis*) sp.；腕足类：*Kutorgina* sp.，*Paterina* sp.。中部为灰色和深灰色粉晶灰岩、硅质条带泥晶灰岩，含三叶虫：*Datongites elongata*，*Goniagnostus* aff. *nathorsti*，*Hypagnostus quadratus*，*H. hippalus*，*Peronopsis tallax*，*P. huzhuensis*，*Ptychagnostus*(*Triplagnostus*) sp.，*Prohedinia attenvata*，*Diplagnostus planicauda* var. *bilobatus*，*Huzhuia typica*，*H. longa*。上部为灰色灰岩、硅质条带灰岩、含碳质绢云硅质板岩、硅质阳起板岩夹蚀变安山玄武岩，硅质板岩中产微古植物：*Leiosphaeridia* sp.，*Micrhystridium* sp.，*Baltisphaeridium* sp.，*Lophosphaeridium* sp.。出露厚度 244.25 m。

【其他】 黑茨沟组从上述古生物分析，其下部为寒武纪早期沉积，为海相裂隙式喷发堆积，中部为中寒武世沉积，上部沉积时代存疑，但为寒武纪沉积无疑。从其岩性判别，中、上部应为浅海潮坪低能环境产物。

综上所述，黑茨沟组分布零星，呈断块状断续分布于北祁连山东部及中祁连山东部北缘，总体沉积时代为寒武纪。另需说明的是，分布于大通县毛家沟一带前人命名的“毛家沟群”，与厘定后的黑茨沟组为同物异名单位，前人依据其分布于中祁连山为由，将其与分布于北祁连山的“黑茨沟群”分割，单独创名。本书依据岩石地层单位划分准则，将其归并于黑茨沟组中，建议停用毛家沟群一名。覆于“毛家沟群”之上的白云岩及砂、页岩经编者野外实地核查，它与“毛家沟群”为断层接触。1980 年青海省地研所“前寒武纪地层课题组”，在南门峡一带相当该层硅质白云岩中采得大量叠层石，证明其为蓟县纪地层，故应从黑茨沟组中剔除，归并于克素尔组中。

香毛山组　$\in_3x$　(05-63-0101)

【创名及原始定义】 甘肃省地层表编写小组（1980）创名，标准地点在甘肃省肃北县昌马东南疏勒河东岸的二道沟。原义指：“二道沟—三道沟剖面 1—6 层地层部分。发育于二道沟—三道沟处黑茨沟组火山碎屑岩夹硅质岩之上的灰、深灰及灰绿色砂质板岩、千枚状板岩夹结晶灰岩的地层。”

【沿革】 香毛山组原称“二道沟群”（青海省未用过），为甘肃省第二区测队（1970）命名。甘肃省地层表编写小组 1980 年改称“香毛山群”。青海省地矿局（1991）在《青海省区域地质志》中沿用。本书依据甘肃省岩石地层清理研究组意见改称香毛山组。

【现在定义】 指阴沟群与黑茨沟组之间的一套浅变质碎屑岩、变质泥质岩夹结晶灰岩，局部夹火山碎屑岩组成的地层部分。区域上，与下伏黑茨组火山碎屑岩多为断层分界，上以板岩、千枚岩的消失与上覆阴沟群火山岩夹碎屑岩分界。局部地段则超覆不整合于北大河（岩）群深变质岩层之上。

【层型】 正层型为甘肃省肃北县二道沟—三道沟剖面（96°58′，39°41′），甘肃省第二区测队（1970）测制。省内次层型为祁连县川刺沟剖面（99°23′，38°32′）第 1—9 层，青海省区测队（1967）测制。

祁连县川刺沟剖面

香毛山组　　　　总厚度＞577.00 m

9. 灰白色中厚层细粒大理岩、白云母石英片岩互层，夹石墨白云母石英片岩（断层切割，

出露不全） >122.00 m

8. 银灰色白云母石英斜长岩夹大理岩 192.00 m

7. 灰白色条带状白云石大理岩夹白云母石英片岩 48.00 m

6. 灰白色白云母石英片岩夹石英岩及大理岩 184.00 m

5. 灰白色厚层块状不纯结晶灰岩 2.00 m

4. 黄褐色白云母石英片岩夹硅质岩 2.00 m

3. 灰黑色致密块状硅质岩夹灰白色含磷白云母石英片岩 2.00 m

2. 灰白色薄层白云石大理岩。产三叶虫：*Corynexochus chinensis*，*Aphelaspis*（?）*transversa*，*Dunderbergia qinghaiensis*，*D. elongata*，*Proceratopyge chuancigouensis* 9.00 m

1. 黄褐色白云母石英片岩夹结晶灰岩凸镜体。产三叶虫：*Pseudagnostus communis*（断层切割，未见底） >16.00 m

【地质特征及区域变化】 香毛山组在省内见于川刺沟及互助县花石峡一带。在川刺沟下部以黄褐色白云母石英片岩为主夹硅质岩、结晶灰岩、白云石大理岩等。大理岩、灰岩中产三叶虫：*Corynexochus chinensis*，*Aphelaspis*（?）*transversa*，*Dunderbergia qinghaiensis*，*D. elongata*，*Proceratopyge chuancigouensis*，*Pseudagnostus comunis*；上部为灰白色白云石大理岩、白云母石英片岩互层为主，夹石墨白云母石英片岩，顶底均被断层切割，出露厚度 577 m。向东碳酸盐岩减少，板岩、硅质岩厚度增大，并显示较为明显的复理石韵律特征。在祁连县敖包大南山一带呈断块出露，为一套灰色、深灰色粉砂质板岩、千枚状板岩为主夹千枚状凝灰质砂岩、板岩，出露厚度 873 m。在花石峡一带则整合于黑茨沟组之上，下部为灰白色白云质结晶灰岩，上部为黑灰色砂质板岩、千枚状板岩夹粉砂岩、细砂岩，顶部出露不全，出露厚度 794 m。

总观香毛山组，在青海省境内出露零星，多为断块状。从其在川刺沟剖面下部所含三叶虫分析，其时代应为晚寒武世。

阴沟群　*OY*　（05-63-0201）

【创名及原始定义】 解广轰、汪缉安（1959）介绍：尹赞勋、张文堂等（1957）创立"阴沟统"。创名地点在甘肃省玉门市东大窑以南的阴沟地区。原始定义指："妖魔山灰岩之下的巨厚火山岩系，据所采化石定为下奥陶统，由上下火山岩系夹薄层灰岩及碎屑岩的互层组成。"

【沿革】 中国科学院祁连山地质队（1963）在《祁连山地层》（92—96 页）中指出：阴沟统分上、下火山岩系，其中夹薄层石灰岩及碎屑岩的互层。张文堂（1964）在《中国的奥陶系》一书中，将阴沟统改称阴沟组。青海省区测队（1965）将阴沟组引入青海。青海省地研所编图组（1981）又改称阴沟群。青海省地矿局（1991）在《青海省区域地质志》中沿用此方案，代表北祁连山下奥陶统。本书引用甘肃省清理意见，称阴沟群。

【现在定义】 厘定后的阴沟群涵义是："该组以中基性火山熔岩及火山碎屑岩为主，局部地段为蛇绿杂岩。可分上火山岩（枕状熔岩居多）、下火山岩（偏基性、超基性），中夹薄层灰岩与板岩、页岩互层，以中基性火山岩的顶界与中堡群呈整合接触，以基性火山岩的出现与香毛山组碎屑岩分界，呈连续沉积。沿走向相变较大。富含笔石、三叶虫及头足类。"

【层型】 正层型为尹赞勋等（1957）测制的玉门市阴沟剖面（97°03′，39°47′），位于甘肃省玉门市东大窑以南，载于 1963 年《祁连山地质志》2 卷 1 期。

次层型为青海省区测队（1968）测制的祁连县川刺沟剖面（99°23′，38°31′）。

【地质特征及区域变化】 阴沟群沿走向延入青海省后，以祁连县的川刺沟剖面出露比较完整，纵向三分性明显。下部为灰—灰黑色、灰绿色碎屑岩夹灰岩扁豆体及层凝灰岩；中部为灰色、灰绿色的中基性火山岩夹碎屑岩及大理岩；上部为灰黑色、灰绿色碎屑岩夹灰岩及硅质岩。它们在宏观上基本可与正层型阴沟剖面对比，在川刺沟以东的油葫芦沟、马档沟等地凝灰质显著增多，在西部双岔沟一带则表现为碎屑岩减少而灰岩显著增多。在浪石当采到笔石：*Didymograptus* cf. *abnormis*，*D.* cf. *hirundo*，*Tetragraptus* sp.，*Pterograptus* sp.，*Isograptus* sp.。地层时代属 Arenigian 期。在川刺沟、大水沟、小水沟、铁木勒、油葫芦西沟采有三叶虫：*Inkouia inkouensis*，*I.* cf. *caveronsus*，*Leiostegium* sp.，*Szechuanella rectangula*；腕足类：*Obolus taianensis*，*Sinorthis typica*，*Rafinesquina* sp.；笔石：*Didymograptus* cf. *similis*，*Glyptograptus* sp.；地层时代应属 Arenigian 期。纵观上述化石组合，阴沟群在青海省境内为早奥陶世。

大梁组 *Od* （05-63-0202）

【创名及原始定义】 中国科学院祁连山地质队（1963）介绍：穆恩之、俞昌民等（1958）创名“大梁统”，创名地点在门源县城北 30 km 之大梁，因在大梁河两岸出露最全而得名。原始定义是代表中—下奥陶纪地层。创名者在描述大梁统时写到：“大梁统为千枚岩、板岩、页岩及砾岩，含化石较少。与上奥陶系扣门子统、下奥陶系（?）硫磺河统之间均系断层接触。”

【沿革】 张文堂（1962）在《中国的奥陶系》一文中改称为“大梁组”。青海省地层表编写小组（1980）将门源县他里花河—红石沟一带与大梁组相当的地层称为“妖魔山组”，归属中奥陶世。青海省地研所编图组（1981）将其又称“扣门子组”，时代归属晚奥陶世。赖才根等（1982）在《中国的奥陶系》一文中称“大梁群”。青海省地矿局（1991）在《青海省区域地质志》中，将大梁组（群）与甘肃省的中堡群对比称“中堡群”，代表北祁连山地区中奥陶世地层。从上述可见，大梁组（群）在创名时实为一岩石地层单位，后人在沿用中以统一地层划分的观念，将其修改为以群代统的年代地层单位，故而出现同一地层实体因时代认识不同而名称多次变更。本书恢复穆恩之、俞昌民等创原大梁统的涵义，并将其修订为“大梁组”。

【现在定义】 指分布于北祁连山东段门源大梁地区整合于阴沟群之上、扣门子组之下由千枚岩、板岩、页岩及砾岩组合而成的地层序列。产三叶虫及腕足类化石。

【层型】 正层型为创名者（1958）测制的青海省门源县城北 30 km 大梁剖面（101°14′，37°47′），载于《祁连山地质志》第二卷第一分册第 110 页。次层型为门源县他里花河—红石沟剖面（102°03′，37°23′），由甘肃省第一区域地质测量队（1965）测制。

【地质特征及区域变化】 大梁组为一套由碎屑岩组合而成的地层，以灰绿色、黑色色调为主，以不含碳酸盐岩、火山岩地层与下伏阴沟群、上覆扣门子组区别。

大梁组在省内分布局限，主要在祁连山东段门源一带。在门源县他里花河—红石沟剖面见其与上覆扣门子组整合接触。在剖面第 5 层碳质千枚状板岩中产笔石：*Nemagraptus gracilis*，*Glossograptus* sp.，*Orthograptus* sp.，*Dicellograptus* sp.，据笔石本组可确定为中奥陶世。

【其他】 赵凤游（1979）、甘肃省地层表编写小组（1980）、甘肃省地矿局（1989）依据生物化石的解释，将原阴沟群上火山岩层以上的地层部分从阴沟群中肢解出来，划归中堡群，代表北祁连山地区中奥陶世地层。青海省地矿局（1991）在《青海省区域地质志》中引用中堡群，并将原大梁组（群）地层也并入其中，同时将扣门子地区的大梁组（群）及“硫磺河统”一起并入扣门子组中。如此处理欠妥，本书认为“硫磺河统”主要为灰色片岩、灰岩、千枚岩与杂色板岩互层，其岩性特征与阴沟群中碎屑岩特征基本一致（上、下火山岩未出露），为同一岩石地层单位。“硫磺河统”为阴沟群的同物异名单位，应停止使用并恢复大梁组（群）。扣门子组（统）已按岩石地层单位划分准则重新修订，推荐使用。

扣门子组　O*k*　（05-63-0203）

【创名及原始定义】　中国科学院祁连山地质队（1963）介绍：穆恩之、俞昌民等（1959）在青海省门源县大梁地区的扣门子附近创名“扣门子统”，原义代表晚奥陶纪地层。创名者在描述扣门子统时写到：“扣门子统为石灰岩、板岩及页岩，含化石较多。下部与中—下奥陶纪大梁统呈断层接触，顶部被覆盖”。

【沿革】　俞昌民（1962）在《青海门源晚奥陶世珊瑚化石》一文中，将甘肃松树南沟具有火山岩系，产珊瑚化石的地层与扣门子统对比，扩大了涵义，并将其改称“扣门子群”，张文堂（1962）称“扣门子组”。宋志高（1974）在《青海门源红沟火山杂岩岩石剖面研究工作总结》（内部资料）中，详细研究了红沟剖面，认为该剖面层位高于选层型扣门子剖面地层层位，并在门源二堂寺沟剖面证实红沟剖面地层与扣门子剖面地层为连续沉积。青海省地层表编写小组（1980）在《西北地区区域地层表·青海省分册》中，将红沟剖面归于扣门子组中。青海省地研所编图小组（1981）在《青海省地质图说明书》中持同样观点。赖才根等（1982）在《中国的奥陶系》专著中称扣门子群，但不包含火山岩系。青海省地矿局（1991）在《青海省区域地质志》中，认为红沟剖面火山岩系与扣门子剖面碎屑岩、碳酸盐岩岩系为同期异相产物，故将红沟剖面火山岩系亦归并于扣门子组中。经与甘肃省岩石地层清理组协商，沿用扣门子组，代表分布于北祁连山地区这套含有珊瑚灰岩的火山岩系地层。

【现在定义】　指分布于北祁连山区，整合于大梁组之上，（推测）平行不整合于肮脏沟组之下，以中基性至中酸性火山岩为主夹有厚层至薄层灰岩、砾状灰岩、硅质岩及各类碎屑岩的岩石组合，灰岩层位多集中于下部，以火山岩的出现与消失作为该组的顶、底界线。沉积夹层中产珊瑚、三叶虫、腕足类及头足类化石。

【层型】　选层型为中科院祁连山地质队测制的门源县扣门子剖面（101°17′，37°42′）〔载于《祁连山地质志》（1963）第二卷第一分册第110页〕。主要参考剖面：宋志高1974年测制的门源县红沟剖面（101°00′，37°24′），载于《青海门源红沟火山杂岩岩石剖面研究工作总结》（内部资料）和青海综合地质大队区测队1964年测制的大通县大坂沟头塘沟剖面（101°36′，37°18′）。

【地质特征及区域变化】　选层型因断层破坏出露不全，以浅灰色灰岩、灰绿色板岩、页岩、砂岩为主，厚度290 m。在红沟剖面，本组岩性具明显的三分，下部为安山岩及安山玄武岩，厚度1 048 m；中部为斜长角闪片岩夹变粒岩，厚度689 m；上部为细碧岩、石英角斑岩夹片岩及大理岩扁豆体，厚度805 m。总厚度大于2 542 m。西部扎麻什克一带，据路线剖面资料，也具三分性，下部为绿色变质中基性火山熔岩夹大理岩及石英岩；中部为紫—灰绿色片理化中酸性凝灰岩夹变安山岩；上部为灰绿—灰褐色片理化酸性熔岩及凝灰岩，厚度不详。在东部二堂寺西北的白土沟，下部为灰绿色条带状凝灰岩及熔岩，厚度170 m；中部为灰绿色变砂岩及熔岩，厚度450 m；上部为灰绿色中基性火山熔岩、凝灰岩及火山角砾岩，厚度约

500 m。在选层型以东门源县他里花河—红石沟剖面见其与下伏大梁组整合接触。本组在扣门子剖面下部灰岩中采有珊瑚：*Favistella alveolata*，*F. intermediata*，*F. irregulare*，*Holocatenipora orientela* 及腕足类、头足类等。在祁连县天宝河上游产珊瑚：*Agetolites gracilis*，*Catenipora* sp.，*Plasmoporella* sp. 等；腕足类：*Mimella extensa*，*Strophomena* cf. *planumbona*，*Sowerbyella eximia* 等 5 属 6 种；三叶虫：Cheiruridae；头足类：*Wutinoceras* sp.。综观化石组合，其时代为晚奥陶世。

【其他】 扣门子组创名时虽为一地方性年代地层单位，但所指岩性组合非常明确，为一套碳酸盐岩、碎屑岩组合。后人在沿用过程中将大套火山岩层归并其中，人为地扩大了扣门子组的涵义。经我们查证核实，分布于北祁连山东段大梁组之上的火山岩系，经宋志高（1974）研究后，认为该火山岩系是整合于原扣门子组之上的一套火山岩地层。这套火山岩地层实为尹赞勋、张文堂、范嘉松等（载于 1963 年《祁连山地质志》第二卷第一分册第 92—96 页）在北祁连山西段南石门子地区命名的“南石门子统”的东延部分。甘肃省岩石地层清理组将南石门子组（统）仅限定于原南石门子组（统）的下部碎屑岩段，而将上部火山岩段重新厘定为扣门子组，如此，则在岩石地层对比上形成倒置。为防止在岩石地层单位划分上出现新的混乱，本书暂将位于原扣门子组之上的火山岩系归并于扣门子组中，有关问题尚待进一步协商解决。

肮脏沟组 *Sa* （05-63-0301）

【创名及原始定义】 解广轰、汪缉安等（1959）在《祁连山的下古生代地层》一文中介绍：徐道一、张文堂、范嘉松等 1958 年在甘肃省玉门市赤金乡泉脑沟山创“肮脏沟统”，代表下志留纪。创名时涵义指：“分布在北祁连山西段，标准地点在甘肃省玉门市肮脏沟。下部主要是绿色砂岩、灰绿色页岩、中厚层砾岩；上部主要是灰蓝色、灰色厚层中粒砂岩、粉砂岩及灰黑色板岩、灰绿色页岩互层，夹有黄色中粒砂岩、细砂岩，底部有数层砾岩。除砂岩外几乎都含笔石。与上覆泉脑沟山群为整合接触，与下伏奥陶系为不整合接触”。该组延入青海省，未见顶、底。

【沿革】 本省引用肮脏沟组以来，无甚变化。据穆恩之、张有魁（1964）介绍：中科院兰州地层研究室（1961）将甘青交界二道沟产笔石 *Demirastrites triangulatus* 的地层命名为“小石户沟组”，以代表层位低于肮脏沟组的下志留统。青海省地矿局（1991）在《青海省区域地质志》中沿用。本书依据岩石地层单位划分准则，将其归并于肮脏沟组。

【现在定义】 本书沿用甘肃省岩石地层清理组意见：“肮脏沟组标准地点在玉门市肮脏沟。下部为绿色、灰绿色砂岩、页岩、中厚层砂砾岩等。上部为灰绿色、蓝灰色厚层状砂岩、粉砂岩、板岩、页岩互层。富含笔石。与上覆泉脑沟山组呈整合接触，与下伏奥陶纪扣门子组整合接触。”

【层型】 肮脏沟组正层型在甘肃省玉门市赤金乡泉脑沟山（97°08′，39°49′）。青海省参考剖面为 1967 年青海省地质局区域地质测量队测制的祁连县扎麻什克西沟剖面（99°57′，37°08′）。

【地质特征及区域变化】 肮脏沟组在省内主要出露在祁连县以东门源地区。在甘青交界的雨代河一带，岩性为灰绿色、灰色杂砂岩及杂色粉砂岩夹板岩，顶底不全，出露厚度大于 1 696 m，产笔石：*Pristiograptus* sp.，*Demirastrites* sp.。在铁木勒沟—川刺沟一带为灰绿色、棕黄色粉砂岩、砂岩及板岩。板岩中产笔石：*Demirastrites* (*Oktavites*) cf. *involutus*。纵向上由砾岩—砂岩—砂页岩组成大的沉积旋回。横向表现在砾岩与砂岩互相更替，砾岩的厚度可在数十米至数百米内大幅度增减，总的趋向是由西向东变薄。肮脏沟组依据所产笔石，地质时代为早志留世。

【其他】“小石户沟组”为肮脏沟组的一部分，本书停用“小石户沟组”一名，理由是：①二道沟剖面是建“小石户沟组”的正层型剖面，宏观岩性特点与肮脏沟组正层型一致；②此组是因发现比肮脏沟组层位更低的笔石而建，是利用生物对岩石地层单位的肢解。

泉脑沟山组 *Sq* （05－63－0302）

【创名及原始定义】由解广轰、汪缉安（1959）介绍：由王尚文（1945）创名“泉脑沟系”，标准地点在肮脏沟与旱峡之间的老沟山。介绍者指出：“1945年王尚文在北祁连山西段工作时建立了“泉脑沟系”一名，定为志留纪。实际上泉脑沟系仅属中、下志留系，包括下志留统肮脏沟组、中志留统老沟山统。岩性主要为砂岩、页岩及粉砂岩等，呈灰绿色、绿色、紫色。下部含丰富的珊瑚、腕足类、三叶虫化石。与上部旱峡系呈整合接触。”

【沿革】省内因出露面积小，引用此名无大的变化。青海省区测队（1968）在《1∶20万野牛台幅（J－47－[16]）区域地质测量报告书》中，将其划分两个岩段，即下部砾岩段，上部砂岩板岩段。时代为中、早志留世。在此后出版的有关地质文献中，该组的涵义均无大变化，本书沿用泉脑沟山组。

【现在定义】本书沿用甘肃省清理定义：“泉脑沟山组标准地点在肮脏沟与旱峡之间的老沟山。主要由绿、灰绿、褐黄、紫红色砂岩、粉砂岩、板岩、页岩互层，夹灰色泥灰岩、灰岩扁豆体，局部地段夹火山岩，常称为‘杂色层’。含丰富的珊瑚、腕足类、海百合茎、苔藓虫等。‘杂色层’的出现与消失，为泉脑沟山组与下伏肮脏沟组和上覆旱峡组的分界标志。与上覆旱峡组、下伏肮脏沟组均呈整合关系。”该组延入青海省，呈断块出露，未见顶、底。

【层型】正层型位于甘肃省玉门市赤金乡泉脑沟山（97°08′，39°49′），青海省参考剖面为1968年由青海省区域地质测量队测制的祁连县铁木勒沟西岔沟剖面（99°12′，38°33′）。

【地质特征及区域变化】因断裂、褶皱发育，地层呈断块状出露，在托来南山铁木勒沟及大浪沟等地所见剖面上均不见顶、底。岩性为灰色钙质粉砂岩、细砂岩，沉积韵律十分发育。在铁木勒沟剖面的第2、3、4、6诸层中产腕足类、腹足类、珊瑚、双壳类等。其中双壳类有 *Orthonota* sp.；腕足类有 *Eospirifer* sp.，*Orbiculoides* sp.；珊瑚无鉴定结果。时代为中志留世。

吾力沟群 *OWL* （05－63－0205）

【创名及原始定义】甘肃省第二区测队（1974）在《1∶20万盐池湾幅（J－47－[7]）区域地质测量报告书》（上册）中创建吾力沟群。其涵义：“展布于党河以南，乌兰达坂北坡沿扎子沟至查干布尔嘎斯一线。据岩性可分三个岩组。下岩组属中基性火山岩组，中岩组属中酸性火山岩组，上岩组属结晶灰岩组。在中岩组产腕足类化石。未见底，上以断层与盐池湾群接触。”

【沿革】青海县地层表编写小组（1980）在《西北地区区域地层表·青海省分册》中，将这套地层称“阴沟群”，其涵义稍扩大。青海省地矿局（1991）在《青海省区域地质志》中统称下奥陶统。该群自创立以来，后人在引用时变化不大。

【现在定义】本书首次将其引入青海省境内，并沿用甘肃省岩石地层清理组意见。指：

“分布在党河南山北坡的一套火山岩系，由基性向中酸性分异的近火山口相沉积，中部夹碎屑岩，顶部有厚层灰岩。产腕足类、腹足类及头足类化石。其上以出现巨厚层的陆源碎屑岩作为与上覆盐池湾组整合分界。未见底。”

【层型】 正层型为甘肃省第二区测队（1974）测制的甘肃省肃北县扎子沟剖面（95°24′，38°21′）。省内参考剖面为甘肃省第二区测队（1974）测制的青海省乌兰县哈尔浑迪剖面（96°57′,38°44′）及青海省第一区测队（1976）测制的天峻县克克赛剖面（99°35′，37°52′）。

【地质特征及区域变化】 本群岩性在扎子沟地区三分性非常明显，下部为中基性火山岩，厚度大于 2 905 m；中部为中酸性火山岩夹灰岩、砂泥岩及少量硅质岩，厚度大于 1 619 m；上部为灰岩，厚度大于 320.9 m。由扎子沟往东在桃湖沟仅见灰岩出露，厚度大于 2 001.9 m。至最东端青海省哈尔浑迪则只有酸性凝灰岩夹碎屑砂岩与上覆盐池湾群整合接触，出露厚度大于 300 m。在刚察县纳耳扎山为中基性火山岩夹结晶灰岩和砂岩，与上覆盐池湾群整合接触，底部出露不全，出露厚度 368 m。结晶灰岩中产腕足类：*Rafinesquina*，*Strophomena*，*Zygospira*。在正层型剖面的第 36 层结晶灰岩中产下列腕足类：*Hesperonomia* sp.，?*Syntrophopsis* sp.，*Tritoechia* sp.，*Toquimia* sp.，*Finkelnburgia* sp.，? *Syntrophinella* sp.；角石：*Discoceras* sp. 及腹足类。据以上化石组合，吾力沟群时代为早奥陶世。

盐池湾群 OYĈ (05-63-0206)

【创名及原始定义】 甘肃省第二区测队（1975）在《1：20 万月牙湖幅（J-46-[12]）区域地质调查报告》中创建盐池湾群。创名地在甘肃省肃北县吾力沟—黑刺沟。创名时涵义：“为一套陆源碎屑沉积岩层，岩层稳定，由砾岩、砂岩、板岩组成，产中奥陶世早期标准化石，生物群属南方型。整合于吾力沟群结晶灰岩之上。”

【沿革】 创名时盐池湾群仅代表层型剖面第 6—15 层，并代表中奥陶统下部。青海省地层表编写小组（1980）在《西北地区区域地层表·青海省分册》中，将盐池湾群引入青海省，代表中奥陶统。其后，甘肃省地质矿产局（1989）《甘肃省区域地质志》及青海省地矿局（1991）《青海省区域地质志》均沿用。《甘肃省岩石地层》（1997）称盐池湾组。

【现在定义】 本书引用甘肃省清理成果，厘定的盐池湾组涵义为：该群为陆源碎屑沉积，以砾岩、复矿物砂岩、板岩为主夹厚层灰岩或扁豆体构成复理石韵律层。其下与吾力沟群以巨厚碎屑岩层的起始为界，呈整合接触。与上覆多索曲组呈整合接触。板岩及灰岩中产三叶虫、头足类、腕足类等化石，自正层型地向西延，砾岩锐减。

【层型】 正层型为甘肃省第二区测队 1975 年测制的甘肃省肃北县吾力沟—黑刺沟剖面（95°56′，38°49′）。青海省的参考剖面分别为甘肃省第二区测队（1974）测制的乌兰县哈尔浑迪剖面（96°57′，38°44′）和甘肃省区调队（1985）测制的天峻县木里乡多索曲剖面（98°57′，38°03′）。

【地质特征及区域变化】 该群正层型剖面大致显示了两个主沉积旋回，均由粗至细。下部沉积层中常见有波痕、斜层理等，且韵律结构较上部清晰。上部沉积层中含砾较多，常单独构成砾岩层。出露厚度 3 965.5 m。

该群东延青海省境内，在乌兰县哈尔浑迪剖面为绿色中粒长石石英砂岩夹含砾砂岩，厚度 471.5 m。与下伏、上覆地层整合接触。至天峻县多索曲剖面以灰绿色变岩屑石英砂岩为主夹黑色板岩、含砾砂岩。底部出露不全，顶部与多索曲组整合接触，出露厚度 1 119 m。在天峻县克克赛剖面，主要为陆源碎屑岩夹镁质碳酸盐岩及碳酸盐岩。产三叶虫：*Triarthrus* cf.

sinensis，*Inkouia*，Triarthrinae 等；腕足类：*Orthis*。顶部出露不全，出露厚度 1 044.80 m。在刚察县纳耳扎山剖面为一套陆源碎屑砂岩、含砾砂岩、粉砂岩，与上覆、下伏地层整合接触，厚度 569.9 m。本群化石组合地质时代为中—晚奥陶世。

多索曲组 OS*d* （05-63-0207）

【创名及原始定义】 多索曲组为孙崇仁于 1995 年新建的岩石地层单位，其涵义指："分布于南祁连山地区整合于盐池湾群陆源碎屑岩组合之上的一套由中性至中酸性火山碎屑岩为主体夹火山熔岩及少量板岩的地层序列，底以火山岩的始现与盐池湾群分界，顶部出露不全。区域上以灰紫色色调的含砾长石杂砂岩与上覆巴龙贡噶尔组分界，二者呈整合接触。"

【沿革】 该套火山岩在以往的文献中均以上奥陶统示之。本书依据岩石地层单位划分准则认为它与下伏盐池湾群在宏观岩性特征、组合方式上差异极大，且层序清楚，并位于盐池湾群之上，故新建之。该套地层在天峻县多索曲地区发育良好，区域上也有较大的展布范围，因而用多索曲组代表这套以火山碎屑岩为主的地层。

【现在定义】 同原始定义。

【层型】 正层型为甘肃区调队 1985 年测制的天峻县多索曲剖面（98°57′，38°03′）第 6—15 层。

多索曲组	总厚度＞1 877.0 m
15. 杂色变质安山质角砾熔岩（未见顶）	＞193.0 m
14. 灰红色变质安山质斑岩夹凝灰岩	223.0 m
13. 暗红色、灰绿色变质安山质含角砾熔岩	190.0 m
12. 浅灰绿色变质英安质角砾凝灰岩夹灰白色变质英安质凝灰岩	140.0 m
11. 灰红色变质火山角砾岩夹浅灰红色变质英安斑岩	193.0 m
10. 灰绿色变质安山质凝灰角砾岩	327.0 m
9. 灰绿色中粗粒变质凝灰岩，下部夹少量凝灰质板岩	228.0 m
8. 灰绿色变质安山质凝灰角砾岩夹深灰色板岩	145.0 m
7. 灰绿色变质英安质凝灰岩，下部夹硅质板岩，中部夹凝灰质角砾岩	157.0 m
6. 灰绿色变质安山质角砾凝灰岩，下部为灰绿色板岩、凝灰质板岩夹硅质板岩	81.0 m

——————— 整　合 ———————

下伏地层：**盐池湾群**　灰绿色变质长石砂岩夹黑色板岩

【地质特征及区域变化】 多索曲组正层型顶部出露不全，为一套中酸性、中性火山岩。主要岩性为安山质英安质角砾熔岩、角砾凝灰岩夹少量板岩及硅质板岩，呈灰红—灰绿色调。在正层型地以西的乌兰县哈尔浑迪剖面为一套灰绿—暗绿色色调的安山质角砾凝灰岩、流纹英安质晶屑玻屑凝灰岩与杂色凝灰质砾岩、粉砂岩、砂砾岩呈互层状，其中夹有砂质灰岩和白云质灰岩凸镜体。与下伏盐池湾群石英长石砂岩整合接触，未见顶。出露厚度 729.5 m。

自正层型地向东在尕洛合剖面为灰绿色玄武岩、安山岩、安山玄武岩、杏仁状安山岩为主，夹火山角砾岩。底部出露不全，顶部被巴龙贡噶尔组碎屑岩组整合覆盖，出露厚度大于 1 215 m。

刚察县纳耳扎山剖面为灰绿色巨厚层—巨层状安山质凝灰岩夹层凝灰岩，与下伏盐池湾群含粘土质粉砂岩、含粉砂质粘板岩互层组合呈整合接触，顶部被断层切割，出露厚度 528 m。

多索曲组时代目前缺乏直接依据，依其与盐池湾群整合接触关系分析，可能属晚奥陶世—早志留世。但应指出，因南祁连山地区的地层研究程度较低，特别是早古生代地层，还有待做进一步的调查研究工作。

巴龙贡噶尔组 *Sb* （05－63－0303）

【创名及原始定义】 青海省地质局石油普查大队于1962年在《祁连山、阿尔金山、昆仑山地层概况》一文中介绍：该队于1957年创名巴龙贡噶尔系。原义指："分布于南祁连山的志留—泥盆系。岩性为紫灰、绿色硬砂岩、凝灰质板岩及火山岩，厚度5 000～7 000 m"。

【沿革】 青海省第一区测队（1976）在《1∶20万下环仓幅（J－47－[22]）区域地质调查报告》中，依据在该套地层下部采获的笔石化石，将其下部归属志留系下统，上部归属志留系中—上统。青海省地层表编写小组（1980），将天峻县多斯贡院北剖面厚4 020 m的千枚状碎屑岩为主的地层，划归志留系中—上统上岩组；将天峻县木里通剖面厚2 968 m的碎屑岩划归志留系中—上统下岩组；将刚察县沙柳河剖面835 m厚的碎屑岩划归志留系下统，称"碎屑岩组"。青海省地研所编图组（1981）将该套地层称"下古生界"或统称志留系。青海省地矿局（1991）在《青海省区域地质志》中，将这套地层划归下志留统。本次清理认为青海省地层表编写小组将不同地区、出露不完整的地层剖面资料，在无任何依据的情况下堆砌在一起，人为地划分为下、中—上统是不妥的。经我们分析对比大量剖面资料后认为，该套地层是以陆源碎屑岩为主组合而成的地层序列，在宏观上是不易分开的统一地层体。前人以统一地层划分标准将其分割为志留系下、中—上统是不符合岩石地层单位划分准则的，而且前人在描述这套地层时也未给予命名。本书依据优先权原则起用"巴龙贡噶尔"一名，将"巴龙贡噶尔系"改称巴龙贡噶尔组，并代表该套陆源碎屑岩，同时将前人划归为上奥陶统火山岩之上的陆源碎屑岩亦归并于本组中。

【现在定义】 指分布于南祁连山地区，整合于多索曲组之上的一套陆源碎屑岩为主的地层序列。岩性以灰紫、灰、浅灰色的粗—中粒复矿物碎屑岩为主夹板岩、粉砂岩。区域上局部夹凝灰岩、火山岩，总体岩石自下而上由粗变细，具复理石式的韵律层。它以火山岩的消失与下伏多索曲组分界，顶部出露不全。

【层型】 青海省石油普查大队在创名"巴龙贡噶尔系"时未指定层型。本书指定由青海省第一区测队（1976）分别测制的刚察县尕洛合（尕日娄曲）剖面（99°36′，37°46′）第9—14层为选层型，天峻县木里通剖面（99°06′，37°22′）第3—30层为主要参考剖面。现分述如下。

刚察县尕洛合（尕日娄曲）剖面

巴龙贡噶尔组	总厚度＞625.9 m
14. 灰紫色厚层状含砾杂砂岩（出露不全）	＞18.6 m
13. 灰紫色厚层状砾岩夹长石杂砂岩	22.9 m
12. 灰紫色厚层状长石杂砂岩夹灰紫—紫红色复矿粗砂岩	22.8 m
11. 灰紫色砾岩夹少量灰紫色长石质杂砂岩	114.6 m
10. 灰紫色、灰绿色厚层状砾岩夹砂质砾岩	411.5 m
9. 灰紫色厚层状含砾长石杂砂岩	35.5 m

——————— 整　合 ———————

下伏地层：**多索曲组**　灰绿色安山岩夹中性晶屑凝灰岩

天峻县木里通剖面

巴龙贡噶尔组	总厚度>2 973.30 m
30. 灰褐色变凝灰岩（未见顶）	>91.90 m
29. 灰—深灰色变凝灰质砂岩夹少量含砂质板岩	117.00 m
28. 灰色含砂质板岩及灰褐色硅质板岩	9.70 m
27. 灰—深灰色厚层条带状凝灰质砂岩夹浅灰色钙质砂岩及少量浅灰色砂质结晶灰岩	83.20 m
26. 灰色厚层状变长石砂岩	76.80 m
25. 灰—浅灰色变凝灰质砂岩夹灰色含粉砂质板岩	436.10 m
24. 灰—灰褐色千枚状板岩	18.40 m
23. 灰—深灰色厚层—巨厚层状变长石杂砂质砂岩夹少量硅质板岩	42.20 m
22. 灰色硅质板岩夹杂砂质长石砂岩	27.50 m
21. 灰—深灰色变长石杂砂质砂岩	46.70 m
20. 灰—灰绿色变杂砂质长石砂岩夹灰黑色千枚状粉砂岩	80.80 m
19. 灰—浅灰绿色千枚状硅质板岩夹少量钙质砂岩	73.40 m
18. 浅灰—灰色杂砂质长石砂岩夹砂质粉砂岩	122.40 m
17. 浅灰绿色细粒变杂砂质长石砂岩	209.20 m
16. 上部灰—深灰色巨厚层状杂砂质长石砂岩，下部灰褐色厚层状变杂砂质长石砂岩	263.30 m
15. 浅灰绿色千枚状长石砂岩	48.30 m
14. 灰—深灰色厚—巨厚层状变凝灰质砂岩夹灰绿色板岩	46.40 m
13. 暗灰色变长石杂砂岩	117.20 m
12. 灰绿色板岩夹变砂岩	190.30 m
11. 灰—深灰色粉砂质板岩夹灰黑色变长石砂岩	18.90 m
10. 浅灰绿色变长石砂岩夹粉砂质板岩	62.20 m
9. 灰—浅灰绿色片理化杂砂质长石砂岩夹灰—灰绿色粉砂质板岩	23.70 m
8. 灰—深灰色千枚状粉砂岩与灰色片理化杂砂质长石砂岩互层夹少量薄层硅质岩	55.80 m
7. 灰—灰褐色片理化长石砂岩夹灰色薄层板岩及变凝灰岩	308.80 m
6. 浅灰绿色凝灰质板岩	62.50 m
5. 灰色片理化杂砂质长石砂岩夹浅灰绿色板岩	64.60 m
4. 浅灰绿色凝灰质板状千枚岩夹灰—灰绿色变长石杂砂质砂岩	103.50 m
3. 灰—灰绿色片理化长石杂砂质砂岩夹凝灰质板岩（未见底）	>172.50 m

【地质特征及区域变化】 该组的选层型顶部出露不全，在区域上被勒门沟组不整合覆盖或与其他岩石地层单位以断层分隔。在纵向上三分清楚，下部为灰紫色粗碎屑复矿砂岩、砾岩为主；中部为浅灰色、灰绿色杂砂岩夹板岩及凝灰质板岩，局部夹少量中性火山岩；上部为灰—深灰色长石砂岩、板岩互层，夹结晶灰岩、千枚岩及凝灰岩。具复理石韵律，碎屑组分中的石英由下而上递减，岩屑含量则递增。在横向上总体变化不大，基本为一套海相陆源碎屑岩系，但东西向差别较为明显。选层型以西，厚度较大，以细碎屑为主，成熟度较高，色调较深，以浅灰绿色为主夹有较多的硅质层和薄层板岩。岩性组合以砂岩、粉砂岩、千枚状板岩互层为主；选层型剖面及其以东则以灰色、灰紫色石英质长石砂岩为主夹灰—深灰色板岩组合为特征，厚度小，碎屑成熟度较低，底部为砾岩，向上粒度变细，为一较明显的正粒序层。夹于该组中部的火山岩仅在下环仓一带见及，向西仅见火山碎屑岩，以巴音郭勒中游较多，再向西至乌兰达板一带则消失。岩石的变质程度各地不一，自东向西逐渐加深，当金

山口东侧变质最深，部分可为高绿片岩相。

该组地层依据在尕洛合剖面和沙柳河剖面所采笔石化石，和在沙柳河上游采到的 *Climacograptus rectangularis*, *Pristiograptus* cf. *acinaces*, *P. nudus*, *Dicranograptus* sp., *Glyptograptus* sp.。时代暂归早志留世，但不排除晚奥陶世。

深沟组 $\in\hat{s}$ **(05-63-0103)**

【创名及原始定义】 青海综合地质大队区测队（1964）在化隆县深沟创建“深沟群”，原义指：“出露于拉脊山中段深沟沟脑附近的中寒武统，上部主要为中基性熔岩，下部为碳酸盐岩。”

【沿革】 青海省第二区测队 1976 年③，将“深沟群”重新厘定为“泥旦山群”。本书依据优先权恢复“深沟群”，并将其降为组级单位，称深沟组。该组同物异名有泥旦山群，应停用。

【现在定义】 指平行不整合或整合于六道沟组之下一套下部以基性—中基性火山岩为主夹碎屑岩，上部以碎屑岩、碳酸盐岩、硅质岩为主夹中基性火山岩组合而成的地层序列。底部出露不全，顶部以碎屑岩、碳酸盐岩、硅质岩的消失或平行不整合与六道沟组分界。

【层型】 正层型为创名者（1964）测制的化隆县昂思多乡深沟剖面（102°04′，36°15′）第1—4 层。

上覆地层：**六道沟组** 钙质角砾岩

——————— 平行不整合（或整合）———————

深沟组	总厚度>415.2 m
4. 灰绿色安山岩	52.0 m
3. 灰—灰白色结晶灰岩，产三叶虫：*Solenoparia* sp.	54.3 m
2. 灰绿色辉石安山岩，下部为蚀变辉石安山岩	123.7 m
1. 黑灰色结晶灰岩夹灰色薄层泥灰岩（未见底），产三叶虫：*Anomocarella* sp., *Solenoparia* sp., Damesellidae 及 *Peronopsis* (?) sp.	>185.2 m

深沟组正层型出露不全，仅为该组上部层位，主要为黑灰色、灰白色结晶灰岩夹灰绿色辉石安山岩、安山岩。

【地质特征及区域变化】 深沟组仅出露于拉脊山中段湟源县上峡沟至乐都县尖梁嘴一带，东西长 80 km 范围内。由正层型地向西，在尕什加一带，仅出露下部绿色玄武安山岩、安山玄武岩、玄武岩、粗玄岩及基性—中基性火山碎屑岩。顶底不全，出露厚度 1 351.44 m。在大巴峡一带以灰绿色蚀变安山岩、安山质熔岩、碎屑岩与硅质岩互层为特征，夹结晶灰岩凸镜体。顶底出露不全，出露厚度 649.40 m。在上峡一带下部为灰绿色玄武安山岩、安山岩及中基性火山碎屑熔岩，出露厚度 474.86 m；上部为灰色和灰白色结晶灰岩、硅质岩、碎屑岩夹安山质火山碎屑岩、安山岩，厚度大于 734 m。顶底出露不全，出露总厚度大于 1 209 m。由正层型地向东，在顶昌山一带，下部为灰绿色玄武岩、安山玄武岩，出露厚度 416.45 m；上部为灰绿—灰黑色硅质板岩和含铁、锰硅质板岩，夹灰白色结晶灰岩凸镜体，厚度 356.36m。灰岩中产三叶虫：*Amphoton* (*Pseudoamphoton*) (?) *dubia*, *Solenoparia nidanshanensis*.。底

③ 青海省第二区测队，1976，1∶5 万昂思多幅（J-48-133-A）区域地质调查报告（地质部分），青海省地矿局。

部出露不全，顶部以平行不整合面与六道沟组安山质火山角砾岩分隔，出露厚度772.81 m。在尖梁嘴一带下部以灰绿色中基性火山岩为主；中部以灰色硅质板岩、硅质岩、粉砂岩为主夹结晶灰岩。灰岩中产三叶虫：*Bergeronites*?，Damesellidae，Rhyssometopidae；腕足类：*Plectotrophia*，*Obolus*，*Lingulella*；上部以硅质结晶灰岩、钙质板岩、含砾杂砂岩、千枚岩为主，夹蚀变安山岩等。底部出露不全，顶部与六道沟组整合接触，出露厚度1 313 m。

深沟组之岩石地层两分性明显，各处所见基本相同。下部的基性火山岩由正层型地向东、西两个方向逐渐为中基性火山碎屑岩及安山岩所取代；上部的硅质板岩、板岩夹结晶灰岩变化不大，仅局部结晶灰岩夹层增多。该组进一步可划分为下部基性—中基性火山岩段和上部碎屑岩段两个非正式岩石地层单位。深沟组依据其所产三叶虫化石分析，沉积时代为中寒武世。

六道沟组　$\in l$　(05-63-0104)

【创名及原始定义】　青海综合地质大队区测队（1964）于湟中县六道沟创建六道沟群，原义指："分布于拉脊山地区上寒武统，主要分布于拉脊山中段和东段。中段主要由中基性火山熔岩及火山碎屑岩组成，夹灰岩透镜体、硅质岩、碧玉岩及板岩。东段主要为一套遭受浅变质的火山岩及火山碎屑岩系。"

【沿革】　"六道沟群"为一地方性年代地层单位，自命名以来变化不大。仅青海省第二区测队（1976）在进行1∶5万中岭幅（J-48-133-B）区调时，将其划分为下、中、上三个岩组④。其中下岩组下部以蚀变中基性火山岩为主，上部以硅质板岩、硅质岩、钙质板岩为主夹绿泥石千枚岩、粉砂质板岩、蚀变安山岩、硅质结晶灰岩及结晶灰岩；中岩组以蚀变中基性火山岩为主夹少量钙质板岩、粉砂质板岩及安山玄武岩；上岩组以碎屑岩为主偶夹蚀变安山岩。三个岩组的岩石组合特征明显的表现出由喷发、喷溢—正常沉积的两次火山活动旋回。本书依据火山喷发—堆积韵律与旋回，结合岩性宏观特征及组合方式，将中、下岩组厘定为六道沟组下亚组，上岩组厘定为六道沟组上亚组，分别代表两次火山喷发—间断正常堆积组合，下、上亚组均为非正式岩石地层单位，隶属于六道沟组。

"六道沟群"所指宏观岩性复杂，横向变化大，从区域上分析，难以再划分为正式的组级单位，故本书将其降群为组。

【现在定义】　指平行不整合或整合于深沟组之上，整合于花抱山组之下的一套由中基性火山岩与正常沉积碎屑岩、碳酸盐岩呈分段集中互层状组合而成的地层序列。底以平行不整合面或大量中基性火山岩的始现、碎屑岩的消失为界，顶以灰紫色钙质片状砾岩的始现为界。该组进一步划分为下亚组和上亚组，分别代表两个火山喷发、喷溢—间断堆积旋回。

【层型】　正层型为创名者（1964）测制的湟中县东沟（六道沟）剖面（102°04′，36°16′）第1—12层。

六道沟组

下亚组	总厚度>1 095.40 m
12. 灰绿色安山岩（顶部出露不全）	>26.60 m
11. 浅灰绿色英安质凝灰岩	66.40 m

④ 青海省第二区测队，1976，1∶5万中岭幅（J-48-133-B）区域地质调查报告（地质部分），青海省地矿局。

10. 暗绿色安山质熔岩角砾岩 43.20 m

9. 灰绿色安山岩 279.80 m

8. 暗绿色辉石安山岩 138.00 m

7. 玻基玄武岩（有闪长岩脉侵入） 170.30 m

6. 暗紫色蚀变安山岩 162.00 m

5. 暗紫色杏仁状玻基安山岩 120.50 m

4. 灰绿色碳酸盐化安山岩，底部有灰绿色安山质熔岩角砾岩 17.80 m

3. 浅绿色条带状凝灰质板岩 17.50 m

2. 灰色碎屑状结晶灰岩，产三叶虫：*Pseudagnostus* sp.，*Quadraticephalus*? sp.，Saukiidae 26.10 m

1. 灰绿色钙质角砾岩 27.20 m

——————— 平行不整合（或整合） ———————

下伏地层：**深沟组** 灰绿色安山岩

六道沟组正层型所在地仅出露下亚组，且顶部出露不全，底部平行不整合于深沟组之上，从其下部所产三叶虫化石分析，沉积时代为晚寒武世。

【地质特征及区域变化】 六道沟组下亚组、上亚组分别代表一次火山喷发、喷溢沉积旋回，其岩性组合特征表现为各亚组下部以中基性火山岩为主夹碎屑岩，上部以碎屑岩为主夹中基性火山岩。各亚组可进一步划分为下段、上段两部分。

下亚组：广泛分布于拉脊山地区，由正层型地向西，在老虎沟一带仅见上段，为灰绿色板岩、硅质岩、含砾长石砂岩、结晶灰岩等夹蚀变安山玄武岩，底部被断层切割，顶部与上亚组下段火山岩整合，出露厚度 412 m。在响河峡一带，下段为灰绿—浅灰绿色安山质凝灰岩、晶屑凝灰岩，底部被断层切割，出露厚度 84 m。上段为灰绿色蚀变安山岩夹灰—灰白色硅质岩、结晶灰岩、凝灰质板岩等，结晶灰岩中产刺面双极藻 *Acanthodiacrodium*，出露厚度 275.30 m，与上覆上亚组下段整合。正层型所在地向东在尖梁嘴一带，下段为灰绿色蚀变安山岩、安山玄武岩夹微量灰色凝灰质砂岩，与下伏深沟组整合，厚度 412 m；上段为灰绿色绿泥石板岩、粉砂质板岩与黑色凝灰质砂岩、变长石杂砂岩，厚度 149 m，与上覆上亚组下段整合。该亚组总厚度 561 m。在青羊沟一带，下段主要为一套灰绿色蚀变玄武安山岩、安山岩；上段为灰绿色千枚状板岩，与下伏及上覆地层均为整合接触，厚度 1 633 m。在多东庄—牛圈沟一带，为碳酸盐化片状安山质熔岩凝灰岩夹凝灰片岩、斑状安山岩，顶部为厚度 41.5 m 的紫色角砾岩，底部出露不全，出露厚度 950 m。

上亚组：呈东西向条带状出露于整个拉脊山地区，以青羊沟出露较全，地层连续，层序清晰。下段主要为灰绿色蚀变基性、中基性火山岩夹凝灰质板岩、硅质板岩；上段主要为灰绿色、灰黑色变质细碎屑岩，偶夹变安山岩。与下伏下亚组上段、上覆花抱山组整合接触，厚度 2 363 m。向西在上及哇一带，下段为暗灰绿色含凝灰质安山岩及含辉石安山岩，厚度 497 m；上段为杂色硅质板岩、绿泥石板岩、绢云钙质千枚岩、结晶灰岩等，偶夹蚀变安山岩，出露厚度 884 m，顶部出露不全。该亚组整合于下亚组上段灰绿色凝灰质长石砂岩夹紫色粉砂岩之上。在尖梁嘴，下段下部为灰绿色安山质火山角砾岩、蚀变安山岩；下段上部为灰绿色阳起石千枚岩与灰绿色蚀变安山岩互层。上段为灰绿色黑云千枚岩、钙质绢云千枚岩及暗紫色硅质板岩。顶部出露不全，底整合于下亚组灰绿色绿泥板岩之上，出露厚度 1 606 m。在老虎沟一带下段为灰绿色蚀变凝灰质安山岩、蚀变安山岩、粗玄岩，厚度 544.6 m；上段为褐黄色块层状不纯结晶灰岩夹紫红色含铁硅质岩，出露厚度101.8 m。底与下亚组整合，顶与上覆牦牛山组紫红色块层状复成分砾岩不整合。在海晏哈尔盖河一带，下段为绿灰色蚀变中—基性角闪石化凝灰岩、熔岩；上段为角岩化变泥质石英砂岩夹大理岩等。底部与下亚组整合，顶部出露不全，出露厚度大于1 577 m。青羊沟向东在多希庄一带，下段以灰绿色变斑状安山岩为主夹安山质晶屑凝灰岩、沉凝灰岩；上段为凝灰质板岩、绢云千枚岩、石英岩、凝灰质片岩等夹变流纹岩。底部与下亚组紫红色角砾岩整合，顶部出露不全，出露厚度大于2 065 m。

【其他】 六道沟组在所测制的剖面中均未采获古生物化石，但在六道沟、东沟及泥旦山等地，与其相当地层中产有三叶虫：*Blackwelderia* sp.，*Prochuangia* sp.，*Agnostus* sp.，*Pseudagnostus* sp.，*Rotuntatus* cf. *megalops*，*Richardsonella* aff. *elongata*，*Pagodia* sp.，*Sanduspis* sp.，*Parculoma qinghaiensis*，*Elkia dolichorachis*，*Lajishanaspis subsphaericus*，*Clavagnostus* sp.，*Hualongia typica*，*Placosema* sp.，*Meteoraspis* sp. 等。依据三叶虫分析，六道沟组沉积时代为晚寒武世。

综上所述，总观拉脊山地区的火山岩-碎屑岩建造，其火山岩有逐渐由基性—中基性—中性—中酸性的变化趋势。

另需特别指出的是在拉脊山地区，火山岩-碎屑岩夹碳酸盐岩建造中，有大量的基性、超基性岩体侵位。在拉脊山中、东段长约80 km，宽约7 km的范围内，基性、超基性岩体群达37个。其中超基性岩体19个，基性岩体18个，多为微型岩体，呈单斜体侵位。超基性岩以镁质超基性岩为主，并有部分铁质超基性岩。超基性岩侵位时代主要为加里东期，以含铁、镍为特征，主要侵位于六道沟组中。超基性岩K－Ar同位素年龄值为442.5 Ma（上庄岩体）。大量基性、超基性岩体群的出现，将对拉脊山地区在晚寒武世沉积环境及构造环境的分析提供一些依据。

花抱山组　*Oh*　（05－63－0208）

【创名及原始定义】 青海省第二区测队（1977）在进行1∶5万中岭幅（J－48－133－B）区调时创建。原义指："位于六道沟群之上、阿夷山组之下，下段为灰紫色、灰绿色片状砾岩及复成分砾岩；中段为灰—灰绿色杂砂岩间夹砂岩、含砾砂岩、砂砾岩及砾岩，上段为蚀变安山岩、长石质杂砂岩、含砾砂岩及火山砾岩的地层。下与六道沟群、上与阿夷山组为连续关系"。

【沿革】 花抱山组建组时是以岩性组合特征为基础，基本为一岩石地层单位。青海省地层表编写小组（1980）、青海省地研所编图组（1981）均沿用了此划分方案。青海省地矿局（1991）在《青海省区域地质志》中，依据统一地层划分观点，以群代统将花抱山组与其上的阿夷山组合并称"阿夷山群"代表拉脊山地区早奥陶世地层。本书从岩石地层单位划分角度出发，恢复花抱山组，并依据岩性组合特征将原花抱山组上段火山岩划归阿夷山组中。

【现在定义】 指分布于拉脊山地区，整合于六道沟组之上，整合于阿夷山组之下一套以复成分中粗粒碎屑岩组成的地层。底以片状砾岩的始现或火山岩的消失与六道沟组分界，顶以火山岩的始现与阿夷山组分隔。

花抱山组在区域上与六道沟组为整合接触，正层型底以断层相隔。

【层型】 正层型为创名者（1977）重新测制的乐都县斜沟剖面（102°18′，36°17′）第1—9层。

花抱山组　　　　　　　　　　　　　　　　　　　　　　　　　　　　　总厚度＞2 500.90 m

9. 浅灰绿色中粒长石石英砂岩，组成向斜核部（出露不全）　　　　＞508.00 m
8. 灰绿色中粒长石砂岩　　　　209.00 m
7. 灰绿色粗粒长石杂砂岩　　　　477.00 m
6. 灰绿色含砾粗粒长石杂砂岩夹粉砂质绿泥石板岩　　　　154.00 m
5. 灰绿色复成分砾岩　　　　127.00 m
4. 褐灰色中粗粒长石-杂砂质石英砂岩　　　　421.00 m
3. 灰绿色含砾粗粒长石杂砂岩夹砾岩　　　　165.00 m
2. 灰绿色粗粒长石杂砂岩，局部含砾石　　　　71.90 m
1. 灰绿色含砾粗粒长石杂砂岩（有辉绿玢岩脉侵入）　　　　＞368.00 m

═══════ 断层接触 ═══════

下伏地层：**六道沟组**　安山岩

【地质特征及区域变化】　本组岩性下部为砾岩，上部为杂砂岩夹砾岩，厚度大于3 605 m，正层型剖面顶部出露不全，底与六道沟组为断层接触，但在区域上与下伏、上覆地层为整合接触。由正层型所在地向西，在石坡沟一带砾岩增多。在洛巴沟剖面及青羊沟剖面，据其整合地覆于产有晚寒武世化石的六道沟组之上，岩性界线清楚，暂置于早奥陶世（?）。

阿夷山组　O*a*　（05－63－0209）

【创名及原始定义】　系青海省第二区测队（1976）在1∶5万昂思多幅（J－48－133－A）区调时创建。因在东沟下窑北见一套火山岩系与花抱山组碎屑岩呈整合关系覆于其上，考虑两者分别代表了以沉积碎屑岩为主与以中偏酸—中基性熔岩为主的两套地层单元，为便于对比，将后者创名为“阿夷山组”。原义指：“整合于花抱山组之上的中偏酸性—中基性熔岩为主的地层单元。”

【沿革】　青海省地矿局（1991）在《青海省区域地质志》中，以阿夷山群代表花抱山组和阿夷山组。本书沿用创名时涵义，并将分界线略做修订，以反映火山活动的旋回性特点。

【现在定义】　指分布于拉脊山地区整合于花抱山组之上、茶铺组之下，一套以中酸性—中基性火山岩为主的地层。以火山岩的始现与下伏花抱山组为界，又以火山岩的消失，杂色砂砾岩的始现与上覆茶铺组分界。

【层型】　正层型为创名者1976年测制的湟中县东沟下窑北剖面（102°04′，36°19′）第1—6层。

上覆地层：**西宁群**　紫红色、杂色砾岩，褐紫色角砾岩

～～～～～～ 不　整　合 ～～～～～～

阿夷山组　　　　　　　　　　　　　　　　　　　　　　　　　　　　　总厚度＞1 776.29 m

6. 杂色杏仁状辉石安山岩夹灰绿色斑状安山岩，顶部风化呈角砾状　　　　＞590.75 m
5. 褐灰绿色斑状玄武岩　　　　199.78 m
4. 紫褐色杏仁状安山岩、辉石安山岩夹角砾状安山岩，底部角砾状安山质火山角砾岩　　553.68 m
3. 浅肉红色厚层状石英角斑岩、角砾状石英角斑岩　　　　222.60 m
2. 紫色厚层状火山岩屑砂砾岩　　　　37.68 m
1. 片理化中基性凝灰岩（未见底）　　　　＞171.80 m

【地质特征及区域变化】 本组正层型出露不全。下部为中基性凝灰岩、石英角斑岩夹火山岩屑砂砾岩；中、上部主要为安山岩夹玄武岩。区域上可见与下伏花抱山组整合接触，并以火山岩的始现与其分隔。在西部查甫北山，下部主要为中基性火山碎屑岩夹板岩、千枚岩，局部有英安岩出现。中、上部仍是一套中基性火山熔岩，在区域上以火山岩的消失、杂色砾岩的始现与上覆茶铺组整合分界，出露厚度为 2 010～2 168 m。

本组在剖面上未采到化石，但在查甫北山与其相当中部层位的凝灰质板岩夹层的结晶灰岩凸镜体中采到三叶虫：Shumardiidae，Asaphidae，*Illaenus* sp.。其时代可能属早奥陶世。

茶铺组 $O\hat{c}$ （05－63－0210）

【创名及原始定义】 青海综合地质大队区测队（1964）在《1：20 万西宁幅（J－47－[36]）最终地质报告》中创建“茶铺群”。原始定义指：“分布于茶铺北山及雄先北沟一带，北与上奥陶统为沉积间断接触，南为第三纪红层所掩盖。其岩性上部为灰绿、暗灰绿色安山质凝灰岩、安山岩、石英安山岩、英安岩互层，夹凝灰质砂岩、砾岩、板岩及大理岩透镜体。下部为灰绿色、暗灰绿色蚀变安山岩、安山质凝灰岩夹硅质及泥质板岩和千枚岩或呈互层。总厚度大于 1 923.74 m。”

【沿革】 1977 年青海省第二区测队在进行 1∶5 万扎巴镇幅（J－47－144－B）区调时，因茶铺更名为查甫而将茶铺群改为“查甫群”。他们在化隆县查甫北山才毛吉峡测制剖面时，进一步补充了“查甫群”的下部地层，并认为其底部以紫色复成分砾岩与下伏六道沟群呈不整合接触。1980 年青海省地层表编写小组在《西北地区区域地层表·青海省分册》中沿用此方案，同时将分布于刚察县克克赛地区的产奥陶纪三叶虫、腕足类化石的一套由碎屑岩、碳酸盐岩、镁质碳酸盐岩、硅质岩组合成的地层亦归入“查甫群”中，扩大了“查甫群”的分布范围。青海省地矿局（1991）在《青海省区域地质志》中，认为“查甫群”与下伏“阿夷山群”为整合接触。本书恢复茶铺群，并降群为组。

【现在定义】 指分布于拉脊山地区，整合于阿夷山组之上，平行不整合于药水泉组之下一套以火山岩系为主夹碎屑岩的地层组合。底部以碎屑岩为主夹火山岩，上部以火山岩为主夹碎屑岩。底以复成分砾岩的始现，顶以平行不整合面分别与下伏、上覆地层分界。

【层型】 正层型为创名者 1964 年测制的化隆县茶铺—柏木峡剖面（101°53′，36°15′）第 28—48 层。

上覆地层：**药水泉组** 火山岩

——————— 平行不整合 ———————

茶铺组	总厚度 1 043.56 m
48. 凝灰质砂岩	34.92 m
47. 杂砂质层凝灰岩	45.12 m
46. 灰色凝灰质板岩及凝灰质长石细砂岩	22.22 m
45. 深灰色辉石安山岩	100.89 m
44. 黄褐色钙质凝灰岩	19.84 m
43. 灰绿—暗绿色凝灰质火山碎屑角砾岩	61.83 m
42. 灰绿色石英安山岩	17.43 m
41. 杏仁状安山质英安岩	102.43 m
40. 灰绿色安山质凝灰岩	125.32 m

39. 英安质晶屑—玻屑凝灰岩夹石英安山岩	7.77 m
38. 灰绿—杂紫色石英安山岩	56.28 m
37. 灰绿色变余安山岩	16.68 m
36. 灰白色角砾碎屑硅化大理岩	13.74 m
35. 紫红色变余安山岩	12.18 m
34. 灰绿—灰紫色变余岩屑玻屑凝灰岩夹变石英安山岩	142.58 m
33. 灰黄色变余安山岩及黑云母安山岩	89.18 m
32. 灰绿色变余玻屑凝灰岩	21.26 m
31. 暗绿色残变安山岩及英安岩	19.07 m
30. 英安岩	63.74 m
29. 灰绿—灰黄色晶屑—岩屑凝灰岩及晶屑—玻屑凝灰岩	36.62 m
28. 杂色碳质胶结砾岩	34.46 m

———————— 整　合 ————————

下伏地层：**阿夷山组**　灰色次流纹状安山岩

【地质特征及区域变化】　茶铺组主要由碎屑岩—火山碎屑岩—火山熔岩或碎屑岩—熔岩—火山碎屑岩及熔岩—火山碎屑岩—火山碎屑沉积岩等韵律组成。岩性在横向上变化较大。在才毛吉峡具有明显的三分性，下部为紫色复成分砾岩、灰绿色和灰黑色板岩夹砂岩及薄层灰岩，产腕足类：*Strophomena* sp.，*Rafinesquina* sp.，? *Dalmanella* sp.；中部为安山岩、玄武岩夹板岩、砂岩。板岩中产笔石：*Dicranograptus* cf. *irregularis*，*Climacograptus* cf. *uniformis*，*Glyptograptus* cf. *euglyphus*，*G.* ex gr. *dentatus*，*Didymogroptus* sp.，*Glossograptus* cf. *gracilis*，*G.* cf. *acanthus*，*Amplexograptus* sp.，*Orthograptus* sp.；头足类：*Endoceras* sp. 等；上部为玄武岩、安山岩与板岩互层夹砾岩。与下伏阿夷山组整合，与上覆药水泉组不整合接触，出露厚度 345 m。向东在顶冒山地区由灰绿色凝灰质砂岩、杂砂质长石石英砂岩夹层凝灰岩、泥质灰岩组成。底部为砾岩，出露厚度 420 m。

依据所产化石，茶铺组时代为中奥陶世。

【其他】　青海省地层表编写小组（1980）在《西北地区区域地层表·青海省分册》中将分布于南祁连山地区刚察县克克赛一带，产三叶虫、腹足类、腕足类化石的碎屑岩、碳酸盐岩、镁质碳酸盐岩、硅质岩的地层亦称“查甫群”，经清理查明该套地层为盐池湾群。

药水泉组　O*yŝ*　（05-63-0211）

【创名及原始定义】　青海综合地质大队区测队（1964）在《1:20万西宁幅（J-47-[36]）最终地质报告》中创建“药水泉群”。原始定义指：“分布于药水泉以北，西至查甫峡沟脑，东至双疙瘩及泉庄北侧一带。北与寒武系呈逆断层接触，南部以沉积间断不整合于中奥陶统之上，或被第三纪地层掩覆。其岩性主要为火山碎屑岩与正常沉积岩互层夹中性熔岩”。

【沿革】　该群自创建以来，变化不大，沿用至今，本书厘定为组级单位。

【现在定义】　指分布于拉脊山地区，平行不整合于茶铺组之上的一套以火山碎屑岩与碎屑岩互层为主夹火山熔岩的地层序列。底以平行不整合面与茶铺组分界，顶部出露不全。

【层型】　正层型为青海省第二区测队（1977）重测的查甫—柏木峡剖面（101°53′，36°15′）第 49—76 层。

药水泉组	总厚度>1 044.45 m
76. 黄褐色凝灰质砂岩，内有变细粒闪长岩脉穿插（未见顶）	>109.89 m
75. 紫红色细粒层凝灰岩	18.64 m
74. 黄褐色凝灰质砂岩	32.08 m
73. 砂质页岩与泥质细砂岩互层	42.20 m
72. 巨砾凝灰质杂砂岩	18.86 m
71. 泥质砂岩夹砂质页岩	8.93 m
70. 灰黑色斑状辉石安山岩	26.51 m
69. 灰绿色凝灰质砂岩	53.98 m
68. 泥质砂岩、砂质页岩互层夹细砂岩凸镜体	43.74 m
67. 辉石安山岩及碳酸盐化杏仁状安山质英安岩	13.84 m
66. 细砂岩夹砂质页岩	28.45 m
65. 杏仁状安山岩	24.30 m
64. 安山质火山砾岩	6.93 m
63. 灰绿色辉绿岩	14.99 m
62. 安山质火山砾岩	24.98 m
61. 暗绿夹紫红色杏仁状安山岩	68.90 m
60. 板状钙质细砂岩	11.95 m
59. 灰黑色钙质板岩	9.34 m
58. 安山质熔岩凝灰岩及杏仁状安山质凝灰熔岩	48.78 m
57. 灰色粗砂岩及含砾杂砂岩	14.31 m
56. 灰色砂质板岩	62.66 m
55. 灰色细—粗砂岩，下部夹砾岩	39.23 m
54. 黄褐色板状凝灰质杂砂岩及含凝灰质杂砂岩	12.87 m
53. 紫红色石英砾岩	31.76 m
52. 紫红色火山砾岩	82.63 m
51. 暗紫色凝灰质杂砂岩	54.71 m
50. 浅灰绿色火山砾岩	120.79 m
49. 火山角砾岩夹凝灰质砂岩	18.20 m

——————— 平行不整合 ———————

下伏地层：**茶铺组**　凝灰质杂砂岩

【地质特征及区域变化】　药水泉组岩性变化较大，在纵向上表现为由砾岩—砂岩的韵律变化，砾石成分由复杂到简单；火山岩也存在由基性—中性的旋回性变化。横向上正层型所在地以西才毛吉峡剖面为石英砾岩、砂板岩和中基性火山岩组成互层，不整合于茶铺组之上，出露厚度 568 m。在黑岭滩一带被牦牛山组不整合覆盖。正层型以东表现为熔岩骤增，在相距仅数公里的药水泉一带，已变为以中性熔岩为主夹火山碎屑岩、碎屑岩及少量中基性熔岩的组合，且厚度大于 2 070 m。在顶冒山—泥旦山之间，见其不整合于六道沟组之上，并产有腕足类：*Orthambonites* sp.，*Opikina* sp.，*Dolerorthis* sp.，*Hesperorthis* sp. 等。

依据药水泉组所产化石，且不整合于产中奥陶世化石的茶铺组之上，将其沉积时代暂定为晚奥陶世。

【其他】　青海省地层表编写小组（1980）在《西北地区区域地层表·青海省分册》中将分布于刚察县纳耳扎山一带的，由火山岩、碎屑岩互层组合而成的地层归并于药水泉群中。本书认为不妥，二者不属同一沉积盆地产物，不应划归同一岩石地层单位。

欧龙布鲁克群 $\in O$ **(05-63-0109)**

【创名及原始含义】 青海省地质局石油普查大队（632队）于1958年在欧龙布鲁克创建“欧龙布鲁克系”，该队于1962年在《祁连山、阿尔金山、昆仑山地层概况》一文公开发表，并改称“欧龙布鲁克统”，岩性下部为紫红色页岩，夹灰黄色泥质灰岩薄层，往上转变为泥质灰岩；上部上为中厚及厚层状深灰色石灰岩，中为薄层及中层状灰色石灰岩，下为青灰色厚层状石灰岩。时代归属寒武纪。

【沿革】 穆恩之、张文堂、俞昌民等（1962）将其一分为二，下部称“下欧龙布鲁克统”，上部称“上欧龙布鲁克统”，并以白云质灰岩或白云岩的结束与上覆多泉山石灰岩组分界。青海省第一区调队，1978年在《1∶20万托素湖幅（J-47-[25]）区域地质调查报告》中改称欧龙布鲁克群，以平行不整合面与上覆多泉山组分界，同时将《祁连山地质志》划分的寒武系的顶界下移376.17 m。以下欧龙布鲁克组、中欧龙布鲁克组及上欧龙布鲁克组分别代表下、中、上寒武统。本书依据岩石地层划分对比原则，将原多泉山组底部白云质灰岩、白云岩等以白云质为主的碳酸盐岩地层划归欧龙布鲁克群。

【现在定义】 指平行不整合于全吉群之上，整合于多泉山组之下的一套由下部灰质白云岩、碎屑岩；中部灰岩夹白云岩；上部灰岩、白云岩互层为主的地层序列。底以平行不整合面或含磷砂砾岩的始现为界，顶以白云质灰岩或白云岩的消失与多泉山组分界。

【层型】 选层型为青海省第一区调队1978年测制的欧龙布鲁克山南坡剖面（96°28′，37°16′）第1—26层。

上覆地层：**多泉山组** 浅灰—灰白色巨厚层细粒灰岩

———————— 整 合 ————————

欧龙布鲁克群	总厚度965.22 m
26. 浅灰色（风化面黄褐色）巨厚层中粒白云岩，局部含硅质条带。产腹足类化石（?）碎片	23.76 m
25. 浅灰色（风化面黄褐色）厚层含硅质条带灰岩	14.44 m
24. 灰—浅灰色（风化面黄褐色）厚—巨厚层中—细粒白云岩	37.97 m
23. 深灰色厚层含碎屑灰岩与含泥质条带薄层灰岩互层，夹鲕状、竹叶状灰岩。产三叶虫：*Chuangia* sp.，*Parakotuia truncata*	136.28 m
22. 深灰色巨层假鲕状灰岩夹薄层灰岩，产腕足类	89.45 m
21. 灰色薄层灰岩，含紫红色泥钙质条带	37.05 m
20. 深灰色薄层灰岩夹厚层状灰岩，前者含泥钙质条带，后者夹少量竹叶状灰岩，底部有一层灰黄色灰岩	13.44 m
19. 深灰色厚层与薄层灰岩夹少量竹叶状灰岩、鲕状灰岩，层面见蠕虫状构造，产三叶虫 *Blackwelderia* sp. 和腕足类	98.49 m
18. 深灰色薄层夹中厚层灰岩及竹叶状灰岩，普遍发育蠕虫状构造，有辉石闪长玢岩脉穿入。产三叶虫：*Parakotuia* sp.，*Anomocarella* sp.，及腕足类	90.06 m
17. 深灰色厚层夹中厚层细粒结晶灰岩，下部发育竹叶状灰岩，顶部夹厚层鲕状灰岩，产三叶虫、腕足类	40.29 m
16. 灰色夹浅灰色（风化面黄褐色）厚层中—细粒白云岩	24.59 m
15. 深灰色厚层假鲕状灰质白云岩，产藻类	8.66 m

14. 灰色（风化面黄褐色）中厚层夹厚层及薄层假鲕状灰质白云岩　12.39 m

13. 深灰色巨厚层假鲕状白云质灰岩，局部含泥质条带及团块，风化后呈黄褐色，产三叶虫：*Ulania quadrata*　28.68 m

12. 灰—深灰色夹灰紫色中厚层白云岩，底部有一层厚约 40cm 灰色含角砾粉砂状碎屑白云岩　12.17 m

11. 深灰色中厚层夹厚层细粒白云岩，局部含硅质条带及结核，顶部夹灰及紫色薄层钙质页岩　17.46 m

10. 灰紫色夹灰色薄层泥质砂岩夹薄层泥质白云岩，页理发育　13.41 m

9. 紫红色粉砂质泥岩，层理不发育，呈球状风化，底部有厚 50 cm 页片状绿色钙质页岩　9.40 m

8. 紫红色薄层细砂岩夹粉砂砂质页岩、灰绿色薄层粉砂质白云岩，粉砂及泥质多集中于层面，微层理发育　24.65 m

7. 浅灰色厚层细粒白云岩，含硅质条带或结核，顶部夹一层深灰色白云岩　19.46 m

6. 紫红色厚层粉砂质泥岩夹紫色中厚层粘土质粉砂岩，后者微层理清晰，发育对称浪成波痕及泥裂，泥岩呈球状风化　18.77 m

5. 紫红色页岩夹紫红色中厚层细砂岩、含泥质白云岩，微层理发育，并见有对称波痕、泥裂及石盐假晶　32.56 m

4. 灰—深灰色巨厚层夹中厚层含核形石白云岩，偶见泥质条带　33.92 m

3. 浅灰色巨厚层夹中厚层白云岩　9.69 m

2. 深灰色厚层核形石白云岩，偶见硅质条带　112.81 m

1. 灰—灰白色厚层含磷石英质砾岩、含胶磷矿砂砾岩。距剖面东约 1 000 m 处的砾岩所夹灰黄色、灰红褐色粗粒石英长石砂岩凸镜体中，采获腕足类化石：*Kutorgina* sp.　5.37 m

——————— 平行不整合 ———————

下伏地层：**红藻山组**　紫灰厚层含叠层石硅质条带白云岩夹紫色薄层白云岩

【地质特征及区域变化】　欧龙布鲁克群选层型下部为深灰色厚层核形石白云岩、灰色中厚层白云岩夹泥质砂岩、粉砂质泥岩、薄层细砂岩及页岩等，底部有厚约 5 m 的含磷石英质砾岩；中部为巨厚层假鲕状白云质灰岩、薄—中厚层灰岩夹灰质白云岩、细粒白云岩、竹叶状灰岩及鲕状灰岩；上部为厚层含碎屑灰岩、薄—厚层含泥质条带灰岩、巨厚层白云岩夹鲕状和竹叶状灰岩。沉积时代为中寒武世—早奥陶世。

欧龙布鲁克群主要分布于欧龙布鲁克山的中、东段及石灰沟、全吉山等地。在欧龙布鲁克山北坡一带，下部为灰色厚层灰质白云岩、黄绿色长石粉砂岩及钙质页岩夹灰质白云岩；中部为粉砂质灰岩、白云质灰岩、中—厚层状灰岩夹白云岩、竹叶状灰岩，产三叶虫：*Blackwelderia* sp.，*Drepanura* sp.，Damesellidae，*Taitzuia*，*Anomocarella* sp.；上部为薄—厚层状灰岩、灰质硅质白云岩、白云岩、夹假鲕状灰岩，硅质岩，产三叶虫：*Bathyuriscops* sp.，*Kaolishania* sp.，*Chuangia olongblukensis*；头足类：*Kaipingoceras* sp.。平行不整合于红藻山组之上，整合于多泉山组灰黑色厚—巨厚层似鲕状灰岩之下，厚度 1 049.1 m，时代为中寒武世—早奥陶世。

在石灰沟一带，下部为含团块白云岩、中厚层灰岩、泥灰岩，夹白云质灰岩、竹叶状灰岩、碎屑灰岩及疙瘩状灰岩，产三叶虫：*Taitzuia* sp.，*Parakotuia truncata*；中部为深灰—灰黑色砂屑灰岩、鲕粒灰岩、白云石化灰岩，夹微晶灰岩、含砾灰岩、砾屑灰岩，产三叶虫：*Chuangia*，*Eochuangia*，*Kaolishania*，*Changshania*；上部为灰色厚—巨厚层状细粒至微粒白云岩。底部出露不全，出露厚度大于 453 m。沉积时代为中寒武世—早奥陶世。在全吉山一带，平行不整合于皱节山组之上，底部为含磷砂砾岩；下部为巨厚层豹皮状白云岩、厚—巨厚层含硅质条带白云岩；上部为紫红色页岩、粉砂质页岩、夹粉砂岩、细砂岩。相当于单位层型的下部层位，出露厚度大于 196 m。沉积时代为中寒武世。

欧龙布鲁克群在横向上岩性稳定，沉积厚度东厚西薄。在纵向上连续性和可分性较好，层序较清楚。根据其岩性特征，可进一步划分上、中、下三个非正式岩组。下岩组底部为含磷砂砾岩，下部为白云岩、上部为粉砂岩及页岩；中岩组为深灰色中薄层灰岩；上岩组为厚层灰岩、白云质灰岩及白云岩。

【其他】　欧龙布鲁克群的生物群以三叶虫为主，并共生少量的腕足类，在欧龙布鲁克山南坡底部的 *Kutorgina* 为目前省内所发现最低层位的无脊椎动物化石。产在欧龙布鲁克群下部的 *Taitzuia*，*Anomocarella*，*Damesella* 等为我国华北动物群中寒武世主要分子。其中 *Taitzuia* 为华北徐庄阶—张夏阶的典型属；*Damesella* 即属于华北张夏阶的代表分子，又可在东南区及过渡区中出现。产在欧龙布鲁克群中、上部地层中的 *Blackwelderia*，*Drepanura*，*Chuangia*，*Kaolishania*，*Changshania* 等，为我国晚寒武世华北型动物群分子，且均系崮山阶—凤山阶的代表分子。从其所含生物特征所代表的时代来看，欧龙布鲁克群若以年代地层考虑可与华北的毛庄阶—凤山阶对比，是完整的中、晚寒武世地层。顶部的白云岩及白云质灰岩不含化石，前人曾将这一段地层划归下奥陶统冶里阶。

多泉山组　O_1d　（05-63-0212）

【创名及原始定义】　中国科学院祁连山地质队（1963）在《祁连山地层》中介绍：穆恩之、俞昌民、朱兆玲等在青海省欧龙布鲁克山地区创名“多泉山石灰岩”。其涵义指：“分布于大头羊沟、石灰沟、欧龙布鲁克一带的下奥陶系下部石灰岩，与其上部石灰沟页岩二者之间有一部分是互为消长的，岩相变化虽不大，但岩层厚度变化很大，从西向东逐渐变厚，与石灰沟页岩为整合关系”。

【沿革】　该组自创名以来一直沿用至 1980 年。青海省第一区调队（1980）在《1∶20 万怀头他拉幅（J-47-[19]）区域地质调查报告》中，因在上覆石灰沟页岩中距底界 35 m 处，采得笔石：*Glyptograptus austradentatus*，在下伏欧龙布鲁克群上部白色、黄灰色硅质白云质灰岩中，采到了 Tremadocian 期角石：*Dakeoceras*，*Walcottoceras*，认为多泉山组与欧鲁布鲁克群为整合接触。于是修订了多泉山石灰岩的界线，改称为“多泉山组”，这时的多泉山组包含产角石的白云岩及笔石的页岩。1991 年青海省地矿局在《青海省区域地质志》中沿用了此种划分。本书认为：“多泉山石灰岩”是岩石地层单位，应予恢复。考虑到沿用习惯仍称多泉山组，涵义与穆恩之等（1963）创立的“多泉山石灰岩”基本一致。

【现在定义】　平行不整合于欧龙布鲁克群之上、整合于石灰沟组之下的一套碳酸盐岩为主的地层，产丰富的头足类、腹足类、三叶虫、腕足类、笔石等化石。顶以碳酸盐岩的消失或页岩的始现与石灰沟组分界，底以平行不整合面与欧龙布鲁克群分界。

【层型】　正层型为乌兰县石灰沟剖面（96°05′，37°23′）第 1—7 层，该剖面由创名者于 1958 年测制，载于《祁连山地质志》第二卷第一分册第 118—122 页。

【地质特征及区域变化】　该组由灰—灰黑色砾屑灰岩、砂屑灰岩、生物碎屑灰岩组成，由西向东逐渐增厚。在大头羊沟厚度 194.9 m，与下伏全吉群为断层接触，与上覆石灰沟组为整合接触。在下部薄层灰岩中见少量化石，中部厚层灰岩中珠角石类较多，上部薄层灰岩三叶虫较多。在正层型剖面厚度增加到 427.64 m，具明显的三分性。在欧龙布鲁克，厚度增至

953.11 m。上下岩性变化不大，化石也不如石灰沟丰富，仅在下部见到头足类及少量的腹足类，在该剖面的上部采得 *Didymograptus hirundo* 及 *Phyllograptus*，*Isograptus* 等笔石，意义甚大，时代应为早奥陶世。

【其他】 1979 年赖才根在石灰沟煤矿南山，正层型所在地附近的下部层位建立头足类 *Hopeioceras - Manchuroceras* 组合（第 21—22 层），在中部层位建立三叶虫：*Megalaspidella*（*Tsaidamaspis*）*diarmatus* 延限带及 *Cybelopsis shihuigouensis* 延限带，上部层位建立头足类 *Armenoceras* 组合。因在该地区的正层型及参考剖面采集的化石无鉴定结果，故赖才根所建的生物地层单位无法延伸及区域对比。

石灰沟组 Oŝ （05 - 63 - 0213）

【创名及原始定义】 石灰沟组源于穆恩之、俞昌民、朱兆玲等（1958）创立的“石灰沟页岩”。创名于大柴旦镇大头羊沟西侧剖面。中科院祁连山地质队（1963），在《祁连山地质志》第二卷第一分册首次发表。创名涵义指：大头羊沟、石灰沟、欧龙布鲁克一带地层以下奥陶系为主，上部笔石页岩取名为“石灰沟页岩”。

【沿革】 以上划分被后人一直沿用。直到 1980 年，青海省第一区调队《1：20 万怀头他拉幅（J - 47 - [19]）区域地质调查报告》中，在重测的石灰沟剖面距“石灰沟页岩”底界35 m 处，发现了 *Glyptograptus austradentatus* 笔石，并将含此笔石地层划入多泉山组，这样就修改了原石灰沟页岩的涵义，并改名为石灰沟组。1991 年，青海省地矿局在《青海省区域地质志》中沿用了此种划分方案。本书认为，这不符合岩石地层划分原则，应恢复原来面目。

【现在定义】 清理后赋予石灰沟组的涵义指：整合覆于多泉山组之上，平行不整合于大头羊沟组之下，在区域上平行不整合或不整合于大头羊沟组或阿木尼克组之下的一套笔石页岩地层。含丰富的笔石化石，仅分布在大头羊沟至欧龙布鲁克一带。

【层型】 正层型为创名者（1958）测制的大柴旦镇大头羊沟西侧剖面（95°29′，37°48′）第 9—11 层，载于《祁连山地质志》第二卷第一分册，第 117 页。

【地质特征及区域变化】 石灰沟组由西向东明显增厚。在大头羊沟仅 33.4 m，以碳质页岩为主，向上夹有少许砂岩。下部页岩片理极其发育，仅见笔石痕迹无法获得完整的化石；上部有砂岩出现，所夹碳质页岩变化不大，易获得化石，曾建立 *Pterograptus elegans* 笔石顶峰带。向东至石灰沟厚度大增，达 459.90 m，岩性也和大头羊沟不同，分为上、下两部分，下部厚度 69.27 m，为黑色页岩夹砾状灰岩凸镜体，上部厚度 390.63 m，为绿色页岩夹砂岩及石灰岩条带，近似复理石式沉积，所产笔石上下有异。下部笔石极为丰富，上部较少，愈上愈为稀少。下部以 *Loganograptus*，*Isograptus*，*Paraglossograptus* 等笔石为最多，尤以 *Paraglossograptus* 最为典型。上部以笔石 *Tylograptus*，*Climacograptus*，*Cardiograptus* 为主，其中以 *Cardiograptus* 为其特征，以 *Amplexograptus* 分布最广，前人曾建立 *Amplexograptus confertus* 笔石延限带。此带比 *Pterograptus elegans* 顶峰带层位低。向东至欧龙布鲁克厚度可达 628.56 m。岩石主要为绿色页岩，仅底部有少许灰黑色、黑色页岩。靠近下部及中部夹有薄层石灰岩，一般为页岩、砂岩互层夹石灰岩条带，近似复理石沉积。化石比较稀少，仅下部笔石较为丰富，顶部未采获化石。从城墙沟向西北厚度愈来愈薄，区域上与多泉山组均为整合接触，与上覆大头羊沟组仅在大头羊沟西侧剖面为平行不整合接触，其余剖面均遭剥蚀被城墙沟组不整合覆盖。石灰沟组时代为早奥陶世。

大头羊沟组　O_2d　（05－63－0214）

【创名及原始定义】　中国科学院祁连山地质队（1963）介绍：穆恩之、俞昌民、朱兆玲等（1958）于大头羊沟西侧创名“大头羊沟统”。其涵义是：“因为大头羊沟的中奥陶系为砾状石灰岩、紫红色砂岩及泥岩，其岩性和其他任何地区的中奥陶纪地层均不相同，特取名为大头羊沟统。”

【沿革】　1962年张文堂在《中国的奥陶系》一书中改为大头羊沟组。青海省第一区调队（1980）在该区进行1：20万（怀头他拉幅）区调时，在原大头羊沟组碎屑岩组合之上发现一套由砂质白云岩和灰岩组成的碳酸盐岩地层，并将其归于大头羊沟组中，扩大了该组的涵义。青海省地矿局（1991）在《青海省区域地质志》中沿用此方案。

【现在定义】　本书依据创名时测制的“雪沟”剖面及大柴旦塔塔楞河剖面，重新厘定大头羊沟组的涵义为：指平行不整合于石灰沟组笔石页岩之上的一套地层，其下部以砾状灰岩为主夹紫红色含粉砂岩、砂岩，上部为碳酸盐岩组成的地层序列，产腕足类、头足类、腹足类化石及海百合茎。

【层型】　本书以创名者称之为“雪沟”剖面为正层型（95°29′，37°48′），1958年穆恩之、俞昌民、朱兆玲测制。该剖面载于《祁连山地质志》第二卷第一分册第126—127页。因正层型上部出露不全，本书以大柴旦镇塔塔楞河剖面（95°36′，37°42′）第1—10层为次层型，该剖面1980年由青海省第一区调队测制。

大头羊沟组　　　　总厚度＞211.34 m

10. 紫红色钙质粉砂岩内夹三层砾状石灰岩。单层厚20 cm，尚有灰绿色薄层泥质灰岩（未见顶）　＞31.10 m

9. 杂色块状厚层状砾岩。砾石平均直径8 cm，圆度不好，大小不均（最大直径1 cm），颜色以灰色为主，向上则以红色、绿色、灰色等间杂。砾石成分以灰岩为主，次为石英砂岩，少数为片麻岩。胶结物为灰质　29.60 m

8. 灰绿色薄层灰岩　0.20 m

7. 紫红色粉砂岩　1.30 m

6. 灰色中层状砾状石灰岩　1.40 m

5. 紫红色粉砂岩夹绿色钙质薄层砂岩及砾状砂岩层　5.50 m

4. 杂色厚层砾岩。砾石圆度较好，砾石直径一般在4～5 cm或个别更大。砾石仍以灰岩为主，于中部夹两层厚约40 cm的紫红色粉砂岩　25.60 m

3. 杂色厚层状、角砾状石灰岩。砾石有灰岩砾，绿色片麻岩砾，白色红色石英砾，灰色、黄灰色砂砾岩。胶结物为钙质，胶结致密，坚硬，不易风化剥落。砾石多带棱角，少有浑圆，砾径一般如鸡卵或更大　39.74 m

2. 深灰色中厚层灰岩。致密坚硬，产腕足类化石　9.00 m

1. 砾状石灰岩。厚层，砾石成分为石英岩、灰岩、砂岩以及破碎的砾石块。砾石带棱角或较为浑圆，排列无规律，且被方解石脉穿插　67.90 m

——————　平行不整合　——————

下伏地层：**石灰沟组**　页岩

【地质特征及区域变化】　该组岩性纵向变化明显，下部砾状灰岩、砾岩、紫红色粉砂岩、灰岩；上部深灰色碎屑灰岩、角砾状灰岩、竹叶状灰岩。横向分布局限，上部的碳酸盐岩仅在塔塔楞河、全吉山等地可见。大头羊沟出露的砾岩的砾石以灰岩为主，钙质胶结。塔塔楞河一带出露的砾岩的砾石以石英、片麻岩居多，灰岩砾石较少，且为砂质胶结。砾岩的厚度变化较大，在大头羊沟厚度为140余米，塔塔楞河厚度为3.8 m。紫红色粉砂岩在大头羊沟以夹砾状灰岩为特征，而在塔塔楞河则夹灰岩，且在粉砂岩之下有一套厚约85 m的紫红色块层状石英砂岩。该组在塔塔楞河厚度1 690.8 m，而正层型厚度仅211.3 m。区域上与下伏石灰沟组为平行不整合接触或超覆在达肯大坂（岩）群之上，未见顶或被大煤沟组不整合覆盖。正层型砾状灰岩中产头足类、腹足类、腕足类化石，但均无鉴定结果；在塔塔楞河剖面碳酸盐岩中以腕足类最丰富，有 *Sowerbyella* sp.，*Ptychoglyptus* sp.，*Aporthophyla* sp.，*Campylorthis* sp.，*Rafinesquina* sp.；头足类 *Armenoceras* sp. 等。据以上化石组合分析其地质时代为中奥陶世。

滩间山群　OST　（05－63－0215）

【创名及原始定义】　青海省地层表编写小组（1980）创名，创名地点在大柴旦镇滩间山。原始定义指："分布于赛什腾山万洞沟及滩间山一带，主要为浅变质碎屑岩，上部见有变中性火山岩，间夹变砂屑生物碎屑灰岩。后者含腕足类、珊瑚及海百合茎化石。与下伏全吉群，上覆下石炭统为断层接触。"

【沿革】　朱夏等（1964）[5] 将出露于柴达木西南缘铁石达斯一带的碳酸盐岩称"铁石达斯灰岩群"。1980年青海省地层表编写小组将铁石达斯灰岩群涵义扩大，将分布在祁漫塔格山东北侧、铁石达斯山、契盖苏河至乌图美仁河一带碳酸盐岩、绿色岩系夹火山岩的地层称"铁石达斯群"。将分布于赛什腾山万洞沟及滩间山一带，主要为一套浅变质碎屑岩夹火山岩和变砂屑生物碎屑灰岩的地层称"滩间山群"，时代定为中晚奥陶世。而对赛什腾山中、西部的变火山岩、火山碎屑岩夹大理岩含有海百合茎及珊瑚化石的地层称"塞什腾群"，时代定为志留纪。青海省第一区调队（1981）在《1：20万马海幅（J－46－[17]）区域地质调查报告》中，认为海合沟的"塞什腾群"下部结晶灰岩所含珊瑚化石与滩间山群相同，将其并入滩间山群。1991年青海省地矿局在《青海省区域地质志》中，将滩间山群的涵义进一步扩大，除包含"塞什腾群"外，还包含了前人所称的代表震旦系的"阿斯扎组"、"锡铁山组"，奥陶—志留系的"沙柳河群上亚群"及泥盆系的"阿哈提群"等，用以代表柴达木盆地北缘的一套由碎屑岩、中—基性火山岩，夹少量大理岩的浅变质的"绿色岩系"。本书依据岩石地层单位划分准则，在详细研究分析"滩间山群"和铁石达斯群之后，认为二者宏观岩性特征及岩石组合方式基本一致，所处相对层位相当。滩间山群分布于柴达木盆地北缘，铁石达斯群分布于柴达木盆地西南缘，二者之间虽被第四纪沉积分隔，但确为同一沉积盆地之产物，在征得广大野外研究者同意后，将二者合并。鉴于该套地层同受构造破坏，研究程度较低，但从总体特征分析，有可能进一步划分成组级单位，故暂保留原有"群"的名称，称滩间山群。滩间山群的同物异名单位，有"铁石达斯群"、"塞什腾群"。其中铁石达斯群为朱夏1964年创名[5]，但创名时涵义不明确，并未指定正层型剖面，后人在应用上较为混乱。虽创名在先，但考虑科学性和知名度，本书选用滩间山群而停用铁石达斯群。另前人创名的"阿斯扎组"、"锡铁山系"、"沙柳河群上亚群"、"阿哈提统"，均为滩间山群的一部分，本书建议停用。

【现在定义】　指分布于柴达木盆地北缘、西南缘一套由浅变质碎屑岩、变中—基性火山

---

⑤ 朱夏等，1964，柴达木地质志，第三分册（油印本）。青海省石油普查大队。

岩夹生物碎屑灰岩、白云质大理岩组成的地层序列。顶部出露不全或被牦牛山组不整合覆盖，未见底。

【层型】 正层型为大柴旦镇滩间山剖面（94°33′，38°15′），该剖面为青海省第一区调队（1977）测制，载于《西北地区区域地层表·青海省分册》（1980）第119—120页。

【地质特征及区域变化】 滩间山群正层型出露不全，上未见顶，下未见底。下部主要为灰色、灰白色、灰黑色千枚岩夹灰白色大理岩；中部为灰白色和灰绿色变粒岩、片岩、板岩、千枚岩夹白云石大理岩、英安岩及砂屑生物碎屑灰岩。该群产珊瑚、腕足类、海百合茎及头足类、灌木藻等化石。灰岩中产珊瑚 *Plasmoporella* sp.，*Agetolites* sp.，*Catenipora* sp.，*Favistella* sp.；藻类 *Epiphyton* sp. 及海百合茎、腕足类等化石。上部主要为中基性火山岩夹变层凝灰岩、凝灰质砂岩等。在区域上，该群由于受构造、岩浆岩侵入干扰，各地岩性变化较大、变质程度亦有差异，在柴达木盆地北缘多呈断块出露，主要为一套绿岩化的中基性火山岩，夹钙、泥质岩。出露厚度在773～3 308 m之间，顶底出露不全，底部多与达肯大坂（岩）群呈断层接触，上部局部被牦牛山组或阿木尼克组不整合覆盖。在柴达木盆地西南缘亦多呈断块出露，总观下部为一套变质碎屑岩，局部夹硅质岩、碳酸盐岩和火山岩，变质程度较深，常出现变粒岩和片岩，可能与岩浆岩发育有关；中部为基性火山岩为主，局部夹碳酸盐岩和泥砂质岩；上部为碳酸盐岩。厚度在3 000 m以上。十字沟及长山两地出露的该群上部灰岩中产珊瑚：*Plasmoporella* sp.，*Heliolites* sp.，*Rhabdotetradium qinghaiense*；在小狼牙山及东沟产有角石：*Clinoceras* sp.，*Whiteavesites* sp.，*Jiangxiceras* sp.，? *Armenoceras* sp.。在小灶火含泥砂质板岩中产微古植物 *Tremtosphaeridium* sp.，几丁壳 *Sphaerochitina* sp.。在巴音郭勒呼都森上游的碎屑岩中产藻类 *Girvanella* sp.。沉积时代为中晚奥陶世—志留纪。

纳赤台群 OS*N* （05-63-0217）

【创名及原始定义】 青海省地质局石油普查大队（632队）1962年在《祁连山、阿尔金山、昆仑山地层概况》一文中创建“纳赤台系”。原始定义指：“代表北昆仑山地区的奥陶志留系绿灰色、蓝灰色千枚岩、灰绿色板岩夹石灰岩，厚度13 000 m。与下伏寒武奥陶系五龙沟系灰岩夹竹叶状灰岩关系不明，与上覆志留泥盆系亚玛图系绿灰色火山砾岩、中酸性火山岩、千枚岩、板岩整合”。

【沿革】 青海省区测队（1970）在《1∶100万温泉幅（I-46）区域地质调查报告书》中，将分布于昆仑河、秀沟一带，厚约24 000 m的浅变质凝灰质千枚岩、板岩、砂岩及片岩、大理岩（或白云质大理岩）和片理化中酸性火山岩、火山碎屑岩、凝灰质砾岩等组成的“绿色岩系”称“纳赤台群”，划分为四个岩组，与下伏地层呈逆断层接触，四个岩组间均存在沉积间断。时代归属早古生代。青海省地层表编写小组（1980）沿用了上述划分方案，但时代归属中-晚奥陶世。青海省第一区调队（1981）将出露于纳赤台东北水泥厂至三道湾山一带的灰色、灰绿色、浅灰色变砂岩夹千枚岩及石灰岩凸镜体的地层限于“纳赤台群”。该套地层仅相当于原“纳赤台系”第一岩组的一部分，厚222.8 m，时代定为晚奥陶世。李光岑、林宝玉（1982），将昆仑桥以南相当原“纳赤台系”第二岩组的地层划为三叠系，并认为“纳赤台群（系）”由三个不完整的沉积旋回组成，据此将其由上而下分别命名为哈拉巴依沟组、石灰厂组、水泥厂组，其中哈拉巴依沟组与石灰厂组之间为不整合接触（1994年8月林宝玉在西宁介绍1993年中法合作队在该区研究成果时否认哈拉巴依沟组与石灰厂组间的不整合关系）。本书沿用李光岑、林宝玉的划分方案。

【现在定义】 厘定后的纳赤台群，指分布于东昆仑北缘布尔汉布达山一带一套中级变质的绿片岩夹碳酸盐岩地层，未见顶底。自下而上由水泥厂组、石灰厂组、哈拉巴依沟组并合而成。

【地质特征及区域变化】 纳赤台群为一套中级变质的中基性火山熔岩、凝灰岩、变凝灰质千枚岩、板岩、砂岩、片岩、碳酸盐岩、片理化中酸性火山岩、火山碎屑岩及凝灰砾岩等组成之"绿色岩系"地层。沿布尔汗布达山呈东西向延伸于东经93°—96°间，被牦牛山组和洪水川组不整合覆盖，受东西向断裂切割，将其分隔成为一些孤立的露头。本群时代为晚奥陶世—志留纪。

水泥厂组 $O\hat{s}n$ (05-63-0218)

【创名及原始定义】 李光岑、林宝玉（1982）创名于格尔木市水泥厂附近。原始定义指："分布于布尔汗布达山纳赤台地区，黑灰色、深灰色灰岩、条纹状灰岩。产丰富的珊瑚、腹足类、头足类化石，厚558 m的地层。与上覆石灰厂组整合，底部为三叠系砾岩不整合覆盖。"

【沿革】 自创名以来变化不大。本书认为水泥厂组含义明确，基本为一岩石地层单位。

【现在定义】 指分布于东昆仑布尔汗布达山一带整合于石灰厂组火山岩、碳酸盐岩组合之下的一套碳酸盐岩地层，产丰富的珊瑚、腹足类、头足类化石。顶以火山岩的始现与石灰厂组分界，底界不明，在区域上常以断裂与其他地层分隔。

【层型】 正层型为李光岑、林宝玉于1982年测制的格尔木市雪水河—昆仑河剖面（94°50′,35°56′）第1—3层，剖面载于《青藏高原地质文集》(1) 第29—31页。

【地质特征】 水泥厂组在正层型下部被洪水川组不整合覆盖，出露部分为灰黑色厚层块状灰岩、珊瑚灰岩、条带状灰岩，顶部为一层厚7 m的紫红色竹叶状灰岩。产丰富的珊瑚、腹足类、头足类化石。珊瑚主要属种有：*Favistella* sp.，*Cyathophylloides shuinychangensis*，*Tryplasma nachitaiensis*，*Foerstephyllum golmudense*，*Rhabdotetradium nachitaiense*，*R. qinghaiense*，*Neoplasmoporella*? *golmudensis*，*N.*? *shuinychangensis*，*N. kunlunqiaoensis*；腹足类有：*Poleumita* sp.，*Helicotoma* sp.，*Maclurites* cf. *neritoides*，*Tropidodiscus* sp.，*Lophospira* sp.。出露厚度558m。水泥厂组在区域上变化尚不清楚。目前仅知在水泥厂附近分布。其时代依据所含化石分析，归属晚奥陶世。

石灰厂组 $O\hat{s}h$ (05-63-0219)

【创名及原始定义】 李光岑、林宝玉（1982）创名，创名地点及正层型同水泥厂组。石灰厂组原始定义指："分布于昆仑山东段布尔汗布达山一带，上被哈拉巴依沟组不整合覆盖，下与水泥厂组为整合接触，由下部火山碎屑岩段和上部碳酸盐岩段组成。富含珊瑚、腕足类化石。"

【沿革】 自创名以来，未被引用。本书认为石灰厂组作为一岩石地层单位予以保留，区域展布有待深入工作再定。

【现在定义】 指整合于水泥厂组之上，整合（?）于哈拉巴依沟组之下一套下部为火山碎屑岩、千枚岩、片岩，上部为碳酸盐岩组合而成的地层序列。上部碳酸盐岩中产丰富的珊瑚化石。底以火山碎屑岩或变碎屑岩的始现与下伏水泥厂组分界，顶以火山碎屑岩、砾岩的始现与哈拉巴依沟组分界。

【层型】 正层型为前述水泥厂组的格尔木市雪水河—昆仑河剖面第4—10层。

【地质特征及区域变化】 石灰厂组正层型下部为灰绿色变砂岩、千枚岩、石英片岩夹变凝灰砂岩，上部为白色大理岩、灰黑色厚层灰岩、条纹状灰岩。产丰富的珊瑚化石，主要种属有：*Agetolites nemiagetoliteides*，*A. yushanensis* 等 4 种，*Plasmoporella arcatabulata* 等 2 种，*Wormsipora golmudensis*，共有珊瑚 6 属 8 种。正层型地以西在纳赤台北山一带出露的地层，下部为灰黑色碳质板岩夹灰白色硅化灰岩、石英绿泥片岩；上部为灰色灰岩、白色大理岩。灰岩中产腕足化石 *Pentamerus*? sp.。在万保沟西山一带，下部为灰绿色片理化凝灰砂岩夹蓝灰色灰岩凸镜体及紫红色角砾状安山熔岩，安山岩多层；中部为灰绿色石英绿泥片岩；上部为灰色厚层灰岩、硅质条带灰岩。石灰厂组依据所含珊瑚化石分析，时代应为晚奥陶世。

哈拉巴依沟组 OS*h* （05－63－0220）

【创名及原始定义】 李光岑、林宝玉（1982）创名，创名地同水泥厂组。原始定义指："分布于布尔汗布达山纳赤台地区，以千枚岩、变质砂岩、板岩为主，夹云母片岩及薄层灰岩，底部为砾岩。厚 250～5 622 m 的地层。不整合于石灰厂组之上。该组是一套厚度巨大的复理石建造，其岩相建造特征与祁连山地区相似，因此，不排除有属志留纪的可能性。"

【沿革】 哈拉巴依沟组自创名以来，变化不大。林宝玉（1993）在该区深入地调查地层情况后，否定了哈拉巴依沟组与石灰厂组之间的不整合，且在哈拉巴依沟组采得晚奥陶世牙形刺。林宝玉（1994）在西宁介绍中法合作队 1993 年工作进展情况时，阐明了上述观点。本书从岩石地层单位划分准则出发，认为哈拉巴依沟组在宏观岩性特征、组合方式等方面与石灰厂组差异较大，且标志层清晰，应为一岩石地层单位。

【现在定义】 指分布于昆仑山东段布尔汗布达山一带，整合（?）于石灰厂组之上一套以千枚岩、变砂岩、板岩为主夹云母片岩及薄层灰岩，底部为砾岩，区域上夹有火山熔岩、火山碎屑岩的地层序列。底以砾岩、砂质砾岩的始现与石灰厂组分界，顶界不明。

【层型】 正层型为格尔木市雪水河—昆仑河剖面（95°50′，35°56′）第 11—17 层，顶部出露不全，被第四纪沉积覆盖。剖面载于《青藏高原地质文集》(1) 29—31 页。

【地质特征及区域变化】 哈拉巴依沟组正层型底部为深灰色变凝灰砾岩夹凝灰砂岩，下部为黑色碳质硅质板岩夹深灰色薄层灰岩和灰白色大理岩凸镜体，中部为灰绿色变凝灰质砂岩、千枚岩互层，上部为杂色千枚岩、凝灰质砾岩、凝灰质千枚状砂岩、粉砂岩夹角砾状灰岩，含砾砂质灰岩等。出露厚度 2 533 m。它基本为一厚度巨大的复理石建造，与下伏的碳酸盐岩、火山岩建造有明显的差别。该组在区域上岩性变化较大，在正层型地以西哈萨山剖面，下部为深灰色板岩夹片理化砾岩、砂砾岩、砂岩。板岩中产微古植物：*Lignum*，*Polyporata*，*Asperatopsophosphaera*，*Leiopsophosphaera*，*Monotrematosphaeridium*，*Taeniatum crassum*，*T. simplex*，*Veryhachium yunnanensis*，*Granomarginata prima*，*Micrhystridium*，*Pterospermopsimorpha* 等；上部为一套基性火山岩，有超基性岩侵入其中。再向西至雪山峰南坡一带，下部以灰色绢云千枚岩或绿泥绢云千枚岩为主，夹长石岩屑杂砂岩，局部有玄武岩或粗玄岩夹层，出露厚度约 2 368 m，在雪山峰西南千枚岩中产微古植物：*Leiosphaeridia*，*Quadratimorpha* 等，Rb－Sr 表面年龄值 450 Ma；上部为灰色长石岩屑杂砂岩夹绿泥绢云千枚岩，出露厚度约 3 197 m（张以茀，1994）。

哈拉巴依沟组依据产出层位，其时代可能为晚奥陶世至志留纪。

【其他】 纳赤台群在纳赤台、格尔木市水泥厂附近三分性明显。依据宏观岩性特征的差异，划分为三个组级单位，但横向上变化极大，区域上三组难以区分，但观其总体宏观岩性特征及组合方式，与分布于柴达木盆地北缘、柴达木盆地东南缘的滩间山群基本一致，下部为砂、板岩互层夹结晶灰岩、大理岩；中部以基性、中基性火山熔岩、火山碎屑岩为主夹碳酸盐岩；上部以千枚岩为主夹砂岩、砾岩、火山岩等。上被牦牛山组陆相火山岩系和三叠纪洪水川组不整合覆盖，底部以断裂与前寒武纪地层金水口（岩）群、万保沟群、万洞沟群等接触。它们在岩性组合、沉积建造特征及其古生物群等方面极为相似。本书认为滩间山群与纳赤台群为同一盆地沉积，依岩石地层单位划分准则，二者应为同物异名单位，但考虑二者在地域分布上的差异，暂将二者分别给予命名、描述，存疑之处，有待进一步研究。

第二节　生物地层

一、寒武纪生物地层

青海寒武纪生物群以中、晚世的三叶虫比较丰富，研究较详，属华北型。朱兆玲（1960）描述了祁连山南坡的三叶虫 14 属 12 种。赖才根等（1984）根据乌兰县石灰沟煤矿南山剖面（简称南山剖面，下同）建立了四个三叶虫带，本书改为延限带（表 3-1），由下而上它们是：

表 3-1　柴达木盆地东北缘寒武—奥陶纪生物地层对比表

时代	地层	三叶虫	头足类	笔石
O_1^2	石灰沟组			*Pterograptus elegans* 延限带 *Amplexograptus confertus* 延限带
O_1^1	多泉山组	*Cybelopsis shihuigouensis* 延限带 *Megalaspidella* (*Tsaidamaspis*) *diarmatus* 延限带	*Armenoceras* 组合 *Hopeioceras* - *Manchuroceras* 组合 *Dakeoceras* - *Walcottoceras* 组合	*Didymograptus hirundo* 延限带
∈3	欧龙布鲁克群	*Kaolishania* 延限带 *Changshania* 延限带 *Chuangia* 延限带		
∈2	欧龙布鲁克群	*Taitzuia* 延限带		

1. *Taitzuia* 延限带

以南山剖面第 1—4 层所产的三叶虫为代表，除 *Taitzuia* 外，共生分子有 *Parakotuia truncata*，*P.* sp.。本带在区域上分布稳定，东部欧龙布鲁克剖面第 4—6 层产 *Taitzuia olongblukensis*，*Kootenia* sp. 及 1958 年穆恩之等测制的石灰沟剖面的 *T. shihuigouensis*，*Parakotuia truncata*，*Solenoparia* (?) sp. 可归入本带。时代为中寒武世晚期（张夏期），分布于欧龙布鲁克群下部。

2. *Chuangia* 延限带

以南山剖面第10层及第11层下部所产的三叶虫为代表，其中以*Chuangia*一属特别繁盛，主要有*C. olongblukensis*，*C.* sp.，*Eochuangia* sp.。本带在区域上分布稳定，欧龙布鲁克剖面第9层及1958年穆恩之等测制的石灰沟剖面第6层所含的三叶虫可归入本带。时代为晚寒武世中期（长山期），分布于欧龙布鲁克群中部。

3. *Changshania* 延限带

见于南山剖面第11层上部，以*Changshania*为主，共生分子有*Maladioides* sp.，本带延伸情况不明。时代为晚寒武世中期（长山期），分布于欧龙布鲁克群中部。

4. *Kaolishania* 延限带

见于南山剖面第12—13层，含众多的*Kaolishania*。时代为晚寒武世中期（长山期）分布于欧龙布鲁克群的上部。

二、奥陶纪生物地层

柴达木盆地东北缘发育十分丰富的华北型头足类动物群及与华南型相似的笔石动物群（表3-1）。

（一）头足类

赖才根等（1984）根据南山剖面的头足类建立了三个组合，由下而上它们是：

1. *Dakeoceras*-*Walcottoceras* 组合

见于南山剖面第16层，以小型头足类为特征，包括*Dakeoceras*，*Walcottoceras*，*Burenoceras*，*Muriceras*和*Eremoceras*等属。区域上分布情况尚不清楚。时代为早奥陶世早期，分布于多泉山组下部。

2. *Hopeioceras*-*Manchuroceras* 组合

主要见于南山剖面第17—19层，石灰沟剖面及欧龙布鲁克剖面也有分布，包括*Hopeioceras*，*Manchuroceras*，*Hardmanoceras*，*Yehlioceras*等属。时代为早奥陶世，分布于多泉山组下部。

3. *Armenoceras* 组合

见于南山剖面第25—27层，计有3属4种：*Armenoceras teicherti*，*A. triformatum*，*Tofangoceras striatum*，*Sactoceras shihuigouense*。张日东（1965）采自石灰沟背斜南翼的*Wutinoceras shihuigouense*相当于本组合的下部层位。本组合位于三叶虫*Cybelopsis shihuigouensis*延限带之上。时代为早奥陶世，分布于多泉山组上部。

（二）三叶虫

赖才根等（1984）根据南山剖面产出的奥陶纪化石建立了二个三叶虫带，本书改为延限带，由下而上它们是：

1. *Megalaspidella*（*Tsaidamaspis*）*diarmatus* 延限带

以南山剖面第21—22层产的三叶虫为代表。化石面貌单调，仅见*Megalaspidella*（*Tsaidamaspis*）*diarmatus*及*M.*（*T.*）sp.。本带位于头足类*Hopeioceras*-*Manchuroceras*组合之上，时代为早奥陶世，分布于多泉山组中部。

2. *Cybelopsis shihuigouensis* 延限带

本带分布广泛而稳定，以南山剖面第23—24层所含化石为代表，石灰沟及德令哈依明依克等地均有分布。主要有*Cybelopsis*和*Isotelus*，其中以*C. shihuigouensis*最丰富。时代为早奥陶世早期，分布于多泉山组中部。

（三）笔石

许杰（1959）描述了柴达木早奥陶世笔石10属18种，穆恩之等（1962）在《祁连山的笔石》一文中建立了三个笔石带，其中第二个笔石带又分成了二个亚带。本书将带改为延限带，由下而上它们是：

1. *Didymograptus hirundo* 延限带

以欧龙布鲁克剖面为参考，石灰沟剖面也有其共生分子。主要有 *Didymograptus hirundo*，*D.* cf. *abnormis* 及 *Phyllograptus* 等。本带位于头足类 *Armenoceras* 组合之上，时代为早奥陶世早期，是多泉山组最高层位的化石带。

2. *Amplexograptus confertus* 延限带

本延限带在区域上分布十分广泛，以石灰沟剖面第8—34层为参考，大头羊沟剖面和欧龙布鲁克剖面也有分布。化石十分丰富，其中以 *Amplexograptus confertus*，*Paraglossograptus typicalis* 和 *Cardiograptus yini* 等为主。时代为早奥陶世晚期，分布于石灰沟组中、下部。

本延限带包含了穆恩之等（1962）的下部 *Paraglossograptus typicalis* 亚带和上部 *Cardiograptus yini* 亚带。本书暂时未将这两个亚带清理单独列出。

3. *Pterograptus elegans* 延限带

以大头羊沟剖面第10层的化石为代表，除 *Pterograptus elegans* 外，主要有 *Tetragraptus*，*Cryptograptus*，*Climacograptus*，*Pseudoclimacograptus*，*Amplexograptus* 和 *Glyptograptus* 等属。时代为早奥陶世晚期，分布于石灰沟组上部。

（四）珊瑚

以床板珊瑚最有特色。林宝玉（1985）研究了我省古生代床板珊瑚，建立了五个组合，其中属奥陶纪的有两个组合：

1. *Foerstephyllum golmudense* - *Rhabdotetradium qinghaiense* - *Neoplasmoporella golmudensis* 组合

仅见于昆仑山北坡纳赤台附近的纳赤台群水泥厂组。除组合中的分子外，尚有四射珊瑚 *Tryplasma* 和 *Favistella* 等。它们是我省内已知古生代床板珊瑚出现的最低层位。大致相当于晚奥陶世早期，动物群性质属北方型。

1982年李光岑、林宝玉根据雪水河—昆仑河剖面第1—2层所含的珊瑚建立的 *Cyathophylloides* - *Rhabdotetradium* - *Neoplasmoporella* 组合与本组合完全相当。

2. *Agetolites* - *Wormsipora* - *Plasmoporella* 组合或 *Agetolites* - *Calapoecia* - *Plasmoporella* 组合

前组合的主要分子有 *Agetolites hemiagetoliteides*，*A. yushanensis*，*A. multitabulatus*，*A. huangi*，*Wormsipora golmudensis*，*Plasmoporella arcatabulata* 等，还有四射珊瑚 *Brachyelasma*，*Streptelasma* 等属。时代为晚奥陶世晚期，分布于石灰厂组。动物群性质属中亚-中国南方的 *Agetolites* 动物群。

1982年李光岑、林宝玉根据雪水河—昆仑河剖面第10层所含珊瑚建立的 *Agetolites* - *Plasmoporella* - *Wormsipora* 组合与本组合完全相当。

后组合的主要分子有 *Agetolites gracilis*，*A. ramosus*，*Calapoecia yushanensis*，*Baikitolites parvus*，*Catenipora subovata*，*C. uniforma*，*C. gracilis*，*Plasmoporella arcatabulata* 和 *Cyrtophyllum* sp. 等，还有大量的四射珊瑚 *Favistella*。时代属晚奥陶世晚期，分布于扣门子组和

滩间山群，动物群性质属过渡型。这一过渡型珊瑚群落从大柴旦镇之西的马海—华北地台西缘呈东西向条带状分布。

第三节　岩石地层划分、沉积环境分析及问题讨论

一、岩石地层划分及沉积环境分析

青海省境内确有证据的震旦纪至早寒武世地层，仅在北祁连山西段和柴达木盆地北缘见有分布。在北祁连山西段震旦纪地层由一套中基性火山岩、碳酸盐岩、基性岩、超基性岩及砂板岩组合而成；在柴达木盆地北缘震旦纪地层则为一套碎屑岩、石英砂岩和白云岩夹玄武岩和富钾粗面岩（含 K_2O 8%～10%），生物以叠层石和古藻类为主，与早寒武世地层为连续沉积。早寒武世地层为杂色碎屑岩沉积，开始出现了少许虫牙，沉积中夹有冰碛层，震旦纪—早寒武世地层岩性宏观特征总体一致，为一套稳定型内陆海湾沉积，本书厘定为全吉山群。北祁连山西段的震旦纪地层，因其与寒武纪奥陶纪为不同类型沉积组合，后期又受构造影响而混杂堆积于一体之特征，故新建北祁连山蛇绿(混杂)岩岩群代表这一特定组合。

岩层是地质历史演化的遗物，岩层的岩性组合严格受其地质构造条件——沉积环境的制约，对岩层进行划分、对比必然离不开与地质历史环境变迁的分析与结合。

震旦纪早期（?）整个华北板块的西南方出现“裂谷型”分裂。震旦纪晚期到奥陶纪初逐渐发展为广阔的海洋。北祁连是组成这一海洋板块临近大陆的一个狭长边缘海盆，中祁连很可能是华北板块的残留体。

早寒武世末随着以引张为主的海盆扩张，北祁连、拉脊山则表现为大幅度的地裂，形成该区的早加里东陆间裂谷活动带。中、南祁连山构成裂谷肩部；柴达木盆地北缘继承前缘陆表海湾，海水漫过中祁连山东段向西进入柴达木盆地北缘海湾；中祁连山西段和南祁连山以及柴达木地块南部为古陆剥蚀区。位于裂谷海槽底部的地幔上隆，发生了局部熔融，沿裂谷带发生了强烈的海底火山喷发，以双峰式拉斑玄武岩—流纹岩和富钠的细碧岩、石英角斑岩为主，某些中心式喷发产物为碱性火山岩，在裂谷带内沉积的碎屑岩—火山岩—碳酸盐岩岩系在北祁连山厚度达 3 100 m 以上，其中局部地段夹有菱铁矿层和放射虫硅质岩，本书称黑茨沟组；在拉脊山地区厚度 1 351 m 以上称深沟组。在柴达木盆地北缘海湾以碎屑岩及白云质灰岩为主，下部含石盐假晶，底部含磷，本书称欧龙布鲁克群，其时代延续至晚寒武世。

晚寒武世至早奥陶世继承了中寒武世的特点。在北祁连形成蛇绿岩和香毛山组、阴沟组地层，在拉脊山形成六道沟组、花抱山组、阿夷山组沉积组合。

伴随这次海进，省内开始进入了生物繁盛时期，首先出现了小型腕足类 *Kutorgina* 等，之后以三叶虫为主的生物群在本区迅速发展，主要为华北型底栖三叶虫，在裂谷带内混生有华南型浮游三叶虫球接子等。在地块内部的陆表海，如柴达木盆地北缘及中祁连山东段则有腕足类共生。早奥陶世出现了华北型头足类生物群。

早奥陶世末随着华北板块的抬升，南祁连山开始下沉，海水自南而北涌入，并向疏勒南山南缘超覆，柴达木盆地北缘海湾继续接受沉积，介壳灰岩相（多泉山组）转变为笔石页岩相（石灰沟组），与此同时青海省南部纳赤台、玉树地区开始局部海侵，形成海湾浅海相纳赤台群和华南地层大区的青泥洞组沉积。

早奥陶世早期生物群仍以华北型三叶虫和头足类为主，省内南、北仍有华北型头足类 *Or-*

dosoceras 分布。但从早奥陶世晚期开始出现以华南型为主的笔石群，而且混入了澳大利亚的分子，分布直达北祁连山西段。由此表明，从这时开始古地中海水域已波及我省，巴颜喀拉山东段和西秦岭应为海盆沉积区。同期沿裂谷带内（如北祁连、拉脊山、南祁连、东昆仑）侵入了大量的地幔残余岩块，以镁质超基性岩和基性岩为主。

中奥陶世裂谷带已开始逐渐封闭，但多数海盆或裂谷海槽仍未上升成陆，火山活动已大大减弱，并转化为安山岩类为主，在北祁连山东北部为碱性火山岩系列（大梁组），南祁连山火山活动也已基本停息（盐池湾群）。

中奥陶世晚期或末期，华北板块全面海退，本区仍以地裂作用为主，只是地裂中心向南迁移，北祁连和拉脊山主裂谷带开始局部回返。

晚奥陶世北祁连海槽重新下沉接受沉积，但火山活动中心已移至北祁连山南缘，南祁连山扩张带加速活动，拉脊山海槽则逐渐收缩。柴达木地块自早奥陶世独立以来，经过短期的平衡调整，晚奥陶世即开始了自身的演化；因时值地裂作用活跃时期，所以首先从周缘开始发生裂陷。祁连山是在早期裂谷带上发育的新生裂谷，所以幔源基性—超基性岩虽有但不多见。柴达木周缘则在结晶基底上发育脆性张裂带，其势与北祁连山、拉脊山寒武纪-早奥陶世裂谷带相仿，形成以基性—超基性岩发育，以镁质超基性岩为主的火山岩、碎屑岩建造，并且相应以石棉和铬铁矿成矿为特征的滩间山群。

晚奥陶世笔石和头足类等浮游生物，迁移至北祁连山中，西段火山活动微弱的海域，其余海槽火山活动强烈，生物群以腕足类为主，床板珊瑚开始出现并迅速发展，三叶虫主要迁居至北祁连海槽，其余地区已属鲜见，主要为华南型和古地中海型混生。

晚奥陶世末期北祁连山、拉脊山和柴达木周缘诸海槽褶皱封闭，南祁连山情况不明。

早志留世本区及外围各软弱地带可能皆有海侵，但稳定地块多已成陆，省内松潘-甘孜地区情况不明，祁连各活动带皆再次遭受海侵，集中在南祁连山形成广阔的扩张海。海水向祁连山北后退，形成肮脏沟组的盖层沉积。因短期扩张后即转入强烈造山期，故这一时期仅发育到次活动阶段为止。海盆快速堆积了巨厚的陆缘复理石碎屑岩系——巴龙贡噶尔组，而碳酸盐岩不发育，火山活动微弱且不集中，生物群以数量少、门类单调的笔石为主。

早志留纪末期祁连活动带已开始全面封闭，中南祁连山全面海退，拉脊山活动带褶皱成为省内最早成陆的加里东造山带。

中志留世省内海域已退缩至北祁连山局部地段，以碎屑岩沉积为主（泉脑沟山组），生物以珊瑚为主，腕足类次之，并开始出现了少量双壳类 *Orthonota* 等。

晚志留世全域海退，大型山间盆地尚未形成，因而大部分地区缺失沉积记录，形成省内沉积间断较大的自然断代间隔。

二、问题讨论

1963 年中科院祁连山地质队，在创建“多泉山石灰岩”及“石灰沟页岩”、“大头羊沟群”时，是以岩石宏观特征为依据，其划分是符合岩石地层单位划分准则的。1980 年青海省第一区调队在《1∶20 万大柴旦幅（J-46-[24]）、达布逊湖幅（J-46-[30] 区域地质调查报告》和《1∶20 万怀头他拉幅（J-47-[19]）区域地质调查报告》中，据采获的化石，对原来的“石灰沟页岩”及下伏的“上欧龙布鲁克群”进行了肢解，使之本来十分正确的岩石地层单位被分割成年代地层单位。1991 年的《青海省区域地质志》也引用被肢解的划分方案。赖才根等（1984）在《青海乌兰石灰沟地区寒武、奥陶系新材料》一文中，对乌兰县石灰沟煤矿南山剖面进行了详细研究，并据所采获的化石在欧龙布鲁克组中建四个三叶虫带，在多泉山组中建三个三叶虫带（组合）、二个头足类组合。文中明确指出，“组内岩性并不具备统一性，尚待今后工作来清理”，所持仍是生物年代地层观点，本次清理恢复其本来面目。上述二位作者将欧龙布鲁克群顶部白云岩中含 Tremadocian 期的 *Dakeoceras*－*Walcottoceras* 头足类组合，归入多泉山组，如此，使完整的岩石地层单位被肢解为生物年代地层单位。本次清理将上述二位作者归入多泉山组的含 *Dakeoceras*－*Walcottoceras* 头足类组合的白云岩，重新归入欧龙布鲁克群，该群则成一跨时代的地层单位。同样石灰沟组亦应恢复原创建者的涵义。青海省第一区调队（1980）在《1∶20 万怀头他拉幅（J－47－[19]）区域地质调查报告》中说，他们在石灰沟组下部粘板岩中采得：*Glyptograptus austrodentatus*，*Didymograptus hirundo*，*Cryptograptus* 等化石，于是将含此化石 35 m 厚的粘板岩划入多泉山组。如此，使多泉山组成为似乎很完整的包含“Arenigian”及“？Tremadocian”年代地层单位，实际是肢解了“石灰沟组”这一岩石地层单位，而使多泉山组宏观岩性特征的统一性受到了破坏。本次清理恢复本来面目，使石灰沟组包含了“Arenigian”及“Llanvirnian”期的跨时单位。

第四章 泥盆纪

泥盆纪地层在省内华北地层大区主要为陆相山间盆地和海陆交互相沉积，分布比较零散，主要出露于祁连-北秦岭地层分区和东昆仑-中秦岭地层分区的柴达木盆地北缘、柴达木盆地南缘及东昆仑南坡小区内（图 4-1）。

自1945年黄汲清在甘肃走廊南山创名老君山砾岩以来，省内泥盆纪地层相继建立了牦牛山组、契盖苏组（群）、哈尔扎组、黑山沟组等岩石地层单位，其中除契盖苏组（群）是牦牛山组的同物异名单位，经清理建议停用外，其余的4个组级岩石地层单位均被本书推荐采用（其中老君山组引自甘肃省）。

第一节 岩石地层单位

老君山组 D*l* (05-63-0401)

【创名及原始定义】 黄汲清（1945）创名"老君山砾岩"于甘肃省的古浪峡和民乐县的老君山。涵义指："一套很厚的夹有火山凝灰岩成分的砾岩层，整合地处于维宪期地层之下，不整合地处于'南山系'之上，属磨拉石相山麓堆积"。

【沿革】 老君山砾岩创名以后被大部分文献引用。老君山砾岩代表北祁连山的一套红色磨拉石相沉积，时代归属杜内期。甘肃省第一区测队（1965）改称老君山群；1980年青海省地层表编写小组在《西北地区区域地层表·青海省分册》一书中，引用甘肃省的"沙流水群"和"雪山群"分别代表冷龙岭和走廊南山一带的红色磨拉石相堆积，前者归属晚泥盆世，后者归属早—中泥盆世。1981年青海省地研所在《青海省地质图说明书》中，沿用"老君山群"一名，代表北祁连山上泥盆统。青海省地矿局（1991）在《青海省区域地质志》中沿用老君山群代表祁连地区上泥盆统。本书依据甘肃省清理意见降群为组。

【现在定义】 该组是个跨统的岩石地层单位。上部以紫红、灰绿色细—中粒砂岩为主夹砾岩、砂砾岩、粉砂岩及泥质粉砂岩，产植物化石；下部则以紫红、暗紫红、灰绿色厚层砾岩、砂砾岩为主，夹少量细砂岩、粉砂岩、泥质粉砂岩，局部尚夹中酸性或基性火山熔岩及凝灰岩。与上覆沙流水组或臭牛沟组平行不整合或不整合；与下伏早古生代地层不整合。

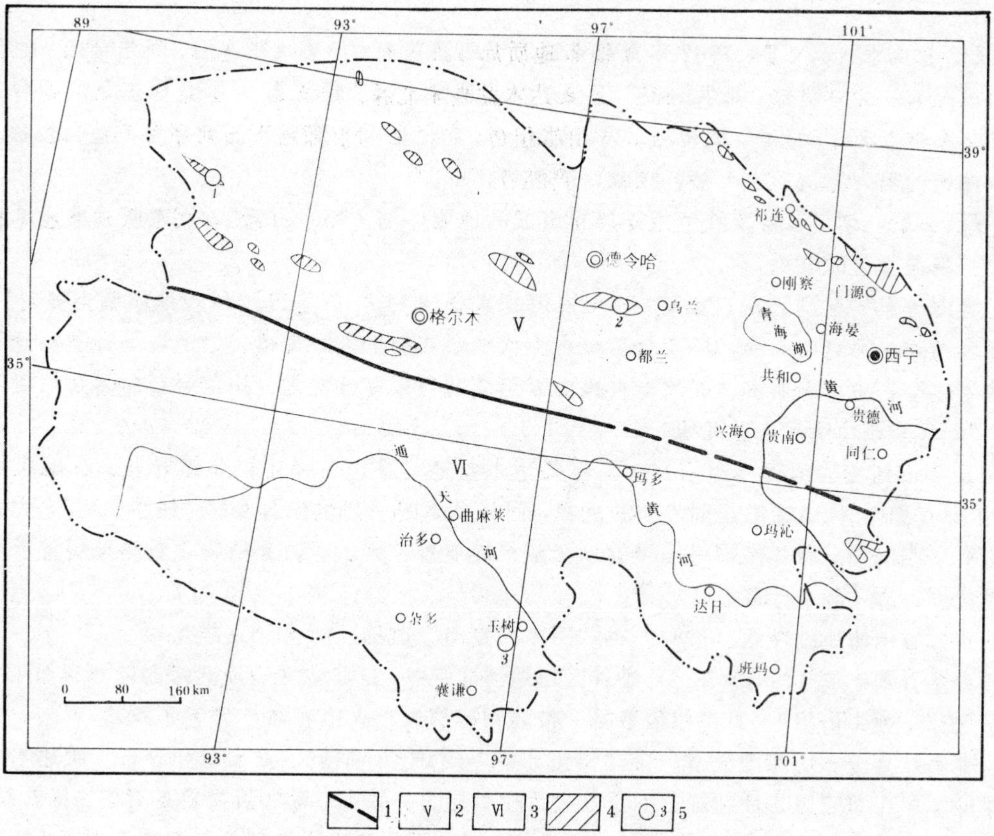

图 4-1 青海省泥盆纪地层分布及各类层型位置图

1. 地层大区界线；2. 华北地层大区；3. 华南地层大区；4. 泥盆纪地层露头；5. 正层型及编号

层型名称：*1.* 红柳泉；*2.* 牦牛山；*3.* 桑知阿考

【层型】 选层型剖面在甘肃省。本省仅有两条参考剖面即祁连县银洞沟剖面（100°15′，38°16′）及门源县金洞沟剖面（101°35′，37°44′）。它们均是由青海省地质局区域地质测量队于1968年测制。

【地质特征及区域变化】 该组在我省仅在北祁连山及拉脊山等地区有零星出露。纵向上在金洞沟剖面可分上、下两部分：下部以紫色为主的杂色厚层砂岩夹砂砾岩、细砂岩，局部夹砂质页岩，与下伏早古生代地层呈不整合接触；上部以紫红色砂岩为主，夹砾岩、粉砂岩、页岩，局部夹薄层灰岩，波痕、交错层理及龟裂构造发育。产植物化石 *Archaeocalamites* sp.。横向上在北祁连山地区岩性相差无几，在拉脊山地区，下部砾石成分有安山岩、石英岩、硅质岩及花岗闪长岩等，向上花岗闪长岩和硅质岩等砾石成分增多，分选差，由钙质及氧化铁质胶结。该组各地厚度变化甚大，在金洞沟厚度 2 150 m，向西至童子坝河厚度 1 582.5 m，大野口厚度 564 m，香台子厚度 863 m，至拉脊山厚度数十米至 800 m 不等。沉积时代为晚泥盆世。

牦牛山组 D*m* （05-63-0406）

【创名及原始定义】 1962年青海省地质局石油普查大队在《祁连山、阿尔金山、昆仑山地质概况》一文中创名“牦牛山统”于柴达木盆地东北缘。原义是：“系盆地东北缘牦牛山一带，由紫红色砾岩、砂岩、泥板岩、火山岩组成。在牦牛山上部与下石炭系为不整合接触。下与地槽相的奥陶志留系为不整合接触，产植物化石。”

【沿革】 创名者将紫红色粗碎屑岩组成的地层体称“牦牛山统”，代表柴达木盆地东北缘中—晚泥盆世的沉积。

青海省第一区调队（1978）在《1:20万托素湖幅（J-47-[25]）区域地质调查报告》中，将发育在阿木尼克山一带，不整合于早古生代地层或加里东期花岗岩之上，平行不整合于城墙沟组之下，由粗碎屑岩、碎屑岩夹火山岩组成的含较多植物化石的地层新命名为“阿木尼克组”，代表该地晚泥盆世沉积。

青海省地层表编写小组（1980）将柴达木盆地北缘这一套陆相细碎屑岩、火山岩划归“阿木尼克组”，代表晚泥盆世晚期的沉积，而将其下的一套粗碎屑岩称“牦牛山组”，代表晚泥盆世早期沉积。将祁漫塔格一带的一套陆相碎屑岩、火山岩，含植物化石的地层置于早—中泥盆世，称“契盖苏群”。

青海省地研所编图组（1981）将“阿木尼克组”改称“阿木尼克群”。

青海省地矿局（1991）在《青海省区域地质志》中，将柴达木盆地北缘的陆相碎屑岩、火山岩统称“牦牛山组”。而将祁漫塔格一带陆相碎屑岩、火山岩称“契盖苏群”。

本书认为分布于祁漫塔格一带“契盖苏群”的陆相碎屑岩、火山岩和分布于柴达木盆地北缘的牦牛山组宏观岩性特征、组合方式及相对层位一致，二者为同物异名单位。契盖苏群、牦牛山组命名最初均在50年代末期，但牦牛山组见于公开出版文献早于契盖苏群，且牦牛山组命名地点牦牛山地区地层出露完整，具有较好的代表性，本书建议采用牦牛山组，将契盖苏群作为牦牛山组的同物异名单位停用。

【现在定义】 指分布在中、南祁连山及柴达木盆地周缘，下部由灰绿色、紫红色砾岩、砂砾岩组成磨拉石建造，上部由火山岩、火山碎屑岩组成的地层。产植物及鱼化石。上被阿木尼克组或臭牛沟组不整合覆盖，底部不整合于早古生代地层之上。

【层型】 牦牛山组创名时未指定层型，本书指定乌兰县牦牛山剖面第2—30层为选层型（98°03′，36°54′），由青海省区测队（1968）在进行1:20万乌兰幅（J-47-[27]）区调时测制。

上覆地层：阿木尼克组 灰色厚层灰岩，底部紫灰色石英砾岩

～～～～～～ 不 整 合 ～～～～～～

牦牛山组	总厚度 4 995.13 m
30. 灰紫色、紫红色安山质集块岩、辉石安山岩	69.4 m
29. 紫灰色杏仁状安山岩夹安山集块岩	12.09 m
28. 紫红色、灰紫色杏仁状辉石安山岩夹杏仁状安山岩	66.21 m
27. 灰紫色、紫褐色安山岩	71.32 m
26. 灰紫色安山质集块岩	29.68 m
25. 灰紫色安山岩夹灰绿色辉石安山岩和安山质集块岩	61.88 m
24. 灰绿色辉石安山岩	28.49 m

23. 紫红色杏仁状安山岩及安山集块岩	112.70 m
22. 浅肉红色安山岩夹安山熔岩集块岩	30.08 m
21. 灰紫色辉石安山岩、杏仁状安山岩夹安山集块岩	93.24 m
20. 灰紫色杏仁状辉石安山岩、含角砾安山凝灰岩	158.52 m
19. 紫色安山岩夹安山角砾岩	241.31 m
18. 灰紫—灰绿色杏仁状安山岩夹安山岩	179.05 m
17. 灰紫、灰绿色杏仁状安山岩	122.32 m
16. 灰绿色安山岩	11.23 m
15. 暗灰紫色长石质杂砂岩夹含砾杂砂岩	280.45 m
14. 紫灰绿色含砾杂砂岩夹砾岩	10.49 m
13. 灰绿色砾岩夹含砾杂砂岩	265.22 m
12. 灰绿色含砾杂砂岩夹杂砂岩	185.44 m
11. 紫灰绿色砾岩夹含砾杂砂岩	127.41 m
10. 紫色含砾杂砂岩、杂砂岩	269.11 m
9. 灰紫色杂砂岩	1 006.63 m
8. 灰绿色杂砂岩	28.08 m
7. 灰紫色杂砂岩夹含砾杂砂岩	327.97 m
6. 紫灰色巨粒杂砂岩	89.33 m
5. 紫灰色中—粗粒砾岩	215.80 m
4. 紫灰色含砾杂砂岩	235.00 m
3. 紫灰色钙质杂砂质石英砂岩	655.80 m
2. 紫灰色含砾砂岩，底部砂质细砾岩	10.88 m

~~~~~~~~~~ 不 整 合 ~~~~~~~~~~

下伏地层：**滩间山群**　灰绿色片状凝灰岩

【地质特征及区域变化】　本组地层呈北西-南东向，零星分布于锡铁山到夏日哈、瓦洪山一带，以阿木尼克山和牦牛山一带发育较好。因所夹火山岩、火山碎屑岩属裂隙—中心式喷发，多呈凸镜状、串珠状及扁豆体产出，使本组岩性在横向、纵向变化均较大，因而给地层对比带来一定困难。在阿木尼克一带，下部主要为一套砂质碎屑岩夹少量凝灰岩，从东向西粒度趋向变细，钙质成分增高；上部为一套碎屑岩、火山碎屑岩及火山熔岩，厚度 3 969 m，采得植物化石 *Leptophloeum rhombicum*。与上覆阿木尼克组、下伏滩间山群均为不整合接触。在牦牛山一带，下部为中砾岩夹火山岩，上部为砂质碎屑岩、火山碎屑岩、火山熔岩，泥质成分减少，采得植物化石 *Leptophloeum rhombicum*，与上覆阿木尼克组、下伏滩间山群均为不整合接触。在夏日哈，主要为火山碎屑岩夹砂岩、火山熔岩，厚度为 4 995 m。上未见顶，下与滩间山群为不整合接触。至瓦洪山一带，主要为一套砾砂质碎屑岩，仅底部有少量火山碎屑岩。选层型以西至锡铁山、绿梁山一带厚度大减，仅 940 m，下部为砾岩夹砂岩，上部为板岩。在祁漫塔格一带，下部为砂砾岩，上部为火山岩。砂砾岩由东向西变薄，在上部泥质碎屑岩夹层中产植物化石 *Lepidodendropsis* sp.，在肯得可克采得植物化石 *Leptophloeum rhombicum*，*Sublepidodendron mirabile*，*Cyclostigma kiltorkense* 及鱼化石 Bothriolepinae? 等。

据植物化石，本组地质时代为晚泥盆世，但不排除中泥盆世的可能性。

【其他】 分布于青海东昆仑山南坡阿拉克湖—托索河一带的一套地层，下部为变质砾岩、板岩、变粒岩，上部为变火山岩、片岩、千枚岩、大理岩的地层体，前人将其归属于泥盆纪，
~~~~~~~~~~

但无任何时代依据。本书虽详细研究了实测剖面，但剖面顶底出露不全，被断裂切割，该套地层归属实难确定。前人对其未予命名。本书考虑不具备建组条件，为了不使地层体遗漏，本书将其暂归于牦牛山组中，但对该套地层的时空分布及属性有待进一步调查研究。

黑山沟组　$D_3h\hat{s}$　(05-63-0402)

【创名及原始定义】　青海省区调综合地质大队（1986），在《1：20万土窑洞幅（J-46-[19]）、茫崖幅（J-46-[20]）区域地质调查报告》中创名，创名地在茫崖黑山沟地区。原始含义指："红柳泉（哈尔扎）剖面第1—4层及黑柱山剖面第1—19层，岩性以灰—浅灰绿色碎屑岩为主，局部偶夹砂质灰岩、钙质结核和灰绿色英安岩等，代表晚泥盆世早期沉积，与上覆哈尔扎组整合接触。"

【沿革】　创名者在创建黑山沟组时，即将其上部的地层称哈尔扎组。同时、同地合作开展工作而稍后出版的《青海省祁漫塔格晚古生代地层》（刘广才，1987）一书中指出，这套地层与下部火山岩系为不整合接触，不整合面以下的火山岩系划入铁石达斯群；不整合面以上第1—4层称哈尔扎组，第5—9层称黑山沟组。上述二者划分界线相同，但对同一地层体的称谓相反。以上划分均是以腕足类组合消亡和出现作为组的分界线，下部以腕足类组合与湖南佘田桥组对比，时代为Frasnian期；而上部以腕足类和珊瑚组合与湖南锡矿山阶对比，地质时代为Famennian期。由此可见以上划分是以生物为据的年代地层界线。本书认为两组的界线应划在第6层与第7层之间，上组称哈尔扎组，下组称黑山沟组。

【现在定义】　黑山沟组厘定含义，指："分布于柴达木盆地西南缘，不整合于滩间山群之上、整合于哈尔扎组之下，一套由灰色巨厚层复成分砾岩，灰—灰绿色粉砂岩、生物碎屑灰岩组成的地层。产腕足类、双壳类、珊瑚及植物化石，顶以中酸性火山岩的始现与哈尔扎组分界。"

【层型】　正层型为青海省区调综合地质大队1986年测制的格尔木市老茫崖红柳泉剖面（91°29′，37°33′）

上覆地层：**哈尔扎组**　浅灰绿色厚层流纹质凝灰熔岩，偶夹薄层粉砂质板岩

——————　整　合　——————

黑山沟组

总厚度 740.5 m

6. 浅灰色—浅灰绿色泥质粉砂岩夹钙质粉砂岩，含钙质结核及薄层砂质灰岩。顶部具灰色粗砂岩凸镜体。含珊瑚、双壳类及丰富的腕足类化石。珊瑚：*Amplexocarinia qinghaiense*，*Gorizdronia profunda profunda*，*Nalivkinella* sp.，*Tabulophyllum regulare*；双壳类：*Nuculites* sp.；腕足类：*Atrypa* sp.，*Ptychomaletoechia* sp.，*Cyrtiopsis* aff. *spiriferoides*，*Haerzaspirifer haerzaensis*，*Productellana* sp.，*Spinulicosta* sp.，*Schizophoria heishanensis*，*Schuchertella* sp.，*Virgiana* ? *costatus*，而 *Ptychomaletoechia hsikuangshanensis*，*P. hsikuangshanensis* var. *bifurcata* 最为丰富

5. 灰色中厚层钙质粉砂岩夹多层含生物碎屑粉晶粉砂质灰岩和钙质结核。含腕足类及植物化石。腕足类：*Ptychomaletoechia hsikuangshanensis*，*P. hsikuangshanensis* var. *bifurcata*，*Cyrtiopsis* sp.；植物：*Leptophloeum rhombicum*，*Sublepidodendron* sp.　85.8 m

4. 浅灰绿色中厚层—薄层浅变质泥质粉砂岩夹细砂岩及钙质或泥质粉砂岩，上部具薄层砂质灰岩及凸镜体。含双壳类、腕足类、植物等化石。双壳类：*Eoschizodus* sp.，*Pterinopecten* sp.；腕足类 *Cyrtiopsis* cf. *transversa*，*C. kulunensis*，*Cyrtospirifer*

archiaciformis, *C. sinensis*, *Hunanospirifer ninghsiangensis*, *H. wangi*, *Prae-waagenoconcha qinghaiensis*；植物：*Leptophloeum rhombicum* 377.5 m

3. 灰绿色中厚层含生物碎屑泥质粉砂岩，局部偶见钙质结核，底部有一层灰绿色英安岩。富含双壳类、腕足类及植物化石。双壳类：*Edmondia hongliuquanensis*, *Pterinopecten* sp.；腕足类：*Cyrtospirifer archiaciformis*, *C. chaoi*, *C.* cf. *sinensis*, *Cyrtiopsis* cf. *kunlunensis*, *C. migma*, *Productella* sp., *Waagenoconcha qinghaiensis*, *Tenticospirifer tenticulum*, *T. minor*；植物：*Cyclostigma kiltorkense*, *Sublepidodendron mirabile*, *Leptophloeum rhombicum* 107.7 m

2. 浅灰绿色—灰色薄层至中厚层泥钙质粉砂岩夹砂质粉晶薄层生物灰岩，底部具灰色含砾长石石英砂岩凸镜体。前者含丰富的腕足类，尚有双壳类、腹足类等化石。双壳类：*Palaeonucula* sp.；腕足类：*Cyrtiopsis kunlunensis*, *Cyrtospirifer heterosinus*, *C. subextensus*, *Schellewinella* sp., *Tenticospirifer vilis* var. *kwangsiensis*；腹足类：*Lex-onema* cf. *neo* 88.4 m

1. 灰色巨厚层复成分砾岩，中上部夹薄层砂岩 11.5 m

~~~~~~~~~~ 不 整 合 ~~~~~~~~~~

下伏地层：**滩间山群** 灰紫色英安质熔岩角砾岩

【地质特征及区域变化】 本组岩性在纵向上，下部以砾岩、含砾粗砂岩为主，中上部则以不同成分、不同颜色的砂—泥钙质粉砂岩、粉砂质板岩为主，间夹较多的不纯灰岩凸镜体。横向上，由西向东，即由哈尔扎到黑柱山，沉积厚度逐渐增大，岩石颗粒由细变粗。在哈尔扎一带仅底部为一套粗碎屑岩，主要以灰色厚层浅变质粉砂岩夹生物碎屑灰岩、灰绿色含生物碎屑泥钙质粉砂岩夹浅变质细粒石英砂岩为主，间夹较多的砂质灰岩、灰岩和钙质粉砂岩凸镜体，厚 740.5 m。在黑柱山剖面出露厚度 963 m。在正层型由下至上，刘广才等建立四个非正式生物地层单位：（1）*Cyrtospirifer sinensis* - *Tenticospirifer tenticulum* 腕足类组合；（2）*Leptophloeum rhombicum* - *Cyclostigma kiltorkense* 植物组合；（3）*Ptychomaletoechia hsikuangshanensis* - *Schizophoria heishanensis* 腕足类组合；(4) *Gorizdronia profunda profunda-Amplexocarinia qinghaiense* 珊瑚组合。据生物组合黑山沟组地质时代在哈尔扎地区为晚泥盆世 Frasnian 期至 Famennian 期。

哈尔扎组 D_3*he* **(05 - 63 - 0403)**

【创名及原始定义】 青海省地质局石油普查大队（1962）在《祁连山、阿尔金山、昆仑山地层概况》一文中介绍。朱夏 1959 年在撰写《柴达木地质志》（油印本，1964）时，于茫崖哈尔扎红柳泉地区创建“哈尔扎统”。定义是：“下部为大套的中酸性火山岩系，上部为灰、灰绿色碎屑岩夹砾岩、中酸性火山岩夹碎屑岩组成。产腕足类、植物化石。”

【沿革】 见黑山沟组沿革部分。

【现在定义】 指分布于柴达木盆地南缘，整合在黑山沟组之上由浅灰绿色厚层流纹质凝灰熔岩、凝灰岩夹砂质、泥质板岩所组成的一套地层，未见化石。以流纹质凝灰熔岩出现为底界，该组未见顶。

【层型】 创名人在创名时未指定层型，本书指定选层型为格尔木市老茫崖红柳泉剖面（91°29′，37°33′）第 7—9 层。由青海省区调综合地质大队 1986 年测制。
~~~~~~~~~~

哈尔扎组　　　　　　　　　　　　　　　　　　　　　　　　　　　　总厚度＞365.7 m

9. 深灰色中厚层粉砂质、泥质灰岩，中上部夹多层浅灰绿色英安质晶屑岩屑凝灰岩（未见顶）　　123.2 m

8. 浅灰绿—灰白色英安质晶屑岩屑凝灰岩　　125.4 m

7. 浅灰绿色厚层流纹质凝灰熔岩，偶夹薄层粉砂质板岩　　117.1 m

——————— 整　合 ———————

下伏地层：**黑山沟组**　浅灰—浅灰绿色泥质粉砂岩夹钙质粉砂岩。含钙质结核及薄层砂质灰岩。顶部具灰色粗砂岩凸镜体，含珊瑚、双壳类及丰富的腕足类化石

【地质特征及区域变化】　该组出露范围小，仅在哈尔扎一带出露较好，岩相变化不大，横向上火山碎屑岩呈不规则的凸镜状。时代为晚泥盆世。

【其他】　在宗务隆山地层小区土尔根达坂、柴达木山、鱼卡河下游一带，出露一套变质的碎屑岩、碳酸盐岩夹火山岩岩系，青海省地质局石油普查大队（1962）曾命名为“鱼北沟群”，时代归属寒武纪；青海省地层表编写小组将其改称为元古界“达肯大坂群”。青海省地矿局（1991）在《青海省区域地质志》编写过程中，对该套地层进行了实地核查，并重测剖面，采得床板珊瑚、苔藓虫及少量海百合茎、腹足类、腕足类等化石碎片。据陆麟黄鉴定有：*Thamnopora*? sp.，*Cladopora*? sp. 等。前者时代为奥陶纪—泥盆纪，后者见于中—晚泥盆世。综合该生物群时代，既含早—中泥盆世，又包括了中—晚泥盆世，故该套地层时代应归属泥盆纪。该套地层出露局限，受岩体侵入破坏，呈断块出露，底顶均不清楚，建立正式岩石地层单位条件不足，为不漏掉地层体，本书仍将该套地层介绍于此，其剖面载于青海省地矿局（1991）编著的《青海省区域地质志》第 69 页。

第二节　生物地层

泥盆系沉积类型多样。在陆相地层中富含原始鳞木类；在海陆交互相地层中除原始鳞木类外，尚有海相底栖的腕足类、珊瑚；在海相地层中产丰富的造礁生物珊瑚、腕足类、层孔虫及牙形刺、双壳类等门类。1987 年刘广才等研究祁漫塔格的地层与古生物时，由下而上建立四个非正式生物地层单位：（1）*Cyrtospirifer sinensis* - *Tenticospirifer tenticulum* 腕足类组合；（2）*Leptophloeum rhombicum* - *Cyclostigma kiltorkense* 植物组合；（3）*Ptychomaletoechia hsikuangshanensis* - *Schizophoria heishanensis* 腕足类组合；（4）*Gorizdronia profunda profunda* - *Amplexocarinia qinghaiense* 珊瑚组合。现分述如下：

（一）植物

Leptophloeum rhombicum* - *Cyclostigma kiltorkense 组合：

创建时的代表剖面是老茫崖红柳泉剖面第 3—4 层。以 *Leptophloeum rhombicum* 数量最多，共生分子尚有 *Cyclostigma kiltorkense*，*Sublepidodendron mirabile* 等。该组合的时代为晚泥盆世的 Frasnian 期。分布在哈尔扎组及牦牛山组。

该组合创立时虽出现于祁漫塔格一带的海陆交互相地层中，但其组合分子在柴达木盆地周缘的陆相地层中亦分布甚广。在格尔木小灶火剖面第 10 层砂质板岩中产 *Lepidodendropsis*。格尔木肯得可克剖面第 42 层深灰—黑色粉砂质板岩夹粉砂岩中产：*Leptophloeum rhombicum*，*Sublepidodendron*? *wushiense*，*S. mirabile*，*S.* sp.，*Lepidodendropsis*，*Cyclostigma kiltorkense*。在阿木尼克山剖面第 4 层粉砂岩中产：*Leptophloeum rhombicum*。在乌兰县达达

肯乌拉山剖面第6层砂岩中产：*L. rhombicum*。在都兰县夏日哈剖面第9层钙质—粉砂岩中产植物：*L. rhombicum*。以上化石所在的剖面均归入牦牛山组。将牦牛山组置于晚泥盆世是合适的。在格尔木西一带可能有相当中泥盆世的沉积。

（二）腕足类

1. *Cyrtospirifer sinensis* - *Tenticospirifer tenticulum* 组合

包括腕足类7属21种，共生少量双壳类及腹足类，以*Cyrtospirifer*，*Tenticospirifer*，*Cyrtiopsis* 3属极度繁盛；*Cyrtospirifer sinensis*，*C. subextensus*，*C. chaoi*，*C. archiaciformis*等种异常丰富。其他较重要的有*Tenticospirifer tenticulum*，*T.* aff. *tieni*，*T.* cf. *gortani*，*T.* cf. *gortanioides*，*Cyrtiopsis kunlunensis*。该组合在区域上虽分布不广，本次清理仍予以保留。地质时代为晚泥盆世Frasnian期，仅分布在哈尔扎组。

2. *Ptychomaletoechia hsikuangshanensis* - *Schizophoria heishanensis* 组合

共生腕足类有10属6种，其中以*Ptychomaletoechia hsikuangshanensis*及*P. hsikuangshanensis* var. *bifurcata*等密集成层，占整个腕足类的60%以上，其次是*Schizophoria heishanensis*。依腕足类分析其时代为Famennian期。仅分布在哈尔扎组，本次清理予以保留。

（三）珊瑚

***Gorizdronia profunda profunda* - *Amplexocarinia qinghaiense* 组合**：

共生珊瑚4属3种，计有*Amplexocarinia qinhaiense*，*Tabulophyllum regulare*，*Nalivkinella*，*Gorizdronia profunda profunda*。*Amplexocarinia*占绝对优势。该组合层位稍高于腕足类组合，为晚泥盆世晚期，仅分布在哈尔扎组。

第五章 石炭纪—二叠纪

省内华北地层大区石炭纪、二叠纪地层分布广泛，出露零星，因受构造格局控制故常呈NWW-SEE向条带状或串珠状展布。石炭纪地层除宗务隆山为活动型沉积（并不排除混杂堆积的可能性）、布尔汗布达山—布青山为次稳定型外，其余各地均为稳定型沉积。岩石组合除祁漫塔格山几乎全为碳酸盐岩外，其余地区主要为碎屑岩及碳酸盐岩（局部夹火山岩）组合。二叠纪地层北祁连山以陆相为主，局部存在海相夹层；中祁连山、南祁连山则为海陆交替相，其余各地以海相为主体。地层分布及各类层型位置见图5-1。早石炭世生物群以腕足类与珊瑚为主体，其中柴达木盆地周缘Tournaisian期属欧美型，中祁连山、南祁连山西段为华南型。Visean期以华南型为主，但也混入少量的欧洲型分子。晚石炭世至二叠纪以䗴占居首位，依次为腕足类、珊瑚、苔藓虫及植物等，反映了特提斯（Tethys）型的总体面貌。植物群主要为欧美型。

石炭纪—二叠纪本区推荐采用岩石地层单位28个，其中群级3个，`组级单位25个（含引用邻省4个）。

第一节 岩石地层单位

臭牛沟组 Cĉ （05-63-0500）

【创名及原始定义】 袁复礼（1925）创名“臭牛沟系”于甘肃省天祝县祁连山乡臭牛沟。原指：“不整合于前寒武纪南山系之上，下部为67 m厚含植物化石的陆相建造，向上为蓝灰色的灰岩和页岩互层所构成的68 m厚的海相建造，该层中化石十分丰富。上覆太原系为整合接触。”

【沿革】 1962年刘鸿允等将“臭牛沟系”改称臭牛沟组。1963年，中国科学院祁连山地质队将臭牛沟组引入我省，沿用至今。

【现在定义】 由下部砂岩和页岩段及上部灰岩、砂页岩段组合而成。与上覆羊虎沟组呈整合或平行不整合接触，其界面为羊虎沟组底部砾（粗砂）岩，当羊虎沟组底部砾岩缺失时则为本组顶部厚层灰岩（厚度大于5 m），本组底界：(1) 为不整合面超覆在前石炭纪地层之

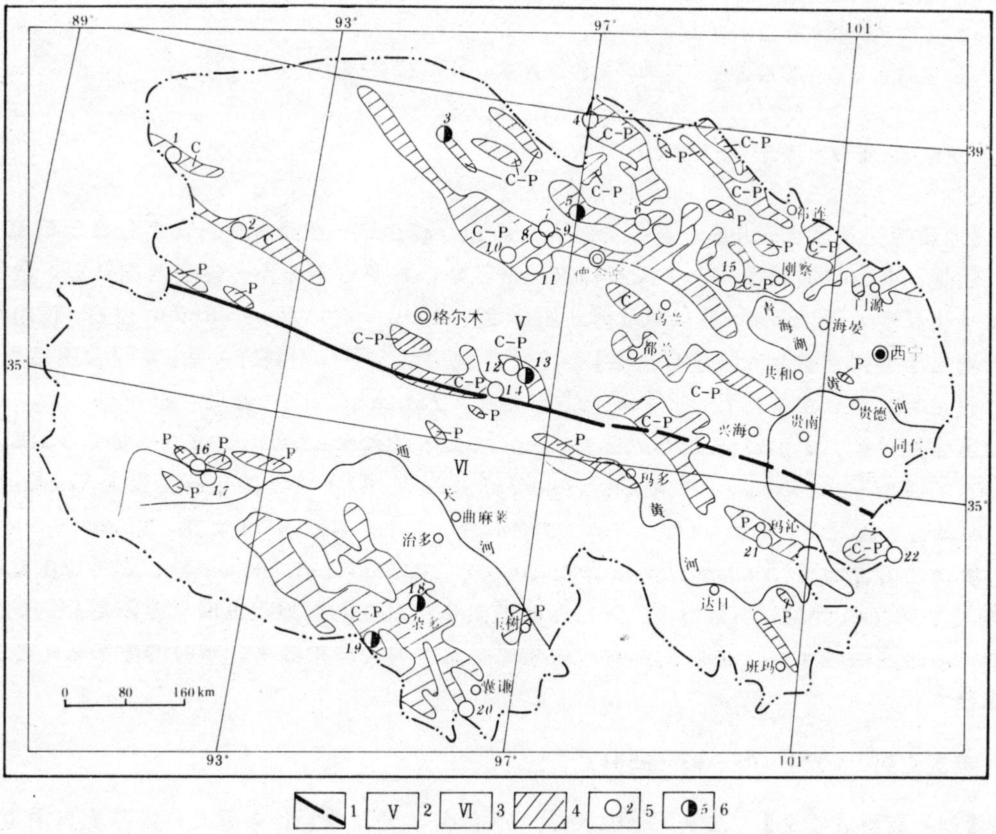

图 5－1 青海省石炭纪—二叠纪地层分布及各类层型位置图

1. 地层大区界线；2. 华北地层大区；3. 华南地层大区；4. 地层出露范围；5. 正层型及编号；6. 选层型及编号

层型名称：*1.* 石拐子；*2.* 缔敖苏南山；*3.* 交勒萨依北山；*4.* 巴嘎浑腾郭勒；*5.* 灶火沟；*6.* 忠什公；*7.* 怀头他拉煤矿西边；*8.* 欧龙布鲁克；*9.* 怀头他拉至克鲁克间；*10.* 穿山沟西侧；*11.* 城墙沟；*12.* 起次日赶特乌拉；*13.* 埃肯雅玛托；*14.* 树维门科—马尔争；*15.* 草地沟；*16.* 开心岭煤矿；*17.* 诺日巴纳保；*18.* 尕毛登走；*19.* 解曲上游；*20.* 加麦弄；*21.* 石峡；*22.* 尕海西北

上；(2) 为底部砾（粗砂）岩与下伏前黑山组呈整合或不整合接触。

【层型】 正层型为刘鸿允等（1962）重测的甘肃省武威市祁连乡臭牛沟剖面（102°24′，37°41′）。我省次层型为甘肃省区调队 1985 年测制的天峻县苏里乡宁掌沟剖面（97°54′，38°29′）。

上覆地层：**羊虎沟组** 灰白色厚层、块状中粗粒石英砂岩，底部含砾石

——————— 平行不整合 ———————

臭牛沟组 总厚度 130.40 m

5. 灰黑色、黑灰色薄—厚层灰岩，含腕足类、珊瑚等化石。腕足类：*Balakhonia kokdshanensis*，*Vitiliproductus* cf. *groberi*，*V. datangensis*，*Megachonetes zimmerimani*，*M. siblyi*，*Delepinea subeiensis*，*Pugilis* sp.，*Ovatia weiningensis*，*Reticularia elliptica*，*Dictyoclostus crawfordsoillensis*；珊瑚：*Yuanophyllum* sp. 43.7 m

4. 淡黄白色泥灰岩 50.7 m

3. 绿色、灰绿色粉砂岩，底部有一层褐紫色细粒钙质石英砂岩 4.8 m

2. 灰白色、微红色泥灰岩 5.1 m

1. 灰白色微红色厚层细粒石英砂岩，底部有厚约 2～3 m 砾岩 26.1 m

~~~~~~~~~~ 不 整 合 ~~~~~~~~~~

下伏地层：**南白水河组** 变质砂岩

【地质特征及区域变化】 臭牛沟组的岩石组合较稳定。在我省从东向西分布于门源、俄博（峨堡）北山、面碱沟、宁掌沟和扎尔马格等地，主要沿中祁连古隆起两侧发育，最西端扎尔马格厚度大于 437 m，最东端俄博北山厚度 160 m，一般厚度 59～150 m 左右。该组与下伏老地层为平行不整合或不整合接触；与上覆羊虎沟组为平行不整合关系。本组含腕足类、珊瑚、腹足类及苔藓虫等化石，扎尔马格含腕足类：*Delepinea* sp.；珊瑚：*Zaphrentoides* sp.。宁掌沟含腕足类：*Megachonetes zimmerimanni*，*M. siblyi*，*Vitiliproductus groberi*，*V. datangensis*，*Delepinea subeiensis* 等；珊瑚：*Yunophyllum* sp.。以上两地的化石面貌为 Visean 中晚期。面碱沟含腕足类：*Gigantoproductus edelburgensis*，*G. latissimus*；珊瑚：*Yunophyllum* sp. 等。俄博北山含珊瑚：*Yunophyllum* cf. *kansuense*，*Aulina* cf. *rotiformis* 等。后两处化石的地质时代为 Visean 晚期。不言而喻，省内分布的臭牛沟组在不同地点其时代是不尽相同的，即从西向东地层层位抬高。这似乎表明，该组属稳定型滨浅海相沉积，当时的海水很可能由西向东侵入。

羊虎沟组 C*y* （05－63－0501）

【创名及原始定义】 A W Grabau（1924）创名羊虎沟系于甘肃省山丹县羊虎口西南约 5～6 km 的羊虎沟煤矿。原指“沿南山山脉北坡页岩和石灰岩。以一层底砾岩不整合地盖在南山系（前寒武纪）之上，富含代表华北太原系底部的动物群。”

【沿革】 1936 年孙健初在祁连县俄博（峨堡）北山创名“俄博系”，用以代表门源及甘肃省山丹、永昌一带的“中石炭统”以上的煤系地层。曾鼎乾（1945）改用“太原系”。穆恩之等（1963）发表了重测俄博北山剖面的详细材料，并使用“俄博统”。1967 年青海省区测队引用羊虎沟组（群），用以代表“中石炭统”，上统用“太原统”或“俄博统”。1992 年西北五省区地层清理研究组，共同对河西走廊地区的石炭纪地层进行野外核查，因考虑优先权原则，我省引用羊虎沟组一名，代表祁连山晚石炭世含煤地层，我省曾引用的太原统（群）及俄博组（统）作为同物异名处理。

【现在定义】 由多个或十多个海陆交互相灰黑色调的页岩、砂岩、薄层灰岩及薄煤层（线）或其中一部分组成的旋回层构成。与下伏臭牛沟组整合或平行不整合接触，其界面为本组底部粗砂岩、砾岩或臭牛沟组顶部厚层（大于 5 m）灰岩，局部见超覆现象；大黄沟组绿色陆相砂砾岩整合或平行不整合于本组之上，以本组含煤岩系或灰岩结束为两组之界面。

【层型】 选层型为刘鸿允等 1962 年测制的甘肃省永昌县红山窑剖面（101°36′，38°18′）。我省次层型为穆恩之等 1962 年测制的祁连县俄博（峨堡）北山剖面第 7—33 层（100°56′，37°59′）。

【地质特征及区域变化】 羊虎沟组在青海省内，主要沿中祁连古隆起北坡呈带状或断续零星展布，从西向东见于五林沟、玉石沟、面碱沟、俄博北山及门源等地。从现有资料分析，凡是本组平行不整合于臭牛沟组之上者，则沉积较薄。如俄博北山厚度 248 m，考克赛厚度
~~~~~~~~~~

132 m。而直接超覆在老地层之上者，则沉积较厚。如玉石沟厚度 1 553 m，五林沟厚度大于 294 m。距中祁连古隆起较近的羊虎沟组，以陆相粗碎屑岩沉积为主，海相夹层少乃至缺失，如考克赛、玉石沟等地。反之则以细碎屑岩沉积为主，灰岩夹层增厚，含煤性好，如俄博北山—青羊沟一带聚积成小型煤矿。因此，羊虎沟组是以陆相为主夹海相沉积，处于潮间带至潮上带古地理环境，其沉积基底具有南高北低，西凸东凹的总趋势。在我省境内，本组与上覆大黄沟组为平行不整合接触。本组含腕足类、䗴、珊瑚及植物等化石。考克赛见植物：*Cordaites* sp.；腕足类：*Chonetes* sp.。五林沟以腕足类：*Dictyoclostus gruenewaldti* 等为主。玉石沟含稀少的䗴：*Quasifusulina* sp.；面碱沟含腕足类：*Choristites nikitiniformis*；植物 *Neuropteris gigantea*。俄博北山含䗴化石较多，其中有 *Boultonia willsi*，*Quasifusulina cayeuxi*，*Q. compacta* 等，综上化石总貌，判断地质时代为晚石炭世。

大黄沟组　Pd　（05－63－0600）

【创名及原始定义】　孙健初（1936）创名“大黄沟系”于甘肃省肃南县大黄沟。原指：“整合于俄博系之上，岩石为灰绿色砂岩、页岩，含植物化石。”

【沿革】　盛金章（1962）改称大黄沟群。中国科学院祁连山地质队（1963）又称“大黄沟统”。青海省区测队（1967）将大黄沟群引至我省。1972—1985 年甘肃省第一区调队、第二区调队，曾将南祁连山西段的这套地层称之谓巴音河群，本书使用大黄沟组。

【现在定义】　整合于羊虎沟组之上，红泉组红色层之下的一套由灰绿色、灰白色、黄绿色砂岩、页岩、泥岩组成的岩石组合，含丰富的植物化石。与下伏羊虎沟组顶部的黑色页岩或泥岩顶面分界，与上覆红泉组以红色层底面分界。

【层型】　选层型为甘肃省第二区测队 1969 年测制的甘肃省肃南县大黄沟剖面（97°57′，39°36′）第 9—24 层，1978 年刘洪筹等重测①。我省次层型为青海省区测队 1967 年测制的祁连县青羊（加羊）沟剖面（100°28′，38°11′）第 1—4 层。

祁连县青羊（加羊）沟剖面

上覆地层：**西大沟组**　灰色中粒石英砂岩

——————　平行不整合　——————

窑沟群	总厚度 713 m
12. 浅紫红色巨厚层中—细粒沸石质石英质长石砂岩与紫红色砂质页岩互层	49 m
11. 紫红色砂质页岩夹红色中厚层长石砂岩	64 m
10. 紫红色厚层中粒石英长石砂岩与紫红色砂质页岩互层	68 m
9. 紫红色、暗紫色砂质页岩夹紫红色及浅灰绿色厚层中粒长石砂岩	35 m
8. 紫红色、浅灰绿色巨厚层粗粒含长石石英砂岩，偶夹灰绿色砂岩	270 m
7. 紫红色、红色巨层中粒含沸石铁质杂砂岩夹少量砂质页岩	87 m
6. 暗紫色砂质页岩夹紫红色厚层中粒长石砂岩，交错层发育	82 m
5. 红色厚—巨厚层中粒沸石质杂砂质长石砂岩夹一层紫红色砂质页岩	58 m

——————　整　合　——————

大黄沟组	总厚度 275 m
4. 灰白色、浅灰绿色、紫红色厚—巨厚层粗粒长石石英砂岩及细—中粒长石石英质杂砂	

① 甘肃省地质局区域地质调查队，1980，甘肃的二叠系（内刊）。甘肃省地质局。

岩与同色砂质页岩互层　　103 m

3. 灰黄绿色、紫红色含粉砂质粘土岩夹 3 层白色粗粒石英砂岩　　129 m

2. 灰白色及灰色厚层细粒石英砂岩与灰黑色、黄绿色砂质页岩互层　　37 m

1. 白色及灰色巨厚层中粒石英砂岩　　6 m

——————— 平行不整合 ———————

下伏地层：**羊虎沟组**　碳质页岩

【地质特征及区域变化】　大黄沟组在青海省内由灰绿色、黄绿色、灰白色偶夹紫红色碎屑岩组成，呈多个韵律，含植物化石。与下伏前二叠纪地层呈平行不整合或不整合接触，局部以羊虎沟组含煤碎屑岩或灰岩的消失与本组整合接触，与上覆窑沟群（组）暗紫色、紫红色碎屑岩的底层面为界，与本组整合接触。该组在我省由西向东出露于宁掌沟、疏勒乡东山、托勒牧场、野牛台、青羊（加羊）沟等地。最西部宁掌沟厚度 257 m，最东部青羊沟厚度 275m，一般厚度 240～280 m，显示岩性、岩相稳定的特征，易于对比。若从岩石粒度、成分等与甘肃省的大黄沟组相比较，我省大黄沟组更临近剥蚀区，属温湿气候条件下的河流相沉积。

至今，我省的大黄沟组仅在托勒牧场一处采获植物 *Emplectopteridium alatum* - *Emplectopteris triangularis* 组合（李星学，1963）的分子，时代为早二叠世。

窑沟群　PTY　（05 - 63 - 0601）

【创名及原始定义】　袁复礼（1925）创名“窑沟系”于甘肃省肃南县窑沟，原指假整合于太原系之上的二叠系及以晚的地层。

【沿革】　盛金章（1962）称“窑沟群”，中国科学院祁连山地质队（1963）称“窑沟统”。青海省区测队（1967）将窑沟群引于我省。1972—1985 年甘肃省第一区调队、第二区调队，曾将南祁连山西段的这套地层称之谓“诺音河群”，本书采用窑沟群。

【现在定义】　据甘肃省地层清理小组厘定后的涵义：窑沟群是一个跨时的岩石地层单位，按岩石色调特征，自下而上划分为晚二叠世红泉组、大泉组和早—中三叠世五佛寺组、丁家窑组。

【层型】　选层型为刘洪筹等（1979）重测的甘肃省肃南县青龙乡梨园河北岸大青沟剖面（99°42′，38°15′）①，我省次层型为前述的祁连县青羊（加羊）沟剖面第 5—12 层。

【地质特征及区域变化】　窑沟群在青海省境内主要由暗紫色、紫红色为宏观特征的碎屑岩组成，呈多个旋回。以下伏大黄沟组一套灰绿色、灰白色碎屑岩的消失与本组整合接触，与上覆西大沟组、下环仓组为平行不整合关系。该群主要分布于北祁连山，而在南祁连山西段及刚察大寺以东地区亦有零星出露。在西部宁掌沟厚度 810 m，向东至托勒牧场可控厚度 1 155 m，青羊沟厚度 713 m。据上述可知其厚度由西向东有渐薄趋势。从现有资料分析，该群的岩石粒度较粗，磨圆度及分选性皆差，常构成从粗→细的多个旋回，斜层理发育，似为干旱炎热的河流相沉积。在甘肃省境内，窑沟群平行不整合于羊虎沟组之上，并进一步由下而上划分为红泉组、大泉组、五佛寺组及丁家窑组。但我省因不具备再划分条件，故笼统称窑沟群。

甘肃省的窑沟群内采获华夏型植物群，亦见安加拉型植物群，这对植物区系划分上具有一定意义，而在我省尚未发现植物化石，其时代是依据它所处的层位及区域地层对比而确定为晚二叠世，也可能延至三叠纪。

阿木尼克组 DC*a* (05-63-0502)

【创名及原始定义】 青海省第一区调队（1978）在《1∶20万托素湖幅（J-47-[25]）区域地质调查报告》中创名，创名地为乌兰县阿木尼克山。概指：柴达木盆地北缘晚泥盆世地层，下部为杂色砾岩、砂岩夹粉砂岩、火山岩及灰岩；上部为板岩、中酸性火山角砾岩、角砾熔岩及安山岩。与下伏古生代地层为不整合接触，与上覆城墙沟组呈假整合关系。

【沿革】 阿木尼克组的前身是柴达木盆地北缘的城墙沟组砾岩段（杨敬之等，1962）。青海省第一区调队（1978）、甘肃省第二区测队（1972—1975）在我省南祁连山西段将城墙沟组下部碎屑岩称为沙流水群或城墙沟组。1978年青海省第一区调队创建本组，1980年青海省地层表编写小组介绍引用。1991年青海省地矿局在《青海省区域地质志》中引用"大冰沟组"，以取代南祁连西段的沙流水群及城墙沟组，并在第107页中指出"大冰沟组是甘肃省第二区测队（1976）命名的"。但在地层清理过程中，查阅了"大冰沟组"来历的原始资料《1∶20万月牙湖幅（J-46-[12]）区域地质调查报告》（1975）、《甘肃地质科技情报》（1976，2期）、《甘肃的石炭系》（1978）、《甘肃省区域地质志》（1989）及《西北地区区域地层表·甘肃省分册》（1980）等文献，均未见创名或涉笔于"大冰沟组"。不言而喻，"大冰沟组"既无创名人或单位，也无资料及文献佐证，同时《青海省区域地质志》（1991）所指的"大冰沟组"，实为阿木尼克组的同物异名。本书采用阿木尼克组。

【现在定义】 指分布于祁连山南麓—柴达木盆地北缘的一套杂色碎屑岩地层体。主要为紫红色—杂色碎屑岩，夹少许灰岩及白云岩，呈正粒序沉积，底部为砾岩。与下伏牦牛山组、早古生代地层呈平行不整合或不整合接触，以本组碎屑岩的消失与上覆城墙沟组灰岩整合分界，或以上覆党河南山组石膏层的始现与本组整合接触，含腕足类、珊瑚、鱼及植物等化石。

【层型】 选层型为乌兰县阿木尼克山穿山沟剖面（96°17′，37°07′）第1—10层，青海省第一区调队（1978）测制。次层型为乌兰县大冰沟剖面（95°55′，38°43′）第2—12层，甘肃省第二区测队（1975）测制。

乌兰县阿木尼克山穿山沟剖面

上覆地层：**城墙沟组** 深灰色—黑色中厚层含生物碎屑灰岩，含腕足类：*Rhytiophora arcuata*，*Syringothyris halli*

——————— 整 合 ———————

阿木尼克组　　总厚度 120.7 m

10. 灰色薄层粉砂质页岩夹三层白色薄层石英质碎裂砾岩　　3.9 m
9. 紫红色中厚层中粗粒石英质长石砂岩　　26.6 m
8. 紫灰色厚层状砾岩　　3.3 m
7. 紫灰色厚层状中—粗粒石英质长石砂岩夹紫红色薄层粉砂岩凸镜体　　18.3 m
6. 灰—浅紫红色中厚层中粒石英质长石砂岩，色调不匀　　35.6 m
5. 灰—灰紫色中厚层中—粗粒石英质长石砂岩，夹一层厚约30 cm灰绿色含磁铁矿细砂岩　　2.7 m
4. 暗紫色薄层细粒长石石英砂岩，顶部为厚50 cm的灰色粉砂质泥岩　　2.7 m
3. 灰紫色薄层细粒长石石英砂岩，产鱼化石？Antiarchi　　8.4 m
2. 暗紫色中厚—厚层细粒石英质长石砂岩夹暗紫色砾岩、砂岩，含植物化石 *Leptophloeum rhombicum*　　17.2 m

1. 紫色厚层状复成分砾岩夹紫色中厚层细粒石英长石砂岩，底部见厚16 cm的风化壳　2.0 m

——————— 平行不整合 ———————

下伏地层：**牦牛山组**　暗紫色块层状火山角砾岩

【地质特征及区域变化】　阿木尼克组在柴达木盆地北缘，从西向东分布于胜利口、穿山沟、欧龙布鲁克及扎布萨尕秀等地，最西端胜利口厚度120 m，穿山沟厚度245 m，并夹有砂质泥岩。欧龙布鲁克厚度325 m，上部见砂质灰岩团块。扎布萨尕秀厚度345 m，上部有灰岩夹层。因此反映了西薄东厚，其海相层向东渐增，似为河口相沉积特征。

阿木尼克组在祁连山南麓，从西向东展布于大冰沟、野牛沟、沙尔浑迪、巴嘎浑腾郭勒及萨隆沟等地。西部的大冰沟厚度376 m，最东端的萨隆沟厚度79 m，一般厚度120～336 m左右，显示西厚东薄及海相层向东尖灭的趋势。另据大冰沟等地资料记载，该套岩性中交错层、斜层理、不对称波痕及泥裂发育，并偶见水平层理、纹层理等。综合判断，本区的阿木尼克组隶属河口湾相沉积。阿木尼克组是一个跨南祁连山小区及柴达木北缘小区的岩石地层单位。在阿木尼克山、扎布萨尕秀见本组平行不整合或不整合在牦牛山组之上；在欧龙布鲁克山见本组不整合在石灰沟组之上；这三个地方均见上覆城墙沟组以一套碳酸盐岩的始现与本组碎屑岩整合分界。在大冰沟、巴嘎浑腾郭勒、萨隆沟等地见本组分别超覆在巴罗根郭勒群、闪长岩及龚岔群之上，并均以上覆党河南山组石膏层（或夹层）的始现与本组整合分界。

阿木尼克组含有植物、鱼、腕足类、双壳类、珊瑚等化石。在穿山沟西侧，大冰沟及萨隆沟等地的下部层位含 *Leptophloeum rhombicum* - *Sublepidodendron mirabile* 植物组合，时代为晚泥盆世晚期。但在扎布萨尕秀东的阿木尼克组上部（第14层）见有腕足类 *Megachonetes* sp.，其时代为早石炭世。大冰沟的阿木尼克组上部（第6、8、10层），含有 Tournaisian 期腕足类重要分子 *Eochoristites leei*，*E.* cf. *neipengtaiensis*，*Camarotoechia kinlingensis* 等，由上可知，阿木尼克组的沉积时代是跨纪的（晚泥盆世—早石炭世）。

党河南山组　*Cdh*　(05-63-0503)

【创名及原始定义】　刘广才、李向红（1994）创名于天峻县巴嘎浑腾郭勒。指“分布于党河南山和疏勒南山之间的海湾泻湖相沉积地层序列。其下部为蓝灰色、白色石膏层，偶夹杂色泥岩、页岩及粉砂岩；上部为灰色—黄褐色泥灰岩、白云岩及灰岩，含腕足类、珊瑚等化石。与下伏阿木尼克组、上覆羊虎沟组均为整合接触，而与巴音河群、早三叠世地层分别为假整合或不整合接触。”

【沿革】　1963年，丁培榛首次记载南祁连山西部赋存泻湖相石炭纪沉积。1975年甘肃省第二区调队在《1∶20万月牙湖幅（J-46-[12]）区域地质调查报告》中，将这套地层置于怀头他拉组。该队（1976）② 及甘肃省地质矿产局（1987）等又先后归入城墙沟组或城墙沟组—怀头他拉组。而其岩性特征、组合方式、生物总貌及沉积环境等诸方面，皆与柴达木盆地北缘的城墙沟组、怀头他拉组有天壤之别，为此笔者创建党河南山组，以资区分。

【现在定义】　指分布于南祁连山西段，下部为蓝灰色、白色石膏层（矿），偶夹杂色泥岩、页岩及粉砂岩等；上部为灰色—黄褐色泥灰岩、白云岩及灰岩，含腕足类、珊瑚等化石。以本组石膏层的始现与下伏阿木尼克组碎屑岩整合分界；又以碳酸盐岩的消失与上覆羊虎沟

② 甘肃省第二区调队研究分队，1976，南祁连西段早石炭世地层简介。甘肃地质科技情报，(2)。

组含煤屑岩整合划分。

【层型】 正层型为甘肃省第二区测队（1972）测制的天峻县巴嘎浑腾郭勒剖面（97°04′，38°52′）第 8—11 层，副层型为甘肃省第二区测队（1971）测制的甘肃省肃北县野牛沟剖面（96°36′，38°34′）第 7—9 层。

天峻县巴嘎浑腾郭勒剖面

上覆地层：羊虎沟组 底部为灰色石英砂岩，其上为灰黑色粉砂质页岩、碳质页岩

——————— 整 合 ———————

党河南山组 总厚度 222.0 m

11. 上部为深灰色中厚层—薄层灰岩，中部为厚层块状不纯灰岩，下部为中厚层状含泥质灰岩。灰岩富含海百合茎、苔藓虫、腕足类等化石。腕足类：*Groberproductus groberi*，*Dictyoclostus inflatus*，*Echinoconchus elegans*，*Punctospirifer insculptus* 等；珊瑚：*Heterocaninia* sp.，*Clisiophyllum* sp.，*Arachnolasma* sp.，*Kueichouphyllum* sp. 等 163.2 m

10. 灰白色石膏层 38.5 m

9. 深灰色厚层灰岩，向上渐变为薄层，含腕足类化石 9.3 m

8. 紫色、灰绿色泥岩，含石膏 11.0 m

——————— 整 合 ———————

下伏地层：阿木尼克组 紫色中—薄层状含白云母细砂岩

【地质特征及区域变化】 党河南山组从西至东分布于大冰沟、野牛沟、巴嘎浑腾郭勒、考克赛和萨隆沟等地。最西部大冰沟厚度 364 m，其中石膏厚度 306 m。东部萨隆沟厚度 160 m，其中石膏厚度仅 5 m，其他地区沉积厚度约 100～240 m 左右，石膏厚度 28～108 m 左右。本组由西向东其厚度（包括石膏厚度）有渐薄现象，而碎屑岩粒度则由细渐粗。应指出的是早石炭世中期，因受中祁连山古隆起及障壁岛的隔阻，致使海水滞流或闭塞形成泻湖环境。又因古气候干燥和急剧的蒸发作用而促使石膏聚积，所以沿中祁连山两侧常见石膏矿赋存于党河南山组中。在南祁连山西段见本组以石膏层（或凸镜体）的始现与下伏阿木尼克组碎屑岩整合分界。在天峻县巴嘎浑腾郭勒、考克赛及萨隆沟等地以本组碳酸盐岩的消失与上覆羊虎沟组含煤碎屑岩整合或平行不整合接触。在大冰沟、萨隆沟等地被上覆下环仓组或巴音河群所超覆。

该组石膏层之上的碳酸盐岩中普遍含有杂质，一般厚 35～160 m 左右，含有较少的腕足类、双壳类及珊瑚化石，就确定地层时代价值而论，腕足类是极为重要的。考克赛含腕足类 *Vitiliproductus groberi*，*Pugilis hunanensis*。巴嘎浑腾郭勒含 *Vitiliproductus groberi*，*Dictyoclostus inflatus* 等重要分子。野牛沟见腕足类 *Semicostella* sp. 等。其时代均为早石炭世中晚期，大致相当华南早石炭世中期。

巴音河群 P*B* （05-63-0602）

【创名及原始定义】 杨遵仪等 1962 年创名“巴音河统”于乌兰县巴音河上游。“巴音河统为灰色薄层灰岩夹白色细粒石英砂岩或灰黑色厚层至中薄层致密灰岩，含腕足类、䗴、苔藓虫等化石，与下伏石炭系为假整合接触，与上覆诺音河群为整合关系。”

【沿革】 创名的同年，盛金章改称巴音河群。丁培榛（1963）在《祁连山地质志》第二

卷第一分册第 206 页中记载："二叠系（泛指巴音河群、诺音河群——笔者注）标准剖面的地点是巴音河上游伊克毕却司，全为石灰岩相，厚 72m……"。1965 年丁氏指出："所谓伊克毕却司标准剖面，不论从岩层性质及腕足类组合看，可能全为早二叠世沉积…"，言下之意，在这个剖面上所划分的巴音河群、诺音河群是一个岩石地层单位，所以他改称下二叠统。1980 年③、1984 年刘广才指出："伊克毕却司的所谓二叠系标准剖面，不但顶底不清，而且所列的各门类化石在层序上是颠倒混淆的……"，尽管如此，仍沿用巴音河群、诺音河群。本次清理考虑到该二群为连续沉积，其岩性、岩相在宏观上基本一致，因此将诺音河群及其包括的哈吉尔组、忠什公组（见后文）均并入巴音河群内。诺音河群应为巴音河群的同物异名，故建议停用。

【现在定义】 指分布于南祁连山，位于前二叠纪地层（或花岗岩）之上的地层体。下部为杂色、灰色砂砾岩、灰岩及砂页岩夹薄层灰岩；上部为紫红—灰色砂页岩夹灰岩，含䗴、腕足类、珊瑚、苔藓虫及植物等化石，与前二叠纪地层（或花岗岩）为不整合接触，与上覆三叠纪地层呈平行不整合接触。由下至上包括勒门沟组、草地沟组、哈吉尔组及忠什公组。

【地质特征及区域变化】 该群在忠什公—扫迪—草地沟等地，岩性易于对比，地层层位较低，沉积厚度一般在 516～1 086 m。而向盆地边缘则灰岩渐少，乃至被碎屑岩所代替。在靠近青海南山一带，因受断裂带影响而出现灰岩骤增现象。巴音河群下部含䗴：*Staffella moellerana*，*Neoschwagerina*；腕足类：*Monticulifera sinensis* 等早二叠世分子；上部含腕足类：*Oldhamina* sp.，*Megaderbyia magnifica*，*Linoproductus elongantus* 及植物：*Calamites cistii* 等晚二叠世分子。以上显示该群的地质时代隶属二叠纪。

勒门沟组 *Pl* (05-63-0603)

【创名及原始定义】 刘广才（1980）创名勒门沟组于天峻县天棚乡勒门沟③。原指："下部为碎屑岩，上部为灰岩，呈正粒序沉积，以灰岩的顶层面为界与上覆草地沟组整合接触，富含腕足类、䗴、珊瑚等化石，与下伏老地层为不整合关系或超覆在花岗岩体之上。"

【沿革】 1976 年青海省区测队在《1∶20 万快日玛幅（J-47-[21]）区域地质调查报告》中，沿用巴音河群，并自下而上划分为下岩组、中岩组及上岩组。1978 年青海第一区调队在《1∶20 万德令哈幅（J-47-[20]）区域地质调查报告》中，将该群自下而上划分为砂砾段和灰岩段。1980 年刘广才又将该群自下而上命名为勒门沟组及草地沟组。1981 年青海地研所编图组、1984 年刘广才、1991 年青海地矿局等沿用勒门沟组和草地沟组。本书采用，但变更勒门沟组和草地沟组的分界线。

【现在定义】 指分布于南祁连山，位于前二叠纪地层（或花岗岩体）之上和草地沟组之下的地层体。主要由一套灰色、灰绿色及紫红色碎屑岩组成，与前二叠纪地层为不整合接触或超覆于花岗岩体之上，以上覆草地沟组灰岩的始现与本组碎屑岩的顶层面整合分界。

【层型】 正层型为何元良等（1974）测制的天峻县忠什公剖面（98°10′，37°51′）第 1—3 层（刘广才，1984）。次层型为青海省第一区测队（1976）测制的天峻县日阿乔合瓦日玛剖面（98°29′，37°49′）第 1—8 层。

天峻县日阿乔合瓦日玛剖面

上覆地层：草地沟组 灰—深灰色巨厚层结晶灰岩、假鲕状灰岩夹生物灰岩。含腕足类 cf.

③ 刘广才，1980，青海天峻县布哈河一带二叠纪地层及其生物群特征。青海地质（内刊），(1)。

Streptorhynchus sp., *Monticulifera* aff. *plicatiformis*, *Plicatifera* sp., *Linoproductus cora*

———— 整 合 ————

勒门沟组 总厚度 228.70 m

8. 下部灰白—粉红色含砾粗粒石英砂岩，上部灰紫色粗粒石英砂岩夹灰色—灰紫色石英砾岩 17.00 m
7. 紫—紫红色、灰绿色细—中粒杂砂质石英砂岩与含细砂粉砂岩 73.40 m
6. 浅灰绿—灰绿色中细粒杂砂岩、石英砂岩（底部含石英砾岩） 63.00 m
5. 灰绿色与紫红色含粉砂质细粒杂砂质石英砂岩互层，底部灰白色变中粒含砾杂砂质石英砂岩 24.50 m
4. 紫红色中—厚层含粉砂质细粒长石砂岩夹紫红色粉砂岩，顶部一层浅灰绿色粉砂岩 9.50 m
3. 下部灰白色、浅紫色石英砾岩，上部灰绿色细粒长石杂砂质石英砂岩（局部含砾） 6.30 m
2. 紫红色中厚层含粉砂质细粒长石砂岩夹紫红色粉砂岩，顶部一层浅灰绿色薄层粉砂岩 22.80 m
1. 紫红色巨厚层石英砾岩夹紫红色石英砂岩 12.20 m

~~~~~~ 不 整 合 ~~~~~~

下伏地层：**巴龙贡噶尔组** 深灰色片状晶屑凝灰岩

【地质特征及区域变化】 勒门沟组在南祁连地区分布较为广泛，由于沉积基底起伏致使沉积厚度从数米至 232 m 左右，一般厚度 170 m 左右。本组以紫红色为主，向上逐渐过渡为灰—灰白色、灰绿色，以粗碎屑岩为主，向上则渐细，似为近滨海环境下海进层序。在天峻县忠什公、乌兰县查干哈达见本组超覆在下伏斑状花岗岩或花岗岩之上；在天峻县日尔干德南及日阿乔合瓦日玛等地见本组与下伏巴龙贡噶尔组为不整合接触。以上覆草地沟组灰岩（的始现）作为标志层与本组碎屑岩整合分界。其内未采获可鉴定的化石，但它与上覆早二叠世沉积的草地沟组为连续过渡关系，且不整合于前二叠纪地层之上，结合区域地层对比，置于早二叠世是合理的。

草地沟组 Pc .（05-63-0604）

【创名及原始定义】 刘广才（1980）创名草地沟组于天峻县草地沟③。原指："一套灰—灰绿色细碎屑岩夹砂岩及薄层灰岩、泥灰岩，后二者层面常见小型腕足类及枝状苔藓虫密布，与上覆哈吉尔组整合接触，以紫红色长石砂岩的始现作为本组的顶界，富含腕足类及苔藓虫等化石。"

【沿革】 见勒门沟组。

【现在定义】 指分布于南祁连山，位于勒门沟组和哈吉尔组之间的地层体。由灰—灰黑色、灰绿色碎屑岩与灰岩、泥灰岩组成，常呈互为消长关系，富含腕足类、苔藓虫、䗴及双壳类等化石。以本组灰岩的始现，与下伏勒门沟组整合分界，有时直接超覆于老地层之上，以上覆哈吉尔组碎屑岩的底层面为界，与本组顶部灰岩的顶层面整合接触。

【层型】 正层型为前述的天峻县忠什公剖面第 4—9 层。副层型为胡永元等（1973）测制的天峻县草地沟剖面（99°15′，37°27′）第 2—4 层（刘广才，1984）。

【地质特征及区域变化】 草地沟组分布于中祁连山以南，花海子—大柴旦—德令哈—刚察大寺一线以北的广大地域，呈纺缍形展布，从西向东主要见于克泽塔勒斯、且尔干德、苏令郭勒、查干哈达、忠什公、扫迪、草地沟及刚察大寺等地。西端的克泽塔勒斯厚度 323 m，
~~~~~~

东端的刚察大寺厚度 441 m，盆地中心的忠什公厚度 302 m，一般厚度 176～401 m。在盆地中心的忠什公、扫迪、草地沟等处的地层层位较低，而盆地边缘地层层位较高。如克泽塔勒斯、刚察大寺等地，见本组直接超覆于老地质体之上。盆地中心的灰岩一般较厚，如扫迪厚度 164 m，草地沟厚度 115 m，西部的克泽塔勒斯的灰岩厚度 90 m，再向西则尖灭。东部的刚察大寺灰岩厚度 53 m，再向东逐渐被碎屑岩所代替或过渡为陆相沉积。然而盆地南缘的草地沟组几乎全为灰岩沉积，如石底泉滩西灰岩厚度竟达 634 m，夏尔郭勒厚度 117 m，可能是受青海南山-宗务隆山北缘断裂带控制的结果。盆地北缘大致在哈拉湖附近，向北至中祁连山则为陆相二叠纪及海陆交替相二叠纪地层的交叉地带，所以仅能用巴音河群或大黄沟组划分地层。在天峻县的忠什公、草地沟、扫迪及乌兰县的查干哈达等地，均以本组灰岩的始现与下伏勒门沟组碎屑岩整合分界。以上覆哈吉尔组下部一大套紫色、紫红色碎屑岩的底层面为界与本组顶部的深灰、灰色—灰绿色细碎屑岩夹灰岩整合接触，二者界线在地貌特征上显示明确。

该组富含䗴、腕足类、珊瑚、苔藓虫等多门类化石。盆地中心的忠什公、扫迪及草地沟等地含 *Staffella moellerana*，*Schwagerina chihsiaensis* 等䗴，时代为早二叠世早期。*Monticulifera* - *Polydiexodina* 腕足类-䗴组合的分布范围较广，而 *Pygmochonetes minor* - *Unisteges* 腕足类组合遍布盆地各地的草地沟组，后二者为早二叠世晚期。后一组合在盆地的边缘常常表现于本组底部与老地层体顶部不整合接触面之上，但在盆地中心仅见于草地沟组的上部，表现为穿时性。另外本组下部的灰岩中各类化石显示出不等时性，如忠什公的本组底部为早二叠世早期，向西到查干哈达、且尔干德的本组底部为早二叠世晚期，再向西至向阳煤矿则为晚二叠世。概言之，不论草地沟组的底界，抑或顶界均具有明显的穿时性。

哈吉尔组　*Ph*　(05 - 63 - 0606)

【创名及原始定义】　刘广才（1980）创名哈吉尔组于天峻县哈吉尔[③]。原指："紫红色—灰色碎屑岩，其上部夹 2～6 层暗灰色灰岩及含燧石条带（结核）灰岩，含大型腕足类、棒状苔藓虫、珊瑚及植物等化石，以灰岩的顶层面作为本组的顶界，与忠什公组整合分界。"

【沿革】　杨遵仪等（1962）将天峻—德令哈地区的上二叠统称"诺音河统"，同年盛金章称诺音河群。青海省第一区测队（1976）称"上二叠统"，1978 年又改用诺音河群。1980 年刘广才将诺音河群，自下而上划分为哈吉尔组及忠什公组[③]。1981 年青海省地研所编图组、1984 年刘广才、1991 年青海省地矿局等引用之，本书也采用，但隶属巴音河群（见前文）。

【现在定义】　指分布于祁连山，位于忠什公组和草地沟组之间的地层体。下部为紫红色、杂色碎屑岩；上部为灰—深灰色碎屑岩夹数层灰—深灰色灰岩，含腕足类、苔藓虫、双壳类、珊瑚及植物等化石。以本组顶部灰岩的顶层面与上覆忠什公组杂色碎屑岩整合分界或与上覆下环仓组为平行不整合接触；以本组紫红色碎屑岩的底层面为界，与下伏草地沟组顶部灰岩整合接触。

【层型】　正层型为前述的天峻县草地沟剖面第 5—6 层，副层型为前述的天峻县忠什公剖面第 10—12 层。

【地质特征及区域变化】　哈吉尔组分布于哈拉湖—刚察大寺以南、德令哈—刚察县以北地区，东西长约 160 km，南北宽约 75 km，其分布面积较草地沟组为小。西部的查干哈达厚度 212 m（其中灰岩厚度 13 m），依次向西延伸至且尔干德则尖灭，忠什公厚度 287 m，其中灰岩厚度 48 m。扫迪厚度 90 m，其中灰岩厚度 6 m。草地沟厚度 194 m，其中灰岩厚度 5 m。

向东至刚察大寺其灰岩夹层则缺失，故应纳入忠什公组或窑沟组。在查干哈达、忠什公、扫迪及草地沟等地，以本组顶部灰岩为界与上覆忠什公组杂色（偶尔为灰绿色）碎屑岩整合分界。在沉积盆地边缘又与上覆下环仓组为平行不整合接触。与下伏地层的接触关系，见草地沟组。

哈吉尔组下部仅见植物化石，上部富含腕足类、苔藓虫、珊瑚及双壳类等化石。据上述各地所见 *Oldhamina - Megaderbyia - Linoproductus elongatus - Composita yangkangensis* 腕足类组合及其主要分子，其地质时代为晚二叠世。

忠什公组 Pẑ (05-63-0607)

【创名及原始定义】 刘广才（1980）创名忠什公组于天峻县忠什公[③]。原指："一套紫红色与灰绿色重复出现的杂色碎屑岩，在纵横向上变化不太大，含植物化石，与上覆下环仓组为假整合接触，与下伏哈吉尔组为整合关系。"

【沿革】 见哈吉尔组有关部分。

【现在定义】 指分布于南祁连山，位于哈吉尔组和下环仓组之间的地层体。主要为杂色厚层砂岩、粉砂岩夹页岩、泥岩组成，含腕足类、植物化石。以下伏哈吉尔组最顶部的灰岩顶层面，与本组杂色碎屑岩整合分界，与上覆下环仓组为平行不整合接触。

【层型】 正层型为前述的天峻县忠什公剖面第13—14层，副层型为前述的天峻县草地沟剖面的第7层。

【地质特征及区域变化】 本组仅分布于盆地沉积中心，与哈吉尔组形影相随，而主要出露于忠什公，厚度206 m。向东延至扫迪，厚度237 m；再向东到草地沟厚度67 m。

忠什公含腕足类：*Megaderbyia magnifica* 及植物：*Fascipteris* sp.，*Lobatannularia*? *sinensis*，*Calamites cistii*，*Sphenopteris* 等化石。扫迪见植物：*Callipteris*? *laceratifolia*。草地沟含植物：*Cordaites* sp. 等，其总体时代为晚二叠世。与上覆下环仓组为平行不整合接触，与下伏哈吉尔组的接触关系见前文。

城墙沟组 Cĉq (05-63-0510)

【创名及原始定义】 杨敬之等1962年介绍：穆恩之等（1959）创名城墙沟组于乌兰县欧龙布鲁克的城墙沟。原指穆氏等（1958）实测欧龙布鲁克城墙沟剖面第1—10层的地层部分。第1—3层以砾岩为主，称砾岩段；第4—10层以灰岩为主，称灰岩段，含腕足类、珊瑚等化石；与下伏石灰沟群页岩为不整合接触，与上覆怀头他拉组为整合关系。

【沿革】 中国科学院祁连山地质队（1958）对祁连山地层进行了野外研究。1959年，该队的穆恩之等将柴达木盆地北缘欧龙布鲁克的Tournaisian期地层命名为城墙沟组。1975—1977年青海省第一区测队与中国地质科学院地质研究所，共同测制了阿木尼克山、石灰沟等地石炭系剖面。施希德（1979）在《柴达木东北缘阿木尼克杜内阶的发现——兼对欧龙布鲁克下石炭统划分的讨论》(见《青海地质》第1期）一文中，曾用"穿山沟组"取代城墙沟组，但施希德（1983）公开发表此文时，又恢复使用城墙沟组。王增吉（1981）报道"穿山沟组是青海省第一区测队（1977）创名的"；1987年和1990年，王增吉又称："1977年青海省地质局区测队王泽文将阿木尼克地区早石炭世早期地层称穿山沟组。"但是，青海省第一区测队及王泽文从未使用过此名，因此并无资料、文献证实。且所谓的"穿山沟组"是完全依生物化石的地质时代来重新划分地层的，即在原阿木尼克组和城墙沟组之间新划出一个纯生物地层单位，或者用穿山沟组、航垭组（王增吉，1987）取代城墙沟组。正因如此，施希德（1979）、王增吉（1981，1987）、贺广田（1991）对穿山沟组的理解也不尽相同或差之甚远。因此，就难以通过观察岩层体及接触关系为基础来划分地层。基于上述，本书仍采用城墙沟组，但是现指的城墙沟组只包含旧称的城墙沟组上部灰岩段及旧称的“怀头他拉组底部灰岩”，是一个穿时的岩石地层单位。

【现在定义】 指分布于柴达木盆地北缘，位于阿木尼克组和怀头他拉组之间的地层体。由灰—深灰色碳酸盐岩组成，局部夹少许的细碎屑岩，富含珊瑚、腕足类等化石。以本组灰岩的始现与下伏阿木尼克组碎屑岩整合分界，又以本组灰岩顶层面为界，与上覆怀头他拉组底部碎屑岩整合接触。

【层型】 正层型为穆恩之等(1958)测制的乌兰县欧龙布鲁克城墙沟剖面(96°29′,37°18′)第5—10层（穆恩之等，1963）、次层型为青海省第一区调队（1978）测制的乌兰县阿木尼克山穿山沟剖面（96°17′，37°07′）第11—23层（施希德，1984）。

【地质特征及区域变化】 城墙沟组正层型厚度199 m，向西至穿山沟厚度614 m，再向西延伸至胜利口厚度大于118 m。自正层型东延至欧龙布鲁克南坡厚度316 m，牦牛山厚度大于475 m，从而显示以穿山沟为中心向东西两侧有渐薄趋势。本组在各个剖面中，岩石以灰—深灰色为主，灰岩质地坚硬，常见硅质条带及结核，而鲕状灰岩、砂质灰岩多见于穿山沟的东西两侧部位。在柴达木盆地北缘见本组以一大套碳酸盐岩的顶、底界分别与下伏阿木尼克组、上覆怀头他拉组整合分界。但在胜利口见本组被第四纪的七个泉组所覆盖，在牦牛山本组未见顶。

该组含珊瑚、腕足类、双壳类、介形类、腹足类、三叶虫及苔藓虫，但前二者最为重要。在穿山沟西剖面下部含腕足类 *Rhytiophora arcuata*, *Syringothyris halli* 等。上部含腕足类 *Syringothyris texta*；珊瑚 *Siphonophyllia spimosa*, *Rylstonia oulongbulukensis*, *Kassinella*, *Lophophyllum densum* 等，属 Tournaisian 期。在欧龙布鲁克城墙沟含 *Siphonophyllia* cf. *cylindrica*, *S.* cf. *juddi* 等珊瑚动物群，尚见腕足类 *Grandispirifer mylkensis* 等 Tournaisian 晚期—Visean 早期分子。在欧龙布鲁克南坡见有珊瑚 *Ekvasophyllum heijianshanense*, *Siphonophyllia oppressa*；腕足类 *Syringothyris texta* 等 Tournaisian 期的重要分子。在牦牛山的城墙沟组见 Visean 期珊瑚 *Clisiophyllum latevsiculosum*, *Lonsdaleia manchuriensis*；腕足类 *Striatifera striata*。由上可知，城墙沟组在各地所显示的时代是不尽相同的。

还应指出，王增吉（1987）又创新名“航垭组”，用以代替他所认为的，位于“穿山沟组”之上的那个“城墙沟组”，1990年他又停用“航垭组”。从王增吉1987年记述的“穿山沟组”，分杂色砾岩段、砂岩夹灰岩段和穆恩之等（1959）命名时的城墙沟组划分砂砾岩段及灰岩段是毫无差异的。二者的岩性特征、组合方式及地层位置等在宏观上是一致的，为此本书认为穿山沟组、航垭组均是城墙沟组的同物异名，理应停用。

怀头他拉组 *Ch* （05-63-0511）

【创名及原始定义】 杨敬之等（1962）介绍：穆恩之等（1959）创名怀头他拉组于乌兰县欧龙布鲁克怀头他拉煤矿。原指：“维宪期地层，下部为含锰砂页岩夹含锰石灰岩和锰矿结核，上部石灰岩夹少许砂岩及薄煤层，产珊瑚、腕足类及介形类等化石。与下伏城墙沟组，上覆克鲁克组均为整合接触。”

【沿革】 1959年，穆恩之等称怀头他拉组。同年杨敬之等沿用之，并将本组自下而上分为含煤段、灰岩段。俞建章等（1961）将城墙沟组上部灰岩段划归本组，并分泥灰岩段、砂页岩夹灰岩段和燧石灰岩段。杨敬之（1962）又将本组下部称含锰段，上部称灰岩段。王增吉（1990）将城墙沟组和怀头他拉组之间的一段地层曾命名为航垭组。青海省地矿局（1991）将本组分为下亚组、中亚组及上亚组。怀头他拉组一名曾被众多地质工作者采用，但它与城墙沟组之间的界线划分意见是不同的，各家都是利用化石成果来确定二者之间的界线，此生物界线难以在野外识别。本书以岩性特征、岩石组合形式来重新确定怀头他拉组的岩石界线。本书沿袭怀头他拉组，航垭组是本组的同物异名，建议停用。

【现在定义】 指分布于柴达木盆地北缘，位于城墙沟组和克鲁克组之间的地层体。下部为灰—灰绿色、紫色砂岩、页岩夹灰岩；上部为灰—深灰色灰岩夹砂、页岩，富含珊瑚及腕足类等化石。以本组碎屑岩的始现与下伏城墙沟组灰岩的顶层面整合分界，与上覆克鲁克组为平行不整合接触。

【层型】 正层型为穆恩之等 1958 年测制的乌兰县怀头他拉煤矿剖面（96°30′，37°22′）（见穆恩之等，1963）。次层型为青海省第一区调队 1980 年测制的都兰县石灰沟剖面（96°05′，34°24′）第 3—14 层，载于青海省第一区调队（1980）《1：20 万怀头他拉幅（J-47-[19]）区域地质调查报告》。

【地质特征及区域变化】 自西向东怀头他拉组出露于结绿素、石灰沟、穿山沟西、欧龙布鲁克山南坡、怀头他拉煤矿、扎布萨尕秀西（南山）及牦牛山等地。但以怀头他拉煤矿、穿山沟西及欧龙布鲁克山南坡研究较详，在怀头他拉煤矿厚度达 1 299 m，其余地区厚度在 500～600 m 间。从当前资料分析，本组属滨海—浅海环境的沉积产物，其下部以砂页岩为主夹灰岩，上部以灰岩为主体，偶见细碎屑岩夹层。以怀头他拉煤矿为中心，向东西两侧延伸，其沉积厚度有渐薄乃至尖灭趋势。在乌兰县石灰沟、怀头他拉煤矿西及扎布萨尕秀地区见上覆克鲁克组平行不整合在本组之上；在穿山沟西及欧龙布鲁克山等地见本组上部发育不全。与下伏地层的接触关系见城墙沟组。

穿山沟西剖面的怀头他拉组下部含 *Ekvosophyllum heijianshanense*，*Cyathoclisia vesicalta* 等珊瑚，其时代为 Tournaisian 晚期。上部含 *Grandispirifer mylkensis* - *Fluctuaria undata* 腕足类组合，地质时代为 Visean 早期。欧龙布鲁克山南坡见：*Gigantoproductus moderatiformis*，*Antiquatonia insculpta* 腕足类组合，*Orionastraea huaitoutalaensis* - *Dorlodotia* 珊瑚带，显示 Visean 早期。其上部尚有 *Kansuella kansuensis*，*Gigantoproductus geniculatus*，*G. edelburgensis*，*Semiplanus latissimus* 腕足类组合和 *Yuanophyllum* - *Hexaphyllum* 珊瑚组合，后三者的地质时代为 Visean 晚期，并常见于石灰沟、怀头他拉煤矿等地的怀头他拉组中。依上述动物群的分布范围，在不同地点怀头他拉组的下部地层时代是不尽一致的。如穿山沟西为 Tournaisian 晚期，欧龙布鲁克山南坡为 Visean 早期，石灰沟、怀头他拉煤矿等地则为 Visean 晚期。这足以说明，怀头他拉组的底部具有明显的穿时性。

克鲁克组 C*k* （05-63-0512）

【创名及原始定义】 杨敬之等（1962）介绍：穆恩之等（1959）创名克鲁克群于乌兰县怀头他拉煤矿至克鲁克间。原指："下部为滨海相，含有多层可采煤层，中上部主要为海相石灰岩沉积，间有陆相砂页岩互层，是海陆交替相沉积。"

【沿革】 穆恩之等（1959）称"中石炭统"克鲁克群（见中国科学院地质研究所等，1963）。1962 年，青海省地质局石油普查大队在怀头他拉—克鲁克地区又创名"扎布萨尕秀系"，代表石炭纪沉积。尹赞勋等（1966）引用此名。青海省第一区调队（1980）又建立"扎布萨尕秀组”，代表上石炭统。引用克鲁克组，代表中石炭统。青海省地层表编写小组(1980)引用克鲁克组及“太原群”，杨敬之等(1982)又称克鲁克组及“马平组”。其实扎布萨尕秀组及克鲁克组是依据化石成果来确定二者界线的。同时“扎布萨尕秀组”和克鲁克组在宏观岩性特征上是一致的，二者岩性界线难以划分。因此本次清理仅沿用克鲁克组，包括旧称的“克鲁克组”和“扎布萨尕秀组”。

【现在定义】 指分布于柴达木盆地北缘，位于怀头他拉组之上的地层体。主要由砂岩、粉砂岩、页岩、碳质页岩夹数层不等厚灰岩及煤层组成，常呈多个韵律，其上部有灰岩递增趋势，富含䗴、腕足类、介形类及植物等化石。与下伏怀头他拉组呈平行不整合接触，与上覆大煤沟组为不整合接触，但大都未见顶界。

【层型】 正层型为穆恩之等(1958)测制的乌兰县怀头他拉煤矿至克鲁克间剖面(96°31′，37°18′)(见穆恩之等，1963)。次层型为青海省第一区调队(1978)测制的乌兰县扎布萨尕秀东北剖面(97°44′，36°56′)第1—28层。

乌兰县扎布萨尕秀东北剖面(略有简化)

上覆地层：**大煤沟组** 泥质粉砂岩

~~~~~~~~ 不 整 合 ~~~~~~~~

克鲁克组 总厚度 982.4 m

28. 灰绿色泥钙质粉砂岩，顶部中厚层灰岩，含腕足类 *Chaoiella* cf. *gruenwaldti*，*Hustdia* cf. *pseudocardium* 18.9 m
27. 灰白色中厚层生物灰岩，含䗴 *Schwagerina* sp. 53.0 m
26. 灰白色厚层灰岩，含䗴 *Pseudoschwagerina* sp. 58.8 m
25. 灰色厚层泥质砂岩夹碳质页岩 53.2 m
24. 灰—灰绿色厚层石英砂岩、泥质粉砂岩夹碳质页岩，含菱铁矿结核。顶部厚层灰岩，含䗴 *Zellia* sp. 56.3 m
23. 灰白色厚层细粒石英砂岩夹泥钙质粉砂岩及碳质页岩，顶部厚层灰岩含腕足类 *Antiquatonia* cf. *taiyuanensis* 73.3 m
22. 碳质页岩夹厚层灰岩、泥质粉砂岩及可采煤层，含腕足类 *Martinia* aff. *semiconvexa* 及珊瑚 *Amplexus* sp. 73.3 m
21. 碳质页岩与灰岩互层，含䗴 *Pseudofusulina* cf. *santhyuensis* 28.6 m
20. 灰白色厚层粗粒石英砂岩夹碳质页岩 21.5 m
19. 碳质页岩夹砂岩、灰岩及煤层 71.9 m
18. 灰绿色粉砂岩夹碳质页岩及煤层，含菱铁矿扁豆，顶部厚层生物灰岩 27.6 m
17. 灰—深灰色中厚层生物灰岩夹碳质页岩及煤线，含䗴 *Triticites* sp. 和珊瑚 *Caninophyllum dobralyuborae* 16.2 m
16. 下部碳质页岩夹煤层及厚层灰岩，中上部灰色厚层灰岩，含䗴 *Triticites* sp. 及腕足类 *Brachythyrina* aff. *strangwaysi* 40.0 m
15. 灰白色中粗粒石英砂岩、灰绿色粉砂岩及灰—深灰色厚层结核状灰岩，产䗴 *Fusulinella* sp.；珊瑚 *Actinophrentis nata* 及腕足类 *Avonia* aff. *echidniformis*，*Eliva* aff. *lyra* 11.5 m
14. 灰色巨层灰岩夹碳质页岩，产珊瑚 *Amplexus* cf. *stuckenbergi* 及腕足类 *Marginifera* cf. *timanica*，*Brachythyrina strangwaysi*，*Eliva* sp. 81.7 m
13. 灰色中厚层细粒石英砂岩及碳质页岩 14.4 m
~~~~~~~~

12. 灰—浅灰绿色细粒石英砂岩与深灰色巨厚层灰岩互层，产珊瑚 *Donophyllum reticulatum* 及腕足类 *Choristites* cf. *gobicus* 22.6 m

11. 灰白色厚层石英砂岩、碳质页岩与深灰色巨层灰岩组成韵律层，产腕足类 *Choristites* cf. *gobicus* 36.5 m

10. 灰白色厚层细粒石英砂岩、灰色厚层灰岩夹碳质页岩，产䗴 *Fusulina* sp.，*Fusulinella* sp. 30.1 m

9. 灰—深灰色巨层含生物灰岩夹碳质页岩 22.1 m

8. 碳质页岩夹厚层细粒石英砂岩和灰岩及煤层 16.4 m

7. 深灰色巨层泥质灰岩 18.6 m

6. 灰白色厚层细—粉砂岩夹灰色泥钙质页岩 10.8 m

5. 深灰色巨层泥钙质灰岩，底部厚层细粒石英砂岩夹碳质粉砂岩，产腕足类 *Choristites* sp. 22.1 m

4. 灰色巨层生物灰岩夹细粒石英砂岩及碳质页岩 50.5 m

3. 深灰色生物碎屑灰岩夹生物灰岩，产珊瑚 *Campophyllum* sp. 24.6 m

2. 灰白—灰色中厚层不等粒石英砂岩夹灰绿色粉砂岩及厚层灰岩，产腕足类 *Dielasma* sp. 21.1 m

1. 灰白—灰色厚—薄层细粒石英砂岩、粉砂岩、碳质页岩及深灰色生物灰岩，产腕足类 *Choristites* cf. *gobicus* 6.8 m

——————— 平行不整合 ———————

下伏地层：**怀头他拉组**　灰白色巨层含生物鲕状结晶灰岩，含珊瑚 *Yuanophyllum* sp. 及腕足类 *Gigantoproductus latissimus*

【地质特征及区域变化】　克鲁克组由西向东出露于石灰沟、怀头他拉煤矿—克鲁克、欧龙布鲁克山北坡、怀头他拉南山和扎布萨尕秀东北等地。西部的石灰沟控制厚度 1 150 m，东部的扎布萨尕秀东北厚度 980 m，并见顶界，其余各地厚度约 235～722 m 左右，显示东西两端厚，而中间地段较薄的沉积格局。且石灰沟与扎布萨尕秀的克鲁克组韵律性极为发育，含煤性好，为良好聚煤区。石灰沟地区的克鲁克组以下部富含煤为主，属海进层序，扎布萨尕秀地区的克鲁克组以上部富含煤为主，属海退层序。仅在扎布萨尕秀东北见本组被大煤沟组不整合覆盖。

克鲁克组中见有䗴、腕足类、珊瑚、苔藓虫、双壳类、介形类及植物等化石，以怀头他拉煤矿—克鲁克和石灰沟研究程度较高。前者最低层位内含䗴：*Eostaffella huaitoutalaensis*；腕足类：*Choristites groficus*；植物：*Lepidodendron kolkmannianum* 等，其上含䗴：*Profusulinella*，亦见于石灰沟地区。*Fusulina*-*Fusulinella* 带，*Triticites* 带及 *Pseudoschwagerina* 带在本区延伸较广。由上可知，本组的地质时代为晚石炭世。

石拐子组　Cŝ　(05-63-0513)

【创名及原始定义】　刘广才等 (1985) 创名石拐子组于茫崖镇石拐子 (大横山)④。原指："杜内期地层，下部称砂砾岩段，由细砾岩、砂岩和杂砂岩组成；上部称灰岩段，由深灰色亮晶粉晶灰岩、硅质灰岩及硅质白云岩组成，含丰富的单体珊瑚、腕足类等化石。与下伏黑山沟组或花岗岩呈不整合接触，与上覆西汉斯特沟组为假整合接触。"

④ 刘广才等，1985，柴达木西南缘杜内期地层的发现。青海地质 (内刊)，(2)：49—62。

【沿革】 1978年肖劲东[⑤] 建立五龙沟组于格尔木市五龙沟上游。1980年青海省地层表编写小组将该组纳入《西北地区区域地层表·青海省分册》。1980—1982年，青海省第一区调队在1∶20万格尔木东农场幅、东温泉幅（J-46-[36]、[6]）区域地质调查过程中，对五龙沟组提出异议，为慎重起见，经肖劲东现场查核，认为不妥。为此，1983年在上两图幅报告中指出五龙沟组并不存在，建议停用。1985年李庆凯发表《对东昆仑五龙沟组的异议》（见《青海地质》第一期），再次提出废弃之。其一，五龙沟组的化石产地不明；其二，所列剖面不可靠；其三，五龙沟上游的石炭纪地层剖面归入缔敖苏组及四角羊沟组（见后文），因此停用五龙沟组。

1985年刘广才等创建石拐子组，将该组自下而上划分为砂砾岩段及灰岩段，用以代表祁漫塔格北坡 Tournaisian 期沉积。同年，青海省第一区调队在《1∶20万伯喀里克幅、那棱郭勒幅、乌图美仁幅（J-46-[26]、[27]、[28]）区域地质调查报告》中引用石拐子组。1986年，该队在《1∶20万茫崖幅、土窑洞幅（J-46-[20]、[19]）区域地质调查报告》中沿用石拐子组。1987年刘广才等公开发表石拐子组。

1990年王增吉引用穿山沟组，1991年青海省地矿局沿用五龙沟组。本次清理采用石拐子组，建议停用穿山沟组（见城墙沟组有关部分）及五龙沟组。

【现在定义】 指分布于祁漫塔格山北坡，位于前石炭纪地层和大干沟组之间的地层体，下部为灰褐色—灰色中厚层细砾岩、含砾杂砂岩及钙质细砂岩；上部为深灰—灰黑色中厚层亮晶粉晶生物碎屑灰岩、生物硅质灰岩及硅质白云岩，含丰富单体珊瑚、稀少的腕足类及苔藓虫等化石，与下伏前石炭纪地层或花岗岩为不整合接触，与上覆大干沟组呈平行不整合接触。

【层型】 正层型为刘广才等（1982）测制的茫崖镇石拐子（大横山）剖面（91°16′，37°31′）第1—11层，载于刘广才等（1987）所著《青海省祁漫塔格晚古生代地层》一书中。

【地质特征及区域变化】 石拐子组自西向东出露于莲花石沟、石拐子、双石峡、四道沟、五道沟、水里可可哈达（黑尖山）及哈尔头力核（化石梁）等地，呈东西向带状展布。但由于构造因素及滩地覆盖等，致使地层出露不完整，大都仅见上部灰岩层位，最西部莲花石沟厚度大于1 134 m，石拐子发育最全，厚度443 m，其中灰岩厚度235 m，黑尖山厚度大于509 m，化石梁控制厚度210 m。纵观全区，本组灰岩以深灰色为主，质地不纯，常见硅质条带或结核、白云岩及硅质灰岩等，其内单体珊瑚甚为富集。在石拐子见本组与下伏花岗岩不整合关系，与上覆大干沟组为平行不整合接触。

莲花石沟含珊瑚：*Enygmophyllum* sp.，*Amunikiphyllum grossinum*，*Keyserlingophyllum* sp. 等。石拐子含珊瑚：*Kakwiphyllum qinghaiensis*，*Enygophyllum dubium*，*Humboldtia tongkouensis*，*Keyserlingophyllum* sp. 等，还有腕足类：*Marginatia ferglenensis* 等。黑尖山见有珊瑚：*Siphonophyllia oppressa*，*Ekvasophyllum heijianshanense* 等。上述生物总貌为 Tournaisian 中晚期。

大干沟组 *Cdg* （05-63-0514）

【创名及原始定义】 1980年青海省地层表编写小组介绍：青海省第一地质队（1978）创名大干沟组于格尔木市南约40 km的大干沟。原指："早石炭世晚期地层，由灰—灰白色石英

⑤ 肖劲东，1978，东昆仑石炭系（未刊）。

砂岩、砂砾岩、粉砂岩及灰岩组成，夹火山岩、火山碎屑岩等。含腕足类、珊瑚等化石，与下伏五龙沟组整合或假整合接触，与上覆缔敖苏组为假整合关系。”

【沿革】 自大干沟组建组以来一直沿用。王增吉（1983）将格尔木市哈是托（缔敖苏）南山的碎屑岩、灰岩沉积的大干沟组，另立“西汉斯特沟组”。由上可知，后者就是大干沟组的同物异名，本书沿用大干沟组。

【现在定义】 指分布于东昆仑山，位于前石炭纪地层或石拐子组之上、缔敖苏组之下的地层体。下部为杂色砾岩、砂岩及粉砂岩，上部为灰色泥晶、粉晶及亮晶生物碎屑灰岩，含丰富的珊瑚、腕足类、䗴，尚有苔藓虫、有孔虫及植物等化石，与前石炭纪地层为不整合关系，与下伏石拐子组、上覆缔敖苏组均为平行不整合接触。

【层型】 选层型为刘广才等（1981）重测的格尔木市哈是托（缔敖苏）南山剖面（92°11′，37°01′）第1—10层（见刘广才等，1987）。

【地质特征及区域变化】 大干沟组沿东昆仑山呈断续零星出露，但主要分布于祁漫塔格北坡。选层型地以西见于云居萨依，新疆若羌县的安错那欧土吉等地。选层型地以东见于拉陵高里、东大干沟、希里可特等地。但以哈是托发育齐全，厚度100 m，最西部安错那欧土吉厚度大于544 m，最东部希里可特厚度大于774 m，一般厚度100～416 m。从该组对比图显示从西向东有碎屑岩渐增、灰岩厚度趋减现象。而与含火山岩的同期异相的哈拉郭勒组在空间位置上呈穿插展布。在哈是托（缔敖苏）见本组与下伏牦牛山组火山岩不整合，与上覆缔敖苏组为平行不整合接触。在东大干沟见本组下部出露不全，与上覆缔敖苏组为平行不整合接触。在安错那欧土吉见本组超覆于金水口（岩）群之上，但未见顶界。

应指出的是，1980年《西北地区区域地层表·青海省分册》第169页介绍的青海省第一地质队（1978）实测的都兰县清水泉东子错剖面，后经青海省第一区测队（1976）1∶20万阿拉克湖幅（I-47-[2]）区调成果及李璋荣等（1986）专题研究成果等均证实，此剖面有误，望后人勿予引用。

哈是托的大干沟组下部碎屑岩中含：腕足类 *Fluctuaria undata*；植物 *Triphyllopteris collombiana*，为海陆交互相产物；上部灰岩中含 *Eostaffella hohsienica* 䗴带，*Globoentothyra globuilus*-*Cribrostomum eximium* 有孔虫组合，*Yuanophyllum* sp.，*Arachnolasma sinensis* 等珊瑚及 *Gigantoproductus giganteus*，*G. edelburgensis* 等腕足类组合，它们的地质时代为Visean晚期至Namurian早期。安错那欧土吉含：珊瑚 *Lithostrotion irregulare*；腕足类 *Schuchertella* cf. *magna* 等，其时代为早石炭世晚期。东大干沟含：腕足类 *Striatifera striata*；珊瑚 *Lithostrotion* sp.，*Lonsdaleia* sp. 等，为早石炭世分子。希里可特含 *Gigantoproductus edelburgensis*，*G. latissimus* 等腕足类，尚见珊瑚 *Syringopora ramulosa* 等早石炭世晚期分子。不言而喻大干沟组的地质时代为Visean期。

缔敖苏组 *Cd* （05-63-0515）

【创名及原始定义】 青海省地层表编写小组（1980）介绍：青海省第一地质队（1978）创名缔敖苏组于格尔木市哈是托（缔敖苏）。原指：“分布于祁漫塔格—布尔汗布达山的中、晚石炭世地层，为海陆交互相沉积，以灰岩为主，下部为砾岩、砂岩及中酸性凝灰岩，含䗴及腕足类化石，与下伏大干沟组、上覆四角羊沟组为假整合或整合接触。”

【沿革】 1978年青海省第一地质队引用缔敖苏组。同年该队创建四角羊沟组于格尔木市四角羊沟。1986年青海省地层表编写小组介绍这两个组，并纳入《西北地区区域地层表·青海省分册》第148页，从所介绍的缔敖苏剖面分析，缔敖苏组除底部有19 m厚的碎屑岩外，其余为碳酸盐岩；从四角羊沟剖面分析，四角羊沟组同样是碳酸盐岩沉积，与下伏缔敖苏组为整合关系。历年来，这两个组虽然被采用，但是由于受统一地层学的束缚，二者界线全靠化石成果或人为地划分。为此，本书沿用缔敖苏组。四角羊沟组仅是缔敖苏组的一部分，建议停用。

【现在定义】 指分布于东昆仑山，位于大干沟组地层之上的地层体，西部为碳酸盐岩沉积，底部为碎屑岩；东部为灰岩与碎屑岩互层，富含䗴、有孔虫、腕足类及珊瑚等化石。与下伏大干沟组或哈拉郭勒组为平行不整合接触或不整合于金水口（岩）群之上，以上覆打柴沟组深灰色灰岩的始现与本组灰—灰白色灰岩整合分界（或被洪水川组所不整合）。

【层型】 选层型为前述的大干沟组格尔木市哈是托（缔敖苏）剖面第11—25层，次层型为青海省地研所和青海省第一区调队1982年合测（见李璋荣、鲁益钜等，1986）的都兰县浩特洛哇剖面第3—25层（96°50′，35°45′）。

【地质特征及区域变化】 缔敖苏组在东昆仑山分布极广，发育完整，研究程度高，选层型地以西主要见于打柴沟、肯得可克及云居萨依等地。选层型地以东出露于东大干沟、浩特洛哇等处。西部的肯得可克厚度392 m，东部的浩特洛哇厚度566 m，一般厚度333～801 m不等。总趋势是从西向东灰岩由厚渐薄，碎屑岩增加。但应说明该组在宏观上是有一定变化的，尤其在祁漫塔格除底部见有碎屑岩外，全为碳酸盐岩沉积，而在布尔汗布达山则相变为碎屑岩和碳酸盐岩互层，为此笔者相信随着资料的积累和完善，东部有可能另立新组。在哈是托（缔敖苏）、肯得可克见本组平行不整合于下伏大干沟组之上，并以上覆打柴沟组深灰色灰岩的始现与本组灰—灰白色灰岩整合分界。在打柴沟见本组直接超覆在金水口（岩）群之上。在东大干沟及浩特洛哇等处，见本组与下伏哈拉郭勒组为平行不整合接触；与上覆洪水川组为不整合接触。

缔敖苏组含极为丰富的多门类化石，主要有䗴、有孔虫、腕足类及珊瑚，相比之下，䗴化石的使用价值尤为突出，其序列如下（自下而上）：*Profusulinella* 带，*Fusulina*-*Fusulinella* 带，*Montiparus*-*Triticites* 带及 *Pseudoschwagerina* 带等。这代表完整的晚石炭世䗴序列。但在东大干沟仅见腕足类：*Choristites* cf. *jigulensis*，*Dielasma mapingensis* 等。其总体地质时代为晚石炭世。

打柴沟组 CP*d* (05-63-0608)

【创名及原始定义】 刘广才等（1987）创名打柴沟组于格尔木市打柴沟。原指："深灰色含泥质、硅质及白云质碳酸盐岩沉积。岩相稳定，层序清晰，化石丰富，与下伏上石炭统四角羊沟组，二者相依，为连续过渡关系，但未见顶（因沙滩覆盖）。"

【沿革】 1981年乔金良等⑥将上述地层称"下二叠统"。1985年青海省第一区调队，又自下而上划分为碳酸盐岩组、碎屑岩夹灰岩组（后者出露局限）。刘广才等（1987）将该套地层创建打柴沟组，以代表早二叠世沉积。青海省地矿局（1991）引用本组。本书沿用之。

【现在定义】 指分布于祁漫塔格山北坡，位于缔敖苏组之上的地层体。主要由灰黑色—深灰色粒屑亮晶、粉晶、泥晶生物灰岩、白云质灰岩及白云岩偶夹细碎屑岩组成，大多数灰岩含燧石结核（或条带），富含䗴、苔藓虫、腕足类、珊瑚及牙形石等化石，以下伏缔敖苏组

⑥ 乔金良、刘广才等，1981，祁漫塔格山地区的下二叠统。青海地质（内刊），(2)。

灰一灰白色巨层状灰岩的顶层面为界，与本组整合接触，但未见顶。

【层型】 正层型为刘广才等1981年测制的格尔木市格哈吐鲁尕图（四角羊沟）剖面（92°00′，36°57′）第1—9层，载于刘广才等（1987）所著的《青海省祁漫塔格晚古生代地层》一书中。

【地质特征及区域变化】 打柴沟组呈近东西向条带状展布于茫崖镇的云居萨依和格尔木市的野马泉、打柴沟、格哈吐鲁尕图（四角羊沟）、牛苦头（牛可特）、巴克塔至哈是托（缔敖苏）等地，东西长达120 km。与缔敖苏组形影不离，由于受统一地层划分的束缚，对这套地层未能引起足够重视而依生物化石鉴定成果将它笼统归入缔敖苏组。该组灰岩以深灰色一灰黑色为主体，燧石结核或条带较为发育，锤击时具强烈的臭味，且各类生物分异度甚高，常密集成层或呈礁体出现，尤以群体珊瑚在深灰色灰岩的背景上，呈白色一灰白色云团状一带状礁体聚集，景象奇观。在地貌特征上与缔敖苏组相比呈明显的负地形，总之，下伏缔敖苏组不具有上述特征，二者界线清晰，野外易于识别。

据实测剖面，打柴沟组可控厚度177～344 m左右，其内含䗴：*Eoparafusulina contracta* 等；牙形石：*Sweetognathus whitei*；珊瑚：*Kepingophyllum*；腕足类：*Kunlunia* cf. *tenuistricata* 等，时代为晚石炭世晚期—早二叠世早期。

中吾农山群 CPẐ (05-63-0507)

【创名及原始定义】 青海省第一区调队（1978）在中吾农山创名中吾农山群。原指：“下部为轻变质的碎屑岩、火山碎屑岩及碳酸盐岩，上部为碳酸盐岩和中基性火山岩，并分别称之谓下亚群和上亚群。”

【沿革】 1965年以前，根据变质程度曾归属“前震旦系”或“震旦系”。1968年，青海省区测队在《1∶20万乌兰幅（J-47-[27]）区域地质调查报告书》中，创建果可山群，初步认为属槽型石炭纪沉积。1978年，该单位在《1∶20万德令哈幅（J-47-[20]）区域地质调查报告》中又认为这套地层构成中吾农（宗务隆）山主体，故重新命名为中吾农山群，又分下亚群及上亚群，代表“上石炭统”，并以中吾农山群取代果可山群。王培俭等（1980）⑦沿用中吾农山群。下亚群代表早石炭世沉积，上亚群代表晚石炭世沉积，并自下而上分为碳酸盐岩组和碎屑岩组。甘肃省区调队（1985）又建立土尔根大坂群，分上岩组、下岩组。本书考虑中吾农山群已被广泛采用，故沿用之。

【现在定义】 该群下部由灰绿色—灰色中浅变质碎屑岩夹灰岩、火山岩及少许碎屑岩组成；上部由碳酸盐岩夹火山岩及碎屑岩组成，含稀少的腕足类、珊瑚及䗴等化石，未见顶底。由老至新包括土尔根大坂组和果可山组。

【地质特征及区域变化】 由于褶皱强烈，断裂发育，地层出露残缺及岩石普遍遭受变质作用，因此对中吾农山群的划分与对比仍存有争议。从宏观分析，该群下部主要为板岩、千枚岩、片岩、变碎屑岩夹灰岩及火山岩；上部主要为白云岩，条带状、板块灰岩，结晶灰岩夹中基性火山岩及少许的碎屑岩等。在碳酸盐岩中含腕足类：*Gigantoproductus* cf. *latissimus*，*Megachonetes* sp.；珊瑚：*Dibunophyllum* sp.；䗴：*Pseudoschwagerina* sp.，*Neoschwagerina* sp. 等，其地质时代为早石炭世—早二叠世。

应当说明的是在横向上灰岩的尖灭、再现与碎屑岩类的反复交替出现是屡见不鲜的。火

---

⑦ 王培俭等，1980，青海“中吾农山群”及其有关几个问题的讨论。青海地质（内刊），(3)。

山岩表现为大范围内的增减和短距离内急剧尖灭时有发生。如德令哈北部宗务隆山主峰一带的火山岩变化更加突出。

土尔根大坂组 CP*t* (05-63-0508)

【创名及原始定义】 甘肃省区调队（1985）创名“土尔根大坂群”于青海省土尔根达坂地区。“代表早石炭世沉积，分下岩组，以碎屑岩为主夹碳酸盐岩；上岩组，以碳酸盐岩为主夹碎屑岩，”二者均未见顶底，同时该二组为断层接触。

【沿革】 1991年青海省地矿局引用。因土尔根大坂群，系生物地层单位，划分甚粗，所用剖面残缺等，故降群为组，纳入中吾农山群内，并赋予新的涵义。

【现在定义】 指分布于土尔根达坂山—宗务隆山—青海南山等地，位于果可山组之下的地层体。主要由灰绿色、灰色绢云千枚岩、板岩、片岩、变碎屑岩夹灰岩及变火山岩等组成，含䗴、珊瑚化石，未见底，以上覆果可山组一大套灰岩的始现，与本组碎屑岩或火山岩整合（?）分界或断层接触。

【层型】 选层型为青海省第一区调队（1978）测制的乌兰县灶火沟剖面（97°04′，37°31′）第1—17层。

上覆地层：**果可山组** 灰白色厚层—巨厚层条带状灰岩夹深灰色条带状灰岩

——————— 整 合（?）———————

土尔根大坂组	总厚度>1 229.5 m
17. 灰绿色厚层片理化变质凝灰岩夹暗绿色块层状中基性火山岩及灰岩	24.9 m
16. 灰绿色凝灰质千枚岩、凝灰岩夹少量灰色石灰岩	100.4 m
15. 灰绿色片理化中基性熔岩、凝灰岩与灰绿色千枚状钙质粉砂岩互层夹少量灰绿色条带状灰岩（有基性岩脉侵入）	90.4 m
14. 灰色千枚岩夹少量灰色薄层灰岩	27.0 m
13. 灰黑色千枚状钙质粉砂质板岩与灰绿色厚层钙质细砂岩互层（有基性岩脉侵入）	74.2 m
12. 灰色厚层片理化凝灰岩夹少量绿色千枚岩	120.8 m
11. 灰绿色千枚岩	36.7 m
10. 灰色厚层条带状灰岩	28.0 m
9. 灰紫—灰褐色千枚状长石粉砂岩	210.5 m
8. 灰色厚—巨厚层变中粒长石石英砂岩夹黑色千枚岩及灰黑色条带状灰岩	53.9 m
7. 深灰色千枚岩、砂岩、石英粉砂岩与灰黑色条带状砂岩互层	53.9 m
6. 灰色厚—巨厚层条带状灰岩夹灰黑色薄层含碳质千枚岩	22.8 m
5. 黑色、灰黑色含碳质千枚状粉砂岩夹灰岩及黄褐色变砂岩	29.1 m
4. 深灰色中厚层夹厚层灰岩，含䗴：*Pseudoschwagerina* sp.；珊瑚：*Bradyphyllum* sp.	13.2 m
3. 淡绿与灰绿色斑杂状千枚岩、粉砂岩	32.6 m
2. 灰—深灰色厚层条带状含砂灰岩	11.1 m
1. 灰绿色千枚状砂质粘土质板岩，底部黄褐色片理化长石砂岩、灰岩（未见底）	>300.0 m

【地质特征及区域变化】 土尔根大坂组由西向东，主要出露于交勒萨依北山、埃尾沟、灶火沟、巴音郭勒河口、艾力斯坦滚艾沟和尔次德沟等地。最西部的交勒萨依北山厚度大于1 241 m，其中灰岩厚度约385 m，变碎屑岩厚度大于709 m，千枚岩仅20 m。东部的艾力斯

坦滚艾沟厚度大于668 m，其中白云岩厚度314 m，变碎屑岩厚度大于182 m，千枚岩厚度172 m。其余一般可见厚度1 330～1 971 m。本组的火山岩在埃尾沟—灶火沟一带较发育，可控厚度210～296 m，千枚岩在埃尾沟及巴音郭勒河口两地最大厚度达1 014～1 295 m。变碎屑岩主要分布于灶火沟—巴音郭勒河口地区，厚度大于474～611 m。由上可见，土尔根大坂组的可见厚度、岩性特征及岩石组合等变化明显。

当前仅在灶火沟剖面中采得䗴 *Pseudoschwagerina* sp. 及珊瑚 *Bradyphyllum* sp. 等晚石炭世分子。然而该剖面未见底，再结合区域地层情况，本书认为土尔根大坂组的总体时代可能是早石炭世—早二叠世。

果可山组 CP*gk*　(05-63-0509)

【创名及原始定义】 青海省区测队（1968）在《1∶20万乌兰幅（J-47-[27]）区域地质测量报告书》中创名“果可山群”于天峻县果可山地区。“分下部火山岩-碎屑岩组，中部碳酸盐岩组及上部碎屑岩组，时代为石炭纪。”

【沿革】 创建果可山群以来无人问津，本次清理降群为组，并赋予新的涵义。

【现在定义】 指分布于土尔根达坂—宗务隆山—青海南山等地，位于土尔根大坂组之上的地层体。主要由灰白色—深灰色白云岩、条带状板状灰岩、结晶灰岩夹变火山岩及少许碎屑岩组成，含腕足类及珊瑚化石。以本组一大套碳酸盐岩的底层面为界，与下伏土尔根大坂组整合（?）或断层接触，未见顶。

【层型】 选层型为青海省第一区调队1981年测制的大柴旦镇交勒萨依北山剖面（94°56′,38°30′）第11—17层。

果可山组　　总厚度＞1 030.5 m

17. 灰色、深灰色厚层灰岩（未见顶），含腕足类：*Gigantoproductus* cf. *latissimus*，*Overtonia elegans*　　＞242.3 m

16. 灰色厚层灰岩夹灰白色钙质胶结石英细砾岩　　47.3 m

15. 灰色、灰白色厚层含白云质同生碎屑灰岩　　182.3 m

14. 深灰色厚层灰岩，产珊瑚：*Syringopora* sp.　　58.6 m

13. 灰色中厚层碎屑灰岩，产珊瑚：*Dibunophyllum* sp.；腕足类：*Megachonetes* sp.　　49.0 m

12. 灰色厚层含粉砂灰岩（未见底）　　＞357.1 m

══════ 断　层 ══════

11. 灰白色巨厚层灰岩　　＞93.9 m

══════ 断　层 ══════

下伏地层：**土尔根大坂组**　灰绿色厚层板状细粒石英砂岩夹粉砂岩

【地质特征及区域变化】 从西向东果可山组见于交勒萨依北山、埃尾沟、灶火沟、巴音郭勒河口、艾力斯坦滚艾沟等地。后者可控厚度537 m，最西端交勒萨依北山可见厚度490 m。另外在巴音郭勒河口厚度大于961 m，以白云岩为主，次为灰岩。埃尾沟厚度大于778 m，中下部为灰色灰岩，厚度大于448 m，上部为灰岩与灰绿色熔岩互层，灶火沟中下部为灰白色灰岩，厚度1 292 m，上部为灰绿色玄武岩及火山角砾岩。由上可知本组以碳酸盐岩为主体，所夹中基性喷发火山岩多位于上部，并在埃尾沟—灶火沟一线发育，厚度大于183～521 m，向两侧急骤尖灭。

果可山组含腕足类、珊瑚及䗴等化石，其中交勒萨依北山含早石炭世晚期的典型分子，有腕足类：*Gigantoproductus* cf. *latissimus*，*Megachonetes* sp.；珊瑚：*Dibunophyllum* sp. 等。在艾力斯坦滚艾沟见早二叠世晚期的带分子䗴：*Neoschwagerina* sp.?。另在埃尾沟采得 *Schwagerina* sp. 等䗴化石。应隶属晚石炭世至早二叠世。因此该组的地质时代为早石炭世晚期—早二叠世。

【其他】 应指出的是根据目前土尔根大坂组和果可山组中所含化石的内容、层位、厚度、岩性及其地理位置等，本书认为早石炭世晚期—早二叠世晚期，海水从西向东侵入，呈海进序列，在西部交勒萨依北山的果可山组为早石炭世晚期，向东至埃尾沟则为晚石炭世—早二叠世，再向东至艾力斯坦滚艾沟为早二叠世晚期。土尔根大坂组在灶火沟为晚石炭世晚期，向西至交勒萨依北山则为早石炭世，向东至艾力斯坦滚艾沟又为早二叠世。不言而喻，这两组在地层层位上，从西向东逐渐抬高并具明显的穿时性。甚为遗憾，至今未见这两个组在同一个剖面上都含有足以佐证的可靠化石，所以彼此之间的层位关系尚待研究。

然而，上述两组的顶或底大都出露不全，且褶皱紧闭，断裂与火山岩发育，碎屑岩及灰岩均遭受不同程度的变质。再结合构造格局，延伸方向等综合分析，本书认为据当前研究程度，尚不能完全排除存在有层无序堆积的可能性。也许这两个组为同时异相。

哈拉郭勒组 *Chl* (05-63-0517)

【创名及原始定义】 青海省第一区调队（1982）在《1：20 万埃坑德勒斯特幅（I-47-[1]）区域地质调查报告》中创名"哈拉郭勒群"于起次日赶特乌拉。原指："槽型—过渡型早石炭世晚期地层，自下而上为一套火山岩夹碎屑岩—碎屑岩夹碳酸盐岩的海相沉积。下部称火山岩组，上部称碎屑岩组，灰岩中含珊瑚、腕足类等化石，未见底，与上覆捎斯兰赶陇组呈假整合接触。"

【沿革】 1982 年青海省第一区调队，将含有火山岩，并有一定变质程度的碎屑岩、灰岩组成的"早石炭世晚期地层"称为哈拉郭勒群，以资与不含火山岩的大干沟组区分。1986 年李璋荣等、1990 年王增吉仍称"大干沟组"。本书考虑该群分布范围较小，不具备再分组的可能性，故称之为哈拉郭勒组。

【现在定义】 指分布于东昆仑山，位于前石炭纪地层和浩特洛哇组之间的地层体。下部为碎屑岩、变碎屑岩及板岩，上部为大理岩、灰岩与板岩、砂岩及火山岩互层，含珊瑚、腕足类等化石，与前石炭纪地层为不整合接触，与上覆浩特洛哇组呈平行不整合接触。

【层型】 正层型为青海省第一区调队和青海省地研所（1982）测制的都兰县起次日赶特乌拉剖面（96°38′，35°51′）第 31—43 层（见李璋荣、鲁益钜等，1986）。

【地质特征及区域变化】 哈拉郭勒组沿东昆仑山呈零星出露，从西向东见于巴能梗沙耶、起次日赶特乌拉、哈拉郭勒、察汗乌苏西及拉玛托洛胡等处。以起次日赶特乌拉发育较全，厚度 803 m，与下伏金水口（岩）群为不整合关系；与上覆浩特洛哇组为平行不整合接触。其他多残缺出露。本组含珊瑚：*Yuanophyllum*；腕足类：*Gigantoproductus edelburgensis* 等，其时代为早石炭世晚期。

浩特洛哇组 *Cht* (05-63-0516)

【创名及原始定义】 李璋荣等和青海省第一区调队（1982）在《1：20 万埃坑德勒斯特幅（I-47-[1]）区域地质调查报告》中创名于都兰县浩特洛哇（李璋荣、鲁益钜等，

1986)，原指捎斯拦赶陇至埃肯雅玛托一带的槽型—过渡型上石炭统，为一套碎屑岩、灰岩夹火山岩，含䗴、腕足类及珊瑚等化石，与下伏捎斯拦赶陇组为整合关系，与上覆洪水川群为不整合接触。

【沿革】 1982年李璋荣等和青海省第一区调队共同创建“梢斯拦赶陇组”、浩特洛哇组，用以代表东昆仑山含火山岩的中、晚石炭世沉积，以资与不含火山岩的缔敖苏组、“四角羊沟组”相区分。1984年温贤弼等引用。1990年王增吉等，以都兰县大干沟Ⅲ、Ⅳ—Ⅴ剖面为层型（见《西北地区区域地层表·青海省分册》第159页）建立“上石炭统下部为格尔木河组、上石炭统上部为诺木洪河组”。本书认为“梢斯拦赶陇组”和浩特洛哇组在地质特征及岩石组合上都是一致的，二者的岩石界线难以确定，故将其合并，统称浩特洛哇组。按地层命名优先原则，格尔木河组、诺木洪河组应为同物异名。鉴于李璋荣等（1982）未明确指定层型剖面，为此本书指定都兰县埃肯雅玛托剖面为浩特洛哇组的选层型。

【现在定义】 指分布于东昆仑山，位于哈拉郭勒组与洪水川组之间的地层体。中下部为变碎屑岩、板岩、千枚岩、角闪片岩及火山岩夹灰岩或大理岩；上部为灰岩或大理岩夹火山岩及碎屑岩，含䗴及腕足类等化石。与下伏哈拉郭勒组为平行不整合接触，与上覆树维门科组、洪水川组分别为整合或不整合接触。

【层型】 选层型为都兰县埃肯雅玛托剖面（96°43′，35°47′）的第1—32层，由李璋荣等1979年测制（见李璋荣等，1986）。

【地质特征及区域变化】 浩特洛哇组沿东昆仑山呈零星展布，从西向东出露于红石山、东大干沟、俄博梁、埃肯雅玛托、阿不特哈打、冬木北山、年扎曲等地，西部红石山控制厚度1 480 m，东部年扎曲厚度大于374 m，一般厚度大于413～864 m左右。就当前所知，以埃肯雅玛托与阿不特哈打研究程度较高。本组内中基性火山岩均较发育，但有东多西少现象。灰岩及碎屑岩均遭不同程度的变质，相变较大，但剖面结构不甚复杂。本组含䗴、腕足类、珊瑚及双壳类等化石，而䗴占首位。埃肯雅玛托剖面自下而上含 *Profusulinella* 带，该带仅延伸到哈拉郭勒，其余则未见，可能因采集化石不足所致。*Fusulinella*-*Fusulina* 带，可延伸到阿不特哈打、哈拉郭勒、求璃牛里生及五龙沟上游等处。*Montiparus*-*Triticites* 带和 *Pseudoschwagerina* 带，在本组分布范围内常见。可见浩特洛哇组䗴的序列完全，垂向分布明显。时代为晚石炭世。在埃肯雅玛托见本组与下伏哈拉郭勒组为平行不整合接触，与上覆洪水川组为不整合关系。其余各地，本组发育不甚完整。

布青山群　CP*B*　（05-63-0612）

【创名及原始定义】 青海省地矿局在《青海省区域地质志》中，于1991年创名布青山群于都兰县树维门科—马尔争地区。原指：“灰绿、灰紫、灰白色碎屑火山岩碳酸盐岩层系。生物群以䗴类、腕足类为主，苔藓虫、双壳类、头足类均不发育。下与上石炭统呈整合接触，与上二叠统为角度不整合关系。”

【沿革】 本书沿用布青山群，对其底界与划分略有变更。

【现在定义】 指分布于东昆仑山，位于浩特洛哇组之上的地层体。上部为碳酸盐岩，中部为变火山岩夹碎屑岩、硅质岩及灰岩，下部为碳酸盐岩，含䗴、腕足类及珊瑚等化石。以本群灰岩的始现与下伏浩特洛哇组火山岩整合分界，与上覆格曲组、贵德群为平行不整合或不整合接触。由老至新包括树维门科组及马尔争组。

【地质特征及区域变化】 布青山群在正层型所在地出露较全，可明显地划分三个岩石地层单位，鉴于目前研究程度较低，剖面控制差，在区域上难以延伸。以䗴为主，次为腕足类及珊瑚等化石，其下部见䗴：*Pseudoschwagerina* sp.，*Misellina minor* 等，显示地质时代为晚石炭世晚期至早二叠世早期。中、上部含䗴：*Neoschwagerina* sp.，*Polydiexodina* sp. 等是早二叠世晚期分子。因此，布青山群的沉积时代为晚石炭世—早二叠世。

【其他】 青海省第一区调队（1982），在《1∶20 万埃坑德勒斯特幅（Ⅰ-47-[1]）区域地质调查报告》中，将都兰县树维门科—马尔争剖面（早二叠世沉积），自下而上划分为灰岩组、砂岩火山岩组和碳酸盐岩组。青海省地矿局（1991）创建布青山群，用以代表上述剖面的三个岩性组，时代仍隶属早二叠世。但该正层型分三段实测，内有两条断层，甚不理想。同时该群的原始定义很不明确，因此对它的理解和引用并非一致，而导致其所划分的岩组更加混乱（尤以阿尼玛卿山地区）。

1985—1988 年，青海省第二区调队开展了玛多县幅、久治县幅等六幅 1∶20 万区调填图工作，在划为布青山群的砂岩、板岩中采获较丰富的孢子花粉化石（主要见于玛多县哈拉达洼、长石头、花石峡、窝洛扎、久治县花壤沟、章达旧址、章达沟及河曲马场等）。冀六祥研究了上述孢子花粉后，于 1991 年明确指出，布青山群中的砂岩和板岩的地质时代为早三叠世，该区的含晚石炭世—早二叠世的灰岩块体属于滑塌（混杂）堆积，那些沿断裂带断续出露者，是后期褶皱与断裂构造所形成的推覆体。因此，布青山群灰岩（块体）绝非同一个时代的沉积。

基于上述，本书暂将布青山群的分布范围限制于东昆仑山地区，而阿尼玛卿山地区巨厚的早二叠世碳酸盐岩，可能属于布青山群的一部分或是构造推覆体。至于 1∶20 万玛多县幅、玛积雪山幅（Ⅰ-47-[9]、[10]），1∶20 万优云公社幅、果洛藏族自治州幅（Ⅰ-47-[16]、[17]），1∶20 万达日县幅、苏湖日麻乡幅、久治幅（Ⅰ-47-[22]、[23]、[24]）区域地质调查报告中，划分的所谓布青山群的各碎屑岩组（段），很可能绝大部分隶属于巴颜喀拉山群，也许布青山群残存甚少，故存疑，望今后工作中予以重视和解决。

树维门科组 CPŝ (05-63-0613)

【创名及原始定义】 青海省地矿局（1991）将布青山群的下部碳酸盐岩组命名为树维门科组于都兰县树维门科—马尔争。原指："以栖霞地层为主，包括尚待进一步研究的龙吟期地层在内。岩性为深灰色、玫瑰色灰岩，局部火山岩比较发育，含腕足类、䗴、珊瑚等化石，与下伏、上覆均为整合接触。"

【沿革】 青海省第一区调队（1982）将下二叠统下部称之谓灰岩组。青海省地矿局（1991）建立树维门科组，用以代表布青山群下部的碳酸盐岩沉积，本书沿用之，但扩大了涵义，即包括其下原划归晚石炭世地层顶部的灰岩部分。

【现在定义】 指分布于东昆仑山—阿尼玛卿山，位于浩特洛哇组之上的地层体。主要由碳酸盐岩组成，偶夹碎屑岩，富含䗴、腕足类、牙形石等化石。以本组灰岩的底层面为界，与下伏浩特洛哇组的火山岩整合接触；又以本组灰岩的顶层面为界，与上覆马尔争组火山岩或碎屑岩整合分界，有时超覆在花岗岩体之上。

【层型】 正层型为青海省第一区调队（1981）测制的都兰县树维门科—马尔争剖面（96°30′，35°39′）第 8—10 层。载于青海省第一区调队（1982）的《1∶20 万埃坑德勒斯特幅（Ⅰ-47-[1]）区域地质调查报告》中。

【地质特征及区域变化】 该组从西向东零星分布于高地东、羚羊水和树维门科—马尔争等地。前者为浅灰—深灰色结晶灰岩夹白云质灰岩及碎屑岩（厚约 9 m），含牙形石及双壳类等化石，总厚度大于389 m。羚羊水为灰—深灰色粉晶、泥晶灰岩，尚见白云岩及砂砾岩夹层（厚度30 m左右），含䗴及腕足类化石，可控厚度411 m。树维门科—马尔争地区为玫瑰色夹深灰色生物碎屑灰岩，未见碎屑岩夹层，含䗴、珊瑚等化石，沉积厚度448 m。上述资料似乎反映从东向西其厚度渐薄，碎屑岩夹层从无到有，白云质成分略增现象。这是否意味着当时的海水由东向西侵入，还有待进一步证实。在最西端的高地东见该组不整合在花岗岩体之上，未见顶。在冶多县羚羊水见本组超覆在花岗岩体之上，以灰岩的顶层面为界与上覆马尔争组碎屑岩整合分界。在都兰县树维门科—马尔争地区，以本组一套灰岩的顶、底界，分别与上覆马尔争组、下伏浩特洛哇组碎屑岩或火山岩整合分界。

树维门科—马尔争剖面含䗴：*Pseudoschwagerina*，*Misellina minor*，*Parafusulina australis* 等，显示地质时代为晚石炭世—早二叠世。羚羊水剖面含腕足类：*Gefonia carinata*；䗴：*Rugosofusulina* sp.，*Triticites* sp. 等。高地东含牙形石：*Neogondolella idahoensis*，*N. serrata* 等化石，后二者隶属晚石炭世—二叠纪。概言之，树维门科组的地质时代为晚石炭世晚期—早二叠世早期。

马尔争组　P*m*　（05－63－0614）

【创名及原始定义】　青海省地矿局（1991）将布青山群中部砂岩火山岩组和上部碳酸盐岩组命名为马尔争组于都兰县树维门科—马尔争。原指："中基性火山岩、碳酸盐岩夹碎屑岩，自下而上为：下部火山岩比较发育，以变玄武岩、安山岩为主，上部以碳酸盐岩为主夹少量碎屑岩，局部夹硅质岩，含䗴、腕足类等化石。"

【沿革】　青海省第一区调队（1982）将这套地层自下而上划分砂岩火山岩组及灰岩组。1988年，青海省区综队又称碎屑岩组和碳酸盐岩组。1991年青海省地矿局创名马尔争组，用以代表这两个岩组沉积，本书沿用之。

【现在定义】　指分布于布青山地区，位于树维门科组之上的地层体。下部为灰—灰绿色变火山岩、岩屑砂岩夹硅质岩及灰岩；上部为灰—深灰色、玫瑰色灰岩偶夹砂砾岩，含腕足类、䗴及珊瑚等化石。以本组变玄武岩或碎屑岩底层面为界，与下伏树维门科组灰岩整合接触，与上覆格曲组、贵德群为平行不整合或不整合接触。

【层型】　正层型为青海省第一区调队（1981）测制的都兰县树维门科—马尔争剖面（96°30′,35°39′）第11—35层（见青海省地矿局，1991）。

【地质特征及区域变化】　马尔争组分布于姜路岭以西地区，由于构造较复杂，剖面控制差，研究程度低，故在区域上不易延伸。按岩石地层划分原则，在层型剖面上可明显划分两个岩性组，但鉴于资料贫乏，暂笼统纳入马尔争组，留待今后进一步工作。

该组含䗴、腕足类及珊瑚等化石，但以䗴占主导地位，常见 *Neoschwagerina* sp.，*Polydiexodina* sp. 等，时代为早二叠世晚期。

格曲组　P*g*　（05－63－0617）

【创名及原始定义】　刘广才、李向红（1994）创名格曲组于玛沁县格曲。指："分布于东昆仑山—阿尼玛卿山的一套碎屑岩及灰岩沉积的地层体。下部称碎屑岩段，由碎屑岩、变碎屑岩夹灰岩、火山岩及板岩组成；上部称灰岩段，由碳酸盐岩组成，偶见碎屑岩和火山岩夹层。富含䗴、腕足类、珊瑚、植物等化石，大都未见底，有时与老地层可能平行不整合接触；未见顶，有时被新地层所不整合。"

【沿革】　青海省第一区测队（1973）将它瓜马日灯的这套地层称上二叠统，自下而上分砾岩组和碳酸盐岩组。1983年、1993年，袁哲平对玛沁县石峡的这套地层进行了研究，归晚二叠世沉积⑧。1983年青海省第一区调队在格尔木市红土沟、1986年青海省第二区调队在玛多县又麻日等地，又相继发现这一套地层，称上二叠统。据上述资料，刘广才、李向红（1994）新建格曲组。

【现在定义】　同原始定义。

【层型】　正层型为袁哲平等1993年重测的玛沁县石峡剖面（100°17′，34°23′）第1—9层。副层型为青海省第二区调队1986年测制的玛多县又麻日剖面（99°01′，35°05′）的第1—11层。

玛沁县石峡剖面

格曲组　　　　总厚度>919.76 m

灰岩段

9. 浅灰色生物灰岩（未见顶），含腕足类：*Dielasma* sp.，*Martinia* sp.　　>50.00 m
8. 浅灰色生物礁灰岩，含䗴：*Reichelina* sp.　　400.00 m
7. 浅灰色—灰黄色厚层状生物碎屑灰岩，含䗴：*Palaeofusulina globosa*（sp. nov.），*Codonofusiella schubertelloides*，*C. pseudolui*，*Reichelina media*；有孔虫：*Colaniella* sp.；珊瑚：*Waagenophyllum* sp.　　50.00 m
6. 灰黑色薄—中层状砂质灰岩，含腕足类：*Waagenites barusiensis*　　20.00 m
5. 灰黑色—土黄色砂质、砾状灰岩，偶夹砂页岩，含腕足类：*Squamularia* cf. *inaequilateralis*；双壳类：*Palaeolima*? *chekingensis*　　82.50 m

碎屑岩段

4. 灰色细粒砂岩夹黑色泥岩　　66.26 m
3. 浅灰色钙质细粒砂岩夹薄层深灰色泥岩　　199.97 m
2. 灰黑色板片状钙质泥岩及粉砂岩，偶含碳质泥岩及钙质结核　　49.03 m
1. 灰色厚层含砾石灰岩及钙质砾岩（未见底），含腕足类：*Richthofenia* cf. *sinensis*，*Schizophoria resupinata*；双壳类：*Aviculopecten* aff. *heipeiensis*，*A.* sp.　　>2.00 m

玛多县又麻日剖面

格曲组　　　　总厚度>407.10 m

碎屑岩段

11. 杂色含砂灰岩夹灰绿色不纯硅质岩凸镜体（未见顶），含双壳类：*Aviculopecten* sp.　　>108.30 m
10. 浅灰色碎裂灰岩　　92.00 m
9. 浅灰绿色不纯灰岩夹暗紫色钙质粉砂岩　　71.40 m

碎屑岩段

8. 灰黑色含碳质板岩夹灰色变砾岩　　6.00 m
7. 浅灰色变砂质泥灰岩，含双壳类：*Neocypricardinia* sp.　　7.60 m
6. 灰紫色薄层钙质粉砂岩　　16.40 m
5. 浅绿黄色中酸性凝灰熔岩　　7.80 m

---

⑧ 袁哲平，1983、1993，青海省果洛藏族自治州煤矿点检查报告，青海省煤田地质勘探公司。刘广才、李向红对该剖面略有删改。

4. 暗紫色泥钙质粉砂岩　18.90 m

3. 灰绿色细粒富长石变砂岩　46.70 m

2. 暗紫色变砾岩　6.60 m

1. 灰色、灰黑色长石石英杂砂岩夹板岩（未见底），含植物：*Sphenophyllum koboense*，*Pecopteris arborescens*，*Sphenobaiera* sp.　＞25.40 m

【地质特征及区域变化】　格曲组呈北西-南东向，断续零星展布，主要出露于格尔木市的红土沟，玛多县的它瓜马日灯、又麻日及玛沁县的石峡等地。其中碎屑岩段在它瓜马日灯可控厚度498 m，又麻日可见厚度135 m，石峡沉积厚度大于317 m。灰岩段在格尔木市红土沟厚度大于590 m，石峡厚度大于603 m，一般控制厚度271～303 m不等。

该组含䗴、有孔虫、菊石、腕足类、珊瑚及植物等多门类化石，其中石峡含䗴：*Palaeofusulina globosa*，*Codonofusiella schubertelloides*；有孔虫*Colaniella* sp. 等晚二叠世晚期带分子。它瓜马日灯见有腕足类：*Leptodus nobilis*，*Semibrachythyrina fasciculata*等，时代为晚二叠世。红土沟含菊石：Araxoceratidae及腕足类：*Notothyris* cf. *nucleolus*等晚二叠世分子。又麻日含植物：*Sphenophyllum koboense*，*Pecopteris arborescens*等晚二叠世分子。

甘家组　CP*g*　（05－63－0626）

【创名及原始定义】　青海综合地质大队区测队（1964）在《1∶20万西宁幅（J－47－[36]）最终地质报告书》中创建“甘家群”，创名地在贵德县甘家村附近。原始定义指：“零星分布于去布藏北山—龙春河西侧及日月山隘西侧等地。与下伏前震旦系，上覆中三叠统香阿洞组及华力西期花岗岩呈不整合或断层接触。其岩性下部为碎屑岩—砂岩、砂砾岩及砾岩，上部为碳酸盐岩建造——石灰岩或结晶灰岩，顶部有少许含粉砂粘土页岩夹砾岩及板岩。上部灰岩中产腕足类化石。总厚大于309.59 m。归属上二叠统。”

【沿革】　青海省地层表编写小组（1980）沿用“甘家群”。但将分布于同仁县双朋喜果木喀—循化县斜长支沟、尖扎县古浪堤等地，主要由结晶灰岩、粉砂质页岩、粉砂岩、细—粗砂岩、砾岩等组成，富产䗴、珊瑚、苔藓虫、腕足类等化石的地层创名为“毛毛隆组”，代表“早二叠世沉积”。青海省地矿局（1991）在《青海省区域地质志》中，则认为甘家群、毛毛隆组均为早二叠世沉积地层，停用甘家群和毛毛隆组而采用下二叠统（P_1）表示该套地层。

本书依据岩石地层单位划分的准则，在分析对比研究了该套地层后认为：该套地层在总体上以灰黄色、灰紫色及灰—灰绿色碎屑岩及碳酸盐岩为主的地层序列。同一地层体，不同地段岩性的差异乃为相变或出露层位的差异所致，但在区域上总体岩性特征及岩石组合方式大体一致，层位大致相当，应为同一岩石地层单位。依据优先权恢复“甘家群”一名，并降群为组，称之谓甘家组。

【现在定义】　指出露于兴海-同仁小区，不整合于化隆（岩）群之上，隆务河群之下一套由碎屑岩、碳酸盐岩组合而成的地层序列，产丰富的䗴、腕足类、双壳类、珊瑚等化石，顶、底界常发育不全，有时与上覆地层或下伏地层为不整合接触。

【层型】　创名人未指定层型，选层型为命名者（1964）测制的贵德县龙春河剖面（101°26′，36°13′）第2—5层。

甘家组　总厚度＞309.59 m

5. 紫红色含粉砂粘土页岩夹灰紫色变余碎裂砾岩及含粉砂、铁质粘土板岩（出露不全，

被断层切失）　　>26.13 m

4. 灰—灰白色中厚—薄层状石灰岩，中部夹厚约0.5 m含细—粉砂石灰岩，顶部见一层凸镜状角砾状碎屑灰岩　　185.91 m

3. 灰黄色中粗粒杂砂质长石砂岩夹黄褐色不纯石灰岩，顶部为灰白色含细砾粗粒长石质杂砂岩　　59.01 m

2. 暗紫色砾岩、砂砾岩夹含砾长石质杂砂岩及变砂岩　　38.54 m

~~~~~~~~~~~ 不　整　合 ~~~~~~~~~~~

下伏地层：化隆（岩）群　灰绿色黑云斜长片麻岩

【地质特征及区域变化】　甘家组主要分布于同仁—兴海以北，为一套灰黄色、灰紫色碎屑岩及灰色碳酸盐岩，区域上岩性变化较大。在石脑河以西，碎屑岩粒度较粗，为砾岩、砂岩、粉砂岩夹页岩、砾状灰岩、生物灰岩；石脑河以东碎屑岩粒度变细，灰岩层增多增厚，为细砂岩、粉砂岩、板岩及灰岩、砾状灰岩等。

在隆务河、石脑河、果木喀一带被隆务河群不整合覆盖。出露厚度各地差别较大，在阿让山厚度大于542 m，甘家村可见厚度310 m，石脑河可控厚度344 m，毛毛隆沟达4 347 m以上。

【其他】　陈庆宣、李玉龙等（1956）曾在贵德县相曲村西北1.5 km甘家沟的一岔沟内，在该套地层上部的结晶灰岩中采得腕足类化石，有：*Beecheria sublaevis*，*Spiriferella* aff. *ovoidalis*，*Stenoscisma* sp.，将其时代归属于晚二叠世。青海省地矿局在《青海省区域地质志》(1991）中则认为本区缺失可靠的晚二叠世沉积，将该套地层归属于早二叠世。本书依据毛毛隆沟剖面所产化石，结合上述资料分析，将甘家组沉积时代暂归属于晚石炭世—二叠纪。

应指出的是，甘家组向毗邻的甘肃省内延伸情况尚不清楚；该组与中吾农山群的关系还存在争议。同时从循化县毛毛隆剖面（纳入甘家组）的结构和所含各时代化石的混乱等，也不能完全排除甘家组属混杂堆积的可能性。

华北地层大区石炭纪—二叠纪生物地层，详见第二篇第十章第二节。

第二节　岩石地层划分与沉积环境分析

早石炭世继承了晚泥盆世的特征，在晚泥盆世海相或海陆交互相和部分陆相盆地的基础上，海域继续扩大，加强了碳酸盐岩沉积，珊瑚和腕足类等海相无脊椎动物得到发展，并且新形成了党河南山海湾，沉积了巨厚的膏盐层——党河南山组。由于造山带的走向不均匀性，此时已有明显的反映，故南祁连山大部和中祁连山东段，柴达木地块的西北缘等地，形成了不规则的隆起剥蚀区，海水沿不规则通道分别涌入党河南山、土尔根达坂山、柴达木和唐古拉山，致使剥蚀区形成孤岛或半岛，且范围狭小，陆生植物和陆源碎屑供不应求，海域碎屑沉积比例减少，碳酸盐岩和膏盐层比较发育，聚煤区极其零散，生物群具有显著的地方色彩。

从晚石炭世初开始，与本区相关甚大的华北板块重新沉降，进入碎屑岩为主的陆表海沉积期。省内亦开始全面海进，惟阿尔金山中段、南祁连山、中祁连山和北祁连山东段为海陆交互相，形成含煤岩系——羊虎沟组。随着柴达木地块的沉降，早期柴达木海湾向西扩展，超覆形成陆表海，沉积了一套碎屑岩、碳酸盐岩为主的盖层岩石系列。与此同时，地块南北边缘开始强烈裂陷，形成了宗务隆山、阿尼玛卿山活动带，引发了钙碱性火山岩的喷发。在宗务隆山地区形成中吾农山群，昆仑山南坡—阿尼玛卿山形成浩特洛哇组碎屑岩-火山岩组合。
~~~~~~~~~~~

此时有孔虫加速繁殖，𩊉进入极盛时期，海域广泛分布着珊瑚、腕足类、双壳类、苔藓虫、海百合茎以及有孔虫等无脊椎动物群，而早古生代盛极一时的三叶虫等已濒临灭绝。

早二叠世华北板块，海水开始向祁连山南麓退缩，形成巴音河群碎屑岩夹灰岩沉积，柴达木海域向西南部祁漫塔格迁移，形成打柴沟组浅海相碳酸盐岩建造。唐古拉山海域也主要向西南部迁移，松潘-甘孜海域进一步发展。

早二叠世晚期，柴达木地块全面上升海退，最终成陆。

晚二叠世，北祁连山、拉脊山、柴达木地块和唐古拉地块的大部分已成古陆，陆生植物获得了发展的空间，大羽羊齿等华夏植物群在省区南部兴起，北祁连山西段混入了安格拉植物群。

二叠纪的海生无脊椎动物群与晚石炭世大同小异。

第六章
三叠纪

青海省三叠纪沉积分布最广，占全省面积的二分之一以上。沉积环境复杂，沉积类型繁多。主要分布于华南地层大区。华北地层大区的三叠纪地层大体以疏勒南山—大通山—日月山—拉脊山一线为界，以北为陆相沉积，以南为海相沉积为主。海相沉积按沉积类型可分活动型、次稳定型和稳定型。活动型主要分布在兴海—泽库地区，沉积厚度大，稳定性差，具复理石或类复理石层系特征；次稳定型分布在东昆仑南坡一线；稳定型主要分布于中祁连山、南祁连山地区。其分布及各类层型位置见（图 6-1）

华北地层大区，三叠纪在省内共有岩石地层单位 19 个，其中群级 4 个，组级 15 个（含引自邻省 2 个）。

青海省三叠纪华北地层大区与华南地层大区生物群面貌基本为特提斯型，生物地层及其他有关论述，见本书第二篇第十一章。

第一节　岩石地层单位

西大沟组　T*x*　（05-63-0700）

【创名及原始定义】　孙健初（1936）创名“西大沟系”于甘肃省天祝县西大沟。原义指“南山（祁连山）及黄河上游整合于红色窑沟砂岩之上的灰色砂岩、页岩。厚度约 1 000 m。与上覆龙凤山系整合，时代归属二叠纪—三叠纪。”孙氏（1942）又改归三叠纪。

【沿革】　孙健初命名的“西大沟系”相当于 Bexell（1935）在酒泉南山所测《南山剖面》的层 7 和层 8 的下部（蔡凯蒂，1993）。李树勋（1947）在甘肃省武威市南，西沟南营儿地区，将“西大沟系”上部含煤地层命名为“南营儿建造”（斯行健、周志炎，1962）。时代归属晚三叠世。1959 年全国地层会议，将“西大沟系”改称“西大沟群”，时代厘定为三叠纪。1976 年，西北区断代地层会议[①]，将“西大沟群”的涵义厘定为“祁连山一带含晚三叠世陆相植物之下，平行不整合在二叠系之上的一套陆相碎屑岩，时代包括早、中三叠世。”本书依据

① 即西北区海相三叠、侏罗纪断代地层会议，下同。

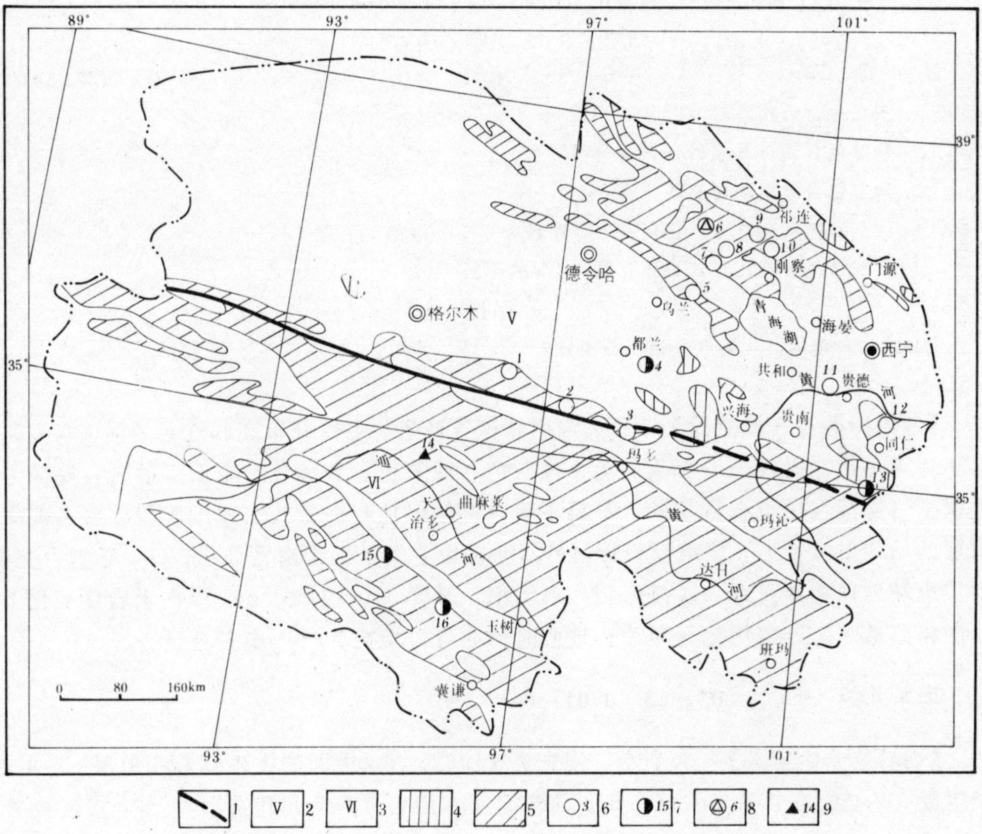

图 6-1　青海省三叠纪地层分布及各类层型位置图

1. 地层大区界线；2. 华北地层大区；3. 华南地层大区；4. 陆相地层；5. 海相地层；6. 正层型及编号；7. 选层型及编号；8. 副层型及编号；9. 复合层型及编号

层型名称：*1.* 八宝山；*2.* 希里可特；*3.* 闹仓坚沟；*4.* 海寺南；*5.* 切尔玛沟；*6.* 莫力克；*7.* 草地沟；*8.* 大加连沟；*9.* 热窝尔—那格藏尔；*10.* 阿塔寺沟；*11.* 曲乃海；*12.* 隆务河；*13.* 尕浪寺；*14.* 东那色窝；*15.* 多彩—罗江曲；*16.* 格陇—本朴陇

甘肃省岩石地层清理研究组意见，将“西大沟群”改称西大沟组。

【现在定义】　指丁家窑组紫红与灰绿色不等厚互层的碎屑岩与南营儿组灰绿、黄绿色碎屑岩夹少量紫红—棕红色碎屑岩与灰黑色碳质页岩、煤线，两地层实体之间岩石色调单一的灰、灰绿色砂岩、页岩序列。以不含红色、黑色岩层为特征。下以丁家窑组上部紫红色岩层消失为底界；上以南营儿组底部灰黑、黑色岩层始现为顶界。均为整合接触。

【层型】　西大沟组正层型为甘肃省天祝县西大沟剖面（103°07′，37°19′），1994 年由杨雨重测。省内参考剖面为青海省区测队 1967 年测制的祁连县加羊沟剖面（100°27′，38°14′）。

祁连县加羊沟剖面

上覆地层：**南营儿组**　灰绿色、黄绿色云母石英细砂岩夹砂质页岩及碳质页岩，顶部剥蚀出露 432 m，产 *Neocalamites* sp.，*Danaeopsis fecunda* 等化石

——————— 整　合 ———————

西大沟组	总厚度＞1 167.00 m
5. 灰白色含砾粗砂岩	75.00 m
4. 灰绿色含云母石英砂岩，具交错层	397.00 m
3. 灰白色含砾粗砂岩夹砂质页岩	275.00 m
2. 浅灰绿色石英砂岩，具交错层，底部有 0.5 m 厚的砾石层	310.00 m
1. 黄灰绿色石英砂岩，底部有厚约 1m 的砾岩	110.00 m

－－－－－－－ 平行不整合 －－－－－－－

下伏地层：**窑沟群**　紫红色长石石英砂岩

【地质特征及区域变化】　西大沟组延入青海省，主要分布在祁连县黑河、八宝河及互助县干禅寺一带。岩性为一套灰白色、浅灰色、浅黄色、灰绿色长石石英砂岩。底部为砾岩与下伏窑沟群紫红色长石石英砂岩平行不整合接触；顶与南营儿组以细碎屑砂岩夹碳质页岩或煤层的始现整合接触。该组以粗碎屑砂、砾岩为主而区别于南营儿组。砂、砾岩中交错层理、斜层理和砂球构造发育。属河流相碎屑沉积，厚度 330～1 381 m，横向上岩性变化不大，但厚度相差悬殊。产植物化石碎片。地质时代在青海境内为早—中三叠世。

南营儿组　T*n*　(05－63－0701)

【创名及原始定义】　斯行健、周志炎（1962）在《中国的中生代陆相地层》一书中介绍：李树勋（1947）在甘肃省武威市南、西沟南营儿创名“南营儿建造”，上部：浅红色砂岩页岩含菱铁矿。中部：白色及灰绿色页岩产煤。下部：红色砾状砂岩与紫色页岩夹砾石二层。总厚度 500 m。

【沿革】　斯行健、周志炎（1962），将“南营儿建造”改称“南营儿群”，代表河西走廊—北祁连山中部地段晚三叠世沉积。西北区断代地层会议（1976）将南营儿群，厘定为：“代表中、南祁连山晚三叠世纯陆相沉积。”青海省地层表及青海省地质图沿用。本书依据甘肃省岩石地层清理意见，将“南营儿群”修订为南营儿组。

【现在定义】　指西大沟组浅灰绿、灰色砂岩、页岩之上的灰绿、黄绿色和少量褐红色砂岩、粉砂岩、泥岩与页岩、碳质页岩及煤线，具不等厚韵律性互层夹含砾砂岩与菱铁矿结核的地层序列。以具碳质页岩及煤线为特征。下以碳质页岩及相关的黑色岩层始现与下伏西大沟组灰绿色砂页岩整合接触；其上多不见顶，仅在局部被上覆芨芨沟组灰绿、黄绿色巨砾岩等不整合覆盖。

【层型】　南营儿组依据甘肃省岩石地层清理意见，选层型为武威县天祝西沟—石房沟剖面（102°19′，37°40′），由丁培榛 1963 年测制。青海省参考剖面为祁连县黑沟河剖面（100°29′，38°02′），由青海省区测队 1967 年测制；大通县下吉哇剖面，由青海省第九地质队 1990 年测

制②。

祁连县黑沟河剖面

南营儿组	总厚度>1 504.00 m
10. 黄绿色粉砂质页岩夹砂岩（未见顶）	>123.00 m
9. 黄绿色厚层状中细粒砂岩	124.00 m
8. 黄绿色及灰色砂质页岩夹砂岩，砂岩中见交错层理并产植物化石 *Neocalamites* sp.	349.00 m
7. 黄绿色厚层状中细粒砂岩夹砂质页岩	164.00 m
6. 深灰色页岩	40.00 m
5. 黄绿色厚层状中细粒砂岩夹页岩，产植物化石碎片	143.00 m
4. 黄绿色巨厚层状中细粒砂岩	72.00 m
3. 黄绿色、灰色页岩夹砂岩	230.00 m
2. 黄绿色厚层状细砂岩	1.00 m
1. 灰—黄绿色页岩与巨厚状砂岩互层夹煤线、油页岩及粘土岩等，产植物：*Neocalamites carcinoides*，*Danaeopsis fecunda*	258.00 m

——————— 整 合 ———————

下伏地层：**西大沟组** 粗砂岩

【地质特征及区域变化】 南营儿组延入青海省，主要分布在北祁连山东段，中祁连山东段也有零星分布。其中以北祁连山的祁连县黑沟河地区发育较好，层序清晰，底部为灰色或黄绿色页岩与细砂岩互层夹煤线、油页岩及粘土岩，产植物：*Neocalamites carcinoides*，*Danaeopsis fecunda*，厚度 258 m。与下伏西大沟组整合接触，下部为黄绿色、灰色页岩夹砂岩，厚度 301 m；中部为黄绿色中、细粒砂岩夹砂质页岩，厚度 419 m；上部为黄绿色、灰绿色砂页岩夹砂岩，砂岩中见交错层，产植物：*Neocalamites*，厚度 349 m；顶部为黄绿色粉砂质页岩及砂岩，厚度大于 247 m。在大通县下吉哇地区，下部以灰黄色含砾中粗粒长石砂岩为主夹粉砂岩及煤线，与下环仓组整合接触，含植物 *Neocalamites*、孢粉 *Punctatisporites* - *Dictyophyllidites* - *Piceites* 组合和 *Punctatisporites* - *Cyclogranisporites* - *Cycadopites* 组合；中部为灰黄色、灰绿色中粒长石砂岩夹砂质页岩及煤线，交错层理发育，含植物 *Neocalamites*，叶肢介 *Euestheria* cf. *minuta* 及孢粉 *Punctatisporites* - *Podocarpidites* - *Caytonipollenites* 组合等；上部为紫红色细中粒长石石英砂岩夹砂质页岩及煤线，含植物 *Neocalamites* 及孢粉 *Punctatisporites* - *Calamospora* - *Podocarpidites* 组合等。具交错层理、水平层理，为湖沼相沉积，其上被窑街组不整合覆盖。在大通河盆地与尕勒得寺组相互过渡，沉积时代为晚三叠世。南营儿组以其细碎屑岩夹煤线和油页岩为特征而区别于西大沟组，宏观岩性特征明显，标志清晰，为一良好的填图单元。

郡子河群 TJZ (05-63-0702)

【创名及原始定义】 郡子河群由丁培榛等（1963）创名的“郡子河系”演绎而来，创名地为青海省天峻县郡子河两岸。原义指“发育于南祁连山的海相三叠纪沉积地层”。分别以郡子河上统、郡子河中统、郡子河下统，代表三叠纪晚、中、早期沉积。

② 青海省第九地质队，1990，1∶5万大通县幅等（J-47-120-A、B、C、D）区域地质调查报告（地质部分），青海省地矿局。

【沿革】 丁培榛（1965）又将“郡子河系”改称郡子河群，涵义同上。1976年西北区断代地层会议改称“郡子河组”，并将其厘定为“代表中三叠世Anisian期地层”。将其下三叠统，根据青海省地层表编写小组的建议，厘定为“阳康群”。《西北地区区域地层表·青海省分册》(1980)，《青海省区域地质志》(1991）沿用。本书恢复“郡子河群”。

【现在定义】 指分布于中祁连山、南祁连山地区平行不整合或整合于巴音河群忠什公组之上、默勒群阿塔寺组之下一套以碎屑岩为主夹碳酸盐岩的地层组合序列，自下而上由下环仓组、江河组、大加连组、切尔玛沟组并合而成。

【地质特征及区域变化】 郡子河群为一套海相碎屑岩夹碳酸盐岩沉积。其下部为碎屑岩，底部常以砾岩、含砾砂岩平行不整合或整合于忠什公组之上；中部以碎屑岩夹碳酸盐岩或以碳酸盐岩为主体，含丰富的双壳类、菊石化石；上部以碎屑岩为主夹薄层碳酸盐岩或凸镜体。总体为一较为完整的沉积旋回层系，其上被海陆交互相的阿塔寺组平行不整合覆盖。分布于南祁连山及中祁连山中部、东部。地质时代为早、中三叠世。

下环仓组 T*xh* （05-63-0703）

【创名及原始定义】 青海省地层表编写小组1976年创建下环仓组（1980年发表），“代表中、南祁连山早三叠世下斯西期地层”。典型地点为青海省天峻县下环仓乡之西约5 km的草地沟。

【沿革】 下环仓组创建时，系指“阳康群”的下部层位。杨遵仪等（1983）在《南祁连山三叠系》专著中，依据岩性将下环仓组分为下部紫色砂岩段，上部灰绿色砂岩段。其中灰绿色砂岩段仅局限于沉积盆地中心部位，不能外延。本书依据岩石地层单位划分准则，重新厘定下环仓组涵义。

【现在定义】 指平行不整合或整合于忠什公组含陆生植物化石的细碎屑岩组合之上，整合于江河组碎屑岩与碳酸盐岩互层组合之下的一套含丰富双壳类化石的碎屑岩地层。沉积盆地中心下部为紫红色中粗—不等粒石英砂岩、次长石砂岩；中上部为灰绿色中细粒长石砂岩、粉砂岩等，底以不整合面或粗碎屑岩的始现分界。区域上以紫红色不等粒砂岩为主，顶以灰岩始现分界。

【层型】 正层型为胡永元等（1973）测制的草地沟剖面（99°18′，37°25′）第1—18层（杨遵仪等，1983）。

【地质特征及区域变化】 下环仓组广泛分布于中祁连山、南祁连山地区，横向上岩性变化较大，正层型（沉积盆地中心）下部由紫红色中粗粒—不等粒石英砂岩、次长石砂岩夹长石砂岩组成，中上部由灰—灰绿色中细粒石英砂岩、长石砂岩、粉砂岩、粉砂质页岩等组成，厚度230～260 m。下部化石种属及数量均少，主要是 *Claraia aurita* 及与其相似的 *C. yangkangensis*，它们自底层面5～15 m开始出现，直至第4层。中上部生物属种及数量逐渐增多，富含 *Eumorophotis multiformis* 等。横向上岩性变化虽大，但总体以紫红色为主。正层型以北小多索河一带，下部主要为紫红色粉砂岩和砂岩；上部为灰色长石石英砂岩和复成分细砾岩，厚71 m。底被断层切断，顶与江河组整合。正层型地以西，在苏令郭勒一带，主要为紫色粉砂岩，底部为浅紫色砾岩，厚119 m，与下伏忠什公组整合接触。在沉积盆地西部边缘牙马台一带，下部为紫红色含砾粗粒长石石英砂岩，上部粒度变细，为细粒石英砂岩夹粉砂质页岩，厚度162 m，与下伏忠什公组、上覆江河组整合接触。正层型地以东在拉龙哇尔玛地区，岩性主要为紫红色、猪肝色长石石英砂岩夹粉砂岩，底部有一层厚18 m之含砾石英砂岩，厚度 373 m，与上覆、下伏地层整合接触。在刚察大寺西亦是以紫红色石英砂岩为主，夹灰绿色、灰白色中—细粒石英长石砂岩，厚度 225 m，与上覆、下伏地层整合接触。正层型地东南方向在天朋乡多洛给沟一带，为灰绿色粉砂岩，底部是砂砾岩及细粒次长石砂岩，厚度 44 m。在尖扎县多加一带，呈不整合超覆于化隆（岩）群之上，以灰—灰紫色岩屑长石砂岩、砾岩为主，厚度 143～153 m，产菊石 *Procladiscites*、双壳类 *Nuculana* 等。时代为中三叠世。在大通县桥头镇及乐都县迭沟一带，主要为紫红色、褐黄色砾岩、含砾砂岩、钙质长石石英砂岩、石英砂岩、粉砂岩等，呈不整合超覆在克素尔组之上。厚度 352.2 m。产双壳类：*Unionites*，*Bakevellia*，*Pteria*，*Gervillia*；腕足类：*Lingula* 等及孢粉：*Punctatisporites*-*Calamospora*-*Cycadopites* 组合等，时代为早三叠世。在化隆一带超覆不整合于化隆（岩）群之上，为灰紫色、灰褐色巨层状含砾不等粒长石岩屑砂岩及长石砂岩，底部为杂色复成分砾岩，厚度 105 m。

下环仓组下部化石群以 *Claraia aurita* 为特点。在下环仓地区双壳类的分异度很低，H（S）大于 0.5（杨遵仪等，1983）。岩层层面多波痕、泥裂、斜层理，反映其处于长期风化后海侵开始的滨海地带，亦可能有淡水渗入。盐度偏低，造成了化石属种贫乏和单一的特征。在忠什公地区，双壳类化石分异度 H（S）为 0.5～1，说明其海水比下环仓地区较深，但偶见波痕、雨痕等，亦属滨海环境。在正层型地以南天峻县陀龙沟一带，双壳类化石的分异度明显增高，H（S）可达 1.4，反映该地区海水较深，岩性以长石砂岩、次长石砂岩为主，偶夹砾岩，说明其沉降速度亦较快。

下环仓组下部 H（S）和 E（均衡度）都略低于上部，且岩性由粗变细，石英成分由多变少，说明其从下至上为一个海侵过程的初始阶段。

下环仓组在正层型所在地与下伏忠什公组为平行不整合接触，但在盆地周边为整合接触，这种明显的不协调是研究程度较低、认识不一致造成的，或是实际情况就是如此，尚待研究。

下环仓组依据各地所含动物化石分析，其沉积时代各地不一，在草地沟一带为早三叠世早期，向沉积盆地边缘，层位逐渐抬高，时代渐新，在小多索河一带为中三叠世。在大通县桥头镇一带可延续到中三叠世晚期。在西部苏令郭勒一带为中三叠世早期。

综上所述，下环仓组为一具穿时的岩石地层单位（图 6-2）。

江河组　T*j*　（05-63-0704）

【创名及原始定义】　青海省地层表编写小组（1976）创建江河组（1980 年发表），“代表中南祁连山早三叠世上斯西期地层”。

【沿革】　江河组创名者将其隶属于阳康群的上部。杨遵仪等（1983）依据岩性组合和生物特征，将江河组由下而上划分为碎屑岩段和灰岩段。本书沿用“江河组”，并依其岩性宏观组合特征，对界线重新进行了修订。阳康群为青海省地层表编写小组创名，西北区断代地层会议介绍的地方性年代地层单位，代表中、南祁连山下三叠统，明显地属于以群代统的年代地层单位，它包含下部下环仓组和上部江河组。本书依据优先权，将其归并于郡子河群中，建议停用仅相当郡子河群一部分的阳康群。

【现在定义】　指整合于下环仓组碎屑岩组合之上、大加连组碳酸盐岩组合之下，一套由浅灰、灰绿色长石砂岩、粉砂岩、页岩与生物碎屑灰岩呈互层组合的地层序列。底以灰岩的始现为界，顶以碎屑岩的消失为界，富含双壳类、腕足类化石。

【层型】　正层型为胡永元等（1973）测制的天峻县草地沟剖面（99°18′，37°25′）第 19—

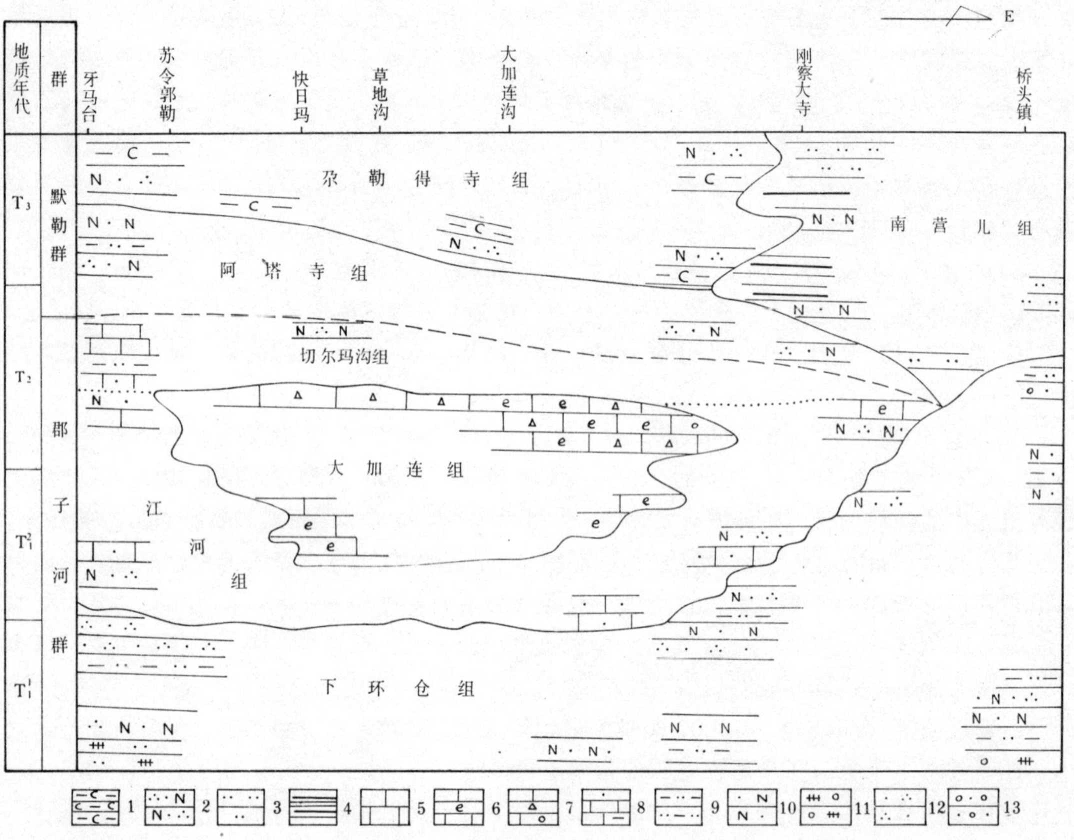

图 6-2　中祁连山、南祁连山三叠纪岩石单位格架示意图

1. 碳质页岩；2. 长石石英砂岩；3. 粉砂岩；4. 煤层、煤线；5. 灰岩；6. 生物碎屑灰岩；7. 角砾状、砾状灰岩；8. 砂质、泥质灰岩；9. 泥质粉砂岩；10. 长石砂岩；11. 复成分砾岩；12. 石英砂岩；13. 砂砾岩、含砾砂岩

25 层（杨遵仪等，1983）。

【地质特征及区域变化】　江河组横向上岩性变化不大，由正层型地（沉积中心）向东、西方向延伸仅表现为碎屑组分有增加的趋势。在正层型地北小多索河一带，以灰色、深灰色砂岩为主夹泥质灰岩，厚度 451 m。正层型地向西在亚合隆许玛尔岗一带，以浅灰色、灰绿色粉砂岩、长石细砂岩、生物灰岩为主。灰岩中产双壳类：*Leptochondria minima* 等化石，厚度 215.4 m，时代为早三叠世。在苏令郭勒一带，以灰色、灰绿色石英砂岩、细砂岩、页岩夹灰岩为主，并见有凸镜状或串珠状菱铁矿结核。厚度 587.7 m。灰岩中产双壳类：*Eumorphotis iwanowi*，*Myophoriopis*，*Praechlamys*；腕足类：*Pseudospiriferina* 等化石。时代为早三叠世—中三叠世。在盆地边缘牙马台一带，下部为灰黑色粉砂质页岩夹薄层砂质灰岩，产双壳类：*Pecten michaeli*；腹足类：*Naticopsis signata* 和植物化石碎片。上部为灰色细粒石英砂岩、杂砂岩夹泥质灰岩，产双壳类：*Pecten michaeli*；腕足类：*Spiriferina tsinghaiensis*，*S.* cf. *bifurcata*，*S.* cf. *lipoldiformis*，*Aulacothyris angusta* 等，出露厚度大于 278 m。顶部出露不全，底与下环仓组整合接触。沉积时代为早三叠世—中三叠世。正层型地向东在拉龙瓦尔玛、拉龙

修玛地区，为灰色、灰白色、灰黄色石英砂岩夹结晶灰岩。灰岩中产腕足类：*Aulacothyris*，厚度 246 m，与下伏、上覆地层为整合接触，沉积时代为中三叠世。在刚察大寺以西为灰绿色钙质砂岩夹生物灰岩。灰岩中产双壳类：*Eumorphotis*，*Posidonia*，*Myophoria*；腕足类：*Spiriferina bifurcata* 等，厚度 198 m，沉积时代为中三叠世，与上覆、下伏地层整合接触。在大通县桥头镇一带，为灰绿色砂质页岩夹长石石英砂岩及生物灰岩。灰岩中产双壳类：*Neoschizodus laevigatus*，*Entolium* cf. *tenuistriatum*，*Leptochondria*，*Hoernesia* aff. *socialis* 等，厚度仅 11.18 m，时代为中三叠世。

总观江河组在横向上各地厚度变化较大，在沉积盆地中心厚度仅 22 m，向西至苏令郭勒、牙马台一带，厚度分别达 587 m 和 270 m 以上。向东至拉龙瓦尔玛、拉龙修玛地区厚度增大至 264 m 以上。在南北方向，向北碎屑成分显著增多，向南泥钙质显著增加。从生物角度分析，在草地沟剖面双壳类化石群分异度 H (S) 在 0.5～1 与 1～1.5 之间，均衡度 E 出现 0.45 的低值（杨遵仪等，1983），说明海水浅，可能接近海岸，而向西南至忠什公、陀龙沟地区，则分异度 H (S) 出现高于 1.5 的值，均衡度也高，岩石成分中出现较多的生物鲕状灰岩或生物碎屑灰岩，说明海水深度较大，属海进序列的浅海环境。在沉积时代上表现出各地不一，盆地中心为早三叠世，盆地边部时代较晚，为中三叠世，具有较为明显的穿时性（图 6-2）。

大加连组　T*d*　(05-63-0705)

【创名及原始定义】　青海省地层表编写小组（1980）依据天峻县下环仓乡大加连沟剖面创名“大加连段”。原指“郡子河组”下部地层，“主要由生物碎屑灰岩、鲕状灰岩及条带状灰岩，偶夹砂岩组成的地层，时代为早 Anisian 期”。

【沿革】　“大加连段”自创建以来变化不大。青海省地矿局（1991）在《青海省区域地质志》中沿用。本书依据岩石地层单位划分准则，将原江河组上部“灰岩段”和“大加连段”合并重新厘定为大加连组。

【现在定义】　指整合于江河组碎屑岩与碳酸盐岩互层组合之上、切尔玛沟组细碎屑岩夹碳酸盐岩组合之下的，一套主要由碳酸盐岩组合而成的地层序列。底以中厚—厚层灰岩的始现与江河组分界，顶以碎屑岩的始现与切尔玛沟组分隔，富含双壳类、腕足类、腹足类化石。

【层型】　正层型为胡永元等（1973）测制的大加连沟剖面（99°24′，37°28′）第 1—33 层（杨遵仪等，1983）。参考剖面有天峻县亚合隆许玛尔岗剖面（98°11′，38°02′）（甘肃省区调队，1985）及刚察县拉龙修玛河剖面（100°18′，37°19′）（青海省区测队，1966）等。

【地质特征及区域变化】　大加连组在横向上岩性稳定，变化不大，为一大的凸镜状地层体。向盆地边缘变薄，正层型所在地向西在亚合隆许玛尔岗一带，下部为紫红色厚层—块层状灰岩；上部为深灰色角砾状灰岩、灰岩。含动物化石碎片，厚 226.2 m。在苏令郭勒一带，为灰—浅灰色中层—厚层状灰岩，含丰富的腕足类：*Pseudospiriferina tsinghaiensis* 等；双壳类：*Amonotis tongrenensis* 等，沉积时代为中三叠世早期，厚度仅 21 m，再向西尖灭。正层型所在地向东在拉龙瓦尔玛，厚度 128 m，到拉龙修玛厚度仅 29 m，岩性为深灰色厚层状灰岩，在刚察大寺一带消失。正层型所在地以北在小多索河一带消失。正层型所在地向南在阿尔扎沟一带，为灰黑色、灰色灰岩、角砾灰岩、粉砂质灰岩，厚度 449 m。与下伏江河组、上覆切尔玛沟组整合接触。

总观大加连组在盆地中心（正层型地），沉积时代为早三叠世晚期—中三叠世早期；向盆地边部时代较晚，为中三叠世（图 6-3）③、（图 6-4）。本组亦为一具穿时特征的、岩性宏观特征明显的、标志清晰的良好制图单元。

切尔玛沟组　Tq　（05-63-0706）

【创名及原始定义】　青海省地层表编写小组（1980）依据天峻县下环仓乡切尔玛沟剖面创名“切尔玛段”。原指“郡子河组上部主要由碎屑岩组成，含极为丰富的腕足类、腹足类、双壳类、菊石的一段地层。与上覆默勒群假整合接触，与下伏大加连段整合接触”。属晚 Anisian 期地层。

【沿革】　“切尔玛段”基本为一岩石地层单位。本书沿用并将其厘定为“切尔玛沟组”。

【现在定义】　指整合于大加连组碳酸盐岩组合之上，平行不整合或整合于阿塔寺组碎屑岩组合之下的，一套由灰—灰黑色钙质粉砂岩、粉砂岩、细砂岩为主夹灰色生物碎屑灰岩组合而成的地层序列。顶以平行不整合面或灰岩的消失与阿塔寺组分界，底以碎屑岩的始现与大加连组分隔。富产腕足类、腹足类、双壳类、菊石等化石。

【层型】　正层型为何元良等(1973)测制的天峻县下环仓乡切尔玛沟剖面(99°14′,37°30′)(青海省地层表编写小组，1980)。副层型为天峻县织合玛乡莫力克沟剖面（99°11′，37°35′）(杨遵仪等，1983)。

【地质特征及区域变化】　切尔玛沟组在正层型所在地，下部为灰—灰绿色钙质粉砂岩夹灰色生物碎屑灰岩或灰岩凸镜体；中部为浅灰色—灰色中细粒长石砂岩与粉砂岩、粉砂质页岩互层夹薄层灰岩；上部由灰—灰绿色中厚层—厚层钙质粉砂岩、粉砂质页岩组成。厚度 159.4 m，化石丰富，沉积时代为中三叠世。横向上岩性特征及组合方式较稳定，但厚度变化较大。正层型所在地向西至阳康曲，与下伏大加连组、上覆阿塔寺组均为整合接触，厚度93 m。下部为灰色生物灰岩夹灰绿色粉砂质钙质板岩；上部为灰白色细粒长石砂岩夹砂质灰岩凸镜体。灰岩中产腕足类：*Spiriferina*? *bifurcata*，*Aequspiriferina multiplicata*，*Aulacothyris*；菊石：*Lenotropites qinghaiensis*，时代为中三叠世。在苏令郭勒厚度仅 19 m，为灰—灰绿色长石石英砂岩夹生物灰岩。产双壳类：*Entolium*，*Unionites spicatus*，*Asoella*，*Placunopsis* aff. *plana* 等，沉积时代为中三叠世。正层型所在地从北至亚合隆许玛尔岗一带，厚度 47.30 m，为淡肉红色厚层生物灰岩夹灰绿色薄层—中层细粒长石砂岩。灰岩中产双壳类：*Leptochondria albetii*，*Pteria*；腕足类：*Brachythyris*。与下伏大加连组整合接触，与上覆阿塔寺组为平行不整合接触，时代为中三叠世。正层型所在地向东在拉龙瓦尔玛地区厚度 206 m，为长石石英砂

---

③　图 6-3 化石代号及名称为：1. *Claraia aurita*；2. *C. yangkangensis*；3. *Eumorphotis multiformis*；4. *Unionites fassaensis*；5. *U. canalensis*；6. *Promyalina putiatinensis*；7. *P. intermedia*；8. *Tirolites cassianus*；9. *E. huancangensis*；10. *E. iwanowi*；11. *Leptochondria minima*；12. *L. minima laevis*；13. *L. bittneri*；14. *Meekoceras* 及 *Nordophiceras*；15. *Promyalina magnus*；16. *Bakevellia pannonica*；17. *B. exporrecta*；18. *E. inaequicostata*；19. *Proanadyrella circularis*；20. *E. hinnitedea*；21. *Tellina*? *qilianensis*；22. *Palaeolima* sp. 及 *Mysidioptera* sp.；23. *Posidonia* sp. 及 *Plagiostoma* sp.；24. *Neomorphotis spinosa*；25. *N. intermedia*；26. *N.* sp.；27. *L. albertii* 及 *L. albertii plana*；28. *L. subparadoxica*；29. *L. illyrica*；30. *L. subillyrica*；31. *L. jiunzhiheensis* 及 *L. gangcaensis*；32. *Qingthyris variabilis*；33. *Curionia yini* 及 *C. bicostata*；34. *Sinucostella obscura*；35. *Hirsutella extraruga*；36. *Pseudospiriferina tsinghaiensis*；37. *Neomorphotis gigantea*；38. *Pseudoaplococeras* cf. *vogdesi* 及 *P. costatum*；39. *Tianjunites tuberculatus* 及 *T. spinosus*；40. *Qilianshanites qiermaensis*；41. *Latinewaagia qilianensis*；42. *B. inaequivalae*；43. *Leviconcha ovata* 及 *L. orbicularis*；44. *Elegantinia elegans*；45. *Neoschizodus laevigatus elongatus* 及 *N. laevigatus elargatus*；46. *Palaeoneilo* sp.；47. *Parantiptychia robusta*；48. *Yangkongia planofolda*；49. *Pseudospiriferina pauciplicata*；50. *Sulcatinella ovata*；51. *Plagiostoma pararegularis*；52. *Pleuronectites laevigatus*；53. *Mytilus eduliformis praecusor*；54. *Lissorhynchia minuta*；55. *Leptochondria virgalensis*；56. *Neoschizodus concentricus*；57. *Placunopsis*；58. *Schwagerispira jianheensis*；59. *Worthenia conica*；60. *Marmolatella plana*

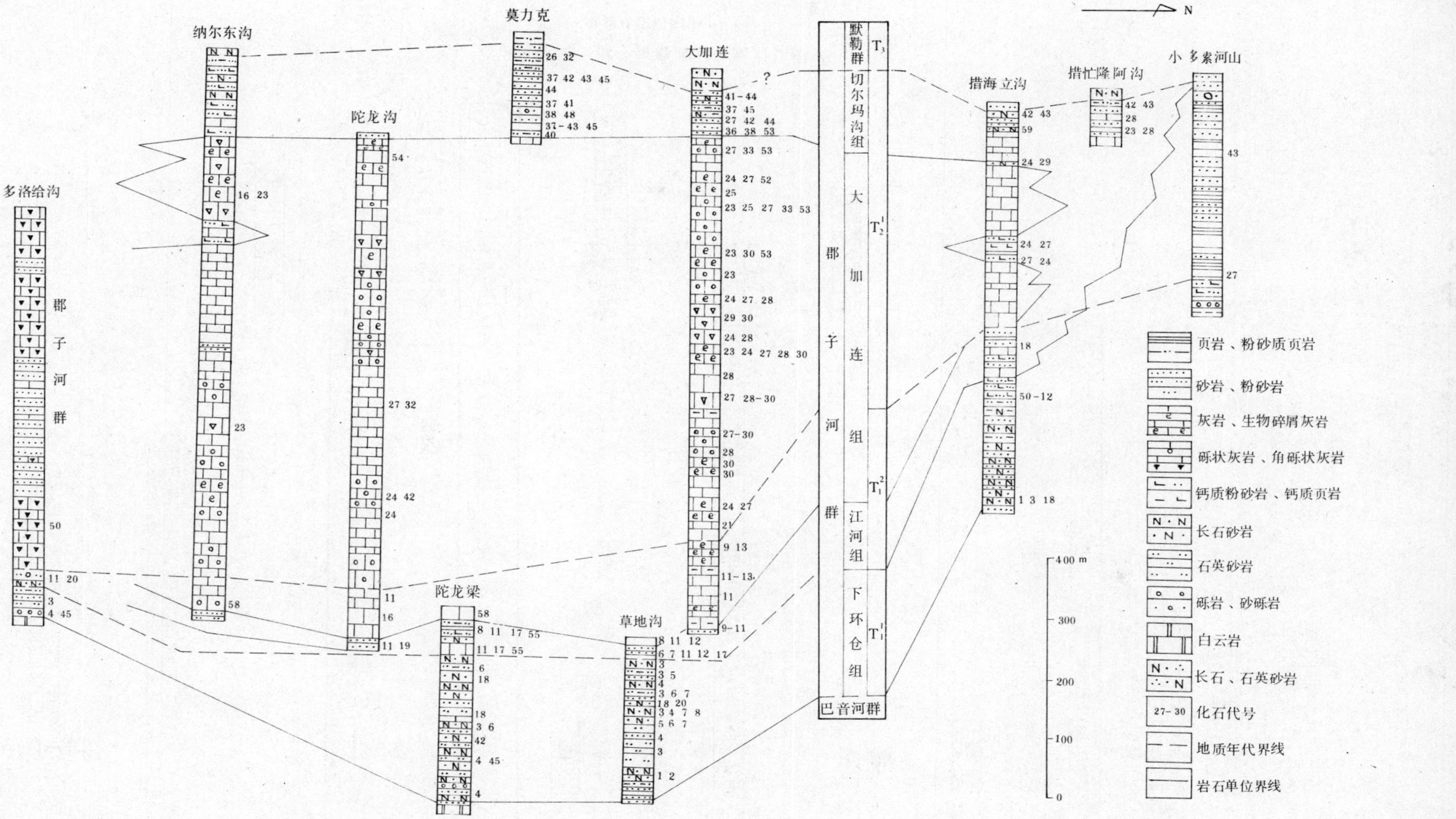

图 6-3 郡子河群时空关系对比图

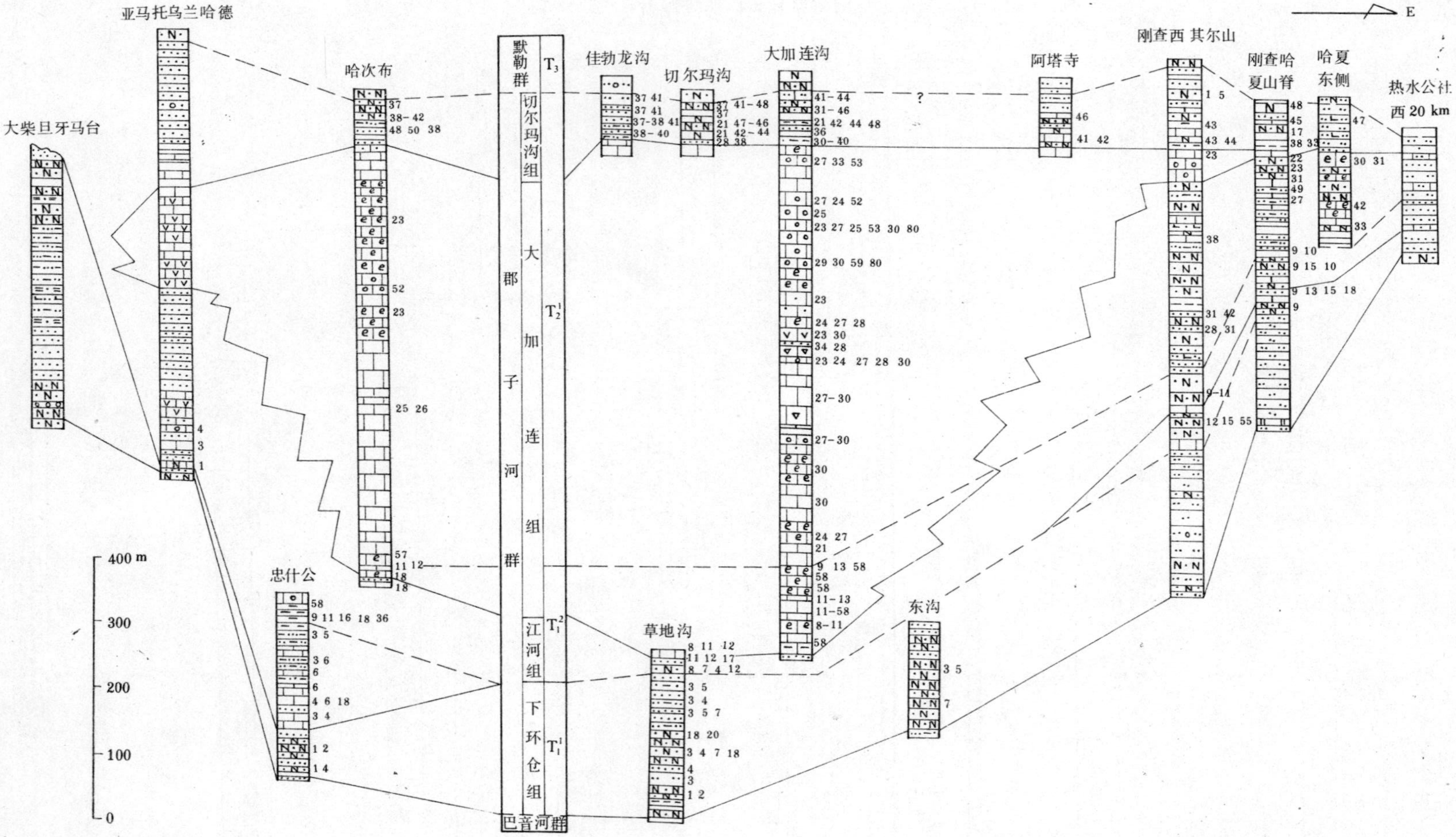

图 6-4　郡子河群时空关系对比图

（图例及说明同图 6-3）

岩夹灰岩凸镜体。向东延至化隆地区，下部为灰色、灰绿色中细粒长石砂岩、粉砂岩夹块层状亮晶灰岩。灰岩中产头足类：*Pleuronautilus qinghaiensis*，*Syringonautilus spitiensis*；双壳类：*Eumorphotis* sp.；腕足类：*Parantiptychia elongata*。上部为灰色—深灰色中细粒长石砂岩，顶部粒度变粗，夹粉砂质粘土岩，产菊石：*Semiornites* sp.，*Nicomedites* sp.，*Anagymnotoceras* sp.，*Procladiscites* sp. 等，厚度大于 190 m。

切尔玛沟组从各地所产古生物化石分析，其沉积时代应为中三叠世。据杨遵仪等在大加连沟剖面测得所含双壳类化石群的分异度，由下向上逐渐变小，且岩性组合由下向上碎屑组分增大，同时根据临近盆地边缘上部层位中出现灰岩岩屑等特征判断，切尔玛沟组以海退进积型沉积为主。

综合上述，郡子河群为一较完整的沉积序列，即由退积型—进积型沉积旋回组成。从动物群特征分析，其沉积中心位于天峻县下环仓一带。郡子河群所含各组均具明显的侧向堆积穿时特征，尤其是大加连组为一较大的凸镜体并位于江河组和切尔玛沟组之间。江河组和切尔玛沟组岩性特征及其组合方式一致，二者在沉积盆地边缘难以区分，依岩石地层单位划分准则二者应为同一岩石地层单位，大加连组实为其中包含的凸镜体，但为了表示其上下层位关系和大加连组具有一定的区域延展性。本书将其分别厘定为组级单位，其中江河组与切尔玛沟组在盆地边缘的分界则是人为地分割。

【其他】 郡子河群所含各组在沉积盆地南缘宗务隆山一带，不易区分，为一大套碎屑岩、碳酸盐岩呈巨厚互层状组合。本书仍以郡子河群代表该套地层。郡子河群在横向上与隆务河群为相变过渡关系。相变过渡带在青海南山一带，岩性特征及其组合方式极为复杂，为一混杂堆积带。

默勒群 T*M* (05-63-0707)

【创名及原始定义】 青海省地层表编写小组（1976）创建默勒群（1980 年发表）。原始定义指："中祁连山、南祁连山小区凡以陆相为主，有海相或可疑的海相夹层的上三叠统（T_3）均用默勒群（T_3m_1）一名"。

【沿革】 默勒群自创名以来变化不大，此前，甘肃省第二区测队（1972—1974）曾将祁连山西部该套地层命名为"哈伦乌苏群"，但沿用不广，在后来的区域地质调查和公开出版物中，均沿用"默勒群"一名代表该套地层。杨遵仪等（1983）在《南祁连山三叠系》一书中，据生物组合、岩性特征等，将默勒群自下而上划分为阿塔寺组、尕勒得寺组。本书考虑默勒群已公开发表，沿用广泛，知名度较高等因素，仍沿用默勒群。"哈伦乌苏群"作为"默勒群"的同物异名，建议停用。

【现在定义】 指分布于中祁连山、南祁连山地区，位于郡子河群之上一套以碎屑岩为主夹碳质页岩的地层序列，底以平行不整合或整合与郡子河群切尔玛沟组分界，顶以不整合面与大西沟组分界。自下而上包含阿塔寺组、尕勒得寺组。

【地质特征及区域变化】 默勒群为一套海陆交互相—陆相的碎屑岩岩系。底部为灰白色、灰绿色及暗紫色砂岩、含砾砂岩，偶夹灰绿色或紫红色粉砂岩；下部以灰色、深灰色粉砂岩、粉砂质页岩及砂岩互层为主；上部基本是灰色—深灰色粉砂岩、粉砂质页岩与灰色—浅灰色砂岩组成的韵律层，夹碳质页岩，偶见薄煤层及煤线。分布于刚察大寺—阳康、哈拉湖一线以北地区。地质时代为中三叠世晚期（?）—晚三叠世。

阿塔寺组 T*a* （05-63-0708）

【创名及原始定义】 杨遵仪等（1983）创建阿塔寺组于刚察县伊克乌兰乡阿塔寺沟。指“晚三叠世Carnian期沉积地层，分上段、下段。下段为灰白色、灰绿色及暗紫色砂岩、含砾砂岩，偶夹灰绿色或紫红色粉砂岩；上段为灰、深灰色粉砂岩、粉砂质页岩夹碳质页岩及砂岩或互层。”

【沿革】 阿塔寺组相当于丁培榛1965年所称“上郡子河群”的下部层位。本次清理认为“默勒群”与“郡子河群”之间有平行不整合面存在，且二者沉积相不同，郡子河群为海相沉积，默勒群为海陆交互相—陆相沉积，故将二者分开为宜。

阿塔寺组创名以来变化不大。本书依其宏观岩性特征及组合方式、层位相对一致为准则，将原阿塔寺组和尕勒得寺组的分界进行了修订，即修订后的阿塔寺组主体相当原“阿塔寺组”的下段部分。

【现在定义】 指平行不整合或整合于切尔玛沟组之上、整合于尕勒得寺组之下一套以灰色、灰绿色长石砂岩为主夹粉砂岩，下部夹石英砂岩组合而成的下粗向上逐渐变细的地层序列。与上覆尕勒得寺组以不含碳质页岩而区分，并以碳质页岩的始现分界。与下伏切尔玛沟组以平行不整合面或粗碎屑岩的始现，灰岩的消失分隔。产双壳类和植物化石。

【层型】 正层型为刘广才等（1975）测制的阿塔寺沟部面（99°56′，37°40′）第1—4层（杨遵仪等，1983）。

上覆地层：**尕勒得寺组** 灰色细粒次长石砂岩与暗灰色粉砂岩互层，偶夹碳质页岩及碳质粉砂岩

——————— 整 合 ———————

阿塔寺组　　总厚度 606.77 m

4. 绿灰色—深灰色粉砂岩　　27.13 m
3. 灰色巨厚层—巨层中粒—细粒次长石砂岩，偶夹暗紫色细粒次长石砂岩及暗紫色巨厚层细粉砂岩　　250.10 m
2. 灰色中层—薄层细粒泥质次长石砂岩及灰色—灰绿色中厚层杂砂质次长石砂岩。前者产双壳类：*Elegantinia elegans*, *Bakevellia*? sp.　　29.43 m
1. 灰色—灰绿色巨层不等粒—中粗粒次长石砂岩、石英砂岩夹灰色巨层粉砂岩及粉砂质页岩　　300.11 m

------- 平行不整合 -------

下伏地层：**切尔玛沟组** 深灰色页片状—薄层钙质细粒长石砂岩与粉砂质页岩互层。产双壳类：*Palaeoneilo* sp., *Chlamys* sp.

【地质特征及区域变化】 阿塔寺组主要分布在中祁连山、南祁连山中西部。从全区观之主要为灰白色、灰绿色及暗紫色砂岩、含砾砂岩（多居下部），偶夹灰绿色或紫红色粉砂岩。岩性变化不大，但厚度各地不一。正层型厚度606.77 m，正层型西北疏勒河及大通河流域厚度较薄，在乔木擦陇洼剖面厚度234.2 m，希尔陇剖面厚度418.9 m，苏令郭勒剖面厚度740.3 m，哈仑乌苏剖面厚度384.5 m。产双壳类：*Pseudocardinia*? sp., *Utschamiella*? sp.（淡水）；在琼北一带厚度495 m，向南在阳康曲剖面厚度384.5 m。

阿塔寺组含古生物化石稀少，从正层型剖面第2层所产化石分析，应为晚三叠世。但该

层之下还有 300 m 的哑地层。除在正层型剖面和乔木擦陇洼剖面，见其与下伏切尔玛沟组为平行不整合外，大部分剖面所见均为整合接触。从其上覆、下伏地层推断其沉积时代为晚三叠世早期，但不排除有中三叠世晚期的可能。

尕勒得寺组 Tg (05-63-0709)

【创名及原始定义】 尕勒得寺组为杨遵仪等（1983）创名于祁连县默勒乡尕勒得寺。指："上三叠统诺利—瑞替期沉积地层。岩性基本是灰色、深灰色粉砂岩、粉砂质页岩与灰色—浅灰色砂岩组成的韵律层，局部见碳质页岩、煤层或黑色页岩。"

【沿革】 尕勒得寺组其层位相当丁培榛（1965）所称的上郡子河群和甘肃省第二区测队（1972）所称的哈仑乌苏群的上部地层，创名以来变化不大。本书依据岩石地层单位划分准则，将杨遵仪等（1983）所划的"阿塔寺组"上段含碳质页岩地层归并于尕勒得寺组。

【现在定义】 指整合于阿塔寺组碎屑岩组合之上，由灰色—深灰色粉砂岩、粉砂质页岩夹碳质页岩及砂岩或呈互层组合而成的地层序列。以细碎屑岩为主夹碳质页岩为特征而区别于阿塔寺组。底界以碳质页岩的始现为界。顶界层型未出露。区域上与大西沟组或晚于大西沟组的地层呈不整合接触。

【层型】 正层型为刘广才等（1975）测制的刚察县热窝尔至那格藏剖面（99°54′，37°43′）第 1—13 层（杨遵仪等，1983）。

尕勒得寺组 总厚度＞859.54 m

13. 灰色巨层细粒杂砂质次长石砂岩（未见顶） ＞6.59 m
12. 灰色泥质粉砂岩夹灰色—深灰色次长石砂岩，偶夹碳质页岩 136.83 m
11. 灰色中厚层次长石砂岩、长石砂岩与泥质粉砂岩互层。局部夹碳质页岩，产植物：*Neocalamites carrerei*，*N.* sp.，*Sphenobaiera* sp.（cf. *S. spectabilis*），*Glossophyllum*? *shensiense* 115.94 m
10. 灰色、深灰色泥质粉砂岩，偶夹长石砂岩及碳质页岩。产植物：*Neocalamites carrerei*，*N.* sp.，*Danaeopsis fecunda*，*Pseudodanaeopsis sinensis*，*P.* sp.，*Glossophyllum*? *shensiense*，*Taeniocladopsis rhizomoides* 113.49 m
9. 灰色巨层中粒—细粒次长石砂岩 15.49 m
8. 灰色—深灰色泥质粉砂岩夹细粒长石砂岩，偶夹碳质页岩 103.55 m
7. 上部为灰色中薄层粉砂质泥岩，下部为灰色中厚层细粒长石砂岩夹泥质粉砂岩。产淡水双壳类：*Utschamiella longa*；植物：*Neocalamites carrerei*，*Danaeopsis fecunda*，*Sphenobaiera* sp.，*Glossophyllum*? *shensiense*，*Taeniocladopisis rhizomoides* 15.03 m
6. 灰色泥质粉砂岩、粉砂岩，偶夹灰色杂砂岩及碳质页岩。产植物：*Neocalamites carrerei*，*N.* sp.，*Glossophyllum*? *shensiense*，*Podozamites* sp.，*Radicites* sp. 162.01 m
5. 灰色巨层中粒杂砂岩夹少量泥质粉砂岩 16.72 m
4. 灰色泥质粉砂岩与碳质页岩互层，偶夹细粒长石砂岩。产植物：*Equisetites* sp.，*Neocalamites* sp.，*Pterophyllum* sp.，*Glossophyllum*? *shensiense*，*Sphenopteris* sp. 50.89 m
3. 深灰色泥质粉砂岩与碳质页岩互层，偶夹细粒长石砂岩。产植物：*Neocalamites meriani*；*N.* sp.，*Acitheca qinghaiensis*（sp. nov.），*Sagenopteris lanceolata*，*Ginkgoites* sp. 77.62 m
2. 深灰色巨层中细粒杂砂岩 33.38 m
1. 碳质页岩夹灰色泥质粉砂岩。产植物：*Neocalamites* sp. 12.00 m

——————整　合——————

下伏地层：**阿塔寺组**　灰色巨厚层中粒—细粒长石砂岩

尕勒得寺组在正层型中，顶出露不全，以界线层型厘定之。即位于阿塔寺组之上，凡出现碳质页岩夹层的碎屑岩组合均属于该组，顶以不整合面为界。

【地质特征及区域变化】　尕勒得寺组主要分布在中祁连山、南祁连山中西段。基本上为一自下而上由灰色—深灰色粉砂岩、粉砂质页岩夹碳质页岩，灰色、浅灰色泥质粉砂岩、次长石砂岩、长石砂岩互层，灰色杂砂质次长石砂岩组成的韵律层。区域上岩性较为稳定，变化不大。但受构造破坏，各地出露厚度差异较大。正层型地向西在阿塔寺剖面厚度897.82 m。除产丰富的植物化石：*Neocalamites*，*Todites shensiensis*，*Sphenopteris chowkiawanensis* 等外，还产有淡水双壳类：*Utschamiella longa*。在阳康曲剖面出露厚度432.60 m。下部产植物：*Neocalamites carcinoides*。在乔木擦陇洼剖面出露厚度36.2 m。产植物：*Equisetites*，*Neocalamites* 和双壳类：*Sibireconcha shensiensis* 等。在哈仑乌苏剖面厚度1 414 m，其上被大西沟组不整合覆盖。产植物：*Neocalamites*，*Danaeopsis fecunda* 和淡水双壳类：*Unio* sp.，*Utschamiella longa*，*U.* aff. *longa*。

尕勒得寺组在横向上分布于北祁连、中祁连东段，与南营儿组呈相变过渡关系(图6-2)。南营儿组以其含有较多的煤线和油页岩等与尕勒得寺组区分。

从各地所产动物、植物化石分析，尕勒得寺组形成时代为晚三叠世。

隆务河群　T*L*　(05-63-0720)

【创名及原始定义】　刘东生（1955）在青海省尖扎县隆务河口创建“隆务寺河统”，“代表含 *Subinyoites*，*Aspenites* 菊石的下三叠纪时代的地层。”

【沿革】　陈庆宣、李玉龙（1956），将分布于贵德县西龙羊峡两岸之早三叠世地层，命名为龙羊峡统（龙羊峡群），并明确指出其层位相当刘东生的隆务寺河统，岩性宏观特征亦与隆务寺河统一致，甘肃省第一区测队改称隆务河群。青海省地层表编写小组1976年依据甘肃省第一区测队（1972）区调成果，认为原剖面包括了中三叠世之Anisian期地层，故将隆务河群一名仅限于下三叠统，将依据生物群厘定为中三叠世的地层部分，采用青海省第七地质队创名的“古浪堤组”（西北区断代地层会议1976年介绍）。青海省第二区调队（1986），将分布于池塘一带的三叠纪地层创名池塘群。青海省区调综合地质大队（1990）在龙羊峡地区，将“龙羊峡群”由下而上划分为拉果组和赛曲组④。青海省地矿局（1991）在《青海省区域地质志》中介绍，并沿用了南京地质古生物研究所、青海省第七地质队1976年依据同仁县双朋西果木喀—江里沟剖面生物研究成果，将“隆务河群”肢解为下部果木沟组和上部江里沟组。综上所述隆务河群的创名和依据生物对其肢解均属地方性年代地层单位。本书依据清理原则，沿用隆务河群一名，并将其厘定为岩石地层单位。

【现在定义】　隆务河群厘定的涵义，指不整合或平行不整合于甘家组碳酸盐岩与砂板岩互层组合及尕海群之上、日脑热组中基性—中酸性火山岩、碎屑岩组合之下，一套以砂岩、板岩互层为主夹碳酸盐岩和不稳定砾岩的地层序列，底、顶分别以不整合面与甘家组和日脑热

---

④ 青海省区调综合地质大队，1990，1:5万罗汉堂、贵德幅（J-47-143-C、D)、阿什贡幅、群科幅（J-47-144-C、D）区域地质调查报告（地质部分）。青海省地矿局。

组分隔，产菊石类、双壳类及植物。

【层型】 正层型为创名者（1955）测制的隆务河河口剖面（102°03′，35°43′）。该剖面（第1—41层）由甘肃省第一区测队（1972）重测。

隆务河群 总厚度>9 746.00 m

41. 灰色、绿灰色中粒长石砂岩夹少量粉砂质泥岩、砾岩及粗细粒砂岩（未见顶）。泥岩中富含头足类、双壳类及植物化石碎片。头足类：*Hollandites* cf. *visvakarma*，*H.* cf. *devasena*，*H.* cf. *voiti*，*H.* cf. *airavata*，*H.* cf. *ravana*，*Trematoceras* sp.，Gymnitidae 等；双壳类：*Bakevellia* sp. 等 >344.00 m

40. 灰绿色中—块状砾岩、砂岩、粉砂质泥岩。上部以中细粒砂岩及泥岩为主，其中偶见石英砾石，下部砾岩中有时夹不稳定板岩。本层具砾岩—粗砂岩—中细粒砂岩—泥（板）岩等四个沉积旋回 721.00 m

39. 灰绿色块状砾岩，夹不稳定粗砂岩。砾石成分复杂，滚圆度良好，分选性差，胶结紧密坚硬 127.00 m

38. 灰色中厚层中粒长石砂岩夹黑色板岩及不稳定粗砂岩。岩层因岩体侵入，角岩化较普遍 118.00 m

37. 下部为灰黑色板岩夹少量薄层砂岩，上部为灰绿色中厚层长石砂岩夹板岩。于砂岩中偶含热液型黄铜矿化 457.00 m

36. 青灰色块状含砾灰岩，局部为碎屑灰岩，一般上部质纯且含少量腕足类化石 51.00 m

35. 黑色板岩与灰色砾岩、中粗粒长石砂岩互层。其中有时夹不稳定薄层粉砂细砾岩 376.00 m

34. 底部浅灰色厚层砾岩、粗砂岩，向上部逐渐以中粗粒长石砂岩为主，中夹黑色板岩及细砂岩。砂岩粒度自下而上变细，层面局部具浪迹印模 339.00 m

33. 灰色、绿灰色中厚层状长石砂岩与黑色板岩互层，其中夹钙质板岩及厚度4～8 m的含砾灰岩。后者沿走向相变为砾岩或砂岩。板岩中含菊石及植物化石碎片。菊石：*Arctohungarites*? *involutus*，*Procladiscites* sp.；植物：*Neocalamites* sp. 728.00 m

32. 绿灰色块状砾岩，上部变为含砾灰岩，夹条带状灰岩，其砾岩有时相变为粗砂岩 38.00 m

31. 灰绿色、灰色厚层中粒长石质砂岩、灰黑色板岩及薄层灰岩的韵律层。其中夹不稳定砾状灰岩，一般厚度约10 m。向上部砂岩逐渐增多，且粒度较粗。板岩中含菊石：*Meekoceras* sp.；植物：*Neocalamites* sp. 828.00 m

30. 灰色厚层含砾灰岩、中细粒砂岩、黑色板岩及砂质灰岩互层。砂砾岩界线不清，经常相互过渡。板岩中含不完整动物、植物化石 176.00 m

29. 灰色中细粒长石砂岩、板岩、钙质板岩及薄层灰岩互层。岩层中韵律构造发育，见闪长玢岩顺层贯入。板岩中含菊石：*Meekoceras* sp. 186.00 m

28. 浅灰色块状含砾灰岩夹板岩及砂质灰岩，横向相变较大，砾石成分复杂，半棱角状，胶结物全属钙质 34.00 m

27. 灰色中层状细砂岩和黑色板岩互层。砂岩中局部含泥质较多，胶结良好。板岩内含菊石：*Meekoceras* sp.，*Svalbardiceras* sp.；植物：*Neocalamites* sp. 333.00 m

26. 灰黑色薄层板岩夹砂质灰岩及少量长石质砂岩，其中偶夹不稳定砾岩，板岩局部富含钙质，其单层厚约1～20 cm 283.00 m

25. 灰色块状含砾灰岩、含板岩同生角砾，横向厚度减薄至1 m左右 10.00 m

24. 黑色板岩，有时为砂质板岩，夹浅灰色薄层长石细砂岩，上部主要为板岩。其中有一顺层安山玢岩脉，板岩内含不完整的菊石化石 259.00 m

23. 浅灰色块状含砾灰岩，灰质中含不清晰小腕足类化石 1.00 m

22. 黑色板岩与浅灰色长石砂岩互层，向上部砂岩增多，且夹不稳定薄层砂质灰岩 199.00 m

21. 浅灰色细砂岩与板岩、钙质板岩及少量灰岩互层。板岩中水平及波状微细层理发育，且含植物碎屑 612.00 m

20. 黑色板岩夹灰绿色中厚层状长石砂岩及薄层灰岩或泥灰岩，其中砂岩往往呈条带出现，向上部有增多的趋势 279.00 m

19. 灰绿色长石砂岩为主，夹黑色板岩及薄层灰岩，底部为一层厚度约 10 m 块状砾岩 210.00 m

18. 灰色块状含砾灰岩，砾石为棱角状，成分以火成岩、变质岩及脉岩等组成，大小不等，均属钙质胶结。向上部岩性变细，且夹有薄层砂板岩 121.00 m

17. 灰绿色中厚层长石砂岩夹黑色薄层灰岩及少量板岩。砂岩内含零星砾石，粒度粗细变化无常，灰岩不稳定，其中含砂质较高 134.00 m

16. 灰绿色板岩与同色长石砂岩互层，具完整的韵律层，含砾粗砂岩—粗砂岩—中粒砂岩—细砂岩—板岩 389.00 m

15. 灰绿色板岩夹杂砂岩及长石砂岩。向上部砂岩逐渐增多，本层板岩内含星散状的黄铁矿 339.00 m

14. 灰绿色板岩夹薄层钙质砂岩及条带状灰岩，局部夹不稳定含砾砂岩。本层内见数条顺层侵入闪长玢岩脉，宽度约 0.4～1 m。板岩内含菊石：*Meekoceras* sp. 375.00 m

13. 浅灰色及浅灰绿色厚层砂砾岩夹黑色板岩，向上以砂砾岩为主，且单层厚度增大 19.00 m

12. 绿色透闪石化灰岩及板岩。灰岩强烈地角岩化，偶见浸染状黄铜矿、黄铁矿化 201.00 m

11. 浅绿灰色厚层长石砂岩、粉砂岩夹少量砂质板岩。砂岩含钙质，其中局部含砾石，相变较大 81.00 m

10. 黑色粉砂质板岩夹浅灰色及绿灰色硅质岩，条带状灰岩。板岩含粉细砂质，单层厚 0.5～20 cm，局部含钙质及硅质 168.00 m

9. 黑色板岩夹浅灰色薄层灰岩，局部夹不规则硅质岩条带 38.00 m

8. 浅灰色中厚层状砂砾岩，向上有时夹板岩。其粒级度反常排列，疑属倒转层序 9.00 m

7. 浅灰色、灰色薄层灰岩与灰岩板岩互层。偶夹钙质砂岩。板岩、灰岩互层明显，单层厚度在 0.5～2 m 71.00 m

6. 灰色含砾粗砂岩夹板岩及凸镜状灰岩。砂岩相变较大，层面起伏不平，其中有时含板岩同生角砾 100.00 m

5. 条带状黑色板岩夹薄层状灰岩及细砂岩，具韵律组合：板岩—灰岩或泥灰岩；砂岩—板岩—灰岩或泥灰岩。单层厚度约 40 cm 169.00 m

4. 灰色砾岩，上部为钙质砂岩及板岩。板岩中含钙质团块及不规则条带 30.00 m

3. 绿灰色中细粒砂岩及粉砂岩，夹薄层灰岩。砂岩具中粒砂岩—细砂岩—粉砂岩的粒级层。含星散状黄铁矿晶体 99.00 m

2. 灰白色中粗粒长石砂岩夹板岩，偶夹薄层状灰岩。砂岩为钙质胶结。含黄铁矿结核。下部变粗夹层减少 260.00 m

1. 浅灰色、灰白色块状砾岩。砾石由灰岩、火成岩、变质岩及石英等组成，棱角状，胶结物为泥钙质，分选性及磨圆度极差，其中夹不稳定的砂岩凸镜体或不规则夹层 434.00 m

——————— 平行不整合 ———————

下伏地层：**甘家组**　块状灰岩，含䗴、珊瑚、腕足类化石

【地质特征及区域变化】　隆务河群广泛分布于西秦岭地区。在区域上总体岩性特征为一套灰绿色—灰黑色—黑灰色砂岩、板岩夹薄层灰岩，局部地段夹不稳定砾岩。从下向上由数个砾岩—砂砾岩（仅限于盆地边部）—砂岩—板岩—灰岩（局部缺失）基本层序排列而成。总体上下部以粗碎屑岩为主，灰岩夹层较少，底部块层状砾岩。局部厚度可达千米以上，横向

上变化大；中部以细碎屑砂、板岩为主，灰岩夹层发育，且厚度较大；上部以中粒砂岩、含砾砂岩、板岩为主。砾岩夹层增多，灰岩夹层消失。隆务河群为一较典型的复理石碎屑岩沉积建造。

隆务河群正层型剖面位于沉积盆地北部边缘，粗碎屑岩夹层较为发育。正层型地向西在石脑河—柴龙沟一带，下部以灰绿色厚层—巨厚层状砾岩、含砾粗砂岩为主，厚度达2 000 m，不整合在甘家组之上；中部以灰绿色中厚层—厚层状中细粒长石砂岩、粉砂质板岩、钙质板岩、泥质粉砂岩为主夹砂质灰岩、结晶灰岩和砾岩。产菊石：*Paracrochordiceras* sp.，*Leiophyllites* sp.，*Reiflingites* sp.，*Xenoceltites* sp；双壳类：*Gervillia* sp.，*Posidonia* 等和植物：*Neocalamites* sp.，时代为早三叠世—中三叠世早期；上部为灰色—深灰色中粗粒长石砂岩、长石石英砂岩、粘土质粉砂岩、板岩及复成分砾岩等呈互层状。顶部出露不全，出露总厚度大于8 345 m。在贵南县拉果沟一带顶底出露不全，为灰色—深灰色—灰绿色中细粒长石砂岩、泥钙质板岩、粉砂岩、千枚状板岩夹灰岩，底部偶夹薄层砾岩。板岩及灰岩中产菊石：*Columbites* sp.，*Preflorianites* sp.，*Leiophyllites* sp.，*Subcolumbites* sp.；双壳类：*Eumorphotis huancangensis* 等化石，时代为早三叠世晚期，出露厚度2 551 m。在河卡南山一带，不整合在甘家组之上，为灰黑色—黑灰色砂岩、板岩夹不稳定含砾砂岩，底部有厚20 m之灰色—灰绿色变质复成分粗砂岩。顶部出露不全，出露厚度大于1 807 m。正层型地向南在夏德日沟一带，以中粒—细粒长石石英砂岩、石英长石砂岩为主夹粉砂质、泥钙质板岩。板岩中产菊石：*Anasibirites* sp.，*Flemingites* sp.；双壳类：*Posidonia* sp.，顶底出露不全，出露厚度2 173 m。沉积时代为早三叠世。在兴海县池塘一带，以灰色—灰绿色杂砂质长石砂岩为主夹粉砂岩、粉砂质板岩、泥质板岩等。上部产孢子，主要有：*Nevesisporites*，*Annulispora*，*Limatulasporites*，常见*Lundbladispora*，*Apiculatisporis* 等；花粉主要有：*Cycadopites*，*Taeniaesporites* 等；疑源类主要为：*Trachysphaeridium*，*Micrhystridium* 等。下部产孢子，主要有：*Leiotriletes*，*Punctatisporites*，*Lundbladispora*，*Kraeuselisporites*，*Reticulatisporites*，*Aratrisporites* 等。花粉主要有：*Taeniaesporites*，*Protohaploxypinus*，*Alisporites*，*Vittatina* 等。疑源类主要有：*Trachysphaeridium*，*Veryhachium*，*Quadratimorpha* 等。顶底出露不全，厚度大于5 869 m，时代为早—中三叠世。在西倾山结更一带，与下伏尕海群碳酸盐岩平行不整合接触。以灰色—深灰色薄层状灰岩为主，夹中厚层状长石石英砂岩、钙质石英砂岩、钙质板岩等。顶底出露不全，出露厚度1 765 m。时代为中三叠世晚期—晚三叠世早期。正层型地向东在果木喀—江里沟一带，不整合在下伏甘家组之上。下部为黑色、深灰色粉砂质泥岩、粉砂岩互层夹泥灰岩、灰岩。灰岩中产菊石：*Lytophiceras* sp.，*Gyronites* sp.，Ophiceratidae；中部为灰色、青灰色细粒石英砂岩、石英长石砂岩、粉砂岩、板岩夹硅质条带灰岩。泥质岩中产菊石：*Dieneroceras* sp.，*Ambites* sp.，*Gyrophiceras* sp.；双壳类：*Posidonia* cf. *circularis*，*Claraia* cf. *wangi*，*C.* cf. *wangi minor*，*C.* cf. *griesbachi*；上部为深灰色粉砂岩、细砂岩与板岩互层夹石英长石砂岩，斜层理发育。板岩中含菊石：*Xenoceltites* sp.，*Columbites* sp.，*Arnautoceltites* sp.，*Meekoceras* sp.；双壳类：*Leptochondria* sp.，*L.* cf. *bittneri*，*Schafhaeutlia* sp.，*Mytilus eduliformis praecursor*。顶部出露不全，出露厚度2 465 m，时代为早三叠世，再向东延入甘肃省境内。

隆务河群在正层型所在地和石脑河一带，下部出现巨厚层的复成分砾岩、含砾粗砂岩。在区域上厚度变化大，向东、西、南很快变薄消失，实为一楔形凸镜体，为盆地北缘靠近化隆古陆所致。

从隆务河群所含古生物群分析，其沉积时代为早三叠世—中三叠世。但在西倾山结更一带时代较晚，为中三叠世晚期—晚三叠早期。隆务河群为一穿时岩石单位。

【问题讨论】 分布于西秦岭地区的“龙羊峡群”、“池塘群”、“果木沟组”、“江里沟组”、“古浪堤组”、“赛曲组”、“拉果组”，分别均为隆务河群的一部分，系前人依据生物化石对隆务河群肢解成为地方性年代地层单位，应被净化于厘定后的隆务河群之外，停止使用。另分布于东昆仑南坡的洪水川组、闹仓坚沟组和希里可特组，从其岩性宏观总体特征及相对层位分析，与隆务河群基本一致，所不同的是它们位于稳定地块的边缘，属次稳定—次活动型沉积类型，可分性较为明显。前人以构造分区为据，将其与隆务河群分割，建立不同地层系统。笔者认为二者宏观岩性特征、组合方式基本一致，层位相当且又相邻，为逐渐过渡关系，其层序组合也大体一致。即下部以粗碎屑岩、砾岩、砂砾岩为主到中—细粒碎屑岩为主；中部以中—细碎屑岩为主夹碳酸盐岩，且闹仓坚沟组的碳酸盐岩在横向上可以延入隆务河群中部，只是厚度减小，不稳定而已；上部均以碎屑岩为主夹不稳定砾岩，其上均被陆相火山岩夹碎屑岩为主的地层不整合覆盖。依据造山带岩石地层单位划分宜粗不宜细的原则，本书建议将分布于东昆仑南坡的洪水川组、闹仓坚沟组、希里可特组归并于隆务河群中。即隆务河群在西部东昆仑山南坡一带，包含三个组级单位。东部西秦岭一带不易分组，而统称隆务河群为宜。同时本书认为构造分区不应成为岩石地层单位划分的主要依据，何况东昆仑山南坡与西秦岭地区在构造、沉积环境上差异并不明显，由次稳定型或次活动型沉积渐变为活动型沉积是客观存在的自然现象。本书尊重以往的既成事实，仍将隆务河群与东昆仑南坡的岩石地层单位分别置于两个地层系统中。但随着研究程度的提高和地层多重划分观念的不断深入，终将会得到较为合理的解决。

多福屯群　T_3D　(05-63-0721)

【创名及原始定义】 青海省地层表编写小组（1980）创名多福屯群。指：“分布于吉森喀和多福屯等地火山岩、碎屑岩组合之下白垩统，分两个岩组。上岩组主要为紫红色砾岩、角砾岩夹含砾粗砂岩及砂岩组成，其下与中下侏罗统为不整合接触，上覆与上第三系不整合；下岩组主要由橄榄辉石玄武岩、辉石安山玄武岩夹紫红色砾岩、砂砾岩、钙质砂岩组成，与下伏中三叠统，中、下侏罗统及上覆第三系不整合。”

【沿革】 甘肃省第一区测队（1972）在《1∶20万循化县幅（I-48-[1]）区域地质调查报告》中曾将分布于吉仓一带火山岩、碎屑岩组合划归侏罗系。青海省第一区测队（1973）在《1∶20万泽库幅（I-47-[12]）区域地质调查报告》中，将出露于泽库县五七干校、多福屯的该套地层划归侏罗系、白垩系。青海省地层表编写小组（1980）及西北区断代地层会议（1976），将昆仑区、南秦岭分区之陆相火山碎屑岩为主的上三叠统厘定为“鄂拉山群”。1991年青海省第一地质矿产勘察大队，在进行I-47-36-B（多福屯幅）、I-48-25-A（温库河幅）区调时，认为上述前人所称不同时代之火山岩、碎屑岩建造均为陆相三叠纪地层。又将分布于尕浪寺、多福屯一带之该套地层命名为“麦秀群”⑤。“鄂拉山群”命名虽先，但本书已将其厘定为仅指分布于柴达木地区之陆相火山岩、碎屑岩建造。本书沿用“多福屯群”。

【现在定义】 多福屯群厘定的涵义，指分布于兴海-同仁小区（中秦岭西段）不整合于隆

---

⑤ 青海省第一地质矿产勘察大队，1991，1∶5万多福屯幅（I-47-36-B）、(温库河幅)（I-48-25-A）区域地质调查报告（地质部分）（送审稿）。

务河群之上一套火山熔岩、火山碎屑岩夹正常沉积碎屑岩的地层，顶界不明。自下而上包含日脑热组、华日组。

【地质特征及区域变化】 多福屯群主要为一套变质的陆相火山岩岩系。其下部以中基性火山岩夹碎屑岩为主，火山岩主要为橄榄辉石玄武岩、辉石安山岩及安山岩，底部为复成分砾岩、砂砾岩、火山砾岩，不整合于隆务河群之上；上部以中酸性火山岩为主，夹陆相碎屑岩。总体上呈现两个沉积—喷发旋回。地质时代为晚三叠世。

日脑热组　T_3r　(05-63-0722)

【创名及原始定义】 青海省区调综合地质大队（1990）创名日脑热组于贵德盆地西部日脑热地区④。指："岩性为一套火山岩和火山碎屑岩，可分两个岩性段。下段由灰绿色、深灰色蚀变安山岩、蚀变石英安山岩夹英安岩等组成；上段由灰色、灰紫色、灰绿色蚀变安山岩、角闪安山岩、安山质熔岩、凝灰岩等组成，底部为凝灰质复成分砾岩。总厚度大于4 261.9 m，与下伏赛曲组角度不整合接触。未见顶"。

【沿革】 日脑热组为一岩石地层单位，创名以来无变化。本书沿用并将其分布范围扩大到兴海-同仁小区。1991年青海省第一地质矿产勘察大队⑤，将分布于同仁县尕浪寺一带，以中基性火山岩为主夹碎屑岩的地层命名"尕浪寺组"。本次清理查明该套地层与日脑热组为同物异名单位，本书建议停用"尕浪寺组"一名。

【现在定义】 指不整合于隆务河群之上、整合于华日组之下一套下部以中基性火山岩夹碎屑岩为主，上部以中酸性火山岩为主夹碎屑岩的地层序列。底界为不整合面，顶界在区域上以厚层状碎屑岩的始现或中酸性火山岩的消失与华日组分界。

【层型】 正层型为青海省区调综合地质大队（1990）测制的贵德县罗汉堂乡曲尕海剖面（101°03′，36°07′）第1—34层。

日脑热组	总厚度＞4 261.90 m
34. 暗绿色细粒安山质晶屑—玻屑凝灰岩（未见顶）	＞110.90 m
33. 黄绿色变余英安质熔岩凝灰岩	34.10 m
32. 灰色蚀变安山岩、安山质凝灰熔岩	237.80 m
31. 灰绿色蚀变安山岩	63.00 m
30. 灰色蚀变安山岩	84.00 m
29. 褐黄色蚀变英安质凝灰熔岩	270.10 m
28. 褐黄色安山质晶屑凝灰岩	354.80 m
27. 灰绿色蚀变安山质凝灰熔岩及蚀变粗粒安山质熔岩凝灰岩夹板状蚀变安山凝灰岩	480.50 m
26. 暗绿色蚀变安山岩	84.60 m
25. 灰绿色蚀变角闪安山岩	92.20 m
24. 灰黄色蚀变安山岩	109.90 m
23. 灰色—深灰色块层状具云朵构造的安山质熔岩角砾岩集块岩	145.50 m
22. 灰绿色巨厚层—块层状安山质含砾凝灰熔岩	326.80 m
21. 灰紫色—灰绿色块层状安山岩	394.60 m
20. 黄绿色块层状蚀变中酸性晶屑凝灰岩	56.20 m
19. 浅肉红色块层状蚀变凝灰岩夹少量浅黄绿色英安岩	150.10 m
18. 灰色—灰绿色块层状蚀变安山岩	112.80 m
17. 紫灰色块层状含角砾岩屑凝灰岩	63.90 m

16. 灰色块层状含角砾岩屑凝灰岩　10.90 m
15. 紫灰色块层状硅化中酸性凝灰角砾岩　33.70 m
14. 灰褐色块层状蚀变石英安山岩夹灰绿色块层状蚀变含凝灰安山岩　100.60 m
13. 灰绿色块层状石英安山岩　69.20 m
12. 灰紫色块层状石英安山岩　53.50 m
11. 灰绿色块层状糜棱岩化石英安山岩　149.90 m
10. 灰绿色块层状蚀变石英安山岩　76.10 m
9. 灰绿色块层状蚀变安山岩夹同色凝灰角砾岩　44.10 m
8. 灰绿色块层状蚀变安山岩　131.60 m
7. 深灰绿色块层状蚀变碎裂杏仁状石英安山岩　137.90 m
6. 深灰色—黄绿色块层状斜长流纹质角砾岩　94.50 m
5. 黄绿色块层状中酸性火山角砾岩夹斜长流纹岩　109.90 m
4. 灰绿色凝灰质复成分细角砾岩　25.60 m
3. 灰色—灰绿色岩屑砾岩　8.50 m
2. 黄绿色块层状流纹质粗火山角砾岩　19.40 m
1. 灰绿色块层状凝灰质复成分砂砾岩　24.70 m

～～～～～～ 不　整　合 ～～～～～～

下伏地层：**隆务河群**　灰绿色中层变粉砂岩夹灰黑色中薄层板岩

日脑热组正层型顶部出露不全，现以泽库县多福屯乡尕浪寺剖面（101°56′，35°01′）第1—50层作为次层型给予补充。该剖面为青海省第一地质矿产勘察大队（1991）测制⑤。

上覆地层：**华日组**　灰色厚层状钙质细粒长石砂岩

———————— 整　合 ————————

日脑热组　总厚度>1 040.79 m

50. 灰绿色火山角砾集块岩　29.92 m
49. 黄白色熔岩角砾岩　9.22 m
48. 灰绿色安山质集块岩　15.19 m
47. 灰紫色杏仁状安山岩　0.50 m
46. 灰绿色安山质火山集块岩　79.09 m
45. 淡黄色安山岩　54.33 m
44. 黄白色英安质熔岩角砾岩　74.25 m
43. 灰黑色中厚层状沉凝灰岩　36.76 m
42. 灰黄色英安岩　20.43 m
41. 灰白色英安岩　7.00 m
40. 暗紫色砂砾岩　5.06 m
39. 灰白色英安岩　11.97 m
38. 灰白色杏仁状安山岩　10.28 m
37. 灰绿色安山质含火山角砾凝灰岩　16.79 m
36. 灰白色安山质角砾熔岩　142.41 m
35. 灰绿色辉石安山岩　60.55 m
34. 灰白色安山质集块角砾熔岩　23.39 m
33. 灰黄色安山质火山角砾凝灰岩　45.20 m
32. 浅灰色安山质火山角砾凝灰岩　2.95 m

31. 灰黄色英安质火山角砾岩 2.95 m
30. 灰黄色英安质含火山角砾凝灰岩 8.74 m
29. 灰绿色沉凝灰角砾岩 20.16 m
28. 灰黄色沉火山角砾岩 7.06 m
27. 灰黄色薄层状凝灰质板岩 33.42 m
26. 灰色杏仁状绿泥石化辉石安山岩 23.99 m
25. 黑灰色薄层状沉凝灰岩 2.83 m
24. 灰黄色杏仁状碳酸盐岩化辉石安山岩 33.86 m
23. 灰黑色薄层状碳质板岩与灰色杏仁状绢云母化、碳酸盐化安山岩、辉石安山岩互层 28.44 m
22. 深灰绿色中厚层状沉凝灰岩夹灰—淡黄色玻屑凝灰岩 23.20 m
21. 灰白色厚层状玻屑凝灰岩 25.85 m
20. 浅灰色中厚层—薄层状含凝灰质条带状板岩 8.45 m
19. 灰白色绢云母化绿泥石化辉石安山岩 16.81 m
18. 灰色、灰黑色薄层状沉凝灰岩夹薄层状碳质板岩 2.38 m
17. 灰白色沉玻屑凝灰岩 18.04 m
16. 灰黑色厚层状凝灰质板岩 19.62 m
15. 灰黑色中薄层状板岩 2.61 m
14. 灰白色熔岩凝灰岩夹凝灰岩（有流动构造） 9.93 m
13. 灰绿色安山岩 4.79 m
12. 灰黑色薄层状沉凝灰岩夹薄层状条带状板岩 3.57 m
11. 灰黑色杏仁状绢云母化、碳酸盐化安山岩 1.33 m
10. 灰黑色薄层状粉砂质板岩 2.65 m
9. 深绿色杏仁状安山岩 6.64 m
8. 灰白色薄层状沉凝灰岩 11.63 m
7. 黑色碳质粉砂岩、板岩夹煤线 2.50 m
6. 灰绿色碳酸盐化安山岩 1.09 m
5. 灰黑色中层状变长石粗粉砂岩，产植物：*Cladophlebis* sp.，(cf. *C. kaoiana*) 7.83 m
4. 灰绿色硅化碳酸盐化安山岩 4.15 m
3. 灰黑色厚层状板岩夹变中细粒长石砂岩。产 *Cladophlebis* sp. 0.90 m
2. 深灰色杏仁状安山岩 57.13 m
1. 灰黑色变碳质中粗粒长石砂岩夹含砾砂岩，底部为砾岩（未见底） >2.95 m

【地质特征及区域变化】 日脑热组主要分布在贵德—同仁、多福屯一带。正层型处以中酸性火山岩为主夹碎屑岩。颜色较杂，局部夹有煤线和碳质页岩。正层型地东多福屯一带，下部以中基性火山岩与碎屑岩互层为主，局部夹煤线和碳质页岩，碎屑岩中产植物 *Cladophlebis* sp.，以不整合覆于隆务河群之上；上部以中酸性及中性火山岩为主夹碎屑岩，整合伏于华日组之下。厚 1 043 m。从其岩性特征和碎屑岩中夹煤线可见该组为陆相沉积，沉积时代应为晚三叠世。

华日组 T_3h (05 - 63 - 0723)

【创名及原始定义】 青海省第一地质矿产勘察大队（1991）创名华日组于泽库县华日一带⑤。指："分布于老藏沟、华日一带，由层状火山、锥状火山、破火山的喷发物组成，其岩性为英安质岩石组成，有爆发相的火山碎屑岩、喷溢相的熔岩、火山通道相的角砾岩、角砾状熔岩及侵出相的斑状岩石。”

【沿革】 华日组代表一套中酸性火山岩系，基本为一岩石地层单位。本书沿用。1991 年青海省第一地质矿产勘察大队⑤，将分布于同仁县老藏沟一带，相当华日组上部层位的地层命名为“老藏沟组”。经清理核实其岩性组合特征和华日组基本一致。二者不易区分，且分布局限不能延展，在区域上不具填图性，建议停用。

【现在定义】 指整合（或喷发不整合）于日脑热组之上一套下部由碎屑岩，上部由英安质火山碎屑岩夹火山熔岩组合而成的地层序列。底以厚层状碎屑岩的始现与日脑热组分隔，顶界不明。

【层型】 华日组创名时未指定层型，本书指定创名者创名时测制的泽库县尕浪寺（101°57′,35°11′）剖面、华日剖面（101°57′，35°16′）为选层型（复合选层型）。选层型下部以灰色、灰紫色中厚层状细粒钙质长石砂岩为主；上部以灰白色英安质火山熔岩、角砾岩、英安岩、英安质凝灰岩、集块岩为主夹沉火山碎屑岩。

泽库县尕浪寺剖面

华日组	总厚度＞189.50 m
56. 英安质火山角砾岩（未见顶）	＞41.98 m
～～～～～～～ 产状不协调 ～～～～～～～	
55. 灰白色巨厚层状钙质细粒长石砂岩	20.28 m
54. 灰黑色厚层状钙质细粒长石砂岩	9.90 m
53. 灰色中厚层状钙质中细粒长石砂岩	28.28 m
52. 灰紫色薄层状钙质细粒长石砂岩	41.98 m
51. 灰色厚层状钙质细粒长石砂岩	47.08 m
———— 整　合 ————	

下伏地层：**日脑热组** 灰绿色火山角砾集块岩

泽库县华日剖面

华日组	总厚度＞775.06 m
21. 灰绿色安山岩	14.01 m
～～～～～～～ 产状不协调 ～～～～～～～	
20. 灰白色英安质角砾集块岩	28.57 m
19. 灰白色绢云母化英安岩	121.74 m
18. 灰白色英安质凝灰岩	26.75 m
17. 浅灰绿色岩屑凝灰岩	52.22 m
16. 灰白色英安质角砾岩屑凝灰岩（有闪长玢岩脉侵入）	101.29 m
15. 灰白色岩屑凝灰岩	30.21 m
14. 灰白色英安岩	71.44 m
13. 灰绿色—灰白色沉角砾岩	1.19 m
12. 灰白色绢云母化英安岩	33.66 m
11. 灰白色沉火山角砾岩夹沉火山角砾凝灰岩	18.40 m
10. 灰白色英安质火山集块角砾岩	46.37 m
9. 灰白色英安质火山角砾岩（内有闪长玢岩脉侵入）	26.52 m
8. 灰白色碳酸盐化、高岭土化、绢云母化英安岩	64.64 m

7. 灰白色英安质熔岩角砾岩 16.06 m

6. 灰白色碳酸盐化、绢云母化英安岩 66.55 m

5. 灰白色英安质熔岩角砾岩 0.37 m

4. 灰白色弱硅化、碳酸盐化、绢云母化英安岩 5.21 m

3. 灰白色英安岩熔岩角砾岩 4.47 m

2. 灰白色英安岩（未见底） >45.39 m

【地质特征及区域变化】 泽库县尕浪寺剖面代表华日组下部层位，华日剖面代表其上部层位。

该组分布局限，仅见于多福屯、华日一带。岩性、厚度变化较大，但层位清晰，以中酸性火山碎屑岩为主，极易与下伏以中基性火山岩为主的日脑热组区分，下部的正常沉积碎屑岩为良好的分隔标志层，沉积时代晚于日脑热组，应为晚三叠世陆相沉积。

洪水川组 T*h* （05-63-0714）

【创名及原始定义】 青海省第一区测队（1976）在玛多县洪水川地区创名“洪水川群”，代表昆仑区下三叠统，由钙质粉砂岩、砂质灰岩、砂岩，偶夹火山岩组成。与上覆地层呈连续沉积，与下伏之上二叠统及海西期花岗岩等呈不整合。

【沿革】 “洪水川群”为一地方性年代地层单位，“代表东昆仑南坡早三叠世沉积地层”。青海省地研所（1986）依据古生物的发现和解释，除对其上界进行修订外，变化不大。本书将厘定为“洪水川组”。

【现在定义】 代表东昆仑山南坡地区不整合于格曲组及其以前岩石地层之上，整合于闹仓坚沟组碳酸盐岩、碎屑岩组合之下的一套以碎屑岩为主，局部夹中酸性火山岩组合而成的地层序列。底以不整合面为界，顶部以碳酸盐岩的始现与闹仓坚沟组分割，产菊石、双壳类、腕足类等。

【层型】 正层型为胡永元等(1972)重测的玛多县花石峡乡闹仓坚沟剖面(98°34′,35°25′)第1层；李璋荣、鲁益钜等（1986）重测，载于李璋荣、鲁益钜等（1986）所著《青海布尔汗布达山石炭系和三叠系》一文中。

【地质特征及区域变化】 洪水川组广布于东昆仑山南坡，区域上岩性变化不大，底部以灰紫色、紫红色等杂色粗碎屑砾岩，含砾不等粒石英长石砂岩、杂砂质长石砂岩为主，局部夹英安质凝灰熔岩。上部以黄绿色、灰绿色细砂岩、粉砂岩、杂砂质长石砂岩为主，局部夹安山质凝灰熔岩。厚度各地差异较大。正层型所在地厚度仅 7.50 m，向西在塔妥煤矿一带厚度 670.5 m，在诺木洪河上游捎斯兰赶陇一带厚度 1 328.40 m，在万保沟一带厚度约 813.60 m，在加夫沙尔它土一带厚度 32.20 m。从上述厚度变化可见，诺木洪河上游至万保沟一带沉积厚度最大。岩石颜色以灰绿色为主，粒度较细，向东、向西粒度变粗。颜色较杂，以紫色、灰紫色为主，由此推断沉积中心位于诺木洪河—万保沟一带。该套地层生物化石较少。在塔妥煤矿一带见有双壳类：*Claraia dulanensis*，*Promyalina intermedia*，沉积时代为早三叠世。诺木洪河上游发现双壳类：*Claraia*，时代早三叠世。格尔木尖山南产菊石：*Hollandites*，*Danubites*，时代为中三叠世。

洪水川组沉积时代，依据所产生物化石分析，大部分为早三叠世。在格尔木尖山一带，可延续到中三叠世，为一具穿时的岩石地层单位。

闹仓坚沟组 T*nc* (05-63-0715)

【创名及原始定义】 青海省第一区测队（1976）创名闹仓坚沟组于玛多县花石峡乡闹仓坚沟，“代表中三叠统安尼期沉积，由砂岩、钙质砂岩、粉砂岩夹火山岩等组成。”

【沿革】 闹仓坚沟组原为地方性年代地层单位。李璋荣等（1986）依据古生物的发现和解释，认为其上部有Ladinian期的沉积，并将Ladinian期沉积地层创名为“希里可特组”。青海省地矿局（1991）在《青海省区域地质志》中，认为该区缺失Ladinian期沉积，将“希里可特组”归入闹仓坚沟组。

【现在定义】 指整合于洪水川组碎屑岩组合之上、平行不整合或整合于希里可特组碎屑岩组合之下的一套碳酸盐岩、碎屑岩，局部夹火山岩的地层序列。底以碳酸盐岩的始现与洪水川组分界，顶以平行不整合面或碳酸盐岩的消失与希里可特组分隔。产双壳类及腕足类化石。

本书依据岩石地层单位划分准则，重新厘定了闹仓坚沟组涵义，同时对其底顶分界也进行了修订。

【层型】 正层型为胡永元等(1972)测制的玛多县花石峡乡闹仓坚沟剖面(98°34′,35°25′)第2—18层（李璋荣、鲁益钜等1986年重测），载于李璋荣、鲁益钜等（1986）所著《青海布尔汗布达山石炭系和三叠系》一文中。

【地质特征及区域变化】 闹仓坚沟组在正层型处，依据所产丰富的菊石类、双壳类、腹足类、腕足类动物化石。沉积时代为早三叠世—中三叠世早期。正层型所在地向西在塔妥煤矿沟一带，以灰色、深灰色薄层灰岩、角砾状灰岩为主夹晶屑凝灰岩、中性火山角砾岩。灰岩中产双壳类：*Asoella illyrica tatuoensis*，顶部出露不全，出露厚度216.90 m。时代为中三叠世。在洪水川北希里可特一带，下部为灰色、灰黄色轻变质含砾粗粒杂砂岩、杂砂质长石砂岩夹灰色、灰黑色生物碎屑灰岩。产菊石：*Beyrichites*-*Hollandites*-*Balatonites*组合带，时代为中三叠世Anisian期。双壳类：*Neoshizodus*-*Plagiostoma*组合带，时代为中三叠世Anisian—Ladinian期；上部为灰白色、浅灰色灰岩、灰黄色钙质砂岩、不等粒杂砂质长石砂岩夹流纹质熔结凝灰岩。底部出露不全，顶与希里可特组轻变质砂砾岩平行不整合接触，出露厚度688.58 m，时代为中三叠世。在洪水河上游埃肯雅玛托一带，下部为灰色钙质岩屑砂岩与砂质砾状灰岩、微晶灰岩、绢云千枚岩互层，产双壳类、腕足类化石；上部为浅灰色、灰黑色厚层块状微晶灰岩，产双壳类、腕足类，与下伏洪水川组、上覆希里可特组整合接触，厚2 212.90 m，时代为中三叠世早期。在格尔木市巴札尔巴义沙耶一带，为灰黑色石英质杂砂岩、杂砂质长石砂岩、粉砂岩，夹生物碎屑岩、结晶灰岩、砂质灰岩等。灰岩中产菊石：*Leiopyllites* sp.；腕足类：*Septaliphoria* sp.，*Spiriferina* cf. *tsinghaiensis*，*Aulacothyris* sp.，*Spiriferina* cf. *fortis*等。底被断层切割出露不全，顶与希里可特组整合接触，出露厚度2 173 m，时代为中三叠世。在格尔木市加夫沙尔它土一带，为灰绿色厚层状粉晶灰岩、泥晶灰岩、生物泥晶灰岩夹长石砂岩。灰岩中产双壳类：*Leptochondria minima*，*Eumorphotis qinghaiensis*；腕足类：*Spiriferina*；菊石：*Leiophyllites*，*Prohungarites*，*Parananites*，*Columbites*等。与下伏洪水川组、上覆希里可特组整合接触，时代为早三叠世晚期。正层型剖面以东知尕拉地区为灰色、深灰色条纹状结晶灰岩、杂砂质长石砂岩、生物碎屑灰岩、粉砂质板岩互层。灰岩中产双壳类：*Amonotis tongrenensis*，*Entolium discites*；腕足类：*Pseudospiriferina tsinghaiensis*等。与下伏洪水川组整合接触，顶部出露不全，时代为中三叠世。

闹仓坚沟组从西向东不同地区沉积时代不一。万保沟以西沉积时代为早三叠世晚期到中三叠世早期。塔妥煤矿以西主要为中三叠世早期，以东为早三叠世早期到中三叠世早期。总时代为早三叠世早期—中三叠世早期。岩性组合以碎屑岩与碳酸盐岩互层为主，夹火山碎屑岩，显示次活动型动荡过渡相沉积特征。另闹仓坚沟组灰岩再向东延，厚度变薄，且不连续，呈断续状插入隆务河群中。

希里可特组　T_2x　(05－63－0716)

【创名及原始定义】　李璋荣、鲁益钜等（1986）创建希里可特组于都兰县洪水川希里可特地区。指："分布于洪水川希里可特和阿德其次日郭勒两地平行不整合于闹仓坚沟组三段之上，岩性主要以硬砂质长石砂岩、钙质粉砂岩、粘土质粉砂岩、长石硬砂岩组成的地层。底部为巨厚层复成分砾岩，局部夹火山碎屑岩。产双壳类化石。"

【沿革】　希里可特组原"代表中三叠世拉丁期沉积地层"。创名以来，无变化。本书沿用其名称并将其修订为岩石地层单位。

【现在定义】　平行不整合或整合于闹仓坚沟组碳酸盐岩、碎屑岩组合之上，不整合于八宝山组之下的一套以碎屑岩为主的地层序列。底以平行不整合面或灰岩的消失与闹仓坚沟组分界，顶以不整合面与八宝山组分隔，产双壳类、腕足类等。

【层型】　正层型为创名者（1978）测制的洪水川北希里可特剖面（97°28′，35°36′）第10—17层，载于李璋荣、鲁益钜等（1986）所著《青海布尔汗布达山石炭系和三叠系》一文中。

【地质特征及区域变化】　希里可特组在正层型地是平行不整合于闹仓坚沟组之上，顶部出露不全，出露厚度341.11 m。主要为一套浅变质的碎屑岩，产丰富的双壳类化石，沉积时代为中三叠世晚期。正层型所在地向西在诺木洪河上游埃肯雅玛托西支沟，则整合于闹仓坚沟组之上，为灰色含细砾石的粗岩屑砂岩，顶部出露不全，出露厚度85.90 m。在巴扎尔巴义沙耶以东地区，下部为紫红色厚层含砾石英长石岩屑砂岩，中部为灰绿色钙质硅质岩夹砂岩、火山角砾岩，上部为紫红色中厚层含碎屑灰岩夹砂岩。与下伏闹仓坚沟组整合接触，顶部被断层切割，出露厚度269 m。在格尔木市加日玛地区，整合于闹仓坚沟组砂质泥晶—粉晶灰岩之上，为一套灰色—深灰色粉砂岩夹不稳定砾岩。上部夹厚层状生物碎屑灰岩。灰岩中产双壳类：*Entolium*，*Unionites*；菊石：*Arctohungarites* 等化石，顶部被八宝山组砾岩角度不整合覆盖，出露厚度1 875 m。沉积时代为中三叠世。正层型所在地向东在花石峡闹仓坚沟一带为灰色、灰黑色杂砂质长石砂岩、粉砂岩、粉砂质板岩互层为主，夹流纹质凝灰岩、不稳定砾岩，含丰富的菊石、双壳类、腹足类、腕足类等化石。沉积时代为中三叠世早期。底部整合于闹仓坚沟组钙质粉砂岩夹灰岩层之上，顶部出露不全，出露厚度1 218.60 m。在玛沁县雪前多一带，整合于闹仓坚沟组灰岩之上，为灰色—褐灰色粉砂质板岩为主偶夹砂质灰岩，底部以复成分砾岩为主夹粉砂质板岩及中酸性凝灰岩。砂质灰岩及钙质砂板岩中产菊石：*Nicomedites*，*Semiornites*；腕足类：*Qilianoconcha* 等。时代为中三叠世。顶部出露不全，出露厚度617.98 m。

希里可特组从各地所产化石分析，其沉积时代不一，沉积中心位于闹仓坚沟一带，沉积时间较早，为中三叠世早期。向东、向西时间稍晚，为中三叠世晚期，为一退积型穿时岩石地层单位。

八宝山组 T_3b （05－63－0717）

【创名及原始定义】 青海省地质局石油普查大队（1962）在《祁连山、阿尔金山、昆仑山地层概况》一文中创建八宝山统，指分布于北昆仑山一带侏罗系，岩性为“灰绿色砂岩夹页岩、煤层与火山岩。厚 1 000～1 300 m。”与下伏二叠系孔木拉克层为不整合（?）接触。

【沿革】 青海省石油普查大队（1964）在《柴达木地质志》（油印本）中改称八宝山系；青海省地层表编写小组（1976）改称八宝山群（1980 年发表），并将其自下而上划分为火山岩组和碎屑岩组，时代归属晚三叠世；西北区断代地层会议①（1976）将八宝山群的涵义重新厘定为“代表昆仑区海、陆交互相及陆相碎屑岩之上三叠统，西秦岭区之相应地层，亦用此名。”青海省地研所编图组（1981）将分布于同仁县隆务河上游及瓦洪山—温泉一线以东的中基性岩、中酸性火山岩组成的陆相火山岩建造及东昆仑山地区晚三叠世火山岩及碎屑岩组合称为“八宝山组”。青海省第一区调队（1979）在开展 1：20 万埃坑德勒斯特幅（Ⅰ－47－[1]）区调时，与李璋荣、鲁益钜等专题组合作，共同测制了八宝山等剖面；在室内研究时，他们双方商定：沿用八宝山群，并将草木策一带的八宝山群自下而上划分为“草木策组”和“可鲁波组”（见青海省第一区调队（1982）《1：20 万埃坑德勒斯特幅（Ⅰ－47－[1]）区域地质调查报告》和李璋荣、鲁益钜等（1986）《青海布尔汗布达山石炭系和三叠系》）。青海省地矿局（1991）在《青海省区域地质志》中沿用八宝山群。本书降群为组，称八宝山组。

【现在定义】 修订后八宝山组的涵义指：“分布于东昆仑南坡地区，不整合于希里可特组及其以前地层之上、羊曲组之下，一套碎屑岩夹火山岩的地层序列。产植物化石。”

【层型】 八宝山组创名者未指定层型。本书指定都兰县诺木洪河上游八宝山剖面（96°20′,35°51′）为选层型。该剖面为李璋荣、鲁益钜等和青海省第一区调队 1979 年测制（李璋荣、鲁益钜等，1986）。

【地质特征及区域变化】 八宝山组的选层型剖面，底部为石英岩、石英砂岩不整合于印支期（?）花岗岩体之上；下部为灰色、深灰色、灰黄绿色长石砂岩、长石石英砂岩、粉砂岩夹碳质页岩及煤线；中部为复矿砂岩、粉砂岩、砂质板岩夹含砾砂岩；上部为中粒—粗粒长石杂砂岩、粉砂岩夹板岩及火山岩等，总体特征为下部岩石粒度较细，向上变粗，岩性组合复杂，为一套较典型的陆相沉积产物，产丰富的植物化石。选层型所在地向西在海德乌拉一带，底部出露不全，下部为一套灰绿色玄武岩夹流纹岩，上部为灰紫色砂岩夹杏仁状安山岩、玄武岩。砂岩中产植物：*Glossophyllum shensiense*，*Neocalamites* 等，顶部被羊曲组复成分砾岩平行不整合所覆盖，出露厚度大于 166 m。该火山岩 K－Ar 同位素年龄值 204～226 Ma（青海省地矿局，1991），沉积时代为晚三叠世。在格尔木市黑海一带，不整合在闹仓坚沟组之上，以浅黄色、灰色中粒—粗粒长石岩屑砂岩为主，底部为复成分砾岩和含砾粗砂岩；上部夹较多的灰色—灰黑色粉砂岩，产植物：*Sagenopteris* 及孢粉：*Leiopsophosphaera*，*Micrhystridium*，*Converrucosisporites*，*Disciporites* 等，顶部出露不全；出露厚度 340 m；沉积时代为晚三叠世。在选层型所在地以东可鲁波一带，下部为灰绿色、灰紫色流纹质凝灰熔岩、流纹岩，不整合在花岗岩体之上；上部以灰色、灰褐色—灰绿色粗—巨粒长石石英质岩屑砂岩为主夹粘土质粉砂岩、砾岩等；厚度 845.60 m；产植物：*Phlebopteris*，*Todites goeppertianus*，*Neocalamites*，*Taeniopteris* 等；时代为晚三叠世。在草木策一带，底部为灰绿色厚层复成分细砾岩，不整合在浩特洛哇组之上，下部为灰色、灰黄色、灰黑等色粉砂岩、细砂岩夹泥质板岩和砂质灰岩结核，产双壳类：*Utschamiella dulanensis*，*U. mianchiensis* 及植物：*Neo-*

calamites，等；上部为黄绿色、灰绿色粗粒岩屑长石砂岩为主夹含砾砂岩、粉砂岩，产植物：*Danaeopsis fecunda*，*Ginkgoites* cf. *hermelini*，*Glossophyllum shensiense*，*Cladophlebis*，*Neocalamites* 等，顶部出露不全；出露厚度 1 098.2 m；在上下部之间存在一平行不整合面；时代为晚三叠世。在它瓜马日灯一带，底部为灰绿色巨砾岩、含砾粗砂岩，超覆于格曲组之上，为一套灰绿色含砾长石砂岩，出露厚度 785 m。

八宝山组依据各地所产动物、植物化石分析，其时代为晚三叠世。

【其他】 八宝山组总体为一套以陆相沉积为主的，由砾岩、含砾砂岩、长石岩屑砂岩、粉砂岩夹页岩、板岩为主，局部地段夹火山岩的地层。但在横向上岩性变化极大，在草木策地区，下部不但发现有海相动物化石，而且有较多的灰岩夹层，沉积环境无疑为海陆交互相；上部为河流—湖泊相的砂砾岩、长石质岩屑砂岩、粉砂岩夹页岩，且二者间为平行不整合接触，有沉积间断存在。青海省第一区调队（1982)，以草木策地区的平行不整合面为界，上部命名为可鲁波组，下部为草木策组。本次清理通过大量实测资料的分析对比，认为二者在宏观岩性特征方面差别不大，草木策组又仅局限于草木策地区，横向上难以外延。另据青海省区调综合地质大队九分队（1994）在 1∶5 万区调中，重新对草木策剖面进行了核查，对所谓的平行不整合存疑。本书依据岩石地层单位划分准则，同时考虑陆相沉积地层的特征，将草木策组和可鲁波组归并于八宝山组之中。同时建议停用“草木策组”和“可鲁波组”。

鄂拉山组　T_3e　(05-63-0710)

【创名及原始定义】 青海省地层表编写小组（1976）创名“鄂拉山群”（1980 年发表）。指“分布于昆仑区、西秦岭分区之陆相火山碎屑岩为主的上三叠统。因青海省兴海县鄂拉山一带该地层甚发育，而取名称鄂拉山群”。

【沿革】 西北区断代地层会议（1976）介绍“鄂拉山群”时，指出该群“分布于昆仑区、西秦岭分区之陆相火山碎屑岩为主的上三叠统”。但同时又称八宝山群也适用于西秦岭地区之上三叠统。鄂拉山群、八宝山群原义均为地方性年代地层单位，代表上三叠统陆相沉积，但又互相套用，造成一定程度的混乱。青海省地研所编图组（1981）称为八宝山组，代表整个东昆仑-中秦岭地层分区之上三叠统。青海省第三地质队（1988）在兴海县在日沟地区，将不整合于隆务河群之上的陆相火山岩，依据“喷发旋回”自下而上划分为虎达组、德亥龙组、在日沟组⑥。清理认为三个组的划分依据不足，喷发旋回不存在。另命名者将产状不协调称“喷发不整合”，并以其作为岩石地层单位划分的依据尚欠合理。从岩性、岩石组合方式及沉积—喷发组合方面分析，三个组在野外难于区别，且横向上变化无常，无法延伸。尤其是虎达组与德亥龙组，二者为同一喷发旋回之产物，以喷发不协调，将其分为二个组级单位更是不妥。不整合于隆务河群之上的这套陆相火山岩为主夹不稳定碎屑岩的地层，其实质为一组级岩石地层单位，故本书降群为组，称“鄂拉山组”。前人所称的“鄂拉山群”、“八宝山群”、“多福屯群”，在其宏观岩性特征、组合方式及相对层位方面基本一致，又同处于东昆仑-中秦岭地层分区之内，理应将其归并择其命名较早的八宝山群代之，但考虑三者在分布上的特殊位置（稳定地块边缘、过渡带、活动带），尤其是分布上的不连续且相隔距离较远，呈片集中分布之特点，将其分别限于特定地区，以便于今后 1∶5 万区调填图使用。但不排除在研究程度进一步提高的同时，将其归并为同一岩石地层单位之可能。

---

⑥ 青海省第三地质队，1988，1∶5 万在日沟幅（I-47-7-D）等区域地质调查报告（地质部分）。青海省地矿局。

【现在定义】 鄂拉山组厘定的涵义，指分布于柴达木盆地东、南缘，不整合于隆务河群及其以前地层之上的一套火山碎屑岩为主夹火山熔岩及不稳定沉积碎屑岩的地层。下部以中基性火山岩为主夹碎屑岩，上部以中—中酸性火山岩为主夹碎屑岩。顶界不明。

【层型】 鄂拉山组在创名时未指定层型，本书指定由青海省第八地质队1988年测制的都兰县海寺南剖面（98°15′，36°22′）第1—18层为选层型[⑦]。

鄂拉山组	总厚度＞1 831.13 m
18. 灰紫色流纹英安岩（未见顶）	＞78.64 m
17. 灰绿色含砾英安岩	46.32 m
16. 灰绿色绢云英安岩	29.55 m
15. 灰绿色含砾英安岩	27.73 m
14. 灰绿色绢云母化英安岩	360.99 m
13. 深灰色流纹质熔岩角砾岩	192.21 m
12. 灰绿色英安质角砾熔岩	46.04 m
11. 灰绿色流纹质熔岩角砾岩	272.83 m
10. 灰绿色英安质角砾凝灰熔岩	39.00 m
9. 灰绿色流纹岩	179.08 m
8. 浅紫色凝灰质流纹英安岩	88.05 m
7. 灰色片理化泥质岩	44.36 m
6. 深灰色千枚状黑云母片岩	69.96 m
5. 灰绿色条带状变凝灰质长石石英砂岩	247.33 m
4. 灰绿色片理化流纹岩	6.87 m
3. 灰绿色安山质凝灰岩	54.73 m
2. 深灰色片理化英安岩	14.38 m
1. 灰绿色片理化安山质凝灰岩	33.06 m

～～～～～～ 不　整　合 ～～～～～～

下伏地层：**克鲁克组**　含砾砂岩与砂质泥岩互层

【地质特征及区域变化】 鄂拉山组区域上岩性变化较大。在选层型地区，以灰绿色流纹质火山碎屑岩为主夹英安岩。下部以片理化的安山质凝灰岩为主夹片理化英安岩；中部以流纹质凝灰岩、熔岩为主夹碎屑岩；上部以英安质熔岩为主。选层型所在地以西，在格尔木市巴音郭勒呼都森一带，则为一套灰紫色、紫红色为主的中酸性火山岩。它不整合在滩间山群之上，下部为紫色复成分砾岩、含砾不等粒岩屑砂岩夹安山质角砾熔岩；中上部以酸性火山角砾熔岩为主，夹安山质角砾熔岩。岩层中含有大量的外来灰岩岩块。岩块中产腕足类、䗴及珊瑚化石，顶部出露不全，出露厚度大于1 007 m。在格尔木市尕羊沟一带，不整合在大干沟组灰岩之上，为一套紫灰色、绿灰等杂色中酸性凝灰岩夹中酸性凝灰熔岩，偶夹凝灰质砂砾岩。顶部出露不全，出露厚度大于364 m。在选层型所在地以东兴海县在日沟一带，不整合在隆务河群之上。下部以安山岩、玄武安山岩为主，局部夹薄层凝灰质砂岩；中部以流纹质熔结凝灰岩、流纹岩及流纹质凝灰岩、角砾凝灰岩为主夹流纹质沉凝灰岩、凝灰质砂岩；上部以碎屑岩为主夹生物碎屑灰岩、板岩、流纹凝灰岩、流纹凝灰角砾岩等。灰岩中产双壳类：

⑦ 青海省第八地质队，1988，夏日哈乡幅、南戈泉幅（J-47-125-C、D）区域地质调查报告。青海省地矿局。

Praechlamys?。板岩中产植物：*Neocalamites* sp.（cf. *Neocalamites merianii*），*N. carrerei*，*Equisetites* 等。在都兰县哈茨谱山一带，主要为一套安山岩、杏仁状安山岩，底部以灰色砾岩不整合于斜长花岗岩岩体之上。

【其他】 总观鄂拉山组下部以中基性、中性火山岩为主，上部以中酸性、酸性火山岩为主，为一较完整的火山喷发旋回。该组在西部灰紫色英安质凝灰熔岩和浅灰绿色流纹质晶屑凝灰岩中分别获 K－Ar 法年龄值 222 Ma、(235±12) Ma 和 199 Ma、217 Ma。在东部获 K－Ar 法年龄值 (194±10) Ma、(240±12) Ma。另在该组含碳质板岩中采有植物化石：*Neocalamites*（cf. *Neocalamites merianii*），*N. Carrerei*，*Equisetites* 等。

据以上资料判断，鄂拉山组总体沉积时代应为晚三叠世。

第二节 中祁连山、南祁连山—西秦岭地区早—中三叠世地层格架

该区自晚三叠世结束了华力西期地史发展，但在其南的西倾山地区，地壳自泥盆纪以来一直处于较为稳定的陆壳沉积环境，早三叠世继承二叠纪陆台海盆的沉积，为以鲕状灰岩为主的碳酸盐岩。而处于稳定陆壳北侧的西秦岭地区，经过一段时间的剥蚀之后，于早三叠世初开始下陷，海水沿康滇古陆两侧经昌都地区而涌入青海省境内，北止于化隆古陆。海侵由南而北，在海侵初期，沉积盆地中心部位在早二叠世沉积物不整合面以上，形成以充填为主的碎屑岩沉积层序。沉积了以黑色含粉砂质泥质岩夹粉砂岩及少量不纯灰岩的地层序列。盆地北部靠近化隆古陆边缘部位形成前陆盆地，充填了河流相的砂砾岩，形成深切谷，并向盆地中心部位运移，形成隆务河群底部巨厚层的进积型砾岩、砂砾岩，呈Ⅰ型不整合覆于早二叠世沉积地层甘家组灰岩之上。砾岩、砂砾岩岩相变化急剧，离岸边稍远处则相变为细碎屑岩，厚度变化更大。在隆务河口羊子沟厚度为 434 m，向西在石脑河一带，厚度达两千余米，向南迅速消失，为一前缘斜坡相沉积，亦即低水位楔。随着海侵范围的进一步扩大，海水入侵至南祁连地区，同时由于在橡皮山、青海南山一线受断裂影响（同时也是大陆架边缘坡折处），沿该带形成滑塌混杂堆积，并伴有大量火山岩。南祁连山地区在Ⅰ型不整合面上，形成早三叠世早期之海侵体系域的退积型下环仓组碎屑岩和江河组碎屑岩、碳酸盐岩组合，以及大加连组下部之碳酸盐岩组合。在沉积盆地的西部边缘牙马台、巴嘎浑腾郭勒一带，形成边缘砂砾岩岩楔。早三叠世晚期至中三叠世早期，海侵达到最大限度，在南祁连山地区形成高水位体系域碳酸盐岩组合的大加连组。在西秦岭地区，由于海水加深，离物源地较远，沉积物供应不足，形成以细粒砂岩、粉砂岩夹泥质岩及泥质灰岩组成的地层组合，显示饥饿段或凝缩段沉积特征，形成隆务河群中部的细碎屑岩及不纯碳酸盐岩组合。在西倾山地区随着海泛面的扩张，形成海侵体系域的退积型沉积，即Ⅱ型层序。在尕海群碳酸盐岩组合之上沉积了隆务河群之碎屑岩组合，上超于化隆（岩）群中、高级变质岩岩系之上。

中三叠世早期末或晚期开始（Ladinian 早期），海平面下降且速率较大。在南祁连山一带，进积型沉积表现不明显，仅为切尔玛沟组上部碎屑岩增加，灰岩夹层减少。但在西秦岭靠近北部化隆古陆一侧，形成进积型大陆架边缘体系域之隆务河群中部、上部以粗碎屑岩为主，厚度达 2 500 m 以上的砂、砾岩岩系。

中三叠世晚期，西秦岭地区受早期印支运动影响，海水退出，由沉积区转变为剥蚀区。晚三叠世火山岩、碎屑岩岩系不整合覆于其上。在南祁连地区可能为残留海，而形成海陆交互相含煤层系（图 6－5）。

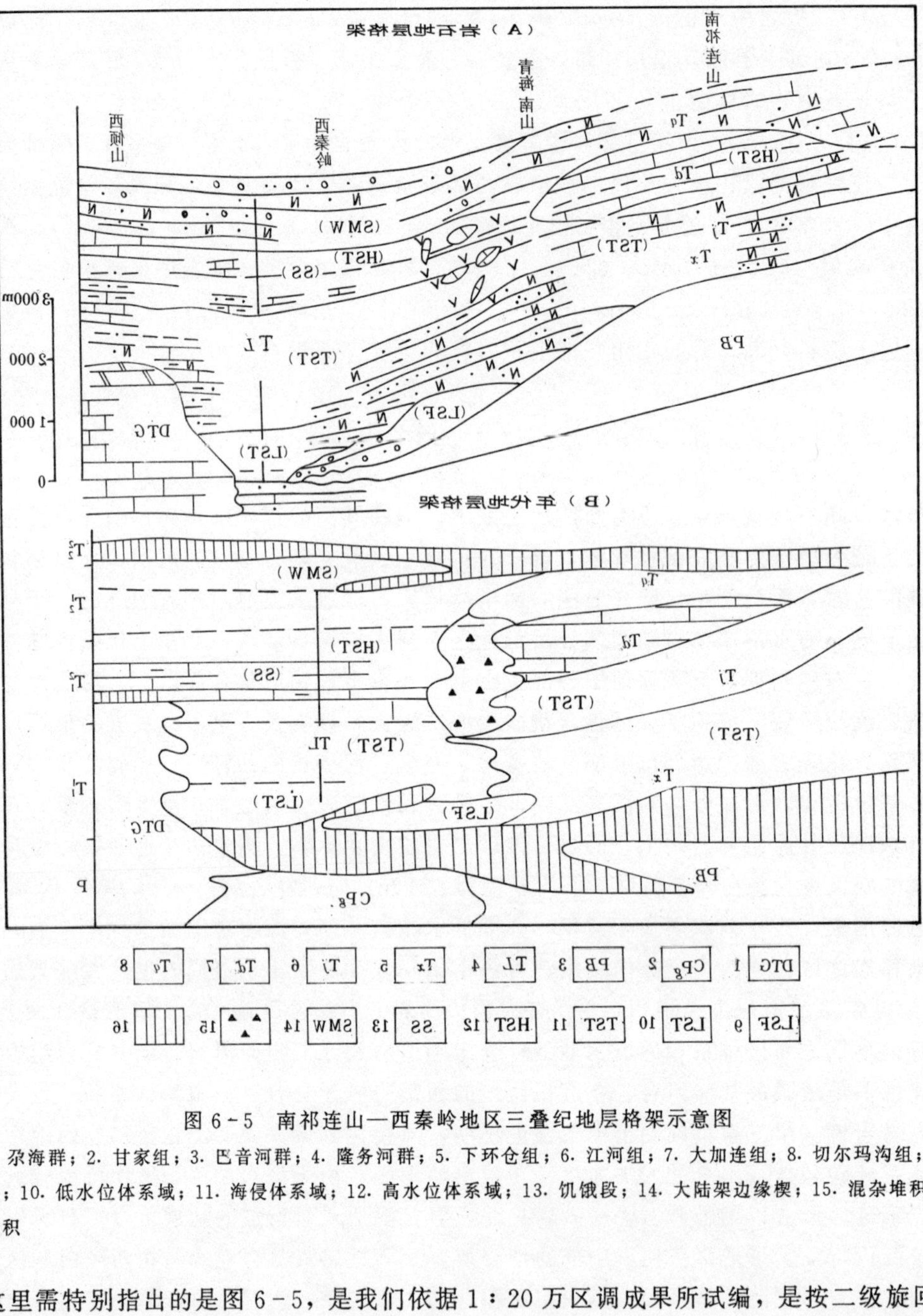

图 6-5　南祁连山—西秦岭地区三叠纪地层格架示意图

1. 尕海群；2. 甘家组；3. 巴音河群；4. 隆务河群；5. 下环仓组；6. 江河组；7. 大加连组；8. 切尔玛沟组；9. 低水位扇；10. 低水位体系域；11. 海侵体系域；12. 高水位体系域；13. 饥饿段；14. 大陆架边缘楔；15. 混杂堆积；16. 缺失沉积

这里需特别指出的是图 6-5，是我们依据 1：20 万区调成果所试编，是按二级旋回即相当于超层序或超层序组相对应的粗略尝试。格架图的三级旋回层序有待进一步调查研究。

第七章
侏罗纪—早白垩世

侏罗纪至早白垩世岩石地层，在省内华北地层大区分布较为广泛，为孤立的山间盆地或断陷盆地陆相碎屑岩，呈零散的条带状分布于祁连山、柴达木盆地北缘、东昆仑山南坡等地区。其分布及各类层型位置见（图 7－1、图 7－2）。

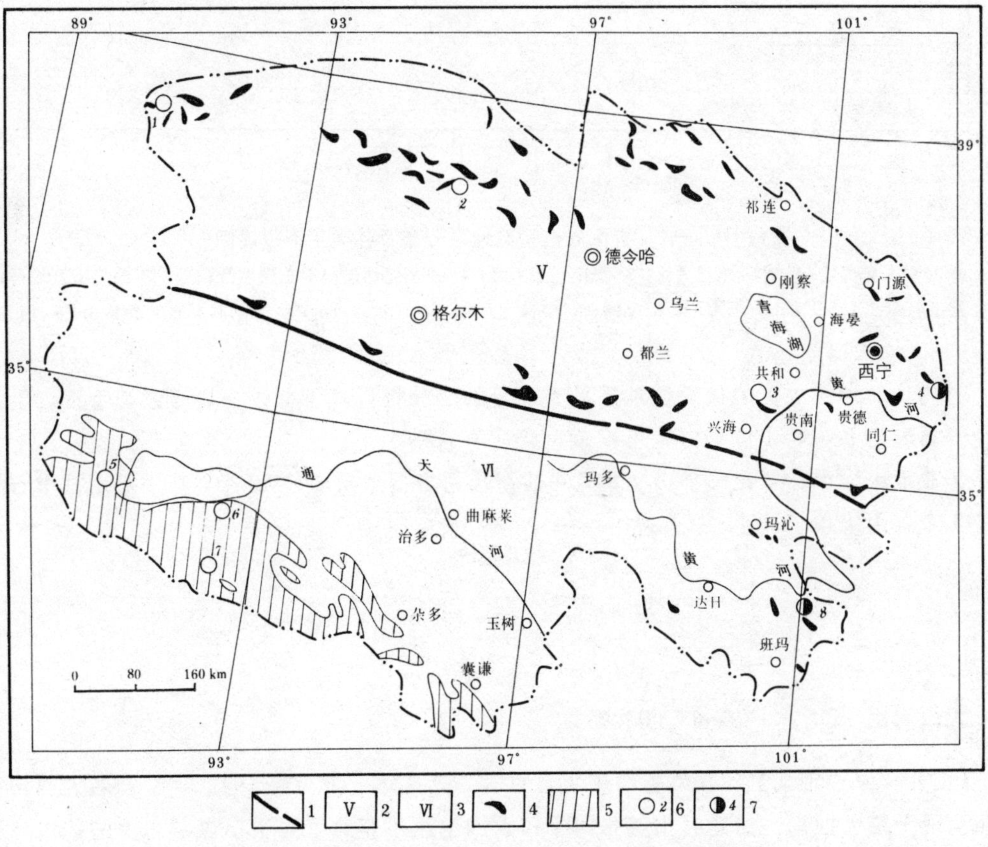

图 7－1 青海省侏罗纪地层分布及各类层型位置图

1. 地层大区界线；2. 华北地层大区；3. 华南地层大区；4. 陆相侏罗纪地层；5. 海相侏罗纪地层；6. 正层型及编号；7. 选层型及编号；

层型名称：*1.* 采石岭；*2.* 大煤沟；*3.* 旧羊曲；*4.* 享堂镇；*5.* 雀莫错东；*6.* 雁石坪；*7.* 温泉；*8.* 年宝

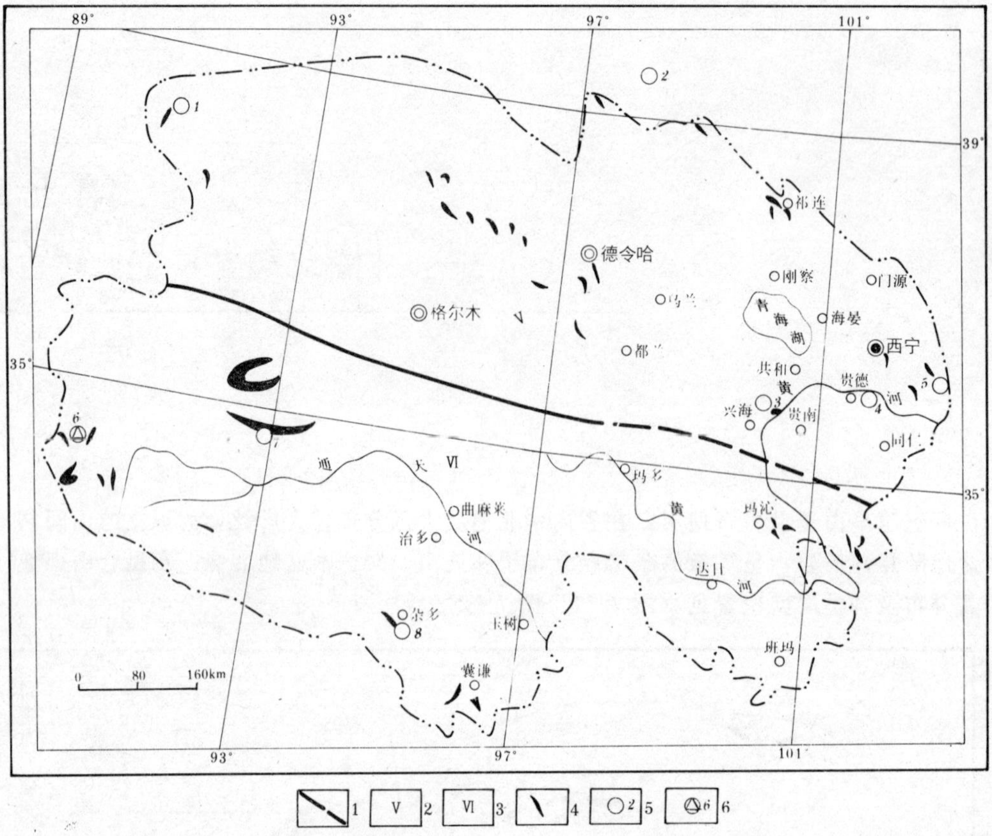

图 7－2 青海省白垩纪地层分布及各类层型位置图

1. 地层大区界线；2. 华北地层大区；3. 华南地层大区；4. 白垩纪地层；5. 正层型及编号；6. 副层型及编号；层型名称：*1.* 犬牙沟；*2.* 下沟；*3.* 旧羊曲；*4.* 姜格一万秀；*5.* 享堂西河沿；*6.* 错居日西；*7.* 桑恰山；*8.* 洛力卡

省内华北地层大区的侏罗纪地层具有明显的二分性，其下部以含煤岩系为特征，上部以杂色碎屑岩岩系为特点。早白垩世以紫色碎屑岩岩系为主。

华北地层大区侏罗纪—早白垩世，共推荐采用岩石地层单位 12 个，其中引用甘肃省群级单位 1 个，组级单位 5 个。

第一节 岩石地层单位

大西沟组 *Jd* (05－63－0800)

【创名及原始定义】 甘肃省清理组意见为：李庆远、卢衍豪 1942 年① 创名大西沟组于兰州市阿干镇大西沟。始建时指兰州阿干镇大西沟组不整合于阿干镇煤系之上的，以绿色砂岩、砾岩为主（两者相间）夹有耐火粘土及薄煤层的碎屑岩岩层。耐火粘土富含植物化石。砾

① 李庆远、卢衍豪，1942，甘肃皋兰阿干镇煤田。西北煤铁简报 2 号。

岩常为角砾状。时代为侏罗纪晚期，或为白垩纪早期。

【沿革】 1965年郭世仁于天峻县娘姆吞河口，将相当于大西沟组的岩性部分创名为“娘姆吞组”②。据何元良（1984）介绍：袁哲平（1974）于湟源县日月山大茶石浪沟，依据植物化石面貌将一套岩性仅相当于大西沟组中段的煤系地层创名为“日月山组”。1975年青海省煤田物探测量队，在《热水—江仓间1：5万煤田航空地质测量报告书》中指出：煤田地质公司132队，1973年把以往俗称“侏罗系底砾岩”的地层，创名为热水组，区域上与娘姆吞组对比。1985年青海省煤田地质公司132队于民和县史纳村，将与大西沟组相当的地层创名“史纳村组”③。

本书将中祁连山小区、南祁连山小区、拉脊山小区早侏罗世地层，凡与大西沟组岩性相似者，统划归本组。娘姆吞组为大西沟组同物异名，日月山组仅相当于大西沟组中段，史纳村组在横向上与大西沟组为同一地层体，热水组属生物地层单位，上述名称建议停用。

【现在定义】 甘肃省清理组意见为：“指平行不整合于龙凤山组之下，不整合于变质岩地层之上的以灰绿色粗碎屑岩为主，夹灰、灰黑色泥质岩和不稳定煤层及砾岩、粗砂岩地层。砾岩多以角砾岩为特征，顶部以黄褐—灰白色石英砾质粗砂岩、碳质页岩与龙凤山组底部灰白色石英砾岩分界。”

【层型】 创名者未指定正层型，选层型为徐福祥、沈光隆1976年测制的甘肃省兰州市阿干镇大西沟剖面（103°59′，35°54′）。我省的次层型为李祖银（1960）测制的刚察县柴达尔煤洞沟剖面（100°31′，37°36′）。

【地质特征及区域变化】 大西沟组延入青海省境内，不整合于南营儿组、默勒群及其以前地层之上，不整合或整合于窑街组及其新地层之下。在次层型所在地为一套以灰白色、灰绿色等杂色碎屑岩为主，偶夹不稳定薄煤层。区域上以灰色、深灰色砂岩、泥岩、页岩和含煤层为特征，产植物和孢粉等化石。由次层型所在地向东、向西零星出露于：窑街、中坝、东沟、小峡、大茶石浪、石湾、元树尔、佐士图、瓜拉、木里、孤山、江仓、半截沟至乌托泉等地。在窑街红沟与下伏南营儿组呈平行不整合接触，与上覆窑街组整合接触。岩性为灰白色粗粒石英砂岩，底部含石英质砾岩，出露厚度8 m。在湟中县东沟与下伏阿夷山组呈不整合接触，与上覆窑街组整合接触。所见岩性为灰色、灰绿色、紫红色砂砾岩、砂岩夹页岩及含铁砂岩，沉积厚度76 m。

大西沟组在民和一带钻井中揭示，岩性为棕紫色、棕褐色砂岩、泥岩夹灰绿色砂岩、泥岩偶夹泥灰岩。厚度28～193 m以上。产孢粉 *Chasmatosporites*－*Schizosporites* 组合。地质时代属早侏罗世。在民和小山子产 *Neocalamites*－*Cladophlebis* 植物群，时代为早侏罗世。

在西宁小峡厚度8 m，湟源县大茶石浪厚度50 m。其岩性为：灰白色砾岩、深灰色粗砂岩及云母砂岩夹少量页岩，与下伏湟源群、花岗岩体呈不整合接触，与上覆窑街组整合接触。再向西北，在互助县石湾厚度12 m，大通县元树尔厚度20.64 m，佐士图厚度20～30 m及门源县瓜拉煤窑沟厚度8～110 m。其岩性均为灰色、灰白色砂砾岩、中粗粒砂岩夹少量粘土及砂质页岩，不整合于下伏地层之上，与上覆窑街组为整合接触。在木里、孤山沟、江仓及江撑山等处为不稳定的灰白色石英砾岩、含砾石英砂岩，出露厚度各处不一，与下伏默勒群平行不整合接触，与上覆窑街组整合接触。在乌兰达坂北坡的半截沟和南坡乌托泉，上部为灰黄色、灰白色中粗粒长石石英砂岩夹含砾砂岩；下部为灰黄色砾岩夹含砾粗砂岩，厚度

② 郭世仁，1965，木里煤田江仓勘探区1965年普查找矿总结。
③ 青海煤田地质公司132队，1985，青海省西宁煤田地质图（1：10万）说明书。

30.7 m，与上覆窑街组整合接触，与下伏地层为断层接触。

大西沟组在省内为山间盆地沉积，虽分布于不同性质的山间盆地之中，但总体岩性特征、组合方式基本一致，均以灰—灰白色粗碎屑岩为主，并组成上细下粗的正粒序层，与下伏、上覆地层宏观差异明显，易于野外区别，为一较好的填图单元，地质时代为早侏罗世。

窑街组　Jy　（05－63－0801）

【创名及原始定义】　甘肃岩石地层清理组意见为："1936年由孙健初在兰州窑街创名'窑街系'。'窑街系'指分布在窑街、铁麦沟、红沟一带的上为红色细砂岩夹页岩，下部为暗色（灰色、黑色）纸状页岩夹煤层和泥质灰岩岩系。不整合于二叠系或二叠—三叠系之上。"

【沿革】　1956年中国地质学编辑委员会、中国科学院地质研究所在《中国区域地层表》（草案）中，将窑街系改称窑街统。罗中舒1959年改称窑街群。1960年李祖银在青海省东北部木里，将早—中侏罗世含煤地层创名为木里煤系。1965年郭世仁，将窑街群改称窑街组，将木里煤系改称木里群，并由下而上分为：娘姆吞组（包括早侏罗世地层及中侏罗世底砾岩段）、江仓组、红沟组④。1975年青海省煤田地质105队沿用木里群，并将红沟组改称"西山头组"。1978年魏彬炎⑤ 将青海北部早—中侏罗世地层，从下至上分别称娘姆吞组（包括早侏罗世地层及中侏罗世底砾岩段）、木里组（相当于1965年的江仓组下部层位）、江仓组（相当于1965年的江仓组上部层位和西山头组）。1984年何元良，将木里群改称木里组，由下至上分为三段：砂砾岩段（相当于娘姆吞组）、含煤段（相当于江仓组）和砂泥岩段（相当于红沟组或西山头组）。1984年康庆山，将何氏木里组由下至上划分为：江仓组（包括砂砾岩段和含煤段）、西山头组。1986年林文良⑥，将青海东部中侏罗世地层，依据生物由下而上划分为窑街组且创名小峡组。本书将中—南祁连山地区，位于大西沟组与享堂组之间的含煤层系划归窑街组。木里煤系（群、组）、江仓组、西山头组、红沟组（系）建议停用。小峡组属生物地层单位不采用。

【现在定义】　甘肃省岩石地层清理组意见为："指炭洞沟组之上，红沟组之下的暗色煤系地层。多以页岩、粘土岩、油页岩为特征。下以灰白色石英质底砾岩与炭洞沟组暗褐色泥岩间的平行不整合面为界；上以顶部灰色砂岩、页岩与红沟组底部杂色泥岩之界面为界，整合接触。"

【层型】　创名者未指定正层型，本书指定选层型为兰州石油地质研究所⑦ 1977年测制的甘肃省窑街红沟西侧剖面（102°53′，36°26′），我省的次层型为李祖银1960年测制的刚察县柴达尔煤洞沟剖面（100°31′，37°36′）。

【地质特征及区域变化】　该组延入青海省后分别整合或不整合于大西沟组及其以前地层之上、享堂组及其新地层之下，为一套灰—灰黑色细碎屑岩为主的含煤地层。底以不整合面或以页岩和煤层的始现为界，顶以不整合面或杂色粗碎屑岩或红色碎屑岩的出现为界。产轮藻、叶肢介、植物和孢粉等化石。

窑街组在青海省境内主要分布于中祁连山、南祁连山和西宁盆地，呈断续出露，是青海省的主要含煤地层。由东向西，在窑街红沟及湟中县东沟一带，岩性主要为灰色、灰绿色页

---

④ 由罗中舒1959年创名红沟系，1965被改称红沟组。
⑤ 魏彬炎，1978，青海省东北部中生代地层。煤田地质与勘探，(4)。
⑥ 林文良，1986，青海东部地区小峡组介形类化石。青海地质，(2)。
⑦ 兰州石油地质研究所，1977，民和盆地侏罗系沉积的研究。石油地质，1 (2)。

岩、砂岩、粘土岩夹煤层，厚度51～290 m。与上覆享堂组平行不整合，与下伏大西沟组整合接触。产植物化石：*Neocalamites carcinoides*, *Coniopteris hymenophylloides*, *Czekanowskia* sp., *Podozamites lanceolatus*, *Ginkgoites* sp., *Baiera* sp., *Equisetites* sp., *Cladophlebis* sp.。地质时代为早、中侏罗世。

在西宁小峡和湟源县大茶石浪地区，其岩性主要为砂岩、页岩夹油页岩、煤层及菱铁矿结核，顶部偶夹石膏层。与上覆河口群、西宁群不整合接触，与下伏大西沟组整合接触。出露厚度分别为：小峡230 m，大茶石浪150 m。为湖泊沼泽相含煤建造。大茶石浪砂质页岩中产植物化石：*Podocarpidites mentoukouensis*, *Czekanowskia rigida*, *Baiera* sp., *Neocalamites* sp., *Cladophlebis* sp., *Desmiophyllum* sp.。时代为早、中侏罗世。

在互助县石湾、大通县元树尔、佐士图、门源县瓜拉，岩性为一套灰—灰黑色细碎屑岩含煤地层，煤层厚度0.5～13.2 m。仅在石湾地层中见有较多的泥灰岩出露，并产软体动物化石，出露厚度25～125 m。其主要岩性与选层型所在地基本一致。与下伏大西沟组整合接触，与上覆西宁群不整合接触。植物化石以*Podozamites*, *Cladophlebis*, *Coniopteris hymenophylloides*, *Baiera*等最为特征，*Neocalamites*, *Equisetites*亦常见，时代为早、中侏罗世。

在大通河盆地（默勒、柴达尔—煤洞沟），沉积总厚度达2 100 m。为断陷盆地之湖沼相沉积，岩性为黄绿色、灰黑色、褐灰色、黑色细砂岩、粉砂岩和泥岩，含有菱铁矿结核，薄层粗砂岩和4层煤层、大量煤线及菱铁矿的富矿层。与下伏默勒群不整合接触，与上覆享堂组平行不整合接触。柴达尔—煤洞沟产植物化石：*Equisetites ferganensis*, *Podozamites lanceolatus*, *Cladophlebis*；双壳类：*Pseudocardinia ovalis*, *P.* cf. *turfanensis*, *Tutuella* cf. *rotunda*。默勒地区产孢粉：蕨类孢子占总含量的70.76%，裸子花粉占13.85%。三角形光面三缝孢占36.92%，石松孢16.92%，桫椤孢占28.46%，银杏占2.31%。总计84.61%。时代为早、中侏罗世。

在木里（厚度大于500 m）、孤山沟（厚度450 m）、努日寺沟、阿子沟、江仓及江撑山（厚度大于1 100 m）等处，岩性为一套含煤碎屑岩系，与下伏大西沟组整合接触。产植物化石：*Coniopteris hymenophylloides*, *C. spectabilis*, *Ginkgoites* cf. *sibiricus*。时代为中侏罗世。

在鱼卡北、玉勒肯塔斯乌增、瓦乌斯·多索卡、希尔陇北、多苏公欠等地，岩性、岩相基本相似，可与选层型对比，为灰—灰黑色碎屑岩夹煤层、煤线及菱铁矿扁豆体，出露厚度598～1 369 m，受断裂破坏，顶底不明。产植物化石：*Neocalamites* sp., *Cladophlebis denticulata*, *Coniopteris hymenophylloides*, *Equisetites* sp., *Podozamites* sp., *Phoenicopsis* sp. 等。时代为早、中侏罗世。

在中祁连山、南祁连山小区的最西端乌兰达坂北坡的半截沟和南坡的乌托泉一带，为一套碎屑岩夹泥质岩、煤层及油页岩地层，出露厚度大于125 m。产双壳类：*Tutuella trapetzoidalis*与*Ferganoconcha sibirica*。上述化石属我国早、中侏罗世常见的双壳类：*Ferganoconcha*-*Tutuella*生物群。

根据上述窑街组的岩性、岩相和动物、植物化石的分析，它是在温暖潮湿、还原环境中沉积的一套湖泊—沼泽相含煤碎屑岩建造，是一个特征明显、理想的野外地质填图单位，时代为早、中侏罗世。

【其他】 据斯行健、周志炎（1966）介绍：侯德封、孙健初（1935）命名“窑街系”。故创名人和时间存疑，尚待查证。

享堂组 J_3x (05-63-0802)

【创名及原始定义】 苗祥庆等（1954）在民和县享堂镇创名“享堂系”[⑧]。原义指：“上部紫红色粘土与云母砂岩夹角砾状砂岩，中部紫红色厚层云母砂岩与粘土、含角砾，下部深绿色角砾岩与紫色泥岩及灰色油砂，砾石全为南山系变质岩。厚度153 m，时代归属晚侏罗世。与上覆白垩系河口群及下伏南山系均为不整合接触。”

【沿革】 1956年中国地质学编辑委员会、中国科学院地质研究所在《中国区域地层表》（草案）中，改称“享堂统”。顾知微（1962）改为享堂群。青海省地层表编写小组（1980）改称享堂组，其后沿用至今。

【现在定义】 指分布于祁连-北秦岭地层分区，整合或不整合于享堂组以前地层之上、不整合于河口群及新地层之下的一套杂色碎屑岩夹少量灰岩及铁质结核的地层。下界以不整合面或粗碎屑岩及红色碎屑岩的消失为界，上界以不整合面分隔。产轮藻、双壳类、介形类、植物及孢粉等化石。

【层型】 创名者未指定正层型。本书指定的选层型为甘青两省边界兰州市海石湾喇嘛沟剖面（102°52′，36°21′），由青海综合地质大队区测队（1964）测制。

上覆地层：**河口群** 石英角砾岩

~~~~~~~~~~ 不 整 合 ~~~~~~~~~~

享堂组	总厚度 198.5 m
16. 红色泥岩夹薄—中层状中粒砂岩	40.7 m
15. 暗紫红色泥岩、块状中粒砂岩互层	25.1 m
14. 灰绿色块状中粒砂岩，顶部为薄层砂岩及泥岩互层，岩性变化大	5.3 m
13. 暗紫色、灰紫色泥岩夹灰绿色泥岩条带及薄层砂岩	9.5 m
12. 深灰色块状中粒砂岩，成分以石英为主，含砾石，具交错层	8 m
11. 暗紫红色泥岩夹灰绿色条带状泥岩，钙质胶结	2.6 m
10. 灰绿色块状中—粗粒砂岩	4.6 m
9. 暗紫红色泥岩夹砂质泥岩条带，钙质胶结	9.5 m
8. 灰绿色块状粗砂岩，以石英为主，含细砾石，往上变细，胶结疏松	11.3 m
7. 草绿色及黄绿色泥岩夹凸镜状砂岩	10.5 m
6. 灰绿色中粒砂岩，含砾石少许	2.5 m
5. 黄绿色中粗粒砂岩夹灰黄色泥岩条带，胶结疏松	3.6 m
4. 草绿色细砂岩及黄绿色泥岩	4.0 m
3. 草绿色泥岩夹泥球及铁质	7.8 m
2. 深灰色、黄绿色泥岩夹中厚层状细砂岩	6.7 m
1. 黄白色、灰白色砾状粗砂岩，砾石以石英为主，具半圆或半棱角状。砂岩以石英长石为主，铁质胶结	46.8m

~~~~~~~~~~ 不 整 合 ~~~~~~~~~~

下伏地层：**窑街组** 黑色页岩、灰色粘土及砂岩、页岩夹煤层

【地质特征及区域变化】 本组为不连续的山间盆地沉积，由选层型所在地向西在海石湾

⑧ 苗祥庆等，1954，民和盆地地质调查总结报告（未刊）。

至享堂一带，岩性具有下绿（或灰白）色、中杂色、上红色的特点。即下部为浅灰绿色、灰白色中、细粒砂岩、砂砾岩与棕褐色泥岩互层；中部为杂色泥岩与杂色砂岩和含砾砂岩互层；上部为褐棕色、红棕色泥岩与紫灰色、黄灰色粉、细砂岩互层。为一套在相对干旱气候条件下河流—滨湖相碎屑岩沉积。出露厚度 1 500 m。与下伏窑街组平行不整合接触，河口群不整合于其上。有时超覆震旦纪地层之上。在享堂镇附近采有脊椎动物化石：*Sunchurous miaoi*，*Mamenchisaurus hochuanensis*。时代为晚侏罗世。

在门源县瓜拉煤窑沟一带，岩性为紫红色、灰绿色等杂色砂岩、砂质页岩夹砾岩，出露厚度约 207 m。与上覆北山寺组不整合接触，与下伏窑街组整合接触。

在大通山北坡（柴达尔、煤洞沟、外力哈达），属于断陷盆地湖沼相沉积。岩性可分为上下两部分。下部以灰白色、灰绿色厚层状砂岩、细砂岩和粉砂岩为主，夹含砾粗砂岩及钙质结核；上部是紫色、暗紫红色、紫褐色细砂岩与同色粉砂岩互层，出露厚度 1 704 m，与下伏窑街组平行不整合接触。

在克克赛西—日尼黑山北一带，岩性主要为灰紫—紫红色砂岩、粉砂岩、粉砂质页岩夹砾岩。顶底均被断层切割，出露不全，出露厚度约 500 m。

在努日寺沟及木里南仅有零散出露，岩性为紫色砾岩、石英粗砂岩、粉砂岩夹页岩及煤线，底部为厚度 10～20 m 的灰色砾岩，平行不整合于窑街组之上。

在瓦乌斯·多索卡一带，岩性为紫红色、灰白色、黄褐色含砾长石砂岩、含砾长石石英砂岩、砂岩、粉砂质泥岩、页岩，底部为灰白色砾岩。在中祁连山、南祁连山地层小区的最西部克希旦尔干德两侧的半截沟、钓鱼沟，享堂组也有零星出露，为一套紫红色碎屑岩。出露厚度大于 326 m，为强烈氧化环境下的山麓堆积。产介形类 *Eucypris*? sp.；孢粉：*Cyathidites minor* 14%，*C. australia* 3.6%，*Hymenozonotriletes* sp. 20%，*Classopollis* sp. 62.1%。时代为晚侏罗世。

据上述享堂组的岩性、岩相、化石面貌及地质年代，该组虽分布在互不连续的山间盆地中，但其岩性特征基本一致，为一套杂色碎屑岩系，组成下粗上细的岩石系列，并与上覆、下伏地层宏观差异明显，为一野外易于辨认的岩石地层单位。时代为晚侏罗世。

新民堡群　K*X*　(05-63-0905)

【创名及原始定义】　甘肃岩石地层清理组意见为：王尚文（1949）在甘肃省玉门市下沟创建。原义为："巧克力色、灰色、灰绿色粘土质页岩夹砂岩，内有完整昆虫及介壳化石。向上深红、灰绿色砾岩、砂岩及粘土质页岩间互。上覆第三纪甘肃系。底部砾岩之岩性随地而异，与老地层接触颇不一致。在惠回堡附近底部岩层为一逆掩断层所切，大部尚称完整。在宽滩山惠回堡系与赤金堡系上部之黑色页岩不整合接触。"

【沿革】　该群初始是孙健初（1936）创名的"惠回堡系"。王尚文（1948）将其分为上、下惠回堡系。王尚文（1949）又将其改称新民堡群（因惠回堡地名改名为新民堡）。徐仁等（1956）将该套地层称上、下新民堡群。其后甘青两省沿用至今，本书沿用甘肃省清理研究意见。

【现在定义】　据甘肃省清理研究组意见，"指分布于红柳峡、赤金堡、新民堡、祁连山山前盆地及北山地区的一套猪肝色、紫红、灰绿、黄褐色为主的杂色碎屑岩序列。其上被火烧沟组不整合覆盖，与下伏赤金堡组整合、平行不整合或超覆不整合在侏罗纪博罗组以前的地层或岩体之上。包括中沟组、下沟组。"

【层型】 正层型为王尚文（1951）测制的玉门市惠回堡剖面 a－l 层。即牛绍武 1975 年重测之玉门市清泉乡下沟东侧Ⅱ8P5、Ⅱ8P6 剖面（97°48′20″，39°58′及 97°48′20″，39°36′40″）为代表（牛绍武，1987）。本省的参考剖面为甘肃省第二区测队（1974）测制的祁连县臭水沟至小龙口剖面（98°33′，39°05′）（见青海省地层表编写小组，1980）。

【地质特征及区域变化】 该群延入青海省境内，主要分布于北祁连山地区，岩性为碎屑岩夹石膏层的河湖相堆积，其中含双壳类、腹足类、介形类、轮藻、恐龙及软体化石。与下伏阴沟组呈断层接触，与上覆玉门组不整合接触。

【其他】 据马其鸿（1982、1984），牛绍武（1987）等文介绍：新民堡群源于孙健初（1936—1942）的“惠回堡系”。故创名人有待查考。

下沟组 K*x* （05－63－0900）

【创名及原始定义】 甘肃省岩石地层清理组意见：“甘肃省地层表编写小组（1980）创名。标准地点在玉门市清泉乡下沟东侧⑨。原义上段：上部和下部为灰绿色砾岩，中部为紫红色、灰绿色、杂色薄层—厚层细—粗粒杂砂质石英砂岩与灰绿色、猪肝色泥岩、泥质粉砂岩、细砂岩互层，为一套粗细相间的碧绿色—杂色韵律层；下段：紫红色厚层砾岩与泥质粉砂岩。从剖面向东，灰绿色泥岩、砂岩显著增多。与下伏低窝铺组为整合接触关系。”

【沿革】 本书首次将下沟组引入我省。该组延入青海省境内，只出现在北祁连山小区范围内。青海省地层表编写小组（1980）将本套地层划称白垩系下岩组。

【现在定义】 甘肃省岩石地层清理组厘定的下沟组定义是：“指分布于红柳峡—新民堡、北祁连山山前盆地。为一套紫红色、褐黄色、灰绿色、灰色、黑灰色碎屑岩夹泥质岩及泥灰岩的沉积序列。上以灰绿色泥质岩与中沟组底部巨厚紫红色砾岩整合接触，下以紫红色、褐黄色砾岩或砂岩与赤金堡组顶部黑色纸状页岩整合接触，或超覆不整合在前侏罗纪的地层或岩体之上。”

【层型】 正层型为甘肃省地质力学区测队 1976 年在甘肃省玉门市清泉乡测制的下沟东侧新民堡群实测剖面（Ⅱ8P5）（97°48′20″，39°58′）（甘肃省地层表编写小组，1980）。

【地质特征及区域变化】 本组延入青海省境内，不整合于侏罗纪及其以前地层之上、整合于中沟组之下，由鲜红色、砖红色、杂色砾岩、含砾砂岩、粉砂岩、砂质泥岩夹灰黑色砂质泥岩及灰白色泥灰岩所组成，上部含石膏。下界以不整合面或以紫红色砾岩及含砾砂岩的消失为界，上界以中沟组红色碎屑岩的出现为界。产双壳类、轮藻、介形类、腹足类及植物等化石。

本组在青海省境内由西向东断续分布于臭牛沟、野牛沟、走廊南山南坡二道沟、黑河、八宝河两侧，东至龙沟及炭山岭与四十名一带。在臭牛沟至野牛沟一带，由砖红色砾岩、含砾砂岩、砂质泥岩、粘土岩呈韵律层，夹灰黑色、灰绿色泥岩及灰白色泥灰岩和石膏层。厚度大于 1 325 m。与下伏阴沟组不整合接触，与上覆中沟组呈整合关系。在小龙口西北地区见其超覆于超基性岩体及基性岩体之上，岩性变化大。在臭牛沟一带为粗—巨砾岩，磨圆度、分选性均较差，由河湖相交替沉积组成比较复杂的韵律结构，泥灰岩或泥灰质结核、石膏层常出现于每一韵律的顶部，但有时缺失，被粘土岩所代替。除剖面所见化石外，在北过龙沟还采有双壳类及腹足类化石。双壳类：*Sphaerium yanjiense*，沉积时代为早白垩世。

---

⑨ 甘肃省地质局地质力学区测队，1976，酒泉盆地西部侏罗系、白垩系的划分与对比（手稿）。

再向东南，在走廊南山南坡的大河沟至二道沟间，以及黑河与八宝河两侧山间盆地仅出露砾岩，砾石成分复杂，随地而异，分选性差，均为下伏各时代地层的岩石；底以明显的不整合超覆在南营儿组及以前的地层之上，厚度 514～1 572 m。在泥灰岩及泥岩中产恐龙及淡水软体动物化石。沉积时代为白垩纪。

再向东至龙沟，向东南至炭山岭—四十名一带，均属不规则状的山间盆地，为山麓相、河流相碎屑岩沉积。其岩性下部为暗红色中、粗粒砂岩夹砾岩、泥质砂岩；中部为暗红色粗粒砂岩与砂质泥岩、泥质砂岩互层夹砾岩扁豆体；上部为砖红色含砾砂岩、砂岩，出露厚度 3 623 m，与下伏南营儿组不整合接触。

综合上述，青海省境内的下沟组，为一套在炎热干旱气候条件下，由山麓相到河湖相沉积的红色碎屑岩组成的地层，宏观上岩性特征明显，是一个较好的填图单位。根据其所含化石，沉积时代均显示出早白垩世的色彩。

【其他】 马其鸿等 1982 年介绍：下沟组系甘肃省第二区测队（1975）创立。标准地点位于玉门市清泉乡下沟东侧。但甘肃岩石地层清理组认为是甘肃省地层表编写小组 1980 年创名，有待查证。

中沟组 $K\hat{z}$ （05－63－0901）

【创名及原始定义】 甘肃省岩石地层清理组意见：“甘肃省地层表编写小组 1980 年介绍⑩。原义上段：“黄褐、黄灰、浅灰色中—厚层状、块状含砾粗粒、中细粒长石砂岩与灰绿、紫红、黄褐色泥质细砂岩、泥质岩多互层，夹少量泥灰岩和多层砾岩、砂砾岩，粗细相间形成一套黄褐色为主的韵律层。下段：紫红色厚层砾岩夹泥质粉砂岩，砾岩成层性差。与下沟组为整合接触关系，与上覆地层火烧沟组为不整合接触。”

【沿革】 该组延入我省，仅小面积出露于祁连县臭水沟至小龙口地区。甘肃省地层表编写小组（1980）在《西北地区区域地层表・甘肃省分册》、青海省地层表编写小组（1980）在《西北地区区域地层表・青海省分册》中，均划称白垩系上岩组。甘肃省地矿局（1989）在《甘肃省区域地质志》、青海省地矿局（1991）在《青海省区域地质志》中，均沿用。

【现在定义】 甘肃省岩石地层清理组厘定为：“指分布于红柳峡—新民堡及北祁连山山前盆地，下为紫红色巨厚层砾岩夹泥质粉砂岩，向上变为灰绿色、黄褐色、黄灰色、砖红色等碎屑岩序列。底以巨厚层紫红色砾岩与下沟组灰绿色泥质粉砂岩为界，两者为整合接触，顶以黄褐色砂岩与第三纪火烧沟组砖红色砂砾岩为界，两者为不整合接触。”

【层型】 正层型为甘肃省地质力学区测队（1976）在玉门市清泉乡测制的下沟东侧剖面（Ⅱ8P6）（97°48′20″，39°56′40″）⑨。副层型为甘肃省地质力学区测队（1976）在玉门市清泉乡下沟西侧新民堡群实测剖面（Ⅱ8P9）（97°48′，39°56′）（马其鸿，1982）。

【地质特征及区域变化】 该组在省内仅在祁连山中段南坡零星出露，岩性为：淡棕色砾岩、含砾长石砂岩、粉砂岩和泥质粗砂岩互层，夹灰绿色砂质泥岩及灰色泥岩。与下伏下沟组整合接触，未见顶。出露厚度大于 1 304 m。

该组以淡棕色为主而区别于下沟组，从下至上粗碎屑沉积增多，砾石的磨圆度及分选性愈来愈差。横向上西部粗碎屑岩增加。该组是干旱气候条件下的河流相沉积。因本组不整合于玉门组之下、整合于下沟组之上，推测时代可能为白垩纪。

---

⑩ 介绍未指出何人、何地、何年创名。

【其他】 马其鸿等（1982）介绍：中沟组由牛绍武（1976）创名于玉门市清泉乡下沟，与甘肃省岩石地层清理组意见不一致，有待查证。

河口群 K*H* （05-63-0902）

【创名及原始定义】 孟昭彝、王尚文等（1947）在甘肃省兰州市河口镇创名“河口系”。“河口系”指“下部以砂岩为主，中部多砂岩与粘土之相间层，以上渐变为粘土，就露出者总厚2 444 m。其分布以河口附近发育最佳。该系所产化石不多，仅下部有硬鳞鱼及腹足类，上部有劣形植物之痕迹。依风化面之岩性，按颜色将河口系共分七层如下：K*h*1、K*h*2、K*h*3、K*h*4、K*h*5、K*h*6、K*h*7。”。

【沿革】 顾知微（1962）将“河口系”改称“河口群”。青海综合地质大队区测队（1964）在湟源县克素尔，将相当于河口群的地层创名“大茶石浪群”。郝诒纯等（1983）将河口群改称河口组。“大茶石浪群”为河口群的同物异名，建议停用。

【现在定义】 甘肃省岩石地层清理组意见为：“指出露于以兰州河口为中心，向西延入青海省的一套以紫红色、棕红色、棕褐色、灰绿色、蓝灰色、桔红色组成的杂色碎屑岩沉积。其上被第三纪桔红色砂泥岩不整合覆盖，底以砾岩或砂岩与下伏侏罗纪享堂组及以前的地层或岩体不整合接触。包括两个非正式组级岩石地层单位。”

【层型】 正层型为孟昭彝、王尚文等（1947）测制的兰州市河口镇石板沟、瓦渣子沟、大红山剖面（103°27′，36°20′）。我省次层型为青海省石油普查大队1975年测制的乐都县石坡沟剖面（102°25′，36°24′）（见青海省地层表编写小组，1980）。

【地质特征及区域变化】 河口群延入青海省境内，分别不整合于享堂组及其以前的地层或岩体之上、民和组及新地层之下，为一套以红色为主的砾岩、砂砾岩、砂岩夹泥、粉砂质泥岩、页岩，局部夹石膏层及含油砂岩的地层体。产介形类、轮藻、叶肢介、鱼、双壳类、植物及孢粉等化石。

在青海省境内由东向西，河口群零星分布于中祁连山、南祁连山之湟水河两岸及祁连山山间盆地。岩性主要为暗红色砂岩及泥岩互层夹砾岩及灰绿色条带状砂岩。岩层中虫孔、干裂、交错层理等构造发育，其中所夹灰绿色条带状砂岩特征突出，可作为识别和划分地层的标志。该组岩性总体特征明显，易于识别，各地变化不大，局部地段夹有石膏层和含油层。沉积厚度变化较大，在海石湾、虎头崖一带，深井见有油流，厚度2 000 m。在大通河口厚度1 028 m，大茶石浪厚度1 510 m，拉脊山南坡厚度1 738 m，互助北山一带厚度232～950 m，在走廊南山北坡及黑河一带厚度1 061 m。

河口群在民和县以东与下伏地层享堂组呈平行不整合接触。在民和县大通河、西宁市小峡一带与下伏享堂组及上覆民和组均为不整合接触。在乐都县中坝、石坡沟一带，与下伏湟源群、上覆民和组均呈不整合接触。向西在走廊南山、黑河一带与下伏默勒群等呈不整合接触。

河口群产植物、鱼、淡水双壳类、孢粉、轮藻、介形类等化石，其沉积时代随地而异。在窑街产植物：*Ginkgo*，*Coniopteris* 和 *Baiera* 及鱼化石 *Hybodus*，*Lycoptera*，时代属白垩纪。在大茶石浪产淡水双壳类 *Unio* sp.，*Gyrena* cf. *hupenensis*。在拉脊山南坡一带产植物 *Podozamites* sp.，沉积时代为晚侏罗世至早白垩世。在互助北山产植物：*Brachyphyllum* cf. *spinosus*，时代为白垩纪。在祁连山西部克希且尔干德一带含孢粉：*Leiotriletes* sp.，*Schizaeoisporites* spp.，*Classopollis* sp.，*Ephedripites* sp.，*Tricolpollenites* sp.，*Retitricolpites* sp.，时代为早

白垩世—晚白垩世早期。在大冰沟一带含 *Bairdestheria* (?) sp.，时代为侏罗—白垩纪。在黄南、化隆、同仁一带含孢粉：*Cicatricososporites* sp.，*Schizaea* sp.，*Cibodiumspora* sp.，*Selaginella* sp.，*Pagiophyllumpollenites* sp.，*Cycas* sp.，*Podocarpus* sp.，*Pseudopinus*，时代为早白垩世早期。

河口群为一套以红色为主体的中—厚层状砂岩、砾岩、砂砾岩夹泥岩、页岩及石膏层的河流—湖泊相沉积碎屑岩系，碎屑颗粒表现出粗→细→粗特点，厚度由百余米增至千米不等，与上覆、下伏地层宏观岩性差异明显。根据上述岩性、岩相及生物特征和层序关系，河口群是一套明确的野外易于识别的岩石填图单位，沉积时代可能为早白垩世。

大煤沟组　*Jdm*　(05-63-0803)

【创名及原始定义】　王万统等1960年⑪，在乌兰县怀头他拉乡大柴旦东80 km处的大煤沟创名。指："不整合于元古界之上的一套含煤碎屑岩沉积，厚度1 144 m，与上覆晚侏罗世采石岭组红层为平行不整合接触。在大煤沟地区发育良好，故命名'大煤沟组'，时代归属早、中侏罗世。"

【沿革】　中国科学院、青海石油管理局综合研究队（1955），将红柳沟之早、中侏罗世煤系地层命名为红柳沟系。顾知微（1962）将红柳沟系，又进一步划分为红柳沟群和创名清水河群，并分别归属下侏罗统和中侏罗统下部。王万统等1960年创建大煤沟组时，将其划分为：A—G七个煤组。顾知微（1962）根据青海石油局地质处102队1959年提供的资料⑫，将红柳沟系进一步划分为：红柳沟群和清水河群，并分别归下侏罗统及中侏罗统下部。青海省石油局（杨藩、狄恒恕），1972年以东部大煤沟剖面，将原定红柳沟群和清水河群改名为小煤沟组及沿用大煤沟组。改名的理由是："红柳沟群、清水河群的层型所在地红柳沟及清水沟构造关系复杂，地层层序及厚度不清，接触关系不明。"杨藩、狄恒恕、孙志诚（1973）⑬依据植物化石在大煤沟剖面的垂向分布规律，将"大煤沟组"分为早侏罗世小煤沟组和中侏罗世大煤沟组。青海煤田物探测量队（1974）将这套含煤地层引用小煤沟组、大煤沟组，在其上部创名石门沟组（李佩娟等，1988年）。魏彬炎（1978）⑤沿用"大煤沟组"名称，将杨藩等（1973）的"大煤沟组上界下移254.3 m，下移部分沿用石门沟组"。李佩娟、何元良（1988）依据化石进一步划分为：小煤沟组（A煤组）、火烧山组（B煤组）、甜水沟组（C煤组）、饮马沟组（D煤组）、大煤沟组（E—F煤组）、石门沟组（G煤组）。以上划分均系依生物对大煤沟组的肢解，本书沿用王万统等所创大煤沟组。红柳沟系为大煤沟组的同物异名，又未推广使用，建议停用。清水河群、小煤沟组、火烧山组、甜水沟组、饮马沟组、石门沟组，仅相当大煤沟组某一部分，均是生物地层单位，故停用。

【现在定义】　指不整合于前二叠纪地层之上，整合或不整合于采石岭组之下的一套含煤碎屑岩夹菱铁矿层组成的地层体。下界以不整合面分隔，上界以不整合面或灰黑色页岩、泥岩的消失，杂色和红色碎屑岩的出现为界。产双壳类、叶肢介、昆虫、介形类及植物等化石。

【层型】　正层型为何元良等1980年重测的大柴旦镇大煤沟剖面（96°02′，37°31′）（李佩娟等，1988）。

---

⑪ 王万统、张寿恒、朱欣芳，1960，青海省柴达木盆地大煤沟煤矿最终报告。
⑫ 青海石油局地质处102队，1959，柴达木盆地西部、北部中生代（专题研究报告）。
⑬ 杨藩等，1973，柴达木盆地中、新生代地层的划分意见。编制西北地区区域地层表、古生物图册协作会议学术论文选编。

【地质特征及区域变化】 本组为不整合于元古宙岩体之上的一套灰白色砾岩、含砾砂岩、黄绿色砂砾岩、灰黑色细砂岩、粉砂岩、泥岩、碳质页岩夹煤层、油页岩及菱铁矿层。自下而上可分为：砂砾岩段、含煤碎屑岩段、砂页岩段。顶与采石岭组呈不整合接触，区域上与下伏前二叠纪地层多呈不整合接触。产植物：*Raphaelia diamensis*，*Ginkgo quidamensis*，*Equisetites beani*，*Coniopteris hymenophylloides*，*Podozamites* cf. *mucronatus*，*Neocalamites nathorsti*，*Cladophlebis* sp.，地质时代为早—中侏罗世。

本组沉积受柴达木盆地北缘-青海南山深断裂带控制，呈北西西向斜列展布。主要分布在柴达木盆地北缘、阿尔金山南麓和冷湖至鱼卡、红山至德令哈一带以及埃姆尼克山南麓等地。此外在柴达木盆地南缘昆仑山北麓，仅秋吉煤矿、科日两地见到零星露头，多数地区出露不全，只是大煤沟地区出露完整。其中绿草山和大煤沟厚度最大，故认为绿草山—大煤沟一带是本区侏罗纪的沉积中心。

大煤沟组下部与中部形成两个大沉积旋回，均由分选性、磨圆度甚差，层理不清的山间河床相砾岩、角砾岩、含砾或含角砾的砂岩开始，以含叶肢介、昆虫、鱼等深水湖泊相油页岩或黑色页岩结束，其岩性、岩相、厚度变化大，因露头较好，均可连续追索观察。

本组化石比较丰富，主要有植物、轮藻、叶肢介及淡水双壳类、昆虫等。在火烧山产植物化石：*Cladophlebis*。小煤沟口出露厚度 205 m，产植物：*Equisetites*，*Cladophlibis* cf. *denticulata*，显示的时代为 Hettangian 期—Pliensbachian 期。大头羊煤区出露厚度 205 m，产植物化石：*Tuarella lobifolia*，*Phoenicopsis*。饮马沟产 *Coniopteris murrayana*，地质时代为 Aalenian 期。在绿草山出露厚度 270 m，产植物：*Nilssonia*，*Ginkgoites* cf. *sibiricus*，*Phoenicopsis*，顶部黑色页岩、油页岩中产淡水双壳类：*Ferganoconcha curta*，*Pseudocardinia* sp. 等；介形类：*Darwinula* spp.，代表了深水湖泊相沉积，时代为 Bathonian 早期。在德令哈以北柏树山出露厚度 130 m，在上部大致相当于 *Nilssonia* 层位产植物：*Sphenobaiera* sp.，*Podozamites* sp.，沉积时代为晚 Bathonian 期。上述表明各地沉积时代不尽相同，总体时代为 Hettangian 期—Bathonian 晚期。

综上所述，大煤沟组是在山间或断陷盆地中沉积的河床相—湖泊相的一套含煤碎屑岩系，时代为早、中侏罗世。

采石岭组　Jc　(05-63-0804)

【创名及原始定义】 张文堂等（1958）介绍：崔克信、张文堂等（1955）创名“采石岭系”于青海省格尔木市茫崖镇。张文堂在介绍“采石岭系”时写道：“白垩纪地层常超覆在侏罗纪地层之上，第三纪地层以不整合覆盖之上。主要岩性是砾岩、红色砂岩、紫红色页岩及红色泥岩之互层，厚度 2 000 余米，是山间盆地堆积和浅湖相沉积。在采石岭和红水沟一带共分四层，与下伏红柳沟系不整合。产叶肢介化石。崔克信先生等和笔者在这一带工作时，曾以采石岭系名之。”

【沿革】 1959 年青海石油地质处 102 队⑫，将采石岭系下部改称采石岭群，上部创名红水沟群。1973 年青海石油管理局地质研究所（杨藩等），将采石岭群改称采石岭组。其后沿用至今。

【现在定义】 本书沿用采石岭组，涵义厘定为：指整合或不整合于大煤沟组之上，整合于红水沟组之下的一套杂色岩系或红色粗碎屑岩夹细碎屑岩及灰岩的地层。下以不整合面、杂色或红色碎屑岩的出现为界，顶以不整合面或红色大套泥岩的始现为界。产双壳类、介形类、轮藻等化石。

【层型】 选层型为张文堂等(1958)测制的格尔木市茫崖镇采石岭、红水沟剖面(90°44′，38°28′)(张文堂等，1958)。

【地质特征及区域变化】 采石岭组主要出露于柴达木盆地西部阿哈提山南麓采石岭地区，及盆地东部路乐河、鱼卡、绿草山、大煤沟、阿木尼克山南麓、旺尕秀、牦牛山一带。采石岭地区岩性以灰绿色、灰黄色、灰白色砂岩、砾状砂岩及砾岩和暗棕红色泥岩、含砂泥岩、砂质泥岩为主，夹少量蓝灰色、棕灰色泥质粉砂岩及灰黑色砂质泥岩，与下伏大煤沟组为不整合接触，出露厚度833 m。在路乐河、鱼卡一带，其岩性特征与选层型相似，仅底部砂砾岩中含油，与上覆红水沟组及下伏大煤沟组均为整合接触。再向东于绿草山一带，岩性为浅灰色粗砂岩、姜黄色粉砂岩、紫红色砂质泥岩、绿色粉砂岩、含铁泥灰岩及黄铁矿结核，与下伏大煤沟组为连续沉积，地表出露厚度14 m。产淡水双壳类：*Lamprotula*(*Eolamprotula*)*turfanensis*，*Sphaerium anderssoni*，*S. jeholense*，时代为Oxfordian期至Kimmeridgian期?。在柏树山一带零星分布，岩性由砾岩、细砂岩、砂岩、页岩和泥岩组成，与下伏大煤沟组为整合或不整合接触，其上被路乐河组覆盖，出露厚度48～130 m。在旺尕秀、牦牛山一带，整合于大煤沟组含煤岩系之上，为一套杂色碎屑岩沉积，以含绿色斑块或条带及较多的钙质结核为特征，出露厚度73 m。

本组岩性除东部旺尕秀岩石粒度略细，底部未见砾岩外，在整个盆地变化不大。下部主要为河流相，向上逐步变为滨、浅湖相的碎屑岩沉积，各地岩性宏观特征均可对比，层位相当，下与大煤沟组多为整合接触，仅采石岭地区为不整合接触，上与红水沟组整合或平行不整合接触。西部最厚达833 m，东部变薄仅数十余米，于牦牛山一带尖灭。

【其他】 采石岭组碎屑岩长石含量较高，分选性、磨圆度较差，具有磨拉石快速沉积的特征。

采石岭组所含化石，既有轮藻、介形类、叶肢介，又有双壳类，以采石岭地区研究较详。轮藻称：*Aclistochara caishilingensis*－*Aclistochara. shiwanensis* 组合。时代为中侏罗世Bathonian期。

红水沟组 J_3h (05－63－0815)

【创名及原始定义】 青海省石油局地质处102队[12]，1959年在茫崖镇红水沟创名"红水沟系"。原义指："发育于红水沟处的一套棕红色含砂泥岩夹蓝色粉砂岩条带及斑块，在中上部夹有一层厚约10 m的杂色泥岩，顶部有厚1 m左右的浅棕黄色砂岩，时代归早白垩世。与上覆犬牙沟系平行不整合接触，与下伏采石岭群断层接触。"

【沿革】 顾知微(1962)改称红水沟群，杨藩等(1973)改称红水沟组沿用至今。

【现在定义】 指整合于采石岭组之上、不整合于犬牙沟组及其新地层之下的一套以红色泥岩为主，夹蓝灰色条带状及斑点状粉砂岩组成的地层体。下界以大套红色含砂泥岩的出现为界，上界以不整合面分隔。产叶肢介、介形类及轮藻等化石。

【层型】 正层型为青海省石油局地质处102队(1959)测制的格尔木市茫崖镇红水沟剖面第1—14层(90°44′，38°28′)。

上覆地层：**犬牙沟组** 灰白色、灰色砾岩为主，夹杂色含砾砂岩、砾状砂岩

～～～～～～～～ 不 整 合 ～～～～～～～～

红水沟组　　总厚度>447 m

14. 暗棕红色砂质泥岩　　35 m
13. 棕红色含砂泥岩夹蓝灰色粉砂岩，泥岩中含介形类和叶肢介化石　　60 m
12. 棕红色含砂泥岩　　2 m
11. 棕红色泥岩、砂质泥岩，含介形类和叶肢介化石　　55 m
10. 红色、蓝灰色、灰黄色等相间呈条带状泥岩和页岩，含介形类及叶肢介　　10 m
9. 棕红色含砂泥岩，夹蓝灰色条带　　52 m
8. 棕红色含砂泥岩　　16 m
7. 棕红色砂质泥岩夹灰色薄层砂岩，泥岩中含介形类及叶肢介　　62 m
6. 棕红色砂质泥岩夹蓝灰色条带及斑块　　5 m
5. 棕红色含砂泥岩　　37 m
4. 蓝灰色砂岩夹棕红色泥岩　　3 m
3. 棕红色含砂泥岩，夹蓝灰色薄层砂岩条带和斑块　　73 m
2. 浅蓝灰色细砂岩　　1 m
1. 浅棕红色含砂泥岩（背斜核部，出露不全）　　>36 m

在红水沟含叶肢介：*Qinghaiestheria hungshuigouensis*，*Lioestheria subovata*，*Sinoestheria tsaidamensis*，*Orthestheria erisopsiformis*，*Chaidamugrapta hungshuigouensis*，*Pseudolimnadia quadrata*；介形类：*Darwinula sarytirmenensis*，*Djungarica hongshuigouensis*，*Cetacella inermis*；轮藻：*Aclistochara* sp.，*Mesochara*，时代为Kimmeridgian期—Tithonian期。

在盆地边缘地区的苏干湖、鱼卡、圆顶山、路乐河等地，产轮藻：*Mesochara hongshuigouensis*，*Aclistochara bransoni*，*A. hungarica*，*A. yunnanensis*，*A. nuguishanensis*，*A. caii*，*A. suhaihuensis* 等，时代为Tithonian期。

【地质特征及区域变化】　红水沟组出露于柴达木盆地西部阿哈提山南麓红水沟地区，以浅棕红色泥岩、砂质泥岩、棕红色含砂泥岩、绿黄色砂质泥岩、粉砂岩、细砂岩夹少量蓝灰色砂岩条带、团块或扁豆体，厚度448 m。在盆地东部阿木尼克山南麓及赛什腾山东部路乐河、鱼卡、绿草山、赛冷尕秀等地也有零星出露，为一套以砂质泥岩为主的棕红色碎屑岩沉积。

据上述所含生物群分析，红水沟组在不同地点其地质年代有所差异。

犬牙沟组　K*q*　（05-63-0907）

【创名及原始定义】　马志强、杨藩（1990）介绍：青海石油局地质研究所（1957）在格尔木市茫崖镇犬牙沟创名“犬牙沟群”。原义指：“出露在犬牙沟、小红山一带，厚832 m，下部为灰白色、淡灰色块状砾岩、灰白色砾岩、土红色砂质泥岩互层；上部为土黄、土红色块状砾岩及土红色砂岩、砂质泥岩。底部与红水沟组呈局部不整合接触。”

【沿革】　自创名后沿用至今。本书降群为组，称为犬牙沟组。

【现在定义】　指分别不整合于红水沟组之上、路乐河组及新地层之下一套以红色粗碎屑岩为主，夹少量泥岩、粉砂岩、泥质粉砂岩及钙质砂岩、泥灰岩的地层体。上界、下界分别以不整合面分隔。产介形类、叶肢介、轮藻及孢粉等化石。

【层型】　正层型为青海省石油管理局地质研究所（1957）测制的茫崖镇犬牙沟剖面（94°46′，38°27′）第1—3层。

上覆地层：**路乐河组**　紫红色巨厚层巨砾岩，上部为桔红色厚层砾岩夹含砾粗砂岩

~~~~~~~~~~~~ 不　整　合 ~~~~~~~~~~~~

犬牙沟组　　总厚度 852.61 m

3. 浅紫红色、灰棕色、黄灰色和灰色砾岩　　185.70 m

2. 桔红色、棕红色砂岩、粉砂岩、棕灰色含砾砂岩、砾状砂岩及棕灰色、灰白色砾岩之不规则互层。砂岩、粉砂岩在底部及顶部较多。砾岩主要在中上部、中部，夹一层厚1.80 m的浅棕灰色钙质砂岩　　251.08 m

1. 灰白色、灰色砂岩为主，夹桔红色、浅紫红色、浅棕色、桔黄色、棕黄色、黄灰色、灰棕色砂岩及灰白色含砾砂岩、砾状砂岩，并夹少量棕红色、棕黄色含砂泥岩、泥岩。上部夹有棕红色薄层泥质粉砂岩。上部砂岩中含有钙质团块。本层所夹砂质泥岩、泥岩中产介形类：*Latonia* cf. *onerusa*，*Darwinula* sp.，*Timiriasevia* sp.，*Clinocypris* sp. 等；孢粉：*Cicatricosisporites*，*Cyathidites minor*，*Apiculatisporis*；孢子：*Pinuspollenites*，*Abietineaepollenites*，*Piceaepollenites*，*Parvisaccites*，*Ephedripites*，*Cycadopites*，*Psophosphaera* 及不能鉴定的松科化石碎片、三沟型花粉　　415.83 m

~~~~~~~~~~~~ 不　整　合 ~~~~~~~~~~~~

下伏地层：**红水沟组**　暗棕红色砂质泥岩

【地质特征及区域变化】　犬牙沟组出露于柴达木盆地边缘老山前缘，呈条带状断续分布。正层型所在地向西在阿哈提山南麓，祁连山南麓的赛西泉、路乐河、鱼卡、大红沟、小柴旦有出露。正层型所在地向东于麻黄沟、大煤沟、赛冷尕秀及祁连山伸向盆地的支脉、阿木尼克山南麓及德令哈地区的乌兰、来扎克、旺尕秀一带也有出露。另在马海、乌兰一带的井下也有揭示。

犬牙沟组在盆地西部粒度粗，以砾岩为主，砂岩次之，夹少量砂质泥岩。由西向东粒度变细，而以砂岩为主，含砾岩，夹少量砂质泥岩。在苦水泉、大红沟、来扎克一带，上部以砂岩、砂质泥岩为主，砾岩次之，下部以泥岩为主，夹砂岩、粉砂岩和砂质泥岩，出露厚度一般为 99～1 320 m，来扎克厚度 1 451 m，赛西泉最小厚度为 55 m。

犬牙沟组是一套红层，但在盆地西部与北部、东部略有不同。西部的砾岩以灰白色、灰色为主，北部的砾岩则以紫红色为主。横向上岩性变化大，纵向上粗细变化无规律。砾岩分选差，成分以石英为主，磨圆度较高，砾岩与砂质泥岩常呈凸镜状分别夹于砾岩、砂岩之中。砂岩以钙质胶结为主，泥质岩内常见粉砂岩、细砂岩条带或斑块，在棕红色泥质岩中夹有蓝灰色条带或斑块。砂岩中交错层理发育，常见小型侵蚀面。与上覆、下伏地层均为不整合面分隔。

犬牙沟组除正层型剖面已列的生物属种外，在大红沟、苦水泉、全吉花石沟和冷湖赛西泉，还产介形类：*Cypridea*（*Cypridea*）cf. *unicostata*，*C.*（*C.*）*vitimensis*，*C.*（*Yumenia*）sp.，*Pinnocypridea* cf. *ventrimarcula*，*P.* spp.，*Rhinocypris cirrata*，*Theriosynecum* sp.，*Djungarica* sp.，*Limnocypridea* sp.。

叶肢介产于大红沟及苦水泉的有：*Orthestheriopsis loxoquadrata*。

轮藻仅见于大红沟、苦水泉和来扎克等地，有：*Mesochara stipitata*，*M. laizakeensis*，*Minhechara xiaoxiaensis*，*Sphaerochara* sp.。

孢粉在犬牙沟组下部获得少量，在苦水泉下部组合为：蕨类孢子占 51.2%，其中 *Toroisporis* 16.8%，*Lygodiumsporites* 11.2%，*Cicatricosisporites* 8%，*Lygodioisporites* 2.4%，

Schizaeoisporites 1.6%，*Klukisporites* 0.8%，*Deltoidorites* 1.6%，*Multinodisporites* 0.8%，*Leptolepidites* 0.8%，*Osmundacidites* 0.8%，*Hsuisporites* 0.8%，*Divisisporites* 0.8%，*Retusotriletes* 0.8%等。裸子植物花粉占48%，其中*Classopollis* 36%，Pinaceae 2.4%，*Pinuspollenites* 0.8%，*Piceites* 1.6%，*Cycadopites* 2.4%，*Ephedripites* 1.6%，*Psophosphaera* 2.4%，*Inaperturopollenites* 0.8%。犬牙沟组总体时代为白垩纪。

羊曲组 JK*y*（63－0807）

【创名及原始定义】 青海省第一区测队（1974）创名羊曲群于兴海县旧羊曲乡。原义指："岩性主要为：下部灰、灰绿色砾岩、砂岩、泥岩夹不稳定的煤线；上部紫红、灰绿色（或青灰色）砂岩、泥岩夹含砾砂岩或砾岩。上下两部分为超覆关系。据接触关系，又划分为上下两亚群，属中—下侏罗统。下亚群与下伏中、下三叠纪或下二叠统呈角度不整合接触，其上被上亚群超覆。"

【沿革】 青海石油普查大队（1962）将八宝山地区三叠纪、侏罗纪沉积的一套含煤碎屑岩统称为八宝山统。青海省地层表编写小组（1980）将八宝山统上部含煤线的层位称小煤沟组。何元良（1984）将河南县达米滩盆地含淡水双壳类及杂色岩系含煤线的地层命名为达米滩组；将玛沁县野马滩、石峡、军牧场等地的一套碎屑岩夹碳质页岩及不稳定的煤层组成的地层，命名为野马滩组；将都兰县八宝山、兰道湾乌苏等地相当于羊曲组下部碎屑岩夹碳质页岩的地层，命名为兰道湾乌苏组；将"羊曲群"下亚群称羊曲组，上亚群划归达米滩组。地质时代为中侏罗世。经清理研究认为：上述各地层单位其宏观岩性特征、组合方式及相对层位均与羊曲组一致，故本书采用羊曲组。达米滩组、兰道湾乌苏组、野马滩组、小煤沟组等，有的相当于羊曲组或是它的一部分，建议停用。

【现在定义】 指分布于西秦岭、昆仑山、阿尼玛卿山地区，不整合于隆务河群等或花岗岩体之上、万秀组之下的一套含煤碎屑岩夹少量泥岩及石膏层的地层，顶底均以不整合面分隔。产叶肢介、昆虫、双壳类、脊椎动物和植物等化石。

【层型】 正层型为青海省第一区测队（1974）测制的兴海县旧羊曲剖面（100°14′，35°40′）第1—16层。

上覆地层：**万秀组** 紫红色厚层状砂质砾岩

～～～～～～～～～～ 不 整 合 ～～～～～～～～～～

羊曲组	总厚度 94 m
16. 以紫红色为主的杂色泥岩、砂质泥岩夹细粒粉砂质含云母杂砂岩	31 m
15. 青灰色粉砂质粘土质页岩	6 m
14. 杂色粉砂质泥岩夹灰绿色含粉砂质中细粒石英质杂砂岩。下部含少量粉砂质中细粒菱铁矿质杂砂岩结核	8 m
13. 浅灰色及灰白色厚层杂砂质石英砂岩（局部含细砾）。含不稳定的煤屑或碳质碎屑砂岩中含植物化石碎片	3 m
12. 灰绿色、紫红等杂色页岩夹粉砂岩	4 m
11. 浅灰白色厚层中细粒杂砂质石英岩，偶夹灰绿色含粉砂质中细粒杂砂质石英砂岩。局部含黄铁矿结核	4 m
10. 青灰色、灰褐色泥岩夹粉砂岩	1 m
9. 紫红色中厚层砂砾岩（含细砾岩）夹同色不稳定的细砂岩及砂质泥岩凸镜体	5 m

8. 浅灰色含粉砂质中细粒杂砂质石英砂岩，局部夹少量粗砂岩或含细砾砂岩 1 m

7. 紫红夹灰白等杂色含砾砂质粘土岩 5 m

6. 灰白色厚层含细砾杂砂质石英砂岩、暗紫红色含铁质粘土质砂质砾岩及猪肝色不等粒石英砂岩互层，以后者为主 4 m

5. 紫红色巨厚层粘土质粉砂质砂岩 7 m

4. 黄绿色、紫红等杂色厚层砂砾岩夹不稳定的黄灰色含砾砂岩凸镜体 3 m

3. 灰色、灰白色厚层砂岩、含砾砂岩、砂砾岩互层。间夹不稳定的灰白色、灰—灰黑色含煤碎屑长石质杂砂岩。靠上部有厚约 60 cm 的青灰色、灰色、紫灰色含砾粉砂质泥岩。产植物：*Coniopteris hymenophylloides* 4 m

2. 黄绿色、灰紫色页岩夹薄层粉砂岩 1 m

1. 紫红色厚—巨厚层含砾石英质杂砂岩或细砾岩 7 m

～～～～～～～ 不 整 合 ～～～～～～～

下伏地层：**隆务河群** 黄绿色为主的杂色粉砂质粘土板岩及褐灰色变质含砾中细粒杂砂质长石砂岩

【地质特征及区域变化】 羊曲组由正层型所在地向西零星分布于兴海县温泉煤矿（厚度 156 m）、苦海至坦地克借地区（厚度大于 624 m）。岩性为：上部黑色页岩、碳质页岩夹煤层（未见顶），下部为褐黄色中粗粒砂岩夹黑色薄层页岩，底部为灰黄色巨砾岩。与下伏隆务河群平行不整合，出露厚度 160～200 m。产植物：*Coniopteris hymenophylloides*，*C. simplex*，*Cladophlebis* sp.，*Podozamites lanceolatus* 等，时代为中侏罗世。

在塔妥煤矿岩性为：下部砂砾岩，中部砂页岩夹煤层和上部砂岩夹页岩。与下伏隆务河群不整合接触，总厚度大于 480 m，含可采煤 4 层。产淡水双壳类？*Ferganoconcha*。在八宝山一带岩性：下部为砾岩，中部砂岩，上部砂页岩。横向上岩性和厚度变化不大，与下伏八宝山组呈平行不整合接触，顶部出露不全，总厚度数百米至千余米。产植物：*Equisetites columnaris*，*Neocalamites carrerei*，*Clathropteris platyphylla*，*Cladophlebis haiburnensis* 等，时代为早侏罗世。

由羊曲组正层型所在地向南，在玛沁县南的石峡（厚度 1 067 m）、野马滩（厚度820 m）、乌里马河、军牧场煤矿（厚度 875 m）一带，呈东西向零星分布。主要由黄灰色、灰色砂岩、粉砂岩、泥灰岩、页岩夹碳质页岩及不稳定的煤层组成，底部为砾岩，与下伏印支期花岗岩不整合接触或布青山群不整合接触。产植物：*Neocalamites* sp.，*Elatocladus* sp.。时代为中侏罗世。在达米滩盆地边缘、新建平至万秀一带，岩性变化较大，主要为紫红色砾岩、含砾砂岩、砂岩，间夹不稳定的薄层煤线。新建平至万秀一带，夹较多的粉砂岩、页岩及少量不纯泥灰岩，局部夹数层（1～30 mm）不稳定的石膏及铁质结核，出露厚度 1 187～3 647 m。产昆虫：*Ephemeropsis trisetalis*；叶肢介：*Eosestheria* cf. *perseulpta*，*Diestheria* sp.；植物：*Otozamites* sp.，*Elatocladus* sp.，*Equisetites* sp.；孢粉：其组合面貌以 *Cyathidites* 和 *Todisporites* 为主，*Cicatricosisporites* 和 *Klukisporites* 占有一定的比例，时代为晚侏罗世—早白垩世。

羊曲组分布于大小不等的山间盆地，为一套河湖相沉积，地层总貌在各地均反映出纵向上构成由粗到细的沉积旋回，横向上岩性特征基本相似，厚度由西向东总的趋势变厚。上部常见有植物化石，局部层位产淡水双壳类、昆虫、叶肢介及孢粉等化石。地质时代各地不尽相同，总体为早侏罗世—早白垩世，由西向东，由老逐渐变新，为一个穿时的岩石地层单位。

羊曲组分布于华北与华南两个地层大区。

第二节 生物地层

省内华北地层大区侏罗纪生物群全为陆相，主要分布于柴达木盆地东北缘和大通河流域。其中以早、中侏罗世植物群为主，分布广泛，研究较详，属北方型。此外尚有介形类、轮藻、双壳类、叶肢介和脊椎动物等。由于地层多不连续，分布又零散，采集不系统，描述又不足，因此研究程度不高，现就前人对侏罗纪生物地层的研究成果摘要如下。

（一）植物

李佩娟、何元良等（1988）详细研究了柴达木盆地东北缘大煤沟剖面的植物群，根据植物属种在剖面中的盛衰和更替，分出了如下两个植物群。

1. *Neocalamites*-*Cladophlebis* 植物群

以大煤沟剖面第1—49层所产的植物化石为代表，计有34属95种，以蕨类、松柏类和银杏类为主。特征是：①木贼目比较发育，且数量相当多，在本植物群中占有较明显的位置，其中以 *Neocalamites* 为主，*Equisetites* 不发育，都是一些茎干细小的种；*Phyllotheca* 更为少见。②真蕨纲双扇蕨科明显减少，只见 *Hausmannia ussuriensis* 及少量的 *Dictyophyllum*。多种多样的 *Cladophlebis* 跃居首位，并以具大型小叶片为特点，在本植物群颇显突出。繁荣于中侏罗世的蚌壳蕨科，在本植物群中不见或仅在上部有极少量的 *Coniopteris* 出现。③种子蕨极少见，仅发现 *Stenopteris* 的两种。④苏铁类较贫乏，只见到可以比较的少数标本及个别新种 *Zamites gigas*，*Pseudoctenis oleosa*。⑤银杏类中银杏目植物单调，只出现有大型叶的 *Ginkgoites ferganensis*，茨康目特别是 *Czekanowskia* 较为发达。⑥松柏类居较重要的地位，松柏目多为斜状叶及宽叶类型的 *Elatocladus*，*Pityophyllum*，*Storgaardia*，苏铁杉目中 *Podozamites* 具有种的多样化特点，并在我国首次发现麻黄目的 *Ephedrites*。时代为早侏罗世。分布于大煤沟组下部、羊曲组下部和大西沟组。

康庆山（1984）研究我省侏罗纪含煤地层时，建立 Sphenopsida-*Cladophlebis* 植物群，延续时间可能为？Hettangian-Bajocian 期，顶峰期为 Hettangian-Toarcian 期。该植物群与本植物群（*Neocalamites*-*Cladophlebis* 植物群）的总貌及分布范围相同，二者完全可以对比。

2. *Coniopteris*-*Phoenicopsis* 植物群

以大煤沟剖面第50—111层所产的植物为代表，计有42属115种。虽仍以蕨类、银杏类和松柏类为主，但在种类的盛与衰、植物分子的组成上产生了明显的分化与更替，表现在①第1植物群中颇为发育的 *Neocalamites*，在本植物群中大幅度减少，小型的 *Equisetites* 被中—大型的种所取代，并占木贼目中的80%左右。②真蕨纲有8属24种，其中蚌壳蕨科空前繁盛，除出现大量的 *Coniopteris*，*Eboracia* 外，尚出现 *Gonatosorus*，少量紫萁科的 *Tuarella*，合囊蕨科的 *Marattia* 及马通科的 *Phlebopteris*，双扇蕨科已不存在。*Cladophlebis* 虽有一定含量，小羽片仍以大型为主，但层位比较零散，不及第1植物群集中，也有小型小羽片。本植物群与第1植物群中单调的真蕨类相比，有相当程度的进展。③银杏纲很发育，属种分异骤增，有9属34种，其中只有 *Ginkgoites*，*Czekanowskia* 和 *Vittifoliolum* 3属在第1植物群中存在。④松柏类也占有一定位置，早期为针状叶类型的 *Pityophyllum* 和 *Elatocladus*，晚期出现 *Brachyphyllum* 和 *Elatides* 等鳞叶或铲状叶类型。⑤苏铁类有所兴起，占有一定比例，属种也有较大的更新，除 *Anomozamites* 外，*Pterophyllum*，*Nilssoniopteris*，*Tyrmia*，*Ptilophyllum* 以及 *Nilssonia* 等都是在第1植物群中未出现的。时代属中侏罗世。分布于大煤沟组中、上部，窑街组和羊曲组中、上部。

康庆山（1984）划出了相同的 *Coniopteris* - *Phoenicopsis* 植物群，他认为该植物群的延续时间可能为 Pliensbachian—Callovian 期，顶峰期为 Bajocian—Callovian 期。

（二）介形类

郝诒纯、宋其善等 1983 年，对产于西宁盆地小峡煤矿及大通煤矿一带的侏罗纪介形类，建立了如下两个组合。

1. *Darwinula xiaoxiaensis* - *Timiriasevia* 组合

仅 2 属 8 种，主要有 *Darwinula impudica*，*D. incurva*，*D. xiaoxiaensis*，*Timiriasevia mackerrowi*，*T. gracilis* 等。*Darwinula* 大都是一些个体较大的类型，而 *Timiriasevia* 的个体普遍较小，时代为中侏罗世。分布于窑街组。

林文良（1986）描述的西宁盆地小峡大蔡家沟剖面侏罗纪介形类 2 属 10 种⑥，其面貌和层位与本组合相似，可以归入本组合。

2. *Darwinula giganimpudica* - *Darwinula sarytirmenensis* 组合

仅 2 属 6 种，较重要的分子除组合中 2 种外，尚有 *Darwinula lufengensis*，其次为 *D. rara*，*D. cernua*，还有少量 *D.* cf. *changxinensis* 和 *Lycopterocypris* 属的分子。时代为晚侏罗世。分布于享堂组。

（三）轮藻

郝诒纯、宋其善等（1983），对产于西宁盆地小峡煤矿和大通煤矿一带的侏罗纪轮藻，建立了如下两个组合：

1. *Aclistochara stellerides* - *Aclistochara faceta* - *Porochara huzhuensis* 组合

计 2 属 9 种，除组合中分子外，主要有：*Aclistochara usitata*，*A. nuguishanensis*，*A. firma* 等。时代为中侏罗世。分布于窑街组。

2. *Aclistochara lufengensis* - *Aclistochara faceta* 组合

见于西宁小峡和民和享堂峡等地，其时代为晚侏罗世。分布于享堂组。

1991 年唐伦和、狄恒恕，研究柴达木盆地侏罗纪轮藻化石时，建立了下面两个组合：

1. *Aclistochara caishilingensis* - *Aclistochara shiwanensis* 组合

在大煤沟剖面下部、采石岭剖面和德令哈旺尕秀剖面等都有见及，除组合中分子外，主要有 *Aclistochara maanshanensis* 等。时代为中侏罗世。分布于大煤沟组中部和采石岭组。

2. *Mesochara hongshuigouensis* - *Aclistochara suhaihuensis* 组合

见于柴达木盆地边缘之红水沟、苏干湖、鱼卡、圆顶山和路乐河等剖面，共 2 属 13 种。除组合中分子外，主要有：*Aclistochara hungarica*，*A. thorenensis*，*A. yunnanensis*，*A. nuguishanensis*，*A. caii*，*A. stellerides*，*A. luleheensis* 等。时代为晚侏罗世。分布于红水沟组。

（四）非海相双壳类

何元良（1984）认为，青海的非海相双壳类动物群，主要产于中侏罗世晚期的杂色岩系中，少量发现于中侏罗世早期煤系中。早侏罗世及晚侏罗世的非海相双壳类目前尚未发现。产地及主要分子有：

大柴旦镇大煤沟产：*Ferganoconcha curta*，*Sphaerium anderssoni*，*Pseudocardinia*? sp. 等。时代为中侏罗世。分布于大煤沟组中部。

茫崖采石岭产：*Lamprotula* (*Eolamprotula*) *turfanensis*，*Sphaerium anderssoni*，*S. jeholense*。时代为中侏罗世中、晚期。分布于采石岭组。

西秦岭达米滩产：*Pseudocardinia* aff. *kweichouensis* 等。时代为中侏罗世晚期。分布于羊曲组上部。

尕马羊曲一带产：*Sibireconcha* cf. *shensiensis*，*Sphaerium* sp.。时代为中侏罗世。分布于羊曲组上部。

祁连山西部产：*Pseudocardinia ovalis*，*P. angulata*，*P. jeniseica*，*P.* cf. *turfanensis*，*P.* cf. *submagna*，*Tutuella rotunda*，*T. trapetzoidalis*，*Ferganoconcha sibirica*，*Sphaerium pujianensis*，*S.* cf. *inflatum* 等。时代为中侏罗世。分布于享堂组。

（五）叶肢介

何元良（1984）报道：西宁盆地中侏罗世之窑街组含：*Chaidamuestheria dameigouensis*。大柴旦镇大煤沟之大煤沟组含：*Chaidamuestheria dameigouensis*，*C. lineara*，*Euestheria rotunda*，*E. yanjiawanensis*，时代为中侏罗世。柴达木盆地东北缘晚侏罗世红水沟组产：*Lioestheria subovata*，*Sinoestheria tsaidamensis*，*Orthestheria asmussiformis*，*O. erisopsiformis*，*O. hungshuigouensis*，*Chaidamugrapta hungshuigouensis* 及 *Pseudolimnadia quadrata* 等。另外，属华南地层大区之贵南县万秀盆地晚侏罗世（?）羊曲组含 *Eosestheria* cf. *persulpta*，*E.* spp. 及 *Diestheria* sp.。

（六）爬行类

苗详庆(1954)报道民和盆地享堂附近的韩家户沟产爬行类：*Sunchurous miaoi* 和 *Mamenchisaurus hochuanensis*，时代为晚侏罗世。分布于享堂组。

早白垩世生物地层，见第八章第二节。

第八章
晚白垩世—第三纪

省内晚白垩世地层零星分布于中—南祁连山地区，皆为陆相碎屑岩沉积，其分布及各类层型位置见（图 7 - 2）。

第三纪地层较为发育，分布范围遍及祁连-北秦岭地层分区、东昆仑-中秦岭地层分区各大山系和山间断陷、坳陷盆地内，尤以柴达木、西宁、民和盆地最为发育，连续性好，皆为陆相沉积。早第三纪时的喜马拉雅运动，使我国西部地区的古海槽和古海湾的海水先后退出或干枯，致使省内多数地区形成了湖积含膏盐的红色碎屑岩系。西宁等盆地是石膏（硬石膏）和钙芒硝的主要产地。柴达木盆地不但是重要的石油、天然气产区，而且含有丰富的锶、石膏、芒硝、石盐及钠、镁、矾等矿产。地层分布及各类层型位置见（图 8 - 1）。

省内华北地层大区共推荐采用岩石地层单位 9 个，其中群级 2 个，组级单位 7 个（含引用邻省 2 个）。

第一节　岩石地层单位

民和组　K_2m　（05 - 63 - 0906）

【创名及原始定义】　青海省地层表编写小组在《西北地区区域地层表·青海省分册》中（1976 年送审稿）介绍："青海省地质局石油普查大队 3213 井队（1973）在民和县享堂峡创名民和组。原义指：于原第三系'西宁群'下部，发现晚白垩世介形虫和轮藻化石组合的一套地层体。下段为棕色砂、砾岩夹红色泥岩，上段为棕红、棕褐色泥岩、粉砂岩夹灰绿色砂岩及石膏层，厚度 40～413 m。不整合于河口组之上，时代属晚白垩世。"

【沿革】　该组自创名后沿用至今。

【现在定义】　指分别不整合于河口群之上、西宁群之下，下部以棕色砾岩、细砾岩为主，上部以棕红色泥岩、粉砂质泥岩为主，夹细砂岩及石膏层组成的地层序列。产介形类、轮藻、腹足类及孢粉等化石。

【层型】　正层型为青海省地质局石油普查队 3213 井队 1973 年测制的民和县享堂西河沿剖面（102°49′，36°21′）第 1—14 层。

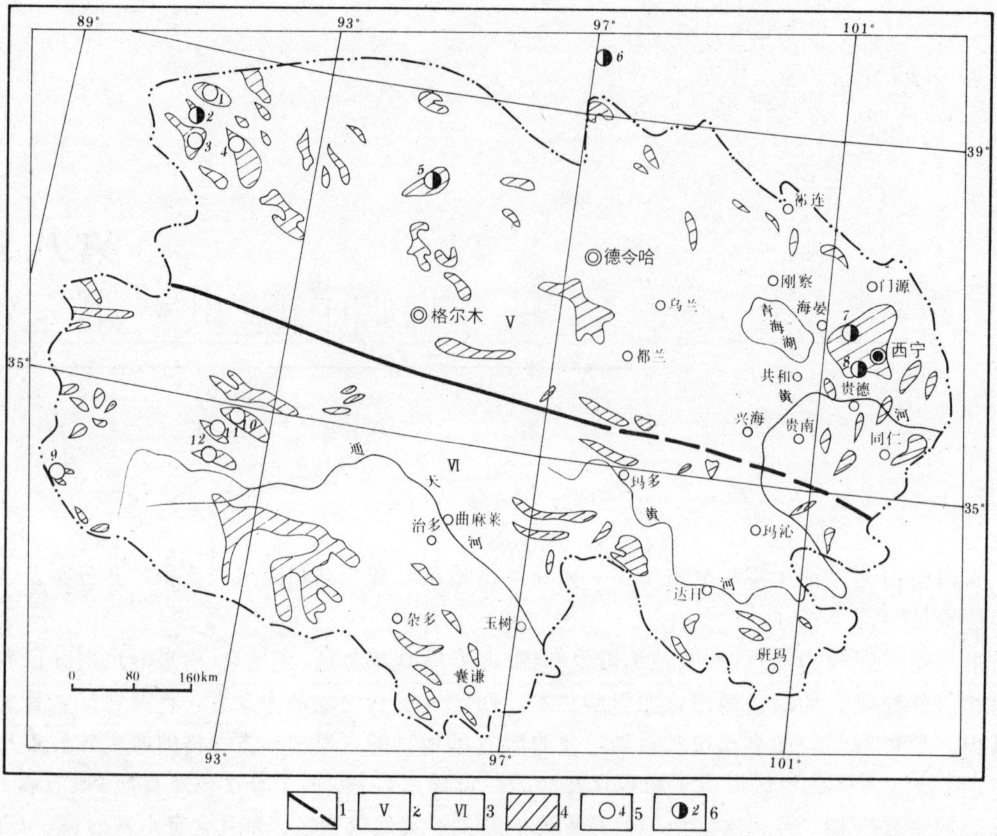

图 8-1 青海省第三纪地层分布及各类层型位置图

1. 地层大区界线；2. 华北地层大区；3. 华南地层大区；4. 第三纪地层；5. 正层型及编号；6. 选层型及编号

层型名称：*1.* 西岔沟；*2.* 狮子沟高点；*3.* 油砂沟；*4.* 长尾台北山；*5.* 嗷唠河东沟；*6.* 老君庙—石油沟；*7.* 谢家—车头沟；*8.* 阿什贡；*9.* 布依湖；*10.* 扎西尕日；*11.* 查香结德；*12.* 阿布日阿家宰

上覆地层：**西宁群** 桔红色块状细、中粒长石石英砂岩与棕色泥岩及泥质粉砂岩不等厚互层

～～～～～～～～ 不 整 合 ～～～～～～～～

民和组 总厚度 96 m

14. 绿黄色、棕色泥岩 1 m

13. 棕红色泥岩夹灰绿色细砂岩，顶部见石膏团块。产介形类：*Talicypridea protenta*，*Candona rectangalata*，*C. hubeiensis*，*C. comvibo liuental*，*Candoniella hubeiensis*；轮藻：*Charites* sp. 5 m

12. 棕红色、黄绿色泥岩夹灰绿色细砂岩。产轮藻：*Gyrogona xindianensis*；介形类：*Cypridea*（*Pseudocypridina*）*gigantea*，*C.*（*Morinina*）*xindianensis*，*Talicypridea amoena*，*Candoniella hubeiensis* 4 m

11. 棕红色块状泥岩，底部为厚 2 m 棕色细砂岩。产介形类：*Talicypridea amoena*，*Limnocythere coriacea*，*Candona hubeiensis* 27 m

10. 棕色石英细砾岩夹粉砂质泥岩。产轮藻：*Latochara yuananensis*；介形类：*Talicypridea amoena*，*Kaitunia*？*triangulata*，*Cyprois subglobra*，*Candoniella hubeiensis* 3 m

9. 浅棕色泥岩夹细砂岩，局部夹细砾岩，产轮藻：*Peckichara paomagangensis*；介形类：

Cypridea (*Morinina*) *xindianensis*, *Kaitunia*? *triangulata* 18 m

8. 棕红色薄层泥岩夹浅棕色薄层泥岩。产轮藻：*Cyrogona hubeiensis*, *Grambastichara tornata*, *Peckichara praomagangensis*；介形类：*Cypridea* (*Pseudocypridina*) *gigantea*, *C.* (*Cypridea*) *cavernosa*, *Kaitunia*? *triangulata*, *Limnocythere inopinata* 2 m
7. 浅黄色、浅紫灰色泥质粉砂岩 1 m
6. 棕红色泥质粉砂岩 3 m
5. 棕红色石英细砾岩 1 m
4. 褐黄色、紫灰色泥质粉砂岩 2 m
3. 棕灰色块状中砾岩夹粉砂岩凸镜体 4 m
2. 棕红色、棕褐色中厚层砂质泥岩夹灰绿色粉砂岩，顶部含少量石英砾岩。产轮藻：*Charites guanpingensis*, *C.* cf. *longiconica*；介形类：*Cypridea* (*Morinina*) *xindianensis*, *Talicypridea protenta*, *T. brevia*, *Candona hubeiensis*, *Candoniella candida* 5 m
1. 棕色块状石英砾岩，顶部含灰质结核 20 m

~~~~~~~~~~ 不 整 合 ~~~~~~~~~~

下伏地层：**河口群** 棕黄色块状粗—中粒砂岩，夹砾状砂岩

【地质特征及区域变化】 民和组分布局限，仅出露于湟水河支流的沟谷中，以乐都县中坝至石坡沟一带及大通河两岸发育较好。岩性为棕红色、桔红色砾岩、砂砾岩、砂岩为主，夹泥岩、泥质粉砂岩，局部地区夹石膏。盆地边缘粒度较粗，以砾岩、砂砾岩为主，向盆地中心粒度变细，泥岩、砂岩增多，厚度增大，一般厚度在100～300 m。边部变薄，石坡沟一带厚度仅38 m。与上覆西宁群、下伏河口群均为不整合接触。另在西宁盆地平安驿南部白沈家、祁家川上游和大峡、小峡及双树湾一带，也有零星分布。宏观岩性特征、组合与正层型所在地基本一致，仅在大峡和芨芨沟剖面顶部泥岩中夹灰绿色砂、泥质条带，与上覆西宁群及下伏湟源群均呈不整合接触，厚度235.2 m。

本组除正层型所产化石外，在民和县民参一井等，含介形类：*Cypridea* (*Cypridea*) aff. *xindianensis*, *C. quadrata*, *C. rhamphoformis*, *C. acclinia*, *C.* (*Pesudocypridina*) sp., *Cristocyprides amoena*, *C.* aff. *compressa* 等。在西宁市小峡粉红色石膏所夹灰绿色泥岩中，采到孢粉化石。其组合以蕨类孢子为主，占85%，裸子植物占5%，被子植物10%，主要成分有：*Schizaeoisporites longus*, *S. laevigataeformis*, *S. certus*, *S. cretacius*, *S. leptes*, *S. rotumdus*, *S. grandus*, *S. kulandyensis*, *Hymenophyllumsporites* sp., *Classopollis classoides*, *Ephedripites* (*Distachyapites*) *trinata*, *Araucariacites australis*, *Callistopollenites radiatus*, *Beaupreaidites* sp., *Proteacidites* sp., *Myrtaceidites* sp., *Gothanipollis* sp., *Tricolpopollenites* sp.。地质时代属晚白垩世。

西宁群 EN*X* (05-63-1002)

【创名及原始定义】 路兆洽（1948）在《关于甘肃及青海境内之第三系红色地层》一文中介绍：孙健初（1934）命名“西宁系”。原义指：“祁连山南、北地区之棕红色砂岩、粘土及石膏层，含骨化石：*Mastodon*。这套地层命名为‘西宁系’。”

【沿革】 杨钟健、卞美年（1937）在甘肃陇西县（?）皋兰乡咸水河附近，将与“西宁
~~~~~~~~~~

系”岩性相当的地层命名为“固原系”，1942年孙氏又改称“白杨河系”。黄有元等①(1979)将西宁、民和盆地早第三纪地层统称“西宁群”，并依据生物组合特征，将西宁群自下而上分为祁家川组、洪沟组和马哈拉沟组。其后沿用至今。上述三个组是依据生物组合和时代而划分，因岩性组合特征基本相同，难于分组，故本书采用西宁群。“固原系”为西宁群的同物异名单位，祁家川组、洪沟组、马哈拉沟组均为依据生物对西宁群的分割，不符合岩石地层单位划分准则，故本书建议停用。

【现在定义】 指不整合于民和组之上，整合或局部不整合于贵德群之下一套由棕红色泥岩、砂质泥岩与灰绿色、灰白色石膏岩、砂泥质石膏岩不等厚互层夹砂岩及粉砂岩凸镜体组成的地层序列。顶以石膏层消失与贵德群分界，底以不整合面与民和组分界。

【层型】 创名者未指定正层型。本书指定选层型为青海石油普查大队(1979)测制①的平安县谢家—车头沟剖面(101°53′，36°28′)第13—33层。

上覆地层：**贵德群** 棕色泥岩

——————— 整 合 ———————

西宁群 总厚度789.92 m

33. 浅棕—浅黄棕色泥岩，微含粉砂及含灰质，夹少量薄板状白色石膏 60.52 m
32. 棕色泥质石膏岩，石膏与泥岩互混，结晶差，顶部为浅棕色泥岩，厚约1.5 m。产介形类：*Ilyocypris ellipsoidea*，*Cyprinotus icrobus* 9 m
31. 浅棕色泥岩，下部夹片状石膏岩及石膏晶体层，底部呈棕红色 16.8 m
30. 棕色泥岩，中部夹薄板状白色石膏及灰色泥质粉砂岩条带，泥岩近顶部呈红棕色 53.06 m
29. 棕色泥质石膏岩夹棕色泥岩，石膏呈白色或棕色，结晶差。含轮藻：*Gyrogona qianjiangica*，*Sphaerochara minheensis* 等 11.52 m
28. 棕色泥岩夹泥质石膏岩，泥岩微含粉砂及灰质，具石膏脉 25.13 m
27. 石膏岩与棕色泥岩略等厚—不等厚互层，石膏呈白色细粒状、纤维状晶体 104.01 m
26. 灰绿色、浅灰绿色石膏岩，成层性好，局部混有灰绿色不连续薄层泥岩或泥质石膏岩 17.03 m
25. 浅灰棕色、棕色泥岩与灰—灰棕色泥质石膏岩互层。泥岩单层厚约0.4 m左右，横向不连续。含孢粉：*Meliaceoidites*-*Ephedripites* 组合 20.68 m
24. 灰绿色泥质石膏岩，泥岩与石膏岩相互交错，横向上呈不连续状 24.45 m
23. 棕红色、浅褐色泥岩，顶部夹薄层泥质石膏岩，泥岩质纯 12.69 m
22. 白色、灰白色泥质石膏岩与杂色泥岩不等厚互层，石膏岩单层厚2～3 m 43.28 m
21. 杂色泥岩与灰白色泥质石膏岩、黄灰色泥灰岩不等厚互层，泥岩中具白色石膏脉。含孢粉：*Quercoidites*-*Ioded* 组合 18.64 m
20. 棕红色泥岩夹浅褐色泥岩、白色泥质薄层石膏及灰绿色薄层粉砂岩、黄灰色薄层泥灰岩 33.62 m
19. 灰色泥质石膏岩，褐灰色—灰绿色泥质包裹成团块状，泥岩中具泥灰岩团块 250 m
18. 下部棕红色泥岩与浅黄棕色长石石英砂岩互层，夹薄层泥灰岩；中上部棕红色泥岩与石英粉—细砂岩不等厚互层，夹泥质石膏岩 55.17 m
17. 杂色泥岩夹浅灰色泥灰岩 4.32 m
16. 灰白色泥质石膏岩，泥岩中含少量灰黄色泥灰岩 7.60 m
15. 灰黑色、棕褐色、灰色泥岩夹少量泥灰岩及片状、脉状石膏 10.75 m

① 黄有元等，1979，西宁盆地1∶10万石油地质测量报告。青海石油普查大队。

14. 泥质石膏岩　4 m

13. 棕红色泥岩，含粉砂，具灰—暗灰色粉砂质、泥质条带，泥岩中具片状及脉状石膏，顶部夹少量泥灰岩　7.65 m

~~~~~~~~~~ 不　整　合 ~~~~~~~~~~

下伏地层：**民和组**　棕红色泥岩

在本剖面第13—19层间，含有以 *Ephedripites*（*Distachyapites*）- *Proteacidites* - *Normapollis* 及以 *Polypodiaceoisporites* - *Ephedripites* 为代表的两个孢粉组合，其时代为古新世。在第21—25层间含轮藻：*Gyrogona qianjiangica*，*Sphaerochara minheensis*；介形类：*Limnocythere* sp.，*Ilyocypris gibba* 等，时代为始新世。本组以含盐类矿产为特征而区别于贵德群，其顶以石膏层的消失与贵德群分隔，底以不整合面与民和组分界。

【地质特征及区域变化】　西宁群主要分布于西宁—民和盆地之湟水沿岸地区，在纵向和横向上岩性组合特征稳定，无明显变化。其沉积厚度具西薄东厚变化趋势，为干燥气候条件下形成的红色碎屑岩并含石膏的湖相沉积。在平安县谢家—车头沟一带，岩性组合以泥岩与石膏岩互层为特征，含轮藻：*Gyrogona qianjiangica*，*Sphaerochara minheensis*，时代属古新世—渐新世早期。矿产为石膏和芒硝，厚度429.87 m。在互助县城附近，岩性组合有变化，除泥岩和石膏岩外，粗砂岩和含砾砂岩含量增多，具湖滨相沉积特点，厚度854.78 m，向东至白沈家沟地区，以泥岩和砂岩含量增多、石膏岩相对减少为特征。含介形类：*Cyprinotus norinilana*，*Eucypris* cf. *concinna* 等，时代属古—渐新世，厚度716.05 m。在大峡—芨芨沟一带，沉积特征与谢家—车头沟地区相同，含轮藻：*Gyrogona qianjiangica*；介形类：*Potamocypris reticulata*，*Ilyocypris ellipsoidea* 等，时代为古—中新世早期，厚度852.88 m。于民和盆地隆治沟地区，岩性变化是砂岩增多，石膏岩明显减少，局部夹泥灰岩之组合特征，含轮藻：*Gyrogona qianjiangica*，*Sphaerochara minheensis*；介形类：*Limnocythere*，*Ilyocypris gibba* 等，时代为古—渐新世，厚度1 049 m。西宁群含主要矿产为石膏、芒硝。与下伏民和组多呈不整合接触，与上覆贵德群多呈连续沉积，仅在化隆盆地局部地段与贵德群为不整合接触。地质时代为早第三纪—晚第三纪中新世。

白杨河组　EN*b*　(05-63-1000)

【命名及原始定义】　孙健初（1942）在玉门市新民堡白杨河创名“白杨河系”。原义：“系红色粘土层。昔曾名为西宁系，后改为白杨河系，整合于青土井系之上，但与较古老地层呈不整合接触。产石膏、芒硝等，兼产石油。”

【沿革】　甘肃省地矿局（1989）在《甘肃省区域地质志》中介绍：孙健初1934年在祁连红沟和梨园口调查时，曾将这套地层命名为“西宁系”。1942年孙氏又改称“白杨河系”。余伯良等（1952）更名为白杨河组。其后沿用至今。

【现在定义】　甘肃省岩石地层清理组新厘定的白杨河组涵义是：“以红色泥岩和砂岩为主，富含石膏，并在玉门盆地含工业油层。产哺乳类、腹足类和孢粉化石。不整合于火烧沟组（或更老地层）之上，其上被疏勒河组平行不整合所覆盖。”

【层型】　选层型为甘肃省玉门市老君庙—石油沟剖面（97°40′，39°42′）②。延入青海省，次层型为甘肃省区测二队（1972）测制的天峻县登隆剖面（97°54′，38°46′）。

② 甘肃省区域地质调查队，1984，甘肃的第三系。甘肃地质，(2)。
~~~~~~~~~~

上覆地层：**玉门组**　含砾砂岩

～～～～～～～～ 不　整　合 ～～～～～～～～

白杨河组	总厚度 315.00 m
9. 灰绿色泥岩，夹黄色、黄绿色薄层状钙质砂岩及泥灰岩。泥灰岩中产介形类化石	62.00 m
8. 浅红色泥岩，夹灰绿色薄层钙质粉砂岩、泥灰岩。泥岩中产 *Cypris* sp.，*C. decaryi*	77.00 m
7. 浅红色、蛋青色薄层状粉砂质泥岩，夹浅红色泥岩及少量泥灰岩	27.00 m
6. 紫红色夹草绿色泥岩	8.00 m
5. 黄绿色、蛋青色薄层钙质细砂岩，夹浅红色泥岩及灰色泥灰岩	14.00 m
4. 黄绿色钙质页岩、砂质页岩，夹泥灰岩	24.00 m
3. 黄色、浅黄绿色薄层细粒石英长石砂岩，夹黄绿色泥岩、泥质岩	33.00 m
2. 砖红色泥岩，夹粉砂质泥岩	54.00 m
1. 灰绿色薄层状中粒长石石英砂岩	16.00 m

～～～～～～～～ 不　整　合 ～～～～～～～～

下伏地层：**窑沟群**　砂质白云岩

【地质特征及区域变化】　该组延入青海省境内由棕红色、桔红色砂岩、砾状砂岩及泥岩组成，含石膏层和工业油层。不整合于老地层之上，其上被疏勒河组平行（局部为断层）不整合所覆，厚度 402 m。主要分布于托来南山、疏勒南山、乌兰达坂、土尔根达坂山等山系的山间盆地边缘及祁连山北侧。为湖相兼河流相沉积，横向上具西厚东薄之变化趋势。于大柴旦镇且尔干德一带，沉积厚度大，岩性组合特征为含砾砂岩和细砾岩含量增多，岩石粒度变粗。含腹足类：*Vallonia* sp.，时代属中新世。与上覆疏勒河组呈断层接触，厚度 2 149.6 m。在乌兰县响水河流域，灰绿色泥灰岩和石膏层含量增多，产植物：*Tripogon* cf. *nanus*；腹足类：*Campeloma* sp.，时代为中新世。与上覆疏勒河组呈平行不整合接触，与下伏肮脏沟组为断层接触，厚度 1 478.8 m。由选层型所在地向东在天峻县陇阿玛珠地区，岩性组合以粉砂岩、泥岩为主，夹砂岩、泥灰岩，岩石细腻，产腹足类：*Gyraulus* sp.，*Succinea* sp.，时代为中新世。与上覆玉门组呈不整合接触，厚度 219.4 m。在天峻县登隆一带，色调以灰绿—黄绿色为主，紫红色次之；在岩性组合上，以钙质页岩、砂质页岩、泥灰岩及泥岩含量多，不含石膏为特征。产介形类 *Cypris* sp.，时代为中新世，厚度 377 m。与上覆和下伏地层均呈不整合接触。

总观白杨河组在甘肃省玉门、酒泉和张掖等盆地与上覆疏勒河组多呈平行不整合接触，仅局部呈不整合接触；在青海省祁连山西部地区，与下伏老地层和上覆玉门组或疏勒河组呈不整合或断层接触。本组矿产主要为石膏、芒硝，玉门盆地盛产石油。

白杨河组总体沉积时代为渐新世至中新世。

疏勒河组　Nŝ　(05-63-1001)

【创名及原始定义】　孙健初（1942）在甘肃省合黎山调查时创名“疏勒河系”。原义指：“浅红色粘土，顶部多砾岩，昔名曰共和系，继改为疏勒河系，整合于白杨河系之上，并相伴而分布。”

【沿革】　孙健初（1934）在祁连山南、北调查时，将上第三系称共和系；孙健初（1942）在甘肃省合黎山北调查时，又改称“疏勒河系”。余伯良（1952）更名疏勒河组。甘肃省区调队（1985）在红崖子地区区调时，因发现红崖子三趾马动物群化石，改称“红崖子组”。经清理查明，以上单位所指为同一岩石地层。虽共和系创名在前，因所指地区局限，被自然淘汰。且后人广泛采用疏勒河组，故本书恢复疏勒河组并赋予岩石地层单位涵义。红崖子组为疏勒河组的同物异名，建议停用。

【现在定义】 甘肃省岩石地层清理组厘定的定义为：“以黄色调的砂岩和泥岩为主，常见砾岩夹层，且上部增多。产腹足类、轮藻和孢粉化石。平行不整合于白杨河组之上，其上被玉门组不整合所覆。”

【层型】 选层型为甘肃省区调队（1984）测制的甘肃省玉门市老君庙—石油沟剖面（97°40′，39°42′）②。

【地质特征及区域变化】 该组延入青海省境内，由灰黄色、灰白色砾岩、砾状砂岩、砂岩及棕红色砂质泥岩夹页岩等组成。含腹足类化石，顶以不整合面或平行不整合面与玉门组分界，其底以平行不整合面（局部为断层）与下伏白杨河组分隔。

本组分布范围较广，但出露局限和零星，从乌兰达坂之红崖子、且尔干德、伊萨勒泽克一带至北祁连中段八宝盆地、大通河盆地至玉门盆地、酒泉盆地等均有分布。在纵向和横向上岩性组合特征基本一致，为湖滨相兼河流冲、洪积相沉积。在玉门盆地，岩性组合以棕红色泥岩、灰白—灰黄色砂岩为主夹薄层砾岩、砾状砂岩及页岩。含腹足类：*Planorbis* sp.，*Hydrobia* sp.，*Ancykes* sp.。时代为中新世。与上覆和下伏地层均呈不整合接触，厚度1 855 m。向西至大柴旦镇且尔干德一带，其岩性组合特征与玉门盆地相似，含腹足类：*Discus* cf. *pupilla*。时代属上新世。与下伏白杨河组呈断层接触，沉积厚度变薄，厚度431.4 m。向西至红崖子地区，岩性组合以出现砾岩与粉砂质泥岩互层为特征，产脊椎动物化石：*Chilotherium* sp.，*Hipparion* sp. 等。时代为上新世。与上覆玉门组平行不整合接触，厚度821 m。在乌兰县响水河流域，岩性组合变化较大，以粉砂质泥灰岩与砾岩互层夹少量泥质砂岩为特征，与上覆玉门组呈不整合接触，与下伏白杨河组为连续沉积，厚度1 139.4 m。由选层型所在地向东至大通河滩、八宝盆地一带，由灰、桔红色复成分砂岩、含砾粗砂岩及砾岩组成，岩石粒度变粗，与下伏西大沟组呈不整合接触，厚度467 m。疏勒河组时代为晚第三纪。

贵德群 NG (05-63-1003)

【创名及原始定义】 路兆洽（1948）介绍：“奥地利地质学家洛采（L. Loczy）于1877—1880年，在甘、青等地调查，曾就青海省贵德县所见，命名“贵德系”。原义指淡红、淡绿及黑、白、灰等色砂砾、砾石、砂岩及粘土互层的一套地层。

【沿革】 青海综合地质大队区测队1964年在西宁、贵德及化隆盆地进行1∶20万区调时，将晚第三纪（N_2）一套砂砾岩改称“贵德组”。青海省石油普查队黄有元等（1979）在西宁盆地1∶10万石油地质测量报告附件《关于西宁盆地第三系建组的说明》中①，将上第三系地层称为贵德群，并依据生物组合特征，自下而上建立了谢家组（中新世早期）、车头沟组（中新世中期）。同年中国地质科学院根据甘肃、青海两省对第三系的划分情况，在《中国地层概况》一书中，将上第三系称贵德群，并自下而上划为：谢家组、车头沟组、咸水河组（中新世晚期）和临夏组（上新世）四个组。青海省地层表编写小组（1980）在《西北地区区域地层表·青海省分册》中，将上第三系统称为贵德群，此后在区调和找矿工作中多采用降群为组的划分方案。本书根据“优先权”原则，并依据岩石地层划分准则，基本恢复洛采（1877—1880）的贵德系涵义，并重新修订为贵德群。谢家组、车头沟组、咸水河组和临夏组为依据生物化石对贵德群的分割，均不采用。

【现在定义】 修订后贵德群涵义，指不整合于北山寺组之下，整合或局部不整合于西宁群之上一套土黄色、棕黄色泥岩、砂质泥岩、灰白色细—中砾岩、含砾砂岩、砂岩及泥灰岩组合而成的地层序列。以不含盐类矿产为特征与西宁群区别，底以西宁群石膏层的消失为界。产介形类、轮藻及腹足类化石。

【层型】 创名者未指定正层型。本书指定选层型为青海综合地质大队区测队1962年测制的贵德县阿什贡剖面（101°35′，36°07′）第1—8层。

贵德群 总厚度＞886.62 m

8. 桔黄—灰白色砾岩、砂砾岩互层夹灰绿色砂砾岩及桔黄色、桔红色粉砂质泥岩（未见顶） ＞33.42 m

7. 桔黄色含细砂钙质粉砂岩、砂岩夹桔红色泥质粉砂岩，灰—灰绿色砾岩及砂砾岩，局部砂砾岩夹层增多 406.1 m

6. 杂色及灰绿色泥岩与粘土质泥岩互层夹灰绿色砂岩、泥质粉砂岩及棕褐—灰—灰褐色含生物化石泥灰岩 66.20 m

5. 灰绿（或青灰色）砂岩、泥质砂岩、泥岩互层夹白云质泥灰岩、灰色不纯石灰岩，底部紫红色泥岩。产腹足类：*Radix* sp.，*Hippeutis* sp. 95.86 m

4. 棕褐色砾岩、砂砾岩、砂岩互层夹桔红色含砾砂质泥岩及桔黄—桔红色不等粒钙质长石砂岩，顶部夹少量灰绿色砂岩 124.79 m

3. 暗桔红色含粉砂钙质粘土岩夹桔黄色泥岩，其中含泥岩结核 42.51 m

2. 桔红色砂砾岩夹细砾岩、灰白色砂砾岩及紫色页片状泥岩和含砂质泥岩，局部夹灰绿色砾岩 111.56 m

1. 浅桔红色砾岩、砂砾岩，底部有底砾岩 6.18 m

~~~~~~~~~~ 不　整　合 ~~~~~~~~~~

下伏地层：**下环仓组**　石英砂岩及板岩

【地质特征及区域变化】 贵德群主要分布于贵德—化隆盆地，西宁—民和盆地等地区，延伸范围从西至东120余公里。在纵向上岩性组合稳定，无显著变化。在横向上具有两端厚中间薄之变化趋势，为湖滨相兼河流冲洪积相沉积。在贵德阿什贡一带，沉积物为砾岩、砂砾岩、砂岩、泥岩夹泥灰岩组成，含腹足类：*Hippeutis* sp.，*Radix* sp.，时代为中—上新世。未见顶，厚度786.62 m。平安县谢家—车头沟地区，以泥岩为主夹泥灰岩和少量砂砾岩凸镜体为特征，含介形类：*Cyprinotus callicoronus* 等，时代为中新世中晚期—上新世，厚度222.49 m。互助县城附近，岩性组合特征与上述地区相似，产如下孢粉组合：*Piceaopollenites*，*Psophosphaera*，*Deltoidospora* 等，时代为中—上新世，厚度455.96 m。在大峡—芨芨沟一带，岩性组合以泥岩为主夹泥灰岩、砾岩及砂砾岩凸镜体，含介形类：*Eucypris magna*，*Cyprinotus xiningensis* 等，厚度410.18 m，时代为中新世中晚期—上新世。民和县山城沟—塘尔垣地区，岩性组合明显变化，即砂砾岩、砾岩含量增多，岩石粒度变粗，沉积厚度增大，产陆龟：*Testudo* cf. *yusheensis*，厚度1 395 m，时代为中—上新世。在羊曲、沙那、贵德盆地的中南部，同德盆地及老藏沟一带，主要由灰黄色、桔红色砾岩、含砾砂岩夹泥岩、粉砂岩，偶夹泥灰岩，底部常见砾岩。下与西宁群为平行不整合或不整合接触。厚度241～1 130 m。在同德盆地产脊椎动物：Gomphotheridae，时代为中—上新世。向东南延入华南地层大区的西倾山一带，岩性类同，与下伏地层不整合接触，与上覆共和组不整合接触。

总之该群与上覆北山寺组皆呈不整合接触，与下伏西宁群多呈连续沉积，仅在贵德和化
~~~~~~~~~~

隆盆地局部地段与下伏隆务河群或西宁群呈不整合接触。

路乐河组　*El*　(05－63－1004)

【创名及原始定义】　朱夏(1956)在柴达木盆地东部嗷唠河地区创名"路乐河岩系"③。原义指:"整合或局部不整合(盆地边缘)于大红沟岩系之下,不整合于白垩纪地层之上一套由砖红色、灰褐色砾岩、紫红色泥岩,上、下部砾岩占优势,中部泥岩增多为特征的地层。"

【沿革】　1964年裴文中等在《中国的新生界》一书中将"路乐河岩系"改称路乐河组,沿用至今。

【现在定义】　指平行不整合于犬牙沟组之上,整合或局部不整合于干柴沟组之下一套由紫红色砾岩、砾状砂岩为主夹砂岩、泥钙质粉砂岩组成的地层序列。顶以不整合面或砾岩的消失与干柴沟组分界。

【层型】　创名者未指定正层型。本书指定选层型为青海省第一区调队(1981)测制的大柴旦镇嗷唠河东沟剖面(94°40′,38°08′)第9—14层。

上覆地层:**干柴沟组**　紫红色长石砂岩

——————　整　合　——————

路乐河组　　总厚度 1 246.4 m

14. 浅紫色厚层砾岩夹桔黄色长石砂岩　　49.3 m
13. 紫红色巨厚层粗砾岩与含砾不等粒长石砂岩互层,顶部为桔红色粉砂质细粒长石砂岩　　162.1 m
12. 桔红色细粒长石砂岩夹含砾粗砂岩、砾岩　　129.3 m
11. 暗紫红色厚层砾岩夹含砾砂岩　　567.7 m
10. 砖红色含砾粗砂岩与灰色砾岩互层　　115.2 m
9. 紫红色巨厚层巨砾岩,上部为桔红色厚层砾岩夹含砾粗砂岩　　222.8 m

－－－－－－－　平行不整合　－－－－－－－

下伏地层:**犬牙沟组**　棕黄色长石石英砂岩夹含砾粗砂岩。

【地质特征及区域变化】　该组选层型主要由红色砾岩、含砾粗砂岩夹砂岩组成。为标准的山麓洪积相沉积,其底以平行不整合面与犬牙沟组分界,其上以砾岩的消失与干柴沟组分隔。

本组主要分布于柴达木盆地中、东部地区,其西部十分零星,在纵向和横向上岩性组合稳定,无明显变化。在沉积厚度上具中部厚向两端变薄的趋势,以山麓洪积相堆积为主,辅有河流相沉积。在嗷唠河和鱼卡河一带,为一套红色粗碎屑岩地层,厚度1 197 m左右。在大柴旦镇大红沟、小柴旦独立自然区,该组非常发育,呈北西-南东向展布,在色调上呈黄褐色、土黄色及紫红色,岩性组合以砾岩、含砾粗砂岩为主夹砂岩,与上覆和下伏地层皆呈平行不整合接触,厚度785.2 m。在盆地东部赛冷尕秀、红柳沟一带,地层展布方向近东西向,厚度变薄,岩性单一,为砖红色粗砾岩夹砂岩,与下伏犬牙沟组呈不整合接触,与上覆干柴沟组呈连续沉积,厚度334.8 m。由选层型所在地向西至马海结绿素地区,岩性组合与嗷唠河一带一致,与下伏地层呈断层接触,厚度658 m。在茫崖镇野马沟一带,以砾岩占优势,岩石粒度

---

③　地质部青海省地质局石油普查大队,1964,柴达木地质志(第三册),第274页。

显著变粗、与下伏地层呈不整合接触，厚度 396.5 m。

沉积时代在野马沟、结绿素、大红沟、赛冷尕秀地区为古新世—始新世，在嗷唠河地区为古新世—渐新世早期。

干柴沟组 ENg (05-63-1005)

【创名及原始定义】 青海省石油管理局科学研究所 1959 年对干柴沟构造西岔沟剖面进一步研究时，命名为“干柴沟岩系”④。指：“整合或局部不整合（盆地边缘）于油砂山组之下，代表中新世早期—渐新世一套由灰绿、黄绿、紫红等色砂岩、粉砂岩、钙质页岩、砂质泥岩为主夹砾岩、砾状砂岩透镜体及疙瘩状灰岩，局部夹薄层石膏组合而成的地层。”

【沿革】 1964 年裴文中、周明镇、郑家坚改称干柴沟组。1961 年青海石油管理局科学研究所古生物室王水在《柴达木盆地第三纪轮藻化石》一文中，将柴达木盆地北部该套地层称大油苗组。1979 年赵秀玉、朱宗浩依据古生物化石，将干柴沟组进一步分为上、下干柴沟组⑤，沿用至今。本书认为上、下干柴沟组是依据生物化石对干柴沟组的分割，宏观岩性特征、组合方式二者不易区分。本书将上、下干柴沟组合并，恢复干柴沟组。大油苗组为干柴沟组的同物异名，建议停用。

【现在定义】 系指整合或局部不整合于油砂山组之下，整合或局部不整合于路乐河组之上一套由含油砂岩、泥钙质粉砂岩、页岩、砂质泥岩夹不稳定砾岩凸镜体及泥灰岩等组成的地层。底以不整合面或粗碎屑岩的始现与路乐河组分界，顶以灰绿色和黄绿色碎屑岩的消失或泥灰岩及泥岩的始现与油砂山组分隔。产介形类、腹足类化石。

【层型】 正层型为青海省石油管理局科学研究所④（1959）测制的茫崖镇干柴沟构造西岔沟剖面（90°51′，38°27′）第 1—7 层。

上覆地层：**油砂山组** 棕红色泥质粉砂岩、砂质泥岩及少量泥灰岩，产介形类：*Eucypris* sp.，*Cyprinotus* sp. 等；轮藻 *Charites* sp.

——————— 整 合 ———————

干柴沟组 总厚度＞1 526 m

7. 灰绿色—黄绿色薄层—中厚层状粉砂岩、砂岩与灰绿—黄绿色薄层状钙质页岩、砂岩、泥岩互层，夹少量杂色薄层状泥岩、青灰色疙瘩状泥灰岩。产介形类：*Hemicyprinotus valvaetumidus*，*Candoniella marcida*，*Candona convexa dayoumiaoensis*，*Potamocypris* sp.，*Eucypris* sp.，*Limnocythere* sp.；腹足类：*Hydrobia* sp. 126 m
6. 灰—灰绿色、黄绿色薄层—中厚层状粉砂岩、页岩与黄绿色砂质泥岩、灰色砂岩互层，以前者为主，夹有少量薄层状泥灰岩及细砂岩。含介形类：*Hemicyprinotus valvaetumidus*，*Candona convexa dayoumiaoensis*，*Candoniella marcida*，*Eucypris* sp. 229 m
5. 灰绿—黄绿色页岩与灰绿—黄绿色中厚—厚层状砂岩互层夹少量杂色泥质砂岩、粉砂岩及砂质泥岩，局部夹薄层石膏，含介形类：*Eucypris* sp.，*Candona* sp. 302 m
4. 灰—灰绿色中厚层状砂岩、灰绿色薄层状页岩夹少量细砾岩、砾状砂岩及泥岩。还夹有一薄层泥灰岩。含植物及介形类化石碎片 190 m
3. 灰色厚层状砾岩、细砂岩与砂岩、粉砂岩及泥岩互层，夹黄绿色泥质粉砂岩、灰色疙瘩状泥灰岩，含介形类：*Eucypris* sp. 176 m

④ 青海省石油管理局科学研究所，1959，柴达木盆地第三纪地层划分对比。
⑤ 赵秀玉、朱宗浩，1979，柴达木盆地西部地区渐新统与中新统的界线。青海省石油管理局。

2. 灰色厚层—巨厚层状砾岩夹浅棕色砂质泥岩、砾状砂岩、粉砂岩等。另夹有三层灰色疙瘩状泥灰岩。产介形类：*Eucypris* sp.，*Limnocythere* sp. 344 m

1. 上部为灰—灰黄色砾岩、砂岩与砂质泥岩互层，夹砾状砂岩（未见底）；下部为灰—灰黄色厚—巨厚层状砾岩、砾状砂岩夹浅棕色泥岩。含介形类：*Kassinina clinocauda*，*K*. aff. *beliuevskyi*，*Pseudocypris chinensis*，*Ilyocypris* sp.；腹足类：*Hydrobia*? sp. ＞159 m

【地质特征及区域变化】 正层型出露不全，未见底。与上覆油砂山组呈整合接触，以该组上部灰绿、黄绿色碎屑岩与上覆紫红色碎屑岩或泥灰岩、泥岩始现与油砂山组分隔。本组广布于柴达木盆地，其东部出露相对更广泛。在纵向上，总体表现为：由下而上岩石粒度由粗变细；在横向上岩性和厚度变化较大，具东、西部厚，中部薄之变化趋势；为湖相、滨湖相为主兼河流相、山麓堆积相沉积。在柴达木盆地西干柴沟、油砂山地区为一套以灰绿—黄绿色、灰色粉砂岩、含油砂岩、钙质页岩、泥岩为主夹疙瘩状泥灰岩及砾岩、砾状砂岩凸镜体，为主要含油层，尕斯库勒湖油田就赋存于这套地层中；含腹足类 *Hydyrobia* sp.，介形类 *Eucypris* sp. 等，时代为渐新世—中新世，厚度 1 526 m。在长尾台和清明山一带，岩石粒度变细，砂质灰岩、泥质白云岩含量增多，砾岩减少。含介形类：*Eucypris* sp.，*Candona* sp.；腹足类：*Hydrobia* sp.，时代为渐新世—中新世。未见底，与上覆油砂山组不整合接触，厚度 898.9 m。在俄博梁地区，以泥岩、粉砂岩、砂岩、泥灰岩为主，砾岩消失。含介形类：*Cyprinotus* sp. 等，时代为渐新世—中新世，与上覆油砂山组呈整合接触，与下伏地层呈断层接触，厚度 1 262.96 m。在马海结绿素沟一带，上部为棕红色，下部多为浅灰绿色或浅紫色，岩性组合与俄博梁地区主要区别在于底部出现较厚的细砾岩，泥岩中含介形类：*Eucypris tenghuensis* 等，时代为中新世。与下伏路乐河组呈平行不整合接触，与上覆油砂山组为连续沉积，厚度 1 021.3 m。在嗷唠河地区，上部为灰白色、土黄色；下部为紫红色居多，岩性组合以砂岩、粉砂岩为主，夹泥岩、泥灰岩、不纯灰岩为特征，马海油气田就赋存于这套地层之中。在第 20—23 层含腹足类：*Succinea* sp.；介形类：*Mediocypris candonaeformis*，*Candoniella* sp.，时代为中新世。与上覆油砂山组呈连续沉积，与下伏路乐河组为不整合接触，厚度 1 867.1 m。在大柴旦大红沟、小柴旦独立自然区及红山一带，该组出露完整，层次清晰，岩性组合特征与马海地区基本相同，仅在色调上灰绿色—黄绿色居多，含腹足类：*Pupilla* sp.；轮藻：*Amlyochara* sp.，时代属渐新世—中新世。与下伏路乐河组呈平行不整合接触，与上覆油砂山组为整合接触，厚度 2 260.7 m。向东至德令哈盆地本组也有沉积。地质时代为渐新世—中新世。

【其他】 干柴沟组于柴达木盆地西部和马海地区是主要储油层和含油层，尕斯库勒湖油田和马海油气田就赋存于这套地层中。在柴达木盆地西部红三旱地区，本组与下伏路乐河组接触处，见有明显的侵蚀面，它可能代表了一次幅度不大的区域构造运动。

油砂山组 Ny (05-63-1006)

【创名及原始定义】 青海石油管理局科学研究所 1959 年在柴达木盆地西部油砂山地区，将一套储油砂岩层命名为“油砂山岩系”⑤。原义指：“介于狮子沟岩系与干柴沟岩系不整合（盆地边缘）或整合面间，代表中新世晚期—上新世早期，由棕红色为主的泥质粉砂岩、砂质泥岩、含油砂岩夹砂砾岩透镜体及疙瘩状泥灰岩组成的地层。”

【沿革】 徐仁、宋之琛、周和仪（1958）将该套地层称红峡口统。1964 年裴文中、周明镇、郑家坚在《中国的新生界》一书中改称油砂山组。1964 年裴文中等将柴达木盆地东部这套地层称下大红沟组。1973 年青海省石油管理局地质研究所，依据古生物的地质年代，将油砂山组进一步细分为上油砂山组、下油砂山组⑥。1991年青海省地矿局在《青海省区域地质志》中，将上、下油砂山组合并称油砂山组，本书沿用。红峡口统为年代地层单位，下大红沟组为油砂山组同物异名单位，建议停用。

【现在定义】 指整合或局部不整合于干柴沟组之上、狮子沟组之下一套由棕红色、棕黄色等泥质粉砂岩、含油砂岩、泥岩夹疙瘩状泥灰岩，少量砂砾岩凸镜体，局部夹薄层石膏组成的地层序列。区域上与上覆、下伏地层为整合接触。底以棕红色碎屑岩的出现与干柴沟组分界，顶以灰色、黄绿色粗碎屑岩的始现与狮子沟组分界。产轮藻、介形类及腹足类等化石。

【层型】 正层型为青海省石油管理局科学研究所（1959）测制的冷湖镇油砂山构造油砂沟北翼剖面（90°57′，38°13′）第1—9层。

上覆地层：**狮子沟组** 灰黄色、灰白色细砂岩

～～～～～～～ 不 整 合 ～～～～～～～

油砂山组 总厚度 2 065 m

9. 岩性较细，以棕黄色、棕色、棕灰色、浅灰绿色砂质泥岩和灰色、棕黄色、棕灰色粉砂岩为主，夹灰色、浅黄色薄—中层砾岩及少量砾状砂岩 113 m

8. 岩性较粗，以浅黄灰、灰色、棕灰绿色、黄色薄—厚层状砾岩和浅灰黄色、棕黄色、棕灰色、灰色粉砂岩为主，夹棕灰色、棕红色、棕黄灰色薄层砂质泥岩，浅灰黄色、灰色、棕灰色砂岩，灰白色、灰黄色含砾砂岩及少量棕红色、暗棕色、紫色泥岩和两层灰色泥灰岩。含轮藻：*Charites* sp. 3，*C.* sp.；介形类：*Eucypris* sp.，*E.* sp. 110，*Cyprideis* sp. 12，*C. littoralis*，*Candona* sp.，*Candoniella* sp.，*Ilyocypis* sp. 157 m

7. 该段岩性颜色较红，以浅棕灰色、灰色、浅棕黄色、浅黄灰色、棕红色粉砂岩，和灰白色、灰黄色、褐灰色、棕红色、棕黄色砂岩为主夹浅棕红色、浅黄灰色、棕灰色砂质泥岩及灰色、灰白色、灰黄色细砾岩 243 m

6. 以棕色、褐棕色、灰黄色、绿黄色砂质泥岩和绿灰色、棕红色、棕灰色、灰色、浅黄色、绿黄色粉砂岩为主，夹灰色、浅棕灰色薄—厚层状砾岩、含砾砂岩和棕色、灰棕色、棕褐色泥岩，含介形类：*Cyprinotus* sp.，*Cyprideis* sp.，*Eucypris* sp.，*Ilyocypris* sp.，*Cypridopsis* sp. 2 309 m

5. 该段以棕黄色、灰色、灰绿色、棕红色粉砂岩、棕灰色、灰色、绿黄色薄—中厚层，个别块状含砾砂岩夹棕灰色、灰色、黄绿色砂岩和棕灰色、浅黄棕色砂质泥岩，及棕灰色薄—厚层状砾岩。含介形类：*Potamocypris* sp.，*Candona gigantea* 322 m

4. 绿灰色、黄绿色、灰色、蓝灰色厚层块状含砾砂岩，棕黄色、棕红色、棕灰绿色、黄绿色中—厚层状粉砂岩，黄绿色、绿灰色、浅黄色中厚—厚层状砂岩夹棕色、棕红色薄—厚层状砂岩及少量棕红色泥岩，底部有一层浅绿灰色块状砾岩 147 m

3. 以棕红色、棕色薄—厚层状砂质粉砂岩和黄绿色、绿灰色、黄灰色、棕红色薄—厚层状粉砂岩为主，夹绿灰色、灰色、黄绿色薄—厚层状砂岩，灰绿色、黄绿色中厚层砾状砂岩及少量棕红色、灰绿色泥岩，绿灰色、棕灰色薄层砾岩，三层杂色薄层泥岩。底部为浅灰色泥灰岩。本段砂岩为油浸砂岩。含轮藻：*Charites molassica*，*C.* sp. 3；介形类：*Cyprinotus* sp. 32，*Youshashania* sp.，*Eucypris* sp.，*Cypridopsis* sp. 2，*Candoniella* sp.，*Darwinula* sp.，*Cyprinotus* sp. 30 367 m

2. 以棕红色、棕灰色中层砂质泥岩和灰绿色、灰棕色、黄绿色、灰色薄—厚层状粉砂岩，黄绿色、棕灰色、绿灰色厚层状砂岩间互层，夹棕红色、棕色泥岩及少量黄绿色厚层

⑥ 青海省石油管理局地质研究所，1973，柴达木盆地西部中新生界地层之划分对比。石油管理局。

状含砾砂岩，一层蓝灰色泥灰岩。底部为一厚层杂色泥岩。本段砂岩多为油浸砂岩，底部为含油砂岩。含介形类：*Youshashania* sp.，*Eucypris* sp.，*Candoniella* sp.，*Cyprinotus* sp. 30 165 m

1. 以棕红色为主的薄—中厚层砂质泥岩与灰棕色、灰褐色中厚—块状砂岩，棕灰色、棕红色、蓝灰色中厚—块状粉砂岩，褐棕色、棕灰色厚层—块状含砾砂岩呈互层，夹少量棕色、棕红色、杂色泥岩，蓝灰色薄层泥灰岩及一层蓝灰色疙瘩状灰岩，一层黄绿色砾岩。该段砂岩为含油砂岩。含腹足类：*Hydrobia* sp.；介形类：*Youshashania* sp.，*Eucypris* sp.，*Cypria* sp.，*Cyprinotus* sp. 132；轮藻 *Tectochara* sp. 242 m

～～～～～～不　整　合～～～～～～

下伏地层：**干柴沟组**　黄绿色、绿灰色、蓝灰色细砂岩

【地质特征及区域变化】　该组正层型层序清晰，由粉砂岩、含油砂岩、砂质泥岩夹泥灰岩及砾岩、砂砾岩凸镜体组成，油砂山油田就赋存在这套地层中。含轮藻：*Charites molassica* sp.；介形类：*Cyprideis littoralis*，*Eucypris* sp.，*Cyprinotus scholiosa*，时代为中新世晚期—上新世早期。分别与上覆狮子沟组和下伏干柴沟组呈不整合接触，厚度 2 065 m。该组广泛分布于柴达木盆地各背斜构造，在横向上岩性、岩相无明显变化，具西厚东薄之变化特征，为河流三角洲相沉积。在正层型所在地油砂山地区，该套地层发育完全，岩性具有代表性，其岩性组合与正层型描述的相同，该区以粗碎屑岩居多为特征。在西岔沟一带，岩性组合特征是砾岩含量减少，粉砂岩、砂岩和泥岩含量增多，含介形类：*Cyprideis* sp.，*Eucypris* sp.；轮藻 *Charites* sp.，时代为中新世晚期—上新世早期。与上覆狮子沟组呈不整合接触，与下伏干柴沟组为连续沉积，厚度 2 316 m。由正层型所在地往东在长尾台—清明山地区，岩石粒度变细，由含粉砂泥岩、砂岩夹泥灰岩和石膏层组成，未见生物化石，底部出露不全，与上覆狮子沟组呈整合接触，厚度 2 376.6 m。在嗷唠河附近岩石粒度明显变粗，砾岩和砂岩含量增多，泥岩和泥灰岩含量甚少，颜色为灰白色。与上覆狮子沟组和下伏干柴沟组均呈连续沉积，厚度 773.8 m。在大红沟—小柴旦独立自然区一带，本组地层发育，且层序清晰，岩性组合与嗷唠河地区相似，主要区别是含有泥质生物碎屑灰岩。泥灰岩中含轮藻：*Tectochara*，时代属中新世晚期。与上覆狮子沟组和下伏干柴沟组均为整合接触。再向东至德令哈盆地，本组地层仍很发育。

综上所述，油砂山组在柴达木盆地西部地区是主要含油气岩系之一，冷湖Ⅰ—Ⅴ号油田、油砂山油田、油泉子油田都赋存于这套地层中。据青海石油局大量研究成果表明，本组与下伏干柴沟组之间存在早期喜马拉雅运动，在红沟子构造本组与干柴沟组呈不整合接触。在黄石、红盘等地，本组底部有较明显的侵蚀面，与上覆狮子沟组在盆地边缘地带多呈不整合接触，于盆地中心均呈连续沉积。

狮子沟组　N$\hat{s}z$　(05－63－1007)

【创名及原始定义】　青海省石油管理局科学研究所（1959）依据在冷湖镇狮子沟构造狮子沟高点剖面，创名“狮子沟岩系”⑤。原义指：“处于七个泉岩组不整合面之下，油砂山组整合面之上，代表上新世晚期，由土黄色砂质泥岩、泥质粉砂岩、砂岩、砾岩组成的地层。”

【沿革】　徐仁、宋之琛、周和仪（1958）将该套地层称宽沟统。1964 年裴文中、周明镇、郑家坚在《中国的新生界》一书中，改称狮子沟组。1959 年青海省石油管理局科学研究所，在柴达木盆地东部又将该套地层称“东丘陵岩系”。1960 年青海省石油局地质处 802 队，在柴达

木盆地东部又称其为“冷湖组”⑦。1964年裴文中等在柴达木盆地东部，将该套地层称“上大红沟组”。本书依据岩石地层单位划分准则及优先权，沿用狮子沟组。宽沟统为年代地层单位，东丘陵岩系、冷湖组、上大红沟组均为狮子沟组的同物异名，本书建议停用。

【现在定义】　指不整合（盆地边缘）或整合于油砂山组之上，不整合于七个泉组之下一套以粗碎屑岩为主的地层。岩性为砾岩、含砾砂岩、砾状砂岩夹砂岩、泥质粉砂岩。顶、底以不整合面分隔。在盆地中心与下伏油砂山组整合接触，以土黄色、灰白色为主的含砾砂岩的出现与油砂山组分界。产介形类化石碎片。

【层型】　正层型为青海省石油管理局科学研究所（1959）测制的冷湖镇狮子沟构造狮子沟高点剖面（90°51′，38°18′）第1—5层。

上覆地层：七个泉组　灰黄—灰黑色砂砾岩

～～～～～～～　不　整　合　～～～～～～～

狮子沟组　　　　总厚度673 m

5. 灰色、灰黄色泥质粉砂岩为主，夹同色砂岩、砾状砂岩和砾岩　　145 m
4. 灰色、土黄色砂质泥岩夹灰、灰黄色泥质粉砂岩，含砾粗砂岩及粗砂岩　　124 m
3. 土黄色厚层状砂质泥岩为主，及灰色砂岩、蓝灰色、绿色细砂岩、棕红色泥岩及浅棕色砂质泥岩　　95 m
2. 灰色、黄灰色砾岩及砾状砂岩与灰黄色砂质泥岩互层，夹灰绿色砂岩、浅棕色砂质泥岩及灰黑色含碳砂质泥岩　　189 m
1. 土黄色、棕黄色砂质泥岩夹灰岩、黄灰色砾岩及砂岩，并夹少量浅棕色钙质泥岩，底部夹一层杂色含砂泥岩　　120 m

～～～～～～～　不　整　合　～～～～～～～

下伏地层：油砂山组　棕黄色、棕灰色砂质泥岩和粉砂岩

【地质特征及区域变化】　该组以粗碎屑岩为主夹砂岩及含粉砂泥岩，顶、底界线明显，层序清楚，但无生物化石；与上覆七个泉组呈不整合接触，与下伏油砂组于盆地中心为连续沉积，厚度为637～2 342 m。

本组分布广泛，几乎遍布柴达木盆地全区，多数背斜构造上均有出露，特别是英雄岭凹地有大面积分布。在纵向和横向上岩性组合稳定，无明显变化，为冲洪积相为主兼河流相沉积。无或甚少生物化石，亦为本组的一大特色。在狮子沟及油砂山地区，岩性组合特点是粗碎屑岩含量少，泥岩、粉砂岩及砂岩增多，与上覆七个泉组呈不整合接触，厚度673 m。在长尾台一带，岩石颗粒变粗，砾岩、砂砾岩占优势，细碎屑岩含量很少，与上覆七个泉组为不整合接触，与下伏油砂山组呈连续沉积，厚度1 143.4 m。于清明山地区，岩性组合与长尾台地区相似，厚度935.7 m。在马海结绿素一带，在岩石颜色上，下部多棕红色，上部为土黄色；在岩性组合上，以砾岩居多夹少量砂岩为特点，沉积厚度增大，厚度达2 342.7 m。在大红沟地区，岩石为黄绿色，由复成分砾岩为主夹砂岩组成，厚度1 019.8 m。

沉积时代：在狮子沟、长尾台、清明山、结绿素沟及大红沟等地，依据与上覆、下伏地层的接触关系，推测为上新世晚期。

⑦ 青海省石油局地质处802队，1960，柴达木盆地中新生界之划分对比油气田分布规律研究专题（二）。青海省石油局。

第二节　生物地层

一、白垩纪生物地层

青海省白垩纪生物群皆为陆相，其中以早白垩世的介形类、轮藻和孢粉为主，研究较详。此外叶肢介、双壳类、腹足类、鱼、昆虫、爬行类和植物等也有见及，但研究程度均低。

（一）介形类

郝诒纯、宋其善等（1983）研究西宁、民和盆地的白垩纪（部分晚侏罗世）介形虫时，由下而上建立了5个组合：

1. *Minheella minheensis* - *Jinguella hutouyaiensis* - *Damonella huangshuiensis* - *Mandelstamia pingus* 组合

时代为晚侏罗世—早白垩世。分布于河口组底部。

2. *Lycopterocypris infontilis* - *Lycopterocypris flaccida* 组合

时代为早白垩世，分布于河口群下部。

3. *Cypridea*（*C.*）*unicostata* - *Cypridea*（*Ulwellia*）*koskulensis* 组合

时代为早白垩世，分布于河口群中部。

4. *Cypridea*（*C.*）*sanmachiensis* - *Rhinocypris ventriconcava* - *Ziziphocypris costata* 组合

时代为早白垩世，分布于河口群上部。

5. *Talicyridea reticulata* - *Cypridea*（*C.*）*cavernosa* - *Cypridea*（*Pseudocypridina*）*longa* - *Eucypris qinghaiensis* 组合

时代为晚白垩世，分布于民和县享堂、乐都县大峡等地之民和组。

（二）轮藻

郝诒纯、宋其善等（1983）建立白垩纪（部分晚侏罗世）5个介形类组合的同时，由下而上又建立了4个轮藻组合：

1. *Aclistochara datongheensis* - *Aclistochara bransoni* 组合

时代为晚侏罗世。本组合相当于上述介形类第1组合的下部层位。分布于民和县大通河口之河口群底部。

2. *Minhechara columelaria* - *Multispirochara subovalis* 组合

时代为早白垩世。本组合相当于上述介形类第1组合的中、上部层位，分布于大通河口之河口群底部。

3. *Flabellochara jurongica* - *Mesochara xuanziensis* - *Aclistochara caii* 组合

时代为早白垩世。本组合与上述介形类第3组合层位相当，分布于乐都县叉叉沟、西宁市小峡等地之河口群中部。

4. *Latochara curtula* - *Gyrogona hubeiensis* - *Charites guanpingensis* 组合

计14属36种。除组合中的属外，主要属还有：*Grambastichara*，*Obtusochara*，*Pseudolatochara* 和 *Croftiella* 等，时代属晚白垩世。本组合层位与上述介形类第5组合层位相当。分布于民和县享堂、乐都县大峡等地之民和组。

此外，唐伦和、狄恒恕（1991）将产于柴达木盆地东部的大红沟、苦水泉和来扎克等剖面的轮藻化石，称之为 *Minhechara xiaoxiaensis* - *Sphaerochara quanyagouensis* 组合。时代为早白垩世，分布于犬牙沟组下部。

（三）孢粉

余静贤、赵清顺等（1982），依据孢粉组合特征，由下而上确立了民和盆地早白垩世3个孢粉组合：

1. 以 *Densoisporites* - *Classopollis* 为特征的组合

分布于河口群下部。

2. 以 *Cicatricosisporites* - *Classopollis* - *Piceaepollenites* 为特征的组合

分布于河口群中部。

3. 以 *Copcospora* - *Classopollis* - *Clavatipollenites* 为特征的组合

产于河口群上部。

青海省地矿局（1991）又将西宁—民和盆地之河口群孢粉，由下而上分为4个组合，时代皆为早白垩世：

1. *Cicatricosisporites* - *Classopollis* - *Piceaepollenites* 组合

2. *Classopollis* - *Exesipollenites* - *Clavatipollenites* 组合

3. *Deltoidospora* - *Piceaepollenites* - *Classopollis* 组合

4. *Piceaepollenites* - *Cedripites* 组合

这4个组合与上述余静贤、赵清顺的3个组合如何对比，待日后研究解决。

孙秀玉等（1980）建立了西宁—民和盆地民和组孢粉组合（1）、（2）。孢粉组合（1）的特征是蕨类孢子占优势，裸子植物次之，被子植物类型较多，但每种含量不超过1%，时代为晚白垩世早期，分布于民和组下部。组合（2）与组合（1）有许多相似之处，二者的最大差异是组合（2）的被子植物占据了优势，组合（2）的时代应归晚白垩世晚期，分布于民和组上部。

（四）叶肢介

产地少而零星，仅在西宁—民和盆地早白垩世之河口群内发现较多，青海省地矿局（1991）称为 *Yanjiestheria* - *Orthestheria* 组合，含“热河动物群”和“大拉子动物群”的重要属种和少量 *Eosestheria* 的群落。王思恩（1983）报道柴达木盆地苦水泉早白垩世犬牙沟组产：*Orthestheriopsis loxoquadrata*，西宁市小峡早白垩世河口群产：*Eosestheria qingtanensis*，*E. xiningensis*，*Yanjiestheria xiaoxiaensis*。

二、第三纪生物地层

省内第三纪生物群丰富多采，其中以孢粉、介形类和轮藻最为丰富，哺乳类在晚第三纪有较大发展。主要分布于西宁盆地和柴达木盆地，研究较详。其他如植物、双壳类、腹足类、爬行类、鱼和昆虫等虽有不同程度的发展，但分布局限，研究程度较低。

（一）孢粉

青海省石油管理局勘探开发研究院（朱宗浩等）、中国科学院南京地质古生物研究所（宋之琛等），1985年详细研究柴达木盆地第三纪孢粉时，由下而上建立了9个组合：

1. *Ephedripites*（麻黄粉属）- *Meliaceoidites*（楝粉属）- *Quercoidites*（栎粉属）组合

以众多的麻黄粉属、楝粉属和栎粉属为代表的三沟及三孔沟类占优势，具孔类花粉少，以及菊科、藜科有关的分子开始出现为特征。时代可能为中始新世晚期。分布于干柴沟、油砂山和尖顶山等地之路乐河组上部。

2. ***Piceaepollenites*** **（云杉粉属）－*Quercoidites*（栎粉属）－*Meliaceoidites*（楝粉属）组合**

本组合与第 1 组合有一定的相似性，但本组合以较多的松柏类具囊花粉，尤以云杉粉属含量较高与第 1 组合明显地区分开来。时代不会早于晚始新世，属于渐新世的可能性很大。分布于干柴沟、尖顶山、俄博梁、红柳泉、油砂山和黄石等地之干柴沟组底部，也可能分布于路乐河组顶部。

3. ***Nitrarariadites*** **（拟白刺粉属）－*Qinghaipollis*（青海粉属）－*Ephedripites*（麻黄粉属）组合**

本组合最突出特征是拟白刺粉属和青海粉属含量高，前者含量约 40%，后者平均含量接近 10%，时代定为中渐新世。干柴沟、七个泉、红柳泉是本组合最为发育的地区，尖顶山地区也有出现。分布于干柴沟组下部。

4. ***Ephedripites*** **（麻黄粉属）－*Nitrarariadites*（拟白刺粉属）－*Chenopodipollis*（藜粉属）组合**

本组合与第 3 组合关系十分密切。二者区别为：本组合松柏类具囊花粉递增；桦科、榆科及胡桃科花粉含量增加，占 7.23%，第 3 组合仅占 0.95%；草本植物开始繁盛，并趋于复杂化和多样化，而拟白刺粉属和青海粉属急剧减少。时代为晚渐新世。分布于昆仑山北缘的七个泉、油砂山、黄石一线，茫崖地区的尖顶山及俄博梁等地的干柴沟组中部。

5. Betulaceae（桦科）－*Chenopodipollis*（藜粉属）－Pteridaceae（凤尾蕨科）组合

本组合与第 4 组合的区别是：松柏类具囊花粉、云杉粉、雪松粉、铁杉粉及罗汉松科、杉科、桦科、榆科和草本植物等花粉含量有所增加，拟白刺粉属居于不明显位置，而凤尾蕨科孢子数量及种类为第 4 组合所不及。时代为中新世早、中期。分布于阿尔金山山前及俄博梁地区之干柴沟组上部。

6. Pinaceae（松科）－*Chenopodipollis*（藜粉属）－Betulaceae（桦科）组合

本组合与第 5 组合的区别是：凤尾蕨科孢子已很少出现；松柏类具囊花粉大量增加，其中云杉粉属的含量增加 1 倍；桦科、榆科及藜粉属花粉减少，而菊科花粉含量有所增加。时代可能属中中新世晚期到晚中新世。分布于昆仑山山前之油砂山组及阿尔金山山前尖顶山、大风山地区之油砂山组底部。

7. ***Chenopodipollis*** **（藜粉属）－*Ephedripites*（麻黄粉属）－*Tsugaepollenites*（铁杉粉属）组合**

本组合的旱生、盐生植物花粉极度发育，水生植物花粉也非常丰富，而松柏类具囊分子大量减少。时代为中新世晚期。分布于尖顶山及大风山地区之油砂山组中部。

8. Pinaceae（松科）－Compositae（菊科）－*Chenopodipollis*（藜粉属）组合

藜粉属含量大减，松科花粉较多，菊科花粉明显增加，类型也复杂，亚热带针叶植物油杉粉属、雪松粉属、铁杉粉属、罗汉松科及杉粉属含量有所增加，拟白刺粉属的数量也有增加。时代属上新世早期。分布于油泉子、大风山地区之油砂山组上部。

9. ***Artemisiaepollenites*** **（蒿粉属）－*Ephedripites*（麻黄粉属）－*Chenopodipollis*（藜粉属）组合**

本组合的突出特点是，蒿粉属快速发展和数量的急剧增加。时代为上新世晚期。分布于大风山地区之狮子沟组。

孙秀玉等（1980、1984）据西宁—民和盆地产出的第三纪孢粉划出总计 14 个组合（未命名），由下而上是：

第 1 组合

孙秀玉等（1980）称组合（3）（以下依次类推）（其下为白垩纪孢粉组合（1）、（2）），以被子植物占优势，裸子植物次之，蕨类孢子仅个别出现。时代可归属古新世早—中期。分布于西宁群底部。

第 2 组合

以裸子植物占优势，被子植物、葇荑花序类含量不高，榆科含量较前减少，山龙眼科含量较前增加。时代为古新世中—晚期。分布于西宁群下部。

第 3 组合

裸子植物含量最高，双气囊花粉较前增多，被子植物占次要地位，葇荑花序类明显增加，山龙眼科减少。时代为晚古新世。分布于西宁群下部。

第 4 组合

蕨类孢子含量增高（19%～74%），裸子植物 *Ephedripites*（*Distachyapites*）含量减少，而 *E.*（*Ephedripites*）含量增高，被子植物葇荑花序类型较多，在前几个组合中起重要作用的类型及正型粉类大都消失。时代为始新世，是否可能包含部分古新世晚期，尚待研究。分布于西宁群中部。

第 5 组合及第 6 组合

以被子植物占优势，而 *Normapollis* 及 *Triatriopollenites* 完全消失，三沟和三孔沟类型丰富，含量亦较高，第 5 组合占 17%～23%，第 6 组合达 10%～40%，首次发现 *Compositoipollenites*。时代为中始新世。分布于西宁群中部。

第 7 组合

被子植物占优势（90%～96%），但葇荑花序类花粉很少，三沟和三孔沟类明显减少，*Celtispollenites*（51%～57%），*Compositoipollenites rhizophorus*（3%～25%）达到最高含量。草本植物增加，出现了 Leguminosae，*Polygonacites* 和 *Scabiosapollis* 等，时代为中—晚始新世。分布于西宁群中部。

第 8 组合

与第 7 组合总体上是相似的，其差异表现为，楝科、花科明显增加，时代为晚始新世—早渐新世。分布于西宁群上部。

第 9 组合

孙秀玉等（1984）称第 1 孢粉组合（以下依次类推）。被子植物占优势（61%），次为裸子植物（37%），蕨类孢子含量最少。被子植物以楝粉属为主，种类较丰富，代表热带、亚热带特征的分子经常可见。草本植物花粉含量不高，裸子植物以麻黄粉较发育。时代为早渐新世。分布于西宁群上部。

第 10 组合

与第 9 组合有一定的连续性，其差异在于本组合的云杉粉明显增加，热带、亚热带分子有所减少，菊科花粉初次出现。时代为中渐新世。分布于西宁群顶部。

第 11 组合

被子植物桦科、朴粉属含量略有增加，楝粉属及栎粉属有所下降，*Ulmipollenites undulosus* 明显增加，双子叶草本植物以 *Chenopodipollis* 为主，增加到 39%。热带、亚热带分子少量，裸子植物云杉属及松属略有减少，麻黄属下降到 3.5%，铁杉属有所增加。时代为渐新世晚期，分布于贵德群底部。

第 12 组合

被子植物中以葇荑花序类和榆类为重要组分，其中 *Ulmipollenites rotundatus* 较明显增加，楝粉属含量已降至 2.5%，热带、亚热带分子大部分消失，裸子植物中仍以云杉粉、松粉为主，还有铁杉、罗汉松属等。时代为早中新世。分布于贵德群下部。

第 13 组合

被子植物中葇荑花序类及榆科花粉较第 12 组合减少，草本植物花粉在地质历史上第一次成为组合的主要成分，水生草本植物眼子菜属占 17%，藜粉属占 16%，热带、亚热带分子几乎全部消失，裸子植物仍以云杉粉和松粉为主，时代为中中新世。分布于贵德群中部。

第 14 组合

被子植物类型较单调，但含量很高（95%），裸子植物次之，未见孢子；草本植物藜科花粉占 56.5%，水生草本植物大大减少。裸子植物仍以云杉和松为主。本组合植被旱生面貌明显，显示草原景观。时代归晚中新世。分布于贵德群上部。

此外，青海省区调综合地质大队（1990）在 1：5 万罗汉堂幅（J－47－143－C）等区调报告中，于贵德、化隆盆地之渐新世内建立 4 个孢粉组合，分布于西宁群上部。在晚第三纪内建立 6 个孢粉组合，产于贵德群。青海省地矿局（1991）对省内第三纪孢粉的分布及特征也做了概述和总结。

（二）介形类

郝诒纯、宋其善等（1983）在西宁、民和盆地，由下而上建立 6 个第三纪介形类组合：

1. *Cypris decaryi* – *Limnocythere hubeiensis* 组合

计 8 属 10 种，以 *Cypris decaryi* 和 *Limnocythere hubeiensis* 为优势种。时代为晚古新世—早始新世。分布于乐都县中坝、民和县隆治沟、平安县沈家沟等地之西宁群下部。

2. *Limnocythere hubeiensis* – *Limnocythere longuida* 组合

化石特别贫乏，以 *Limnocythere hubeiensis* 较常见。此外还有 *Eucypris*，*Ilyocypris*，*Cyprinotus* 和 *Candona* 等零星出现的分子，与第 1 组合面貌接近。时代为中、晚始新世。分布于西宁群中部。

3. *Ilyocypris ellipsodea* – *Eucypris milagouensis* – *Cyprinotus jucundus* 组合

计 5 属 21 种。主要分子 *Ilyocypris ellipsodea*，*I. contracta*，在本区分布广泛，数量丰富，是本组合的标志性化石。*Eucypris milagouensis* 及 *E. jucundus* 是本区较特征的代表。*Limnocythere hubeiensis* 不再出现，而代之以 *Ilyocypris* 和 *Eucypris* 的大量种出现。时代为渐新世。分布于乐都县大峡、平安县白沈家沟、湟中县车头沟及民和盆地巴州坳陷井下等地之西宁群上部。

4. *Cyprinotus xiningensis* – *Limnocypris faceta* 组合

计 4 属 16 种，仅 *Ilyocypris* 就有 10 种，占明显优势，其次是 *Cyprinotus* 属。组合内有近三分之一的种由第 3 组合延续而来。时代为渐新世—中新世。分布于湟中县车头沟、乐都县瞿坛寺及民和县隆治沟等地之贵德群下部。

5. *Amplocypris daxiaensis* – *Cyprinotus callicorotus* – *Eucypris magna* – *Mediocypris lenis* 组合

计 15 属 46 种，其中 *Eucypris* 属 11 种，占首位，其次是 *Cyprinotus* 属 7 种。除组合中代表性种外，较重要的有：*Cyclocypris xiningensis*，*Amplocypris munda*，*Cyprinotus gemmiformis* *Cypris nobilis*，*Eucypris flexilis* 和 *E. subovata*。只有少数种是第 4 组合的上延分子。时代为

中新世。分布于贵德群中部。

6. *Cyprinotus macus* - *Eucypris longa* 组合

计 13 属 29 种，*Cyprinotus* 占主导地位，以新出现的 *C. macus* 和 *Eucypris longa* 为代表。时代为晚中新世。分布于乐都县大峡、芨芨沟，湟中县吊沟，乐和县巴州齐家沟等地之贵德群上部。

据郝诒纯、宋其善等（1983）介绍：黄宝仁曾对共和盆地晚第三纪—早更新世介形类进行过专门研究报道：贵德群顶部产有 *Microlimnocythere*，*Leucocythere*，*Cyprideis*，*Candona*，*Cyprinotus*，*Ilyocypris* 和 *Candoniella* 等属，时代为上新世。

青海省地矿局（1991）对省内第三纪各世的介形类特征做了总结：介形类从古新世中期开始有较多出现，繁衍于中生代的 *Cypridea* 已基本灭绝，*Cyprois*，*Cyprinotus*，*Eucypris* 等代之而起。晚期还出现了 *Limnocythere*，*Ilyocypris* 等属。始新世介形类无论省内北部或南部都以 *Eucypris* 为主，以 *Eucypris* - *Limnocythere* - *Cypris* - *Cyprinotus* 组合为代表，后者为一个广盐度属。至渐新世，*Eucypris*，*Cyprinotus* 仍然存在，惟 *Ilyocypris ellipsodea* 等大量出现。中新世介形类在祁连山地区以 *Cypris* 大量出现为特征，柴达木盆地则以 *Hemicyprinotus valvaetumidus* 等组合为主。上新世介形类分布广泛，以 *Cyprideis*，*Ilyocypris*，*Candoniella* 等为主。

（三）轮藻

郝诒纯、宋其善等（1983），在研究西宁、民和盆地第三纪介形类的同时，由下而上又建立了 3 个轮藻组合：

1. *Stephanochara breviovalis* - *Neochara squalida* 组合

计 5 属 5 种，除组合中分子外，尚有 *Peckichara serialis*，*Rhabdochara kisgyonensis* 和 *Sphaerochara parvula*。时代为晚古新世—早始新世。分布于民和县隆治沟西宁群下部。

2. *Gyrogonia qianjiangica* - *Sphaerochara minheensis* - *Maedlerisphaera chinensis* 组合

计 8 属 12 种，几乎全由中小型—小型近球形藏卵器化石组成。除组合中分子外，主要有 *Pseudolatochara aechma* 和 *Charites minulissima*。时代为中、晚始新世—渐新世。层位相当于介形类第 2—3 组合。分布于乐都县大峡、平安县白沈家沟、湟中县车头沟及民和盆地巴州坳陷井下之西宁群中、上部。

3. *Maedlerisphaera globula* - *Amblyochara subciensis* - *Sphaerochara granulifera* 组合

计 10 属 23 种，是大、中、小型轮藻藏卵器化石混生组合。除组合中分子外，主要有：*Charites parvula*，*Ch. chaidamuensis*，*Hornichara leduensis*，*H. kasakstanica*，*Amblyochara subovalis*，*Qinghaichara ovalis* 和 *Raskyaechara baxianensis* 等。时代主要为中新世。分布于贵德群。

郝诒纯、宋其善等（1984）还报道，柴达木盆地东部托素湖附近，克鲁克剖面油砂山组上部及共和盆地东部托勒台—阿乙亥剖面贵德群中、上部采到丰富的轮藻化石，二者组合相似，以 *Charites* 和 *Tectochara* 占优势，以大型藏卵器为主，一般无表面装饰，主要的种有：*Ch. molassica*，*Ch. leei*，*Ch. columnaria*，*Ch. eboliangensis*，*Nemegtichara sadleri*，*Tectochara meriani*，*T. huangi* 及 *T. globula* 等。时代属上新世。

（四）脊椎动物

省内第三纪脊椎动物化石以哺乳类为主，余者如爬行类和鱼类等虽有发现，但产地零星，研究程度低。哺乳动物化石从始新世开始有少量发现，到晚第三纪有较大发展，其中谢家动物群和三趾马动物群研究程度较高。

1. 谢家动物群

李传夔、邱铸鼎（1980）在西宁盆地贵德群下部（原称谢家组），发现以小哺乳动物鼠、兔为主的谢家动物群。以平安县谢家—车头沟剖面（青海省地矿局，1991）所产的哺乳动物化石为代表，主要有：*Eucricetodon youngi*，*Oioceros xiejiaensis*，*Sinolagomys pachygnathus*，*Plesiosminthus xiningensis*，*P. huangshuiensis*，*P. lajeensis*，*Tataromys suni*，*Tachyoryctoides rokonorensis*，*Brachypotherium*，(?) cf. *Eumyarion*，Carnivore，Cricetidae，Leporidae，Sciuridae 及 Mustelidae 等。它们与孙秀玉等（1980、1984）的第 12 孢粉组合、郝诒纯等（1983）的第 4 介形类组合上部层位相当，时代为早中新世。分布于贵德群下部。产于柴达木盆地干柴沟组上部的 *Porhinoceros ulanensis* 的层位，可能与本动物群的层位大致相当。

西宁—民和盆地贵德群中部所含哺乳类为长鼻类、鼠类和犀牛共存，时代为中中新世。贵德群上部的哺乳类以长鼻类大量发展为主要特征，并从西宁—民和盆地扩展到柴达木盆地，时代为晚中新世（青海省地矿局，1991）。郑少华等（1985）还报道了贵德、共和两盆地贵德群中含一批哺乳动物化石。青海省区综队（1990）在 1∶5 万罗汉堂幅（J-47-143-C）等区调报告中，又报道了贵德、化隆两盆地之贵德群产出的蓝田镰齿猪、大唇犀、矮脚犀、牛科和鹿科等哺乳动物群，时代为中—晚中新世。

2. 三趾马动物群

三趾马动物群在省内除南部地区外，广布于祁连山、柴达木和西秦岭等地区。产地很多，化石丰富。据不完全统计，产地达 30 处以上，总计 25 属（科）以上。其中以西宁、民和、贵德、化隆等盆地产出的三趾马动物群最丰富。主要属、科有三趾马、三棱齿象、五棱齿象、乳齿象、剑齿象、剑齿虎、弓颌猪、萨莫兽、大唇犀、鹿、皇冠鹿、羚羊、小羚羊、猫、次兔、短耳兔、鼠兔、鼢鼠及鹿科、长颈鹿科、马科和犀科等。时代为中新世。分布于贵德群上部、疏勒河组和油砂山组。

第二篇

华南地层大区

华南地层大区，在省内主体位于北纬 36°以南，即东昆仑山以南广大地区。区内泥盆纪及其以前地层分布零散，晚古生代中晚期—中生代地层发育，沉积类型齐全。鉴于前石炭纪地层在该区分布零散，本书综合叙述。石炭纪—第三纪地层可划分为石炭纪—二叠纪、三叠纪、侏罗纪—第三纪三个自然断代。

第九章
前石炭纪

华南地层大区，前石炭纪地层分布零散。因前寒武纪地层埋藏极深，仅在玛沁西南（阿尼玛卿山）和玉树苏莽（唐古拉）地区呈断块出露，为片麻岩、片岩组合。于阿尼玛卿山出露的该套岩石，已归并于阿尼玛卿山蛇绿混杂岩中。其岩性在玛沁县得勒尼和江千北为灰绿色、黑灰色黑云斜长片麻岩、二云钠长片岩、角闪片麻岩、斜长角闪岩类、灰—灰白色薄层（或凸镜体）大理岩及混合岩。“青海省东昆仑山缝合带及基底研究”课题组①，1991年在斜长角闪岩中所采Sm-Nd同位素等时线年龄值为（1 443±2）Ma。在玉树县小苏莽北为一套黑云片麻岩、黑云斜长片麻岩、云母石英片麻岩及大理岩，未见底，其上被结扎群不整合覆盖，出露厚度大于1 036 m。该套地层因省内出露范围小，研究程度低，本书暂不清理。奥陶纪地层仅在唐古拉山东南端分布，亦呈断块出露，为稳定型碎屑岩类、结晶灰岩建造。本书引用邻省（区）岩石地层单位——青泥洞组。泥盆纪地层见于西倾山和唐古拉山东南段，属稳定型—过渡型碎屑岩、火山岩及碳酸盐岩建造，地层分布及各类层型位置见（图4-1）。

华南地层大区泥盆纪推荐采用组级岩石地层单位4个。

第一节　岩石地层单位

青泥洞组　*Oq*　（06-63-0221）

【创名及原始定义】　董得源等（1979）创名青泥洞组于西藏江达县青泥洞地区。原义指：“下部为板岩夹砂岩；上部为灰岩及砂岩的一套地层，未见顶、底。时代归早奥陶世”。

【沿革】　青海省第二区调队（1983）在《1∶20万上拉秀幅（J-47-[25]）区域地质调查报告》中，将青泥洞组一名引入省内，代表分布于玉树县巴塘乡之西汹压陇、桑知阿考一带，下部为变质石英质砂岩夹角砾岩，上部石英质砂岩与板岩互层组合的地层，时代归属早奥陶世。1991年青海省地矿局在《青海省区域地质志》中沿用青泥洞组，代表唐古拉山东南端之早奥陶世地层。本书沿用西藏自治区清理组意见称青泥洞组。

① 王云山、任增基、舍玉声，1994，青海省东昆仑山缝合带及基底研究（手稿）。

【现在定义】 指出露于西藏江达县青泥洞附近的一套浅变质砂板岩夹薄层灰岩的地层体。产笔石，未见顶、底。地质时代为早奥陶世。

【层型】 青泥洞组正层型为四川省第三区测队（1974）测制的西藏自治区江达县青泥洞剖面（98°01′，31°00′）。青海省次层型为玉树县桑知阿考剖面（96°56′，32°46′）及玉树县汹压陇剖面（96°54′，32°46′），两剖面均由青海省第二区调队（1983）测制。

【地质特征及区域变化】 青泥洞组在省内仅玉树县汹压陇及桑知阿考一带有出露。在桑知阿考地区下部为灰—灰白色变中—细粒石英砂岩夹变石英角砾岩；中部为灰紫色、浅灰色变石英砂岩及粉砂岩；上部为灰色中—细粒石英砂岩、粉砂岩与深灰色板岩互层。底部出露不全，顶部被桑知阿考组灰色变砾岩不整合覆盖，出露厚度大于902 m。在汹压陇一带为一套浅灰色、灰绿色、灰色细粒变石英砂岩与板岩互层夹浅灰色含角闪石石英安山岩，顶底出露不全，出露厚度大于925 m。青泥洞组在省内未发现化石，据正层型地产丰富的早奥陶世笔石，推测地质时代为早奥陶世。青泥洞组在区域上展布不详，有待今后进一步调查。

桑知阿考组 D*s* （06-63-0404）

【创名及原始定义】 青海省第二区调队（1983）在《1：20万上拉秀幅（I-47-[25]）区域地质调查报告》中，依据玉树县巴塘乡桑知阿考剖面，创建桑知阿考组。涵义指："不整合于奥陶系之上，由灰色变砾岩与灰绿色安山岩互层夹安山质角砾熔岩组成，与上覆汹钦组为整合接触"。

【沿革】 青海省地研所编图组（1981）将这套火山岩、碎屑岩笼统称中-上泥盆统。70年代后期青海省第二区调队在1：20万上拉秀幅（I-47-[25]）区调时，在桑知阿考测制剖面并创建该组。陈国隆等（1982）重新测制研究了该组命名剖面，将灰绿色安山岩以上的厚大于62 m的浅灰—灰色块层碎裂砂砾岩划入本组（陈国隆、陈楚震，1991）。本书沿用陈国隆等的划分方案。

【现在定义】 指不整合于青泥洞组之上，由灰色变砾岩与灰绿色安山岩互层夹安山质角砾熔岩，其上有一层厚60 m左右的碎裂岩。未见顶。

【层型】 正层型为陈国隆等（1982）重测的玉树县巴塘乡桑知阿考剖面（96°56′，32°47′）（见陈国隆、陈楚震等，1991）。

桑知阿考组	总厚度＞521.44 m
7. 浅灰—灰色块层状碎裂砂砾岩（未见顶）	＞62.36 m
6. 灰绿色（顶部杂色）安山质火山角砾岩夹灰色变安山岩	202.62 m
5. 灰绿色安山质凝灰熔岩夹灰色块层状硅质角砾岩	119.25 m
4. 灰色厚—块层状含砾流纹质凝灰熔岩	25.61 m
3. 灰—浅灰色厚—块层状变质砾岩	74.66 m
2. 灰色英安质凝灰熔岩	9.60 m
1. 灰色变质砾岩	27.34 m

～～～～～～ 不 整 合 ～～～～～～

下伏地层：**青泥洞组** 浅灰色厚层状变质细粒含长石石英砂岩与灰色中薄层泥质粉砂岩、粘板岩互层。在粘板岩中采获保存不太好的笔石 *Didymograptus* sp. 或 *Pristiograptus* sp.

【地质特征及区域变化】 本组正层型顶部出露不全，且目前仅在桑知阿考、汹压陇一带发现。据剖面岩性大致可分三部分：下部以灰—浅灰色厚—块层状变质砾岩为主，夹一层厚约 10 m 灰色英安质凝灰熔岩；中部为一套火山岩，主要岩石有灰绿色安山质火山角砾岩、凝灰熔岩、灰色变安山岩、块层状硅质角砾岩、厚—块层状含砾流纹质凝灰熔岩；上部为浅灰—灰色块层状碎裂砂砾岩，总厚度 521 m。与下伏含 *Didymograptus* 或 *Pristiograptus* 的浅灰色厚层状变质细粒含长石石英砂岩、灰色中薄层泥质粉砂质粘板岩的青泥洞组为不整合接触。本组地质时代推测为中泥盆世。

汹钦组　Dx　(06-63-0405)

【创名及原始定义】　青海省第二区调队（1983）在玉树县巴塘乡汹钦创名汹钦组，原义指："分布在桑知阿考、汹钦地区，上被下石炭统杂多群平行不整合覆盖，下与桑知阿考组为连续沉积的一套浅灰色中细粒石英砂岩、泥钙质板岩夹中层灰岩的地层序列。产珊瑚、腕足类、苔藓虫、层孔虫化石"。

【沿革】　该组自创立后，涵义无多大变化。青海省地矿局（1991）在《青海省区域地质志》中沿用。陈国隆等（1991）确定了汹钦组与上覆石炭系之间的不整合关系，将不整合面以下第二区调队划归杂多群的灰岩归并于汹钦组中。本书沿用陈国隆等划分方案。

【现在定义】　指不整合于杂多群之下，以碳酸盐岩、镁质碳酸盐岩为主夹碎屑岩的地层。产腕足类、珊瑚、层孔虫、牙形石及双壳类、有孔虫等。底部出露不全，顶以不整合面与杂多群分隔。

【层型】　正层型为陈国隆等（1982）重测的玉树县巴塘乡桑知阿考剖面（96°56′，32°47′）（陈国隆、陈楚震等，1991）。

上覆地层：**杂多群**　灰褐色砂砾岩、灰色灰质砾岩夹凸镜状灰岩，产介形类：*Healdia* sp.，*Bairdia* sp.，*Mennerella* sp.，*Hollinella* sp.，"*Macrocypris*" sp.；有孔虫：*Glomospira* sp.，*Lituotuba* sp.，*Ammodiscus* sp.

～～～～～～不　整　合～～～～～～

汹钦组　总厚度＞384.99 m

12. 灰色中厚层含粉砂泥晶生物碎屑灰岩　＞131.10 m

11. 灰色中薄层含生物碎屑泥晶灰岩，具瘤状构造，产腕足类：*Emanuella takwanensis*，*Atrypa* (*Atrypa*) *richthofenia*，*A.* (*Kyrtatrypa*) *qinghaiensis* 等；牙形石：*Icriodus expansus*，*I. alternatus*　39.61 m

10. 灰色厚—块层状或凸镜状泥晶亮晶灰岩、粉晶球粒灰岩、粉晶生物碎屑灰岩夹灰黄色中厚层粉晶白云岩、灰色中薄层泥晶灰岩，产层孔虫：*Clathrodictyon tumulosum*，*Actinostroma obliquum*，*Gerronostroma grossum*，*G.* cf. *gromotuchense*，*Stromatopora* cf.，*reticulata*，*Stachyodes odinekensis*，*S. singularis*，*S. costulata*，*Amphipora tenuissina*，*Paramphipora guilinensis*，*P. pinguis*，*P. perforata*，*P. tschussovensis* 等；珊瑚："*Peneckiella*" *halysodes*，*Coenites vermicularis*，*C. flexibilis* 等；腕足类：*Atrypa* (*Kyrtatrypa*) cf. *culminigera*，*Spinatrypa globulina*，*Desquamatia* (*Independatrypa*) *lancetioides*，*Emanuella transversa* 等；牙形石：*Icriodus expansus*，*I. alternatus* 等；双壳类：*Polidevcia brevirostris*，*Paracyclas elliptica* 等；有孔虫：*Trochammina* sp.　149.82 m

9. 灰黄色中厚层状泥晶白云岩　44.57 m

8. 上部以灰色中层状变质石英粉砂岩夹紫红色薄层状含生物碎屑泥晶板岩为主，下部以浅灰色中厚层状含砾变质中细粒石英砂岩为主（未见底）　＞19.89 m

【地质特征及区域变化】 本组底部以浅灰色含砾石英砂岩、石英粉砂岩为主夹紫红色板岩。砾石以泥质板岩、变细砂岩为主，多为次圆—次棱角状，分选性差，排列方向性不明显。碳酸盐岩由下向上有灰色厚—块状粉晶球粒灰岩、粉晶生物碎屑灰岩、泥亮晶灰岩夹灰色中薄层泥晶灰岩、灰黄色中厚层白云岩。第10层产化石最丰富，有层孔虫、珊瑚、腕足类、有孔虫、造礁珊瑚、双壳类及牙形石等。其中珊瑚有床板珊瑚：*Coenites vermicularis*，*C. flexibilis*，*Alveolites* 等，四射珊瑚："*Peneckiella*" *halysodes*；层孔虫有产于中泥盆世晚期的 *Actinostroma obliquum*，*Stachyodes tenuitextilis* 等，产于晚泥盆世早期的 *Stachyodes odinekensis*，*Clathrodictyon tumulosum*；腕足类以中泥盆世晚期的 *Atrypa*（*Atrypa*）*richthofenia* 最为丰富，另外还有刺无洞贝的 *Spinatrypa globulina*，石燕贝类中的 *Emanuella* 较为常见，在第10层中发现了牙形石：*Icriodus expansus* 动物群。综上所述，汹钦组所含各门类化石分布时代为中泥盆世晚期至晚泥盆世早期。

本组在区域上的延展情况，有待于将来调查研究。

尕拉组 D*g* （06－63－0407）

【创名及原始定义】 秦锋、甘一研（1976）介绍：西北地质科学研究所和甘肃省第一区测队（1974）在甘肃省迭部县尕拉创名尕拉组。原始定义指："张研（1961）所定的当多组下部的灰黑色薄层白云岩夹白云质灰岩部分。产珊瑚、介形类、双壳类及腹足类等。与上覆当多组平行不整合接触，与下伏上普通沟组连续"。

【沿革】 省内出露面积甚小，在引用上无甚异义。

【现在定义】 尕拉组以深灰色白云岩为主夹少量含砂质白云质页岩、灰色砾屑白云岩和粉晶灰质白云岩。顶部以粉砂岩、细砂岩为主夹薄—中厚层含粉砂白云岩、含粉砂泥灰岩，生物群甚为贫乏，中、下部产少量珊瑚及层孔虫，上部产牙形石等。顶部以白云岩的消失与当多组含砾灰质砂岩等平行不整合接触，底部以白云岩的始现与普通沟组整合接触。

【层型】 正层型剖面在甘肃省迭部县尕拉，省内参考剖面为甘肃省区测队1977年测制的河南县代桑曲剖面（101°46′，34°19′）。

【地质特征及区域变化】 青海省内出露面积仅7 km^2，岩石特征为浅灰色块层状、灰色中厚层状灰岩，厚度380 m，与上覆当多组为平行不整合接触，下未见底。在中厚层状灰岩中产珊瑚：*Embolophyllum* cf. *aequiseptatum*，*Favosites goldfussi*，*Vepresiphyllum qinghaiense*，*Dictyofavosites* sp.。据以上化石组合其时代为早泥盆世。

当多组 D*d* （06－63－0408）

【创名及原始定义】 1973年由甘肃第一区域地质测量队首次介绍。张研创名于1960年。命名地在甘肃省迭部县当多沟。创名时涵义："当多组下部为灰黑色薄层白云岩夹白云质灰岩，最底部为灰绿色钙质板岩；中部为灰色薄层灰岩夹砂质页岩及凝灰岩；上部为铁质岩系，由鲕状赤铁矿与灰绿色鲕状绿泥石砂岩、页岩互层组成，并夹少量菱铁矿结核。产腕足类及珊瑚等，与上覆尕海群连续沉积，与下伏志留系不整合（?）"。

【沿革】 青海省内出露面积小，昔日文献中仅是引用甘肃省资料。青海省地层表编写小组（1980）在《西北地区区域地层表·青海省分册》中，视当多组与尕拉组间有一沉积间断，并首次将该组引进省内。1991年青海省地矿局在《青海省区域地质志》中，将两者处理成连续沉积。本书同意甘肃省岩石地层清理组意见。

【现在定义】 中上部为含铁岩系；下部为碳酸盐岩或含磷碳酸盐岩夹细碎屑岩，底部有时为钙质砾岩。富产腕足类、珊瑚等。顶部以石英砂岩与下吾组灰岩整合接触，或以鲕绿泥石砂岩与冷堡子组石英岩呈平行不整合接触。底部以含砾灰质砂岩或生物灰岩与尕拉组白云岩或石坊群砂岩皆为平行不整合接触。在益哇沟以东则以平行不整合超覆于卓乌阔组之上。

【层型】 正层型为甘肃省迭部县当多沟剖面。省内参考剖面为甘肃省区测队 1977 年测制的河南蒙古族自治县代桑曲剖面（101°46′，34°19′）。

【地质特征及区域变化】 青海省内仅分布在代桑曲两侧，出露面积约 51 km^2。以河南蒙古族自治县代桑曲剖面为参考剖面，由褐黄色、紫红色铁质含砾粗砂岩、砂岩夹铁质条带砂岩及泥灰岩组成，厚 150 m。砂岩夹泥灰岩中产腕足类？*Sipirifer* sp.，双壳类 *Ptychopteria* sp.，各地岩性无大变化。省内出露的含铁碎屑岩地层直接呈平行不整合覆于尕拉组之上，以整合接触伏于尕海群之下。地质时代为早泥盆世晚期—晚泥盆世。

第二节　生物地层

省内华南地层大区前石炭纪生物地层研究资料贫乏，仅由王志浩、王骊军（1991）在《青海玉树地区晚古生代牙形刺》一文中，创立了 *Icriodus expansus* 动物群，为非正式生物地层单位，主要分子有：*Icriodus expansus*，*I. alternatus*，*Polygnathus* sp. A，*P.* sp. B，地质时代为 Famennian 期，分布在汹钦组中。在区域上仅知此层位，无法对比及评述，本书予以保留待后人工作中完善。

第十章
石炭纪—二叠纪

华南地层大区的石炭纪、二叠纪地层主要分布于西金乌兰湖-通天河断裂带以南地区。西金乌兰湖-通天河断裂带为蛇绿混杂堆积，其余为次稳定型沉积。本区未见可靠的Tournaisian期地层，Visean期地层较为发育，并赋存可采煤层。动物群以腕足类及珊瑚为主，属华南型，植物群为华夏型。晚石炭世地层出露局限，含稀少的䗴，腕足类及植物等。二叠纪地层出露较广，主要分布于本区的北部和西南部，动物群为Tethys型，植物群为华夏型。地层分布及各类层型位置图见（图5-1）。

本区共推荐采用岩石地层单位16个，其中群级单位6个（含华北大区延入1个）、组级单位9个（含华北大区延入3个）、杂岩单位1个。

第一节　岩石地层单位

尕海群　DTG　（06-63-0609）

【创名及原始定义】　甘肃省第一区测队1972年创名于甘肃省碌曲县尕海西北，原指："上石炭统碳酸盐岩沉积，含化石丰富"。

【沿革】　1972年甘肃省第一区测队称尕海群，用以代表尕海地区的晚石炭世晚期的一套碳酸盐岩沉积。1986年青海省地层表编写小组、1991年青海省地矿局均沿用了本群。本书采纳尕海群。

【现在定义】　指岩性单一的碳酸盐岩沉积。其上覆迭山组、下伏下吾那组均为灰岩夹砂岩或页岩，且均为整合接触。尕海群以砂、页岩的消失和始现作为其底、顶界面。

【层型】　正层型为甘肃省地质局第一区测队1972年测制的甘肃省碌曲县尕海西北剖面（102°22′，34°17′）第1—8层。

【地质特征及区域变化】　往日资料和文献完全是依据化石成果划分我省境内西倾山碳酸盐岩沉积的泥盆纪—三叠纪地层的，它们彼此之间几乎全为连续沉积关系，又由于研究程度低，断层发育，剖面分层甚粗，控制性极差等，因此本次清理中引用甘肃省的尕海群。但为了反映我省西倾山现有资料，并遵照西北大区岩石地层清理领导小组的银川会议纪要

(1993) 规定了尕海群的框架（即隆务河群之下的泥盆纪—三叠纪一套石灰岩地层，通称尕海群）。本书曾以该区所实测的剖面资料，并考虑彼此整合关系及地层大致位置等，试图综合一个代表碳酸盐岩沉积剖面，其厚度约 7 449 m（甘肃省认为厚度大于 30 000 m）。尽管如此，本书认为在这套地层中存在着层位重复和存在碎屑岩沉积的可能性极大，同时，随着对碳酸盐岩及其地层研究程度的提高，尕海群必将进一步划分为若干个正式的组。

此外正层型剖面的第 1 层为灰色块状灰质砾岩（砾石为灰岩），1972 年《1∶20 万碌曲幅（I-48-[13]）区域地质调查报告》中，曾以此推断与下伏地层存在沉积间断，但因分布局限未被公认，所以这一接触关系能否作为分组界面尚待进一步研究。

尕海群含腕足类、珊瑚、䗴及双壳类等多门类化石，其下部含腕足类：*Tenticospirifer triplisinosus*；珊瑚：*Sinodisphyllum lituinovitshae* 等中晚泥盆世分子及早石炭世珊瑚：*Zaphrentites* sp. 等；中部见䗴：*Profusulina ovata*，*Fusulinella*，*Triticites* 及 *Pseudoschwagerina* 及其诸种，时代为晚石炭世；上部含䗴：*Misellina cloudiae*，*Neoschwagerina* 等，显示地质时代为早二叠世；顶部含双壳类：*Claraia aurita* 等早三叠世分子。由上可知，尕海群应隶属中泥盆世晚期—早三叠世。但是甘肃省所指的尕海群正层型剖面，未见顶底界线，其地层时代为晚石炭世晚期。

杂多群　CZ　(06-63-0518)

【创名及原始定义】　青海省第二区调队（1982）创名杂多群于杂多县地区。原义包括：“下部碎屑岩组，下部碳酸盐岩组，上部含煤碎屑岩组与上部碳酸盐岩组”。

【沿革】　青海省区测队（1970）将唐古拉山的早石炭世沉积自下而上分为下部碎屑岩组，中部灰岩组和上部含煤层组。青海省第二区调队（1982）创名杂多群，并分为下部碎屑岩组，下部碳酸盐岩组，上部含煤碎屑岩组与上部碳酸盐岩组（以下简称 1、2、3、4 岩组）。1988 年刘广才① 分析了各岩组的岩性特征、岩石组合方式、各岩组内所含化石总貌以及各岩组之间的接触关系等，认为 3 岩组就是 1 岩组、4 岩组就是 2 岩组，因此，将杂多群划分两个岩性组，即（下部）含煤碎屑岩组和（上部）碳酸盐岩组，1989 年青海省区调综合地质大队在《1∶20 万沱沱河幅、章岗日松幅（I-46-[15]、[16]）区域地质调查报告》中引用刘广才的划分方案。青海省地矿局（1991）在《青海省区域地质志》中沿用杂多群，自下而上建立“那容浦组、俄群嘎组与查然宁组”。这三个组系化石罗列，既无剖面依据，又无接触关系等，实难理解涵义和应用，本书仍采用杂多群。青海省地矿局（1991）所建立的“俄群嘎组”很可能是杂多群的含煤碎屑岩组的同物异名。

【现在定义】　该群位于唐古拉山北坡，下部称含煤碎屑岩组，由岩屑砂岩、粉砂岩、碳质页岩、变碎屑岩、板岩夹灰岩及煤层组成，偶见火山岩；上部称碳酸盐岩组，由灰—深灰色灰岩夹少许碎屑岩组成，含腕足类，珊瑚、苔藓虫及植物化石，未见底，与上覆加麦弄群呈平行不整合接触。

【层型】　选层型是杂多县苏鲁乡解曲上游剖面（95°09′，32°26′）第 1—17 层，为青海省第二区调队（1987）测制，刘广才整理并于 1988 年介绍①。次层型为西藏综合地质大队（1975）测制的囊谦县自家浦剖面（95°45′，31°50′）第 1—24 层。

---

① 刘广才，1988，对青海南部杂多—吉多—囊谦地区石炭系划分的商榷。青海地质，(2)。

青海省杂多县苏鲁乡解曲上游剖面

上覆地层：**加麦弄群** 灰色含砾含生物中细粒石英砂岩

——————— 平行不整合 ———————

杂多群 总厚度>2 265.11 m

碳酸盐岩组 1 151.26 m

17. 灰色板状含细粉砂泥灰岩 170.91 m

16. 紫红色薄层状含细粉砂泥质泥灰岩，含腕足类：*Crurithyris* sp. 12.38 m

15. 浅灰—灰色厚—块层状含生物微晶灰岩（含燧石条带团块），含腕足类：*Striatifera striata*，*Dielasma* cf. *indentum*，*Linoproductus* cf. *sinensis*，*Terebratuloidea elegantula*；珊瑚：*Dibunophyllum* sp. 326.58 m

14. 深灰色薄—中厚层状亮晶含生物（碎屑）鲕状灰岩夹黄褐色中细粒长石石英砂岩，含腕足类：*Striatifera striata*，*Gigantoproductus* sp.；珊瑚：*Lithostrotion* cf. *pingtangense*；苔藓虫：*Stenodiscus* cf. *giganteus* 417.31 m

13. 灰黑色薄层状含生物碎屑微晶灰岩，局部夹中厚层结晶灰岩，含腕足类：*Striatifera* cf. *plana*，*Gigantoproductus* sp.；珊瑚：*Lithostrotion* cf. *yaolingense* 39.80 m

12. 黄褐色中—薄层状浅变质中细粒石英砂岩夹浅灰黄色含砾砂岩，浅灰黄色薄层状泥灰岩 38.65 m

11. 灰—深灰色中厚层状亮晶含团粒生物灰岩夹灰黑色薄层状弱白云石化含团块含生物碎屑微晶灰岩，含腕足类：*Gigantoproductus* cf. *semiglobosus*，*G. giganteus* 145.83 m

——————— 整 合 ———————

含煤碎屑岩组 1 113.85 m

10. 浅灰色中厚层状浅变质中细粒石英砂岩 30.62 m

9. 灰黑色薄层状弱白云石化含团块、含生物碎屑微晶灰岩，含珊瑚：*Thysanophyllum circulocysticum*，腕足类：*Megachonetes zimmerimani* 7.83 m

8. 深灰色薄层状浅变质钙质粉砂岩 15.97 m

7. 浅灰色薄层状浅变质石英细砂岩 108.34 m

6. 灰色中层状浅变质粗粒石英砂岩 404.79 m

5. 深灰色中层状浅变质石英细砂岩 149.69 m

4. 灰色薄层浅变质细粒石英砂岩 57.84 m

3. 褐灰色薄层浅变质中粒石英砂岩 60.20 m

2. 深灰色含细粉砂粘土质板岩 18.07 m

1. 灰色薄层状浅变质泥岩、石英细粉砂岩（未见底） >260.50 m

囊谦县自家浦剖面

杂多群 总厚度>1 546.76 m

碳酸盐岩组 >300.00 m

25. 灰色致密块状灰岩，产腕足类：*Spiriferella* sp.（未见顶） >300.00 m

═══════ 断 层 ═══════

含煤碎屑岩组 >1 246.76 m

24. 黄白色中粒长石石英砂岩、粉砂岩、黑色页岩组成 3 个旋回，有浅成岩脉侵入，中部旋回层的页岩中含 5 层极薄层煤，页岩中含植物化石：*Sphenophyllum* sp.，*Stigmaria* sp. >88.60 m

23. 灰色页岩夹粉砂岩及中粒长石石英砂岩，具明显的斜层理 119.60 m

22. 灰色细粒中厚层石英砂岩、粉砂岩、泥岩及2层煤，组成4个韵律层，泥岩中含丰富的植物化石：*Calamites suckowii*，*Sphenopteris* sp.，*Stigmaria ficoides*，*Asterocalamites* cf. *scrobiculatus*，*Lepidodendropsis* sp. 49.15 m

21. 黄灰色粉砂岩、泥岩、细粒石英砂岩夹3层煤，含植物化石：*Stigmaria ficoides*，*Asterocalamites* cf. *scrobiculatus* 33.14 m

20. 灰色细粒中厚层石英砂岩、泥岩、粉砂岩夹两层煤 30.25 m

19. 灰色粉砂岩、泥岩夹砂岩及3层煤，泥岩含植物化石：*Stigmaria ficoides*，*Lepidodendron* sp. 36.38 m

18. 灰—灰黑色泥岩、粉砂岩、细砂岩夹3层煤，泥岩中产植物化石 *Calamites* sp. 41.10 m

17. 灰—灰黑色泥岩、泥质粉砂岩、长石石英砂岩、石英砂岩夹6层煤（厚度分别是0.3 m、0.9 m、0.2 m、0.3 m、0.43 m、0.4 m）。泥岩及砂岩中含植物化石：*Sphenopteris* sp.，*Sphenophyllum pseudotenerrimum* 60.00 m

16. 灰—灰黑色泥岩、细砂岩夹粉砂岩及2层煤 31.20 m

15. 灰色泥岩、粉砂质泥岩、砂岩夹碳质泥岩及煤层 38.80 m

14. 灰色泥岩、粉砂岩夹1层煤 31.84 m

13. 灰色粉砂岩，泥岩夹3层煤。煤层底板含植物化石：*Asterocalamites* sp.，*Lepidodendropsis* sp. 20.47 m

12. 灰色泥岩、细砂岩夹粉砂岩及3层煤，含丰富的植物化石：*Asterocalamites* cf. *tenerrimum*，*Cardiopteridium* cf. *spetsbergense*，*Sphenopteris* sp. 31.60 m

11. 黄灰色泥岩、粉砂岩夹砂岩及2层煤，含植物化石 25.60 m

10. 灰色泥岩、砂岩夹粉砂岩及3层煤 33.83 m

9. 灰色泥岩夹粉砂岩及1层薄层煤，含植物化石：*Cardiopteridium* cf. *spetsbergense*，*Lepidodendron* sp.，*Sphenopteris* sp. 52.07 m

8. 黄白色中粒长石石英砂岩夹泥岩及薄层煤 32.50 m

7. 灰色页岩夹中粒长石石英砂岩及煤层 122.73 m

6. 底部有4层暗灰色中厚层细粒砂岩夹煤层，偶夹含钙砂岩及灰岩凸镜体 126.70 m

5. 灰色泥岩夹细粒长石石英砂岩及煤层 105.50 m

4. 下部为砂岩夹泥岩，上部碳质泥岩夹1层煤 19.50 m

3. 下部为中细粒长石石英砂岩夹粉砂岩及泥岩，上部为泥岩夹砂岩及1层煤 50.00 m

2. 下部为灰黑色粉砂岩夹细粒长石石英砂岩及4层煤，上部为泥岩与煤互层 41.20 m

1. 灰色粉砂质泥岩、页岩夹石英砂岩及2层煤 >25.00 m

【地质特征及区域变化】 杂多群含煤碎屑岩组在唐古拉山北坡呈带状或片状出露，显示东宽西窄格局，从西向东见于刻莫西、自家浦、巴拉涌及加麦弄等地，最西端刻莫西控制厚度762 m，最东端加麦弄厚度大于460 m，一般控制厚度1 113～1 274 m不等。刻莫西以岩屑砂岩为主，次为粉砂岩，无灰岩夹层；自家浦的碎屑岩粗细相间，沉积韵律层极为发育，煤层聚集，偶见灰岩凸镜体，未见火山岩；巴拉涌为碎屑岩、钙泥质或碳质板岩夹煤层（线）及灰岩；加麦弄的碎屑岩旋回清晰，含煤层，但灰岩约占三分之一，其厚约190 m左右。由上可知，本岩组内火山岩不甚发育，由东向西其灰岩夹层由厚渐薄乃至尖灭，依此推测当时海水从东向西侵漫。

该组为海陆交互相沉积，含腕足类、珊瑚及植物等化石，其中刻莫西仅见植物 *Archaecalamites* sp.，自家浦见：*A. scrobiculatus*－*Cardiopteridium spetsbergense*－*Triphyllopteris collumbiana* 等植物组合（刘广才，1988）①，时代为早石炭世中晚期。巴拉涌含珊瑚：*Thysanophyl-*

loides circulocysticum；腕足类：*Megachonetes zimmerimani*，*Gigantoproductus giganteus* 等。加麦弄含腕足类：*Kansuella kansuensis*；珊瑚：*Arachnolasma* cf. *equiseptatus*，*Lithostrotionella* cf. *spiniformis* 等，后两者为 Visean 期。概言之，它们具有广泛的对比性及使用价值，同时显示杂多群含煤碎屑岩组的地质时代主要为 Visean 早期。

杂多群碳酸盐岩组在唐古拉山北坡稳定展布并与其下的含煤碎屑岩组相伴随，主要由灰—深灰色灰岩夹少许碎屑岩组成，含腕足类、珊瑚及苔藓虫等化石，以大套碳酸盐岩的底层面为界与下伏含煤碎屑岩组整合分界，与上覆加麦弄群呈平行不整合接触。

该岩组从西向东出露于刻莫西、巴拉涌、其涌上游、查然宁和加麦弄等地，最西端刻莫西厚度 2 924 m，最东端加麦弄测得厚度 570 m，一般可控厚度 673～1 151 m 左右。含腕足类、珊瑚等化石，但属种单调。查然宁仅见珊瑚：*Lithostrotion irregulare asiatium*，为 Visean 晚期。其涌上游采获腕足类：*Gigantoproductus semiglobosus* 等早石炭世晚期分子。巴拉涌含腕足类：*G. edelburgensis*，*Striatifera striata* 等组合成分或重要分子。刻莫西见 *Palaeosmilia multilamellata* var. *kueichouphylloides* 等珊瑚。加麦弄含腕足类：*Gigantoproductus giganteus*；珊瑚：*Syringopora* cf. *weiningensis* 等 Visean 晚期成员。显而易见，它们的地质时代接近早石炭世晚期之末，其地层层位高于其下的含煤碎屑岩组的生物群落。

加麦弄群 C*J* (06-63-0521)

【创名及原始定义】 刘广才（1988）创名加麦弄群于囊谦县加麦弄①，指："碎屑岩夹灰岩组和石灰岩组，前者由灰黑色板岩、粉砂岩夹泥灰岩、灰岩及煤线组成，后者主要由灰色结晶灰岩、角砾状灰岩、生物灰岩和生物碎屑灰岩组成，二者为连续沉积，含䗴及腕足类等化石，与下伏杂多群为假整合关系，与上覆下二叠统或结扎群为不整合接触。"

【沿革】 青海省区测队（1970）将唐古拉山北坡的晚石炭世地层，自下而上划分为下含煤层组、灰岩组和上含煤层组。青海省第二区调队（1982）划分碎屑岩组及碳酸盐岩组。刘广才（1988）创建加麦弄群，并自下而上分碎屑岩夹灰岩组及石灰岩组。同年，青海省第二区调队将上石炭统又分为含煤碎屑岩组、碳酸盐岩组与碎屑岩组。本书沿用加麦弄群。

【现在定义】 指分布于唐古拉山北坡，位于杂多群之上的地层体。下部为碎屑岩夹灰岩组，由板岩、粉砂岩夹灰岩及少许火山岩组成；上部为石灰岩组，由碳酸盐岩组成，含䗴及腕足类等化石。与下伏杂多群呈平行不整合接触，与上覆早二叠世地层或结扎群为不整合接触。

【层型】 正层型为四川省第三区测队（1972）测制的囊谦县加麦弄剖面（96°30′，31°55′）第 5—9 层（1988 年刘广才介绍）；次层型为青海省第二区调队（1986）测制的囊谦县东坝乡巴浪俄嘎剖面（95°11′，32°25′）第 1—9 层。

囊谦县加麦弄剖面

上覆地层：**甲丕拉组** 复成分砾岩

~~~~~~~~ 不 整 合 ~~~~~~~~

加麦弄群 总厚度 540 m

石灰岩组 350 m

9. 灰—灰白色厚层块状结晶灰岩夹中厚层结晶灰岩，含䗴：*Triticites* sp.，*Pseudotriti*-
~~~~~~~~

citis sp. 270 m

8. 灰白—灰色块状结晶灰岩夹中厚层结晶灰岩，含䗴：*Pseudostaffella* sp.，*Dagmarella* sp.，*Putrella* sp. 80 m

——————整　合——————

碎屑岩夹灰岩组 190 m

7. 灰绿色、灰黑色粉砂质板岩夹泥灰岩、凝灰岩、砂岩及煤线 60 m

6. 灰白色巨厚层结晶灰岩 30 m

5. 灰绿色、灰黑色粉砂质板岩、钙质石英砂岩夹泥质灰岩、凝灰岩及煤线 100 m

———————平行不整合———————

下伏地层：**杂多群碳酸盐岩组**　浅灰色、深灰色中厚层块状结晶灰岩夹灰绿色钙质泥岩、泥灰岩，含腕足类：*Gigantoprocductus giganteus*；珊瑚：*Syringopora* cf. *weiningensis*

囊谦县东坝乡巴浪俄嘎剖面

加麦弄群 总厚度>1 389.52 m

石灰岩组 >725.72 m

9. 灰色薄层状泥灰岩夹灰色含生物碎屑不纯灰岩（未见顶） >80.30 m

8. 灰色块层状亮晶生物碎屑凝块灰岩夹薄层生物碎屑灰岩，含腕足类：*Trigonotreta* sp.；珊瑚：*Bradyphyllum* sp. 135.99 m

7. 浅灰绿色中厚层状钙质粘土岩 36.92 m

6. 灰色中厚—块层状微晶生物介壳灰岩夹厚层状灰岩，含腕足类：*Linoproductus* cf. *cora*；珊瑚：*Disphyphyllum* sp. 472.51 m

——————整　合——————

碎屑岩夹灰岩组 >663.80 m

5. 灰黑色堇青石泥碳质板岩夹深灰色堇青石泥碳质粉砂质板岩 23.32 m

4. 灰黑—深灰色堇青石泥碳质粉砂质板岩夹泥质板岩、石英砂岩，含植物：*Stigmaria ficoides* 151.19 m

3. 灰色厚层状中粒石英砂岩夹深灰色堇青石含粉砂泥碳质板岩 68.12 m

2. 深灰色堇青石含粉砂泥碳质板岩（沟中见煤层转石） 276.44 m

1. 灰色中厚层状中粒石英砂岩夹深灰色堇青石含粉砂泥碳质板岩（未见底） >144.73 m

【地质特征及区域变化】　加麦弄群在唐古拉山东段，呈南北两个条带展布，北带从西向东出露于果下嘎、地尕、扎呀龙哇、莫海及桑知阿考等地，但因研究程度低，出露残缺，故从略。南带从西向东分布于巴浪俄嘎、满木尕及加麦弄等地，它们因靠近他念他翁山岛弧的北侧，所以地层发育相对较好。该群的碎屑岩夹灰岩组，在西部的巴浪俄嘎控制厚度 664 m，满木尕可见厚度 225 m，加麦弄厚度 190 m，显示西厚东薄的现象，而灰岩夹层由西向东则呈增厚趋势。该岩组含植物 *Stigmanria* cf. *ficoides* 和腕足类 *Linoproductus* sp. 等，反映海陆交互相沉积环境。该群的石灰岩组分布范围同上，在西部的巴浪俄嘎可见厚度 724 m，含腕足类：*Trigonotreta* sp.，珊瑚：*Diphyphyllum* sp.；中部的满木尕厚度大于 591 m，含䗴：*Paraschwagerina* sp.；东部的加麦弄厚度 350 m，含 *Pseudostaffella* sp.，*Dagmarella* sp.，*Putrella* sp. 及 *Triticites* 等䗴化石。上述三处的地层时代为晚石炭世。

从宏观上反映其地层位置具有东低西高的趋势，表明当时海水仍由东向西侵漫。加麦弄群一般出露不全，但在加麦弄见本群与下伏杂多群碳酸盐岩组为平行不整合接触，与上覆甲丕拉组为不整合关系。

开心岭群 CP*K* (06-63-0618)

【创名及原始定义】 尹赞勋（1958）介绍：青海省石油局632队（1957）创名开心岭群于唐古拉山开心岭，原指："上部为淡灰色致密块状灰岩，中部为黑灰色砂岩、页岩，局部夹薄层砾岩及泥质砂岩，下部为黑灰色厚层及灰白色薄—厚层致密状页岩，富含䗴及其他化石痕迹，底部为青绿色砂岩夹黑色页岩及厚度达1 m之煤层。厚度达4 200 m"。

【沿革】 尹赞勋（1958）介绍开心岭群，用以代表唐古拉山木鲁乌苏河一带的"下二叠统"。盛金章（1962）沿用之。青海省区测队（1970）在《1：100万温泉幅（I-46）区域地质调查报告书》（一分册）中称下二叠统，根据路线地质剖面资料等，将"下二叠统"自下而上归纳为下碎屑岩组、石灰岩组、上碎屑岩组及火山岩组。1980年青海省地层表编写小组，沿用开心岭群并引用后三个岩性组。1989年青海省区调综合地质大队，在《1：20万沱沱河幅、章岗日松幅（I-46-[15]、[16]）区域地质调查报告》中，将开心岭群自下而上分为下碳酸盐岩组、碎屑岩组和上碳酸盐岩组。1991年青海省地矿局，将杂多地区的尕笛考组和"扎格涌"组（见后文）纳入开心岭群内。1993年刘广才将该群的下碳酸盐岩组创名为扎日根组，碎屑岩组创名诺日巴尕日保组，上碳酸盐岩组另立新名九十道班组，用以代表唐古拉山北坡晚石炭世晚期—早二叠世沉积。

【现在定义】 指分布于唐古拉山北坡，位于乌丽群之下的地层体。下部为碳酸盐岩，中部为杂色碎屑岩夹灰岩及火山岩，上部为碳酸盐岩夹少许碎屑岩。富含䗴，次为腕足类及珊瑚等化石，未见底界，以本群上部灰岩的顶层面为界与上覆乌丽群含煤碎屑岩整合接触或与结扎群为平行不整合接触。该群由老自新包括扎日根组、诺日巴尕日保组及九十道班组。

【地质特征及区域变化】 该群岩性特征及岩石组合均较稳定，易于划分与对比，所含䗴显示地质时代为晚石炭世晚期—早二叠世。

扎日根组 CP$\hat{z}$ (06-63-0619)

【创名及原始定义】 刘广才（1993）创名扎日根组于格尔木市唐古拉山乡扎日根，原指："深灰色巨厚层含生物碎屑泥晶灰岩夹浅灰色巨厚层角砾状含生物泥晶灰岩组成。富含䗴，尚有少量有孔虫，与下伏上石炭统灰白色巨厚层亮晶白云质生物灰岩易分，二者为整合接触"。

【沿革】 本书厘定了扎日根组，使其包含其下的晚石炭世碳酸盐岩沉积。

【现在定义】 指分布于唐古拉山北坡，位于诺日巴尕日保组之下的地层体，由灰白—深灰色碳酸盐岩组成。富含䗴，并有腕足类、珊瑚及少量有孔虫等化石，未见顶、底。

【层型】 正层型为青海省区调综合地质大队（1986）测制的格尔木市诺日巴纳保剖面（92°21′，34°04′）第16—19层。

扎日根组　　　　总厚度＞349.69 m

19. 深灰色巨厚层含生物屑泥晶灰岩（向斜核部），含䗴：*Pisolina* sp.，*Staffella moelle-rana*，*Sphaerulina hunnanica*，*Nankinella* cf. *orbicularia*，*Pamirina nobilis*，*P. orbiculoidea*，*P. pulchra*，*Pseudoendothyra pingdingensis*（未见顶）　＞90.44 m
18. 浅灰色巨层状碎裂（角砾状）含生物屑泥晶灰岩，含䗴：*Toriyamaia ellipsoidalis*，*Schwagerina cushmani*　33.14 m
17. 浅灰色巨层状含生物屑泥晶灰岩，含有孔虫：*Globivalvulina minima*　105.61 m
16. 灰白色巨层状亮晶白云质生物灰岩（未见底），含䗴：*Zellia colaniae*，*Robus-*

toschwagerina cf. *fhura*, *Sphaeroschwagerina sphaerica gigas*, *Boultonia gracilis*, *Montiparus* cf. *montiparus*；珊瑚：*Antheria* cf. *polygonalis*（未见底） ＞120.5 m

【地质特征及区域变化】 扎日根组仅见于诺日巴纳保及尕日扎仁两处，前者控制厚度350 m，下部含䗴：*Montiparus* cf. *montiparus*，*Boultonia gracilis*，*Sphaeroschwagerina sphaerica*，*Robustoschwagerina* cf. *fhura*，*Zellia calaniae* 等晚石炭世典型分子；上部含 *Staffella moellerana* - *Nankinella orbicularia* 等组合带及其重要成员，时代为早二叠世早期。尕日扎仁含䗴：*Neoschwagerna*，*Afhanella* sp. 等及腕足类：*Urushtenia* sp. 等早二叠世晚期带分子或主要常见分子。另在正层型所在地西北约200 km的大红山沟口西也见一套碳酸盐岩沉积，厚度大于2 175 m，下部含 *Misellina claudiae*，*Pseudofusulina tschernyschewi* 等早二叠世早期䗴类；上部见 *Neoschwagerina* 带分子等。由上可知，本组是一个跨时代的地层单位，即晚石炭世—早二叠世。

诺日巴尕日保组 P*nr* （06-63-0620）

【创名及原始定义】 刘广才（1993）创名诺日巴尕日保组于格尔木市诺日巴尕日保。原指："灰色、灰绿色厚层中—细粒岩屑长石砂岩、长石石英砂岩、长石砂岩、偶夹粉砂岩，粘土岩及泥晶灰岩组成，仅见双壳类化石，与上覆九十道班组为连续沉积"。

【沿革】 本书沿用诺日巴尕日保组。

【现在定义】 指分布于唐古拉山北坡，位于九十道班组之下的地层体，由杂色碎屑岩夹泥岩、灰岩及不稳定火山岩组成。含䗴、珊瑚及双壳类等化石，与下伏扎日根组接触关系不清或未见底，以本组碎屑岩的顶层面为界，与上覆九十道班组灰岩整合接触。

【层型】 正层型为青海省区调综合地质大队（1988）测制的格尔木市诺日巴纳保剖面（92°21′，34°04′）第1—11层。

上覆地层：**那益雄组** 黄灰色厚层状中细粒灰质长石岩屑砂岩夹灰色中厚层状含粉砂泥晶灰岩

——————整 合——————

九十道班组 总厚度338.57 m

14. 深灰色厚层状含生物屑亮晶砾屑灰岩，含䗴：*Yabeina* cf. *shiraiwensis*，*Y. gubleri*；腕足类：*Dictyoclostus* sp.；珊瑚：*Pseudopolythecalis* sp. 51.70 m
13. 深灰色厚层状中细粒长石岩屑砂岩 55.52 m
12. 青灰色厚层状粉晶灰岩，含䗴：*Neoschwagerina megaspharica*，*Chusenella* cf. *deprat*；苔藓虫：*Polypora* sp.；双壳类：*Aviculopecten fasciculicostatus*；菊石：*Tanchiashanites* sp. 231.35 m

——————整 合——————

诺日巴尕日保组 总厚度＞1 112.77 m

11. 灰黑色薄层状含泥质（细砂质）复矿物粉砂岩夹中厚层状粉砂质细粒长石岩屑砂岩，含双壳类：*Palaeolima* sp. 320.05 m
10. 灰色厚层状中细粒岩屑长石砂岩夹灰黑色薄层状细砂质（多矿物）粉砂岩 157.87 m
9. 灰色厚层状细中粒岩屑长石砂岩与灰黑色薄层状粉砂质细粒岩屑长石砂岩互层 79.76 m
8. 黄绿色厚层状细粒岩屑长石砂岩夹灰绿色蚀变玄武岩 84.46 m
7. 黄灰色厚层状含细砂多矿物粉砂岩夹灰黑色薄层状含粉砂粘土岩 32.15 m

6. 浅灰绿色厚层状细粒长石砂岩　45.77 m

5. 黄绿色厚层状粉砂状细粒岩屑长石砂岩夹灰色中厚层状纹层状灰质（粉砂质）细粒长石砂岩　167.26 m

4. 灰白色厚层状中粒长石石英砂岩　25.55 m

3. 黄绿色厚层状细粒岩屑长石砂岩　72.11 m

2. 青灰色厚层状泥晶生物碎屑灰岩　46.4 m

1. 灰绿色厚层状细中粒长石石英砂岩（未见底）　>81.39 m

【地质特征及区域变化】　该组从西向东出露于周琼玛鲁、扎日根、诺日巴纳保、玛日阿达州及角借嘎等地，前者可见厚度 2 856 m，后者厚度大于 554 m，一般可控厚度 476～1 344 m。最西端周琼玛鲁为碎屑岩夹 3 层厚度约 203 m 的灰岩及火山岩（厚度 280 m）；向东北至诺日巴纳保为碎屑岩夹厚度约 46 m 灰岩及厚度约 10 m 火山岩；再向东南至玛日阿达州，夹厚度约 111 m 熔岩、厚度 46 m 硅质岩、厚度约 21 m 灰岩；到角借嘎则未见火山岩夹层，而灰岩可见厚度 67 m。由上可知，从西向东有渐薄趋势，所夹火山岩、灰岩均不甚稳定。

诺日巴尕日保组含䗴、珊瑚、有孔虫和双壳类等化石，前二者最为重要。周琼玛鲁含䗴：*Verbeekina heimi*，*Neoschwagerina* sp. 等早二叠世晚期分子。玛日阿达州含䗴：*V.* sp.。角借嘎含珊瑚：*Bradyphyllum* cf. *longiseptatum*；䗴：*Parafusulina* sp.。诺日巴纳保见双壳类：*Palaeolima* sp.；腕足类：*Uncinunellina mongolicus*，后四者为笼统的早二叠世。

九十道班组　Pj　(06－63－0621)

【创名及原始定义】　刘广才（1993）创名九十道班组于格尔木市唐古拉山乡九十道班。原指："灰色、深灰色粉晶灰岩、生物屑亮晶砾屑灰岩夹深灰色厚层中细粒长石岩屑砂岩组成。灰岩中富含䗴及少量珊瑚、双壳类及菊石等化石，与上二叠统乌丽群为整合接触，二者岩性、生物界线清晰"。

【沿革】　本书沿用九十道班组。

【现在定义】　指分布于唐古拉山北坡，位于诺日巴尕日保组和那益雄组之间的地层体，由灰—深灰色碳酸盐岩夹少许碎屑岩组成。富含䗴，少量珊瑚、双壳类及腕足类等化石，以本组碳酸盐岩的始现及结束，分别与下伏诺日巴尕日保组、上覆那益雄组均为整合接触，有时被甲丕拉组不整合覆盖。

【层型】　正层型为前述格尔木市诺日巴纳保剖面第 12—14 层。

【地质特征及区域变化】　本组从西向东出露于周琼玛鲁、扎日根、诺日巴尕日保、玛日阿达州及角借嘎等地，周琼玛鲁处厚度 313 m，角借嘎处可见厚度 335 m；一般厚度 151～399 m左右，除周琼玛鲁及诺日巴尕日保两处夹少许碎屑岩外，余者均系碳酸盐岩沉积。诺日巴尕日保处含䗴：*Neoschwagerina megasphaerica*；菊石：*Tanchiashanites* 等早二叠世晚期带分子或其重要伴随者。扎日根处见腕足类：*Uncinunellina mongolicus*；菊石：*Domatoceras* sp.，则为笼统的二叠纪。角借嘎处含䗴：*Yabenia* cf. *hayasakai*；珊瑚：*Bradyphyllum* cf. *longiseptatum*。周琼玛鲁处产䗴：*Yabeina gubleri* 等。后两处应隶属早二叠世晚期。

乌丽群　PW　(06－63－0622)

【创名及原始定义】　西北煤炭勘探局乌丽煤矿青藏勘查队（1956）创名乌丽群于唐古拉山乌丽煤矿。1958 年尹赞勋在《中国区域地层表（草案）补编》一书中首次介绍引用。原指：

“上部灰色薄层中粒及细粒砂岩；中部为黄绿色夹深灰色粗粒及细粒砂岩夹薄层砾岩，向上夹有深灰色致密凸镜体石灰岩；下部以灰色黄绿色砂岩、页岩为主，夹厚层砾岩及2～4 m厚之煤层5层，产植物化石，其上夹深灰色凸镜状致密石灰岩，厚约8 900 m”。

【沿革】 自乌丽群创建以来，一直被广为沿用，本书仍采纳该群。

【现在定义】 指分布于唐古拉山北坡、位于开心岭群之上的地层体。下部为碎屑岩夹煤层及灰岩；上部为碳酸盐岩偶夹碎屑岩，含䗴、腕足类、双壳类及植物等化石。大都未见底，局部见碎屑岩的底层面与下伏开心岭群顶部灰岩整合分界，与上覆结扎群为平行不整合或不整合接触。本群由老至新包括那益雄组及拉卜查日组。

【地质特征及区域变化】 该群的岩性与岩石组合均较稳定，韵律清晰，含煤性好，并在开心岭—乌丽—扎苏一带形成聚煤盆地。含华夏型植物群及华南型䗴及腕足类等化石，其地质时代为晚二叠世。

那益雄组 P*n* (06-63-0623)

【创名及原始定义】 1983年青海省第二区调队创建那益雄组于杂多县那益雄地区。原指“大套灰黑—灰黄绿色钙质石英细砂岩、粉砂岩夹粉砂质泥灰岩及煤线，产大量植物化石，出露厚度312 m”。顶以结扎群不整合覆盖，底界不清。

【沿革】 1983年青海省第二区调队在《1∶20万上拉秀幅（Ⅰ-47-[25]）区域地质调查报告》中，建立那益雄组。并认为“在青海南部即北纬36°以南，东经94°以东有一定代表性。”1991年青海省地矿局将那益雄组归于乌丽群。1993年刘广才建立扎苏组。按地层命名优先原则，本书沿用那益雄组，并予以厘订。扎苏组应为同物异名，建议停用。

【现在定义】 指分布于唐古拉山北坡，位于拉卜查日组之下的地层体。由灰—灰黑色碎屑岩夹煤层及灰岩组成，含植物及䗴等化石，以上覆拉卜查日组的灰岩底层面为界，与本组碎屑岩的顶层面整合分界，大都未见底界，局部见本组碎屑岩的底层面与下伏九十道班组灰岩整合接触。

【层型】 青海省第二区调队（1983）在命名益雄组时，并未明确指定层型，故另指选层型为青海省区调综合地质大队（1987）测制的格尔木市开心岭煤矿剖面（92°17′，34°09′）第1—4层。

上覆地层：**甲丕拉组** 灰绿色中厚层状含中细粒长石岩屑砂岩

——————— 平行不整合 ———————

拉卜查日组 总厚度330.03 m

7. 深灰色厚层状结晶（含泥晶）生物屑灰岩，产䗴：*Nankinella orientalis*，*N. hunanensis*，*Sphaerulina zisongzhengensis*，*Palaeofusulina* sp.；双壳类：*Pernopecten sichuanensis*，*Palaeoneilo guizhouensis*，*Stutchburia* cf. *variabilis*，*Palaeolima* sp. 58.79 m
6. 深灰色中厚层状粉砂粘土岩 130.63 m
5. 深灰色中—厚层状细晶灰岩，产䗴：*Palaeofusulina* sp.；腕足类：*Perigeyerella costellata*，*Squamularia grandis*，*Marginifera* sp. 140.61 m

———————— 整 合 ————————

那益雄组 总厚度>446.34 m

4. 灰色中厚层状含粉砂粘土岩夹细—中细岩屑砂岩及灰岩 311.04 m

3. 深灰色厚—巨厚层状亮晶（含生物屑）团粒灰岩，产䗴：*Palaeofusulina* cf. *fusuformis*, *P.* cf. *simplex*, *Reichelina changhsingensis*, *Sphaerulina* cf. *zisongzhengensis* 21.80 m

2. 深灰色、黑灰色中厚—厚层状含粉砂粘土岩 30.52 m

1. 黄灰色厚层状细粒岩屑砂岩与黑色厚层状碳质泥岩互层（未见底），产植物：*Calamites* cf. *gigas*, *C. stenocostatus*, *Pecopteris* (*Asterotheca*) *guizhouensis* >82.98 m

【地质特征及区域变化】 那益雄组从西向东见于冬布里曲、开心岭煤矿、乌丽东山及东矛陇等地，冬布里曲处可控厚度446m，东矛陇处厚度大于494m，一般可测厚度325～379 m，但乌丽煤矿的钻孔厚度大于1 800 m。上述各地岩性、岩石组合等均较稳定，便于区域对比与划分，应说明的是开心岭—乌丽东山一带夹灰岩厚度10～46 m，向东西两侧延伸灰岩则尖灭。这个区段位于沉积盆地的中心，韵律明显，含煤性好，均构成可开采煤层，现已开采利用。另外，在茶目错、格劳、宗扎、八十五道班西、扎苏—塔阿等地区也见本组零星出露，但无剖面控制。

该组内含䗴及植物等化石，但后者居于首位，开心岭煤矿剖面产 *Gigantopteris nicotianaefolia* - *Pecopteris* (*Asterotheca*) *guizhouensis* 植物组合及其主要分子，与华夏植物区南方型晚二叠世早期更为接近，此外该处还见䗴：*Palaeofusulina* cf. *fusiformis* 等晚二叠世带分子的先驱分子，东矛陇处含较丰富而多样的植物化石，其中有 *Annularia pingloensis*, *Compsopteris* cf. *contracta*, *Lepidodendron acutangulum* 等，与前述植物组合可以类比。由上可知，那益雄组是以陆相沉积为主夹海相层的滨沼环境下的含煤碎屑岩建造。

拉卜查日组 *Plb* (06-63-0624)

【创名及原始定义】 刘广才（1993）创名拉卜查日组于格尔木市唐古拉山乡拉卜查日。原指："深灰色中厚层粉晶、泥晶生物碎屑灰岩夹粉砂质粘土岩、长石砂岩及薄煤层组成，富含䗴，其次为腕足类、双壳类等化石，与下伏扎苏组为连续沉积，与上覆上三叠统碎屑岩为假整合接触。"

【沿革】 1993年青海省地矿局命名察尔马扭组，但从介绍的地层剖面分析，其地层层序是颠倒的［见青海省区测队1970年《1∶100万温泉幅（Ⅰ-46）区域地质调查报告》中开心岭剖面］，同时接触关系、岩性、厚度等均不确切。因此察尔马扭组理应停用。本书沿用拉卜查日组。

【现在定义】 指分布于唐古拉山北坡，位于那益雄组和甲丕拉组之间的地层体。由灰—深灰色碳酸盐岩夹碎屑岩及薄层煤组成，但含煤性较差。富含䗴，其次为腕足类、双壳类及苔藓虫等化石，以本组灰岩的底层面为界，与下伏那益雄组整合分界，与上覆甲丕拉组为平行不整合或不整合接触。

【层型】 正层型为前述格尔木市开心岭煤矿剖面（92°17′，34°09′）第5—7层。

【地质特征及区域变化】 本组由西向东分布于冬布里曲、开心岭煤矿、乌丽东山等地，乌丽东山处沉积厚度380 m，其中夹碎屑岩厚度约71 m；冬布里曲处可控厚度546 m，其中夹碎屑岩厚度205 m；开心岭煤矿厚度330 m，其中夹碎屑岩厚度130 m。通过上述资料不难看出，从西向东沉积厚度及其所夹的碎屑岩的厚度均由厚渐薄。拉卜查日组含䗴、腕足类、双壳类及苔藓虫等化石，在开心岭煤矿及乌丽东山含䗴：*Palaeofusulina* 动物群，腕足类：*Perigeyerella costellata* 等及其主要伴生分子，时代为晚二叠世晚期。冬布里曲仅见腕足类：

Leptodus sp. 等，为笼统的二叠纪。

尕笛考组　*Pgd*　(06-63-0625)

【创名及原始定义】　青海省第二区调队（1982）创名尕笛考组于杂多县尕笛考。原指："自下而上分碎屑岩段：一套紫红色硬砂岩、石英砂岩、粉砂岩、泥岩、粘土岩夹砾岩、不纯灰岩及火山岩；其上部碳酸盐岩段：为一套灰色—灰黑色角砾灰岩、生物灰岩，局部夹燧石条带及结核灰岩。未见底，与上覆扎格涌组为整合接触。"

【沿革】　1970年青海省区测队称"下二叠统"。1982年青海省第二区调队命名尕笛考组和扎格涌组。前者自下而上分碎屑岩段、碳酸盐岩段，后者分碎屑岩夹火山岩段和碳酸盐岩段，同时认为该两个岩组分别代表栖霞期、茅口期地层。但从所介绍的剖面资料分析，这两个组的岩性特征大体一致，也很难看出二者存在上下地层关系，再结合地质图结构分析等，本书认为扎格涌组应是尕笛考组的同物异名，建议停用前者，采纳后者，并重新赋予新的涵义。

【现在定义】　指分布于唐古拉山北坡，位于甲丕拉组之下的地层体，由灰绿色、紫红色及杂色火山碎屑岩、火山岩夹灰岩及碎屑岩组成，含䗴及腕足类等化石，未见底，其顶有时被甲丕拉组不整合覆盖。

【层型】　选层型为青海省第二区调队(1982)测制的杂多县尕毛登走剖面(95°29′,33°12′)第2—15层。

尕笛考组	总厚度＞2 051.4 m
15. 灰色碎裂灰岩（未见顶）	＞166.5 m
14. 紫红色及灰色中厚层状钙质石英粉砂岩夹含粉砂、砂及铁的粘土岩，薄层状碎裂灰岩	249.7 m
13. 紫红色结核状铁质粘土岩及泥灰岩	91.2 m
12. 暗紫色安山质火山角砾熔岩及角砾安山岩	82.5 m
11. 暗紫色、灰绿色安山质—英安质火山角砾凝灰熔岩，火山角砾熔岩及凝灰熔岩	437.5 m
10. 暗紫色中基性岩屑火山角砾岩与安山岩、辉石安山岩互层	164.4 m
9. 深灰色中厚层状砾状碎屑灰岩、生物灰岩、含硅质条带灰岩夹玄武岩，产腕足类：*Liosotella cylindrica*，*Orthotichia morganiana*	86.8 m
8. 灰色英安质—安山质火山角砾岩	32.1 m
7. 杂灰色安山岩、蚀变安山岩夹安山玄武岩	194.5 m
6. 浅紫—浅灰绿色蚀变安山玄武岩	97.8 m
5. 灰色中厚层状生物灰岩，产䗴：*Misellina claudiae*，*Pseudofusulina* sp.	102.3 m
4. 灰色泥钙质板岩夹石英砂岩及灰岩	119.3 m
3. 紫色英安岩	141.8 m
2. 黄褐色英安质集块岩、火山角砾熔岩（未见底）	＞85.0 m

【地质特征及区域变化】　尕笛考组从西向东出露于扎碎扎茸奴玛、尕毛登走、地措日、尕少木那赛及普果等地，最西部扎碎扎茸奴玛厚度大于1 022 m，最东部普果可见厚度1 379 m，一般可控厚度881～2 051 m。扎碎扎茸奴玛以紫色—灰紫色流纹岩及安山岩为主，次为碎屑岩夹灰岩；尕毛登走为灰紫色、灰绿色火山角砾岩、火山角砾熔岩为主体，夹玄武岩、碎屑岩及灰岩；地措日的下部为灰绿色中酸性凝灰熔岩、中酸性凝灰岩，上部为中基性火山角砾岩、中基性凝灰岩夹碎屑岩及灰岩；尕少木那赛以灰绿色中基性火山角砾岩为主，次

为火山角砾熔岩夹杏仁状安山玄武岩，偶见灰岩及碎屑岩夹层；普果为灰—灰绿色蚀变安山玄武岩、玄武岩及凝灰岩夹灰岩，偶见火山角砾岩。由上可知，本组以中基性喷发火山岩为主体，偶见喷溢火山岩，但在地措日见从中酸性火山岩向中基性火山岩过渡，另外在这套火山岩中夹有灰岩及碎屑岩。

该组灰岩中见䗴、腕足类及珊瑚等化石，其中尕毛登走的下部含䗴：*Misellina claudiae*；腕足类：*Liosotella cylindrica* 和 *Orthotichia morganiana* 等早二叠世早期分子及其重要成员。因其上部 1 272 m 厚的地层中尚未采到化石，所以并不排除早二叠世晚期地层的存在。另外地措日仅见珊瑚：*Tachylasma* sp.；腕足类：*Orthotichia* sp.，可为笼统的二叠纪。在尕少木那赛见甲丕拉组不整合其上，为此，本书将尕笛考组划归早二叠世沉积是适宜的。

第二节　生物地层

一、石炭纪生物地层

青海省石炭纪生物群比较多样，在柴达木盆地周缘，Tournaisian 期珊瑚、腕足类动物群属欧美型，还有极富浓郁的地方色彩且与天山-阴山纬向构造带以北的北方区系的同期生物总貌接近，而与我国华南早石炭世早期动物群差异甚大。早石炭世晚期则以华南型为主体，但也混入西欧型某些分子。省内其余各地基本上属于华南型。

（一）珊瑚

1. *Kassinella* - *Lophophyllum densum* 组合

王增吉(1981)建立，1983 年他又称 *Kassinella amunikensis* - *Lophophyllum densum* 组合。本书采纳前一个组合，以乌兰县阿木尼克山穿山沟西侧剖面第 14 层为参考，地质时代为 Tournaisian 早期。本组合是青海石炭纪最早期的珊瑚群，目前仅见于城墙沟组的下部。

2. *Enygmophyllum* - *Kakwiphyllum qinghaiensis* 组合

王增吉（1981）建立，以乌兰县阿木尼克山穿山沟西侧剖面第 17 层为代表，地质时代为 Tournaisian 中、晚期，分布于城墙沟组中部、石拐子组中部。

王增吉（1983）对乌兰县欧龙布鲁克山南坡剖面（与穿山沟西侧剖面相距 25 km）的珊瑚亦进行了研究，并建立 *Zaphriphyllum chengqianggouense* - *Campophyllum ovata* 组合。1987 年、1991 年他又改称 *Z. chengqianggouense* - *Caninia ovata* 组合带，此生物地层单位与 2 组合大致相当。

刘广才等(1987)在茫崖镇大横山的石拐子组建立 *Humboldtia* - *Vesiculophyllum* 组合，其内含较多的 *Enygmophyllum*，因此该组合可与 2 组合对比。

3. *Siphonophyllum spinosa* - *Rylstonia oulongbulukense* 组合带

王增吉（1987）建立，以乌兰县阿木尼克山穿山沟西侧剖面第 20 层为代表。1981 年他曾称 *Siphonophyllum spinosa* - *Carruthersella oulongbulukense* 组合。本次清理赞同 3 组合带，地质时代为 Tournaisian 晚期，分布于城墙沟组、石拐子组及怀头他拉组的下部。

王增吉（1981）也研究了乌兰县欧龙布鲁克山南坡剖面的珊瑚并建立 *Siphonophyllum oppresa* - *Carruthersella oulongbulukense* 组合，1987 年、1991 年他又改为 *S. oppresa* - *Rylstonia oulongbulukense* 组合，为此，本书建议停用前者。刘广才等（1987）在大横山的石拐子组建立的 *Sugiyamaella* - *Meniscophyllum xinjiangensis* 组合，与本组合带大致相当。

骆金锭、赵嘉明（1962）研究了欧龙布鲁克山剖面的四射珊瑚，并建立了 *Siphonophyllum oppresa* 带，此带应并入本组合带内。

王增吉（1981）在乌兰县阿木尼克山穿山沟西侧剖面中建立的 *Ekyasophyllum heijianshanense* - *Cyathoclisia vesicata* 组合及他在黑尖山等地建立的 *E. heijianshanense* 组合都应归于本带内。

4. *Orionastraea huaitoutalaensis* - *Dorlodotia* 带

骆金锭、赵嘉明（1962）建立，王增吉（1981）改称 *Orionastraea huaitoutalaensis* - *Dorlodotia* 组合，以乌兰县欧龙布鲁克、怀头他拉煤矿西边剖面第1—7层为代表，欧龙布鲁克山南坡剖面第31—44层为参考。地质时代为Visean早期，分布于怀头他拉组、哈拉郭勒组、果可山组及杂多群含煤碎屑岩组。

刘广才等（1987）在祁漫塔格的大干沟组建立的 *Huishuiphyllum* - *Dibunophyllum* 组合，1988年刘广才在杂多—吉多—囊谦地区的杂多群所建立 *Thysanophyllum* - *Kueichouphyllum sinense* 组合①，此两个组合与本带相同属种较多，均可对比，建议停用。

5. *Yuanophyllum* - *Hexaphyllum* 组合

王增吉（1983）建立，以乌兰县欧龙布鲁克山南坡剖面第44—58层为代表。分布于臭牛沟组、果可山组、怀头他拉组、大干沟组、哈拉郭勒组及杂多群碳酸盐岩组等各组上部层位，时代为Visean晚期。

骆金锭、赵嘉明（1962）在欧龙布鲁克山的怀头他拉组所建立的 *Yuanophyllum* 带，1987年刘广才等在祁漫塔格的大干沟组建立的 *Yuanophyllum* 带，1988年刘广才在杂多—吉多—囊谦地区杂多群建立的 *Yuanophyllum* - *Lithostrotion irregulare asiaticum* 组合都应归入本组合内。

6. *Arctaniophyllum sinense* - *Arctophyllum yushuense* 组合

赵嘉明（1991）建立，以玉树县巴塘乡桑知阿考剖面第14层为代表，这个组合的成员均为新种，地质时代为晚石炭世晚期，仅见于加麦弄群石灰岩组。

（二）腕足类

1. *Rhytiophora arcuata* - *Syringothyris halli* 组合

詹立培（1983）建立（见施希德1983年《柴达木东北缘阿木尼克山杜内阶的发现——兼论欧龙布鲁克下石炭统划分的讨论》一文，下同），以乌兰县阿木尼克山穿山沟西侧剖面第11层为代表，地质时代为Tournaisian早期，仅分布于城墙沟组下部。本组合是青海省石炭纪最早期的腕足类。

2. *Rhipidomella altaica* - *Syringothyris texta* 组合

詹立培（1983）建立，以乌兰县阿木尼克山穿山沟西侧剖面的第17—24层为代表，时代为Tournaisian中晚期，分布在城墙沟组、石拐子组及怀头他拉组下部。

詹立培（1983）在欧龙布鲁克山南坡建立的 *Marginatia burlingtonensis* - *Syringothyris typa* 组合，刘广才等（1987）在祁漫塔格建立的 *M. burlingtonensis* - *Schuchertella magna* 组合，金玉玕等（1979）在《西北地区古生物图册·青海分册（一）》一书中根据柴达木盆地北缘早石炭世腕足类（综合）建立的 *Schuchertella magna* 组合都应并合于本组合内。

3. *Fluctuaria untata* - *Grandispirifer mylkensis* 组合

1983年詹立培建立，以乌兰县阿木尼克山穿山沟西侧剖面第25层为代表，地质时代为Tournaisian晚期—Visean早期，分布于怀头他拉组、城墙沟组及石拐子组。

金玉玕等(1979)在柴达木盆地北缘建立的 *Dictyoclostus triznae - Grandispirifer mylkensis* 组合，詹立培（1983）在欧龙布鲁克山南坡建立的 *Echinoconchus elegans - G. mylkensis* 组合，刘广才(1988)在杂多地区建立的 *Megachonetes zimmerimani - Gigantoproductus giganteus - Gigantoproductus semiglobosus* 组合均与本组合大致相当。此外，天峻县宁掌沟剖面第5层含的 *M. zimmerimani*，*M. sibyi*，*Vitiliproductus groberi*，*V. datangensis*，*Pugilis hunanensis* 等及天峻县考克赛剖面第1—5层产的 *V. groberi* 等，其层位可与本组合对比。这表明在南祁连山西段确实存在 Visean 早期地层。

4. *Gigantoproductus edelburgensis - Semiplanus latissimus* 组合

詹立培（1983）建立，以欧龙布鲁克山南坡剖面第56—58层为代表，时代为 Visean 期晚时，广布于臭牛沟组、怀头他拉组、大干沟组、哈拉郭勒组及杂多群碳酸盐岩组等。

同年，詹立培还建立 *Gigantoproductus moderatiformis - Antiquatonia insculpta* 组合及 *Kansuella chilianshanensis - Gigantoproductus geniculata* 组合，但其内的两个新种至今未见描述，因此，并合于本组合之内。

金玉玕（1979）根据柴达木盆地北缘早石炭世腕足类（综合）建立的 *Gigantoproductus moderatus* 组合及 *G. edelburgensis* 组合，刘广才等（1987）在祁漫塔格所建立的 *G. giganteus - G. edelburgensis* 组合及刘广才（1988）在杂多—吉多—囊谦地区建立的 *G. edelburgensis - Striatifer striata* 组合都与本组合面貌相似，属同期产物，故建议停用。

应说明的是刘广才等（1987）、贺广田等（1987）在晚石炭世地层中都相应地建立了腕足类组合或组合带，因其面貌不清，或延伸情况不明，研究程度低，本书均未采纳之。

（三）䗴

1. *Eostaffella hohsienica* 带

刘广才等（1987）建立，以格尔木市乌图美仁乡哈是托（缔敖苏）剖面第4—10层为代表，计1属5种，除带分子外，尚有 *Eostaffella ozawainellaeformis*，*E. galinae*，*E. designata* 及 *E. anhuiana* 等。地质时代为 Visean 晚期，分布于大干沟组及克鲁克组底部。本带是我省最低层位的䗴带。

柴达木盆地北缘怀头他拉煤矿至克鲁克间剖面第2层所含的 *Eostaffella huaitoutalaensis* 可能与本带相当。

2. *Profusulinella* 带

朱秀芳（1985）在柴达木盆地北缘克鲁克组建立 *Profusulinella* 带（王增吉等，1990，《中国的石炭系》一书）；李璋荣等（1986）在布尔汗布达山南坡晚石炭世地层中建立 *Profusulinella* 带；同年张遴信等在同地建立 *P. ovata* 带；刘广才等（1987）在祁漫塔格建立 *Profusulinella* 带；同年贺广田等在柴达木盆地北缘建立 *Eostaffella subsolana - Pseudowedekindellina prolixa* 组合带。它们的面貌相似甚至相同，层位一致，本书采用 *Profusulinella* 带，以上述哈是托剖面第13—15层所含的䗴类为代表，时代为晚石炭世早期，分布于缔敖苏组、克鲁克组和浩特洛哇组。

值得提出的是贺广田等(1987)在建立 *Eostaffella subsolana - Pseudowedekindellina prolixa* 组合带时，指明它是克鲁克组2段的产物。因石灰沟剖面第10—34层（包括他们所称的1、2段及3段的一部分）均未见䗴类化石，其出处难以确立。

张遴信（1963）研究了柴达木盆地北缘怀头他拉煤矿至克鲁克间剖面的䗴，并建立：(2) *Pseudostaffella sphaeroidea* 带——上带；(1) *Pseudowedekindellina* 带——下带。

但是，若分析䗴在剖面上的垂向分布或将这两个带分子的野外编号与该剖面各层所记载的化石编号加以对照，极易发觉上带仅见于第 9 层、第 19 层；下带产于第 9 层、第 18 层，显然上述两带是同期产物，即二者根本不存在上下层位关系。再则，就这两个带出现的层数而言，它们仅占含䗴层数的 3/9，且在横向上未见向外延伸；而 *Profusulinella* 占 7/9（产于第 8—10 层、12 层、16 层、19 层及 20 层），又是国内外广为使用的䗴带分子。为此，本书建议该地区不采用上述两带，以 *Profusulinella* 带取而代之。

3. *Fusulina*－*Fusulinella* 带

朱秀芳（1985）在柴达木盆地北缘建立 *Fusulina* 带；李璋荣等（1986）在布尔汗布达山南坡建立 *Fusulina*－*Fusulinella* 带；同年张遴信等在该区又建立 *Fusulinella provecta*－*Fusulina pankouensis* 带；刘广才等（1987）在祁漫塔格建立 *Fusulina*－*Fusulinella* 带；同年贺广田等在柴达木盆地北缘建立 *Fusulina*－*Fusulinella* 带。它们的面貌及层位完全一致，本书采用 *Fusulina*－*Fusulinella* 带。以格尔木市乌图美仁乡哈是托（缔敖苏）剖面第 16—17 层所含䗴为代表，玉树地区所产 *Fusulinella* 两个种也可归入本带（张遴信，1991）。时代为晚石炭世早、中期，分布于羊虎沟组、克鲁克组、浩特洛哇组及加麦弄群石灰岩组。

4. *Montiparus*－*Triticites* 带

朱秀芳（1985）在柴达木盆地北缘建立 *Triticites pararecticus*－*Quasifusulina paracompacta* 带；李璋荣等（1986）在布尔汗布达山南坡由下而上建立 *Montiparus* 带和 *Triticites* 带；同年张遴信等在同地又称 *M. umbonoplicatus*－*Obsoletes dulanensis* 带和 *T. variabilis* 带；刘广才等（1987）在祁漫塔格建立 *Montiparus*－*Triticites* 带。它们之间完全可以对比，本书采用刘广才等（1987）的 *Montiparus*－*Triticites* 带，以格尔木市乌图美仁乡打柴沟（野马泉南山）剖面第 1—3 层所含䗴为代表。时代为晚石炭世中、晚期，分布范围同第 3 带。

5. *Pseudoschwagerina* 带

李璋荣等（1986）在布尔汗布达山南坡浩特洛哇组顶部建立 *Sphaeroschwagerina* 带；同年张遴信等在同地又建立 *S. subrotunda* 带；刘广才（1987）等在祁漫塔格建立 *Pseudoschwagerina* 带。它们之间均可对比，本书采用刘广才等（1987）的 *Pseudoschwagerina* 带，以打柴沟剖面第 4—9 层所含䗴为代表。时代为晚石炭世晚期，分布除同第 3 带外，还见于打柴沟组底部，树维门科组底部及扎日根组底部。

（四）牙形石

我省对石炭纪牙形石的采集和研究甚微，现就王骊军（1987）在《青海地质》第 1 期的报道摘抄如下：

1. 早石炭世 *Gnathodus bilineatus* 组合

计有 *Gnathodus bilineatus*, *G. comnutatus*, *Vogelgnathus* 等。在我省仅见于芒崖镇云居萨依的大干沟组。

2. 晚石炭世 *Streptognathodus elegantulus* 组合

计有 *Streptognathodus elegantulus* 及 *Merilina oertlii* 等，前者见于芒崖镇云居萨依的缔敖苏组及玉树巴塘乡桑知阿考的加麦弄群，后者见于缔敖苏组。

（五）苔藓虫

陆麟黄（1990）指出城墙沟组以 *Fenestella* 为主，其中有 *F. meganeta*，*F. pseudostuckenbergi*，*F. chengqianggouensis* 等。怀头他拉组以 *Fenestella*，*Polypora* 为主，其中有 *F. tienzhuensis*, *F. tenax*, *F. multispinosa*, *F. sinomultispinosa*, *P. cestriensis*, *Fistulipora longi-*

tuba 等（见王增吉等，1990，《中国的石炭系》一书）。

（六）双壳类

徐均涛、鲁益钜（1986）报道了布尔汗布达山南坡晚石炭世早期双壳类化石群，计 17 属 27 种（含亚种），主要有 *Schizodus meekanus*，*Astartella lutungini*，*Aviculopinna* cf. *carbonaria*，*Pterinopectinella welleri*，*Aviculopecten eaglensis*，*Acanthopecten carboniferus*，*Sedgwickia attenuata*，*Wilkingia* cf. *regularis*，*W.* cf. *walkeri* 等，以翼形类和贫齿类为优势，各占整个化石群种数的 1/3 左右。它们均产于浩特洛哇组下部。

另外沙金庚等（1991）报道了玉树地区石炭纪双壳类动物群，计 5 亚纲 6 目 16 科（亚科）24 属 46 种，主要有 *Aviculopecten exemplarius*，*A. alternatoplicatus*，*Dunbarella whitei*，*Limipecten texasnus*，*Promytilus swallovi*，*Palaeoneilo anthraconeiloides*，*Polidevcia arata*，*Nuculopsis parva*，*Neocypricardinia sinensis*，*Septimyalina scitula*，*Schizodus sinensis*，*S. shangdongensis*，*Sanguinolites ovalis* 等。时代为晚石炭世晚期，分布于加麦弄群。

（七）有孔虫

刘广才等（1987）以哈是托剖面第 4—10 层的有孔虫为代表，建立 *Globoendothyra globulus* - *Cribrostomum exinum* 组合。除组合成员外，尚有 *Cribrostomum bradyi*，*Climacammina bradyi*，*Endothyranopsis crassus* var. *crassa*，*Endothyina gracilis*，*Haplophragmella tetraloculi*，*Plectogyra convexa* var. *regularis*，*Tetrataxis lata* 等。时代为早石炭世，目前仅见于祁漫塔格的大干沟组中。

（八）菊石

王义刚、郑灼宫等（1979）于羊虎沟组内建立了两个菊石层，可见《西北地区古生物图册·青海分册（一）》一书，现摘抄如下：

1. *Reticuloceras* 层

见于祁连县阿力克小八宝河，目前仅有 *Reticuloceras qilianensis* 一种。与其层位大致相当或稍高的是天峻县木里乡阿仑河所含 *Bilinguites* sp.。时代为早石炭世。

2. *Gastrioceras* 层

见于祁连县阿力克，含 *Gastrioceras* sp. 及 *Paracravenoceras*，后一属还见于祁连县油葫芦西沟。时代为晚石炭世早期。

（九）植物

我省对石炭纪植物的采集与研究较差，就现有资料而言，早石炭世晚期植物群隶属华夏型，晚石炭世植物群属欧美型。

1. *Archaeocalamites scrobiculatus* - *Cardiopteridium spetsbergense* - *Triphylopteris collumbiana* 组合。

刘广才（1988）① 建立于杂多—吉多—囊谦地区，以囊谦县自家浦剖面第 1—24 层所产植物化石为代表。除组合成员外，主要分子尚有 *Rhodea temis*，*Sphenophyllum pseudotenerrimum*，*Sublepidodendron changduensis* 等，它们是我省早石炭世晚期常见的标准分子。本组合是石炭纪最低层位的植物群。刘广才（1987）等在祁漫塔格的大干沟组下部建立的 *Fluctuaria undata* - *Triphyllopteris collumbiana* 组合应与之相当，在省内分布于杂多群含煤碎屑岩组及大干沟组。

2. *Rhodoteridium chinghaiense* - *Lepidodendron aolungpylukense* 组合

除组合成员外，还有 *Sphenopteris* (*Rhodea*) *chinghaiense*，*S. parasparsa*，*Pecopteris mui*，

Bothrodendron circulare, *B. reticulatum*, *Cordaites* cf. *principalis* 等。当时斯行健指明属 Namurian 期，吴秀元等（1980）称斯行健的克鲁克植物群为本组合（见贺广田等，1987，《柴达木盆地北缘晚石炭世地层》一文）。时代进一步确定为 Namurian B 期，目前仅见于柴达木盆地的克鲁克组。

此外，在青海省境内的祁连山地区（野牛沟、阿力克、面碱沟）采得植物：*Cordaites principalis*, *Linopteris brongniarti*, *L. neuropteroides*, *Lepidodendron oculus felis*, *Neuropteris gigantea*, *N. ovata*, *Stigmaria ficoides* 等。时代为晚石炭世，其层位高于本组合，常见于羊虎沟组。

（十）孢子花粉

青海省石炭纪孢子花粉资料甚少，现根据高联达、冀六祥（1992）的成果摘抄如下：

1. 阿木尼克组孢子组合

主要成员有 *Retusotriletes incohatus*, *Vallatisporites verrucosus*, *Tumulispora rarituberculata*, *Spelaeotriletes balteatus*, *Punctatisporites irrasus*, *Knoxisporites literatus*, *Hymenozonotriletes explantus* 等。该组合可与西欧 Tournaisian 早期的 *Vallatisporites vallatus* - *Retusotriletes incohatus* 带比较，时代相当西欧的 Tournaisian 早期。

2. 臭牛沟组孢子组合

重要分子有 *Granulatisporites granulatus*, *Retusotriletes incohatus*, *Lophotriletes linguaeformis*, *Raistrickia macrura*, *Lophozonotriletes curvatus*, *Spelaeotriletes resolutus*, *Laevigatisporites vulgaris* 等。孢子组合总的特征显示出与西欧 Tournaisian 中、晚期孢子带有相似之处，一些属种是相同的，但亦有差异。

3. 大干沟组孢子组合

主要属种有 *Lycospora pusilla*, *L. noctuina*, *Convolutispora venuta*, *Crassispora trychera*, *Rugosopora polyptycha*, *Grandispora echinata*, *Auroraspora macra*, *Dictyotriletes* sp. 等。其中 *Lycospora pusilla* 在西欧的最低层位是 Visean 期的最早时，是划分 Tournaisian 期和 Visean 期的重要种，余者多是 Visean 期的代表分子。总体时代为早石炭世晚期。

4. 缔敖苏组孢子花粉组合

该组合以 *Lycospora* 为主，占总含量 30%～40%左右，其中主要有 *L. pusilla*, *L. subtriquata*, *Crassispora kosankei*, *Raistrickia fulva*, *Dictyotriletes bireticulatus*, *Ahrensisporites querickei* 等，总的特征表明的时代大致相当于西欧 Namurian 中晚期。

5. 克鲁克组孢子花粉组合

主要属种有 *Dictyotriletes bireticulatus*, *Microreticulatisporites nobilis*, *M. lunatus*, *Ahrensisporites querickei*, *Calamospora hartungina*, *Convolutispora venuta*, *Raistrickia fulva*, *Knoxisporites hageni*, *Reticulatisporites subamplectus*, *Triquitrites triturgidus*, *Trinidulus diampidios*, *Lycospora pusilla*, *Florinites junior*, *Laevigatosporites vulgaris* 等。其中 *Dictyotriletes bireticulatus* 在西欧最早出现在 Westphalian A 期，而在 Westphalian 期末即消失。同时出现于该期的还有 *Microreticulatisporites nobilis*, *M. lunatus*, *Ahrensisporites querickei* 等，但层位高于缔敖苏组，基本上与甘肃靖远的羊虎沟组孢子花粉组合接近。

二、二叠纪生物地层

青海省二叠纪动物群属特提斯（Tethys）型，植物群属华夏型。

（一）䗴

1. *Staffella mollerana - Nankinella orbicularia* 组合带

刘广才（1993）建立，以格尔木市唐古拉山乡诺日巴纳保剖面第16—19层为代表。除组合成员外，尚有*Sphaerulina hunanica*，*Pamirina orbiculoidea*，*P. nobilis*，*P. pulchra*，*Pseudofusulina wulungensis*，*P. hunanensis*，*P.* cf. *laxaspira*，*P. valida exigua*，*Biwaella* cf. *provacta* 等。地质时代为早二叠世早期，分布于扎日根组上部、树维门科组上部、尕笛考组及草地沟组下部。现有文献及零星资料表明，本组合带或与其相当的䗴类在青海省的分布是较为广泛的，但缺少较完整的剖面控制，望今后工作中予以重视和解决。

2. *Neoschwagerina* 带

刘广才（1993）建立，以格尔木市唐古拉山乡诺日巴纳保剖面第12层为代表，格尔木市周琼玛鲁剖面第9—12层为参考。计有*N. douvillei*，*N. megasphaerica*，*N. craticulifera*，*Sumatrina annae*，*Verbeekina* cf. *verbeeki*，*Chusenella* cf. *deprata*，*Pseudofusulina kwangchiensis* 等。地质时代为早二叠世晚期，分布于诺日巴尕日保组、九十道班组的下部，马尔争组及草地沟组。本带在我省分布范围比第1组合带更加广泛。

3. *Yabeina* 带

刘广才（1993）建立，以格尔木市唐古拉山乡诺日巴纳保剖面第14层为代表，格尔木市周琼玛鲁剖面第25—27层为参考。计有*Yabeina* cf. *shiraiwensis*，*Y. gubleri*，*Neoschwagerina* cf. *douvillei*，*Sumatrina longissima*，*S. annae*，*Pseudofusulina* cf. *oyawa*，*Verbeekina verbeeki*，*V. heimi*，*Schwagerina* cf. *longlitermina*，*S. pingdingensis*，*Chusenella schwagerinaeformis* 等。时代为早二叠世末期，目前仅见于九十道班组。从零星资料或文献记载看，本带集中分布于唐古拉山北坡及我省范围内的西倾山等地，至今在东昆仑及祁连山等地则极少见。

4. *Palaeofusulina* 带

由刘广才（1993）建立的*Palaeofusulina - Perigeyerella costelata* 组合带演化而来。以唐古拉山乡开心岭煤矿剖面第1—7层为代表，玛沁县石峡剖面第7—8层及天峻县向阳煤矿剖面第1—12层为参考。计有*Palaeofusulina* cf. *fusiformis*，*P.* cf. *simplex*，*Sphaerulina* cf. *zisongzhengensis*，*Reichelina changshingensis* 等。地质时代为晚二叠世，分布于那益雄组，拉卜查日组及格曲组。

刘广才（1994）等在玛沁县石峡地区建立的*Palaeofusulina - Codaniella* 动物群与本带完全可以对比。

应说明的是在本省内采到的*Codonofusiella* 是稀少的，而且未见到它与其上的*Palaeofusulina* 带的关系。究其原因，可能是䗴化石采集不够或因本带之下（即相当*Codonofusiella* 带层位）多为碎屑岩夹灰岩沉积所致。尽管如此，这并不意味着*Codonofusiella* 带的缺失，望今后工作中予以注意。

（二）腕足类

1. *Monticulifera sinensis - Capillifera chilianshanensis* 组合

由刘广才（1984）建立的*Monticulifera - Polydiexodina* 组合演化而来，以天峻县阳康乡忠什公剖面第4—7层为代表，天峻县下环仓乡草地沟剖面第2—3层为参考。计有*M. sinensis*，*Capillifera chilianshanensis*，*Neoplicatifera sintanensis*，*Streptorhynchus lenticularis*，*Lisotella* cf. *cylindrica*，*Chonetes spinlicostata*，*C.* cf. *subquadrata* 等。地质时代为早二叠世，分布于祁连山的草地沟组。

2. Pygmochonetes minor – Unisteges 组合

刘广才（1984）建立，以天峻县阳康乡忠什公剖面第7—8层为代表，以天峻县下环仓乡草地沟剖面第3—4层为参考。计有 *Pygmochonetes minor*，*Unisteges*（*Urushtenia*）*crenulata*，*Streptorhynchus* sp.，*Capillifera* sp. 等，前者呈生物礁出现。地质时代为早二叠世晚期。分布在祁连山的草地沟组，也见于马尔争组。

3. *Oldhamina – Megaderbyia – Linoproductus elongatus – Composita yangkangensis* 组合

刘广才（1984）建立，以天峻县阳康乡忠什公剖面第11—12层为代表，以天峻县下环仓乡草地沟剖面第6层为参考。除组合成员外，还有 *Buxtonia costatoconcentrica*，*Waagenites covexa*，*Leptodus* cf. *nobilis*，*Derbyia dupliciseptata*，*Neowellerella dorshanmensis*，*Spinomarginifera qaidamensis* 等，它们与大量的苔藓虫和双壳类共生。地质时代为晚二叠世，分布于哈吉尔组、格曲组及拉卜查日组。

（三）菊石

郑灼官等（见王义刚等，1979）建有如下两个菊石层。

（1）*Popanoceras* 层及其相当层位，产于都兰县香家乡三叉河南的树维门科组，见有 *Popanoceras*，*Kargalites*。囊谦县卡巴曲河的诺日巴尕日保组或尕笛考组所含的 *Artinskia* 可能与之相当，时代为早二叠世早期。

（2）*Eumedlicottia burckhardti* 层及其相当层位，本层是建名者根据四川省邓柯县三叉河东沟所产的菊石建立的。在我省内与此相当的是杂多县格玛曲产 *Agathiceras suessi* 和 *Agathiceras* sp. 的层位。时代为早二叠世晚期，分布于尕笛考组、诺日巴尕日保组和马尔争组。

（四）牙形石

王志浩、王骊军（1991）以格尔木市乌图美仁乡打柴沟剖面第2层为代表，建立 *Sweetognathus whitei* 组合。除 *S. whitei* 外，还有 *Neogondolella* cf. *gujioensis*，*Hindeodella* sp.，*Hibbardella* sp. 等。时代为早二叠世早期，分布于打柴沟组、树维门科组及扎日根组。

（五）植物

刘广才（1993）以格尔木市唐古拉山乡开心岭煤矿剖面第1层为代表，建立 *Gigantopteris nicotianaefolia – Pecopteris*（*Asterotheca*）*guizhouensis* 组合。除组合成员外，还有 *Paracalamites stanocostatus*，*Pecopteris*（*Ptychocarpus*）*arcuata*，*Calamites* cf. *gigas* 等。地质时代为晚二叠世早期，分布于那益雄组的下部、格曲组下部及忠什公组。

此外，潘广（1957）在科学通报第11期中，首次报道开心岭—乌丽煤矿的 *Gigantopteris* 植物群，计有 *Lobatannularia ensifolia*，*Gigantopteris nicotianaefolia*，*G. lagrelii*，*Calamites* cf. *gigas*，*Pecopteris arborescens*，*P.*（*Ptychocarpus*）*arcuata* 等，其层位与本组合完全相当。

刘广才（1984）在祁连山忠什公组建立的 *Fascipteris – Gigantopteris – Callipteris* 组合，计有 *Lobatannularia* ? *sinensis*，*Calamites cistii*，*Cordaites* sp.，*Stigmaria* sp.，*Callipteris*? *laceratifolia*，*Sphenopteris* sp.，*Lepidodendron* sp. 等，其层位应与本组合一致。

第十一章
三叠纪

华南地层大区在省内的三叠纪地层极其发育，大面积展布（图6-1），几乎全为海相沉积。其中以晚三叠世地层为主，中三叠世地层次之，早三叠世地层少量。动物群属特提斯型，植物群为南方型。沉积类型可以分为活动型和稳定型。活动型广布于可可西里—巴颜喀拉山地区，以巴颜喀拉山群和巴塘群为代表，前者沉积厚度巨大，岩性单调，生物贫乏，具浊流沉积特点。后者火山岩发育，岩性复杂，相变急剧。稳定型分布于唐古拉山地区，以结扎群为代表，主要为滨-浅海相沉积，生物群发育。

省内华南地层大区三叠纪岩石地层单位建议采用的共8个，其中群级3个，组级4个（含引用西藏的3个），蛇绿混杂岩1个。

第一节 岩石地层单位

巴颜喀拉山群 T*B* (06-63-0725)

【创名及原始定义】 青海省区测队（1970）在《1∶100万玉树幅（I-47）区域地质调查报告书》中介绍：“北京地质学院（1961）在本区创建巴颜喀拉群（玛多—竹节寺）。”原义为：“全由泥砂质碎屑岩组成，时代属石炭纪”。

【沿革】 据青海省区测队（1970）在《1∶100万玉树幅（I-47）区域地质调查报告书》中介绍，北京地质学院（1961）在创名巴颜喀拉群的同时，将花石峡—玛多一带的三叠纪地层创名玛多群。50—60年代，地质工作者多将巴颜喀拉群及玛多群所代表的一套地层与西康群对比，时代有归属中生代的，也有归属晚古生代的。1970年，青海省区测队在《1∶100万玉树幅（I-47）区域地质调查报告书》及《1∶100万温泉幅（I-46）区域地质调查报告书》中说：“由于巴颜喀拉山几乎全由三叠系组成，我们认为承袭北京地质学院曾一度提出的巴颜喀拉群一名较为合适，经重新订正提出以巴颜喀拉山群作为本区三叠系的地方名称。……暂以上、中、下巴颜喀拉山群分别表示上、中、下统。”岩性为“类复理石碎屑岩”，分布于西起可可西里，东至巴颜喀拉山之主体。修订后的巴颜喀拉山群已被众多的国内外地质工作者广泛引用，涵义无多大变化。1991年，青海省地矿局在《青海省区域地质志》中，将上、中、下巴颜喀拉山群分别改为上、中、下亚群。本书采用修订后的巴颜喀拉山群。玛多群为巴颜喀拉山群的一部分，未被推广引用，建议停用。

【现在定义】 指分布于可可西里—巴颜喀拉山地区的一套厚度巨大的，几乎全由砂岩板岩组成的地层，难见顶、底，偶见不整合于布青山群之上、年宝组之下。化石稀少，属种单调，主要有双壳类、腕足类和头足类等。

【层型】 命名者在创名时未指定层型，本书暂选用青海省区调综合地质大队（1993）测制的曲麻莱县秋智乡昂日曲上游北剖面（95°31′，35°09′）第1—6层，东那色窝剖面（95°57′，34°40′30″）第3—7层，叶格乡曲玛热合拉美剖面（95°05′，34°45′）第12—18层；青海省第二区调队（1988）测制的甘德县科曲贡麻剖面（100°14′，33°47′）第2—7层，1986年测制的玛沁县昌马河西剖面（99°09′30″，34°28′）第1—15层组成本群的复合层型。

巴颜喀拉山群　总厚度＞9 136.00 m

顶部砂岩夹板岩组　＞1 807.00 m

8.（昂日曲上游北剖面第1—6层）灰色、灰紫色中厚层浅变质不等粒、中粒岩屑长石砂岩夹粉砂质板岩、长石岩屑砂岩、长石细粉砂岩，上部偶夹含砂质泥晶灰岩凸镜体，下部砂岩见扁平状板岩砾屑，底部见不规则冲刷槽模及沟模，上部含植物化石碎片（未见顶）　＞1 807.00 m

上部板岩组　2 891.00 m

7.（曲玛热合拉美剖面第12—18层）灰色、深灰色粉砂质板岩（顶部见千枚状板岩）与粉砂岩、中细粒含钙质岩屑长石砂岩、长石岩屑杂砂岩成段互层，向上砂岩增多。中部粉砂岩平行纹层理发育，上部粉砂岩底层面见冲刷槽模，下部砂岩平行层理发育　1 262.00 m

6.（东那色窝剖面第6—7层）灰色、深灰色千枚状板岩，下部夹中厚层中粒岩屑长石砂岩，上部板岩含砾，砾石由灰绿色砂岩组成，次棱角状，砾径一般5～20 cm，最大50 cm。上部产珊瑚：*Stylophyllopsis*? sp.，下部产孢粉：*Neoraistrickia* sp.，*Annulispora* sp.，*Lophotriletes* sp.，*Cyathidites* sp.，*Assertospora* sp.，*Cycadopites* sp.，*Pinites* sp.，*Trematosphaeridium* sp.　810.00 m

5.（东那色窝剖面第3—5层）灰色中厚层不等粒岩屑长石砂岩、长石粉砂岩与板岩、粉砂质板岩互层，上部砂岩发育变形斜层理，下部砂岩底层面发育舌状、不规则状冲蚀印模，粉砂岩发育沙纹斜层理。上部产珊瑚：*Stylophyllopsis*? sp.，下部产孢粉：*Neoraistrickia* sp.，*Annulispora* sp.，*Cycadopites* sp.，*Pinites* sp.，*Trematosphaeridium* sp.　819.00 m

中部砂岩组　1 873.00 m

4.（科曲贡麻剖面第2—7层）灰绿色杂砂质长石石英砂岩、杂砂岩夹少量灰色、深灰色粉砂质板岩，下部偶夹薄层石灰岩。石灰岩中产菊石：*Sturia* cf. *sansovinii*　1 873.00 m

下部砂岩板岩组　2 565.00 m

3.（昌马河西剖面第10—15层）灰色、灰褐色中薄层浅变质中细粒长石石英砂岩、长石砂岩与粉砂质、钙质板岩互层，向上板岩增多，中部夹66 m厚的灰色含生物碎屑灰岩（滑塌堆积岩块，产二叠纪珊瑚和腕足类）　1 207.00 m

2.（昌马河西剖面第6—9层）灰色粉砂质板岩与灰色中薄层中细粒长石石英砂岩、长石砂岩互层，偶夹灰岩凸镜体，顶、底各有一层厚3 m、14 m灰岩，顶部灰岩凸镜体中产菊石：*Isculitoides* cf. *originis*，*Subvishnuites yushuensis*，*Eophyllites acutus*，*Arnautoceltites* sp.　247.00 m

1.（昌马河西剖面第1—5层）浅灰绿色、灰褐色中薄层浅变质不等粒长石石英砂岩、长石砂岩夹少量粉砂质板岩（未见底） >1 111.00 m

【地质特征及区域变化】 本群呈北西-南东方向广泛分布于可可西里-巴颜喀拉山地区，主要为砂泥质类复理石沉积，钙质及火山物质很少，厚度巨大，岩石浅变质，具活动型沉积特点，多为半深海—深海浊流沉积环境。由于断裂众多、褶皱紧密、生物贫乏、岩性简单、颜色单调、缺少标志层、覆盖大、岩石裸露差、剖面很不完整，给本群的进一步划分、对比和厚度测量带来很大困难，前人未在本群内建立正式的岩石地层单位。本次清理，因选不到良好的剖面，仍不建正式的组，依据砂岩板岩的组合特点和相对位置，按下部砂岩板岩组、中部砂岩组、上部板岩组和顶部砂岩夹板岩组概述于下。

（1）下部砂岩板岩组：主要分布于北巴颜喀拉山一带，岩石颜色以灰色为主，次为灰绿色，少量褐色，总体由一套粗—细粒杂砂质长石砂岩、长石石英砂岩、石英砂岩、粉砂岩、板岩等组成，夹少量灰岩，偶见火山岩。由下而上，石英减少，长石增加，砂质减少，泥质增加，由砂岩夹板岩逐渐过渡为砂岩板岩互层，甚至板岩夹砂岩。由东往西，石英减少，长石和岩屑增多，粉砂质板岩减少，板状粉砂岩和千枚状板岩增多。本组特点是沉积韵律发育，出现细砾岩到砂岩的递变层，砂岩含砾或含板岩砾屑，有灰岩外来岩块。

本组多不见底，在东部的甘德—索乎日麻一带，仅见底部断续出露厚度数米至10 m的不稳定砾岩。与下伏布青山群不整合接触，与上覆中部砂岩组整合接触。

由于断裂、褶皱和掩盖，本组出露不全，目前尚未见到一个既有下伏地层，又有上覆地层的剖面，沉积厚度不能确定。由东而西，出露的厚度是：班玛县白玉寺406～644 m，久治县卡玛龙沟1 278 m，甘德县龙沟3 261 m(?)，玛沁县昌马河2 565 m，玛多县雅尔娘2 022 m，玛多县城西1 447 m，野牛沟北山1 382 m，巴颜喀拉山口南2 033 m，曲麻莱县马尔争南1 118 m，东大滩沟1 000 m，昆仑山口北901 m。

本组生物群为北方区和特提斯区混生动物群，菊石较多，双壳类少量，孢粉较丰富。白玉寺产Olenekian晚期菊石 *Subcolumbites - Procarnites - Prohungarites* 组合带及双壳类和孢粉；甘德、哇赛产早三叠世中期菊石 *Xenodiscoides* 及双壳类；玛沁县昌马河及玛多县地区产Indian中—晚期菊石 *Wordiceras - Flemingites* 层及Olenekian晚期菊石 *Subcolumbites - Procarnites - Prohungarites* 组合带，早三叠世双壳类 *Claraia* 及丰富的孢粉；雅尔娘产Olenekian晚期菊石 *Arnautoceltites* 及孢粉；格尔木市诺尔扎尕玛产Olenekian早期菊石 *Meekoceras* 及双壳类。各地所产的孢粉组合雷同，以 *Lundbladispora* 和 *Aratrisporites* 为主，时代为早三叠世。巴颜喀拉山口南尚产中三叠世孢粉。由上所述，本组以早三叠世沉积为主，部分地区可能有中三叠世沉积，各地的初始沉积和终止沉积的时间是不等时的。

综上所述，本组为快速沉降，近物源区快速堆积，属台地边缘—浅海陆架沉积环境。由东向西，随着时间的推移，海水有加深之势。当时环境较稳定，低能，以还原为主。巴颜喀拉山口南的砂岩底层面见沟模，且厚度大，并含中三叠世孢粉，表明那里可能是本组沉降、堆积最快，海水最深，结束本组沉积最晚的地区之一。

（2）中部砂岩组：分布比较广泛，北、中、南巴颜喀拉山都有分布，以一套稳定的砂岩层夹少量板岩为特征，局部夹灰岩和火山岩。与下伏下部砂岩板岩组和上覆上部板岩组均为整合接触，以大套砂岩层的出现和消失为本组底顶界线。本套砂岩层可作为巴颜喀拉山群的“标志层”之一。岩石颜色为灰色、灰绿色。东部长石石英砂岩、石英砂岩、粉砂质板岩较多，西部以岩屑长石砂岩、长石岩屑砂岩、千枚状板岩为主，砂岩多片理化。厚度变化大，似无规律可循，一般在1 200～2 500 m之间，班玛县之东的沙囊沟最薄，厚度844 m，黄河源头、达日县等地最厚达3 000 m左右。含化石很少，产地零星，除较普遍含植物化石碎片外，白玉寺产Anisian期腕足类 *Pseudospiriferina* cf. *tsinghaiensis* 和双壳类 *Bakevellia* cf. *elegans* 等，索乎日麻和野牛北山产中三叠世（部分早三叠世）孢粉，久治县满日格玛曲产晚三叠世孢粉，甘德县之东产Anisian期菊石 *Sturia* cf. *sansovinii*，达日县城北产晚三叠世植物 *Neocalamites carcinoides*，昌马河产Anisian期双壳类 *Myophoria*（*Leviconcha*）*orbicularis*，玛多县城附近产Anisian早期菊石 *Lenotropites* - *Japonites* 带及Anisian中、晚期菊石、腕足类和孢粉，可可西里湖东产植物、有孔虫及晚三叠世孢粉，西金乌兰湖北产Ladinian期牙形石 *Neogondolella mombergensis* 动物群。不难看出，本组主要为中三叠世沉积，也包括了部分早三叠世和晚三叠世沉积。本组普遍含黄铁矿晶体，砂岩底层面见印模，普遍含深水遗迹化石，有的具鲍马序列和水平（纹）层理，表明本组主要为浊流沉积，属半深海—深海环境。在西金乌兰湖北尚产浅海台地相牙形石 *Galdigondolella tethydis*，白玉寺产腕足类，治多县东北见波痕，这些地区可能曾为短期浅海台地环境。

（3）上部板岩组：是巴颜喀拉山群分布最广、最发育的一个组，主要出露于中、南巴颜喀拉山，以曲麻莱县以北的昂日曲流域发育最好。岩性为板岩夹砂岩和粉砂岩，偶见少量灰岩和火山岩。以中部砂岩组大套砂岩的消失和顶部砂岩夹板岩组大套砂岩的出现为本组底顶界线。板岩以粉砂质板岩、绢云板岩、千枚状板岩为主，并有斑点板岩、条纹（带）状板岩、叶片状板岩等；砂岩以岩屑长石砂岩、长石石英砂岩为主。按岩性组合，本组在有些地区又可进一步分为下段——砂岩板岩互层段；中段——板岩段，以板岩占绝对优势，是巴颜喀拉山群内的又一“标志层”；上段——砂岩板岩互层段，有的地区具成段间互。

本组的板岩和砂岩常见含砾、结核、团块或砂球，有时出现不稳定的砾岩。砂岩底层面有槽模、沟模等构造，粒序层理、水平（纹）层理和小型交错层理等发育，沉积韵律清晰，鲍马序列完整。沉积厚度大，变化也大，出露厚度一般为1 500～3 000 m，五道梁、曲麻莱县叶格和班玛县吉卡等地出露的厚度在3 000 m以上。化石贫乏，以扁平的海燕蛤为主，植物和孢粉零星，偶见海百合茎、珊瑚和箭石，常见深水相的遗迹化石。西部的卓乃湖以西，中部的曲麻莱县阿俄口、冬特考沟，东部的达日县城西北，班玛县吉卡、沙囊沟等地所产的双壳类以 *Halobia yunnanensis* 和 *H. pluriradiata* 为特征，五道梁北、冬特考沟、达日县南和沙囊沟等产植物 *Neocalamites carcinoides* 等，其时代为晚三叠世Carnian—Norian期。玛多县恰木恰岸玛产中三叠世孢粉。由此可见，本组主体为晚三叠世沉积，有些地区可能包含了部分中三叠世沉积。

综上所述，本组主体为半深海—深海浊流沉积环境。

（4）顶部砂岩夹板岩组：分布范围缩小，主要沿库水浣—黄河源头—巴颜喀拉山主峰—桑日麻—班玛和五道梁东南—扎河北—曲麻莱—巴干北一带出露，与下伏上部板岩组整合接触，多不见顶，偶见被沱沱河组等新地层不整合覆盖。岩性为灰色、灰绿色中细粒或不等粒岩屑长石砂岩、岩屑石英砂岩、长石岩屑砂岩、粉砂岩夹灰—深灰—灰黑色板岩、粉砂质板岩，少量灰紫色砂岩、粉砂岩和板岩，偶见凸镜状灰岩和火山岩。由下而上，砂质减少、泥质增多，由下部砂岩夹板岩逐渐过渡为上部砂岩板岩互层。出露厚度约在1 000～2 000 m之间，巴干北及班玛县等地可能达3 000 m左右。除见植物化石碎片外，未见可提供时代依据的化石，其沉积时代难以肯定，根据与下伏上部板岩组的整合关系，推测为晚三叠世沉积。昂日曲和达日贡玛等地见重荷模构造，达日和班玛有遗迹化石、微细层理和小型交错层理，表明本组仍为深水沉积。有的地方出现暗紫色岩石，表明本组的沉积盆地部分地方已急剧抬升，处于台地边缘氧化环境。

结隆组　T_2j　(06－63－0726)

【创名及原始定义】　青海省第二区调队（1981）在玉树地区创名结隆群①。原始定义指："一套以灰色为主、轻变质的滨海—浅海相碎屑岩—碳酸盐岩系。在昌拉松多结扎群不整合其上，在汹钦、桑知阿考地区与中、上泥盆统及前泥盆系亦为不整合接触，出露面积约为 200 km^2。产较丰富的菊石、双壳类、珊瑚化石。其时代为中三叠世。"

【沿革】　结隆群创名不久，叶士达、杨通士(1982)在《青海玉树地区中三叠统的划分与对比》一文中未采用结隆群，而将该套地层的下部以碎屑岩为主的命名为格陇组，属 Anisian 期；上部的碳酸盐岩命名为本扑陇组，属 Ladinian 期。青海省第二区调队(1983)在《1∶20 万上拉秀幅(I－47－[25])区域地质调查报告》中，未用格陇组和本扑陇组，仍用结隆群。该群包括：所称格陇组的碎屑岩组及所称本朴陇组的碳酸盐岩组。此后结隆群被广泛引用。1982—1984 年陈国隆、陈楚震等组成的课题组，赴玉树地区对该套地层进行专题研究，其成果于 1990 年发表于《青海玉树地区三叠系及生物群》一文中，他们认为北面格陇—本扑陇一带与南面桑知阿考一带的中三叠世地层在沉积类型及沉积相上存有差异，于是将结隆群只限于巴塘区，并且不包括本扑陇组(碳酸盐岩组)。本书依据岩石地层单位的划分、对比原则，同意陈国隆、陈楚震等(1990)意见，且该群再分组的可能性极微，于是将结隆群改为结隆组。

格陇组（叶士达等，1982）是结隆组的同物异名，本书建议停用。本扑陇组（叶士达等，1982）实属巴塘群的一部分，本书也建议停用。原始定义中的汹钦、桑知阿考地区的中三叠世地层，本书已归入甲丕拉组。

【现在定义】　岩性为（粘）板岩夹灰岩和砂岩，下部灰岩较多。未见顶、底，含头足类等化石。

【层型】　创名者在创名时未指定层型，本书选用陈国隆等（1983）重测的玉树县结隆乡格陇—本扑陇剖面（一）(96°16′，33°15′)，作为本组的选层型（陈国隆、陈楚震等，1990)。

【地质特征及区域变化】　本组出露较少，零散地沿麦龙涌—格陇一带呈断块分布，不见顶底，东西两侧与巴塘群均呈断层接触。岩性简单、稳定，以具水平层理和含黄铁矿晶体的灰色（粘）板岩为主，夹有灰岩和砂岩，下部常有较多的薄层—凸镜状不纯灰岩。化石较少，门类单调，以菊石为主，多集中产于下部，为半浮游型，且属特提斯区生物群。化石多发现在层面上，具异地埋藏特点。这些表明本组属还原低能的半深海沉积环境。

选层型所在地出露厚度 1 585 m，下部所含的菊石为 Anisian 中—晚期，据青海省第二区调队（1983）在《1∶20 万上拉秀幅（I－47－[25]）区域地质调查报告》中记载，选层型剖面中尚产菊石：*Paraceratites* sp. 和双壳类：*Halobia* sp.，上部未获化石，可能为 Ladinian 期沉积。向西至麦龙涌可见厚度约 2 000 m，下部产晚 Anisian—Ladinian 早期菊石：*Aristoptychites* cf. *gerardi*，上部可能仍为 Ladinian 期沉积。这说明本组的沉积时代为中三叠世。从东往西，沉积厚度增加，层位有升高之势。

---

① 青海省第二区调队上拉秀分队报告组，1981，玉树地区发现中三叠统。青海地质科技动态（内部参考），(4)。

巴塘群　T_3B　(06-63-0727)

【创名及原始定义】　青海省区测队（1970）在《1∶100万玉树幅（I-47）区域地质调查报告书》中，依据玉树县巴塘乡出露较好的一套晚三叠世地层创名巴塘群。原始定义是：出露于西金乌兰湖—玉树巴塘一带，“呈北西-南东向分布，北与通天河—金沙江出露的下二叠统火山岩夹碎屑岩组及巴颜喀拉山群呈断层接触，南与结扎群呈断层接触”，由“下部碎屑岩、上部火山岩及碳酸盐岩”两个岩组组成。产“双壳类”和“腕足类”等，“很可能属晚三叠世卡尼—诺利期的产物”。

【沿革】　青海省区测队在创名巴塘群的同年，又在《1∶100万温泉幅（I-46）区域地质调查报告书》中将巴塘群划分为下部碎屑岩组和上部火山岩组，并且认为在火山岩及碳酸盐岩之上还有一套碎屑岩，于是将火山岩组分为两个段，即绿色安山岩段和碎屑岩段。下部碎屑岩、中部火山岩（碳酸盐岩）和上部碎屑岩则成为巴塘群三分方案的基础。青海省地层表编写小组（1980）强调巴塘群与结扎群的岩性变化不大、岩组相当和古生物相同，于是取消巴塘群，统归结扎群。青海省地研所编图组（1981）认为巴塘群与结扎群在沉积相上具有显著的差异，于是保留了巴塘群，并且分为下部碎屑岩组、中部火山岩组和上部碎屑岩组。青海省第二区调队（1986）在《1∶20万治多县幅（I-46-[24]）区域地质调查报告》中，认为在上部碎屑岩组之上还有一套碳酸盐岩，于是将巴塘群四分。从此，巴塘群是三分抑或四分？引起争论。赵荣理（1982）将巴塘群划分为五个岩组（未命名），但未推广引用。在80—90年代的区调报告和文献中，虽然巴塘群内各岩组的名称不尽统一，但不是三分就是四分。青海省第二区调队（1986）在《1∶20万玉树县幅（I-47-[26]）区域地质调查报告》中，将通天河两岸的地层命名为克南群，时代属晚三叠世，且分为下部碎屑岩组、中部火山岩碳酸盐岩组和上部碎屑岩组，将巴塘群限制在玉树-相古大断裂以南。陈国隆、陈楚震等（1990）基本恢复原始巴塘群的分布范围，并持三分观点，分别称之为下、中、上三个组。青海省地矿局（1991）将巴塘群（未分）限制在唐古拉山东北缘，克（柯）南群（未分）分布于玉树-中甸地层分区。本次清理沿用巴塘群，维持原始巴塘群的分布范围，暂按三分方案（非正式的）描述。有关问题将在本章第三节“问题讨论”中予以说明。克（柯）南群为巴塘群的同物异名，建议停用。

【现在定义】　指分布于西金乌兰湖—玉树地区，由碎屑岩、火山岩和碳酸盐岩等组成的地层。未见底，难见顶，局部见与上覆风火山群等不整合接触。含双壳类、头足类和腕足类等化石。

【层型】　本群创名时未指定层型，现暂选用青海省区测队（1970）测制的治多县多采乡多采—罗江曲剖面（95°25′，33°49′）作为本群的选层型。

巴塘群	总厚度>6 085.70 m
上组	>761.00 m
24. 灰、微灰绿色中薄层状凝灰质细—粉砂岩，含黄铁矿晶体及小片白云母（未见顶）	>346.00 m
23. 暗灰色中层状泥质细砂岩、粉砂岩与暗黑色泥质板岩互层（单层厚度10 cm）	415.00 m
中组	3 976.10 m
22. 灰色、灰白色厚层状石灰岩，产六射珊瑚	555.50 m
21—20. 灰黑色泥质板岩与灰色中层状泥质细砂岩互层，两者都含黄铁矿晶体，后者含	

小片白云母 465.00 m

19. 暗灰色中层状致密灰岩，方解石脉发育。产双壳类：*Halobia* cf. *superbescens* 等；菊石：Ptychitidae，*Discotropites* sp. 200.00 m

18. 灰黑色中层状泥质细砂岩与黑色泥质板岩互层，局部含碳质（已石墨化）较高。产植物：*Neocalamites* sp. 51.30 m

17. 灰绿色、灰紫色杏仁状安山岩、凝灰岩夹硅质灰岩 133.30 m

16. 灰绿色片理化晶屑凝灰岩 40.00 m

15. 紫红色杏仁状安山岩 250.00 m

14. 灰绿色杏仁状安山岩夹紫红色含铁硅质岩及白色硅质岩 102.40 m

13. 灰绿色火山质凝灰岩夹安山岩 76.10 m

12. 灰绿色安山玄武岩 200.00 m

11. 灰绿色、暗黑色杏仁状安山岩 198.50 m

10. 灰绿色安山集块岩、角砾砾径 10 cm 左右 110.60 m

9. 灰绿色枕状致密安山岩 308.10 m

8. 灰绿色中薄层状火山凝灰岩夹熔凝灰岩 300.00 m

7. 灰色中厚层状石灰岩、微晶灰岩，局部为臭灰岩、竹叶状灰岩。产六射珊瑚：*Montlivaltia* sp.；双壳类：*Halobia pluriradiata*，*Posidonia* cf. *wengensis* 320.00 m

6. 灰色厚层状致密灰岩。产腕足类、双壳类 415.30 m

5. 灰色、灰白色中厚层状石灰岩。产腕足类、双壳类化石 250.00 m

下组 >1 348.60 m

4. 灰色中粗粒砂岩夹黑色薄层状泥质板岩 347.50 m

3. 褐灰色厚层状砂岩夹黑色板岩 194.10 m

2. 灰色薄层状中粒砂岩夹黑色板岩及硅质板岩，含黄铁矿晶体 207.00 m

1. 灰色砂岩夹黑色板岩及石灰岩（未见底）。产双壳类：*Halobia* sp.，*Daonella* sp.，*Posidonia* cf. *wengensis* >600.00 m

【地质特征及区域变化】 巴塘群沿西金乌兰湖—玉树县巴塘呈北西-南东方向带状分布，由碎屑岩、火山岩和碳酸盐岩组成。自下而上泥质减少，砂质增多；由东南往西北，石英减少，长石和岩屑增多。火山岩复杂，从酸性到基性各类岩石均有。沉积厚度变化大，以中部沉积最厚。生物群较丰富，具异地埋藏特点，以 *Halobia* 为主，东南部的生物门类及数量较多，西北部相对减少。有的岩石具水平纹理、水平层理，底层面具印模构造，含黄铁矿晶体，并有放射虫硅质岩出现，表明本群曾经历还原、深水和浊流沉积环境。东南部海水可能较浅，为浅海大陆架环境，往西北，海水有加深之势。

由于本群内断裂众多，褶皱紧密，岩性纵向、横向变化大，剖面又不完整，研究程度低，故前人未曾建立正式岩石地层单位。因此本次清理，根据现有资料，仍未建正式的组，按岩性组合特点，分下、中、上三个组（非正式的），三个组之间均为整合接触，其特征概述于后。

(1) 下组：以选层型第 1—4 层为代表，为灰色砂岩夹板岩、硅质板岩及灰岩，含黄铁矿晶体。出露厚度 1 348.6 m，产晚三叠世双壳类，多采乡尚产早 Carnian 期 *Trachyceras* cf. *aon* 菊石层。

由选层型所在地向西北至苟鲁山克措北，岩性为岩屑砂岩、长石岩屑砂岩夹少量粉砂岩和灰岩。出露厚度 681 m，产晚三叠世孢粉和植物 *Neocalamites*。

由选层型所在地往东南到松莫茸，为千枚状板岩、粉砂岩和砂岩。板岩具水平纹理，并含黄铁矿晶体，砂岩底层面有印模构造，可见厚度526 m。再向东南至格陇地区，由长石砂岩、长石石英砂岩、粉砂岩、泥岩和板岩组成夹少量灰岩，水平纹理、水平层理发育，产双壳类 *Halobia pluriradiata*，*H.* cf. *yunnanensis*；菊石 *Protrachyceras* 和植物 *Clathropteris mongugaica* 等，时代为Carnian期，出露厚度2 887 m。再往东南到郭钦为细砂岩夹板岩。板岩的水平纹理发育，并含黄铁矿晶体，因断裂破坏，出露厚度仅200 m左右。玉树县东北为灰色长石石英砂岩、石英砂岩夹板岩、灰岩，含 *Halobia superbescens* 等，出露厚度3 305 m。向南到各候（候沟）等地，为灰紫色、灰绿色砂岩、板岩夹砾岩和灰岩、碎屑岩含凝灰质，向上板岩增多，出露厚度2 092 m，产 *Halobia* 等。郭钦出露厚度2 092 m，产腕足类 *Aulacothyris* 等。时代均为晚三叠世。

总观下组，为一套灰色（各候见灰紫色）碎屑岩夹少量灰岩和火山岩，宏观岩性较稳定。由东南向西北，沉积厚度似有变薄，颗粒成熟度降低，层位升高之势。化石较少，东南部以双壳类为主，西北部以植物和孢粉较多，时代属Carnian期，可能包括部分Norian期。中、西部岩石具浊流沉积特点，可能为半深海沉积，东南端海水较浅，初期为滨海环境，后转为浅海沉积。

（2）中组：选层型第5—22层的岩性可以分成下、中、上三段，总厚度3 976.1 m。下段（第5—7层）为灰岩，厚度985.3 m，含双壳类及腕足类和珊瑚等化石，时代为Carnian期；中段（第8—17层）为中基性火山岩夹少量硅质灰岩及硅质岩，厚度1 719 m；上段（第18—22层）为灰—灰白色灰岩与灰—灰黑色板岩、细砂岩互层，灰岩厚度大，含黄铁矿晶体，厚度1 271.8 m，产Carnian期至Norian期菊石和双壳类。

由选层型所在地向西至吓俄贡玛，岩性及组合方式与选层型相似，出露厚度1 921 m。下段未见底，可见厚度530 m，产双壳类 *Posidonia* 等；中段之火山岩由下而上从基性变为酸性，厚度1 116 m；上段厚度275 m，产双壳类：*Pergamidia*；菊石：*Cladiscites* 及腕足类等，时代为Carnian—Norian期。

再往西北至额朋扎纳依，为中—基性火山岩夹少量灰岩和砂岩。由下而上火山岩由中基性变为基性，未见底，可见厚度1 103 m，含Norian期双壳类：*Halobia cordillerana vietnamica* 等。在该地本组不能分段，顶部的玄武岩与上组之板岩直接接触。

再向西北至巴音莽鄂阿，也难以分段，为基性火山岩夹一层14 m厚的硅质岩，顶、底均以火山岩与上组、下组的（粉）砂岩直接接触，厚度524 m。硅质岩含晚三叠世放射虫。

由选层型所在地往东南到松莫茸，岩性可分为两个段。下段为中酸性火山岩夹少量灰岩、砂岩和板岩，厚度约1 800～2 500 m。上段以厚—块层灰岩为主夹少量板岩及中性火山岩，薄层灰岩具水平微细层理，含大量黄铁矿晶体，厚度约800～2 000 m。

再向东南至格陇，以灰色泥晶灰岩为主夹白云岩及少量英安质凝灰岩，以断层和下组相接，厚度1 664 m。化石丰富，腕足类以 *Yidunella yunnanensis* 和 *Koninckina elegantula* 等为主，双壳类以 *Cardium* (*Tulongocardium*) 为特点，还有珊瑚和有孔虫等，时代主要属Norian期。而在格陇沟脑两侧又以火山岩为主，碳酸盐岩很少。在格陇南侧的格叶家陇，未见顶，全由灰岩组成，生物十分繁盛，有孔虫以 *Aulotortus sinuosus* 和 *Angulodiscus communis* 为主，双壳类以 *Halobia superbescens* 和 *H. yandongensis* 为主，腕足类以 *Yulongella bolilaensis* 和 *Omolonella cephaloformis* 为主，牙形石属 *Neogondolella polygnathiformis* 动物群和 *Epigondolella postera* 动物群，菊石为 *Arcestes*。生物群指明的时代为Carnian—Norian期。

再往东南到郭钦，为中酸性火山岩夹砂岩、粉砂岩、粘板岩及灰岩，凝灰岩见二重粒序结构，厚度 2 502 m，含晚三叠世六射珊瑚。

玉树县东北为中基性火山岩、灰岩和砂岩，火山岩多集中于上部，出露厚度 820 m。玉树县以南可分为两个段，下段为中基—中酸性火山岩夹砂岩、板岩和灰岩，厚度 1 597 m；上段为灰岩夹少量页岩，未见顶，可见厚度 440 m。而在玉树县东南，又可分为三个段，下段为灰岩夹中酸性火山岩、砂岩和板岩，未见底，可见厚度 1 354 m，产腕足类：*Crurirhynchia baqenae*；双壳类：*Halobia yandongensis* 及珊瑚等。时代为 Norian 期。中段为中酸性，少量中基性火山岩夹灰岩及板岩，可见厚度变化很大，数百米至 3 000 余米；上段为灰岩夹大理岩、中酸性—中基性火山岩、砂岩及粉砂岩，未见顶，出露厚度 590 m，含化石丰富，双壳类以 *Myophoria* (*Costatoria*) cf. *inaequicostata* 为主，腕足类以 *Arcosaria pentagona* 为特征，另有六射珊瑚等，时代为 Norian 期。

再向南到各候，为灰岩夹砂岩、中基性火山岩、白云岩，未见顶，出露厚度1 345～1 846 m，产菊石 *Discotropites* 及腕足类、双壳类、腹足类和海百合茎等，时代为 Carnian 晚期。

由上所述，中组为一套火山岩、碳酸盐岩夹碎屑岩、硅质岩沉积，岩性复杂，厚度巨大，相变明显。火山岩为海底爆发—溢流相，从基性到酸性的各类火山熔岩、火山碎屑岩都有，中部地区以中酸性为主，两侧以基性占优势。玄武岩具枕状构造，含黄铁矿晶体；碳酸盐岩以灰岩占绝对优势，白云岩少量。火山岩、碳酸盐岩厚度变化很大，层位也不固定，似无规律可循，二者互为相变、互为消长。生物繁盛，以 *Halobia* 为主，由东南往西北，属种及数量有减少之势。沉积厚度以中部地区最厚，初始沉积稍早；向东西两侧，厚度渐薄，开始沉积略晚，沉积总体时代为 Carnian—Norian 期。由于火山活动强烈，沉积时的地形变化迅速，海水深度时深时浅，总观，似以半深海沉积为主。

(3) 上组：选层型第 23—24 层为灰色、灰黑色、灰绿色细—粉砂岩和板岩，含黄铁矿晶体，未见顶，可见厚度 761 m。

由选层型向西至吓俄贡玛，为石英砂岩、板岩夹页（泥）岩，未见顶，出露厚度 1 540 m，岩石的微细层理发育，产双壳类：*Halobia superbescens*，*H. yandongensis*，时代以 Norian 期为主。再往西北至额朋扎纳依，为黑色板岩、灰色岩屑长石砂岩，未见顶，出露厚度 534 m。再向西北至苟鲁山克措北，为长石石英砂岩、长石砂岩、石英砂岩夹叶片状板岩、千枚岩、白云质灰岩及硅质岩等，砂岩多块层状。顶部与风火山群不整合接触，厚度 681～2 028 m。产双壳类 *Unionites* 及水螅和孢粉等，时代为晚三叠世。

由选层型所在地往东南至松莫茸，本组出露很少，为灰色长石石英砂岩与板岩互层，出露厚度仅 215 m。再往东南至格陇一带，本组仍然出露很少，仅在格勤陇见及，为浅灰色绢云板岩夹少量灰岩，含 *Halobia ganziensis* 等，属 Norian 期。再向东南到郭钦，为石英砂岩与粘板岩互层夹细（粉）砂岩，少量中酸性火山岩及灰岩凸镜体。板岩具水平纹理，细砂岩底层面见印模构造，未见顶，出露厚度 667 m，层面见 *Halobia* 动物群及大量植物化石碎片，时代为 Carnian—Norian 期。玉树县东北一带，为石英砂岩夹板岩，偶见灰岩。未见顶，厚度约 3 000 m，仅见海百合茎。玉树—各候未见本组出露。

由上简述，上组由碎屑岩夹少量灰岩、火山岩组成，局部见硅质岩，石英含量比下组高。由下而上，砂岩似有增多的趋势；由东南往西北，石英含量减少。板岩在东南地区多粘土质，西北地区多叶片状、千枚状，并有含砾砂岩出现。中部地区岩石具浊流沉积特点。生物化石仍以 *Halobia* 为主，时代主要为 Norian 期，部分属 Carnian 期。结束本组沉积时间西北区要早，而东南区要稍晚些。据岩性、层理、层面及古生物等特征，本组似具有从半深海逐渐转向浅海沉积特点。

结扎群 T*J* （06-63-0728）

【创名及原始定义】 青海省区测队（1970）在《1∶100万温泉幅（I-46）区域地质调查报告书》中，根据唐古拉山地区出露的一套以海相为主的晚三叠世地层，并在结扎（现名结杂）一带发育齐全，研究较详，创名为结扎群。原始定义指："分布于唐古拉山区，主要由一套滨海至浅海沉积的碎屑岩、碳酸盐岩等组成，总厚达5 000 m的晚三叠世地层。""分为紫红色碎屑岩组、下石灰岩组、灰色碎屑岩组和上石灰岩组"四个岩组。"以角度及平行不整合覆于二叠系之上，多不见顶，局部可见与侏罗系、白垩系和第三系不整合接触。产丰富的双壳类、腕足类、头足类和植物等化石"。

【沿革】 青海省区测队在创名结扎群的同时，又在《1∶100万玉树幅（I-47）区域地质调查报告书》中认为在本区不存在上石灰岩组，于是将结扎群由下而上划分为紫红色碎屑岩组、碳酸盐岩组和含煤碎屑岩组共三个岩组。结扎群创名伊始是三分或四分就引起了激烈的争论，这反映在70—90年代出版的许多论文、专著、区调报告和地质图中。青海省地层表编写小组（1980）持三分观点，将结扎群划分为紫红色碎屑岩组、灰岩组和灰色含煤碎屑岩组。陈国隆等（1982）依据青海省第二区调队在扎那涌紫红色碎屑岩（?）采获的"Ladinian期"菊石，提出结扎群下部紫红色碎屑岩组至少应包含晚Ladinian期的层位。同年叶士达和杨通士将桑知阿考一带，以紫红色为主的一套碎屑岩命名为格陇组，时代为中三叠世早期。青海省第二区调队（1983）又将格陇组改称为结隆群碎屑岩组（详见结隆组）。马福宝等（1984）按三分方案，将其分别命名为（由下而上）东茅陇组、肖恰错组和加登达组。东茅陇组包含了Ladinian期沉积，与下伏结隆群之间可能存在沉积间断。陈国隆、陈楚震等（1990），将结扎区中三叠世以紫色为主的碎屑岩称为东矛陇群（因地名是东矛陇，不是东茅陇，故名东矛陇群），晚三叠世结扎群划分为A组、肖恰错组和格玛组，东矛陇群与结扎群A组为整合接触。其中肖恰错组和格玛组就是三分之碳酸盐岩组和含煤碎屑岩组，也就是马福宝等的肖恰错组和加登达组。1991年青海省地矿局将结扎群（未分）限指晚三叠世地层，中三叠世地层仍称结隆群。本次清理经青海、西藏两省（区）协商，并经西南大区地层清理领导小组裁决，仍保留结扎群名称，时代下延至中三叠世，由下而上分为甲丕拉组、波里拉组和巴贡组。存在的问题将于本章第三节"问题讨论"中说明。

【现在定义】 指分布于唐古拉—昌都地区，超覆于古生代地层或早、中三叠世地层之上，整合于察雅群或不整合于雁石坪群等新地层之下的，由碎屑岩和碳酸盐岩夹少量火山岩等组成的地层，上部含煤。富含双壳类、腕足类、头足类和植物等化石。从老到新包括甲丕拉组、波里拉组和巴贡组。

【地质特征及区域变化】 我省的结扎群超覆于古生代地层之上，不整合于雁石坪群等新地层之下，主要由紫红色碎屑岩、碳酸盐岩和含煤碎屑岩组成，夹有少量火山岩，偶见石膏。为一套海进—海退层序，总体以氧化、高能的滨—浅海相沉积为主，东南部海水较浅，西北部海水相对较深，向西北沉积厚度似有增加的趋势。东南部最先开始接受沉积，而又最后结束沉积。本群以唐古拉山东北坡分布最广，发育最全，生物群最繁盛。时代为中—晚三叠世。

本群以褶皱宽缓，变质程度浅，含少量火山岩；碎屑岩的颜色复杂多变，总体为杂色，其中下部以紫色为主，上部以灰—灰黑色占优，碎屑颗粒各粒级均有；常见水平层理、微细（交角）层理和波痕等；生物化石丰富，门类多、数量多，分布较普遍，且底栖生物发育，尚有淡水双壳类出现，上部产大量植物化石；化石多埋藏在岩层内为特征。这些特征将本群与巴塘群区分开。

东矛陇—桑知阿考一带的中三叠世地层，岩性宏观特征与上覆的碎屑岩非常相似，且二者为整合接触，其间没有一条明显的分界线。按照岩石地层单位划分、对比原则，本书将其归为结扎群中的甲丕拉组。

甲丕拉组　T*jp*　(06-63-0729)

【创名及原始定义】　四川省第三区域地质测量队（以下简称四川省第三区测队）1974 年根据西藏昌都甲丕拉山剖面创名甲丕拉组。据西藏地层清理组的意见，原指岩性为红色碎屑岩夹火山岩的沉积，厚度为 0～300 m，平行不整合或不整合于中、下三叠统地层之上或不整合于古生界地层之上。时代为卡尼期。

【沿革】　昌都地区的甲丕拉组向北延伸至唐古拉山，相当于我省习称的结扎群下部紫红色碎屑岩组，马福宝等（1984）将其命名为东茅陇组。陈国隆、陈楚震等（1990）将马福宝等（1984）的东茅陇组下部属中三叠世的地层改为东矛陇群，其上的碎屑岩称结扎群 A 组。根据岩石地层单位名称取舍原则，本书首次引进甲丕拉组。

东茅陇组（马福宝等，1984）是甲丕拉组的同物异名，建议停用。东矛陇群（陈国隆、陈楚震，1990）是甲丕拉组的下部层位，它有生物地层及年代地层色彩，建议停用。

【现在定义】　西藏地层清理组给本组的定义是："主要指超覆于妥坝组页岩、粉砂岩地层及夏牙村组之上的一套红色碎屑岩地层体。层型外局部夹安山岩、石灰岩等。顶界与波里拉组石灰岩地层整合接触，含双壳类、腕足类等。地质时代为中、晚三叠世。"

【层型】　西藏地层清理组以四川省区域地质调查队（以下简称四川省区调队）1990 年在西藏昌都县妥坝乡重测的普果弄—扎弄格剖面（即原甲丕拉山剖面）(97°25′，31°10′) 为甲丕拉组的正层型。在我省内，选取陈国隆、陈楚震等（1983）在玉树县上拉秀乡测制的东矛陇剖面（96°07′，32°55′）第 1—38 层为本组的次层型（陈国隆、陈楚震等，1990）。

【地质特征及区域变化】　省内的甲丕拉组分布于唐古拉山地区，其东北部最发育，西部出露较少。虽然其颜色、岩性和颗粒大小等在纵向、横向上变化都比较快，砾岩、砂岩、粉砂岩、页（泥）岩、板岩和灰岩所占的比例各地不一，但是它们有着共同特征：为一套以紫红色为主的杂色陆源碎屑岩夹灰岩，局部夹火山岩，偶见石膏的沉积。沉积韵律清晰，旋回明显，底部有厚度几米至几十米不稳定的复成分砾岩。由下而上，颗粒由粗变细，灰岩夹层增多；由东往西，石英含量减少，长石、岩屑增加，颗粒有变粗的趋势。

沉积厚度变化较大，东部多在千米以内，西部多在千米以上。由东向西，大苏莽 579 m，克龙弄 655 m，扎青之北赛日拉 1 141 m，索加乡玛日曲 1 994 m，青藏公路九十道班 1 070 m。

本组超覆在不同时代的老地层之上，汹压陇地区为青泥洞组（O_1），结杂乡地区为杂多群（C_1）、加麦弄群（C_2）及开心岭群（P_1），其余地区多为开心岭群或乌丽群（P_2）。

东矛陇—桑知阿考一带，本组下部产典型的特提斯区中 Anisian 期菊石 *Hollandites*（矮能陇、杜拉陇）及晚 Anisian 期菊石 *Paraceratites trinodosus*（汹压陇），典型的 Anisian 中、晚期沙盘虫科礁相有孔虫 *Glomospira densa*，*Glomospirella grandis*，Ladinian 期有孔虫 *Turritellella mesotriasica*，Anisian 期至 Ladinian 期双壳类 *Costatoria*-*Trigonodus*-*Arcomya* 组合带、*Unio* 组合及牙形石 *Neogondolella mombergensis* 动物群，Anisian 期滨海相腕足类 *Lingula dongmolongensis* 组合、浅海相 *Diholkorhynchia sinensis* 组合及 Ladinian 期小嘴贝类 *Batan-*

gorhynchia xiaoleica 组合。这表明该地区本组下部属中三叠世沉积。该地区本组上部以及其余地区的本组产双壳类宽褶的褶翅蛤及 *Halobia*；有孔虫：*Turritellella carnica*；腕足类：*Rhaetinopsis ovata*，*Arcosarina foliacea*；菊石：*Trachyceras* cf. *aon* 层；指示其时代为 Carnian 期。植物少而单调，仅见 *Equisetites* 和 *Neocalamites*，茎干粗大，显示古老原始特点，具 Ladinian—Carnian 期色彩。除此之外，本组还产零星的孢粉、腹足类、六射珊瑚和箭石。生物群以东部最繁盛，门类多，属种多，数量多。西部贫乏，属种稀少，分布零散。本组沉积时代为中三叠世至 Carnian 期。由东（南）愈往西（北），初始层位愈高，即东部有确切的 Anisian 期地层，西部尚未发现有可靠的中三叠世沉积。结杂—上拉秀—囊谦一带，因出现 *Halobia superbescens*，*Neomegalodon* 和 *Pergamidia* 等，表明该地区是结束本组沉积的最晚时间（Norian 期?）。

本组碎屑岩层常见微细（交错）层理、水平层理、斜层理，有的层面上具波痕。结合岩性和生物群特征，本组主要为干燥炎热气候的滨、浅海相沉积。局部地区碎屑岩中具钙泥质结核，灰岩中疙瘩状、结核状发育，白云质增高，或为白云岩，偶见石膏层，这些显示为潮坪或海湾环境。

波里拉组　T*b*　(06－63－0730)

【创名及原始定义】　四川省第三区测队 1974 年依据西藏察雅县波里拉剖面创名波里拉组。据西藏地层清理组意见，其岩性为一套碳酸盐岩，厚度 200～500 m，产腕足类、双壳类、菊石、珊瑚等，时代属晚三叠世。

【沿革】　察雅县的波里拉组延至唐古拉山，相当于我省习称的结扎群碳酸盐岩组或灰岩组，1984 年马福宝等将其命名为肖恰错组。按照优先权原则，本书首次引进波里拉组。

肖恰错组（马福宝等，1984）是波里拉组的同物异名，因建名在后，建议停用。

【现在定义】　西藏地层清理组新厘定波里拉组的定义：“主要指夹持于下伏地层甲丕拉组红色碎屑岩与上覆地层巴贡组含煤碎屑岩之间的一套石灰岩地层体，上、下界线均为整合接触。含丰富的双壳类、腕足类、菊石等。分布于昌都、类乌齐、察雅、江达、安多、土门格拉及青海省唐古拉山地区”。

【层型】　正层型为四川省第三区测队（1974）测制的西藏察雅县波里拉剖面（97°36′，30°54′）。延入我省，本书选取马福宝等 1984 年测制的杂多县结扎乡肖恰错剖面（95°51′，33°12′）为本组的次层型。

【地质特征及区域变化】　本组是结扎群中分布最广的地层，以唐古拉山东北部最发育。岩性比较稳定，以灰色碳酸盐岩为主夹少量碎屑岩，局部见火山岩和石膏。碳酸盐岩以灰岩为主，白云岩少量，有的灰岩含泥质、燧石结核或条带。碎屑岩、火山岩、白云岩、石膏和燧石结核均无固定层位，相对而言，下部的中薄层灰岩、碎屑岩、燧石结核较多，上部以厚—块层灰岩为主，白云岩和石膏较多。由东而西，碎屑岩夹层增多，灰岩层变薄，至雀莫错南多为薄层、中厚层灰岩。有时可见灰岩的微细层理、粉砂岩的水平层理、细砂岩层面上的对称波痕。

由于构造破坏和新地层覆盖，本组多出露不全，沉积厚度不易准确测量。宏观看，厚度不稳定，变化较大，一般在数百米至 2 000 m 以内。东部较厚，多在千米以上，西部较薄，多在千米以内。由东而西，大苏莽 1 611 m，觉拉之西，日啊梭仲锁玛约 1 900 m，肖恰错1 435 m，扎青之北日阿藏送曲 1 514 m，扎河之西砸赤扎加 1 541 m，沱沱河一带 726 m，雀莫错之南

917 m。

本组与下伏甲丕拉组整合接触。有的地区，如大苏莽和九十道班等地，甲丕拉组上部基本不含或含少量灰岩，本组底部就是一套灰岩，二者间界线清楚，易划分。还有相当多的地区如玛日曲和教穷弄等地，甲丕拉组上部夹较多灰岩，本组底部夹较多砂岩，二者间为过渡沉积，其界线划在灰岩多于砂岩之底界处。

本组生物群繁盛，化石丰富，主要有菊石、双壳类、腕足类、有孔虫、牙形石和珊瑚等，总体时代为Carnian—Norian期，但各地的初始和终止沉积时间是不等时的，上巴塘滩南的汹琼产菊石：*Neoprotrachyceras* cf. *thous*，时代为早Carnian晚期，这可能是本组在省内沉积的最早时期。向西，沱沱河—扎青北—结杂—觉拉一线产菊石：*Hoplotropites*-*Discotropites* 组合带，牙形石：*Neogondolella polygnathiformis* 动物群，时代为晚Carnian早、中期；与此可能相当的是肖恰错—东矛陇—肖来产有孔虫：*Aulotortus praegaschei* 的层位。结杂—肖恰错产菊石：*Placites*-*Cladiscites* 组合带，牙形石：*Epigondolella postera* 动物群，时代为Norian早、中期；与此大致相当的是开心岭和肖恰错南产有孔虫：*Triasina oberhauseri* 的层位。双壳类和腕足类分布十分广泛，几乎各地或多或少都有发现，上述各动物群大都与其共生。本组下部双壳类仍以宽褶的褶翅蛤为特点，并出现较多的海燕蛤，腕足类为第6组合带，它们具有Carnian期浓厚色彩。本组上部双壳类以 *Halobia yandongensis* 和 *Cardium* (*Tulongocardium*) 为特色，腕足类为第7组合带，时代为Norian期。扎河之西的砸赤扎加等地，在产 *Cardium* (*Tulongocardium*) 层位之上还有产腕足类的灰岩，其上未见巴贡组，它们可能是本组的最高层位，代表了本组最晚期（Norian晚期?）沉积。

综上所述，本组为碳酸盐台地—陆表海沉积环境，其内的白云岩和石膏为潮坪环境。当时地壳稳定，水动力不强，阳光充足，水体浅而温暖，适合各种海生动物生长繁衍。

巴贡组 *Tbg* （06-63-0731）

【创名及原始定义】 西藏地层清理组确认：四川省第三区测队（1974）介绍，原始定义："李璞等（1951）将察雅巴贡的含煤砂页岩地层称巴贡煤系，时代为侏罗系。"

【沿革】 据四川省第三区测队（1974）介绍："1966年斯行健等将巴贡煤系改为巴贡群。1966—1967年西藏地质大队进一步将巴贡群划分为下部阿堵拉组和上部夺盖拉组，时代归于晚三叠世。"四川省第三区测队（1974）将巴贡群改为巴贡组，作为上三叠统最上一个岩组，将阿堵拉组改为阿堵拉段、夺盖拉组改为夺盖拉段。本次清理，因阿堵拉段和夺盖拉段之间的界线不明确，因此不再划分，统称巴贡组。察雅的巴贡组向北延入青海境内，即为结扎群含煤碎屑岩组，马福宝等（1984）将其命名为加登达组，陈国隆等（1990）又将其命名为格玛组。按照优先权和岩石地层单位划分原则，本书首次引进巴贡组。

青海省区测队（1970）在创名结扎群的同时，将土门格拉等地出露的一套砾岩、砂岩及煤系地层创名为土门格拉群，时代属"早侏罗世"。其后研究证明，它属晚三叠世沉积，为结扎群的上部层位，本书将其归属巴贡组。

土门格拉群（青海省区测队，1970）、加登达组（马福宝等，1984）和格玛组（陈国隆、陈楚震等，1990）均为巴贡组的同物异名，建议停用。

【现在定义】 西藏地层清理组重新修订巴贡组的定义："指整合于波里拉组石灰岩之上的一套含煤碎屑岩地层体，产植物、孢粉等化石。顶界与察雅群红色碎屑岩连续沉积。底界与波里拉组灰岩整合接触。"

【层型】 李璞等在创名时未确定层型。西藏地层清理组选用四川省第三区测队（1974）根据西藏地质大队，1966—1967 年资料编制并介绍的西藏贡觉县夺盖拉剖面（97°54′，31°08′）作为巴贡组的选层型。

本书选取青海省区测队（1970）测制的囊谦县大苏莽（毛庄）剖面（96°43′，32°42′）第 7—9 层为我省巴贡组的次层型。

囊谦县大苏莽（毛庄）剖面

上覆地层：**沱沱河组** 砾岩、砂岩

～～～～～～～ 不 整 合 ～～～～～～～

巴贡组　　总厚度 1 705.00 m

9. 黄褐色中厚层砂岩夹黑灰色板岩及 5 层碳质页岩，夹煤线 10～20 cm。产植物：*Clathropteris meniscioides*，*Cladophlebis* sp.，*Equisetites* sp.　　666.00 m
8. 黑灰色板岩夹薄层砂岩。产双壳类：*Halobia* sp.，路线上采有双壳类：*Halobia convexa* 等　　618.00 m
7. 暗灰色细粒杂砂质石英砂岩夹黑色页岩、碳质页岩　　421.00 m

——————— 整 合 ———————

下伏地层：**波里拉组** 灰黑色薄层含硅质生物灰岩，向上为灰白色厚层灰岩，产双壳类 *Parahalobia* aff. *posidoniiformis*

【地质特征及区域变化】 本组在省内分布面积较小，主要沿扎青北—子曲河流域分布，其余地区出露零散。宏观上岩性稳定，为一套灰—灰黑色（上部有紫色）含煤碎屑岩夹少量灰岩、火山岩，偶见白云岩、石膏和菱铁矿结核。碎屑岩类型复杂，砂岩、粉砂岩、页（泥）岩及板岩均有。从东到西，石英含量减少，岩屑增加，西部出现海绿石；从下至上，颗粒变粗，上部有的出现含砾砂岩、砾岩。沉积韵律发育，岩石具水平微细层理、微细交错层理，层面有时可见对称波痕。

本组厚度变化大，以鄂茸曲—众根涌—大苏莽一带沉积最厚。从东往西，囊谦县之东，大苏莽 1 705 m、之西保达昂 1 406 m，格玛大于 1 094 m，扎青北的众根涌 2 234 m；上石灰岩组雁石坪之东，巧巴地鄂阿 1 364 m，雀莫错 671 m，往北至苟鲁山克措南 2 000 m 左右，鄂茸曲最厚达 3 724 m。

本组与下伏波里拉组整合接触，以大套灰岩的消失、碎屑岩的出现为二者的界线，野外易于识别划分，但在格玛南（东风尕）、北（暖切）二者间有沉积间断（陈国隆、陈楚震，1990）。本书认为，巴贡组与波里拉组的岩性有突变性质，特别是波里拉组的块层灰岩与巴贡组的砂岩直接接触，其间存在沉积间断的可能性很大。本组在省内多不见上覆地层，少数地方可见被新地层不整合覆盖，其中除全区都可零星见到上覆地层是沱沱河组外，西南部多为雁石坪群，北、中部多为风火山群。

本组动物群与下伏波里拉组相比大量衰减，植物群（含孢粉）大量繁盛，动物、植物化石虽有交替出现，但下部以动物化石居多，上部以植物化石占优。动物群中双壳类较多，以 *Halobia superbescens* 和 *Cardium*（*Tulongocardium*）为主，次有 *Pergamidia* 和 *Neomegalodon*；菊石少量，在格玛发现单调、特化的 *Metagarites*；腕足类仅在扎青、囊谦等地零星发现。丰富多采的植物化石大多为南方型 *Dictyophyllum*–*Clathropteris* 植物群的重要分子。由上所述，本组为 Norian 期沉积。雀莫错、青藏公路九十道班和扎青北等地产 Tropitidae 科菊石，表明那里初始沉积时间可能是晚 Carinian 期。考虑到植物 *Lepidopteris ottonis* 和 *Ptilozamites chinensis* 在上拉秀乡和囊谦县等地出现以及其上未发现化石的层位，本书并不排除本组部分属 Rhaetian 期沉积的可能。全区观之，北（西）部本组结束的沉积时间要比南（东）部早些。

综上所述，本组为海陆交互相，最后转为陆相的海退性沉积，海水由北（西）往南（东）撤退。根据沉积物和古生物生存条件推测，多属滨海沼泽环境，局部（含石膏、白云岩、特化菊石等）为潮坪泻湖环境。当时地壳平静，气候炎热，雨量充沛，植物茂盛。时代为晚三叠世。

本组含煤线和可采煤层，主要分布于扎青—子曲河流域，西部较少。煤的层位不固定，但多赋存于本组的中、上部。

第二节　生物地层

省内三叠纪生物群丰富多采，门类多，属种多，数量多，其中以菊石、双壳类、腕足类和植物最繁盛。除 Indian 最早期和 Rhaetian 晚期外，其余时期都有大量化石报道。Olenekian—Anisian 期和 Carnian—Norian 期是省内三叠纪动物群两大繁荣时期，植物群繁盛于晚三叠世。在地理分布方面也很不均衡，南祁连山、东昆仑山南坡和唐古拉山等地生物群发育，而巴颜喀拉山则贫乏单调。从古生物群的性质分析，动物群主要属特提斯生物区系，玛多—西秦岭以北还有不少北方生物区系分子。植物群在唐古拉山地区属南方型，祁连山地区为北方型，东昆仑—西秦岭为过渡型。

前人虽然对省内三叠纪生物群做了许多研究工作，取得了不少成果，但由于沉积类型多样，构造复杂，断裂交错，地层连续性差，完整剖面少，化石分布很不平衡（或大量集中于某个层段、或富集于某个地点、或仅出现某个门类），地方色彩较浓，不同时期生物"混生"较普遍，采集不够系统等原因，因此总的说来，研究程度不高。本书着重于清理、反映实际资料，对前人所建立的生物带（组合、层等），若数量较多，有一定延伸范围的则确定为正式生物地层单位；对某些层位固定，生物也很繁盛，因剖面差，发现地点少，延伸情况不明的，则保留原意予以反映，以表明该时期岩石地层和生物地层的存在，以利将来研究（表 11－1）。

（一）*菊石*

省内三叠纪菊石除 Indian 最早期、Ladinian 期和 Rhaetian 期外，其余时期都有发现，其中以 Olenekian 晚期—Anisian 中期、Carnian 晚期—Norian 中期特别繁盛。巴颜喀拉山以北，菊石只发现于早三叠世—Anisian 期，且属特提斯区和北方区混生菊石群，Ladinian 期—晚三叠世则未见记载。巴颜喀拉山以南，菊石以晚三叠世为主，中三叠世少量，早三叠世尚未发现，且属特提斯区菊石群。现由下而上简述如下。

1. *Wordieoceras－Flemingites* 层

王义刚、陈国隆（1976）建"*Vishnuites*"层②，1984 年因"*Vishnuites*"属改为 *Wordieoceras* 属，故又改称 *Wordieoceras－Flemingites* 层，本书取后者。以玛多县东北 8 km 处所产菊石为代表，主要分子有 *W. decipiens*，*F. muthensis*，*Acanthophiceras* cf. *gibbosum*，*Gyrophiceras vermiformis* 和 *Anotoceras costatum* 等。本层包括两个以上的菊石层位，因采集时未曾划分，故沿用，时代为中—晚 Indian 期。分布于下环仓组、隆务河群下部和巴颜喀拉山群下部砂岩板岩

② 王义刚、陈国隆，1976，青海省三叠系的菊石层。青海地质（内刊），(2)。

表11-1 青海省三叠纪主要门类生物地层单位划分对比表

年代		菊石	双壳类	腕足类	牙形刺	植物
T_3	T_3^3					
	T_3^2	12. *Metagarites qinghaiensis* 层 11. *Placites–Cladiscites* 组合带	未建 9. *Burmesia qinghaiensis* 组合	7. *Omolonella cephaloformis–Septamphiclina qinghaiensis–Yulongella bolilensis–Mentzelioides zadoensis* 组合带	3. *Epigondolella postera* 动物群	*Dictyophyllum–Clathropteris* 植物群 *Danaeopsis–Clathropteris* 植物群 *Danaeopsis–Bernoullia* 植物群
	T_3^1	10. *Hoplotropites–Discotropites* 组合带 9. *Trachyceras* cf. *aon* 层	[9. *Burmesia qinghaiensis* 组合 continues]	6. *Arcosarina foliacea–Sulcatothyris emarginata–Cruratula eudoxa* 组合带	2. *Neogondolella polygnathiformis* 动物群	[plant assemblages continue]
T_2	T_2^2		8. *Unio* 组合	5. *Batangorhynchia xiaoleica* 组合	1. *Neogondolella mombergensis* 动物群	
	T_2^1	8. *Paraceratites trinodosus* 延限带 7. *Beyrichites–Hollandites–Balatonites* 组合带 6. *Lenotropites–Japonites* 组合带	5. *Neomorphotis gigantea* 顶峰带 4. *Leptochondria albertii plana–Neomorphotis spinosa* 组合带 6. *Neoschizodus–Plagiostoma* 组合带 7. *Costatoria–Trigonodus–Arcomya* 组合带	2. *Parantiptychia robusta* 顶峰带 1. *Lepismatina–Costirhynchopsis* 组合带 3. *Lingula dongmolongensis* 组合 4. *Diholkorhynchia sinensis* 组合		
T_1	T_1^2	5. *Subcolumbites–Procarnites–Prohungarites* 组合带 4. *Tirolites cassianus* 顶峰带 3. *Anasibirites* 顶峰带 2. *Meekoceras gracilitatis* 延限带	3. *Eumorphotis huancangensis–Leptochondria minima* 组合带			
	T_1^1	1. *Wordieoceras–Flemingites* 层	2. *Eumorphotis multiformis* 顶峰带 1. *Claraia aurita* 顶峰带			

组。

吴顺宝（1983）在《南祁连山三叠系》（杨遵仪等，1983）一书中，根据祁连山江茂丫口和甘肃省肃北县海屯南所产的菊石（范嘉松、尹集祥、叶继荪，1962）建立的"*Vishnuites*"*decipiens*－*Glyptophiceras polare* 层相当于本菊石层的中、下部（下限可能还要低一些）。

此外，南祁连山、西秦岭和东昆仑山南坡等地都记录有 *Ophiceras*，*Lytophiceras* 和 *Glyptophiceras* 等，因产地不明或层位有疑，本书暂未列出。若确实存在，应为早 Indian 期晚时。

2. *Meekoceras gracilitatis* 延限带

王义刚、陈国隆（1976）依据冬给措纳湖（托索湖）北所产菊石建立 *Meekoceras gracilitatis* 层②，本书改称延限带。以天峻县亚合陇贡玛和达芒曲所产的菊石为参考，主要分子有 *M. gracilitatis*，*M. evolutum*，*Pseudaspidites* cf. *lolouensis*，*Pseudohedenstroemia umbilicata*，*Xenodiscus* sp. 等。时代为早 Olenekian 期早时，分布于江河组、洪水川组、隆务河群下部和巴颜喀拉山群下部砂岩板岩组。

3. *Anasibirites* 顶峰带

何国雄、王义刚、陈国隆（1986）据玛多县闹仓坚沟剖面第 2—4 层的菊石建立 *Anasibirites* 层，本书改称顶峰带。主要分子有 *A. kingianus*，*Platussuria qinghaiensis*，*Anakashmirites oyensi*，*Pseudoceltites compressus*，*Subvishnuites* sp. 和 *Pseudosageceras* sp. 等。时代为早 Olenekian 期晚时，分布于闹仓坚沟组、隆务河群下部及郡子河组下部。

王义刚、陈国隆（1976、1984）建立的 *Gurleyites* 层和 *Gurleyites*－? *Keyserlingites* 层②，它们的层位与本顶峰带大致相当。

4. *Tirolites cassianus* 顶峰带

王义刚、陈国隆（1976）建立 *Tirolites* 层②，武汉地质学院、青海省地研所三叠系专题组（以下简称三叠系专题组）（1979）称 *T. cassianus* 带，吴顺宝（1983）在《南祁连山三叠系》一书中，将后者称为地方带，本书改为顶峰带。该顶峰带主要分布于祁连山南坡边缘地带，以天峻县草地沟剖面第 24 层的菊石为参考。主要属种有 *T. cassianus*，*T. idrianus*，*T. spinosus* 及 *Dinarites* sp. 等。时代为中 Olenekian 期，分布于江河组中部。

5. *Subcolumbites*－*Procarnites*－*Prohungarites* 组合带

由王义刚、陈国隆（1976、1979）的 *Procarnites*－*Prohungarites* 层②、吴顺宝（1983）的 *Procarnites*－*Albanites* 层及何国雄、王义刚、陈国隆（1986）的 *Subcolumbites* 层并合而成。产地很多，以玛多县闹仓坚沟剖面第 9—12 层的菊石为代表，乌兰县塔日格特剖面第 1—8 层、玛沁县昌马河剖面第 7—9 层和班玛县白玉寺剖面第 1—7 层等为参考。化石十分丰富，除组合带的属外，主要有 *Arnautoceltites*，*Albanites*，*Prosphingites*，*Eophyllites*，*Hololobus*，*Juvenites*，*Svalbardiceras* 等。时代为晚 Olenekian 期，分布于郡子河组（未分）下部、江河组上部、闹仓坚沟组下部、隆务河群下部及巴颜喀拉山群下部砂岩板岩组。

6. *Lenotropites*－*Japonites* 组合带

王义刚、陈国隆（1976）建 *Lenotropites* 或 *Paracrochordiceras* 层②，何元良、阴家润（1983）称 *Lenotropites*－*Paracrochordiceras* 层，吴顺宝称 *Lenotropites* 层，何国雄与王义刚、陈国隆（1986）又建 *Lenotropites*－*Japonites* 带。本书改后者为组合带，以玛多县闹仓坚沟剖面第 15—19 层的菊石为代表。该组合带菊石十分繁盛，个体多，数以千计，属种多，约 25 属 55 种，其中以腹部尖棱状或屋脊状的 Longobarditidae 科占绝对优势，如 *Grambergia*，*Lenotropites*，*Arctohungarites* 等。此外，在 Anisian 期比较原始的类型如 *Japonites*，*Keyserlingites*，

Ussurites，*Leiophyllites*，*Paradanubites* 等也较丰富。时代为早 Anisian 期，分布于大加连组、闹仓坚沟组中部和巴颜喀拉山群中部砂岩组。

7. *Beyrichites – Hollandites – Balatonites* 组合带

王义刚、陈国隆（1976）建 *Anagymnotoceras* 层②，何国雄、王义刚、陈国隆（1986、1990）又建 *Beyrichites – Hollandites* 带及 *Balatonites gracillis* 带。本书将它们合称 *Beyrichites – Hollandites – Balatonites* 组合带。该组合带以闹仓坚沟剖面第 21—34 层的菊石为代表，格陇一本扑陇剖面（二）第 1—2 层和尖扎县隆务河口剖面第 41 层的菊石为参考。化石丰富，约 20 个属 30 个种，其中东昆仑山南坡—西秦岭以 Beyrichitidae 科的菊石，如 *Hollandites*，*Beyrichites*，*Nicomedites*，*Anagymnotoceras* 等大量繁盛为特征，*Gymnites* 和 *Sturia* 也很常见；唐古拉山东北缘以 Balatonitidae 科的 *Balatonites* 和 *Cuccoceras* 为主。时代为中 Anisian 期，分布于闹仓坚沟组中部和上部、隆务河群上部和结隆组下部，甲丕拉组下部、洪水川组、切尔玛沟组和巴颜喀拉山群中部砂岩组可能也有分布。

8. *Paraceratites trinodosus* 延限带

1990 年何国雄、王义刚、陈国隆建立 *Paraceratites trinodosus* 带，本书改称延限带。以玉树县汹压陇剖面第 6—10 层所产菊石为参考。除延限带的典型分子外，主要有 *P. subnodosus* 和 *P. batangensis* 等。此外，与其相邻的带日剖面第 1—2 层所产鹦鹉螺 *Gurmanonautilus salinarius*，*G. furlongi* 和治多县麦龙涌所产 *Aristoptychites* cf. *gerardi* 等归入本延限带。时代为晚 Anisian 期，分布于甲丕拉组下部和结隆组中部。

王义刚、陈国隆（1976）依据香阿洞和兴海县温泉西北 13 km 处所产菊石建 *Pseudaplococeras – Semiornites* 层②，后（1979）改称 *Semiornites* 层，其面貌与土耳其的 *Paraceratites trinodosus* 带相似，本书将其归入本延限带。

吴顺宝（1983）在《南祁连山三叠系》一书中，建立 *Tianjunites – Pseudaplococeras* 地方带，时代为 Anisian 期，分布于切尔玛沟组。除 *Pseudaplococeras* 外，所余均为新属种。王义刚（1984）在观察该地的 *Pseudaplococeras* 标本后，持疑义，故本书未列出，其问题留今后解决。

9. *Trachyceras* cf. *aon* 层

王义刚、陈国隆（1976、1979）先称含 *Trachyceras* cf. *aon* 的层位②，后（1984）称 *T.* cf. *aon* 层；何国雄、王义刚、陈国隆（1990）又建 *Neoprotrachyceras* 层。本书依王义刚、陈国隆意见称 *T.* cf. *aon* 层，包括 *T.* cf. *aon*，*T.* cf. *panodorae*，*Neoprotrachyceras* cf. *thous*，*Cladiscites crassistriatus* 等。时代为早 Carnian 期，主要产于治多县多采乡巴塘群下组和玉树县汹琼的波里拉组下部。

10. *Hoplotropites – Discotropites* 组合带

何国雄、王义刚、陈国隆（1990）建立 *Hoplotropites – Discotropites* 带，本书改称组合带，包括王义刚、陈国隆（1984）建立的 *Discotropites* 层。以杂多县结杂乡扎那涌剖面第 3—6 层所含菊石为代表，高郭查依和扎莫为主要参考地点。菊石十分丰富，除组合带的属外，主要有 *Tropites*，*Paratropites*，*Jovites*，*Pamphagosirenites* 和 *Trachysagenites* 等，时代为晚 Carnian 期，分布于甲丕拉组中部和波里拉组下部，巴塘群下组和中组可能也有分布。

80 年代初，王义刚等在鉴定结杂乡扎那涌和扎莫等地数块菊石标本时，曾定为 *Liardites*，*Maclearnoceras* 等，视为 Ladinian 阶上部，被广泛引用。在建立本带时，王义刚等已做订正，实为本组合带的新成员—— *Acantholiardites* 属。因此何元良、阴家润（1983）所建

Maclearnoceras－*Paratrachyceras* 层和王义刚、陈国隆（1984）所建 *Frankites*－*Maclearnoceras* 层应予停用。迄今，省内尚未见可靠的拉丁期菊石报道。

11. *Placites*－*Cladiscites* 组合带

本书改何国雄、王义刚、陈国隆（1990）所建 *Placites*－*Cladiscites* 组合为组合带，包括王义刚、陈国隆（1984）所建 *Pseudocardioceras* 层，*Stenarcestes* 层和 *Pseudosirenites* 层。产地较多，菊石丰富，以肖恰错剖面第 10 层所含的菊石为代表，玉树县叶龙达和治多县阿尼弄等地为参考地点。菊石以壳表光滑或装饰十分简单，大多数以内卷为特征，如 *Arcestes*，*Placites*，*Cladiscites*，*Megaphyllites* 和 *Discophyllites* 等。时代为早—中 Norian 期，分布于波里拉组上部和巴塘群中组。

12. *Metagarites qinghaiensis* 层

何国雄、王义刚、陈国隆（1990）建立，菊石群十分单调，仅见 *Metagarites qinghaiensis* 一种，为特化类群，未见其他化石与之共生，目前仅在结杂乡暖切剖面第 3 层发现，它位于 *Placites*－*Cladiscites* 组合带之上，时代可能为晚 Norian 期，分布于巴贡组中部。

（二）双壳类

省内三叠纪双壳类分布广泛，除柴达木盆地外，各地都有分布。北部以 Olenekian 期—Anisian 期双壳类最繁盛，南部以晚三叠世双壳类最丰富，唐古拉山地区在早三叠世尚未见其踪迹。双壳类以海相为主，非海相少量，属特提斯型，混有北方型和环太平洋型分子。由下而上概述如下。

1. *Claraia aurita* 顶峰带

1983 年何元良、阴家润建立 *Claraia aurita* 带。同年，殷鸿福、阴家润在《南祁连山三叠系》一书中，建 *C. aurita* 地方带，本书改为顶峰带。该顶峰带以天峻县草地沟剖面第 3 层所产双壳类为参考，属种及数量均少，主要有 *C. aurita* 和 *C. yangkangensis*。时代为中 Indian 期。分布于下环仓组中部及尕海群顶部。

此外，西秦岭地区曾记录有 *Claraia* 的许多种，如 *C. wangi*，*C. griesbachi*，*C. aurita* 等，因层位有疑，本书未用。其问题留后研究处理。

2. *Eumorphotis multiformis* 顶峰带

三叠系专题组(1979)与何元良、阴家润(1983)都在各自的论文中列有 *Eumorphotis multiformis* 组合，但未描述。殷鸿福、阴家润(1983)依据南祁连山双壳类的材料，建立 *Eumorphotis multiformis* 地方带，本书改成顶峰带。该顶峰带以草地沟剖面第 5—17 层所产的双壳类为参考，属种及数量较多，约 14 属 25 种，其中以典型分子 *E. multiformis* 最丰富。此外，重要分子有 *E. inaequicostata*，*Promyalina putiatinensis*，*Neoschizodus concentricus*，*Unionites fassaensis*，*Pteria ussurica variabilis* 等。它们直接覆于 *Claraia aurita* 顶峰带之上，时代为中—晚 Indian 期，分布于下环仓组，隆务河群下部可能也有分布。

3. *Eumorphotis huancangensis*－*Leptochondria minima* 组合带

三叠系专题组（1979）与何元良、阴家润（1983）先后建立 *Leptochondria minima* 组合或层（未描述），殷鸿福、阴家润在杨遵仪等（1983）所著《南祁连山三叠系》一书中，建立 *Eumorphotis huancangensis*－*L. minima* 地方带，鲁益钜、陈楚震（1986）根据布尔汗布达山的双壳类建立 *E. huancangensis*－*Entolium discites microtis* 组合。三者的“种属面貌大同小异”，本书采用殷鸿福、阴家润的建名，并改成组合带。它直接覆于 *E. multiformis* 顶峰带之上，分布很广，产地很多，以草地沟剖面第 19—24 层所产双壳类为代表。除建组合带的典型分子外，主

要有 *E. iwanowi*，*E. inaequicostata*，*Promyalina magni*，*Bakevellia exporrecta*，*Plagiostoma paradoxum*，*Entolium discites microtis* 等，它们与菊石 *Tirolites cassianus* 顶峰带（南祁连山），*Anasibirites* 顶峰带（布尔汗布达山）及腕足类、腹足类等共生。时代为 Olenekian 期，分布于下环仓组上部、江河组下部、洪水川组上部、闹仓坚沟组下部，隆务河群也可能有分布。

尚需指出，本组合带在南祁连山除地方种外，主要是日本—海参崴区的分子，那里的 *Leptochondria minima*，*L. bittneri*，*L. virgalensis* 等主要分布于中 Indian 期（Gyronitan），常与 *Eumorphotis multiformis* 共生。在喀什米尔则见于 Otoceratan—Owenitan 早期，主要出现在 Gyronitan。*E. iwanowi* 在日本、海参崴及我国南方均出现在 Gyronitan—Owenitan。上述化石在南祁连山则分布于 Olenekian 期，直至 Olenekian 晚期，比上述各地出现晚，消失亦晚，可能是因生物迁移而造成的生物地层单位的穿时现象（杨遵仪等，1983）。

4. *Leptochondria albertii plana* - *Neomorphotis spinosa* 组合带

三叠系专题组（1979）建 *Leptochondria albertii plana* 组合，何元良、阴家润（1983）称 *L. illyrica* 层（南祁连山）和 *Daonella* cf. *boeckhi* 层（秦岭），殷鸿福、阴家润在杨遵仪等（1983）所著《南祁连山三叠系》一书中，建立 *L. albertii plana* - *Neomorphotis spinosa* 地方带。本书将后者改成组合带，它直接覆于第 3 组合带之上，常与菊石第 6、第 7 组合带共生。属种众多，数量丰富，以弱海扇 *Leptochondria* 普遍发育为特点。大加连剖面第 9—33 层为其代表，除组合带的特征分子外，主要有 *L. illyrica*，*L. subillyrica*，*Pecten liscaviensis*，*Chlamys schroeteri*，*Plagiostoma angustestriatum* 等。时代为早—中 Anisian 期，分布于大加连组、江河组、下环仓组和隆务河群上部。

5. *Neomorphotis gigantea* 顶峰带

三叠系专题组（1979）建 *Neomorphotis gigantea* 组合，何元良、阴家润（1983）建“*Myophoria*”层，殷鸿福和阴家润建 *N. gigantea* 地方带于南祁连山（据杨遵仪等，1983）。本书将后者改称顶峰带，包含殷鸿福、阴家润二人在同地、同年所建的 *Latinewaagia qilianensis* 亚带。该顶峰带以莫力克沟剖面第 1—13 层所产双壳类为参考；生物群极其繁盛，具浓厚的地方色彩，以含大型的双壳类 *N. gigantea*，*Latinewaagia* 等为特征；褶翅蛤类十分丰富，重要分子有 *Leviconcha orbicularis*，*Neoschizodus laevigatus*，*Parallelodon beyrichii*，*Plagiostoma angustestriatum*，*Elegantinia elegans* 等，与腕足类第 2 顶峰带共生。时代为中—晚 Anisian 期，分布于切尔玛沟组。

6. *Neoschizodus* - *Plagiostoma* 组合带

鲁益钜、陈楚震（1986）据布尔汗布达山南坡所产双壳类建立 *Neoschizodus* - *Plagiostoma* 组合，本书改成组合带。该组合带以希里可特剖面第 1—16 层所产双壳类为代表，产地较多，化石丰富，以 *Neoschizodus*，*Praechlamys*，*Bakevellia*，*Trigonodus*，*Hoernesia*，*Plagiostoma* 和 *Lopha* 等为特征。其时代争议的焦点是有无 Ladinian 期，本书按建名者意见处理为 Anisian 期—Ladinian 早期，分布于闹仓坚沟组和希里可特组。

7. *Costatoria* - *Trigonodus* - *Arcomya* 组合带

沙金庚、陈楚震、祁良志（1990）依据玉树地区的双壳类建立 *Costatoria* - *Trigonodus* - *Arcomya* 组合，本书改称组合带。该组合带以玉树县东矛陇剖面第 4—27 层所含双壳类为代表，种类繁多、个体数量多，以带脊的 *Costatoria* 为特征，除组合带的成员外，主要有 *Unionites*，*Pleuromya*，*Entolium*，*Plagiostoma*，*Leptochondria*，*Bakevellia* 及 *Neomorphotis* 等，尚有环太平洋区分子 *Kumatrigonia*。时代为 Anisian 期—早 Ladinian 期，分布于甲丕拉组下部。

第4、5、6、7组合带（顶峰带）彼此间有许多共同的分子，它们可否合并为一个生物地层单位？待后研究解决。

8. *Unio* 组合

由沙金庚、陈楚震、祁良志（1990）建立，直接覆于第7组合带之上，目前仅见于东矛陇剖面第28层。主要分子是淡水种类*Unio huainingensis* 和*U. huangbogouensis*。时代为晚Ladinian期，本书不排除有属早Carnian期的可能，分布于甲丕拉组下部。

此外，祁连山的阿塔寺组、尕勒得寺组，都零星地含一些非海相双壳类，其中以*Utschamiella* 为主，它们与北方型或过渡型植物群共生或夹于其中，时代为晚三叠世。

9. *Burmesia qinghaiensis* 组合

饶荣标等（1987）根据青海省大通县所产双壳类（鲁益钜，1981）建立的，除组合的分子外，主要有*Plagiostoma nuitoense*，*Palaeonucula strigillata*，*Palaeoneilo elliptica*，*Unionites griesbachi*，*U. zadoensis*，*Yunnanophorus qiaotouensis* 和*Palaeolima balatonica* 等。时代为Carnian期—早Norian期，分布于尕勒得寺组。该组合虽然目前只发现一个地点，但它可能代表了祁连山地区三叠纪最高海相地层，且扩大了*Burmesia* 的地理分布范围，故本书予以列出。

在祁连山地区，阿塔寺组内还零星发现一些海相双壳类如*Elegantinia*，*Unionites*，*Nuculana*，*Palaeonucula*，*Bakevellia*，*Hoernesia* 和*Plagiostoma* 等，其中许多属种与大通县所产的相同，并夹于北方型植物第1组合之中，其层位可能相当于本组合的下部，有的或许包含了部分Ladinian期的层位。

晚三叠世双壳类在省内的西秦岭尚未见报道，在东昆仑山地区仅局部零星见及（海相）。在巴颜喀拉山地区零散分布，属种稀少而单调，以*Halobia* 为主。唐古拉山地区经沙金庚、陈楚震、祁良志研究（1990）分为Carnian期和Norian期两个动物群，面貌特征是：

Carnian期双壳类相当繁盛，类型多。翼形类海扇减少，海燕蛤兴起并骤然繁盛，褶翅蛤科分子增多，全为宽脊。异齿蛤类*Schafhaeutlia* 成为内栖双壳类首位，外栖粘结型除*Placunopsis* 外，尚出现新分子*Liostrea*，异铰类占重要地位，以*Pleuromya* 和*Pseudobermesia* 最重要。结扎群双壳类以宽脊的*Costatoria* 为特点，巴塘群则是*Halobia* 群。

Norian期双壳类以东南亚地方型为特色，主要是*Pergamidia*，*Krumbeckiella* 和*Sichuania* 等，*Halobia* 分异度高，异齿类*Schafhaeutlia* 较丰富，*Trigonodus* 和*Unionites* 仍然出现，都是地方种，锉蛤类的代表是*Plagiostoma*，褶翅蛤类缺失*Costatoria*，但见*Elegantinia*，伟齿蛤类*Neomegalodon* 出现。早期以*Halobia* 群为主，晚期仅见*Cardium*（*Tulongocardium*）和*Palaeocardita* 等。

此外，三叠系专题组（1979）将海相活动型（主指巴颜喀拉山区）之Carnian期双壳类称为*Halobia suberba*－*H. yunnanensis* 组合，Norian期双壳类为*H. superbescens* 组合；将海相台地型及过渡区（主指唐古拉区）之Carnian期双壳类称为*Pomarangina haydeni* 组合。嗣后，何元良、阴家润（1983）又在布尔汗布达山区（?）之Norian期双壳类建立*Unionites emeiensis* 组合。

饶荣标等（1987）将青海布尔汗布达山—玛沁一线以南的晚三叠世Carnian期和Norian期双壳类分为五个组合。Carnian期的分为3种情况：①治多新乡、曲麻莱、西金乌兰湖一带为*Costatoria* cf. *inaequicostata*－*Cornucardia* cf. *hornigii* 组合；②玉树、囊谦、杂多一带为*Halobia pluriradiata*－*Costatoria inaequicostata* 组合；③达日、班玛、壤塘一带为*Halobia pluriradiata*－*H. yunnanensis* 组合。Norian期的双壳类在杂多、囊谦一带，自下而上分为两

个组合：①*H*. cf. *plicosa* - *H*. *superbescens* 组合；②*Indopecten himalayensis variecostatus* - *Burmesia lirata* - *Pergamidia eumenea* 组合。

三叠系专题组，何元良、阴家润及饶荣标等所建的组合能否成立，它们之间对比关系如何？有待进一步研究。

（三）腕足类

省内三叠纪腕足类除 Lndian 期和 Rhaetian 期未见记录外，其余时期都有报道。其中，祁连山、东昆仑山和西秦岭等地，以 Anisian 期腕足类最繁盛，Olenekian 腕足类少量，Ladinian 期—晚三叠世腕足类尚未发现。而唐古拉山地区则以 Carnian 期—Norian 期腕足类最发育，中三叠世腕足类少量，早三叠世腕足类尚未见其踪迹。巴颜喀拉山地区腕足类分布零星，偶有见及。虽然它们都属于特提斯区腕足类动物群，但与北方区有着密切关系。由下而上简述于下。

早三叠世腕足类始见于中—晚 Olenekian 期，仅零散地发现于祁连山地区，具浓郁的地方色彩，约 6 属 12 种。何元良、阴家润（1983）据此由下而上建立 *Proanadyrella circularia* 层和 *Antezeilleria* - *Compositella* 层（未描述，面貌不清，本书未用），它们多与双壳类第 3 组合带和腹足类共生。时代属中—晚 Olenekian 期，分布于江河组和大加连组，巴颜喀拉山群中部砂岩组可能也有分布。

1. *Lepismatina* - *Costirhynchopsis* 组合带

三叠系专题组（1979）建立 *Pseudospiriferina tsinghaiensis* 组合，徐桂荣和刘广才在杨遵仪等（1983）所著的《南祁连山三叠系》一书中，建立 *Lepismatina* - *Costirhynchopsis* 组合。本书依从徐桂荣、刘广才的意见，并改称组合带，还包括徐桂荣、刘广才同年同地所建的 *Eoantiptychia pentagona* - *Hirsutella extraruga* 层及何元良、阴家润（1983）所建的 *Paralepismatina* - *Hirsutella extraruga* 层。以大加连沟剖面第 12—33 层的腕足类为代表，约有 25 种。除上列组合（带）、层中的属种外，主要有 *Triasorhynchia subglobulina* 和 *Parasulcatinella obesus* 等。它们常与双壳类第 4 组合带共生，有时与菊石第 6 组合带相伴出现。时代为早—中 Anisian 期，分布于大加连组和江河组。

2. *Parantiptychia robusta* 顶峰带

由徐桂荣、刘广才在南祁连山所建 *Parantiptychia robusta* 地方带（据杨遵仪等，1983）演变而来，包括徐桂荣、刘广才在同年同地所建 *Yangkangia planofolda orbiculoidea* 层的上部及何元良、阴家润（1983）所建的 *Costirhynchopsis* 层上部。以莫力克沟剖面第 1—13 层的腕足类为参考。该顶峰带分布广泛，化石丰富，具浓厚的地方色彩，以 *Parantiptychia* 等牙板发育的穿孔贝类为特色。除上列属种外，主要有 *Sulcatinella*，*Qispiriferina*，*Schwagerispira* 和 *Pseudospiriferina* 等属。它们常与双壳类第 5 顶峰带共生。时代为中—晚 Anisian 期，分布于切尔玛沟组和大加连组顶部。

3. *Lingula dongmolongensis* 组合

孙东立、李炳有（1990）据东矛陇剖面第 20—27 层所含的腕足类命名的腕足类组合，代表近滨海亚潮汐环境。只见 *Lingula* 一属，包括 *L. dongmolongensis* 和 *L. shanglaxiuensis* 等种。它们与双壳类第 7 组合带共生。时代为 Anisian 期，可能包括部分 Ladinian 期，分布于甲丕拉组的下部。本组合的延伸情况还需进一步工作。

4. *Diholkorhynchia sinensis* 组合

孙东立、李炳有（1990）建名于玉树县着钦库—免强库。代表比较动荡的正常浅海潮下带环境。仅见 *Diholkorhynchia sinensis* 一种。时代为 Anisian 期，分布于甲丕拉组下部。此外，孙东立、叶松龄（1982）研究了托索湖地区 Anisian 期闹仓坚沟组的腕足类动物群，它们与菊石第 6—7 组合带共生。省内西秦岭隆务河群上部和班玛县白玉寺等地巴颜喀拉山群中部砂岩组也零星记录有一些 Anisian 期腕足类（金玉玕等，1979；青海省第一区测队，1973；青海省第二区调队，1989），它们与祁连山和唐古拉山东端的中三叠世腕足类有许多相同的属种，面貌相似，同处于特提斯区生物区系。因此它们能否建立一个生物地层单位，值得今后研究探讨。

饶荣标等（1987）在三江亚区（含青海省部分）建立了 *Mentzelia mentzelii* - *Diholkorhynchia sinensis* 组合，在南祁连山-西秦岭亚区（含东昆仑山）建立了 *Pseudospiriferina paucicostata* - *P. tsinghaiensis* 组合，是否合适，尚需商榷。

5. *Batangorhynchia xiaoleica* 组合

孙东立、李炳有（1990）建名，仅见于玉树肖来剖面，以小嘴贝类 *Batangorhynchia xiaoleica* 为特征，它与 Ladinian 期有孔虫共生，分布于甲丕拉组中部。虽然目前产地只有 1 处，因它是省内 Ladinian 期腕足类的代表，故本书予以列出。

6. *Arcosarina foliacea* - *Sulcatothyris emarginata* - *Cruratula eudoxa* 组合带

孙东立、李炳有（1990）建立 *Arcosarina foliacea* - *Sulcatothyris emarginata* - *Cruratula eudoxa* 组合于玉树地区，本书改称为组合带。以肖恰错剖面（陈国隆、陈楚震等，1990）第 1—5 层所产的腕足类为代表，肖来、克龙弄和杜拉陇—拉以陇等剖面为参考。以穿孔贝类地方种为主，分异度低，代表稳定的浅海环境，除组合带的分子外，主要有 *Arcosarina pentagona*, *A. sangkaensis*, *Coenothyris* cf. *pyriformis* 和 *Rhaetinopsis zadoensis* 等。与 Carnian 期双壳类、有孔虫和牙形石等共生，时代无疑应属 Carnian 期，分布于甲丕拉组上部和波里拉组下部，巴塘群下组和中组可能也有分布。

三叠系专题组（1979）及何元良、阴家润（1983）曾建 *Koninckina gigantea* 层（组合），饶荣标等（1987）在三江亚区曾建 *Oxycolpella oxycolpes* - *Rhaetinopsis ovata* 组合。因未描述，且组合分子在本组合带之上也很发育，因此本书未用。

7. *Omolonella cephaloformis* - *Septamphiclina qinghaiensis* - *Yulongella bolilensis* - *Mentzelioides zadoensis* 组合带

孙东立、李炳有（1990）在建此名时称为组合，本书提升为组合带。以肖恰错剖面第 6—10 层的腕足类为代表，格陇—本扑陇和格叶家陇等剖面（陈国隆、陈楚震等，1990）为参考。该组合带腕足类丰富，多数为地方种，分异度高，包括了小嘴贝类、准石燕贝类、康尼克贝类、无窗贝类、穿孔贝类和采勒贝类等几乎绝大多数三叠纪腕足类动物群，表明为开阔的正常浅海、近礁环境，它们常与菊石 *Placites* - *Cladiscites* 组合带及 Norian 期有孔虫、牙形石和双壳类共生。时代应属 Norian 期，分布于波里拉组和巴塘群中组。

三叠系专题组（1979）曾建 *Rhaetina* 组合，何元良、阴家润（1983）曾建 *Caucasorhynchia kunensis* 组合，饶荣标等（1987）在三江亚区曾建 *Rhaetina caucasica* - *Sacothyris sinosa* 组合。这些组合未见代表剖面或地点，是否相当于本组合带，尚需研究。

（四）牙形石

省内三叠纪牙形石比较系统的研究始于 80 年代，主要由王志浩、王骊军（1990）研究，成果摘录如下（由下而上）：

1. *Neogondolella mombergensis* 动物群

见于玉树县尼玛郎甲丕拉组，除 *Neogondolella mombergensis* 外，尚有 *N. constricta*，*N. navicula* 等。此外西金乌兰湖—双头山之巴颜喀拉山群中部砂岩组所含 *N. mombergensis*，*N. transita* 及 *Galdigondolella tethydis*（张以茀、郑健康，1994），亦为本动物群。时代为晚 Anisian 期—Ladinian 期。

2. *Neogondolella polygnathiformis* 动物群

见于扎那涌剖面，主要由 *Neogondolella polygnathiformis* 和 *N. navicula* 组成，时代为 Carnian 期。分布于波里拉组下部。

3. *Epigondolella postera* 动物群

主要分布于格叶家陇、肖恰错和阿尼弄等地之波里拉组上部及巴塘群中组，除代表分子 *Epigondolella postera* 外，还有 *E. abneptis*，*E. abneptis spatulatus*，*Neogondolella navicula*，*N. polygnathiformis* 等，时代为中 Norian 期。

综上所述，第 2 动物群的主要分子在第 3 动物群里也较丰富，因此第 2、第 3 动物群可否合并建立一个牙形石地层单位？尚待研究。

（五）有孔虫

省内三叠纪有孔虫研究程度低，多为零星记载，仅何炎、王骊军（1990）对玉树地区的有孔虫做了较详细的研究，主要成果如下（由下而上）：

（1）Anisian 期有孔虫：见于汹压陇和带日等剖面之甲丕拉组下部，主要代表是礁相沙盘虫科的 *Glomospira densa*，*Glomospirella grandis* 和双口虫科 *Krikoumbilica pileiformis*，与菊石 *Paraceratites trinodosus* 延限带和双壳类第 7 组合带（下部）共生，时代为中—晚 Anisian 期。

（2）Ladinian 期有孔虫：见于带日剖面上部及肖来剖面下部等地之甲丕拉组下部，以沙盘虫科代表开阔浅海相的 *Turritellella mesotriasica* 群为代表，另有 *T. lataxis* 和 *Triadodiscus eomesozoica* 等。

（3）Carnian 期有孔虫：见于肖来剖面上部、东矛陇剖面第 32 层及肖恰错剖面第 1—5 层等地之甲丕拉组上部和波里拉组下部，主要代表有 *Aulotortus praegaschei*，*Angulodiscus planidiscoides* 和 *Turritellella carnica* 等，它们常与腕足类第 6 组合带和 Carnian 期双壳类共生。

（4）Norian 期有孔虫：产地较多，如杜拉陇—拉以陇剖面、肖恰错剖面第 6—10 层、格叶家陇剖面第 1—3 层及叶龙达剖面和勃日切能南沟剖面等。化石较丰富，典型代表是壳体凸镜状和扁的包旋虫科的分子，某些粘合质种类和一些节房虫科成员，如 *Triasina oberhauseri*，*Trocholina crassa*，*T. simplex*，*Aulotortus parva*，*Angulodiscus communis*，*Variostoma angulata* 和 *Glomospirella falsotriedli* 等，它们常与菊石第 11 组合带、腕足类第 7 组合带及 Norian 期双壳类、牙形石等共生，分布于波里拉组和巴塘群中组。

（六）腹足类

分布广泛，但采集、研究不足，多为零散记载。殷鸿福在《南祁连山三叠系》（杨遵仪等，1983）中建立了 3 个腹足类层，属特提斯型。由下而上：

（1）*Neritaria jiangheensis* 层：含有 3 个新种，其中意义较大的是 *N. jiangheensis* 种。与菊石第 4 顶峰带和双壳类第 3 组合带共生，分布于大加连组下部。

（2）腹足类层：共见 7 种，包括 *Marmolatella plana* 和 *Naticopsis signata* 等。主要见于大加连沟剖面第 28—29 层。与双壳类第 4 组合带和腕足类第 1 组合带共生，时代为早—中

Anisian 期，分布于大加连组上部。

(3) *Worthenia conica* 层：仅见 *W. conica* 1 种，与双壳类第 5 顶峰带和腕足类第 2 顶峰带共生。时代为中—晚 Anisian 期，分布于佳勒隆沟、莫力克和切尔玛沟等地之切尔玛沟组。

（七）植物

省内三叠纪植物化石在早、中三叠世仅见 *Neocalamites* 及碎片，而在晚三叠世却非常丰富，主要赋存于含煤层。根据植物群的性质，可以分出北方型、过渡型和南方型三大类群（饶荣标等，1987）。

1. 北方型 *Danaeopsis* - *Bernoullia* 植物群

分布于祁连山地区的默勒群和南营儿组，以默勒群植物群为主，计 32 属 61 种。其属种的垂直分布及各类植物所占的比例均有明显不同，据此，何元良在《南祁连山三叠系》一书（杨遵仪等，1983）中由下而上建立了 2 个组合：

(1) *Neocalamites meriani* - *Danaeopsis marantacea* 组合：特点是：①木贼纲比较发育，其中 *Neocalamites meriani* 仅出现于本组合，且普遍存在；②真蕨纲较多，以观音座莲科的 *Danaeopsis fecunda* 最为常见，上部尚产 *D. marantacea*，合囊蕨科的 *Bernoullia zeilleri* 与枝脉蕨型（*Cladophlebis*）植物不甚发育；③种子蕨植物仅见少量 *Thinnfeldia* 碎片；④未见苏铁与松柏类踪迹；⑤银杏类属种单调，仅为 *Glossophyllum*? *shensiensis* 及少量 *Ginkgoites*。时代为 Carnian 期，可能包括部分 Ladinian 期，分布于阿塔寺组、尕勒得寺组和南营儿组。

(2) *Cladophlebis* - *Pseudodanaeopsis*③ 组合：特点是：①真蕨纲中 *Cladophlebis* 较多，观音座莲科仅见 *Danaeopsis fecunda*，并且发现有双扇蕨科的 *Dictyophyllum*，? *Clathropteris*；②种子蕨属种增多，如 *Thinnfeldia*，*Protoblechnum* 等；③有较多的苏铁类出现，如 *Pterophyllum*，*Sphenozamites*，*Otozamites*，*Ctenis* 等；④银杏类比较发育，除 *Glossophyllum*? 外，还出现多种叶片较大，裂片较长的 *Sphenobaiera*，*Ginkgoites* 等；⑤松柏类出现，但不发育，多为披针型的 *Podozamites*，偶有针叶型的 *Pityophyllum* 和发现繁殖器官 *Swedenborgia cryptomerioides*。时代为 Norian 期—Rhaetian 期，分布于尕勒得寺组和南营儿组。

2. 过渡型 *Danaeopsis* - *Clathropteris* 植物群

以八宝山组植物群为主，鄂拉山组和多福屯群可能也有分布。约 38 属 72 种，其中以双扇蕨科的 *Dictyophyllum nathorsti*，*Clathropteris meniscioides* 与合囊蕨科的 *Bernoullia zeilleri* 为主，观音座莲科的 *Danaeopsis fecunda* 有一定数量，种子蕨类的 *Ptilozamites*，*Lepidopteris*，*Protoblechnum* 有相当比重，苏铁类、银杏类和松柏类处于次要地位。因此该植物群既有我国南方型植物群众多的典型分子，又有我国北方型植物群的成员，属于过渡型植物群（饶荣标等，1987）。

李佩娟、何元良（1986）则认为该植物群的基本面貌是属于南方型。

3. 南方型 *Dictyophyllum* - *Clathropteris* 植物群

主要见于唐古拉山之结扎群，据吴向午、何元良（1990）研究，按植物群的组成和属种的垂直分布，由下而上可以分为下面两个组合。

(1) 下组合：产于省内甲丕拉组的植物化石少而单调，全为有节类属种，大多数茎干粗大，显示古老原始特色，仅见 *Equisetites* 和 *Neocalamites* 两属。时代为 Carnian 期，也有 Ladinian 晚期色彩。

---

③ 沈光隆在本书送审稿（1994）中批注：*Pseudodanaeopsis* 不具建属条件，已归入 *Danaeopsis*。

（2）上组合：产于省内巴贡组的植物群是结扎群植物群的主体，约 22 属 33 种，其中：①真蕨纲的双扇蕨科十分繁盛，主要有 *Thaumatopteris*，*Dictyophyllum*，*Clathropteris* 等。尚有马通科的 *Phlebopteris* 以及观音座莲科的 *Danaeopsis*，但缺失星囊蕨科、合囊蕨科、里白科和紫箕科的重要成员；②苏铁纲也很丰富，本内苏铁目的属种特多，主要有 *Pterophyllum*，*Anomozamites*，*Otozamites* 等，苏铁目仅见 *Anthrophyopsis* 及可能属于 *Nilssonia* 的一些碎片；③种子蕨纲的属种也较多，如 *Lepidopteris*，*Ptilozamites*，*Hyrcanopteris*，*Thinnfeldia*，但缺失 *Ctenozamites*；④银杏类和松柏类缺失或少见，仅发现 *Podozamites* 的碎片。该植物群无疑应属 *Dictyophyllum* - *Clathropteris* 植物群，时代为 Norian 期，可能包含部分 Rhaetian 期。

（八）孢粉

80 年代开始，冀六祥对南营儿组、西大沟组、洪水川组、隆务河群、巴颜喀拉山群和结扎群等的孢粉组合特征做了较系统的研究④，其中以结扎群的孢粉研究最详细，成果（冀六祥，1990、1991）如下：

1. 甲丕拉组孢粉 *Apiculatisporis* - *Taeniaesporites* - *Micrhystridium* 组合

计有孢粉和疑源类 51 属 70 种。除组合中的属外，主要有 *Punctatisporites*，*Dictyophyllidites*，*Chordasporites*，*Ovalipollis* 和 *Brocholaminaria* 等属，时代为 Carnian 期。

2. 波里拉组孢粉 *Ovalipollis* - *Micrhystridium* 组合

以丰富的孢子花粉和形态多样的疑源类为特征。计 62 属 91 种。除组合中的属外，主要有 *Calamospora*，*Marattisporites*，*Aratrisporites*，Pinaceae，*Caytonipollenites*，*Dictyotidium* 和 *Taenitum* 等，时代为 Norian 期。

3. 巴贡组孢粉组合（未建名）

孢粉和疑源类共 50 属 59 种。主要有 *Dictyophyllidites*，*Kyrtomisporis*，*Cycadopites*，*Ovalipollis* 和 *Micrhystridium* 等。本组合与波里拉组的孢粉组合有一定相似性，所不同者是本组合的重要分子 *Concavisporites*，*Lophotriletes*，*Neoraistrickia*，*Baculatisporites* 和 *Kyrtomisporis* 等在波里拉组孢粉组合中未见踪迹，而波里拉组孢粉组合中以 *Ovalipollis* 花粉占优势，且蕨类孢子中含有古生代残存类型以及含大量的疑源类，这是本组合难以相比的，因此本组合的时代要晚于第 2 组合的时代，为 Norian 期至 Rhaetian 期。

冀六祥在分析、鉴定青海省区调综合地质大队采自东风、巴颜喀拉山口等地的巴颜喀拉山群孢粉后建立了 3 个组合，而该队（1992）在《1：20 万东风幅、巴颜喀拉山主峰幅（I-47-[13]、[14]）区域地质调查报告》中，将此 3 个组合改为 3 个组合带（?），其中早三叠世的称 *Limatulasporites* - *Lundbladispora* - *Cycadopites* - Acritarchs 组合带，中三叠世的称 *Punctatisporites* - *Limatulasporites* - *Cycadopites* - Acritarchs 组合带，该两个组合带都分布在下部砂岩板岩组和中部砂岩组。晚三叠世的为 *Punctatisporites* - *Kyrtomisporis* - *Alisporites* - Acritarchs 组合带，分布于上部板岩组。该 3 个组合带延伸情况有待于研究。

由金俊华鉴定，冀六祥指导并整理，在大通地区建立了六个孢粉组合（青海省第九地质队，1990）⑤，由上而下是：⑥*Punctatisporites* - *Calamospora* - *Podocarpidites* 组合；⑤*Punctatisporites* - *Cyclogranisporites* - *Taeniaesporites* 组合；④*Punctatisporites* - *Podocarpidites* - *Caytonipollenites* 组合；③*Punctatisporites* - *Cyclogranisporites* - *Cycadopites* 组合；②*Punc-*

④ 冀六祥，1990，青海三叠纪孢粉组合特征（手稿）。
⑤ 青海省第九地质队，1990，1：5 万大通县幅、互助县幅、苏家堡幅、后子河幅（J-47-120-A、B、C、D）区域地质调查报告（地质部分）。青海省地矿局。

tatisporites – *Dictyophyllidites* – *Piceites* 组合；①*Punctatisporites* – *Calamospora* – *Cycadopites* 组合。第⑥—②组合的时代为晚三叠世，分布于南营儿组。第①组合的时代为早三叠世，分布于下环仓组。这些组合，特别是②—⑥组合似有划分过细之嫌，它们能否延伸以及与结扎群、巴颜喀拉山群中的孢粉组合（带）如何对比等问题尚未解决。

（九）其他

省内三叠纪地层中还记录有六射珊瑚、海百合茎、放射虫、苔藓虫、介形类、叶肢介、箭石、水螅、藻类和遗迹等化石，由于采集不够，产地零散，研究程度低，迄今为止，尚未见生物地层单位报道。但它们的出现对于沉积环境或时代方面的解释大有裨益。

应指出，六射珊瑚在省内仅分布于大致北纬36°以南的晚三叠世地层中，如巴颜喀拉山群上部板岩组、巴塘群中组和波里拉组等。

第三节　问题讨论

（一）关于巴颜喀拉山群的问题

本书虽然尝试用现代地层学概念对巴颜喀拉山群做了非正式划分，但由于断裂发育，褶皱紧密，岩性简单、缺少标志层，化石贫乏而单调，岩石裸露差，研究程度低等原因，其划分是否实用，尚待今后实践检验、修订和完善。

巴颜喀拉山群在无一个完整剖面，且分布广泛，厚度巨大，创建者又未指定正层型，目前又未正式建组的情况下，选层型怎么办？本书选用不同人（单位）在不同时间、不同地点所测的5个剖面衔接而成复合层型，其间相距达400 km，如此可否？抑或暂缺复合层型，待建立若干正式的组之后，再将各组的正层型复合而成群的复合层型？

巴颜喀拉山群是依据砂板岩总体宏观含量的多少而划分的，其间多为非匀速的过渡关系，且砂板岩往往互为相变，其界线似乎只能指定一个概略的总体界线。因此在这样的活动型沉积中，要确定岩石地层单位的界线层型的可行性，尚需商榷。

在岩性非常简单的活动型沉积地层中，岩石地层单位的划分更强调岩性总体宏观特征、岩石的组合方式和所处的相对位置，工作要细，划分要粗是适用的。

巴颜喀拉山群向川西延伸即为西康群。虽然西康群创名在先（李春昱、谭锡畴，1929—1930），因其地理名称现已不存在，其内各组的划分有些混乱，与巴颜喀拉山群的对比也有困难。而巴颜喀拉山群国内外引用广泛，声誉高，地理位置明确，是巴颜喀拉海槽沉积的主体，所以本书未引用西康群及该群的各组名称。本书认为，今后如果运用多种手段对巴颜喀拉山群进行综合研究，巴颜喀拉山群的划分及其界线，以及与西康群的对比终会解决。

（二）关于结隆组的问题

本书基本按陈国隆、陈楚震等（1990）的意见对结隆群的涵义做了3点修订：①限制在碎屑岩组（格陇组），不包括碳酸盐岩组（本扑陇组），碳酸盐岩组实为巴塘群中组；②原创名者认为碎屑岩组与碳酸盐岩组为整合接触，现实为断层接触，即结隆组与巴塘群为断层相接，结隆组与上覆地层的原始接触关系不详；③北面麦龙涌—格陇一带以灰色粘板岩为主，见毫米纹层和黄铁矿晶体，生物贫乏，以壳体旋环扁平的半游泳型菊石为主，为低能、还原、深水沉积环境，而南面东矛陇—汹压陇一带以灰紫色灰绿色各类碎屑岩为主，具微细交错层理，生物繁盛，门类多。以底栖类型为主，菊石少量，以旋环粗状，横断面呈圆形的菊石为特点，属浅水、高能、氧化沉积环境。因此，在岩性特征、组合方式及古生物特点等各方面，南、北都存在着明显差异，于是本书将结隆组的延伸范围限制在北面，即巴塘群分布地区，而南面的这部分地层本书已归入结扎群甲丕拉组。这样，结隆组的分布范围缩小了，而甲丕拉组的时代就下延至中三叠世，比正层型的甲丕拉组（Carnian 期）初始沉积要早得多。

（三）关于巴塘群的问题

命名者在创建巴塘群时，未指定正层型，本书选取多采—罗江曲剖面作为本群的选层型。因该剖面多处覆盖，有数个背斜、向斜及断层，又是经四次平移衔接而成的剖面，层序并不完全可靠，但本书认为它的总体层序是正确的，因此将它作为选层型，但又是暂时的。若将来进一步研究，将本群划分成若干正式的组（段），各组（段）的正层型复合起来就是本群的复合层型，而该选层型则自然弃用。类似这样的群（如巴颜喀拉山群）在命名时未指定正层型，目前又无良好剖面，将来又很有可能进一步分组（段）的情况下，当前是暂缺选层型（复合层型）好还是勉强指定选层型为好？值得探讨。

巴塘群自创名以来，已被广泛引用。但其内容是三分或四分，即上组（上部碎屑岩组）之上还有没有一套碳酸盐岩？一直存有争议。此问题与结扎群是三分或四分相似，请参阅下面的“关于结扎群的问题”。尚需指出，在区域上，无论是川西稻城地区还是藏东江达地区，上部碎屑岩之上并无一套碳酸盐岩的踪迹，因此本书暂按三分方案概述。

克（柯）南群是青海省第二区调队（1986）以玉树县克南剖面为正层型命名的。其定义是指“分布于通天河（金沙江）两岸、玉树-相古大断裂以北、曾达-宁固尕玛多断裂以南，时代为晚三叠世的中—浅变质的碎屑岩、火山岩和碳酸盐岩。分为下部碎屑岩组，中部火山岩碳酸盐岩组和上部碎屑岩组。”建群后曾引起争论，赞同者则引用推广，并且将克南群与川西义敦—稻城—木里的晚三叠世地层联系起来加以对比，将巴塘群与藏东江达地区的晚三叠世地层对比；不赞成建群者认为，克南群的正层型等地是相对变质较深的地层（无时代依据）与变质很浅的地层（有生物化石）不是同一套地层，前者可能是晚古生代沉积，后者才是晚三叠世地层——与巴塘群相似，甚至相同，应为巴塘群。本书查阅了巴塘群和克南群的全部剖面及相关的区调报告，变质程度较深的地层在玉树北部附近比较集中出露，向西北、东南渐之消失，或偶有零星出现，至西金乌兰湖又有较多出露（张以茀、郑健康，1994)，变质很浅的地层可以连续展布。在其后的 1∶20 万区调图幅中，有的图幅如错仁德加幅、五道梁幅（青海省区调综合地质大队，1990）则未分出克南群，有的图幅虽然分出了克南群，但与巴塘群之间并无一条明显的界线，二者岩性相似，难于区分。按照岩石地层单位划分原则，一个岩石地层单位允许跨越地层区，本书将变质较深的地层划归通天河蛇绿混杂岩，所余大部分变质很浅的地层在岩性特征、层序、古生物总貌等方面和巴塘群一致，统归巴塘群，建议克南群暂停使用。这样，巴塘群在省内就跨越了西金乌兰-金沙江、玉树-中甸两个地层分区。而这两个地层分区的界线在省内不明显，无论如何划分，都难免渗入人为的主观因素。

川西中咱、稻城的三叠纪地层称义敦群（含党恩组、列衣组)、曲嘎寺组（根隆组)、图姆沟组（勉戈组)、喇嘛垭组（拉纳山组）和英珠娘阿组。义敦群为一套砂板岩夹少量灰岩、中酸性—基性火山岩。曲嘎寺组为灰岩夹砂板岩及少许基性火山岩。根隆组以含基性或中基性火山岩为主，在走向上与曲嘎寺组呈指状相交，互为消长。图姆沟组底部为砂砾岩，其上为砂板岩、灰岩间互层，局部夹中—酸性火山岩。勉戈组为中—酸性及含碱性火山岩，间夹砾岩、灰岩和硅质岩，与图姆沟组指状相交，互为消长。喇嘛垭组为砂板岩间互夹煤线或薄煤层。拉纳山组（中咱小区）为粗碎屑岩夹灰岩和煤线。英珠娘阿组为深灰色含砾粗粒杂砂岩、粉—细砂岩与黑色碳质板岩频繁互层，底部常见砾岩、砂岩，平行不整合于喇嘛垭组之上。虽然我省的巴塘群与川西的这套地层有某些相似，均为两大套碎屑岩之间夹一大套火山岩、碳酸盐岩，但是其内的岩性特征及组合方式尚有很大差别，它们之间能否对比，如何对比尚未解决，因此本书未采用川西的该套地层名称。

藏东江达地区的晚三叠世地层包含东独组、公也弄组、洞卡组、波里拉组和巴贡组，其间皆为整合接触。东独组为紫红色砂岩、砾岩夹粉砂岩，不整合在瓦拉寺组之上；公也弄组为一套石灰岩；洞卡组以中基性及中酸性火山岩为主夹变质砂岩及薄层结晶灰岩；波里拉组为石灰岩；巴贡组为一套含煤碎屑岩，与察雅群红色碎屑岩整合接触。该套地层名称可以和我省巴塘群选层型对比，但省内巴塘群下组除候沟见紫色砂板岩外，其余地区以灰色砂板岩为主，且不见底；上组碎屑岩未见含煤，难见顶，局部被白垩纪或第三纪地层不整合覆盖；中组火山岩、碳酸盐岩夹碎屑岩的岩性复杂，相变急剧，有的可分为三段或二段，有的难于再分。看来，我省的巴塘群与江达的这套地层虽然总体宏观特征相似，均为两套碎屑岩之间夹一大套火山岩和碳酸盐岩，但其内的岩性特征、组合方式以及与上覆、下伏地层的接触关系尚有较大差别，其间的对比关系亦未解决，故本书未引用江达该套地层名称。本书初见，我省巴塘群下组大致可和东独组相对比，中组可能相当于公也弄组、洞卡组和波里拉组之和，而上组大致可和巴贡组对比。

本书认为，随着将来地质工作的深入发展，新理论、新方法的运用，在青、川、藏交界地区进行野外连续观察、追索，多测一些完整剖面，系统采集各种标本、样品进行详细鉴定、分析，我省巴塘群的划分，以及与江达地区晚三叠世地层、与川西中咱、稻城三叠纪地层的对比关系必将得到圆满解决。

（四）关于结扎群的问题

结扎群自创名以来已被广泛引用，但其内是一套灰岩（三分）或是两套灰岩（四分），即巴贡组（我省习称含煤碎屑岩组）之上还有没有一套灰岩？众说纷纭，莫衷一是。持上灰岩存在者认为，它以块层灰岩为主，有石膏和白云岩，有人认为属泻湖海湾环境，有人认为属浅海沉积。本书研究了省内区调图幅有关结扎群的所有剖面和专题研究的剖面后发现，有的剖面如杜拉陇—拉以陇剖面（陈国隆、陈楚震等，1990）和砸赤扎加剖面（青海省区调综合地质大队，1993）等，虽然上部以块层灰岩为主，下部以中厚层灰岩占优，但二者是连续沉积，其间并无一套碎屑岩沉积；有的剖面如肖恰错剖面（马福宝等，1984；陈国隆、陈楚震等，1990）中部以块层灰岩为主，上、下部多为中厚层灰岩；有的剖面如青藏公路九十道班剖面（青海省区调综合地质大队，1989），甲丕拉组碎屑岩一结束，就出现波里拉组的巨厚层白云质灰岩。因此块层灰岩并非是上灰岩的固有特征，石膏和白云岩也无固定层位，在所谓上、下灰岩里均有出现（请见本章第一节中的波里拉组）。划为上灰岩的剖面不是呈断块出露，就是只有其下的并不含煤的碎屑岩，再下面的“下灰岩组”没有出现。有人将甲丕拉组碎屑岩中所夹较多灰岩就划入“下灰岩组”，于是出现了两套灰岩、四个岩组，如此，本是同一套地层则被人为地划成两套地层。如夏俄巴东剖面第1—8层与日啊藏送赛曲剖面第11—18层，二者的岩性和剖面结构均相似，前剖面被青海省区调综合地质大队（1989）划入“上碳酸盐岩组”，后剖面被青海省第二区调队（1981）划入“第一岩组”，就是同一条剖面，如夏雅色剖面，青海省第二区调队（1983）划成四个岩组，而马福宝等（1984）划为东茅陇组和肖恰错组两个组，东茅陇组等于前者下面的三个岩组。目前尚未发现真正可靠的四个岩组出现在一个连续的剖面上。巴贡组的岩性及所含的生物群，特别是植物群表明巴贡组是由海陆交互相转为陆相沉积，后期海水已退出本区，其后若再来一次海侵，应该出现一套海侵沉积序列，不会只沉积灰岩，生物群也应该与下灰岩（波里拉组）有所差别，时代也应更晚，而目前资料尚无反映这些特点；往昌都方向追索，沿途也未发现这套海进层序（含灰岩）的踪迹，昌都地区的巴贡组与上覆的陆相察雅群为连续沉积。如果上灰岩是海湾相沉积，其下伏是海相地层——不是甲丕拉组就是波里拉组的可能性很大，若是前者，“上灰岩”就是波里拉组，若是后者，其间应是连续沉积，“上灰岩”也应属波里拉组。假如海湾相的上灰岩是沉积在巴贡组之上的，但目前在它的周围地区还没有发现当时的海湾口及口外的海相地层。若是最后一次海退时残留海水而形成的泻湖相沉积，那么其岩性特征、沉积构造、层理及古生物群等方面都应该反映出泻湖相特点，而这些特点目前也无资料证实。实际资料证明，上、下灰岩不仅岩性宏观一致，而且古生物面貌相同，均以浅海相生物群为主，指明的时代都是Carnian期—Norian期。基于上述，本书认为上灰岩存在的可能性不大，巴贡组是结扎群的最新地层。这一认识当然有待于深化，进一步实践验证。

（五）关于省内晚三叠世植物群的性质

本书是按饶荣标等（1987）观点叙述的。何元良（1980）根据植物群的分布、特点、地层对比及个别分子互相混生的现象，认为省内“确实存在着代表不同沉积环境和气候的既平行发展又相互联系的两个植物群。”默勒群植物群和南营儿组植物群属 *Danaeopsis - Bernoullia* 植物群；八宝山组植物群和结扎群植物群属 *Dictyophyllum - Clathropteris* 植物群；鄂拉山组植物群（可能包括多福屯群所含的植物群）虽然仅发现属于 *Danaeopsis - Bernoullia* 植物群的Carnian期部分，但在甘肃天水以南见Norian期的 *Dictyophyllum - Clathropteris* 植物群；因此省内晚三叠世两大植物群的界线基本是南祁连山与西秦岭的分界线。也即，东昆仑—西秦岭的晚三叠世植物群是属 *Dictyophyllum - Clathropteris* 植物群或过渡型植物群，有待深入研究。

第四节　地层区域特征及沉积环境分析

三叠纪地层的分布占省内面积的二分之一以上，具有举足轻重的作用，除北部为陆相沉积外，而南部沉积类型、岩性组合复杂多变。南祁连山及西倾山地区厚度相对较小且较稳定，具稳定型特点。东昆仑山南坡沉积类型复杂，东段具活动型特征，向西则具次活动型色彩，兴海—同仁及巴颜喀拉山则厚度巨大，稳定性差，显示活动型特点。除阳康盆地的中部，西倾山地区的下部及玉树巴塘地区和唐古拉山地区的中下部为碳酸盐岩沉积外，其余均以碎屑岩为主，玉树巴塘地区尚夹有大量的火山岩沉积。就全省范围观之，晚三叠世普遍含煤层及煤线。

三叠纪的沉积岩相、古地理严格受控于基底结构与构造运动，古生代末期的华力西运动在青海省全境有不同程度的影响，使晚二叠世末期地层或者缺失或者只有陆盆沉积，大部地区缺失海相层。

早三叠世早期，青海省境内的西秦岭地区及巴颜喀拉山地区开始沉陷，海水逐步侵入，向北达到南祁连山地区（图11-1），这个时期各区都以碎屑岩为主，碎屑物虽因地貌特征、沉积环境、陆源供应、风化、搬运作用不同而有差异，但几乎没有典型的灰岩相。在南祁连山地区主要由紫色、紫红色碎屑岩组成，厚度200～300 m，平行不整合于二叠纪沉积地层之上，生物类型以 *Claraia - Eumorphotis* 为代表的双壳类为主。在西秦岭地区以厚层状黑色含粉砂质泥质岩为主，夹粉砂岩及少量不纯灰岩，厚度2 181 m，不整合于早二叠世沉积地层之上，产菊石：*Ophiceras demissum*，*Gyrophiceras*，*Glyptophiceras*，*Lytophiceras*，*Flemingites* 等；双壳类：*Claraia* 等。在隆务河及西至尖扎县石脑河一带（盆地边缘），下部以粗碎屑岩为主，底

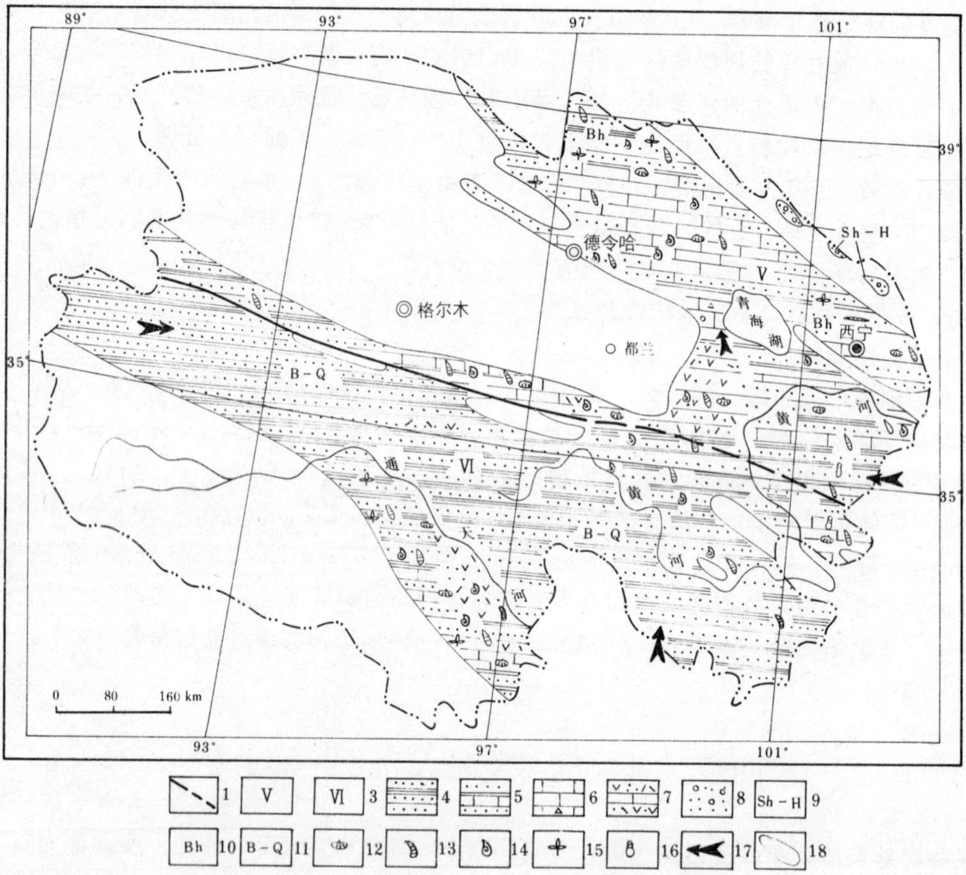

图 11－1　青海省早、中三叠世岩相古地理示意图

1. 地层大区界线；2. 华北地层大区；3. 华南地层大区；4. 砂砾岩夹板岩；5. 砂板岩夹灰质岩；6. 灰岩及角砾状灰岩；7. 火山岩、砂岩夹灰岩；8. 砾岩、砂岩；9. 山麓、河流湖泊相；10. 滨海相；11. 滨海、浅海相；12. 腕足类；13. 双壳类；14. 菊石；15. 植物；16. 腹足类；17. 海侵方向；18. 古陆

部的块层状砾岩可达千米以上。横向变化大，纵向下粗上细，组成若干沉积韵律。上部以粉砂岩及板岩为主夹灰岩，产菊石 *Meekoceras*，*Svalbardiceras* 及植物。从早三叠世晚期开始，在沉积类型和沉积幅度上，出现明显的稳定型和活动型的分异（图 11－1）。稳定型沉积以南祁连地区较为典型，早三叠世晚期和中三叠世早期在南祁连海湾中心区以灰岩沉积为主，生物甚为丰富，除双壳类和菊石外，有典型浅海底栖的具铰腕足类，后者尤以中三叠世早期最为丰富。沉积物厚度均不超过 1 000 m，岩性层序为碎屑岩—碳酸盐岩—碎屑岩。在南祁连海湾以南西秦岭和巴颜喀拉山地区，则以巨厚的碎屑岩沉积为特征，在西秦岭海槽的沉积中心，早三叠世和中三叠世早期沉积岩层其厚度均达 5 000 m，在巴颜喀拉槽这两个时期的沉积岩层厚度也均达 2 000 m，两地区均形成复理石或类复理石的沉积建造，具活动型沉积特征。在西

秦岭区从三叠纪早期至中三叠世早期都有火山喷发，地层中夹有大量中酸性火山岩，而巴颜喀拉地区全为砂页岩，很少见火山岩。昆仑山地区布尔汗布达山—布青山之间，在早三叠世以碎屑岩为主，火山岩发育，有类似西秦岭的沉积特征，但向上发育灰岩，到中三叠世灰岩沉积更为发育，具过渡型（次活动型）沉积特征。

中三叠世晚期，省内巴颜喀拉山以北地区，普遍抬升，引起Ladinian期海退，南祁连山小区中三叠世早期末已显示海退的迹象，郡子河群切尔玛沟组灰岩向上减少，碎屑岩增加，在大加连组中极为繁盛的腕足类，在上部层位中种类渐趋单调，数量也逐渐减少。Ladinian期海退后，南祁连山和西秦岭的主体部分以陆地状态为主，仅有短暂的海侵。

晚三叠世又开始另一次海侵，目前所知主要是中期（Norian期）的海侵，范围达到南祁连山小区的东南部（在大通县尕勒德寺组中获缅甸蛤等化石）和布尔汗布达山东部。南祁连山区的大部分和布尔汗布达山的中西部主要为含煤的陆相沉积。玉树地区到晚三叠世，除通天河以岛状露出水面外，全部为海水所淹没，形成结扎海盆。兴海—泽库地区西部与布尔汗布达山一带火山活动频繁，整个地层厚度达2 000 m。而巴颜喀拉山地区晚三叠世地层在沉积中心厚度达1 000 m以上，西部偶见流纹岩夹层。结扎地区发育碎屑岩相和含煤沉积，夹有灰岩相，并有大量火山岩，类似次稳定型沉积。巴颜喀拉内陆沉积盆地在晚三叠世为北方和东方的古陆所围绕，陆源供应充分，复理石沉积中有波痕及交错层，层面间普遍具象形印模，常含植物化石碎片，反映为广海之浊流沉积。由于碎屑物堆积迅速，不适合底栖生物生长，主要发育以海燕蛤为代表的漂游型生物（图11-2）。

综上所述，青海省境内三叠纪时主要有两次海侵海退，使古地理面貌不断发生变化，第一次海侵开始于三叠世早期，最大海侵期见于中三叠世早期，Ladinian期出现第一次海退。第二次海侵发生在晚三叠世早期，晚三叠世晚期出现第二次海退。这两次进退的规程与我国西南和东南地区甚为一致。

上述三叠纪古地理面貌和海水进退的规程受当时的古构造所控制，省内起作用的基本为三条北西西向的构造线。

（1）青海湖南缘西秦岭北缘的断裂带。它在早三叠世初期或以前就已存在，它控制三叠纪早中世南北两侧的沉积相，北侧为古陆及南祁连的稳定型沉积，南侧为西秦岭的活动型沉积，在断裂带上有大量火山喷发堆积和混杂堆积。

（2）柴达木以南岛链南缘的断裂带。它和青海湖南缘西秦岭北缘断裂带相似，亦是在早三叠世初或以前就已存在。北侧为东昆仑南坡过渡型的沉积相，火山岩发育，其南为巴颜喀拉活动型沉积，断裂带亦显示了混杂堆积的特征。

（3）通天河南侧断裂带。此带在晚三叠世才有明显的影响，断裂带以北为火山岩发育的活动型沉积，以南则为次稳定型碎屑岩、碳酸盐岩。

上述三条断裂带均表现为向北俯冲的特征，在它们之间形成三叠世沉积海，构成东特提斯海北缘的一部分，从东南与东特提斯海的主体相连，除此以外，在柴达木古陆与西秦岭海槽间有北北西向断裂带发育，沿此线火山活动强烈，并且在晚三叠世形成北北西向地堑，将海水导入南祁连边缘，形成海陆交互相沉积。

中三叠世晚期，境内下陷终止，形成Ladinian期海退。晚三叠世，在北带和中带两侧继承早中世的特点，不同的是西秦岭升起为陆；南带两侧也有不同岩相，火山岩发育。

三叠纪末期，南北向压力使三条断裂带成为逆冲断裂（中世末期板块俯冲使北、中带褶皱），青海省全境升起。

图 11－2　青海省晚三叠世岩相古地理示意图

1. 地层大区界线；2. 华北地层大区；3. 华南地层大区；4. 砂岩夹页岩及灰质页岩；5. 砂板岩夹灰岩；6. 砂岩夹板岩；7. 陆相火山岩；8. 火山岩夹砂板岩；9. 双壳类（海相）；10. 腕足类；11. 菊石；12. 植物；13. 滨海—沼泽相；14. 山麓—河流相；15. 滨海—浅海相；16. 海侵方向

从上述简略的分析可见，印支运动在青海省境内的影响可分为两幕，第一幕为 Ladinian 期海退，巴颜喀拉海槽以北基本上成为陆地，第二幕为三叠纪末海槽进一步南移，青海省除结扎海盆以南地区外再无海相沉积。

第十二章
侏罗纪—第三纪

省内华南地层大区侏罗纪—第三纪地层广布。侏罗纪地层在唐古拉-昌都地层分区以次稳定型海相沉积为主，兼有海陆交互相及陆相沉积，其余地区均以陆相沉积为特征。前者以碎屑岩、碳酸盐岩建造为主，夹少量火山岩、油页岩及盐类沉积；后者为碎屑岩建造，局部夹有煤层及火山岩。白垩纪—第三纪地层均以陆相碎屑岩为主，以紫红—红色色调为特征。侏罗纪地层其分布及各类层型位置图，见（图 7－1）。第三纪地层其分布及各类层型位置图见（图 8－1）。

华南地层大区省内侏罗纪—第三纪岩石地层单位共推荐采用 17 个，其中群级 2 个、组级单位 15 个。

第一节 岩石地层单位

年宝组 J*n* （06－63－0808）

【创名及原始定义】 青海省第二区调队（1988）在《1∶20 万达日县幅、索乎日麻乡幅、久治县幅（Ⅰ－47－[22]、[23]、[24]）区域地质调查报告》中介绍：袁哲平（1984）在久治县年宝小煤矿创名年宝组。原义指："分布于年宝小煤矿一带的，一套中酸性喷出岩、凝灰岩夹含煤碎屑岩系。"

【沿革】 青海省第二区调队（1988）在介绍年宝组的同时，并采用年宝组，其后被广大地质工作者所采用，本书沿用。

【现在定义】 指分布于久治县一带一套中酸性火山岩夹含煤碎屑岩的地层体。顶、底分别以不整合面与贵德群、巴颜喀拉山群分隔。产植物等化石。

【层型】 创名者未指定正层型。本书指定选层型为青海省第二区调队 1988 年测制的久治县尼格曲剖面（101°08′，33°25′）第 2—14 层。

上覆地层：**贵德群** 砖红色复成分砾岩

～～～～～～ 不 整 合 ～～～～～～

年宝组 总厚度 623.34 m

14. 灰绿一灰色中酸性晶屑岩屑凝灰岩 39.43 m

13. 灰绿色蚀变石英安山岩 44.89 m

12. 煤层 4.99 m

11. 灰一灰白色蚀变安山质岩屑凝灰岩与泥碳质砂岩互层。砂岩中产植物：*Podozamites lanceolatus* 10.96 m

10. 灰色蚀变含石英安山岩 106.17 m

9. 灰绿色碳酸盐化安山岩夹蚀变安山岩 83.51 m

8. 灰紫色蚀变多斑状安山岩 81.18 m

7. 灰色硅化安山岩 124.27 m

6. 灰色中酸性层火山角砾岩，产：*Sphenobaiera longifolia* 25.08 m

5. 灰色安山质晶屑岩屑凝灰岩 42.18 m

4. 煤层夹碳质砂岩（含可采煤层 7 层，总厚度约 6.6 m），产：*Podozamites* cf. *lanceolatus* 8.58 m

3. 灰色硅质泥岩夹粉砂质页岩 9.16 m

2. 灰一灰绿色中酸性凝灰熔岩及中酸性火山角砾岩，底部流纹质火山角砾岩 42.94 m

~~~~~~~~ 不 整 合 ~~~~~~~~

下伏地层：**巴颜喀拉山群** 浅灰绿色长石石英砂岩

【地质特征及区域变化】 该组由选层型所在地向西分布于久治县尼格曲上游、哇赛乡南、年宝，达日县桑日麻乡东部，班玛县若末柯、若末穹丈等地。各地段出露的岩性略有差异，尼格曲、哇赛乡为一套灰绿色、灰紫色安山岩、灰黄色流纹岩，中酸性凝灰熔岩夹含煤碎屑岩系，底部有厚度约 10 m 的火山角砾岩；桑日麻一带为一套中酸性凝灰熔岩及火山碎屑岩夹含煤碎屑岩，下粗上细的粒级韵律变化特征较清晰，所夹煤层及煤线若干层，厚度 0.2～5 m。火山岩在横向上变化不太明显，仅反映出火山岩成分由东向西逐渐由中性变为酸性的特点，出露厚度一般数百米。该组与上覆贵德群，下伏巴颜喀拉山群均为不整合接触。

年宝组在下列地区获得化石成果，尼格曲产植物：*Podozamites lanceolatus*，*Neocalamites* sp.，*Hausmannia ussuriensis*，*Cladophlebis nebbensis*，*Pterophyllum* sp.，*Ferganiella lanceolates*，*Sphenobaiera longifolia*，*Equisetites* sp.。桑日麻煤层顶板附近夹矸中的孢粉组合：蕨类孢子占总量的 38.7%，主要有：*Osmundacidites* 13.2%，*Leiotriletes* 15.2%，*Lycopodiumspora* 2.8%，*Gleichenidites* 1.0%，*Cycathidites* 2.8%，*Schizaeoisporites* 1.0%，*Plamisporites* 2.7%；裸子植物花粉占总量的 60.3%，以松柏类为主，其次为银杏类，有 Ginkgoales 15%，*Bennettitales* + *Cycas* + *Cycadopites* 5.6%，*Piceaepollites* + *Piceites* 2.8%，*Podocarpidites* 1.0%，*Classopollis* 1.0%，*Caytodiptenella* 5.7%，*Quadraeculina* 1.9%，*Protosacculina* 1.9%，*Callialasporites* 9.4%，*Psophosphaera* 16.0%。沉积时代为早侏罗世。

万秀组 K*w* (06-63-0909)

【创名及原始定义】 青海省地层表编写小组（1980）创名万秀群于贵南县万秀。原义指："其与下三叠统及印支期岩体为角度不整合关系，晚第三纪后地层广覆其上。岩性主要为砾岩、细砾岩、砂岩、粉砂岩、页岩及不纯灰岩，夹少许不稳定的煤线及石膏层，厚度大于 3 474.4 m，据岩石组合特征划分四个岩组，时代晚侏罗世。"

【沿革】 青海省地矿局（1991）在《青海省区域地质志》中沿用该群，时代划归为早白
~~~~~~~~

垩世，本书沿用，并降群为组。

【现在定义】 指分布于阿尼玛卿山、西倾山一带，以暗紫红色粗碎屑砂砾岩为主，夹砂岩、页岩及泥岩的地层体。上部以暗紫红色为主，下部以灰—灰绿色为主。与下伏羊曲组，区域上与隆务河群、布青山群均为不整合接触，未见顶。产双壳类等化石。

【层型】 正层型为青海省第一区测队（1973）测制的贵南县姜格—万秀塔瓦剖面（101°19′，35°40′）第16—25层。

万秀组 总厚度＞1 763.6 m

25. 暗紫—紫红色厚—巨厚层含砾不等粒杂砂岩、长石质杂砂岩夹细砾岩（向斜核部） ＞457.9 m

24. 紫红色巨厚层砾岩夹长石质杂砂岩 174.1 m

23. 砖红色厚—巨厚层中—细砾岩及含砾不等粒杂砂岩 82.1 m

22. 紫红色中厚层细砂质粉砂岩 67.5 m

21. 紫红色厚层含砾不等粒杂砂岩，偶夹砾岩 109.6 m

20. 灰紫色、灰绿色巨厚层复成分中砾岩夹含钙质中—细粒长石质杂砂岩 237.0 m

19. 灰紫色细—粉砂岩、长石质杂砂岩夹页岩及砾岩 44.6 m

18. 紫灰色巨厚层中—细砾岩、含砾长石质杂砂岩夹中厚—厚层细砂岩及页岩 180.4 m

17. 紫灰色细—中粒长石质杂砂岩夹砾岩 216.7 m

16. 灰绿色、紫红—暗紫红色厚—巨厚层不等粒砂岩夹砾岩及页岩，产植物化石碎片 193.7 m

~~~~~~~~~~ 不 整 合 ~~~~~~~~~~

下伏地层：**羊曲组** 含粉砂粘土质灰岩

【地质特征及区域变化】 在万秀一带，为一套粗碎屑岩堆积，沉积韵律明显，与下伏羊曲组为不整合接触，未见顶。其岩性下部由紫灰—灰紫色厚—巨层复成分中—细砾岩、不等粒长石质杂砂岩夹页岩组成韵律层，厚度1 049.5 m；上部紫红—暗紫红色厚—巨厚层含砾不等粒杂砂岩、长石质杂砂岩及砾岩夹细砂质粉砂岩，出露厚度大于714.1 m。正层型所在地向南零星分布，在同德—武都、莫尔藏曲、达日宗南及浩钦沟脑等地，下部为暗紫红色砾岩及巨砾岩，磨圆度差，层理不清；中部为暗紫红色砂岩及砂质粘土，层理比较清楚；上部又以砾岩为主。其砾石成分复杂，有灰岩、砂岩、板岩及少量花岗岩。磨圆度及分选性较好，层理较清楚。砾岩中夹有不稳定的砂岩条带。在玛沁县一带为紫红色粗碎屑砾岩，与下伏隆务河群、布青山群为不整合接触。出露厚度大于1 952.5 m。岩性下部以砾岩为主，砾岩为灰色，厚—巨厚层状，层理不甚清楚。砾石成分复杂，以砂岩、火山岩为主，次为灰岩、脉石英等。砾径一般2～6 cm，磨圆度好，胶结紧密，胶结物为钙质、泥质及铁质，孔隙式胶结；上部砂砾岩为主，岩性在区域上变化较大，由西向东砾岩逐渐减少而砂岩相对增多，局部地段相变为长石砂岩、长石石英砂岩夹砾岩。如扎木儿一带及草原站北侧等地岩石砾（粒）度也由粗变细，且见有泥岩夹层。产双壳类 *Musculus*? sp.。

据万秀组不整合于羊曲组地层之上及所产化石面貌，时代可能为白垩纪。

雁石坪群 JY (06-63-0814)

【创名及原始定义】 詹灿惠、韦思槐（1957）① 创名“雁石坪岩系”。原义指：“在哈尔

① 地质部石油局青海石油普查大队（詹灿惠、韦思槐），1957，昆仑山—唐古拉路线概查初步地质报告。
~~~~~~~~~~

金山、雁石坪、温泉等地发育一套海相侏罗系，分为上、中、下岩系。上岩系分为温泉层、雁塔层；中岩系分为上灰岩层、上碎屑岩层；下岩系包括下灰岩层、下碎屑岩层。”

【沿革】 顾知微（1962）将该套地层由下向上划分为：雁石坪群（相当于詹灿惠等 1957 年的下灰岩层和下碎屑岩层），并创名多洛金群（相当于詹氏等 1957 年的中岩系上灰岩层、上碎屑岩层）、江夏组（相当于詹氏等 1957 年的上岩系温泉层部分地层）。地质部石油局综合研究队青藏分队②（1966）将该套地层创名为唐古拉群，同时由下向上创名温泉组（相当詹氏等 1957 年的下岩系）、安多组（相当于詹氏等 1957 年的中岩系的上灰岩层及上岩系的雁塔层）、雪山组（相当于詹氏等 1957 年的温泉层）。

青海省区测队（1970）在《1：100 万玉树幅（Ⅰ-47）区域地质调查报告书》（一分册）中，将此套地层沿用雁石坪群，由下向上包括：下砂岩段、下灰岩段、上砂岩段、上灰岩段，并将上述岩段划归中、晚侏罗世，与下伏地层“土门格拉群”整合接触。青海省地研所编图组（1981）沿用青海省区测队（1970）采用的雁石坪群一名，并由下至上将其划分为：碎屑岩组、碳酸盐岩碎屑岩组、碎屑岩组；与下伏地层结扎群呈不整合接触；总体地质时代为中侏罗世。

蒋忠惕（1983）将雁石坪群又称唐古拉群，由下向上：①采用温泉组，他指出：“温泉组是这一地区唐古拉群中最下部的一个组。它由下部的杂色砂泥岩互层夹砂砾岩夹层及上部的灰色、黑灰色石灰岩、生物灰岩、泥页岩等地层组成。……相当青海区测队（1970）的下砂岩组和下石灰岩组。地质时代为中侏罗世”。从沿革表上看与下伏赛瓦组呈不整合或平行不整合接触?。②创名“羌姆勒曲组”：是指唐古拉群中部的一组地层。它连续沉积于温泉组之上，而且被上覆的雪山组整合覆盖。相当于青海省区测队（1970）雁石坪群上砂岩段和上石灰岩段及地质部石油局综合研究队青藏分队（1966）称之为“安多组”的地层。地质时代为晚侏罗世。③沿用雪山组，指出：“雪山组是指唐古拉群最上部的一组地层。在温泉剖面上它连续沉积于羌姆勒曲组之上，顶部保存不太完整，……它主要是一套灰色的粉砂岩、粉砂泥岩互层，顶部的风化残积物中，有许多大块的黄灰色、褐黄色中粗砂岩，……特别是含有陆相淡水早白垩世软体动物化石群。地质时代早白垩世。”

青海省区调综合地质大队（1978）在《1：20 万赤布张错幅、温泉兵站幅（Ⅰ-46-[19]、[20]）区域地质调查报告》中，将该套海相、海陆交互相侏罗纪地层统称中、上侏罗统，并由下向上创名为：雀莫错组 [相当于青海省区测队（1970）的下砂岩段中、下部层位]、玛托组 [相当于青海省区测队（1970）的下砂岩段上部]、温泉组 [相当于青海省区测队（1970）的下灰岩段]、夏里组 [相当于青海省区测队（1970）的上砂岩段]、索瓦组 [相当于青海省区测队（1970）的上石灰岩段下部层位]、扎窝茸组 [相当于地质部石油局综合研究队青藏分队（1966）的雪山组或青海省区测队（1970）的上石灰岩段上部层位]。

杨遵仪、阴家润（1988）将该区晚侏罗世地层采用唐古拉群，由下向上沿用索瓦组，雪山组代替扎窝茸组。将中侏罗世地层仍称雁石坪群，并由下向上采用雀莫错组、玛托组、“沱沱河组”（相当于下石灰岩段，为避免温泉组的混乱而新创名）、夏里组。与下伏结扎群呈不整合接触。白生海（1989）沿用青海省区测队（1970）的雁石坪群，由下向上采用雀莫错组、沱沱河组、又创名“布曲组”（相当于杨遵仪等 1988 年的沱沱河组，青海省区综队 1987 年的温泉组及青海省区测队 1970 年的下石灰岩段）、夏里组、索瓦组、扎窝茸组。青海省地矿局（1991）在《青海省区域地质志》中，将晚侏罗世地层创名“吉日群”，将雁石坪群限制在中

---

② 地质部石油局综合研究队青藏分队，1966，青南藏北石油地质工作总结报告。

侏罗世。本书将分布于唐古拉-昌都地层分区的不整合于结扎群及其以前地层之上一套海相—海陆交互相为主的碎屑岩—碳酸盐岩组合称雁石坪群。本群总体地质时代为中、晚侏罗世。本群在各组沿革中将简化描述。唐古拉群是雁石坪群的同物异名，吉日群属年代地层单位，建议停用。

【现在定义】 指不整合于结扎群及其以前地层之上，为一套碎屑岩夹灰岩，下部局部地区夹火山岩组成的地层，上未见顶。由下而上由雀莫错组、布曲组、夏里组、索瓦组、雪山组并合而成。各组之间均为整合接触。产双壳类、腕足类、腹足类、菊石和孢粉等化石。

【地质特征及区域变化】 该群广泛分布于乌兰乌拉湖至囊谦一线以南的唐古拉山地区。为一套以碎屑岩、碳酸盐岩为主，夹少量火山岩、油页岩及石膏层组成的地层序列，出露总厚度达 6 000 m 以上。在东部不整合于古生代地层之上，在西部不整合于结扎群之上。

本组在杂多县拉加涌、苏鲁乡吉青能、吉多乡脑弄龙，与下伏杂多群、上覆查保马组均为不整合接触；在囊谦县多日哇与下伏结扎群，上覆沱沱河组均为不整合接触。

雀莫错组 J_2q （06－63－0809）

【创名及原始定义】 青海省区调综合地质大队（1987）创名雀莫错组于格尔木市唐古拉山乡雀莫错西南 7 km 处。指："不整合于结扎群以前地层之上，整合于玛托组之下的一套地层。该组以紫色、灰紫色及灰色为主，岩石类型比较复杂，总体上看是一个由粗变细的序列。下部复成分砾岩为主夹砂砾岩、凝灰岩、砂岩等；中部含砾砂岩、石英砂岩、杂砂岩为主，夹少量铁质砂岩、灰岩及石膏层；上部以石英砂岩、粉砂岩为主夹灰岩、含菱铁矿砂岩。含双壳类组合，厚度 689.4 m，所指示地质时代中侏罗世早、中期。"

【沿革】 原始定义的"雀莫错组"相当于詹灿惠、韦思槐（1957）①的雁石坪群下部碎屑岩层的下部地层。1966 年地质部石油局综合研究队青藏分队②将下部碎屑岩层及下灰岩层（詹灿惠、韦思槐，1957①）创名温泉组。青海省区调综合地质大队（1987）依据下部碎屑岩层的上、下部所含的化石组合面貌不同，将其下部创名"雀莫错组"，上部创名"玛托组"。白生海（1989）将"玛托组"改创"沱沱河组"。本书认为，"雀莫错组"和"玛托组"（1989 年白生海创建的"沱沱河组"）系生物地层单位，二者的宏观岩性基本一致，应属一个岩石地层单位。本书采用雀莫错组，包括"雀莫错组"和"玛托组"（"沱沱河组"）。玛托组、沱沱河组（白生海，1989）是雀莫错组上部层位，仅为雀莫错组的一部分，本书建议停用玛托组，雁石坪群中不采用沱沱河组。

【现在定义】 修订后含义：指不整合于结扎群及以前地层之上，整合于布曲组之下的以紫色、灰紫色及灰色为主的复成分砾岩、含砾砂岩、石英砂岩、杂色砂岩、粉砂岩夹少量灰岩、铁质砂岩组成的地层体。岩石类型比较复杂，是一个由粗变细的地层序列。顶界以布曲组灰岩的始现为界。产丰富的双壳类和腕足类等化石。

【层型】 正层型为青海省区调综合地质大队（1987）测制的格尔木市唐古拉山乡雀莫错东剖面（91°17′，33°15′15″）第 1—24 层。

上覆地层：**布曲组** 厚层状灰岩

———— 整 合 ————

雀莫错组 总厚度 1 219.0 m

24. 黑绿色中厚层状细粒岩屑石英砂岩夹黑灰色厚层状生物屑灰岩，产双壳类：*Camp-*

tonectes rigidus，*Rollierella minima* 68.3 m

23. 灰紫色中厚层状粉砂质细粒岩屑石英砂岩，产双壳类：*Eomiodon angulatus* 72.1 m

22. 灰绿色夹灰紫色中厚层状中细粒岩屑石英砂岩，产植物茎干及有节类碎片和双壳类：*Eomiodon angulatus* 53.9 m

21. 灰紫色中厚层状中细粒岩屑砂岩 124.8 m

20. 绿灰色中厚层状中粒岩屑石英砂岩 11.7 m

19. 灰紫色中厚层状中粒岩屑砂岩 14.1 m

18. 灰黄绿色中厚层状细粒岩屑砂岩 13.2 m

17. 灰色、深灰色厚层状含生物屑细粒岩屑石英砂岩，产双壳类：*Anisocardia beaumonti* 17.5 m

16. 灰色中厚层状细粒岩屑石英砂岩，产植物茎干 21.2 m

15. 灰绿色、灰紫色薄层—中厚层状细粒岩屑石英砂岩夹厚层状生物屑灰岩、石灰质砾岩及石英粉砂岩，产双壳类：*Anisocardia* sp.，*Pteroperna* sp.，*Costigeruillia* sp.，*Camptonectes auritus* 132.8 m

14. 暗紫色厚层状粉砂岩 19.6 m

13. 灰紫色中厚层状粉砂质细粒岩屑石英砂岩 28.1 m

12. 浅灰色中厚层状中细粒岩屑石英砂岩夹褐灰色钙质砂岩、石灰质砾岩 89.5 m

11. 灰紫色中厚层状细粒岩屑石英砂岩 92.1 m

10. 灰色中厚层状中—细粒岩屑石英砂岩 17.2 m

9. 浅灰色薄层状含粉砂质、钙质细粒岩屑石英砂岩 34.4 m

8. 灰紫色中厚层状细粒岩屑石英砂岩 33.6 m

7. 灰紫色中厚层砂质石灰质砾岩 23.5 m

6. 紫色厚层状细粒岩屑砂岩 129.8 m

5. 紫色中厚层状钙质含粉砂细粒岩屑石英砂岩 85.2 m

4. 深灰色厚层状亮晶质团粒灰岩 40.0 m

3. 深灰色中厚层状细粒岩屑石英砂岩 40.7 m

2. 灰紫色中厚层状细粒岩屑砂岩 35.8 m

1. 紫红色巨层状复成分砾岩 19.9 m

~~~~~~~~ 不　整　合 ~~~~~~~~

下伏地层：结扎群　砂岩

【地质特征及区域变化】　雀莫错组由正层型地向西北，在岗钦扎仲、岗嘎日北与正层型岩性、岩相特征一致，是一个由粗变细的沉积序列。下部以紫红色厚层—巨厚层状复成分砾岩、灰色石灰质砾岩为主，夹凝灰质砂砾岩等。砾径最大者为 50 mm，最小者为 10 mm，磨圆度、分选性差；中部以紫色、灰色互层含砾砂岩、岩屑石英砂岩、杂砂岩为主夹少量铁质砂岩、灰岩及石膏层；上部为一套紫色、灰色、绿色相间的杂色砂岩，夹泥灰岩，局部地段夹泥岩、含菱铁矿砂岩。

该组地层一般呈中—巨厚层状，层面多不平整，浪成波痕、重荷模构造发育，交错层理、斜层理常见。向南向东于雁石坪、温泉、杂多县吉青能、拉加涌、优涌一带，岩性、岩相与正层型所在地基本一致，仅底部复成分砾岩在横向上不稳定，有时相变为砂岩，而砾岩在杂多县吉青能一带有所增多，砾石大小多在 2～5 mm，砂岩中发育微细水平层理及交错层理，并夹有硅质灰岩。再向东于囊谦县多日哇地区仅见厚度 11.21 m 砾岩。

总之，雀莫错组岩性由西向东南粒度变粗，砾岩夹层增多，石膏层增多。与下伏地层的
~~~~~~~~

接触关系，在雀莫错东与下伏结扎群为不整合接触，与上覆布曲组呈整合接触。在温泉、雁石坪一带则以断层与下伏地层接触。在吉多、杂多、囊谦一带，与下伏开心岭群、杂多群不整合接触。出露厚度雀莫错西为数百米，雀莫错东为 1 219 m。在雁石坪未见底，出露厚度 2 410 m。在温泉未见底，出露厚度 3 098 m。在 102 道班因断失未见底，出露厚度 888 m。在杂多县拉加涌厚度 1 170 m。在吉青能厚度 83 m。在囊谦县多日哇出露厚度仅 11 m。总之，该组以雁石坪—温泉一线为中心，向东、向西均变薄。

雀莫错组所含化石从中上部起开始出现丰富的双壳类、腕足类，还有零星的植物茎干。在雀莫错、雁石坪一带的中部产双壳类：*Camptonectes auritus* - *Pteroperna costatula* 组合和腕足类：*Monsardithyris rauzevauxi* - *Sphenorhynchia matisconensis* 组合，上部双壳类：*Eomiodon angulatus* - *Isognomon*（*Mytiloperna*）*bathonica* 组合和腕足类 *Holcothyris subovalis* - *Burmirhynchia gutta* 组合。时代 Bajocian 期至早 Bathonian 期。

布曲组　J_2b　（06 - 63 - 0810）

【创名及原始定义】　白生海（1989）在唐古拉山乡布曲创名布曲组。原义指："一套浅海相碳酸盐岩建造，由泥晶灰岩、生物碎屑灰岩、鲕粒状灰岩、亮晶砂屑灰岩夹少许粉砂岩等组成。其颜色一般为灰色、深灰色及灰绿色。厚度 674 m。相当于下灰岩组。因布曲乡一带发育最佳而命名之，标准地点仍在雁石坪。盛产双壳类和腕足类化石。"

【沿革】　詹灿惠、韦思槐（1957）将该组岩层划为"雁石坪岩系"下灰岩层，地质部石油局综合研究队青藏分队（1966）划归唐古拉群温泉组的一部分。蒋忠惕（1983）将其划为温泉组下石灰岩段。青海省区调综合地质大队（1987）划为温泉组。杨遵仪、阴家润（1988）创名沱沱河组。本书采用白生海的布曲组一名。该组相当于青海省区测队（1970）所划的"下灰岩组"。蒋忠惕（1983）把相当于"下部碎屑岩组和下部灰岩组"的地层称温泉组。郭耕成等（1988）③ 厘定的"温泉组"相当于"下灰岩组"。前人曾建立"温泉群"（王文彬，1957）、"温泉层"（詹灿惠等，1957）均有不同的地层涵义，为避免混淆，杨遵仪、阴家润（1988）创名"沱沱河组"取代"温泉组"一名。但沱沱河附近侏罗纪地层并不发育，而且青海省区调综合地质大队（1987）在北邻图幅已建立"沱沱河群"，用以代表该区第三纪的沉积。白生海（1989）又引用"沱沱河组"来代替原"玛托组"，因此上述名称有同物异名、异物同名之混，建议停用上述各名称，以布曲组代之较妥。

【现在定义】　修订涵义：指整合于雀莫错组之上、夏里组之下的一套以碳酸盐岩为主夹少许粉砂岩组成的地层体。产有丰富的双壳类、腕足类及少量海胆、菊石、鹦鹉螺等化石。上线以碳酸盐岩的消失为界，下线以碳酸盐岩的始现为界。

【层型】　正层型为白生海（1989）重测的雁石坪剖面（92°04′，33°35′）第 34—37 层。

【地质特征及区域变化】　布曲组分布较广，西起雀莫错南和祖尔肯乌拉山一带，以雁石坪、温泉一线最发育，东到杂多县吉青能、加拉涌、优涌及囊谦县多日哇等地，也有较好的出露。

在雁石坪地区布曲组的岩性特征以灰色、灰黑色厚层—巨厚层状含粉砂白云质泥屑灰岩、结晶灰岩、含泥粉砂质白云岩、生物屑灰岩为主，夹少量灰绿色含粉砂泥晶灰岩及角砾状灰岩为特色。向西于雀莫错地区，主要为一套浅海碳酸盐岩建造，由灰色、深灰色及灰绿色泥

---

③ 郭耕成、丁西岐、邢俊武、陈方本，1988，青海省唐古拉地区侏罗纪地层划分的新认识。青海地质（2）。

晶灰岩、生物碎屑灰岩、鲕粒状灰岩、亮晶砂屑灰岩夹少许粉砂岩组成。在温泉一带为灰色、深灰色、黑灰色生物灰岩、生物碎屑灰岩、鲕状灰岩、块状隐晶质灰岩、豆状灰岩、其中夹有不厚的灰质砂质页岩、粉砂岩、泥灰岩、泥质白云岩、灰绿色泥岩，底部夹有雪花石膏层。向东到杂多县吉青能一带，以含生物屑灰岩为主，未见泥质粉砂岩及砂岩夹层。优涌一带灰岩中泥质成分偏高，以微晶灰岩、泥灰岩为主，夹页岩、石膏层及紫红色、灰黄色粉砂岩。层理清楚，单层厚度变化不大，为薄—中厚层状产出。囊谦县多日哇一带，为灰色或灰绿色泥灰岩夹紫红色粉砂岩。在泥灰岩中有泥裂纹，呈多边形，被泥钙质物充填。

上述各地区的布曲组与上覆夏里组，下伏雀莫错组均为连续沉积。出露厚度向西、向东均变薄。在雀莫错厚度 266.2 m。在雁石坪厚度 674.4 m。在温泉厚度 1753.6 m。在杂多县吉青能厚度 357 m。在优涌厚度 598.3 m。

布曲组所含化石，有丰富的双壳类、腕足类，另有少量海胆、菊石、鹦鹉螺等化石。以雁石坪、温泉—雀莫错地区研究较详。在上述地区布曲组包含双壳类：*Camptonectes laminatus* – *Anisocardia beaumonti* 组合；腕足类：*Kallirhynchia yaxieyensis* – *Pseudotubithyris globata* 组合，时代为 Bathonian 期中晚期。

夏里组　J_2x　(06-63-0811)

【创名及原始定义】　青海省区调综合地质大队（1987）创名夏里组于格尔木市唐古拉山乡雀莫错西夏里山。原涵义指："中侏罗统中层位最高的一个地层单元，呈带状分布。为一套灰紫、灰绿、褐、红等色相间的杂色碎屑岩系，夹少量灰岩及石膏（矿）层。厚度 400～645 m。陆生植物化石有所增多。其与上覆上侏罗统索瓦组呈整合接触，与下白垩统砾岩组及上第三系火山岩组均呈不整合接触，与下伏温泉组呈整合接触。"

【沿革】　詹灿惠等（1957）将该套地层划归为中岩系上碎屑岩组。顾知微（1962）创立的多洛金群中包括了夏里组层位。青海省区测队（1970）划归雁石坪群上砂岩组。青海省第二区调队（1982）将其划归雁石坪群上部砂岩夹砾岩组。马孝达（1983）又将其划入安多组内。青海省第二区调队（1988）将其称雁石坪群上碎屑岩组。自本组创名后沿用至今。多洛金群、安多组属地方性年代地层单位，未加推广，建议停用。

【现在定义】　指整合于布曲组碳酸盐岩组合之上、索瓦组碳酸盐岩与细碎屑岩互层组合之下，一套杂色细碎屑岩夹少量灰岩和石膏层组合而成的地层序列。该组岩性在宏观上，多以灰绿色、紫红色碎屑岩交互组成。产双壳类、腕足类、遗迹化石及植物茎干和碎片。上线以夏里组厚—巨厚层状粉砂岩的顶层面为界，下线以布曲组厚层状灰岩的始现为界。

【层型】　正层型为青海省区调综合地质大队（1987）测制的雁石坪剖面（92°04′，33°35′）第 38—49 层。次层型为雀莫错东剖面（91°17′30″，33°15′15″）第 31—36 层（测制者同上）。兹将正层型剖面列述如下：

上覆地层：**索瓦组**　灰色厚层—巨厚层状结晶灰岩

——————　整　合　——————

总厚度 645.6 m

夏里组

49. 深灰色厚层—巨厚层状粉砂岩　20.8 m

48. 灰绿色砂岩夹紫灰色粉砂岩、含生物碎屑鲕粒灰岩，产双壳类：*Plagiostoma* cf. *cardiformis*，*Chlamys* cf. *alticulata*，*Spondilopecten palimurus*　24.2 m

47. 灰紫色中厚—厚层状粉砂质细粒岩屑长石砂岩夹灰色生物碎屑灰岩，产双壳：*Pronella*，*Sowerbya trigularis*，*Pteroperna*? *pygmea* 25.8 m

46. 灰绿色厚层状泥质细粉砂岩夹黑灰色厚层状粉砂质鲕粒灰岩，产双壳类：*Modiolus acuticarinatus* sp. nov.，*Pronella* sp.，*Myopholas acuticosta*，*Modiolus bipartus*，*Mytilus undulatus*，*Protocardia congnata* 64.3 m

45. 紫色厚层状粉砂岩与灰绿色厚层状粉砂岩互层，产双壳类：*Protocardia congnata* 22.4 m

44. 灰绿色厚层状长石砂岩、泥岩夹泥质细砂质粉砂岩 48.3 m

43. 黄灰色厚层状钙质细粉砂岩夹紫色泥质粉砂岩，产双壳类：*Anomalodesmatan* sp. 92.7 m

42. 灰绿色厚层状粉砂岩夹灰紫色厚层状粉砂岩 61.5 m

41. 紫色厚层状含钙质粉砂质泥岩夹灰绿色中厚—厚层状含钙质泥质粉砂岩，产双壳类：*Pleuromya* sp.，*Solemya woodwardiana* 72.3 m

40. 紫色厚层状含泥钙质长石石英粉砂岩与灰绿色中厚—厚层状细粒岩屑长石砂岩互层，产双壳类：*Anomalodesmatan* sp. 76.7 m

39. 灰色巨厚层状岩屑石英粉砂—细砂岩 60.7 m

38. 紫色厚层状长石细粉砂岩，产腕足类：*Stenogmus pentagonalis*，*Ivanoviella* cf. *steinbessi* 76.0 m

———— 整 合 ————

下伏地层：布曲组　深灰色生物灰岩

【地质特征及区域变化】　夏里组分布较广，由西向东呈带状展布于赤布张错、祖尔肯乌拉山、雀莫错北、赛多岗日、雁石坪、温泉、杂多县优涌、吉青能、拉加涌及囊谦县多日哇等地。

该组由正层型所在地向西向北，岩性、岩相与正层型基本一致，为一套以杂色细碎屑岩为主，夹少量灰岩及石膏层。向南向东除杂色细碎屑岩外，其岩石粒度变粗。在吉青能、拉加涌、多日哇等地，砂岩中砾岩夹层增多，局部见有岩体侵入，而且见有油页岩夹层。在砂岩中普遍发育交错层理，并见有波痕，局部见砂质球状同生结核，呈滚圆及椭圆状，大小 20×30 cm，个别达 50 cm。除此，还常见浅灰绿色砂质及钙质团块。泥质粉砂岩中夹钙质结核，大小 2×5 cm。夏里组由雁石坪往南、北、西与上覆索瓦组、下伏布曲组为连续沉积。向东于杂多县吉青能、囊谦县多日哇等地，与下伏布曲组整合接触，与上覆沱沱河组、查保马组呈不整合接触。出露厚度由西向东有变厚的特点。在雀莫错厚度 401.8 m。在雁石坪厚度 645.7 m。在温泉厚度 819.4 m。在吉青能厚度 1 887 m。在拉加涌厚度 1 512 m。

夏里组中产有双壳类：*Anisocardia tenera*-*Modiolus bipartus* 组合，底部还见有腕足类：*Ivanoviella* cf. *steinbessi*，*Stenogmus pentagonalis*，孢粉及陆生植物增多。时代为 Callovian 期。

索瓦组　J_3s　(06-63-0812)

【创名及原始定义】　青海省区调综合地质大队（1987）创名索瓦组于格尔木市唐古拉山乡雀莫错东索瓦。原义指：“普遍整合于中侏罗统夏里组之上，其上被下白垩统或上第三系不整合覆盖的一套地层。厚度 940 m。岩性主要由深灰色厚层状泥晶灰岩、生物碎屑灰岩、亮晶砂屑灰岩和灰绿色、深灰色钙质粉砂岩、泥质粉砂岩等组成。岩层层面多呈瘤状突起，灰岩和粉砂岩在垂向上频繁交替出现，是本组区别于中侏罗统温泉组灰岩层的主要特征，时限为晚侏罗世。”

【沿革】　该组 1957 年[①]詹灿惠、韦思槐划归雁石坪岩系中上灰岩层。青海省区测队

(1970) 称雁石坪群上石灰岩段。自创名索瓦组 (1987) 后被广大地质工作者采用至今，本书沿用。

【现在定义】 索瓦组修订后定义：指整合于夏里组之上、雪山组之下的一套深灰色碳酸盐岩与灰绿色、深灰色细碎屑岩互层状组合而成的地层。该组以深灰色与灰绿色相互交替为特征。上线以浅灰绿色中厚层状粉砂岩底层面为界，下线以深灰色厚—巨厚层状粉砂岩底面为界。产双壳类、腕足类，偶见海胆和海百合茎碎片等化石。

【层型】 正层型为青海省区调综合地质大队 (1987) 测制的雀莫错东剖面 (91°17′30″, 33°15′15″) 第 37—45 层。

上覆地层：雪山组　长石石英砂岩

——————整　合——————

索瓦组　　总厚度 633.2 m

45. 浅灰绿色中厚层状钙质粉砂岩夹灰色厚层状含粉砂生物碎屑沉积泥晶灰岩，产双壳类：*Questedtia* sp.，*Protocardia* sp.　113.3 m

44. 深灰色厚层状泥晶灰岩，产双壳类：*Laevichlamys* sp.，*Pseudolimea duplicata*，*Protocardia* cf. *readeri*，*Pteroperna* sp.，*Anisocardia* sp.　52.2 m

43. 深灰色巨厚层状生物屑灰岩夹泥质粉砂岩、含细砂粉砂岩　64.5 m

42. 深灰色厚层状泥晶灰岩夹灰绿色中厚层状泥质粉砂岩，产双壳类：*Astarte* sp.，*Gervillella aviculoides*，*Radulopecten fibrosus*，*Entolium corneolum*，*Modiolus* cf. *imbricatus*，*Modiolus bipartus*　93.8 m

41. 灰紫色中厚层状泥质粉砂岩夹深灰色厚层状含生物屑灰岩　58.8 m

40. 灰绿色中厚层状含细砂粉砂岩　40.6 m

39. 灰色、深灰色厚层状生物屑灰岩，产双壳类：*Laevichlamys* sp.，*Radulopecten* sp.，*Gervillella aviculoides*　55.1 m

38. 浅灰色中厚层状钙质粉砂岩　55.8 m

37. 深灰色厚层状含亮晶砂屑灰岩，产双壳类：*Liostrea soiltaria*，*Plagiostoma subcardiformia*　99.1 m

——————整　合——————

下伏地层：夏里组　紫色泥质粉砂岩

【地质特征及区域变化】 索瓦组由西向东呈带状分布于赤布张错、加木称错、索瓦当曲、帮尕陇巴、温泉、雁石坪等地。相当前人的上灰岩段。下部岩性主要由深灰色厚层状泥晶灰岩、生物碎屑灰岩、亮晶砂屑灰岩和灰绿色、深灰色钙质粉砂岩、泥质粉砂岩交互产出。普遍整合于夏里组之上。其上被早白垩世错居日组或晚第三纪查保马组不整合覆盖。在错居日西与布曲组呈断层接触。在错欧北、雀莫错南、楚多陇巴等地分别与晚第三纪查保马组、夏里组及雀莫错组呈断层接触。岩石类型与雀莫错地区一致。但岩层层面多不平整，呈瘤状突起。浪状波痕、斜层理发育。岩相变化较大，粒度较细。灰岩和粉砂岩在垂向上频繁交替出现。咸水、半咸水生物混生。

该组在通天河以南的温泉兵站东部，自下而上灰岩逐渐减少，粒度有所变粗，且由灰岩→粉砂岩→灰岩组成三个较完整的沉积韵律。其总貌以灰岩为主，粉砂岩次之，因顶部位于向斜核部故出露不全。往南至温泉兵站一带，粉砂岩含量增多，与灰岩呈互层状，其上被雪山组整合覆盖。向西至索瓦麦曲上游一带，中下部以灰岩为主夹粉砂岩，上部以粉砂岩为主夹少许灰岩。据雀莫错剖面，由下而上亦可以划分出 2～3 个沉积韵律。至赤布张错一带，上述灰岩多相变为粉砂岩或细砂岩。

该组各地剖面控制厚度：雀莫错 633.2 m，雁石坪 389 m，温泉 662.9 m，102 道班389 m。

从古生物面貌分析，雀莫错西部和西南部的广大地区种属较少，所见生物以浅海底栖类为主，东部和北部不仅繁殖有大量的底栖类，尚见半咸水泻湖相 *Protocardia*，*Astarte* 等与之混生，说明该组以浅海沉积为主，夹滨海泻湖相沉积。该组中产有丰富的双壳类和少量腕足类化石。双壳类经阴家润研究为：*Gervillella aviculoides* - *Radulopecten fibrosus* 组合。顶部为：*Entolium corneolum* - *Myopholas multicostata* 组合。腕足类经史晓颖研究为：*Septaliphoria septantrionalis* - *Thurmanella acuticosta* 组合。地质时代为 Oxfordian 期—Kimmeridgian 早期。

雪山组 $J_3x\hat{s}$ (06-63-0813)

【创名及原始定义】 该组由地质部石油局综合研究队（1966）在格尔木市唐古拉山乡，温泉剖面南端，冰山脚下的冲沟中创名雪山组。原义："为本区侏罗系最上部的一个岩石地层单位。为一套灰色、深灰色、浅灰绿色的粉砂岩、细砂岩、粉砂质泥岩夹微晶灰岩。其中含奇异蚌动物群 *Peregrinoconcha yunnanensis* Chen et Lan，*P. perlonga* Wen 等，所指示的地质时代为晚侏罗世—早白垩世。

【沿革】 该组詹灿惠、韦思槐（1957）称雁塔层。青海省区调综合地质大队（1987）创名扎窝茸组。按优先权，本书采用雪山组。扎窝茸组为雪山组的同物异名，温泉层、雁塔层未加推广，建议停用。

【现在定义】 该组修订后涵义：指分布于唐古拉山地区，连续沉积于索瓦组之上，一套上粗下细，下部为一套以紫色碎屑岩为主夹少量灰岩；上部为灰白色—灰绿色碎屑岩、含砾砂岩和灰岩、砾岩组成的地层。下部产海相双壳类，上部产奇异蚌动物群。下线以浅灰绿色中厚层状粉砂岩顶层面为界，顶部出露不全。

【层型】 正层型为地质部石油局综合研究队（1966）测制的温泉剖面（91°56′，33°22′）第 15—16 段（蒋忠惕，1983）。次层型为青海省区调综合地质大队（1987）测制的格尔木市唐古拉山乡雀莫错东剖面（91°17′30″，33°15′15″）第 53—46 层。现将正层型剖面列述如下：

温泉剖面

雪山组　　　　总厚度＞559.58 m

第 16 段：棕褐色、浅灰绿色及浅灰色粉砂岩、细砂岩夹数层不厚的泥质粉砂岩和粉砂质泥岩夹层。发育有斜层理及波痕（未见顶）。本段中部含双壳类化石：*Paranippononaia* cf. *paucisulcata*，*Trigonioides* (*Wakinoa*)? sp.，*Lamprotula* sp.　237.51 m

第 15 段：按岩性可分为上中下三部分

上部：灰色、浅灰色、绿灰色中厚层状粉砂岩。局部夹泥质粉砂岩和灰质胶结泥质粉砂岩。本段顶部含少量双壳类化石：*Protocardia* sp.，*Lamprotula* sp.　105.00 m

中部：灰色中厚层状粉砂岩和泥质粉砂岩。顶部及底部各夹一层深灰色中厚层含泥质微晶石灰岩。本段的上部及下部含双壳类化石：*Nippononaia* aff. *wakinoensis*，*Protocardia* ex gr. *interta*　96.74 m

下部：灰色中厚层状到页片状粉砂岩。局部夹有灰色微晶灰岩。含双壳类化石及其碎片，化石有：*Gervillella* sp.　120.33 m

——————— 整 合 ———————

下伏地层：**索瓦组**　块状隐晶质石灰岩

【地质特征及区域变化】　该组主要分布于扎窝茸、温泉地区、其次在帮尕陇巴、奔错、加木称错等地也有出露。在雀莫错东厚度 1 248.9 m，在温泉厚度 559.6 m，在 102 道班厚度 492.8 m，呈西厚东薄之势。

雪山组与下伏索瓦组为连续沉积，顶部出露不全。在扎窝茸、帮尕陇巴、奔错、加木称错等地，底部为一套紫灰相间，以紫色为主的杂色砂岩夹粉砂岩和少量灰岩、含砂质灰岩；上部为灰白色、灰绿色中细粒岩屑石英砂岩、岩屑砂岩、含砾砂岩和灰岩、砾岩等。灰岩及粉砂岩中产海相、泻湖相及陆生动植物化石。102 道班剖面产有双壳类：*Myopholas multicostata*，*Laevitrigonia gibbosa*。雀莫错东剖面第 49 层产孢粉：*Deltoidospora*，*Cancavisporites*，*Duplexisporites*，*Classopollis*，*Cycadopites*，*Perinopollenites* 等。第 51 层产双壳类：*Peregrinoconcha yunnanensis*，*P. perlonga*，*Sinonaia* sp.，*Protocardia*? sp.，*Quenstedtia* sp.，*Pleuromya* sp.，*Cypricordia* cf. *loweana* 及淡水双壳类 Unionidae 等。地质时代为晚侏罗世 Kimmeridgian 期。蒋忠惕（1983）则认为属早白垩世。

【其他】　雪山组在温泉剖面第 15—16 段，其下线为剖面的第 15 段粉砂岩与第 14 段灰岩之间。雀莫错东剖面修订后的雪山组，其下线下移了 307.3 m，在第 46 层长石石英砂岩与第 45 层灰岩之间。各地剖面均未见顶。

为表示雁石坪群各组的特征和组间关系（图 12－1），现将出露较完整的重要参考剖面——格尔木市唐古拉山乡雀莫错东剖面附此，供参考。

雁石坪群	总厚度＞3 648.98 m
雪山组	＞1 248.9 m
53. 绿灰色中厚层状含砾中—细粒岩屑砂岩（位于向斜核部未见顶）	＞18.9 m
52. 紫灰色中厚层夹薄层状钙质粉砂岩	30.3 m
51. 紫灰色中厚层状中细粒岩屑砂岩夹灰色砂质石灰质砾岩、粉砂质结核状灰岩，产双壳类：*Peregrinoconcha yunnanensis*，*P. perlonga*，*Quenstedtia* sp.	283.8 m
50. 浅黄灰色中厚层状细粒长石岩屑砂岩，产植物碎片	179.8 m
49. 灰紫色中厚层状含细砂粉砂岩夹灰绿色中厚层状泥质粉砂岩，产孢粉：*Deltoidospora*，*Duplexisporites*，*Concavisporites*，*Convolutisporis*，*Cycadopites*，*Classopollis*，*Perinopollenites*，*Psophosphaera*	153.3 m
48. 浅灰色中厚层状细粒长石石英砂岩夹灰紫色中厚层状细粒长石砂岩	126.6 m
47. 灰紫色中厚层状细粒长石石英砂岩，产双壳类：? *Protocardia* sp.，*Pleuromya* sp.，*Quenstedtia* sp.	148.9 m
46. 浅灰绿色中厚层状中粒长石石英砂岩	307.3 m
———— 整　合 ————	
索瓦组	633.2 m
45. 浅灰绿色中厚层状钙质粉砂岩夹灰色厚层状含粉砂生物碎屑泥晶灰岩，产双壳类：*Quenstedtia* sp.，*Protocardia* sp.	113.3 m
44. 深灰色厚层状泥晶灰岩，产双壳类：*Laevichlamys* sp.，*Pseudolimea duplicata*，*Protocardia* cf. *readeri*，*Pteroperna* sp.，*Anisocardia* sp.	52.2 m
43. 深灰色巨厚层状生物屑灰岩夹泥质粉砂岩、含细砂粉砂岩	64.5 m
42. 深灰色厚层状泥晶灰岩夹灰绿色中厚层状泥质粉砂岩，产双壳类：*Astarte* sp.，	

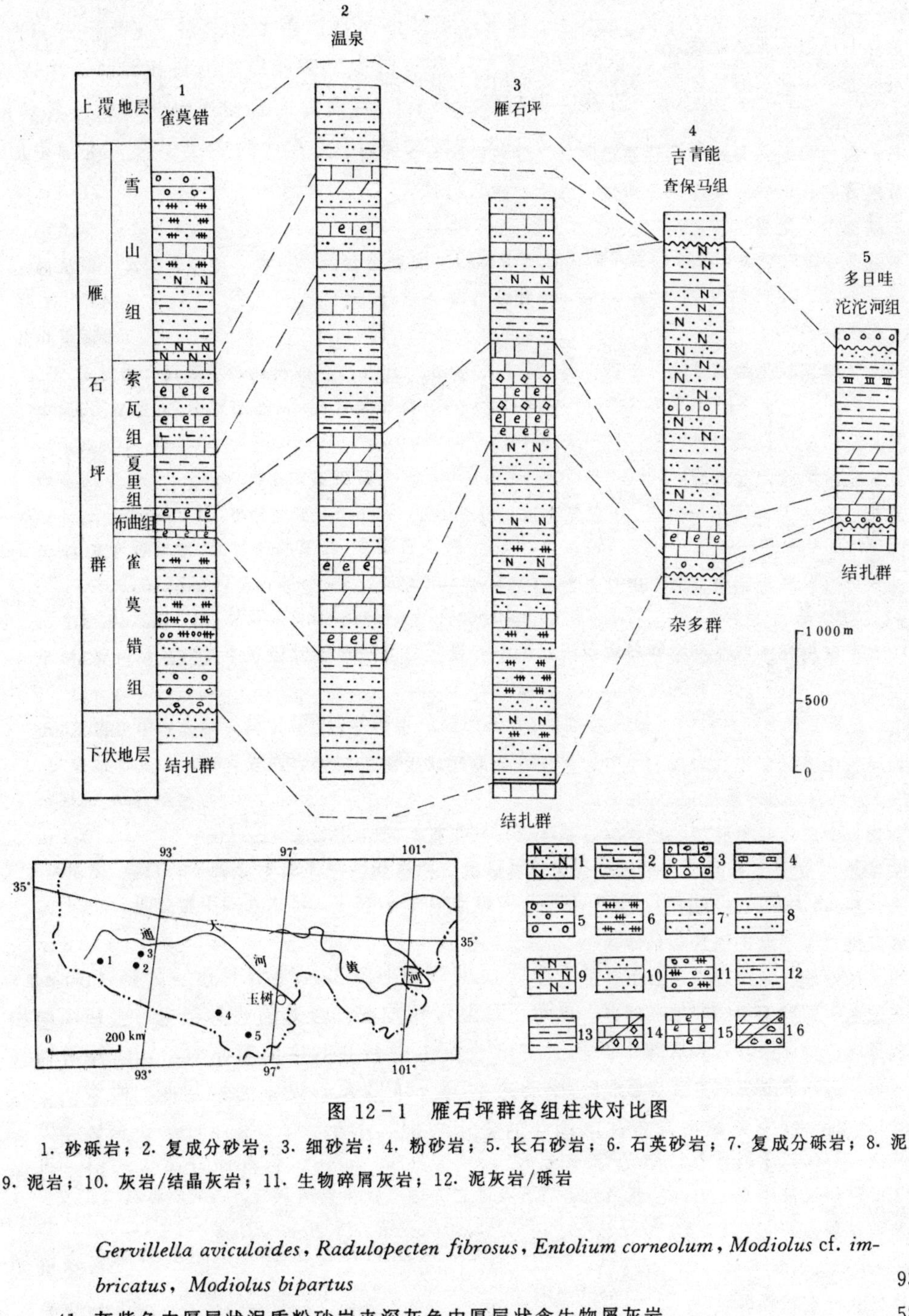

图 12-1　雁石坪群各组柱状对比图

1. 砂砾岩；2. 复成分砂岩；3. 细砂岩；4. 粉砂岩；5. 长石砂岩；6. 石英砂岩；7. 复成分砾岩；8. 泥质砂岩；9. 泥岩；10. 灰岩/结晶灰岩；11. 生物碎屑灰岩；12. 泥灰岩/砾岩

Gervillella aviculoides, *Radulopecten fibrosus*, *Entolium corneolum*, *Modiolus* cf. *imbricatus*, *Modiolus bipartus* 93.8 m

41. 灰紫色中厚层状泥质粉砂岩夹深灰色中厚层状含生物屑灰岩 58.8 m
40. 灰绿色中厚层状含细砂粉砂岩 40.6 m
39. 灰色、深灰色厚层状生物屑灰岩，产双壳类：*Laevichlamys* sp.，*Radulopecten* sp.，*Gervillella aviculoides* 55.1 m
38. 浅灰色中厚层状钙质粉砂岩 55.8 m
37. 深灰色厚层状含亮晶砂屑灰岩，产双壳类：*Liostrea solitaria*，*Plagiostoma subcardi-*

formia 99.1 m

——————— 整　合 ———————

夏里组 401.8 m

36. 紫色中厚层状泥质粉砂岩 178.3 m

35. 灰绿色中厚层状细粒岩屑石英砂岩，产植物碎片及孢粉：*Concavisporites* sp.，*Classopollis* sp. 85.2 m

34. 紫色块层状泥岩夹厚层状钙质粉砂岩、细粒岩屑石英砂岩 98.1 m

33. 紫色薄层状粉砂岩与深灰色薄层状钙质粉砂岩互层 11.5 m

32. 灰黑色中厚层泥晶灰岩 8.6 m

31. 绿灰色中厚层状粉砂岩 20.1 m

——————— 整　合 ———————

布曲组 266.2 m

30. 深灰色厚层状生物屑灰岩，产双壳类：*Radulopecten vagans*，*Camptonectes laminatus* 51.9 m

29. 灰黄色中厚层钙质粉砂岩 8.7 m

28. 深灰色厚层状泥晶灰岩 22.8 m

27. 黑灰色中厚层状钙质粉砂岩，产双壳类：*Camptonectes clathratus*；腕足类：*Hallorella* sp. 31.9 m

26. 深灰色厚层状生物屑灰岩，产双壳类：*Praeexogyra hebridica*，*Parainoceramus* sp.，*Placunopsis* sp.，*Camptonectes* sp. 131.3 m

25. 深灰色厚层状含亮晶鲕粒状灰岩 19.6 m

——————— 整　合 ———————

雀莫错组 1 098.88 m

24. 黑绿色中厚层状细粒岩屑石英砂岩夹黑灰色厚层状生物屑灰岩，产双壳类：*Camptonectes rigidus*，*Rollierella minima* 68.3 m

23. 灰紫色中厚层状粉砂质细粒岩屑石英砂岩，产双壳类：*Eomiodon angulatus* 72.1 m

22. 灰绿色夹灰紫色中厚层状中细粒岩屑石英砂岩，产植物茎干及有节类碎片和双壳类：*Eomiodon angulatus* 53.9 m

21. 紫灰色中厚层状中细粒岩屑砂岩 124.8 m

20. 绿灰色中厚层状中粒岩屑石英砂岩 11.1 m

19. 灰紫色中厚层状中细粒岩屑砂岩 14.1 m

18. 灰黄绿色中厚层状细粒岩屑砂岩 13.2 m

17. 灰色、深灰色厚层状含生物屑细粒岩屑石英砂岩，产双壳类：*Anisocardia beaumonti* 17.5 m

16. 灰色中厚层状岩屑石英砂岩，产植物茎干 21.2 m

15. 灰绿色、灰紫色薄—中厚层状细粒岩屑石英砂岩夹薄层状生物屑灰岩、石灰质砾岩及石英粉砂岩，产双壳类：*Anisocardia* sp.，*Pteroperna* sp.，*Costigervillia* sp.，*Camptonectes auritus* 13.28 m

14. 暗紫色厚层状粉砂岩 19.6 m

13. 灰紫色中厚层状粉砂质细粒岩屑石英砂岩 28.1 m

12. 浅灰色中厚层状中细粒岩屑石英砂岩夹褐灰色钙质砂岩、石灰质砾岩 89.5 m

11. 灰紫色中厚层状细粒岩屑石英砂岩 92.1 m

10. 灰色中厚层状中—细粒岩屑石英砂岩 17.2 m

9. 浅灰色薄层状含粉砂质、钙质细粒岩屑石英砂岩 34.4 m

8. 灰紫色中厚层状细粒岩屑石英砂岩 33.6 m

7. 灰紫色中厚层状砂质石灰质砾岩 23.5 m

6. 紫色厚层状细粒岩屑砂岩 129.8 m

5. 紫色中厚层状钙质含粉砂细粒岩屑石英砂岩 85.2 m

4. 深灰色厚层状亮晶质团粒灰岩 40.0 m

3. 深灰色中厚层状细粒岩屑石英砂岩 40.7 m

2. 灰紫色中厚层状细粒岩屑砂岩 35.8 m

1. 紫红色巨层状复成分砾岩 19.9 m

~~~~~~~~~~ 不 整 合 ~~~~~~~~~~

下伏地层：**结扎群** 砂岩组

风火山群 K*F* (06-63-0913)

【创名及原始定义】 张文佑、赵宗溥等（1957）创名风火山群于格尔木市唐古拉山乡风火山二道沟。指："厚度巨大，岩性单一的红色碎屑岩系的整体，时代为（T）。"

【沿革】 顾知微（1962）介绍："青海省石油队詹灿惠等（1958）依据化石将风火山群划归白垩系"。青海省区测队（1970）将该套地层置于早白垩世，分为下部砂砾岩夹页岩段，上部灰岩段。青海省区调综合地质大队（1987）划为早白垩世，分为砾岩组和砂岩组。青海省区调综合地质大队（1989）划为晚白垩世，分为砂岩夹灰岩组、砂岩组、砂砾岩组。本书沿用风火山群，同时冀六祥依据宏观岩性特征、组合方式及相对层位一致原则，将其自下而上创名为错居日组、洛力卡组、桑卡山组。

【现在定义】 为一套杂色粗碎屑岩夹灰岩、泥岩，局部地区夹含铜砂岩、页岩、白垩、石膏岩及次火山岩组成的地层体。从老到新由错居日组、洛力卡组、桑恰山组构成，其间均为整合接触。与下伏布曲组或更老地层以不整合面为界，其上与沱沱河组及其新地层的不整合面为界。产双壳类和孢粉等化石。

【地质特征及区域变化】 风火山群并非由单一的红色碎屑岩组成。在可可西里盆地以砾岩、砂岩为主夹泥岩，厚度约400～2 300 m以上。盆地边缘为一套紫红色砂岩、含砾砂岩及暗紫色砾岩。产介形类、腹足类等化石。地质时代为早、晚白垩世。

在布衣湖、当曲上游等地，主要为一套紫红色碎屑岩、泥岩夹泥灰岩及石膏，厚度478～1 600 m。在解大力一带，上部紫红色厚层泥质粉砂岩夹灰绿色厚层泥质砂岩夹雪花状石膏层，下部紫红色厚—巨厚层砾岩。厚度1 600 m。

在格尔木市（以下未注明市、县者，均属格尔木市）错居日西一带，以顶部为黄灰色、中部为灰紫色，底部为青灰色的一套粗碎屑岩组成的地层。厚度数百米。与上覆沱沱河组、下伏布曲组均为不整合接触。根据地层的相对层位，其时代可能为白垩纪。

在桑恰山一带，由灰紫、紫红色砂岩夹褐紫色、砖红色、桔红色、灰绿色、黄褐色岩屑砂岩及浅灰绿色凝灰岩组成。厚度大于4 998.5 m。未见顶底。产孢粉，地质时代为白垩纪。

在巴音赛若一带，以紫灰色砂岩为主夹灰色、灰白色、桔黄色砂岩及桔红色泥岩。厚度大于1 724 m。未见顶底。

在多托捷山一带，以紫红、暗紫红色砂岩为主夹浅灰色石英砂岩。厚度近千米。与上覆第四系（羌塘组）、下伏结扎群均为不整合接触。产孢粉，地质时代为白垩纪。

在二道沟、风火山一带，以紫红、暗紫红色砂岩为主夹浅灰绿色长石石英砂岩及灰、灰
~~~~~~~~~~

白色石英砂岩。厚度在千米以上。未见顶、底。

在仲扎一带，以紫灰、灰紫色砂岩为主，底部为灰色巨厚层状复成份砾岩。厚度近千米。未见顶，与下伏结扎群为不整合接触。

在杂多县、囊谦县一带，以浅灰色砂岩、土黄色灰岩，底部为砖红色厚层砾岩。厚度数百米至千米以上。与上覆查保马组、沱沱河组及下伏杂多群均为不整合接触。产植物、介形类等化石，地质时代为白垩纪。

错居日组 K*c* (06-63-0912)

【创名及原始定义】 冀六祥（1994）创名错居日组于格尔木市唐古拉山乡错居日西。定义是："断续分布于唐古拉山北缘的，一套由杂色粗碎屑砾岩、砂砾岩、砂岩夹粉砂岩、含铜砂岩、页岩组合而成的地层体。与上覆洛力卡组碳酸盐岩组合为整合接触，以碳酸盐岩的底层面为界；与下伏结扎群以不整合面为界。产双壳类及孢粉等化石。"

【沿革】 该组青海省第二区调队（1982）称砂砾岩组。青海省区调综合地质大队（1987）称砾岩组、砂岩组。青海省第二区调队（1988）称砂砾岩组。时代均归属早白垩世。

【现在定义】 同原始定义。

【层型】 正层型为青海省第二区调队(1982)测制的杂多县南洛力卡剖面(95°18′,32°52′)第3层现将正层型描述如下。副层型为青海省区调综合地质大队（1987）测制的格尔木市唐古拉山乡错居日西剖面（90°14′，33°45′）（冀六祥，1994）。

杂多县南洛力卡剖面

上覆地层：**桑恰山组** 暗紫色岩屑砂岩

——————整　合——————

洛力卡组　　总厚度 753.8 m

10. 土黄色中厚层状石灰岩夹钙质石英细砂岩及灰色钙质粉砂质石英细砂岩	64.3 m
9. 土黄色薄层状石灰岩	69.9 m
8. 土黄色薄层状不纯石灰岩及灰白色白垩	93.1 m
7. 灰白色薄层状石灰岩夹含粉砂石灰岩及白垩	62.0 m
6. 土黄色微层状石灰岩夹灰色薄层状微晶石灰岩	156.3 m
5. 土黄色微层状石灰岩夹微晶石灰岩，产植物及双壳类化石	165.6 m
4. 浅灰色钙质长石石英砂岩夹土黄色团粒状石灰岩	142.6 m

——————整　合——————

错居日组　　总厚度 146.7 m

3. 砖红色厚层泥钙质胶结的砾岩	146.7 m

~~~~~~不　整　合~~~~~~

下伏地层：**杂多群** 灰黑色石英细砂岩

【地质特征及区域变化】 错居日组由正层型剖面向西零星出露于岗嘎日—错居日—赤布张错以西延入西藏境内。向东南分布于赤布张错、尕恰迪如岗之间及奔错西、雀莫错、尕曲强塘等山间盆地。岩性主要为紫色、灰紫色、紫红色砾岩、砂岩。与下伏布曲组、结扎群、开心岭群均为不整合接触，其上被查保马组所覆盖。出露厚度 1 782 m。为河流湖泊相红色碎屑岩建造。
~~~~~~

由正层型剖面向东北呈北西西-南东东向，以带状展布于沱沱河北至风火山和错仁德加一带。岩性为灰紫色、紫红色厚—巨厚层状复成分砾岩、含砾砂岩、厚层状中细粒岩屑砂岩、泥质粉砂岩夹含铜岩屑砂岩、泥岩等。与上覆洛力卡组整合接触，与下伏结扎群不整合接触。出露厚度 917～1 460 m。砂岩中斜层理和交错层理发育。错居日组底砾岩随下伏地层的改变而有所不同，灰岩地区砾岩砾径变粗。在桑恰山产孢粉：*Deltoidospora*，*Biretisporites*，*Pterisisporites*，*Classopollis*，*Piceaepollenites*，*Tricolporpollenites*。

在杂多县城东南稿涌一带，地层呈北西-南东向展布。岩性主要为一套褐紫色、砖红色、灰色砾岩、长石石英砂岩及石英砂岩。与上覆洛力卡组整合接触，与下伏杂多群不整合接触。出露厚度 289.3 m。

综上所述，错居日组层位稳定，分布广泛，为一套河湖相堆积的紫红色碎屑岩，呈西厚东薄，西粗东细，南粗北细，下粗上细，韵律清晰，宏观特征明显，易于野外识别、追索的岩石地层单位。据错居日组不整合于结扎群之上，整合于洛力卡组之下，以及孢粉组合等，其时代为早白垩世，亦可能包括晚侏罗世晚期。

洛力卡组 *Kl* (06－63－0911)

【创名及原始定义】 冀六祥（1994）创名洛力卡组于杂多县南洛力卡。定义是：“为一套由土黄色、灰色微层—薄层灰岩夹不纯灰岩、沉凝灰岩、白垩及粉砂岩组成的地层。与下伏错居日组整合接触，以灰岩的出现为界；与上覆桑恰山组整合接触，以灰岩、凝灰岩的消失为界。产双壳类、植物和孢粉等化石。”

【沿革】 该组青海省区测队（1970）称早白垩世上部灰岩段。青海省第二区调队（1982）称早白垩世碳酸盐岩组。青海省区调综合地质大队（1989）称晚白垩世砂岩夹灰岩组。青海省区调综合地质大队（1990）划归晚白垩世砂岩夹灰岩组。

【现在定义】 同原始定义。

【层型】 正层型为前述杂多县南洛力卡剖面第 4—10 层。

【地质特征及区域变化】 该组在杂多县洛力卡为一套土黄—灰色微层—薄层状石灰岩，其中夹有不纯灰岩、白垩及粉砂岩，以稳定的土黄色微层状石灰岩出现为分组标志。该组岩性、厚度稳定，层理清晰，风化后成板状。出露厚度 606 m。属湖泊相。产双壳类化石，保存不佳。在吉那涌采有植物化石 *Brachyphyllum* sp.，时代为早白垩世。

由正层型剖面向西，在沱沱河、巴茶加格涌以北，风火山至错仁德加北一带，集中分布于冬布里和扎拉玛两大断陷沉积盆地中。为浅灰绿色沉凝灰岩、中厚层状生物屑泥晶砂质灰岩及灰白色巨厚层状含白云石石膏岩，较稳定的呈条带状展布。生物碎屑灰岩表面具干裂构造。出露厚度 20～30 m。与上覆桑恰山组，下伏错日组均呈整合接触。灰岩中产介形类：*Rhinocypris* sp.，*Kaitunia* sp.，*Quadracypris* sp.，*Cypris* sp.，时代为晚白垩世。

该组在最西部唐古拉山乡玛巧错北，为灰白色含燧石淀晶团块灰岩。出露厚度 45 m。与下伏错居日组整合接触，与上覆查保马组为不整合接触。

据洛力卡组岩性、岩相及地质年代综合分析，其岩石特征明确、地层体呈串珠状或条带状展布，厚度各地不一，最薄 20 余米，最大厚度 1 352 m，层位较稳定，上、下界线清楚，均为整合接触。生物所指示的地质时代为白垩纪。

桑恰山组 Ks (06-63-0910)

【创名及原始定义】 冀六祥（1994）创名于格尔木市唐古拉山乡桑恰山。原指："主要分布于沱沱河北至风火山和错仁德加北一带，一套以紫红色为主的碎屑岩，分为上部砂砾岩段和下部砂岩段。上界以不整合面与上覆沱沱河组及其新地层分隔；下界以比较稳定的灰岩消失分界。产介形类、轮藻、植物和孢粉等化石。"

【沿革】 青海省区调综合地质大队（1989）划归晚白垩世砂岩组、砂砾岩组。

【现在定义】 同原始定义。

【层型】 该组正层型为青海省区调综合地质大队（1989）测制的格尔木市唐古拉山乡桑恰山剖面（92°57′，34°32′）第12—35层（冀六祥，1994）。

【地质特征及区域变化】 桑恰山组集中分布在北布里和扎拉玛两大断陷沉积盆地中。另在错仁德加北部的巴音多格日旧—野牛山—贡冒日玛地带也有出露。下部主要为紫红色厚—中厚层状细—中细粒岩屑砂岩、钙质微粒长石岩屑砂岩、微粒—细粒长石石英砂岩、紫红色薄层泥质粉砂岩。砂岩中斜层理发育，并见有微型舟状斜层理。在桑恰山一带出露厚度1 837 m，向东到巴音赛若一带厚度为1 644 m，错仁德加北部扎日阿扎加出露厚度2 070 m，向东到贡冒日玛一带出露厚度543 m，呈西厚东薄。岩性变化表现在桑恰山一带以岩屑砂岩为主，而巴音赛若泥质粉砂岩增多，从西向东粒度变细。

上部仅出露于桑恰山和巴音赛若一带。岩性为灰色、紫灰色巨—巨厚层状复成分砾岩夹中细粒长石岩屑砂岩、岩屑砂岩夹泥、钙质粉砂岩、复成分砾岩及含砾粗砂岩等。底部以大套的粗砾岩为主。砂岩层面上发育有波痕和泥裂。出露厚度桑恰山为2 172 m，巴音赛若1 639 m，由西向东逐渐变薄，粒度由粗变细。桑恰山组与下伏洛力卡组为整合接触，与上覆沱沱河组呈平行不整合接触。该组中除剖面所见各种化石外，尚见双壳类，但保存不佳。植物仅见被子植物碎片。地质时代为晚白垩世。本组岩石组合总体表现出下细上粗，均为紫红色色调。岩性特征显著，上、下接触关系清楚，为一较好的填图单位。

沱沱河组 Et (06-63-1008)

【创名及原始定义】 青海省区调综合地质大队（1989）创名"沱沱河群"于格尔木市唐古拉山乡沱沱河。指："处于结扎群不整合面之上，雅西措群整合面之下的一套由紫红色、灰紫色粉砂质泥岩、岩屑砂岩、砂质灰岩、复成分砾岩组成的地层。"

【沿革】 青海省第二区调队（1983）划归下第三系碎屑岩组。青海省区调综合地质大队（1989）划归古新世至始新世沱沱河群。本书降群为组，称沱沱河组。

【现在定义】 指不整合于结扎群之上（区域上不整合于巴塘群、巴颜喀拉山群之上），整合于雅西措组之下一套由砖红色、紫红色、黄褐色复成分砾岩、含砾砂岩、砂岩、粉砂岩，局部夹泥岩、灰岩组合成的地层序列。顶以雅西措组灰岩的始现与其分界。产介形类、轮藻、孢粉等化石。

【层型】 正层型为青海省区调综合地质大队（1989）测制的格尔木市唐古拉山乡阿布日阿加宰剖面（92°30′，34°08′）第1—5层。

上覆地层：**羌塘组** 砂砾岩

~~~~~~~~~ 不 整 合 ~~~~~~~~~
~~~~~~~~~

五道梁组 总厚度 399.38 m

18. 浅灰绿色中厚层泥灰岩夹石膏层，含孢粉：*Verrutetraspora verrucosa*，*Cycadopites*，*Abietineaepollenites*，*Tricolporopollenites* 等 146.66 m

17. 浅灰绿色中厚层含方解石石膏岩 48.67 m

16. 浅灰色、灰白色中厚层含灰质粘土岩，含孢粉：*Pterisisporites*，*Classopollis*，*Ephedripites*；介形类：*Eucypris qaibeigouensis* 93.03 m

15. 紫红色厚层细砂岩夹绿色、浅灰色含石膏粘土岩 81.93 m

14. 灰绿色中厚层泥灰岩夹中厚层石膏 29.09 m

——————— 整 合 ———————

雅西措组 总厚度 984.20 m

13. 灰白色、浅灰色中厚层含砂质泥晶灰岩与灰紫色中厚层粉砂质细粒灰质长石岩屑砂岩互层夹厚层含生物屑泥晶灰岩，产轮藻化石：*Obtusochara brevicylindrica*；介形类：*Eucypris lenghuensi*，*Darwinula* sp.，*Eucypris* sp. 223.41 m

12. 灰紫色厚层状粉砂质细粒灰质长石石英砂岩与浅灰黄色厚层亮晶砂质、砂屑灰岩夹细中粒岩屑长石砂岩及泥晶灰岩，产介形类：*Eucypris* sp. 189.52 m

11. 紫红色、砖红色中厚层粉砂质细粒长石石英砂岩及少量复成分砾岩、团粒泥晶含砂质灰岩、泥晶灰岩。灰岩中产介形类：*Eucypris* sp. 189.52 m

10. 紫红色、砖红色厚层状中粒岩屑砂岩夹厚层角砾状砂质泥晶灰岩，含孢粉：*Classopollis*，*Ephedripites*（*Distachyapites*），*Tricolporopollenites*，*Meliaceoidites*，Pinaceae 169.47 m

9. 紫灰色厚层灰质中细粒长石岩屑砂岩夹灰质不等粒岩屑砂岩及含粉砂质粉晶—细晶灰岩 76.82 m

8. 紫色厚层灰质中细粒长石岩屑砂岩夹灰绿色泥晶砂质灰岩 71.06 m

7. 紫红色厚层碎屑状（砂质）泥岩与浅灰绿色厚层状泥晶团块含砂质灰岩，产轮藻：*Tectochara houi*，*Amblyochara subeiensis*，*Hornichara qinghaiensis*，*Obtusochara*；介形类：*Eucypris lenghuensis*，*Candoniella albicans*，*C. suzini*，*Cyprinotus* sp. 27.71 m

6. 灰紫色厚层亮晶团块硅质灰岩 36.69 m

沱沱河组 总厚度 606.43 m

5. 紫红色厚层状复成分砾岩、中厚层中细粒岩屑砂岩及紫灰色厚层生物碎屑微晶灰岩组成韵律层。灰岩中产介形类：*Cypris decaryi*，*Candoniella albicans*，*Darwinula* sp.；轮藻：*Peckichara serialis* 165.59 m

4. 紫红色、砖红色厚层状粉砂质泥岩夹灰紫色灰质中细粒岩屑砂岩及紫红色含砾不等粒岩屑砂岩 75.10 m

3. 黄褐色巨厚层复成分砾岩 173.37 m

2. 紫红色、砖红色厚层灰质含砾不等粒岩屑砂岩夹复成分砾岩 33.71 m

1. 紫红色、砖红色复成分砾岩夹灰质不等粒岩屑砂岩 158.66 m

~~~~~~~ 不 整 合 ~~~~~~~

下伏地层：**结扎群** 碎屑岩夹碳酸盐岩

【地质特征及区域变化】 沱沱河组主要分布于唐古拉山—巴颜喀拉山地区，在纵向和横向上岩性组合稳定，无明显变化。在盆地中心区夹有生物灰岩，具西薄东厚变化特征，以山麓冲、洪积相为主兼河湖相沉积。在阿布日阿加宰地区，该套地层最为发育，出露全，接触界线清楚，为一套以粗碎屑岩为主的沉积，含介形类和轮藻化石。厚度 606.43 m。在可可西里山南麓，岩性组合以砾岩为主夹少量岩屑砂岩，无化石，其下与巴颜喀拉山群呈不整合接
~~~~~~~

触，与上覆雅西措组为连续沉积，厚度 256.9 m。由正层型剖面向东至曲麻莱县玛吾当扎一带，岩性由砖红色、黄褐色复成分砾岩为主夹含砾不等粒岩屑砂岩及含钙质岩屑砂岩组成。其下与巴塘群为不整合接触，其上与雅西措组呈整合关系。厚度 415.94 m。在杂多县阿多乡、扎青乡拉加涌上游泗青能及杂多县城附近，本组地层广泛发育。岩性组合特征与玛吾当扎地区基本相同，沉积厚度极大，未见顶，达 3 393.9 m。与下伏夏里组亦为不整合接触。在玉树县巴塘一登俄涌曲西南广大地区，分布亦广，于上拉秀、下拉秀一带发育最全，岩性组合以粗碎屑岩、钙质砂岩夹钙质粉砂岩及少量灰岩组成。该地区钙质含量增高。顶以断层，底以不整合均与结扎群接触。厚度 1 421.76 m。总之，本组与下伏地层均呈不整合接触，与上覆地层除上拉秀地区为断层接触外，其余地区均呈连续沉积。

沉积时代依据生物分析和邻区岩性组合对比在可可西里山南麓、杂多县拉加涌上游泗青能地区时代为渐新世，在阿布日阿加宰地区为古新世—始新世，在玛吾当扎和玉树县上拉秀、下拉秀一带，为古新世—渐新世。

雅西措组　ENy　（06-63-1009）

【创名及原始定义】　青海省区调综合地质大队（1989）创名“雅西措群”于格尔木市唐古拉山乡雅西措。指：“分别整合于五道梁群之下，沱沱河群之上代表渐新世灰白色、浅灰色碳酸盐岩及紫红色砂岩为主，夹石膏岩层、泥灰岩、含石膏粘土岩组成的地层。产轮藻、介形类和孢粉化石。”

【沿革】　该组自创建后沿用至今，本书采用，并降群为组。

【现在定义】　指分别整合于沱沱河组之上、五道梁组之下一套以碳酸盐岩为主，局部夹紫红色砂岩、灰质粘土岩及锌银铁矿组合而成的地层体。区域上多数地区未见顶。在曲麻莱县玛吾当扎与羌塘组呈不整合接触。顶以石膏层的出现与五道梁组分界，底以整合（局部为不整合）面或碳酸盐岩的始现与沱沱河组或其以前地层分隔。产介形类、轮藻等化石。

【层型】　正层型为前述格尔木市唐古拉山乡阿布日阿加宰剖面第 6—13 层。

【地质特征及区域变化】　正层型出露完全，岩性以砂岩与灰岩互层出现为特征，局部夹泥岩及少量复成分砾岩，时代为始新世晚期—渐新世，与下伏沱沱河组呈连续沉积。该组主要分布于沱沱河、楚玛尔河、海丁诺尔湖及可可西里等地。沿青藏公路呈北西-南东向展布，在纵向和横向上岩性组合特征基本一致，无明显变化。为标准的湖相沉积，局部地区兼有河流相沉积。在扎西尕日地区，岩性以碳酸盐岩为主夹碎屑岩及锌铁矿，含介形类，厚度 357.6 m。在阿布日阿加宰一带，其岩性组合砂岩含量明显增多，几乎砂岩与灰岩呈互层出现，并局部夹复成分砾岩。为湖相、河流相兼冲、洪积相沉积。含轮藻：*Obtusochara brevicylindrica*；介形类：*Eucypris* sp. 时代属渐新世。与上覆五道梁组和下伏沱沱河组均呈整合接触。厚度 984.2 m。在 76 道班附近，岩性组合与扎西尕日地区相同，并夹薄层锌银铁矿。产介形类：*Eucypris mutilis*，时代为中新世。未见顶，与下伏沱沱河组呈整合接触，厚度 310.4 m。在海丁诺尔湖地区，岩性特征是白云质消失，由生物碎屑灰岩组成，为标准湖相沉积。产腹足类：*Voluta* sp.；介形类：*Candoniella* sp.，时代为中新世。未见顶，与下伏巴颜喀拉山群呈不整合接触，厚度 453.6 m。在曲麻莱县玛吾当扎一带，岩性组合特征是灰岩中砂岩含量增多，并局部夹复成分砾岩，含介形类：*Eucypris* sp.，时代为中新世，与上覆羌塘组，下伏沱沱河组均呈不整合接触。厚度 238.87 m。

沉积时代：在阿布日阿加宰地区，时代为始新世—渐新世晚期；在扎西尔日、76 道班、海丁诺尔和玛吾当扎等地，时代均为中新世。

该组锌银菱铁矿层赋存于灰白色中厚—厚层状亮晶团粒团块含白云质灰岩层中。据1∶20万区调资料，有雅西措组出露之处，均能找到菱铁矿转石。另据可可西里考查队报导，在可可西里腹地西金乌兰湖附近的该套地层中，亦发育厚度3～5 m的菱铁矿层。说明本组含矿层矿化稳定，并具有一定的区域性。

五道梁组　ENw　(06-63-1011)

【创名及原始定义】　青海省区调综合地质大队（1990）于格尔木市唐古拉山乡五道梁地区创名“五道梁群”。指：“代表中新世以碳酸盐岩为主，由一套灰白色、灰色薄—中厚层含白云质灰岩、生物碎屑灰岩夹锌银矿层组成的地层。”

【沿革】　该组自创建后沿用至今，本书降群为组。

【现在定义】　指不整合于曲果组之下，整合于雅西错之上，由桔红色泥岩、浅灰绿色泥灰岩夹石膏及盐岩等组合而成的地层体。顶以不整合面或粗碎屑岩的始现与上覆曲果组分界，底以石膏层的始现与雅西措组分隔。区域上多未见顶。产介形类、孢粉等化石。

【层型】　创名者未指定正层型，本书指定选层型为前述的格尔木市唐古拉山乡阿布日阿加宰剖面第18—14层。

【地质特征及区域变化】　单位选层型主要由泥灰岩、含灰质粘土岩、砂岩夹石膏层组成，含孢粉：*Abietineaepollenites*，*Tricolpopollenites*；介形类：*Eucypris qaibeigouensis* 等，时代为中新世。与上覆地层羌塘组呈不整合接触，与下伏地层雅西措组为连续沉积，厚度399.38 m。

本组分布于可可西里盆地、楚玛尔河及沱沱河盆地，分布不广，局限性大，在纵向上岩性组合稳定，在横向上岩性变化较大，属湖相化学沉积兼湖滨相沉积。在阿布日阿加宰地区为湖相沉积的泥质岩、含灰质粘土岩夹石膏层等，含孢粉和介形类，厚度398.78 m；在巴音莽鄂东一带，岩性以桔红色泥岩为主夹灰白色盐岩、石膏及砂岩。与下伏巴塘群火山岩呈断层接触，未见顶。总体为一向斜构造，控制厚度1 305.8 m；在治多县可可西里山南麓，岩性由石膏岩、白云岩和泥岩组成。岩石粒度变细，属湖相化学沉积。与下伏雅西措组为整合接触，未见顶，厚度115.3 m。

沉积时代在阿布日阿加宰地区为渐新世晚期—中新世，在巴音莽鄂东及可可西里山南麓均为渐新世。

该组主要产盐类矿产。石膏和岩盐主要赋存于本组上部泥岩层中，均互为夹层出现，具有工业价值。岩盐集中分布于五道梁以西的错仁德加地区。代表性矿点有巴音莽鄂阿东、诺日加玉、君日玛塔玛、马勒山等。形成一个55×14 km^2 不规则、呈东西向展布的找矿远景区。

查保马组　ENĉ　(06-63-1010)

【创名及原始定义】　朱夏（1957）在唐古拉山、可可西里查磅马逊创建“查磅马逊岩系”④。指：“上新世陆相喷出的中—中基性火山岩和碎屑岩沉积。”

【沿革】　青海省区测队（1970）将下部火山岩称下岩组，上部碎屑岩称上岩组。1980年青海省地矿局地层表编写小组在《西北地区区域地层表·青海省分册》一书中改称查保马群。苟金（1992）沿用查保马群，把碎屑岩组称曲果组。本书降群为组，称查保马组。

---

④ 朱夏，1957年初步地质总结报告。青海省地质局石油普查队。

【现在定义】 指分别不整合于沱沱河组或巴颜喀拉山群、结扎群、风火山群之上，曲果组或羌塘组之下一套陆相中—中基性火山岩地层。

【层型】 创名者未指定正层型。本书指定选层型为青海省区测队（1970）测制的治多县布衣湖剖面（90°10′，33°38′）第1—5层。

上覆地层：**曲果组** 桔红色砾岩

～～～～～～ 不 整 合 ～～～～～～

查保马组	总厚度 112 m
5. 深灰色厚层状气孔玄武安山岩	8 m
4. 灰色、淡紫灰色致密块状玄武安山岩	20 m
3. 黑色中厚层状气孔状玄武岩，上部夹紫红色气孔状玄武岩	10 m
2. 黑灰色厚层状玄武安山岩	35 m
1. 灰白色厚层状玄武安山岩	39 m

～～～～～～ 不 整 合 ～～～～～～

下伏地层：**沱沱河组** 紫红色砂岩夹泥岩

【地质特征及区域变化】 主要由灰—深灰色、黑色、灰白色气孔状玄武安山岩和玄武岩组成。顶、底均以不整合与上覆曲果组和下伏沱沱河组分界。厚度 112 m。

该组集中分布于东经 92°以西的可可西里和唐古拉山地区，以东仅在唐古拉山迪拉亿附近有零星分布。在横向上具西薄东厚之变化趋势。为陆相火山喷发岩相沉积。在布衣湖地区岩性以玄武安山岩为主，玄武岩次之，厚度 112 m；于格尔木市玛巧错北一带，岩性由深灰色、黑色石英粗面岩和辉石安山岩组成，出露不全，未见顶，与下伏风火山群呈不整合接触。在赤布张错附近玄武安山岩的同位素年龄值为 10～24.6 Ma，厚度 263 m；在洪水河南岸一带，岩性由粗安岩、粗安质松脂质熔岩角砾岩组成，出露不全，未见顶，与下伏五道梁组呈不整合接触，厚度 81.8 m；在大坎顶以南地区，岩性为黑色、紫红色气孔状粗安岩，未见顶，与下伏沱沱河组呈不整合接触，厚度 140.5 m；于库赛湖大帽山一带，岩性由火山角砾熔岩、辉石安山玄武岩、黑云母玄武安山岩、粗面岩、安山岩等组成，未见顶，与下伏巴颜喀拉山群呈不整合接触。测制剖面时，因地层产状不清，致使岩层厚度偏大，故不准确（2 180.57 m?），仅供参考；在治多县迪拉亿一带，岩性由灰绿色安山质火山角砾岩、角砾熔岩、安山岩、流纹岩等组成，与上覆羌塘组和下伏结扎群均呈不整合接触，厚度 1 841.83 m。

沉积时代：依据同位素年龄值和上覆及下伏地层时代对比在迪拉亿地区时代为渐新世，在布衣湖、玛巧错北、洪水河南岸、大坎顶南、大帽山等地，其沉积时代均为中新世。

曲果组 N*q* (06-63-1012)

【创名及原始定义】 苟金（1993）指出，曲果组是青海省地矿局（1991）编写的《青海省区域地质志》中启用的地层单位。经核查该书未正式启用“曲果组”，只在送审稿“曲果地区标本极性结果与标准年代对比图”中，将上新统称曲果组。因此“曲果组”创名人及时间、原始定义等有待查证。

【沿革】 青海省区调综合地质大队（1987）在美杜塘西，将此套地层划归上新世砂砾岩组。该队（1990）在查香结德地区，也将该套地层划归砂砾岩组。苟金（1993）沿用曲果组代表该套地层。曲果组名称的来由虽有待查证，但该套地层除曲果组外，前人未曾正式命名其他名称，因此，本书仍沿用曲果组代表该套地层。

【现在定义】 指分布于唐古拉山、巴颜喀拉山地区，分别不整合于羌塘组之下、五道梁组或其以前地层之上的一套由紫红、灰紫、灰—灰白色砾岩、含砾砂岩、砂岩夹粉砂岩、泥岩，局部夹菱铁矿组合成的地层序列。产介形类、轮藻、腹足类及孢粉等化石。

【层型】 选层型为青海省区调综合地质大队(1990)测制的治多县查香结德剖面(92°29′，34°55′)第1—8层。

曲果组	总厚度1 070.5 m
8. 浅灰紫色巨厚层中砾岩夹桔红色中薄层细—微粒长石岩屑砂岩（未见顶）	＞124.5 m
7. 浅紫红色巨厚层状中砾岩夹中厚层钙质细粒岩屑砂岩	60.0 m
6. 灰紫色巨厚层岩屑砾岩夹浅灰紫色中厚层粗中粒含砾岩屑砂岩	213.1 m
5. 灰色巨厚层粗砾岩	170.0 m
4. 灰紫色巨厚层岩屑砾岩夹薄—中厚层长石石英砂岩	135.6 m
3. 灰色巨厚层中粗砾岩偶夹薄—中厚层中粗粒长石石英砂岩	133.7 m
2. 灰红色薄—厚层状中粒含砾岩屑砂岩	62.6 m
1. 浅紫红色厚—巨厚层砂砾岩偶夹中厚层中粗粒长石石英砂岩	171.0 m

～～～～～～不　整　合～～～～～～

下伏地层：雅西措组　灰红色岩屑砂岩

【地质特征及区域变化】 该组在玛尔曲剖面的第1—3层，厚度170 m。查香结德剖面的第1—8层，厚度1 070.5 m。主要岩性为灰—灰绿色厚—巨厚层状复成分砾岩、长石岩屑砂岩、长石石英砂岩、灰—灰紫色粉砂岩、泥岩。富产介形类、轮藻、腹足类及孢粉等。该地层在玛尔曲地区与下伏查保马组，在查香结德地区与下伏五道梁组均呈不整合接触。

本组地层分布零星，地表仅在通天河盆地、楚玛尔河盆地和青藏公路以西有少量出露。在青藏公路沿线的山间盆地中，于第四系覆盖层之下已被钻探证实，并有化石佐证其沉积时代为上新世。向西至格尔木市美杜塘地区，粉砂岩、泥岩含量增多，砾岩相对减少，并夹砂屑灰岩及菱铁矿结核，含介形类：*Cyprinotus* cf. *mancus*，*Eucypris* sp.，时代为上新世。与下伏夏里组呈不整合接触，未见顶，厚度541.4 m。由选层型所在地向东至称多县恐给桑多附近，泥岩、粉砂岩减少，砂岩和砾岩含量增多，岩石粒度变粗，并于粉砂岩中见有波状斜层理。与下伏巴颜喀拉山群呈不整合接触，未见顶，厚度551.52 m。在乌兰县扎木吐地区，岩性主要为砂岩、含砾砂岩夹两层菱铁矿组成，与下伏青泥洞组和上覆羌塘组均呈不整合接触，厚度136 m。在久治县原格曲地区，岩石粒度变粗，由复成分砾岩、砂砾岩夹砂岩组成，与下伏年宝组和上覆羌塘组均呈不整合接触，厚度287.1 m。该组据地磁测试结果距今4.32～3.67 Ma。沉积时代为上新世。

第二节　生物地层

一、侏罗纪生物地层

省内华南地层大区侏罗纪生物群以雁石坪群的海相双壳类和腕足类为主，研究较详。其他如腹足类、头足类、掘足类、海胆和孢粉等也偶有发现，故研究程度较低。

（一）双壳类

青海省区调综合地质大队（1988）介绍：阴家润依据格尔木市唐古拉山乡雀莫错东剖面、雁石坪剖面（青海省区调综合地质大队1988年重测）及60个化石点产出的双壳类，由下而上划分为5个组合：

1. *Camptonectes auritus* - *Pteroperna costatula* 组合

由典型分子*C. auritus*，*P. costatula*，*Astarte elegans*，*Anisocardia gibbosa*，*Pleuromya marginata*，*P. elongata*，*Vaugonia* (*Hijigonia*) cf. *geniculata*，*Oxytoma munsteri*，*Koboyashites* 和常见分子*Astarte minima*，*Isognomon* (*Mytiloperna*) *orientalis*，*Thracia lata*，*Lycettia indica* 等组成。指示其地质时代为Bajocian期。分布于雀莫错组下、中部。

2. *Camptonectes laminatus* - *Anisocardia beaumonti* 组合

以大量的*Camptonectes laminatus*，*Anisocardia beaumonti*，*Myopholas acuticostata*，*Gervillella monotis*，*Ceratomya concentrica*，*Pholadomya protei* 等属种组合为特征。时代为Bajocian期。分布于布曲组。

3. *Anisocardia tenera* - *Modiolus bipartus* 组合

以*Solemya woodwardiana*，*Protocardia congnata*，*Modiolus bipartus*，*Anisocardia tenera* 等分子的出现为特征。时代为Callovian期。分布于夏里组。

4. *Radulopecten fibrosus* - *Gervillella aviculoides* 组合

除组合中的典型分子数量最多、分布广泛外，常见分子有*Plagiostoma* cf. *escheri*，*Radulopecten scarburgensis*，*Pteroperna polyodom*，*Astarte* cf. *numus*，*Entolium corneolum*，*Myopholus* cf. *manderaensis*，*Avicula burensis*，*Astarte* (*Caelastarte*) cf. *retengula*，*Protocardia* cf. *purbeckensis* 等。时代为Oxfordian期。分布于索瓦组下、中部。

5. *Myopholus multicostata* - *Entolium corneolum* 组合

以*Myopholus multicostata*，*M. percostata*，*Entolium corneolum*，"*Chlamys*" sp. 为代表。时代为中、晚Oxfordian期—Kimmeridgian期。分布于索瓦组上部。

另外，青海省区调综合地质大队(1988)报道如下地区产双壳类：扎窝茸地区产*Myopholus multicostata*，*Laevitrigonia gibbosa*，*Peregrinoconcha yunnanensis*，*P. perlonga*，*Quenstedtia*，*Pleuromya*，*Cypricardia* cf. *loweana*。青藏公路第103道班附近公路西侧产*Paranippononaia* cf. *paucisulcata*，*Trigonioides* (*Wakinoa*)，*Lamprotula*，*Sinonaia* sp.，时代为Kimmeridgian期。蒋忠惕（1983）则认为属早白垩世。分布于雪山组下部。

杨遵仪、阴家润（1988）将青海南部雁石坪群双壳类，由下而上拟建7个组合：

1. *Kobayashites hayamii* - *Protocardia truncata* 组合

2. *Cuneopsis sichuanensis* - *Lamprotula* (*Eolamprotula*) *cremeri* 组合

3. *Camptonectes auritus* - *Peteroperna costatula* 组合

4. *Eomiodon angulatus* - *Isognomon bathonicus* 组合

5. *Anisocardia tenera* - *Pinna lanceolata* 组合

6. *Gervillella aviculoides* - *Radulopceten fibrosus* 组合

7. *Entolium corneolum* - *Myopholas multicostata* 组合

第7组合之上为奇异蛤动物群，包括下列属种：*Peregrinoconcha yunnanensis*，*P. perlonga*，*Yunnanoconcha*? sp.，*Sinonaia* sp.，*Protocardia* sp.。

杨遵仪、阴家润在建立上述7个组合的同时，还根据双壳类生活在含不同盐度的水体中又建立 3 个组合：

1. 淡水双壳类动物群 *Cuneopsis – Psilunio – Lamprotula* 组合

包括 *Cuneopsis sichuanensis*, *C. jahannisboehmi*, *Psilunio chaoi*, *P. ovalis*, *P. thailandiscus*, *Lamprotula* (*Eolamprotula*) *cremeri*, *L.* (*E.*) *abruptiscripta*, *Lanceolaria* cf. *fruhstorferi*, *Unio yunnanensis* 等，集中产于雀莫错剖面雀莫错组顶部紫红色碎屑岩的两个层位。时代为 Bathonian 期。

2. 半咸水动物群 *Corbula – Neomiodon* 组合

主要分子以 *Corbula sinensis*, *Neomiodon yanshipingensis*, *Protocardia hepingxiangensis* 为优势种。还有 *Eomiodon unioides*, *Mactromya* cf. *mneme*, *M.* cf. *janthe* 等，它们全部产于雀莫错剖面雀莫错组中部杂色碎屑岩中。时代为 Bajocian 期。

3. 淡水（微咸水）动物群 *Peregrinoconcha* 组合

是本地区特有的土著分子。时代为 Kimmeridgian 期。分布于温泉和雀莫错等地之雪山组上部。

雀莫错组产较为丰富的指示泻湖相环境的属 *Kobayashites*；布曲组上部见有较多的潜穴类型，如 *Pholadomya* (*Bucardiomya*) *bucardium*, *Ph.* (*B.*) *protei*, *Ph.* (*Pholadomya*) *ovalis*，表生底栖的 *Radulopecten vagans* 也很丰富；在索瓦组上部之隐晶—微晶灰岩内，含表生底栖的 *Radulopecten fibrosus* 也特别丰富，其中包括 *Chlamys* (*Radulopecten*) *midas*。

（二）腕足类

青海省区调综合地质大队 (1988) 介绍：史晓颖研究唐古拉地区雁石坪群中的腕足类，曾由下而上建立 3 个组合：

1. *Monsardithyris rauzevauxi – Sphenorhynchia matisconensis* 组合

时代为中、晚 Bajocian 期。分布于雀莫错组。

2. *Holcothyris subovalis – Burmirhynchia gutta* 组合

时代为早 Bathonian 期。分布于雀莫错组上部、布曲组下部。本组合与文世宣 (1984) 在《唐古拉分区地层——西藏地层》一文中所建组合相同。

3. *Kallirhynchia yaxieyensis – Pseudotubithyris globata* 组合

时代为中晚 Bathonian 期。分布于布曲组。

杨遵仪、阴家润 (1988) 报道：在青海南部唐古拉山地区，也发现了 Oxfordian 期腕足类：如 *Septaliphoria arduennensis*, *Thurmanella acuticosta*, *Lacunosella trilobatiformis*, *Pentithyris pelagica*, *Rutorhynchia jieshanensis* 等，分布于索瓦组。

二、白垩纪、第三纪生物地层

省内华南地层大区白垩纪和第三纪生物群均为陆相。由于化石采集不系统，分布零散，因此未详细研究。

白垩纪生物群比较贫乏，产地零星，目前见有双壳类、腹足类、植物、孢粉、轮藻及介形类等，它们均产于风火山群中。

第三纪生物化石名单散见于各区调报告及论文中，以介形类、孢粉较丰富，轮藻、腹足类和昆虫也有所发现。它们分布于沱沱河组、雅西错组和曲果组。

第三节 岩石地层划分及问题讨论

省内侏罗纪地层总体由陆相和海相两大类型组成。陆相由早侏罗世、中侏罗世早期、中侏罗世晚期—晚侏罗世三个大沉积旋回组成。前二者是温暖、潮湿环境的含煤地层。从煤层在地层中的赋存情况分析，中侏罗世Bajocian期地层是省内重要含煤地层。Bathonian期与早侏罗世的Pliensbachian期是两个次要的成煤时代。Bathonian期晚期—晚侏罗世为干旱气候环境，形成杂色岩系或红色岩系建造。省内早侏罗世地层不甚发育。中侏罗世早期及中侏罗世晚期至晚侏罗世地层分布较广，三者在岩性总体宏观特征上具有明显的差异。前二者分别与早侏罗世的*Neocalamites*－*Cladophlebis*，中侏罗世的*Coniopteris*－*Phoenicopsis*植物群吻合。在前两大旋回的上部，当地层发育较好，保存较完整时，湖泊相的油页岩、黑色页岩、粉砂质页岩中则含有叶肢介、双壳类、昆虫及鱼化石；后者系干旱条件下形成的杂色岩系，生物以双壳类及深水相的叶肢介和昆虫等为主。由此可见，从动物、植物群的演化变革分析，早侏罗世早、中期与中侏罗世晚期至晚侏罗世之间也有较大的差别。从接触关系分析，在祁连地区大西沟组与下伏默勒群和南营儿组（J_3）及其以前地层呈不整合接触；在柴达木地区大煤沟组与下伏达肯大坂岩群（Pt）呈不整合接触；在东昆仑—西秦岭地区，羊曲组与下伏隆务河群（T）或岩体呈不整合接触。上述接触关系表明，早侏罗世的岩石地层所处的位置相对一致，岩性特征及组合方式为一套粗碎屑含煤岩系。

祁连地区的窑街组（J_2），以往只限定为东部，而西部称之为木里组（包括砂泥岩段、含煤段、砂砾岩段），且名称也颇紊乱。如木里煤系、木里群（组）、江仓组、娘姆吞组、热水组、西山头组。其砂泥岩段和含煤段与东部的窑街组相比，其总体宏观岩性特征、岩石组合方式及地层相对位置基本一致，生物群面貌也基本相似，沉积环境均属湖泊相的山间盆地堆积，据此将中祁连山、南祁连山地区的两个不同名称（同物异名）统称为窑街组，将砂砾岩段划归大西沟组。窑街组与下伏地层大西沟组为整合接触，与上覆享堂组呈不整合接触，其余名称一律不采用。是否妥当有待今后工作中进一步研究。

东昆仑—西秦岭地区的羊曲组（J_{1-2}），前人在此地区曾先后建立：羊曲群（包括上亚群、下亚群，并见上亚群超覆于下亚群之上）、达米滩组、野马滩组、兰道湾乌苏组之名称。在清理中见上述单位所指岩层均与下伏隆务河群、八宝山组呈不整合接触，地层位置相对一致，岩性均为一套含煤碎屑岩系，岩石组合下粗上细，未见顶。鉴于上述特征应是一个岩性、岩相及相对位置一致的地层体。为此，本书将统归为羊曲组（原下亚群）。原上亚群是一套以紫红色为主的碎屑岩系，归入万秀组。

早白垩世地层除在唐古拉山东北部有断陷山间盆地堆积外，基本上承袭了晚侏罗世的沉积环境。

晚白垩世—古新世，除西宁—民和盆地、唐古拉山地区有沉积记录外，其余广大地区均无沉积记录。

大通河组经野外实地复查与上覆河口群为整合接触，岩性一致，归入河口群。河口群主要分布于中—南祁连山地区。新民堡群分布于北祁连山地区。

在巴颜喀拉山、赤布张错等地区，白垩纪地层，为一套以紫红色为主的碎屑岩系，夹灰岩、凝灰岩、石膏层和含铜砂岩。集中分布于尕布里、拉托玛两大断陷盆地及零星出露于夏里四周，向西、向南延入西藏境内。由夏里向东于沱沱河南、北，向东至杂多和囊谦一带的山间盆地中亦有小面积的分布。昔日沿用风火山群，清理中据1∶100万和近年来1∶20万区调图幅所获地层、古生物等资料，本书将分布于两地区的地层，按总体宏观岩性特征、岩石组合方式及地层位置相对一致的准则，将前人划归第三纪的部分地层纳入风火山群之中。

省内自中侏罗世晚期至晚侏罗世以来，气候以干冷为主，高大林木日渐衰落，故在四川盆地等占有霸主地位的恐龙动物群未能发展到本区。

始新世—渐新世时期，南祁连山、西秦岭、巴颜喀拉山等地，仍处于隆起剥蚀状态，柴达木盆地、西宁盆地等重新成为湖区，且普遍形成了膏盐相沉积。在青藏高原腹地可可西里和唐古拉山西段，古湖群开始成型，其中沱沱河盆地沉积厚度达8 000 m，为青藏高原北部早第三纪沉积中厚度最大的地区。

中新世开始，山间盆地星罗棋布，特别是中亚内陆水域与东亚外流水域接合部位形成一系列盆地。如哈拉湖盆地、祖尔肯乌拉山诸山间盆地，形成一条斜贯我省东北到西南的蛇形盆地群。与此同时，在青藏高原腹地引发了大规模的陆相火山岩喷发。

上新世沉积作用承袭了中新世的特点。在青海北部广泛分布着三趾马动物群。

第三纪是青藏高原构造盆地发育鼎盛时期。这些盆地均奠基于不同性质的地质构造单元之上，处于不同的大地构造部位，因而其发展历史、构造特征、沉积组合和岩相建造类型迥然不同。据大地构造背景、盆地边界性质和沉积相特征，盆地可分为压陷盆地、裂陷盆地和走滑拉分盆地。

河西走廊压陷盆地：

该盆地第三纪沉积地层自下而上分为三套：下部称火烧沟组，以山麓相和河流相粗碎屑岩为特征，仅分布于走廊盆地内；中部称白杨河组，为河湖相有机岩和膏盐沉积，是我国西部一个重要生油期和成盐期；上部称疏勒河组，是一套以山前河流相碎屑岩建造和磨拉石建造为特征的地层序列。

西宁—民和压陷盆地（包括贵德—化隆盆地）：

盆地内第三纪沉积非常发育：下部西宁群是一套在干燥气候条件下以湖相沉积为主的红色碎屑岩与膏盐层互层为特征的地层组合。产介形类、轮藻和孢粉组合，时代为古新世—渐新世。在谢家—车头沟、大峡—芨芨沟地区，其时代延至早中新世。与下伏地层多呈不整合接触；上部贵德群，以湖滨相和山前河流冲、洪积相碎屑岩沉积为特征。岩石粒度粗，以不含盐类矿产区别于西宁群。

柴达木压陷盆地：

该盆地是我国海拔最高的大型内陆盆地，具有典型的高原、高寒、干旱、荒漠景观，四周高山环绕，面积约12×104 km^2。盆地内第三纪地层广布。沉积厚度巨大，是我国西部重要的成油、成盐盆地之一。沉积组合自下而上分为三套：下部路乐河组，主要是压陷盆地前期的沉积物，以山麓相和河流相的粗碎屑岩为特征，与下伏地层呈不整合或平行不整合接触，时代为古—始新世；中部称干柴沟组、油砂山组，为一套河湖相有机岩和膏盐沉积，为重要油、气层，时代为渐新世—上新世早期。前人依据生物组合，将该套地层自下而上划分为“下干柴沟组”、“上干柴沟组”和“下油砂山组”及“上油砂山组”。本书根据岩石地层划分准则，分别将上、下干柴沟组和上、下油砂山组合并，分别称干柴沟组和油砂山组。需特别说明的是二组的界线不甚清晰。本书的处理亦仅是俯就于多年来既成之痼习。上部称狮子沟组，是一套山前河流相粗碎屑岩建造和磨拉石建造。与下伏地层在盆地边缘呈不整合接触，于盆地中心为连续沉积。它是与高原隆起相对应的强烈压陷，快速堆积的产物。

可可西里—巴颜喀拉山张裂断陷盆地：

新生代早期，西段在可可西里、西金乌兰湖、楚玛尔湖一带，发育了一系列大小不一，与断裂方向一致的早第三纪北西西向或近东西向的张裂断陷盆地。盆地中第三纪沉积发育。总体为一套以山麓相紫红色碎屑砂、砾岩为特征的地层组合。但在局部地区，由于构造、地貌特征的差异，形成较为特殊的沉积组合。这些特殊的沉积组合虽然分布局限，但它反映了特殊的沉积环境。且岩性差异较大，具有独立的组构特征。本书在前人划分的基础上，分别以五道梁组代表以湖相沉积为主的泥、砂岩夹膏盐地层。以雅西措组代表湖相沉积的碳酸盐岩组合。以查保马组代表陆相火山岩系组合。三组在横向上互相交叉，呈过渡关系，在垂向上五道梁组、雅西措组也互相交错，可能为同期沉积的不同相变所致。上述三组在横向均与沱沱河组呈渐变过渡，其上被曲果组上超。

青海省海相及海陆交互相侏罗纪地层，在青海省南部唐古拉山地区发育良好，层序清楚，构造简单，化石丰富，是我国侏罗纪岩石地层、生物地层研究的重要地区之一。历年来许多地质工作者在该地区从不同研究角度做过大量地质工作，积累了丰富的地质资料。在地层方面，以杨遵仪、阴家润（1988）在《青海省南部侏罗纪地层问题讨论》一文中，研究最为系统、全面。该文对唐古拉山地区之侏罗纪海相、海陆交互相地层从岩石地层、生物地层、年代地层方面进行了系统地研究与讨论。该文作者和青海省区调综合地质大队等，将侏罗纪地层从下而上划分为雀莫错组、玛托组、沱沱河组、夏里组、索瓦组、扎窝茸组六个组级岩石地层单位。杨遵仪等将前四组称雁石坪群，后两组称唐古拉群，分别代表中侏罗世和晚侏罗世沉积地层。尽管该文在描述中称“岩石地层单位”，但具体划分确带有浓厚的年代地层单位色彩。如，将该套地层下部以碎屑岩为特征的地层组合，以所含生物组合为依据所推演的年代而肢解为雀莫错组和玛托组，分别代表 Bajocian 期、Bathonian 期地层。其上的诸组分界亦是以生物组合为基础所推演的时代为依据的分割，组间界线不具惟一性，划分不妥，野外填图不易识别。另需指明的是该文以雁石坪群、唐古拉群分别代表侏罗系中统和上统，是明显以群代统的传统地层学统一地层划分观念的反映。本书依据岩石地层单位划分的准则对上述所谓：“岩石地层单位”的界线进行重新修订，并参照地层清理研究的要求与原则对其名称进行了清理，从下而上将该套地层重新厘定为雀莫错组、布曲组、夏里组、索瓦组、雪山组，并将其并合厘定为雁石坪群。

总观唐古拉山侏罗纪海相、海陆交互相地层，为一套海进退积型沉积到海退进积型沉积组合而成的旋回层序。横向延展岩性较稳定，标志层清晰，易于识别和填图。但由于该地层南延进入藏北，东南延进入藏东、滇西，横向的延伸与变化知之甚少，故其沉积模式和地层格架有待西南大区进一步研究。但青海省境内该套地层发育齐全，构造简单、层序清晰，不愧为研究侏罗纪海相、海陆交互相沉积地层的良好地区。雁石坪剖面、雀莫错剖面地层出露较为完整，是侏罗纪沉积地层岩石地层单位研究的良好剖面。故推荐雁石坪剖面或雀莫错剖面为西南大区或中国西部海相、海陆交互相侏罗纪岩石地层单位划分命名的层型。同时推荐雁石坪群为西南大区一个统一有代表性的高级岩石地层单位。

第十三章
结　语

一

《青海省岩石地层》应用现代地层学的理论和方法，以地层多重划分的观点，对全省范围内以岩石地层单位形式出现的地层单位进行了全面的清理和研究，以翔实的原始资料，反映了青海地区区域岩石地层的基本特征和20世纪80年代的研究现状。用地层多重划分的观点和方法，在对岩石地层进行深入研究对比的同时，对生物地层和年代地层也进行了较为广泛的讨论。

本书以岩石地层单位清理为基础，以原始剖面研究为核心，以核查、填制岩石地层单位卡片和地层数据库录入为主要内容做了大量的工作，并取得了重要成果。通过清理研究、野外核查、现场考察，达到统一认识。通过千余份资料的查询，查清了历年来我省地层的研究情况。通过千余条实测剖面的对比研究、核定，理顺了省内近200个岩石地层单位的时、空关系，进一步明确了各类层型剖面和厘定了单位涵义，消除了混乱，明确了同物异名和建议采用的岩石地层单位和不采用的地层名称，为我省1∶5万区调填图、找矿、科研与教学提供了科学的可靠的基础资料。

本书通过翔实原始资料的分析与研究，重新划分了省内四级地层区划，将省内划分为两个地层大区，4个地层区，7个地层分区和15个地层小区，并在分析研究断代岩石地层分布范围、组合特征、沉积环境的基础上，经过区域对比建立了各断代沉积分区及综合地层分区岩石地层层序，为进一步区域地层研究提供了坚实的基础。

本书在认真分析研究原始资料的基础上，结合古生物群落的研究，系统地探索了省内岩石地层的沉积条件和沉积环境，总结了岩石地层的发育史。利用现代地层学、层序地层学的新观点、新方法，对省内重要地层进行了沉积相分析，时、空关系和地层格架的探讨，为新技术、新方法的推广使用进行了有益的尝试。

本书在实践的基础上，对造山带岩石地层单位划分对比进行了总结，为造山带岩石地层单位的划分对比提供了较为切合实际而具体适用的有效经验。

地层数据库的建立为我省地层学研究与管理走向科学化、信息化和规范化，为地层单位的查询、检索、对比、地层命名的质量监控奠定了基础，为巩固地层清理的成果，避免今后使用地层单位的混乱做出了贡献。

二

“造山带”是指复杂造山作用过程中形成的山链。青海省长期处于华北板块的活动边缘，对地壳运动有着较敏感的反应，造山带广布，既有加里东期的祁连造山带，又有华力西期的环绕柴达木板片造山带和印支期的西秦岭、巴颜喀拉山造山带。造山带岩石地层单位的清理研究在我省具有举足轻重的作用。

不同规模的造山带实际上是不同规模的构造地质体，由于背景条件的不同其产生的时间、强度及范围各异，但均具有岩石地层系统发育较为齐全、堆积环境繁杂多变、构造破坏异常剧烈、岩浆活动（喷出的、侵入的）极度频繁、变质变形叠覆纷呈等特征。如从岩石地层单位划分的角度，省内基本有两种类型：即活动型和次活动型。活动型：具有大规模的多期次的海底火山喷发沉积，岩石地层相变急剧，堆积与沉积速率较高，生物地层不仅在垂向上而且在侧向上的不连续性极强，喷发序列及岩石化学性质因地而异，常有构造岩片的加入。由于遭受多期破坏及一些自然地理因素的限制，难以建立系统的界线层型，单位层型剖面一般不够完整。如祁连山、拉脊山、昆仑山等造山带。次活动型：一般不具有或很少有海底火山喷发沉积，地层序列比较完整，具有较好的宏观标志及可追索性，沉积环境易于分析。虽经过多次构造变动，很少有构造岩片，构造因素比较容易剔除。生物地层在垂向上和侧向上的展布较为明晰，层型剖面比较完整，某些界线层型具有普遍意义，海相火山岩多为火山碎屑岩，而熔岩极少。如：西秦岭、东昆仑、巴颜喀拉印支期造山带等。但也有在某一时代显示类似活动型特征的性质，如阿尼玛卿山造山带。

我们在对造山带岩石地层单位清理研究过程中，已认识到造山带活动型、次活动型地层多重划分对比，与稳定型地层多重划分对比应有较大的差别。

(1) 造山带岩石地层单位“组”的划分，在坚持宏观岩性特征、岩石组合方式、岩石地层位置一致三要素的同时，而采取宜粗不宜细的原则，对造山带岩石地层划分尤为重要。造山带岩石地层在横向上、垂向上岩性变化剧烈，结构复杂，单纯的、机械的按照三要素严卡，将会造成单位繁多，关系复杂，对比混乱。故划分不能过分地强调“一致性”，只要求具有相对统一（相似性）的自然组合（即物源成分的相似性、岩性和岩相组合的统一性，沉积速度标志、沉积与补偿关系标志的一致性以及韵律特征的一致性等）与组相适应的通常是不同特点、不同性质的区域旋回岩系。各旋回岩系间岩石组合的宏观特征往往表现的十分不同，而旋回岩系内部则是相对统一的。

(2) 造山带海相火山岩发育，多呈线状展布，具有明显的喷发旋回及沉积—喷发韵律。在一个较大的喷发期内常见有相对短暂的间歇期。层状结构良好，垂向延展规律性强。间歇期生物大量发育。岩石地层单位划分既考虑垂向，又考虑侧向变化特征，以喷发旋回结合岩性化学性质进行划分能起到较好的明显效果，如省内拉脊山寒武纪火山岩系的划分。

(3) 造山带中浊流沉积是普遍的，其成因既有深水环境，也有浅水环境。它们一般表现为厚度巨大、岩性单调、韵律紧密的共同特征，在研究程度尚低的条件下莫急于划分和建立正式的组级岩石地层单位，而是多采用非正式的单位，在研究程度提高的基础上，进一步将其归并成正式的岩石地层单位。例如省内的隆务河群、巴颜喀拉山群和巴塘群。

(4) 造山带常经多期的滑脱—逆冲推覆作用，产生大量的叠瓦状推覆体和构造岩片及混杂堆积，它们一般呈带状沿板块的接合带延伸分布，其中的构造岩片经多期变质，变质程度一般较造山带主体沉积物为深，出露边界多为规模巨大的走向断层，且见有韧性剪切带及大量的糜棱岩化岩石。如省内的北祁连山、阿尼玛卿山、通天河两岸。对待这些因构造作用而形成的构造岩石体，宜采用构造岩石单位，并建立非正式的构造岩石单位。鉴此，我们创建了北祁连山蛇绿（混杂）岩岩群、阿尼玛卿山蛇绿混杂岩和通天河蛇绿混杂岩三个非正式的构造岩石单位，以代表省内三条著名缝合带上三套比较特殊的岩石组合。当然它们的内部结构、构造特征等有待进一步调查研究，用构造岩石单位暂对它们进行划分仅是一种权宜之计。

（5）不整合面及构造界面在造山带岩石单位划分对比中特别重要，它有时是造山带岩石单位划分对比的惟一标志。如拉脊山地区的深沟组和六道沟组的分割就是以平行不整合面为界。但要特别注意区分喷发不整合和沉积间断所形成的不整合。喷发不整合不能作为划分单位的依据。如柴达木盆地南缘的鄂拉山组的划分，不考虑其间存在的数次喷发不整合。

（6）造山带历经多次构造变动，各类不整合面均能见到，无论是Ⅰ型或Ⅱ型不整合面，在地质历史中都有着重要意义，特别是影响范围较广的界面，应加强研究，探讨它们的地层意义。界面上的不稳定碎屑岩（特别是粗粒级的），范围较小，不宜单独建组。如隆务河群底部之砾砂岩楔。造山带中的岩石地层单位应允许有延展不广的岩石楔状体及凸镜体，也可存在局部出现的相变岩石体及局部变质的岩石体。如隆务河群西延接近柴达木板片部分夹有变质较深的地层凸镜体出现。

三

“青海省地层多重划分对比研究”项目，近四年来在全国项目办，西北、西南大区领导小组和局及本队领导的关怀和指导下，经项目组全体同仁的共同努力，圆满地完成了预定的任务和要求达到的目的，总结我们的经验和教训，可以归纳为：

（1）观念的转变是清理研究的关键，也是最基本的。长期以来，受传统地层学的影响，统一地层划分的观念根深蒂固，常自觉不自觉的影响清理研究的正常进行。现代地层学新理论、新观点、新方法的学习和运用要贯穿于清理研究的始终，并要有意识地排除统一地层观念的有意和无意地干扰是完成和提高清理研究质量的保证。

（2）正确理解岩石地层单位划分的准则，对岩石地层单位的划分对比很重要。岩石地层单位划分对比绝不是简单的岩性分割，尤其是对基本单位“组”的涵义的正确理解和运用，是岩石地层单位划分对比的灵魂。在这方面我们曾走了一段弯路，工作初期曾以简单的岩性分割，过多地新建了组级单位，使项目偏离了总体设计的精神和要求。

（3）岩石地层单位清理研究和区调相结合，是清理省内岩石地层单位一个很重要的方面。清理研究中我们积极参予1∶20万、1∶5万区调图幅评审验收达16幅之多，尤其是在清理研究过程中和我队承担的东昆仑山、鄂拉山地区20个1∶5万区调图幅的8个区调分队，在图幅设计、野外调查、地层划分等方面的密切合作，共同商讨，不但使清理研究及时获得了新资料、新成果，促进了清理研究，同时也使清理研究成果及时地指导区调填图。区调成果也是对清理研究成果的检查验证。通过上述的密切合作，达到了统一认识、共同提高，使清理研究成果真正起到了为1∶5万区调填图服务的效果。如原“鄂拉山群”及其所包含组的处理，就是在区调分队野外调查的基础上共同协商确定的。

（4）清理研究和野外实地核查相结合是提高清理研究质量的又一重要方面。例如隆务河群的重新厘定、毛家沟群与黑茨沟组同物异名的确定，大通河组归并于河口组的修订，如果不进行野外核查，仅凭已有的文献资料是难以做出正确判断的。

参 考 文 献

白生海，1989，青海西南部海相侏罗纪地层新认识。地质论评，35 (6)：529—536。

蔡凯蒂，1993，甘肃省的三叠系。甘肃地质学报，增刊，50—100。

曹宣铎等，1987，西秦岭碌曲、迭部地区晚志留世与泥盆纪地层古生物（上册）。南京：南京大学出版社。

陈国隆、何国雄、王义刚，1982，青海南部结扎群新知。地层学杂志，6 (4)：307—309。

陈国隆、陈楚震等，1990，青海玉树地区三叠系及生物群。见：青海省地质科学研究所、中国科学院南京地质古生物研究所著，青海玉树地区泥盆纪—三叠纪地层和古生物（上册）。南京：南京大学出版社。

陈国隆、董得源等，1991，青海玉树桑知阿考泥盆系、石炭系及生物群。见：青海省地质科学研究所、中国科学院南京地质古生物研究所著，青海玉树地区泥盆纪—三叠纪地层和古生物（下册）。南京：南京大学出版社。

陈庆宣、李玉龙，1956，青海东部黄河上游地质。地质丛刊第1号：209—229。

陈庆宣等，1960，祁连山路线地质（V）窟隆山口—巴隆果勒。见：中国科学院地质研究所等著，祁连山地质志，1。北京：科学出版社。

陈旭，1983，广西宜山地区晚石炭世马平组的䗴。中国古生物志，114册，新乙种19号。北京：科学出版社。

成都地质矿产研究所，1988，青藏高原及邻区地质图（1：150万）说明书。北京：地质出版社。

地质部地质科学院地质研究所前寒武纪地质及变质岩研究室，1962，中国的前寒武系。北京：科学出版社。

丁培榛等，1963，祁连山地区的三叠系。见：中国科学院地质研究所等著，祁连山地质志2 (1)。北京：科学出版社。

丁培榛，1965，青海省天峻县阳康地区二叠纪、三叠纪腕足类化石。古生物学报，13 (2)：261—269。

丁启秀，1962，青海省唐古拉山中段地区的䗴类。古生物学报，10 (4)：444—450。

董得源，1979，西藏东部江达青泥洞早奥陶世地层。地层学杂志，3 (3)：230。

董文兰，1981，*Rubustoschwagerina* 在广西萨林的发现。地层学杂志，5 (4)：306—307。

范嘉松、尹集祥、叶继荪，1962，祁连山石炭纪、二叠纪及三叠纪的软体动物化石。见：中国科学院地质研究所等著，祁连山地质志，4 (4)。北京：科学出版社。

冯儒林，1977，管孔石燕在黔南的发现及其意义。古生物学报，16 (1)：53—58。

傅力浦，1977，西北地区的上奥陶统。见：中国地质科学院《地层古生物论文集》编委会编辑，地层古生物论文集，第3辑。北京：地质出版社。

甘肃省地层表编写小组，1980，西北地区区域地层表·甘肃省分册。北京：地质出版社。

甘肃省地质矿产局，1987，甘肃的石炭系。甘肃地质 (7)。兰州：甘肃科学技术出版社。

甘肃省地质矿产局，1989，甘肃省区域地质志。北京：地质出版社。

高联达、冀六祥，1992，青海石炭纪孢子花粉及其地层意义。青海地质，1 (1)：1—8。

荀金，1993，唐古拉山地区第三纪地层的划分及命名，中国区域地质，(4)：302—310。

顾知微，1962，中国的侏罗系和白垩系。见：全国地层委员会著，全国地层会议学术报告汇编。北京：科学出版社。

顾知微，1982，中国白垩纪地层对比表及说明书。见：中国科学院南京地质古生物研究所著，中国各纪地层对比表及说明书。北京：科学出版社。

顾知微，1982，中国侏罗纪地层对比表及说明书。见：中国科学院南京地质古生物研究所著，中国各纪地层对比表及说明书。北京：科学出版社。

郝诒纯等，1982，论中国非海相白垩系的划分及侏罗—白垩系的分界。地质学报，53 (3)：187—199。

郝诒纯、宋其善等，1983，西宁、民和盆地中侏罗世—第三纪地层及介形虫、轮藻化石。武汉地质学院院报，地球科学、地层古生物专辑（Ⅱ），1—210。

郝诒纯，1986，中国的白垩系。中国地层，12。北京：地质出版社。

何国雄、王义刚、陈国隆，1986，青海布尔汗布达山早、中三叠世头足动物群。见：青海省地质科学研究所、中国科学院南京地质古生物研究所著，青海布尔汗布达山南坡石炭纪、三叠纪地层和古生物。合肥：安徽科学技术出版社。

何国雄、王义刚、陈国隆，1990，青海南部玉树地区三叠纪头足类。见：青海省地质科学研究所、中国科学院南京地质古生物研究所著，青海玉树地区泥盆纪—三叠纪地层和古生物（上册）。南京：南京大学出版社。

何炎、王骊军，1990，青海玉树地区三叠纪有孔虫。见：青海省地质科学研究所、中国科学院南京地质古生物研究所著，青海玉树地区泥盆纪—三叠纪地层和古生物（上册）。南京：南京大学出版社。

何元良，1980，青海晚三叠世地层及其植物群。地层学杂志，4（4）：293—300。
何元良、阴家润，1983，青海三叠纪地层、古生物特点及形成原因的初步探讨。见：地质矿产部青藏高原地质文集编委会著，青藏高原地质文集（3）。北京：地质出版社。
何元良、张善桢，1984，青海玉树地区上拉秀一带的晚二叠世植物化石及其地质意义。见：地质矿产部青藏高原地质文集编委会著，青藏高原地质文集（14）。北京：地质出版社。
何元良，1984，青海省陆相侏罗系划分的初步探讨。见：地质矿产部青藏高原地质文集编委会著，青藏高原地质文集（14）。北京：地质出版社。
贺广田、王增吉等，1987，柴达木盆地北缘晚石炭世地层。中国地质科学院院报，17。北京：地质出版社。
胡世忠，1983，赣南小江边灰岩的腕足类及其时代的讨论。古生物学报，32（3）：338—345。
黄宝仁，1984，青海共和盆地上新世及早更新世介形类。中国科学院南京地质古生物研究所集刊，第10号。北京：科学出版社。
黄第藩，1966，北祁连山东段北麓老君山群的研究。地质论评，24（1）：1—7。
冀六祥，1990，青海南部晚三叠世结扎群孢粉和疑源类。石油实验地质，12（4）：438—447。
冀六祥，1990，青海南部结扎群中部碳酸盐岩组微古植物群特征。植物学报，32（8）：647—652。
冀六祥，1991，青海南部结扎群上部含煤碎屑岩组孢粉组合。地质论评，37（6）：560—568。
冀六祥，1994，关于青海唐古拉山地区风火山群的定义问题。中国区域地质，（4）：374—380。
蒋忠惕，1983，羌塘地区侏罗纪地层的若干问题。见：地质矿产部青藏高原地质文集编委会著，青藏高原地质文集（3）。北京：地质出版社。
金玉玕，1961，下扬子区金陵组腕足类化石的新资料。古生物学报，9（3）：272—290。
金玉玕等，1979，腕足类。见：中国科学院南京地质古生物研究所、青海省地质科学研究所著，西北地区古生物图册·青海分册（一）。北京：地质出版社。
金玉玕、方润森，1983，云南施甸早石炭世腕足动物。古生物学报，22（2）：139—152。
康庆山，1984，青海侏罗纪含煤地层的划分及时代。见：地质矿产部青藏高原地质文集编委会著，青藏高原地质文集（14）。北京：地质出版社。
赖才根，1979，中国奥陶系顶、底界线研究的新进展。地质学报，53（4）：280—292。
赖才根等，1982，中国的奥陶系。北京：地质出版社。
赖才根、赵国柱、项礼文，1984，青海乌兰石灰沟地区寒武、奥陶系新材料。地质论评，30（4）：311—317。
李光岑、林宝玉，1982，昆仑山东段几个地质问题的探讨。见：地质矿产部青藏高原地质文集编委会著，青藏高原地质文集（1）。北京：地质出版社。
李佩娟、何元良，1986，青海布尔汗布达山晚三叠世植物。见：青海省地质科学研究所、中国科学院南京地质古生物研究所著，青海布尔汗布达山南坡石炭纪、三叠纪地层和古生物。合肥：安徽科学技术出版社。
李佩娟、何元良等，1988，青海柴达木盆地东北缘早、中侏罗世地层及植物群。南京：南京大学出版社。
李璞等，1960，祁连山路线地质（Ⅵ）酒泉西南白杨河口—希里沟。中国科学院地质研究所等著，祁连山地质志，1。北京：科学出版社。
李星学，1963，中国晚古生代陆相地层。见：全国地层委员会著，全国地层会议学术报告汇编。北京：科学出版社。
李星学，1966，中国植物化石（古生代）。北京：科学出版社。
李运通等，1982，中国的第三系。见：中国地质科学院主编，中国地层概论。北京：地质出版社。
李璋荣、鲁益钜等，1986，青海布尔汗布达山石炭系和三叠系。见：青海省地质科学研究所、中国科学院南京地质古生物研究所著，青海布尔汗布达山南坡石炭纪、三叠纪地层和古生物。合肥：安徽科学技术出版社。
李祖银，1960，青海省东北部中生代地层。地质论评，20（2）：76—84。
林宝玉，1985，青海古生代床板珊瑚化石的地质与地理分布。见：地质矿产部青藏高原地质文集编委会著，青藏高原地质文集（16）。北京：地质出版社。
林宝玉，1986，青海赛什腾群的珊瑚化石及其地层意义。见：地质矿产部青藏高原地质文集编委会著，青藏高原地质文集（17）。北京：地质出版社。
刘东生，1955，青海东部海相三叠纪地层新知。地质知识，（5）：23—24。
刘广才、徐桂荣，1984，青海西部哈尔扎地区晚泥盆世腕足动物群。武汉地质学院院报，地球科学，（3）：25—32。
刘广才，1984，青海天峻县布哈河一带二叠纪地层。见：地质矿产部青藏高原地质文集编委会著，青藏高原地质文集

(14)。北京：地质出版社。
刘广才等，1987，青海省祁漫塔格晚古生代地层。成都：四川科学技术出版社。
刘广才、田琪，1993，青海唐古拉山中段地区二叠纪地层新资料。中国区域地质，(2)：113—120。
刘广才，1993，唐古拉山中段开心岭群乌丽群的时代定义问题。青海地质，2 (1)：1—9。
刘广才、李向红，1994，党河南山组与格曲组的建立。青海地质，3 (2)：1—7。
刘鸿允等，1962，甘肃武威、天祝西南祁连山北坡地层。见：全国地层委员会著，全国地层会议学术报告汇编，兰州地层及煤矿地层现场会议。北京：科学出版社。
刘照祥、彭耀全，1984，对纳赤台群的新认识。中国区域地质，(9)：41—48。
卢衍豪等，1976，中国奥陶纪的生物地层和古生物地理。中国科学院南京地质古生物研究所集刊，第7号。北京：科学出版社。
鲁益钜，1981，青海大通晚三叠世早诺利期海相瓣鳃动物群新知。古生物学报，20 (6)：577—584。
鲁益钜、陈楚震，1986，青海布尔汗布达山地区三叠纪瓣鳃类。见：青海省地质科学研究所、中国科学院南京地质古生物研究所著，青海布尔汗布达山南坡石炭纪、三叠纪地层和古生物。合肥：安徽科学技术出版社。
路兆洽，1948，关于甘肃及青海境内之第三系红色地层。地质论评，13：258—261。
骆金锭、赵嘉明，1962，祁连山区下石炭统四射珊瑚。见：中国科学院地质研究所等著，祁连山地质志，4 (3)。北京：科学出版社。
罗中舒，1959，祁连山东南部三叠纪和侏罗纪地层的划分及其对比。地质学报，39 (1)：40—58。
马福宝，王秀林、车毅，1984，青海省玉树南部上三叠统结扎群的划分。见：地质矿产部青藏高原地质文集编委会著，青藏高原地质文集 (14)。北京：地质出版社。
马其鸿等，1982，酒泉盆地西部赤金堡组与新民堡群的划分与对比。地层学杂志，6 (2)：112—120。
马其鸿等，1984，甘肃酒泉盆地西部新民堡群的划分与对比。地层学杂志，8 (4)：255—270。
马孝达，1983，青南藏北海相侏罗系划分的讨论。见：地质矿产部青藏高原地质文集编委会著，青藏高原地质文集 (3)。北京：地质出版社。
马志强、杨藩，1990，柴达木盆地白垩系。见：叶得泉等著，中国北方含油气区白垩系。北京：石油工业出版社。
孟昭彝等，1947，甘肃永登咸水河及皋兰河口一带地质。石油地质，专刊1号，1—13。
穆恩之等，1962，祁连山的笔石。见：中国科学院地质古生物研究所等著，祁连山地质志，4 (2)。北京：科学出版社。
穆恩之、张文堂、俞昌民等，1962，祁连山南坡大柴旦、欧龙布鲁克一带及北坡玉门、肃南门源、祁连区地层概况。见：全国地层委员会，全国地层会议学术报告汇编，兰州地层及煤矿地层现场会议。北京：科学出版社。
穆恩之、张有魁，1964，祁连山东部奥陶纪及志留纪笔石地层。见：中国科学院地质古生物研究所集刊，地层文集，第1号。北京：科学出版社。
穆恩之，1964，中国的志留系。见：全国地层委员会著，全国地层会议学术报告汇编。北京：科学出版社。
牛绍武，1987，甘肃酒泉盆地晚期中生代地层。地层学杂志，11 (1)：1—22。
潘广，1957，*Gigantopteris* 植物群在青藏陆台的发现。科学通报，第11期，27—29。
潘桂棠等，1990，青藏高原新生代构造演化。北京：地质出版社。
裴文中、周明镇、郑家坚，1964，中国的新生界。见：全国地层委员会著，全国地层会议学术报告汇编。北京：科学出版社。
秦峰、甘一研，1976，西秦岭古生代地层。地质学报，50 (1)：74—97。
青海省地层表编写小组，1980，西北地区区域地层表·青海省分册。北京：地质出版社。
青海省地质局石油普查大队，1962，祁连山、阿尔金山、昆仑山地层概况。全国地层委员会著，全国地层会议学术报告汇编，兰州地层及煤矿地层现场会议。北京：科学出版社。
青海省地质矿产局，1991，青海省区域地质志。北京：地质出版社。
青海省石油管理局勘探开发研究院、中国科学院南京地质古生物研究所，1985，柴达木盆地第三系孢粉学研究。北京：石油工业出版社。
全国地层委员会，1962，全国地层会议学术报告汇编，兰州地层及煤矿地层现场会议。北京：科学出版社。
饶荣标等，1987，青藏高原的三叠系。北京：地质出版社。
饶荣标，1990，三江褶皱系上三叠统的类型及对比。中国区域地质，(3)：222—230。
沙金庚、陈楚震、祁良志，1990，青海玉树地区中、晚三叠世双壳类。见：青海省地质科学研究所、中国科学院南京地质古生物研究所著，青海玉树地区泥盆纪—三叠纪地层和古生物（上册）。南京：南京大学出版社。

沙金庚、陈楚震、祁良志，1991，青海玉树南部晚古生代双壳类。见：青海省地质科学研究所、中国科学院南京地质古生物研究所著，青海玉树地区泥盆纪—三叠纪地层和古生物（下册）。南京：南京大学出版社。

沈纪祥，1959，祁连山北麓老君山系的时代问题。地质论评，19（5）：220—222。

盛金章，1962，中国的二叠纪。见：全国地层委员会著，全国地层会议学术报告汇编。北京：科学出版社。

盛金章，1963，广西、贵州及四川二叠纪的䗴类。中国古生物志，新乙种，第10号。北京：科学出版社。

盛金章、李星学，1974，近年来中国二叠纪生物地层学的进展。中国科学院南京地质古生物研究所集刊，第5号。北京：科学出版社。

盛金章等，1982，中国的二叠系对比表及说明书。见：中国科学院南京地质古生物研究所著，中国各纪地层对比及说明书。北京：科学出版社。

盛莘夫，1974，中国奥陶系划分与对比。北京：地质出版社。

施希德，1983，柴达木东北缘阿木尼克山杜内阶的发现——兼对欧龙布鲁克下石炭统划分的讨论。见：地质矿产部青藏高原地质文集编委会著，青藏高原地质文集（2）。北京：地质出版社。

斯行健，1960，青海欧龙布鲁克区奈缪尔期植物群。见：中国科学院地质研究所等著，祁连山地质志4（1）。北京：科学出版社。

斯行健、周志炎，1962，中国的中生代陆相地层。见：全国地层委员会著，全国地层会议学术报告汇编。北京：科学出版社。

四川省地质矿产局，1991，四川省区域地质志。北京：地质出版社。

孙崇仁，1995，新建岩石地层单位的基本要求——以多索曲组的创建为例。青海地质，4（1）：28—33。

孙东立、章炳高，1979，喀拉昆仑—唐古拉区海相侏罗系的几个问题。地层学杂志，3（4）：317—321。

孙东立、叶松龄，1982，青海省中部托索湖地区中三叠世腕足动物群。古生物学报，21（2）：153—168。

孙东立、李炳有，1990，玉树地区三叠纪腕足动物新资料。见：青海省地质科学研究所、中国科学院南京地质古生物研究所著，青海玉树地区泥盆纪—三叠纪地层和古生物（上册）。南京：南京大学出版社。

孙健初，1936，论黄河上游与南山区地质（英文）。地质学会志，15（1）：75—86。

孙健初，1942，祁连山一带地质史纲要，地质论评，7（1—3）：17—26。

孙秀玉、赵英娘、何卓生，1980，西宁—民和盆地晚白垩世—老第三纪孢粉组合特征及地层时代、古植物、古气候探讨。石油实验地质，（4）：44—52。

孙秀玉、赵英娘、何卓生，1984，青海西宁—民和盆地渐新世至中新世孢粉组合。地质论评，30（3）：207—216。

唐伦和、狄恒恕，1991，柴达木盆地轮藻化石。中国油气区地层古生物丛书。北京：科学技术文献出版社。

王骊军，1992，青海古生代及早三叠世的几个牙形刺组合。青海地质，1（1）：9—14。

王乃文，1993，中国侏罗纪特提斯地层学问题。见：地质矿产部青藏高原地质文集编委会著，青藏高原地质文集（3）。北京：地质出版社。

王尚文，1949，甘肃酒泉玉门间祁连山北麓石油生存之检讨。地质论评，14：171—172。

王水，1961，青海柴达木盆地第三纪轮藻化石。古生物学报，9（3）：183—233。

王水，1965，甘肃酒泉盆地中、新生代轮藻化石。古生物学报，13（3）：463—509。

王思恩，1982，中国的侏罗纪。见：中国地质科学院著，中国地层概论。北京：地质出版社。

王思恩，1983，青海侏罗—白垩纪的一些叶肢介。古生物学报，22（4）：460—467。

王云山等，1980，柴达木盆地北缘的全吉群。见：中国地质科学院天津地质矿产研究所著，前寒武系地质研究：中国震旦亚界。天津：天津科学技术出版社。

王云山、陈基娘，1983，青海小高炉群红铁沟冰碛层岩石特征与时限讨论。见：地质矿产部《前寒武纪地质》编辑委员会编辑，前寒武纪地质，（1）。北京：地质出版社。

王云山、陈基娘，1987，青海省及毗邻地区变质地带与变质作用。北京：地质出版社。

王义刚、郑灼官、陈国隆，1979，头足类。见：中国科学院南京地质古生物研究所、青海省地质科学研究所著，西北地区古生物图册·青海分册（一）。北京：地质出版社。

王义刚、陈国隆，1984，青海省三叠纪的菊石层。见：地质矿产部青藏高原地质文集编委会著，青藏高原地质文集（14）。北京：地质出版社。

王钰、俞昌民，1964，中国的泥盆系。见：全国地层委员会著，全国地层会议学术报告汇编。北京：科学出版社。

王增吉，1980，青海都兰那棱果勒河地区早石炭世的四射珊瑚。古生物学报，19（6）：493—499。
王增吉，1981，柴达木盆地北缘早石炭世早期穿山沟组的皱纹珊瑚。地质学报，55（3）：170—178。
王增吉，1983，东昆仑山西段石炭纪地层。见：地质矿产部青藏高原地质文集编委会著，青藏高原地质文集（2）。北京：地质出版社。
王增吉，1985，东昆仑西段早石炭世地层。地质论评，32（2）：111—117。
王增吉，1986，青海欧龙布鲁克山城墙沟组四射珊瑚化石。见：中国地质科学院《地层古生物论文集》编委会编辑，地层古生物论文集，第14辑。北京：地质出版社。
王增吉，1987，柴达木盆地北缘阿木尼克山地区早石炭世地层及珊瑚化石序列。中国地质科学院地质研究所所刊，第16号。北京：地质出版社。
王增吉等，1990，中国的石炭系。中国地层，8。北京：地质出版社。
王志浩、王骊军，1990，青海玉树地区中—晚三叠世的几种牙形刺。见：青海省地质科学研究所、中国科学院南京地质古生物研究所著，青海玉树地区泥盆纪—三叠纪地层和古生物（上册）。南京：南京大学出版社。
魏家庸等，1991，沉积岩区1：5万区域地质填图方法指南。武汉：中国地质大学出版社。
温贤弼等，1984，布尔汉布达山的槽型石炭系，中国区域地质，26—29，北京：地质出版社。
武汉地质学院、青海省地质科学研究所三叠系专题组，1979，青海省三叠纪地层及古地理特征。见：国家地质总局书刊编辑室编辑，国际交流地质学术论文集（2），地层、古生物。北京：地质出版社。
吴望始、周康杰，1982，新疆柯坪地区晚石炭世晚期的珊瑚化石。中国科学院南京地质古生物研究所丛刊，4号。南京：江苏科学技术出版社。
吴望始、曾汉麟，1982，新疆巴里坤早石炭世菊石相的珊瑚。古生物学报，21（2）：141—152。
吴向午、何元良，1990，青海玉树地区结扎群植物化石。见：青海省地质科学研究所、中国科学院南京地质古生物研究所著，青海玉树地区泥盆纪—三叠纪地层和古生物（上册）。南京：南京大学出版社。
肖序常、陈国铭、朱志直，1978，祁连山古蛇绿岩带的地质构造意义。地质学报，52（4）：281—295。
解广轰、汪缉安，1959，祁连山的下古生代地质。地质科学，（4）：104—108。
徐福祥、沈光隆，1976，甘肃早、中侏罗世地层的划分与对比。兰州大学学报（自然科学报）（4）。
徐福祥等，1978，祁连山北麓老君山群一词的讨论。地层学杂志，2（1）：8—15。
徐均涛、鲁益钜，1986，青海布尔汉布达山南坡晚石炭世早期瓣鳃类，见：青海地质科学研究所、中国科学院南京地质古生物研究所著，青海布尔汉布达山南坡石炭纪、三叠纪地层和古生物。合肥：安徽科学技术出版社。
徐仁、周志仪，1956，根据孢粉组合推论甘肃酒泉下惠回堡系底、顶部的地质时代（a、b）。古生物学报，4（4）：491—524。
徐仁、宋之琛、周和仪，1958，柴达木盆地第三纪沉积中孢粉组合及其在地质学上的意义。古生物学报，6（4）：429—440。
徐宪、魏振声、陈国恩、焦生瑞，1982，青藏高原区域地层简表。北京：地质出版社。
许杰，1959，柴达木下奥陶系一个新的笔石群。古生物学报，7（3）：161—192。
许寿永、杨德骊，1984，中南地区早石炭世生物地层特征。见：贵州省地质矿产局等著，全国石炭纪会议论文专集。北京：地质出版社。
杨敬之等，1962，中国的石炭系。见：全国地层委员会著，全国地层会议学术报告汇编。北京：科学出版社。
杨敬之、吴望始，1965，中国的石炭系的分类和对比。见：中国地质学会编辑，中国石炭系论文选集（3—6）。北京：科学出版社。
杨敬之、吴望始、张遴信，1982，关于中国石炭系的划分和对比（中国石炭系对比表及说明书）。见：中国科学院南京地质古生物研究所著，中国各纪地层对比及说明书。北京：科学出版社。
杨式溥，1964，新疆波罗霍洛山北坡下、中石炭统腕足动物及其地层意义。北京：科学出版社。
杨式溥，1978，贵州下石炭统腕足动物及地层意义。见：中国地质科学院《地层古生物论文集》编委会编辑，地层古生物论文集，第5辑。北京：地质出版社。
杨式溥，1980，中国丰宁统（下石炭统）腕足动物的地层和地理分析。地质论评，26（6）：471—478。
杨钟健、卞美年，1937，甘肃皋兰永登区新生代地层。中国地质学会志（英文版），（16）：221—245。
杨遵仪等，1962，青海天峻德令哈区二叠、三叠纪地层。见：全国地层委员会著，全国地层会议学术报告汇编，兰州地层及煤矿地层现场会议。北京：科学出版社。

杨遵仪等，1962，祁连山石炭纪、二叠纪和三叠纪腕足动物群。见：中国科学院地质研究所等著，祁连山地质志，4（4）。北京：科学出版社。
杨遵仪等，1983，南祁连山三叠系。北京：地质出版社。
杨遵仪、阴家润，1988，青海省南部侏罗纪地层问题讨论。现代地质，2（3）：278—291。
杨雨，1994，甘肃省西大沟群。中国区域地质，（4），290—294。
姚兆奇等，1980，黔西滇东晚二叠世生物地层和二叠系与三叠系的界线问题。见：中国科学院南京地质古生物研究所著，黔西滇东晚二叠世含煤地层和古生物群。北京：科学出版社。
亦农，1974，中国奥陶纪珊瑚化石的地层分布与动物地理分区的初步看法。地质学报，48（1）：5—24。
叶留生，1980，甘青间民和盆地的河口群。地层学杂志，4（2）：96—105。
叶美娜、厉宝贤，1982，中国侏罗纪含植物化石地层的划分与对比。见：中国科学院南京地质古生物研究所著，中国各纪地层对比表及说明书。北京：科学出版社。
叶士达、杨通士，1982，青海玉树地区中三叠统的划分与对比。见：地质矿产部青藏高原地质文集编委会著，青藏高原地质文集（10）。北京。地质出版社。
叶松龄等，1987，青海南部通天河群的地质时代。地层学杂志，11（2）：141—142。
阴家润，1988，唐古拉山北坡雁石坪群巴柔期双壳类动物群。地质论评，34（5）：399—447。
阴家润，1990，青海南部奇异蚌动物生态环境与时代探讨。古生物学报，29（3）：282—299。
尹赞勋，1958，中国区域地层表（草案）补编。北京：科学出版社。
尹赞勋等，1966，石炭系。中国科学院地质研究所著，中国地层典（七）。北京：科学出版社。
俞昌民，1962，青海门源晚奥陶世珊瑚化石。见：中国科学院地质研究所等著，祁连山地质志，4（3）。北京：科学出版社。
俞昌民，1962，北祁连山中志留世珊瑚化石。见：中国科学院地质研究所等著，祁连山地质志，4（3）。北京：科学出版社。
俞建章、林英锡，1961，从珊瑚化石来讨论祁连山南、北坡早石炭世地层对比问题。地质学报，41（2）：154—174。
俞建章等，1983，石炭纪二叠纪珊瑚。长春：吉林人民出版社。
余静贤、赵清顺等，1982，青海、甘肃民和盆地晚侏罗世—早白垩世孢粉组合。中国地质科学院地质研究所所刊，第5号。北京：地质出版社。
袁复礼，1925，甘肃西北部石炭纪地层（英文）。中国地质学会志，4（1）：29—37。
曾鼎乾，1945（1944），甘肃中上石炭纪地层（英文），中国地质学会志，24（1—2）：37—46。
詹立倍、李莉，1979，中国二叠纪腕足动物群的分布。见：国家地质总局书刊编辑室编辑，国际交流地质学术论文集（2）地层、古生物。北京：地质出版社。
张俭、邢凤鸣，1984，宁镇山脉下石炭统底界问题。地质论评，30（3）：264—266。
张遴信，1960，祁连山的䗴科。见：中国科学院地质研究所等著，祁连山地质志，4（1）。北京：科学出版社。
张遴信，1983，论臭灰岩。地层学杂志，7（3）：184—190。
张遴信、鲍进礼，1986，青海布尔汉布达山南坡晚石炭世䗴。见：青海省地质科学研究所、中国科学院南京地质古生物研究所著，青海布尔汗布达山南坡石炭纪、三叠纪地层和古生物。合肥：安徽科学技术出版社。
张日东，1965，祁连山区早奥陶世头足类化石。古生物学报，38（1）：123—131。
张守信，1989，理论地层学——现代地层学概念。北京：科学出版社。
张守信，1992，中国岩石地层对比研究——清理中国岩石地层单位。中国区域地质，（3）：193—203。
张望平、赵清顺，1985，甘肃窑街地区下侏罗统炭洞沟组的孢粉组合。地质论评，31（1）：13—22。
张文堂、张日东、俞昌明，1958，柴达木盆地西部边缘地区的地层。地质学报，38（1）：123—131。
张文堂，1962，中国的奥陶系。见：全国地层委员会著，全国地层会议学术报告汇编。北京：科学出版社。
张以茀、郑健康，1994，青海可可西里及邻区地质概论。北京：地震出版社。
张以茀，1995，对巴颜喀拉区三叠纪地层系统的认识。中国区域地质，（1）：21—31。
张作铭、鲁益钜，1984，对“土门格拉群”时代问题的讨论。见：地质矿产部青藏高原地质文集编委会著，青藏高原地质文集（14）。北京：地质出版社。
赵凤游，1978，北祁连山东段上奥陶统及其对比问题。地质学报，52（2）：135—147。
赵嘉明，1991，青海玉树桑知阿考晚石炭世晚期的四射珊瑚。见：青海省地质科学研究所、中国科学院南京地质古生物研究所著，青海玉树地区泥盆纪、三叠纪地层和古生物（下册）。南京：南京大学出版社。

赵金科、陈楚震、梁希洛，1962，中国的三叠系。见：全国地层委员会著，全国地层会议学术报告汇编。北京：科学出版社。

赵金科等，1982，中国海相三叠系的划分和对比问题（中国海相三叠系对比表及说明书）。见：中国科学院南京地质古生物研究所著，中国各纪地层对比表及说明书。北京：科学出版社。

赵荣理，1982，青海玉树地区上三叠统巴塘群的新认识。见：地质矿产部青藏高原地质文集编委会著，青藏高原地质文集（10）。北京：地质出版社。

赵修祜等，1980，黔西滇东晚二叠世植物群。见：中国科学院南京地质古生物研究所著，黔西滇东晚三叠世含煤地层和古生物群。北京：科学出版社。

赵治信、韩建修、王增吉，1984，塔里木盆地西南缘石炭纪地层及其生物群。北京：地质出版社。

中国地质学编辑委员会、中国科学院地质研究所，1965，《中国区域地层表》（草案）。北京：科学出版社。

中国科学院南京地质古生物研究所、青海省地质科学研究所，1979，西北地区古生物图册·青海分册（一）。北京：地质出版社。

中国科学院祁连山地质队，1963，祁连山地层。见：中国科学院地质研究所等著，祁连山地质志，2（1）。北京：科学出版社。

钟明杰，1964，青海拉脊山下古生界的发现。地质论评，22（5）：347—397。

周志炎，1980，从古植物学观点讨论中国中生代陆相地层的划分、对比、时代。见：地质部书刊编辑室编辑，国际交流地质学术论文集——为26届国际地质大会撰写（4），地层、古生物。北京：地质出版社。

朱秀芳，1987，青海乌兰石炭—二叠纪的䗴类动物群。中国地质科学院地质研究所所刊，第16号。北京：地质出版社。

朱占祥等，1993，四川西康群的新层序。中国区域地质，（1）：18—27。

朱兆玲，1960，祁连山南坡寒武纪三叶虫。见：中国科学院地质研究所等著，祁连山地质志，4（1）。北京：科学出版社。

朱兆玲，1965，青海互助中寒武纪三叶虫。古生物学报，13（1）：133—153。

朱志直，1986，东昆仑中段"纳赤台群"的解体与万宝沟群的建立。见：地质矿产部青藏高原文集编委会著，青藏高原地质文集（18）。北京：地质出版社。

Grabau A W. 1923—1924. Stratigraphy of China. Pt. I, Palaeozoic and older, Surv. China, pp. 201—258, 1924, Peking.

地质图说明书及区测报告

甘肃省第二区域地质测量队，1972，1:20万硫磺山幅（J-47-[8]）区域地质测量报告书（上册）。甘肃省地质局。

甘肃省第二区域地质测量队，1974，1:20万盐池湾幅（J-47-[7]）区域地质测量报告书（上册）。甘肃省地质局。

甘肃省第二区域地质测量队，1974，1:20万祁连山幅（J-47-[9]）区域地质调查报告书（地质部分）。甘肃省地质局。

甘肃省第二区域地质测量队，1975，1:20万月牙湖幅（J-46-[12]）区域地质调查报告（地质部分）。甘肃省地质局。

甘肃省第一区域地质测量队，1965，1:20万武威幅（J-48-[19]）区域地质矿产报告（上册）。甘肃省地质局。

甘肃省第一区域地质测量队，1972，1:20万循化幅（I-48-[1]）区域地质测量报告（地质部分）。甘肃省地质局。

甘肃省第一区域地质测量队，1972，1:20万合作幅（I-48-[7]）区域地质测量报告（地质部分）。甘肃省地质局。

甘肃省第一区域地质测量队，1972，1:20万碌曲幅（I-48-[13]）区域地质测量报告（地质部分）。甘肃省地质局。

甘肃省第一区域地质测量队，1972，1:20万天祝幅（J-48-[25]）区域地质测量报告（地质部分）。甘肃省地质局。

甘肃省地质力学区域地质测量队，1976，1:20万当金山口幅（J-46-[11]）区域地质调查报告（地质部分）。甘肃省地质局。

甘肃省地质力学区域地质测量队，1978，1:20万冷湖幅（J-46-[10]）区域地质调查报告（地质部分）。甘肃省地质局。

甘肃省区域地质测量队，1977，1:20万欧拉幅（I-47-[18]）区域地质调查报告（地质部分）。甘肃省地质局。

甘肃省区域地质调查队，1985，1:20万鱼卡幅（J-46-[18]）、喀克吐蒙克幅、哈拉湖幅、瓦乌斯·多索卡幅（J-47-[13]、[14]、[15]）区域地质调查报告（科学考察）。甘肃省地质矿产局。

青海省第二区域地质调查队，1981，1:20万治多县幅（I-46-[24]）区域地质调查报告（地质部分）。青海省地质矿产局。

青海省第二区域地质调查队，1982，1:20万杂多县幅（I-46-[30]）区域地质调查报告（地质部分)。青海省地质矿产局。

青海省第二区域地质调查队，1983，1:20万上拉秀幅（I-47-[25]）区域地质调查报告（地质部分)。青海省地质矿产局。

青海省第二区域地质调查队，1983，1:20万襄谦县幅（I-47-[31]）区域地质调查报告（地质部分)。青海省地质矿产局。

青海省第二区域地质调查队，1986，1:20万玉树县幅（I-47-[26]）区域地质调查报告（地质部分)。青海省地质矿产局。

青海省第二区域地质调查队，1986，1:20万玛多县幅、玛积雪山幅（I-47-[9]、[10]）区域地质调查报告（地质部分)。青海省地质矿产局。

青海省第二区域地质调查队，1986，1:20万优云公社幅、果洛藏族自治州幅（I-47-[16]、[17]）区域地质调查报告（地质部分)。青海省地质矿产局。

青海省第二区域地质调查队，1988，1:20万吉多幅（I-46-[36]）区域地质调查报告（地质部分)。青海省地质矿产局。

青海省第二区域地质调查队，1988，1:20万达日县幅、索乎日麻乡幅、久治县幅（I-47-[22]、[23]、[24]）区域地质调查报告（地质部分)。青海省地质矿产局。

青海省第二区域地质调查队，1989，1:20万下红科乡幅、班玛县幅（I-47-[28]、[29]）区域地质调查报告（地质部分)。青海省地质矿产局。

青海省第二区域地质调查队，1990，1:20万哈秀幅、称多县幅（I-47-[19]、[20]）区域地质调查报告（地质部分)。青海省地质矿产局。

青海省第二区域地质调查队，1992，1:20万布伦台幅（J-46-[33]）、库赛湖幅（I-46-[33]）区域地质调查报告（地质部分)。青海省地质矿产局。

青海省第一区域地质测量队，1973，1:20万过马营幅（I-47-[6]）区域地质调查报告（地质部分)。青海省地质局。

青海省第一区域地质测量队，1973，1:20万同德幅（I-47-[11]）区域地质调查报告（地质部分)。青海省地质局。

青海省第一区域地质测量队，1973，1:20万泽库幅（I-47-[12]）区域地质调查报告（地质部分)。青海省地质局。

青海省第一区域地质测量队，1973，1:20万兴海幅（I-47-[4]）区域地质调查报告（一分册)。青海省地质局。

青海省第一区域地质测量队，1974，1:20万贵南幅（I-47-[5]）区域地质调查报告（地质部分)。青海省地质局。

青海省第一区域地质测量队，1976，1:20万阿拉克湖幅（I-47-[2]）区域地质调查报告（地质部分)。青海省地质局。

青海省第一区域地质测量队，1976，1:20万快日玛乡幅（I-47-[21]）区域地质调查报告（地质部分)。青海省地质局。

青海省第一区域地质测量队，1976，1:20万下环仓幅（I-47-[22]）区域地质调查报告（地质部分)。青海省地质局。

青海省第一区域地质测量队，1976，1:20万刚察大寺幅（J-47-[23]）区域地质调查报告（地质部分)。青海省地质局。

青海省第一区域地质测量队，1976，1:20万新哲农场幅（J-47-[34]）区域地质调查报告（地质部分)。青海省地质局。

青海省第一区域地质调查队，1978，1:20万德令哈幅（J-47-[20]）区域地质调查报告（地质部分)。青海省地质局。

青海省第一区域地质调查队，1978，1:20万托素湖幅（J-47-[25]）区域地质调查报告（地质部分)。青海省地质局。

青海省第一区域地质调查队，1978，1:20万德令哈旧址幅（J-47-[26]）区域地质调查报告（地质部分)。青海省地质局。

青海省第一区域地质调查队，1980，1:20万大柴旦幅、达布逊湖幅（J-46-[24]、[30]）区域地质调查报告（地质部分)。青海省地质局。

青海省第一区域地质调查队，1980，1:20万怀头他拉幅（J-47-[19]）区域地质调查报告（地质部分)。青海省地质局。

青海省第一区域地质调查队，1981，1:20万马海幅（J-47-[17]）区域地质调查报告（地质部分)。青海省地质矿产局。

青海省第一区域地质调查队，1981，1:20万格尔木市幅（J-46-[35]）、纳赤台幅（I-46-[5]）区域地质调查报告。青海省地质矿产局。

青海省第一区域地质调查队，1982，1:20万埃坑德勒斯特幅（I-47-[1]）区域地质调查报告（地质部分)。青海省地质矿产局。

青海省第一区域地质调查队，1983，1:20万格尔木东农场幅（J-46-[36]）、东温泉幅（I-46-[6]）区域地质调查报告（地质部分)。青海省地质矿产局。

青海省第一区域地质调查队，1985，1:20万伯喀里克幅、那陵郭勒幅、乌图美仁幅（J-46-[26]、[27]、[28]）区域地质调查报告（地质部分)。青海省地质矿产局。

青海省第一区域地质调查队，1985，1:20万茫崖工作委员会幅（J-46-[13]）区域地质调查报告（地质部分）。青海省地质矿产局。
青海省地质局，1978，北祁连山中西段地质矿产图说明书（一分册）。青海省第二地质队。
青海省地质科学研究所编图组，1981，青海省地质图（1:100万）说明书。青海省地质科学研究所。
青海省煤田地质公司132队，1985，青海省西宁市煤田地质图说明书（1:10万）。青海省煤田地质队。
青海省区调综合地质大队，1986，1:20万土窑洞幅、茫崖幅（J-46-[19]、[20]）区域地质调查报告（地质部分）。青海省地质矿产局。
青海省区调综合地质大队，1986，1:20万俄博梁幅（J-46-[9]）区域地质调查报告（地质部分）。青海省地质矿产局。
青海省区调综合地质大队，1986，1:20万开木棋陡里格幅（J-46-[34]）区域地质调查报告（地质部分）。青海省地质矿产局。
青海省区调综合地质大队，1987，1:20万赤布张错幅、温泉兵站幅（I-46-[19]、[20]）区域地质调查报告（地质部分）。青海省地质矿产局。
青海省区调综合地质大队，1988，1:20万不冻泉幅（I-46-[4]）区域地质调查报告（地质部分）。青海省地质矿产局。
青海省区调综合地质大队，1989，1:20万油泉子幅、大风山幅、水鸭子墩幅、黄风山幅、西台吉乃尔湖幅、南八仙幅、盐湖幅（J-46-[14]、[15]、[16]、[21]、[22]、[23]、[29]）区域地质调查（编图）说明书。青海省地质矿产局。
青海省区调综合地质大队，1989，1:20万沱沱河幅、章岗日松幅（I-46-[15]、[16]）区域地质调查报告（地质部分）。青海省地质矿产局。
青海省区调综合地质大队，1990，1:20万错仁德加幅、五道梁幅（I-46-[9]、[10]）区域地质调查报告（地质部分）。青海省地质矿产局。
青海省区调综合地质大队，1992，1:20万塔鹤托坂日幅（J-46-[32]）、可可西里湖幅（I-46-[2]）区域地质调查报告（地质部分）。青海省地质矿产局。
青海省区调综合地质大队，1992，1:20万东风幅、巴颜喀拉山主峰幅（I-47-[13]、[14]）区域地质调查报告（地质部分）。青海省地质矿产局。
青海省区调综合地质大队，1992，1:20万和格寺幅（I-47-[15]）区域地质调查报告（地质部分）。青海省地质矿产局。
青海省区调综合地质大队，1993，1:20万雁石坪幅、索加幅（I-46-[21]、[22]）区域地质调查报告（地质部分）。青海省地质矿产局。
青海省区调综合地质大队，1993，1:20万错坎巴昂日东幅（I-46-[12]）区域地质调查报告（地质部分）。青海省地质矿产局。
青海省区调综合地质大队，1993，1:20万扎河幅、曲麻莱县幅（I-46-[17]、[18]）区域地质调查报告（地质部分）。青海省地质矿产局。
青海省区调综合地质大队，1993，1:20万唐古拉山口幅、龙亚拉幅（I-46-[26]、[27]）区域地质调查报告（地质部分）。青海省地质矿产局。
青海省区调综合地质大队，1994，1:20万麻多幅、扎陵湖幅（I-47-[7]、[8]）区域地质调查报告（地质部分）。青海省地质矿产局。
青海省区域地质测量队，1965，1:100万西宁幅（J-47）地质图说明书。地质部地质研究所。
青海省区域地质测量队，1966，1:20万海晏幅（J-47-[29]）地质矿产图说明书。青海省地质局。
青海省区域地质测量队，1967，1:20万祁连县幅（J-47-[17]）区域地质测量报告书（一分册）。青海省地质局。
青海省区域地质测量队，1968，1:20万乌兰幅（J-47-[27]）区域地质测量报告书（一分册）。青海省地质局。
青海省区域地质测量队，1968，1:20万野牛台幅（J-47-[16]）区域地质测量报告书（一分册）。青海省地质局。
青海省区域地质测量队，1968，1:20万门源幅（J-47-[24]）地质矿产图说明书。青海省地质局。
青海省区域地质测量队，1969，1:20万天峻幅（J-47-[28]）区域地质测量报告书（一分册）。青海省地质局。
青海省区域地质测量队，1970，1:100万温泉幅（I-46）区域地质调查报告书（一分册）。青海省地质局。
青海省区域地质测量队，1970，1:100万玉树幅（I-47）区域地质调查报告书（一分册）。青海省地质局。
青海省区域地质测量队，1971，1:20万都兰幅（J-47-[33]）区域地质测量报告（一分册）。青海省地质局。
青海省区域地质测量队，1971，1:20万诺木洪幅、香日德农场幅（J-47-[31]、[32]）区域地质测量报告书（一分册）。青海省地质局。
青海省区域地质测量队，1971，1:20万共和幅（J-47-[35]）区域地质测量报告书（一分册）。青海省地质局。

青海省区域地质测量队，1973，1:20万加鲁河幅（I-47-［3］）区域地质调查报告书（一分册）。青海省地质局。
青海综合地质大队区域地质测量队，1964，1:20万乐都幅（J-48-［31］）最终地质报告（一分册）。西北地质局。
青海综合地质大队区域地质测量队，1964，1:20万西宁幅（J-47-［36］）最终地质报告（一分册）。西北地质局。
青海综合地质大队区域地质测量队，1964，1:20万湟源幅（J-47-［30］）最终地质报告（一分册）。西北地质局。
四川省第三区域地质测量队，1974，1:100万昌都幅（H-47）区域地质调查报告（地质部分）。四川省地质局。
四川省区域地质测量队，1984，1:20万阿坝幅（I-47［30］）、若尔盖幅、红原幅、龙日坝幅（I-48-［19］、［25］、［31］）区域地质调查报告（地质部分）。四川省地质矿产局。
四川省区域地质调查队，1987，1:20万长沙贡玛幅、石渠幅（I-47-［21］、［27］）区域地质调查报告（地质部分）。四川省地质矿产局。
四川省区域地质调查队，1990，1:20万洛隆幅、昌都幅（H-47-［7］、［8］）区域地质调查报告（地质部分）。西藏自治区地质矿产局。
西藏区域地质调查队，1986，1:100万改则幅（I-45）区域地质调查报告（地质部分）。西藏自治区地质矿产局。
西藏区域地质调查队，1993，1:20万邓柯幅（I-47-［32］）区域地质调查报告（地质部分）。西藏自治区地质矿产局。
西藏综合地质大队，1979，1:100万拉萨幅（H-46）区域地质调查报告（地质部分）。西藏自治区地质局。

附录Ⅰ　青海省岩石地层数据库的建立及功能简介

青海省岩石地层数据库为全国地层数据库的基础库之一，属全国地层数据库研制和建设工作的一部分。建库工作是在“全国地层数据库研建组”的指导下进行的。数据的系统设计和软件开发研制均由全国数据库研建组提供。

青海省岩石地层数据库建库指导思想和研究内容与全国及青海省地层多重划分对比研究有关文件要求基本一致，目的是为青海省区域地质调查和基础地质研究服务，巩固地层清理成果，避免今后使用地层单位的混乱，使地层学研究和管理走向科学化、规范化、信息化。

青海省岩石地层数据库按照全国地层清理项目办的统一部署，首先以岩石地层单位为基本单位、以全国地层清理项目统一制定的五张数据卡片为数据采集源。

青海省岩石地层数据库由青海省地矿局责成青海省区调综合地质大队负责建立。该队于1993年9月筹建，并于同年10月购置AST486微型计算机一台，为地层数据库建库专用。与此同时派人参加了全国地层清理项目办在南昌举办的地层数据库建库学习班。在1993年筹建的基础上于1994年3月组建了地层数据库小组，隶属于青海省地层多重划分对比研究项目组。组长：王冬青（工程师），组员：李萍萍（助工）。1994年3月开始卡片的录入，截止9月底，共录入数据库中的岩石地层单位177个，其中前震旦纪28个，震旦纪9个，寒武纪5个，奥陶纪19个，志留纪3个，泥盆纪8个，石炭纪18个，二叠纪24个，三叠纪25个，侏罗纪14个，白垩纪11个，第三纪13个。录入各种层型及参考剖面868条。录入建议不采用地层名称161个。地层数据库由王冬青、李萍萍操作录入。录入前“青海省地层多重划分对比研究项目”负责人孙崇仁高级工程师对被录卡片（卡Ⅰ）进行了检查，同时委托项目负责人之一陈国隆及冀六祥高级工程师负责对被录入的卡片进行了全面审核，刘丽萍助工负责核对。地层数据库目前已达到“全国岩石地层数据库研建组”所规定的三项功能要求。地层数据库信息量大、功能强，能容纳各岩石地层单位定义、名称、代号、年代、创名人、时间、层型位置、单位剖面及地层柱，剖面位置分布，单位对比及参考文献等；输出功能比较完善，易操作、速度快，输出自由灵活等。随着对数据库的功能继续开发、采集的完善，信息量将进一步扩大，该库将能更好地为青海省区域地质调查、基础地质研究服务。为了充分发挥地层数据库的功能，更好地为地层研究服务，建议由青海省区调综合地质大队专人维护管理青海省岩石地层数据库。

附录Ⅱ 青海省采用的岩石地层单位

序号	岩石地层单位名称		编号	代号	地质时代	创名人	创建时间	所在省	在本书页数
	英文	汉文							
1	Amunike Fm	* 阿木尼克组	63-0502	$\mathrm{DC}a$	D_3—C_1	青海省第一区域地质测量队	1978	青海省	117
2	Angzanggou Fm	肮脏沟组	63-0301	$\mathrm{S}a$	S_1	（解广轰、汪缉安等）	(1959)	甘肃省	75
3	Animaqingshan Ophiolite-Melange	* 阿尼玛卿山蛇绿混杂岩	63-0724	$\mathrm{PT}a$	P—T	孙崇仁	1993	青海省	339
4	Atasi Fm	* 阿塔寺组	63-0708	$\mathrm{T}a$	T_3^1	杨遵仪等	1983	青海省	154
5	Ayishan Fm	* 阿夷山组	63-0209	$\mathrm{O}a$	O_1	青海省第二区域地质测量队	1976	青海省	85
6	Babaoshan Fm	* 八宝山组	63-0717	$\mathrm{T_3}b$	T_3	青海省地质局石油普查大队	1962	青海省	168
7	Bagong Fm	巴贡组	63-0731	$\mathrm{T}bg$	T_3	（四川省第三区域地质测量队）	(1974)	西藏自治区	252
8	Baishahe Fm	* 白沙河（岩）组	63-0025	$\mathrm{Ar_3Pt_1}b$	Ar_3Pt_1	庄庆兴、孙广智等	1982	青海省	22
9	Baiyanghe Fm	* 白杨河组	63-1000	$\mathrm{EN}b$	E_3—N_1	孙健初	1942	甘肃省	197
10	Balonggonggeer Fm	* 巴龙贡噶尔组	63-0303	$\mathrm{S}b$	S_1	（青海省地质局石油普查大队）	(1962)	青海省	79
11	Batang Gr	* 巴塘群	63-0727	$\mathrm{T_3}B$	T_3	青海省区域地质测量队	1970	青海省	245
12	Bayankalashan Gr	巴颜喀拉山群	63-0725	$\mathrm{T}B$	T	（青海省区域地质测量队）	(1970)	青海省	240
13	Bayinhe Gr	* 巴音河群	63-0602	$\mathrm{P}B$	P_{1-2}	杨遵仪等	1962	青海省	119
14	Beimenxia Fm	* 北门峡组	63-0018	$\mathrm{Jx}b$	Jx	青海综合地质大队区域地质测量队	1964	青海省	37
15	Beiqilianshan Ophiolite(Melange)Gr	* 北祁连山蛇绿（混杂）岩岩群	63-0033	$\mathrm{Z{\in}O}B$	Z—O_2	孙崇仁	1994	青海省	332
16	Binggou Gr	* 冰沟群	63-0031	$\mathrm{Pt}B$	Jx—Qn	青海省区域地质测量队	1971	青海省	39
17	Bolila Fm	波里拉组	63-0730	$\mathrm{T}b$	T_3	四川省第三区域地质测量队）	1974	西藏自治区	251
18	Buqingshan Gr	* 布青山群	63-0612	$\mathrm{CP}B$	C_2—P_1	青海省地质矿产局	1991	青海省	135
19	Buqu Fm	* 布曲组	63-0810	$\mathrm{J_2}b$	J_2	白生海	1989	青海省	279
20	Caishiling Fm	* 采石岭组	63-0804	$\mathrm{J}c$	J_2	崔克信、张文堂等	1955	青海省	184
21	Caodigou Fm	* 草地沟组	63-0604	$\mathrm{P}c$	P_1	刘广才	1980	青海省	121
22	Chabaoma Fm	查保马组	63-1010	$\mathrm{EN}\hat{c}$	E—N	朱夏	1957	青海省	293
23	Chapu Fm	* 茶铺组	63-0210	$\mathrm{O}\hat{c}$	O_2	青海省综合地质大队区域地质测量队	1964	青海省	86
24	Chengqianggou Fm	* 城墙沟组	63-0510	$\mathrm{C}\hat{c}q$	C_1	（杨敬之等）	(1962)	青海省	123
25	Chouniugou Fm	臭牛沟组	63-0500	$\mathrm{C}\hat{c}$	C_1	袁复礼	1925	甘肃省	112
26	Cuojuri Fm	* 错居日组	63-0912	$\mathrm{K}c$	K_1	冀六祥	1994	青海省	288
27	Dachaigou Fm	* 打柴沟组	63-0608	$\mathrm{CP}d$	C_2—P_1	刘广才等	1987	青海省	130
28	Dagangou Fm	* 大干沟组	63-0514	$\mathrm{C}dg$	C_1	（青海省地层表编写小组）	(1980)	青海省	128
29	Dahuanggou Fm	大黄沟组	63-0600	$\mathrm{P}d$	P_1	孙健初	1936	甘肃省	115

注：①创名人栏（ ）内为介绍人；创建时间栏（ ）内为介绍时间。
②＊表示已查阅原著原始定义的岩石地层单位。

序号	岩石地层单位名称		编号	代号	地质时代	创名人	创建时间	所在省	在本书页数
	英文	汉文							
30	Dajialian Fm	*大加连组	63-0705	T*d*	T_1—T_2	青海省地层表编写小组	1980	青海省	149
31	Dakendaban Gr	*达肯大坂(岩)群	63-0019	Pt_1D	Pt_1	(青海省地质局石油普查大队)	(1956)	青海省	20
32	Daliang Fm	*大梁组	63-0202	O*d*	O_2	(中国科学院祁连山地质队)	(1963)	青海省	73
33	Dameigou Fm	*大煤沟组	63-0803	J*dm*	J_{1-2}	王万统、张寿恒、朱欣芳	1960	青海省	183
34	Dangduo Fm	当多组	63-0408	D*d*	D_{1-3}	(甘肃省第一区域地质测量队)	(1973)	甘肃省	218
35	Danghenanshan Fm	*党河南山组	63-0503	C*dh*	C_1	刘广才、李向红	1994	青海省	118
36	Datouyanggou Fm	*大头羊沟组	63-0214	O_2d	O_2	(中国科学院祁连山地质队)	(1963)	青海省	93
37	Daxigou Fm	大西沟组	63-0800	J*d*	J_1	李庆远、卢衍豪	1942	甘肃省	174
38	Diaosu Fm	*绨敖苏组	63-0515	C*d*	C_2	(青海省地层表编写小组)	(1980)	青海省	129
39	Dongchagou Fm	*东岔沟组	63-0012	Pt_1d	Pt_1	青海综合地质大队区域地质测量队	1964	青海省	19
40	Duofutun Gr	*多福屯群	63-0721	T_3D	T_3	青海省地层表编写小组	1980	青海省	160
41	Duoquanshan Fm	*多泉山组	63-0212	O_1d	O_1	(中国科学院祁连山地质队)	(1963)	青海省	91
42	Duosuoqu Fm	*多索曲组	63-0207	OS*d*	O_3—S_1	孙崇仁	1995	青海省	78
43	Elashan Fm	*鄂拉山组	63-0710	T_3e	T_3	青海省地层表编写小组	1976	青海省	169
44	Fenghuoshan Gr	风火山群	63-0913	K*F*	K	张文佑、赵宗溥等	1957	青海省	287
45	Gadikao Fm	*尕笛考组	63-0625	P*gd*	P_1	青海省第二区域地质调查队	1982	青海省	231
46	Gahai Gr	*尕海群	63-0609	DT*G*	D_2—T_1	甘肃省第一区域地质测量队	1972	甘肃省	220
47	Gala Fm	尕拉组	63-0407	D*g*	D_1	(秦锋、甘一研)	(1976)	甘肃省	218
48	Galedesi Fm	*尕勒得寺组	63-0709	T*g*	T_3	杨遵仪等	1983	青海省	155
49	Ganchaigou Fm	*干柴沟组	63-1005	EN*g*	E_3—N_1	青海省石油管理局科学研究所	1959	青海省	202
50	Ganjia Fm	*甘家组	63-0626	CP*g*	C_2—P	青海综合地质大队区域地质测量队	1964	青海省	139
51	Gequ Fm	*格曲组	63-0617	P*g*	P_2	刘广才、李向红	1994	青海省	137
52	Gongcha Gr	龚岔群	63-0004	Qn*G*	Qn	(钱家骐、宫保军)	(1986)	青海省	29
53	Guide Gr	*贵德群	63-1003	N*G*	N	(路兆洽)	(1948)	青海省	199
54	Guokeshan Fm	*果可山组	63-0509	CP*gk*	C_1—P_1	青海省地质局区域地质测量队	1968	青海省	133
55	Haerzha Fm	*哈尔扎组	63-0403	D_3he	D_3	朱夏 (青海省地质局石油普查大队)	1959 (1962)	青海省	109
56	Hajier Fm	*哈吉尔组	63-0606	P*h*	P_2	刘广才	1980	青海省	122
57	Halabayigou Fm	*哈拉巴依沟组	63-0220	OS*h*	O_3—S	李光岑、林宝玉	1982	青海省	97
58	Halaguole Fm	*哈拉郭勒组	63-0517	C*hl*	C_1	青海省第一区调队	1982	青海省	134
59	Haoteluowa Fm	*浩特洛哇组	63-0516	C*ht*	C_2	李璋荣等及青海省第一区调队	1982	青海省	134

序号	岩石地层单位名称		编号	代号	地质时代	创名人	创建时间	所在省	在本书页数
	英文	汉文							
60	Hashihaer Fm	*哈什哈尔组	63-0007	Q*nh*	Qn	钱家骐、宫保军	1986	甘肃省	32
61	Heicigou Fm	黑茨沟组	63-0100	$\in h$	$\in$	(甘肃省第一区域地质测量队)	(1972)	甘肃省	69
62	Heishangou Fm	*黑山沟组	63-0402	$D_3h\hat{s}$	D_3	青海省区调综合地质大队	1986	青海省	108
63	Heitupo Fm	*黑土坡组	63-0106	$\in_1 h$	$\in_1$	王云山等	1980	青海省	66
64	Hekou Gr	河口群	63-0902	K*H*	K_1	孟昭彝、王尚文等	1947	甘肃省	182
65	Hongshuichuan Fm	*洪水川组	63-0714	T*h*	T_{1-2}	青海省第一区测队	1976	青海省	165
66	Hongshuigou Fm	*红水沟组	63-0815	J_3h	J_3	青海省石油局地质处102队	1959	青海省	185
67	Hongtiegou Fm	*红铁沟组	63-0107	$\in ht$	$\in_1$	王云山等	1980	青海省	67
68	Hongzaoshan Fm	*红藻山组	63-0024	Z*h*	Z	王云山等	1980	青海省	64
69	Huabaoshan Fm	*花抱山组	63-0208	O*h*	O_1(?)	青海省第二区域地质测量队	1977	青海省	84
70	Huaerdi Fm	*花儿地组	63-0003	Jx*h*	Jx	钱家骐、宫保军	1981	青海省	28
71	Huaitoutala Fm	*怀头他拉组	63-0511	C*h*	C_1	(杨敬之等)	(1962)	青海省	124
72	Hualong Gr	化隆(岩)群	63-0009	Ar_3PtH	Ar_3—Pt_2	(王云山、庄庆兴)	(1978)	青海省	14
73	Huangyuan Gr	*湟源群	63-0010	Pt_1H	Pt_1	青海省综合地质大队区测队	1964	青海省	18
74	Huangzhong Gr	*湟中群	63-0013	Ch*H*	Ch	青海省地质矿产局	1991	青海省	33
75	Huari Fm	*华日组	63-0723	T_3h	T_3	青海省第一地质矿产勘查大队	1991	青海省	163
76	Huashishan Gr	*花石山群	63-0016	Jx*H*	Jx	青海综合地质大队区域地质测量队	1964	青海省	36
77	Jiamainong Gr	*加麦弄群	63-0521	C*J*	C_2	刘广才	1988	青海省	224
78	Jianghe Fm	*江河组	63-0704	T*j*	T_{1-2}	青海省地层表编写小组	1976	青海省	147
79	Jiapila Fm	甲丕拉组	63-0729	T*jp*	T_{2-3}	四川省第三区域地质测量队	1974	西藏自治区	250
80	Jielong Fm	*结隆组	63-0726	T_2j	T_2	青海省第二区调队	1981	青海省	244
81	Jiezha Gr	*结扎群	63-0728	T*J*	T_{2-3}	青海省区域地质测量队	1970	青海省	249
82	Jinshuikou Gr	*金水口(岩)群	63-0032	Ar_3PtJ	Ar_3Pt	青海省区域地质测量队	1971	青海省	21
83	Jiushidaoban Fm	*九十道班组	63-0621	P*j*	P_1	刘广才	1993	青海省	228
84	Junzihe Gr	*郡子河群	63-0702	T*JZ*	T_1—T_2	丁培榛等	1963	青海省	145
85	Kaixinling Gr	*开心岭群	63-0618	CP*K*	C_2—P_1	(尹赞勋)	(1958)	青海省	226
86	Keluke Fm	*克鲁克组	63-0512	C*k*	C_2	(杨敬之等)	(1962)	青海省	125
87	Kesuer Fm	*克素尔组	63-0017	Jx*k*	Jx	青海综合地质大队区域地质测量队	1964	青海省	36
88	Koumenzi Fm	*扣门子组	63-0203	O*k*	O_3	(中国科学院祁连山地质队)	(1963)	青海省	74
89	Kubaimu Fm	*枯柏木组	63-0022	Z*k*	Z	王云山等	1980	青海省	62
90	Labuchari Fm	*拉卜查日组	63-0624	P*lb*	P_2	刘广才	1993	青海省	230
91	Langyashan Fm	狼牙山组	63-0027	Jx*l*	Jx	(王云山、庄庆兴等)	(1978)	青海省	40

序号	岩石地层单位名称		编号	代号	地质时代	创名人	创建时间	所在省	在本书页数
	英文	汉文							
92	Laojunshan Fm	老君山组	63-0401	D*l*	D_3	黄汲清	1945	甘肃省	104
93	Lemengou Fm	*勒门沟组	63-0603	P*l*	P_1	刘广才	1980	青海省	120
94	Liudaogou Fm	*六道沟组	63-0104	∈*l*	$∈_3$	青海综合地质大队区域地质测量队	1964	青海省	82
95	Liujiatai Fm	*刘家台组	63-0011	Pt_1l	Pt_1	青海综合地质大队区域地质测量队	1964	青海省	18
96	Longwuhe Gr	*隆务河群	63-0720	T*L*	$T_1—T_3$	刘东生	1955	青海省	156
97	Lulehe Fm	*路乐河组	63-1004	E*l*	E_{1-3}	朱夏	1956	青海省	201
98	Luolika Fm	*洛力卡组	63-0911	K*l*	K_1	冀六祥	1994	青海省	289
99	Maerzheng Fm	*马尔争组	63-0614	P*m*	P_1	青海省地质矿产局	1991	青海省	137
100	Mahuanggou Fm	*麻黄沟组	63-0021	Z*m*	Z	王云山等	1980	青海省	61
101	Maoniushan Fm	*牦牛山组	63-0406	D*m*	D_3	青海省地质局石油普查大队	1962	青海省	106
102	Minhe Fm	*民和组	63-0906	K_2m	K_2	青海省地质局石油普查大队	1973	青海省	193
103	Mole Gr	*默勒群	63-0707	T*M*	T_3	青海省地层表编写小组	1976	青海省	153
104	Moshigou Fm	*磨石沟组	63-0014	Ch*m*	Ch	青海综合地质大队区域地质测量队	1964	青海省	34
105	Nachitai Gr	*纳赤台群	63-0217	OS*N*	$O_3—S$	青海省地质局石油普查大队(632队)	1962	青海省	95
106	Nanbaishuihe Fm	*南白水河组	63-0002	Pt_2n	Ch—Jx	钱家骐、宫保军	1981	青海省	27
107	Nanyinger Fm	南营儿组	63-0701	T*n*	T_3	(斯行健、周志炎)	(1962)	甘肃省	144
108	Naocangjiangou Fm	*闹仓坚沟组	63-0715	T*nc*	$T_1—T_2$	青海省第一区域地质测量队	1976	青海省	166
109	Nayixiong Fm	*那益雄组	63-0623	P*n*	P_2	青海省第二区域地质调查队	1983	青海省	229
110	Nianbao Fm	年宝组	63-0808	J*n*	J_1	袁哲平(青海省第二区调队)	1984 (1988)	青海省	273
111	Nouribagaribao Fm	*诺日巴尕日保组	63-0620	P*nr*	P_1	刘广才	1993	青海省	227
112	Oulongbuluke Gr	*欧龙布鲁克群	63-0109	∈*O*	$∈_2-O_1$	青海省地质局石油普查大队(632队)	1958	青海省	89
113	Qieermagou Fm	*切尔玛沟组	63-0706	T*q*	T_2	青海省地层表编写小组	1980	青海省	150
114	Qingnidong Fm	*青泥洞组	63-0221	O*q*	O_1	董得源等	1979	西藏自治区	215
115	Qingshipo Fm	*青石坡组	63-0015	Ch*q*	Ch	青海综合地质大队区域地质测量队	1964	青海省	35
116	Qitadaban Fm	*其它大坂组	63-0005	Qn*q*	Qn	钱家骐、宫保军	1981	青海省	30
117	Qiujidonggou Fm	*丘吉东沟组	63-0028	Qn*qj*	Qn	庄庆兴等	1986	青海省	45
118	Quanji Gr	*全吉群	63-0020	Z∈*Q*	$Z∈_1$	青海省地质局石油普查大队	1956	青海省	59
119	Quannaogoushan Fm	泉脑沟山组	63-0302	S*q*	S_2	(解广轰、汪缉安)	(1959)	甘肃省	76
120	Quanyagou Fm	*犬牙沟组	63-0907	K*q*	K_1	青海省石油管理局研究所	1957	青海省	186
121	Quemocuo Fm	*雀莫错组	63-0809	J_2q	J_2	青海省区调综合地质大队	1987	青海省	277

序号	岩石地层单位名称		编号	代号	地质时代	创名人	创建时间	所在省	在本书页数
	英文	汉文							
122	Quguo Fm	曲果组	63－1012	N*q*	N	（苟金）	(1993)	青海省	294
123	Rinaore Fm	*日脑热组	63－0722	T_3r	T_3	青海省区调综合地质大队	1990	青海省	161
124	Sangqiashan Fm	*桑恰山组	63－0910	K*s*	K_2	冀六祥	1994	青海省	290
125	Sangzhiakao Fm	*桑知阿考组	63－0404	D*s*	D_2	青海省第二区域地质调查队	1983	青海省	216
126	Shengou Fm	*深沟组	63－0103	∈ŝ	$\in_2$	青海综合地质大队区域地质测量队	1964	青海省	81
127	Shiguaizi Fm	*石拐子组	63－0513	Cŝ	C_1	刘广才等	1985	青海省	127
128	Shihuichang Fm	*石灰厂组	63－0219	Oŝh	O_3	李光岑、林宝玉	1982	青海省	96
129	Shihuigou Fm	*石灰沟组	63－0213	Oŝ	O_1	（中国科学院祁连山地质队）	(1963)	青海省	92
130	Shiyingliang Fm	*石英梁组	63－0023	Zŝ	Z	王云山等	1980	青海省	63
131	Shizigou Fm	*狮子沟组	63－1007	Nŝz	N_2	青海省石油管理局科学研究所	1959	青海省	205
132	Shuinichang Fm	*水泥厂组	63－0218	Oŝn	O_3	李光岑、林宝玉	1982	青海省	96
133	Shulehe Fm	*疏勒河组	63－1001	Nŝ	N_2	孙健初	1942	甘肃省	198
134	Shuweimenke Fm	*树维门科组	63－0613	CPŝ	C_2—P_1	青海省地质矿产局	1991	青海省	136
135	Suowa Fm	*索瓦组	63－0812	J_3s	J_3	青海省区调综合地质大队	1987	青海省	281
136	Tanjianshan Gr	*滩间山群	63－0215	OS*T*	O_2—S	青海省地层表编写小组	1980	青海省	94
137	Tongtianhe Ophiolite－Melange	通天河蛇绿混杂岩	63－0610	CPT*t*	C—T_1	中科院南水北调考查队（青海省地层表编写小组），刘广才重新修改	1959 (1980)	青海省	336
138	Tuergendaban Fm	*土尔根大坂组	63－0508	CP*t*	C_1—P_1	甘肃省区域地质调查队	1985	青海省	132
139	Tuolai Gr	*托赖（岩）群	63－0000	Pt_1T	Pt_1	地科院地研所前寒武纪地质及变质岩研究室	1962	青海省	16
140	Tuolainanshan Gr	*托莱南山群	63－0001	Pt_2T	Pt_2	甘肃省地质局第二区域地质测量队	1974	青海省	26
141	Tuotuohe Fm	*沱沱河组	63－1008	E*t*	E	青海省区调综合地质大队	1989	青海省	290
142	Wanbaogou Gr	*万保沟群	63－0029	Pt*W*	Pt_{2-3}	青海省第一区域地质调查队	1981	青海省	46
143	Wandonggou Gr	*万洞沟群	63－0030	Pt_2W	Ch—Jx	（青海省石油普查大队）	(1962)	青海省	38
144	Wanxiu Fm	*万秀组	63－0909	K*w*	K	青海省地层表编写小组	1980	青海省	274
145	Wudaoliang Fm	*五道梁组	63－1011	EN*w*	E—N	青海省区调综合地质大队	1990	青海省	293
146	Wugeshan Fm	*五个山组	63－0006	Qn*w*	Qn	钱家骐、宫保军	1981	青海省	31
147	Wuli Gr	*乌丽群	63－0622	P*W*	P_2	（尹赞勋）	(1958)	青海省	228
148	Wuligou Gr	*吾力沟群	63－0205	O*WL*	O_1	甘肃省第二区测队	1974	甘肃省	76
149	Xiagou Fm	*下沟组	63－0900	K*x*	K_1	甘肃省地层表编写小组	1980	甘肃省	180
150	Xiahuancang Fm	*下环仓组	63－0703	T*xh*	T_{1-2}	青海省地层表编写小组	1976	青海省	146

序号	岩石地层单位名称		编号	代号	地质时代	创名人	创建时间	所在省	在本书页数
	英文	汉文							
151	Xiali Fm	* 夏里组	63-0811	J_2x	J_2	青海省区调综合地质大队	1987	青海省	280
152	Xiangmaoshan Fm	* 香毛山组	63-0101	$\in_3x$	$\in_3$	甘肃省地层表编写小组	1980	甘肃省	71
153	Xiangtang Fm	* 享堂组	63-0802	J_3x	J_3	苗祥庆	1954	青海省	178
154	Xiaomiao Fm	* 小庙组	63-0026	Chx	Ch	庄庆兴等	1986	青海省	25
155	Xidagou Fm	* 西大沟组	63-0700	Tx	T_1—T_2	孙健初	1936	甘肃省	142
156	Xilikete Fm	* 希里可特组	63-0716	T_2x	T_2	李璋荣、鲁益钜等	1986	青海省	167
157	Xining Gr	* 西宁群	63-1002	ENX	E_1—N_1	(路兆洽)	(1948)	青海省	195
158	Xinminpu Gr	新民堡群	63-0905	KX	K_{1-2}	王尚文	1949	甘肃省	179
159	Xiongqin Fm	* 汹钦组	63-0405	Dx	D_{2-3}	青海省第二区调队	1983	青海省	217
160	Xueshan Fm	* 雪山组	63-0813	$J_3x\hat{s}$	J_3	地质部石油局综合研究队	1966	青海省	283
161	Yanchiwan Gr	* 盐池湾群	63-0206	$OY\hat{C}$	O_2—O_3	甘肃省第二区测队	1975	甘肃省	77
162	Yanghugou Fm	羊虎沟组	63-0501	Cy	C_2	A W Grabau	1924	甘肃省	114
163	Yangqu Fm	* 羊曲组	63-0807	JKy	J_1—K_1	青海省第一区域地质测量队	1974	青海省	188
164	Yanshiping Gr	* 雁石坪群	63-0814	JY	J_{2-3}	詹灿惠、韦思槐	1957	青海省	275
165	Yaodonggou Fm	* 窑洞沟组	63-0008	Qny	Qn	钱家骐、宫保军	1986	甘肃省	33
166	Yaogou Gr	窑沟群	63-0601	PTY	P_2—T_1	袁复礼	1925	甘肃省	116
167	Yaojie Fm	窑街组	63-0801	Jy	J_{1-2}	孙健初	1936	甘肃省	176
168	Yaoshuiquan Fm	* 药水泉组	63-0211	$Oy\hat{s}$	O_3	青海综合地质大队区域地质测量队	1964	青海省	87
169	Yaxicuo Fm	* 雅西措组	63-1009	ENy	E_2—N_1	青海省区调综合地质大队	1989	青海省	292
170	Yingou Gr	阴沟群	63-0201	OY	O_1	(解广轰、汪缉安)	(1959)	甘肃省	72
171	Youshashan Fm	* 油砂山组	63-1006	Ny	N	青海省石油管理局科学研究所	1959	青海省	203
172	Zaduo Gr	* 杂多群	63-0518	CZ	C_1	青海省第二区调队	1982	青海省	221
173	Zharigen Fm	* 扎日根组	63-0619	$CP\hat{z}$	C_2—P_1	刘广才	1993	青海省	226
174	Zhonggou Fm	中沟组	63-0901	$K\hat{z}$	K_1	(甘肃省地层表编写小组)	(1980)	甘肃省	181
175	Zhongshigong Fm	* 忠什公组	63-0607	$P\hat{z}$	P_2	刘广才	1980	青海省	123
176	Zhongwunongshan Gr	* 中吾农山群	63-0507	$CP\hat{Z}$	C_1—P_1	青海省第一区域地质调查队	1978	青海省	131
177	Zhoujieshan Fm	* 皱节山组	63-0108	$\in\hat{z}$	$\in_1$	王云山等	1980	青海省	68

附录Ⅲ　青海省不采用的地层单位

序号	地层单位名称 英文	地层单位名称 汉文	编号	地质年代	创名人	创建时间	所在省	不采用的理由
1	Ahati Series	阿哈提统	63-0451	D_{2-3}	青海省石油普查大队	1962	青海省	归入滩间山群，该统予以停用，相当滩间山群的上部。
2	Alabasitao System	阿拉巴斯套系	63-0658	P	青海省石油普查大队	1962	青海省	地层位置不明确，无剖面资料，故停用。
3	Anduo Fm	安多组	63-0882	J_3	地质部石油地质局综合研究队	1966	西藏自治区	安多组岩性相当于现划分的索瓦组及夏里组一部分。建议停用安多组。
4	Annanba Gr	安南坝群	63-0052	Pt_1	青海省石油普查大队	1962	甘肃省	现归并于达肯大坂(岩)群，建议停用。
5	Asizha Fm	阿斯扎组	63-0259	An*Z*	中国地质科学院地质研究所	1962	青海省	停用，归入滩间山群。该组相当滩间山群一部分。
6	Azigou Fm	阿子沟组	63-0755	T_2	(杨遵仪等)	(1983)	青海省	青海煤田105队1975年创建，为一年代地层单位，建议停用。
7	Bairiqili System	白日其利系	63-0053	Z	青海省石油普查大队	1962	青海省	含义不清，后人未再使用，建议停用。
8	Baliebuhala Fm	巴烈卜哈拉组	63-0764	T_1	四川省地质局第二普查大队	1970	甘肃省	该组为一年代地层单位，建议停用。
9	Bayinguole Fm	巴音郭勒组	63-0074	Jx	庄庆兴、孙广智等	1982	青海省	为狼牙山组的一部分，已归入狼牙山组中。
10	Benpulong Fm	本朴陇组	63-0779	T_2	叶士达、杨通士	1982	青海省	层位、接触关系不清。属巴塘群的一部分，建议停用。
11	Bijiashan Gr (System)	笔架山群(系)	63-0568	C	青海省石油普查大队	1962	青海省	地层位置不清，无剖面资料，建议停用。
12	Caomuce Fm	草木策组	63-0786	T_3	青海省第一区域地质调查队等	1982	青海省	分布局限，岩性特征与可鲁波组一致，为八宝山组的一部分，建议停用。
13	Chamaerniu Fm	察马尔扭组	63-0661	P_2	青海省地质矿产局	1991	青海省	该组的地层层序、化石均倒置，岩性特征不可靠，故停用。
14	Charanning Fm	查然宁组	63-0563	C_1	(青海省地质矿产局)	(1991)	青海省	涵义不清，接触关系不明，又无剖面资料，不符合两个地层指南中的有关规定，故停用。
15	Chetougou Fm	车头沟组	63-1056	N_1	黄有元等	1977	青海省	因本组为贵德群的一部分，建议停用。
16	Chitang Gr	池塘群	63-0773	T_1	青海省第二区域地质调查队	1986	青海省	该群为隆务河群的一部分，建议停用。
17	Chuanshangou Fm	穿山沟组	63-0553	C_1	青海省第一区域地质测量队(?)	1976	青海省	纯系生物地层单位，是城墙沟组的一部分，故停用。
18	Dabinggou Fm	大冰沟组	63-0551	C_1	(青海省地质矿产局)	(1991)	青海省	该组是阿木尼克组的同物异名，故停用。
19	Dachashilang Gr	大茶石浪群	63-0950	K_1	青海综合地质大队区测队	1964	青海省	该群与河口群为同物异名，故停用。

注：创名人栏()内为介绍人；创建时间栏()内为介绍时间。

序号	地层单位名称		编号	地质年代	创名人	创建时间	所在省	不采用的理由
	英文	汉文						
20	Daguanshan Fm	大关山组	63-0653	P_1	叶连俊、关士聪	1944	甘肃省	纯系生物地层，现归入尕海群，建议停用。
21	Damitan Fm	达米滩组	63-0874	J_2	何元良	1984	青海省	达米滩组为羊曲组一部分，停用达米滩组。
22	Danghe Gr	党河群	63-0069	Ch	叶永正	1976	甘肃省	为南白水河组下部层位，已归入南白水河组。
23	Darige Fm	达日格组	63-0752	T_3	（杨遵仪等）	(1983)	青海省	青海省煤田105队1975年创建，含义不明，使用不广，建议停用。
24	Datonghe Fm	大通河组	63-0860	J_3	地质部第一石油普查大队	1973	青海省	属河口群的下部层位，建议停用。
25	Dayoumiao Fm	大油苗组	63-1067	E_3—N_1	青海石油局科研所古生物室	1961	青海省	是油砂山组的同物异名，建议停用。
26	Dehailong Fm	德亥龙组	63-0788	T_3	青海省第三地质队	1988	青海省	层位不清，分布局限，不能延伸，为鄂拉山组的一部分，建议停用。
27	Diaogou Gr	鸳沟群	63-0075	Qn	青海省第九地质队	1990	青海省	为北门峡组的同物异名或一部分，归入北门峡组。
28	Dongmaolong Fm (Gr)	东茅（矛）陇组（群）	63-0777	T_{2-3}	马福宝等	1984	青海省	是甲丕拉组（四川省第三区测队，1974）的同物异名，创名在后，建议停用。
29	Dongqiuling Series	东丘陵岩系	63-1079	N_2	青海石油局科研所	1959	青海省	为狮子沟组同物异名，停止使用。
30	Duoluojin Gr	多洛金群	63-0881	J_{2-3}	顾知微	1962	青海省	岩性特征不明，建议停用。
31	Ebo series	鄂（俄）博统	63-0552	C_2	孙健初	1936	青海省	鄂博统是羊虎沟组的同物异名，故停用。
32	Equnga Fm	俄群嘎组	63-0561	C_1	（青海省地质矿产局）	(1991)	青海省	以生物化石综合组名，无剖面资料，不符合两个地层指南的有关规定，故停用。
33	Foyeling Fm	佛爷岭组	63-0059 63-0060	Anz	青海省地质局东部队	1962	青海省	为化隆（岩）群的一部分，已归入化隆（岩）群。
34	Galangsi Fm	尕浪寺组	63-0789	T_3	青海省第一地质矿产勘查大队	1991	青海省	为日脑热组的同物异名或相当其一部分，归入日脑热组中。
35	Garang Gr	尕让群	63-0050	Pt_1	青海综合地质大队区域地质测量队	1964	青海省	与化隆（岩）群为同物异名，建议停用。
36	Geermuhe Fm	格尔木河组	63-0558	C_2	王增吉	1990	青海省	该组是浩特洛哇组的同物异名，故停用。
37	Gelong Fm	格陇组	63-0778	T_2	叶士达、杨通士	1982	青海省	层序、接触关系不清，未推广使用，又为结隆组同物异名，创名在后，故建议停用。
38	Gema Fm	格玛组	63-0781	T_3	陈国隆、陈楚震等	1990	青海省	该组是巴贡组（李璞等，1951）的同物异名，创名在后，故建议停用。

序号	地层单位名称		编号	地质年代	创名人	创建时间	所在省	不采用的理由
	英文	汉文						
39	Gonghe Series	共和系	63-1061	N_2	孙健初	1936	青海省	是贵德群一部分,建议停用。
40	Guanzhuang Fm	官庄组	63-0064	Anz	青海省地质局东部队	1962	青海省	为化隆(岩)群的一部分已归人化隆(岩)群。
41	Gudaoling Lime-stone	古道岭石灰岩	63-0456	D	赵亚曾、黄汲清	1931	甘肃省	建议停用。归人杂海群,因宏观岩性一致,野外很难区分,不具备可填图性。
42	Gulangdi Fm	古浪堤组	63-0767	T_2	(西北区断代地层会议)	(1976)	青海省	青海省第七地质队1976年依据生物从隆务河群中解体出来的年代地层单位,建议停用。
43	Guomugou Fm	果木沟组	63-0765	T_1	(青海省地质矿产局)	(1991)	青海省	青海省第七地质队及南京地质古生物研究所1976年据化石从隆务河群中分出来的年代地层单位,故停用。
44	Gupaotai System	古炮台系	63-0656	P	青海省石油普查大队	1962	青海省	岩性为综合,仅出现一次,无剖面资料,故停用。
45	Halunwusu Gr	哈伦乌苏群	63-0750	T_3	甘肃省第二区域地质测量队	1972	青海省	该群与默勒群为同物异名单位,其知名度和使用的广泛性不及默勒群,故建议停用。
46	Hanxia Gr	旱峡群	63-0352	S_3	王尚文	1945	甘肃省	停用。原划旱峡群的一套地层,现归人泉脑沟山组。
47	Haodouzakuoer Gr	浩斗杂阔尔群	63-0770	T_1	青海省地质矿产局	1991	青海省	该群为一年代地层单位,建议停用。
48	Hasafen Gr	哈萨坟群	63-0753	T_2	(杨遵仪等)	(1983)	青海省	甘肃省地质局区测二队1972年在硫磺山幅1:20万区调时试建,未正式发表使用,建议停用。
49	Heshijia Fm	合什加组	63-0066	Anz	青海省地质局东部队	1962	青海省	为化隆(岩)群的一部分已归人化隆(岩)群。
50	Honggou Fm	洪沟组	63-1053	E_2	黄有元	1977	青海省	因该组为西宁群一部分,建议停用。
51	Honggou System (Fm)	红沟系(组)	63-0877	J_2	罗中舒	1959	青海省	该地层相当于窑街组上部,故停用。
52	Hongliugou System(Series,Gr)	红柳沟系(统、群)	63-0861	J_{1-2}	中科院青海省石油管理局综合队	1955	青海省	建名后未推广使用,为大煤沟组同物异名,故停用。
53	Hongshanbao Fm	红山包组	63-0878	J	青海省第一区域地质调查队	1981	青海省	出露面积很小,无建组意义,化石存疑,有待今后研究,暂停使用。
54	Hongxiakou Series	红峡口统	63-1064	$N_1—N_2$	中国科学院、石油部综合研究队	1955	青海省	是油砂山组的同物异名,建议停用。
55	Hongyazi Fm	红崖子组	63-1051	N_2	孔庆明	1985	青海省	该组与疏勒河组为同物异名,故建议停用。
56	Huda Fm	虎达组	63-0785	T_3	青海省第三地质队	1988	青海省	分布局限,不能延伸,为鄂拉山组的一部分,建议停用。

序号	地层单位名称		编号	地质年代	创名人	创建时间	所在省	不采用的理由
	英文	汉文						
57	Huoshaogou Fm	火烧沟组	63-1050	E_{1-2}	司徒愈旺、杜博民	1948	甘肃省	依据岩性特征与白杨河组基本相同(指祁连山西段),故归入白杨河组,建议停用。
58	Huoshaoshan Fm	火烧山组	63-0869	J_1	李佩娟、何元良等	1988	青海省	该组相当于本书大煤沟组一部分,建议停用。
59	Hureligegou Fm	胡热里格沟组	63-0068	Ch	庄庆兴、孙广智等	1982	青海省	为白沙河(岩)组的一部分,已归入白沙河(岩)组。
60	Jiadengda Fm	加登达组	63-0775	T_3	马福宝等	1984	青海省	该组层位不清,且建名晚于巴贡组(李璞等,1951),建议停用。
61	Jialige Fm	甲里哥组	63-0756	T_1	(杨遵仪等)	(1983)	青海省	青海省煤田105队1975年创建,为一年代地层单位,建议停用。
62	Jiangligou Fm	江里沟组	63-0766	T_2	(青海省地质矿产局)	(1991)	青海省	青海省第七地质队及南京地质古生物研究所1976年据化石从隆务河群中分出的年代地层单位,建议停用。
63	Jianglun Fm	江仑组	63-0854	J_2	青海地质大队	1965	青海省	相当于原木里组含煤段,现已划入窑街组,停用江仑组。
64	Jiangxia Fm	江夏组	63-0880	J_3	顾知微	1962	青海省	岩性不明,建议停用。
65	Jinhongshan System	金鸿山系	63-0351	SD	青海省石油普查大队	1962	新疆维吾尔族自治区	无层型,无时代依据,创名后就未引用。
66	Jiri Gr	吉日群	63-0891	J_3	青海省地质矿产局	1991	青海省	该群是年代地层单位,为雁石坪群的上部,包括雪山组和索瓦组,故停用。
67	Kelubo Fm	可鲁波组	63-0787	T_3	青海省第一区域地质调查队等	1982	青海省	与草木策组岩性特征一致,为八宝山组的一部分,建议停用。
68	Kenan Gr	克(柯)南群	63-0780	T_3	青海省第二区域地质调查队	1986	青海省	本群是巴塘群(青海省区测队,1970)的同物异名单位,创名在后,建议停用。
69	Kongbulake Bed	孔不拉克层	63-0660	P	青海省石油普查大队	1962	新疆维吾尔族自治区	岩性为综合,无剖面资料,故停用。
70	Kuangou Series	宽沟统	63-1065	N_2	徐仁、宋之琛、周和仪	1958	青海省	是狮子沟组的同物异名,建议停用。
71	Kuhai Gr	苦海群	63-0056	Pt_1	(青海省第一区测队)	(1973)	青海省	该群由北京地质学院昆仑区域地质测量队(1961)命名,与金水口群为同物异名,建议停用。
72	Laguo Fm	拉果组	63-0772	T_1	青海省区调综合地质大队	1991	青海省	该组建组依据不足,依据岩性及其组合特征应归属于隆务河群之中,故建议停用。
73	Lamu Fm	拉木组	63-0065	Anz	青海省地质局东部队	1962	青海省	为化隆(岩)群的一部分已归入化隆(岩)群。

序号	地层单位名称		编号	地质年代	创名人	创建时间	所在省	不采用的理由
	英文	汉文						
74	Landaowanwusu Fm	兰道湾乌苏组	63-0876	J_1	何元良	1984	青海省	是羊曲组同物异名。停止使用。
75	Laozanggou Fm	老藏沟组	63-0790	T_3	青海省第一地质矿产勘查大队	1991	青海省	为华日组及日脑热组一部分已分别归入以上两组。
76	Lenghu Fm	冷湖组	63-1068	N_1—N_2	青海省石油局地质处802队	1960	青海省	是狮子沟组的同物异名，建议停用。
77	Linxia Fm	临夏组	63-1058	N_2	中国地质科学院	1982	甘肃省	因本组为贵德群的一部分，建议停用。
78	Liuhuanghe Series	硫磺河统	63-0254	O_1	中国科学院祁连山地质队	1963	青海省	停用，归入阴沟群。该统自创建后，因剖面不好，始终没得到认可。
79	Liuhuangquan System	硫磺泉系	63-0657	P—T_1	青海省石油普查大队	1962	青海省	地层位置不清，无剖面资料，故停用。
80	Longyangxia (Series) Gr	龙羊峡(统)群	63-0769	T_1	陈庆宣、李玉龙	1956	青海省	龙羊峡(统)群为一年代地层单位，与隆务河群为同物异名，依据优先权建议停用。
81	Luanshidui limestone	乱石堆灰岩	63-0355	S	中国科学院祁连山地质队	1963	甘肃省	停用，地层归入大梁组。因建大梁组后，区域上无普遍意义。
82	Lueyang Fm	略阳组	63-0572	C_1	赵亚曾、黄汲清	1939	陕西省	纯系生物地层，是尕海群的一部分，故建议停用。
83	Lure Fm	鲁热组	63-0455	D_2	西北地质科学研究所等	1973	甘肃省	省内停用，归入尕海群。创名时为生物年代地层单位。
84	Maduo Gr	玛多群	63-0774	T	(青海省区域地质测量队)	(1970)	青海省	北京地质学院1961年创建，未推广引用，所指地层为巴颜喀拉山群的一部分，建议停用。
85	Mahalagou Fm	马哈拉沟组	63-1054	E_3	黄有元	1979	青海省	因该组为西宁群一部分，建议停用。
86	Maixiu Gr	麦秀群	63-0783	T_3	青海省第一地质矿产勘查大队	1991	青海省	该群与多福屯群为同物异名，建议停用。
87	Matishan Series	马蹄山统	63-1062	E_3	中国科学院、石油部综合研究队	1955	青海省	是干柴沟组的一部分，建议停用。
88	Matuo Fm	玛托组	63-0888	J_2	青海省区调综合地质大队	1987	青海省	属生物、年代地层单位，岩性与雀莫错组上部类似，并入雀莫错组，停用玛托组。
89	Maojiagou Gr	毛家沟群	63-0150	∈	青海综合地质大队区测队	1964	青海省	毛家沟群已归并于黑茨沟组，建议停用。
90	Maomaolong Fm	毛毛隆组	63-0655	C_2—P_1	青海省地层表编写小组	1980	青海省	该组各时代化石混杂，层序及顶底关系不清，是甘家组的一部分，故停用。
91	Minhe Fm	岷河组	63-0571	C_2	黄振辉	1962	甘肃省	纯系生物地层，是尕海群的一部分，故建议停用。

序号	地层单位名称		编号	地质年代	创名人	创建时间	所在省	不采用的理由
	英文	汉文						
92	Muli Coalmeasure (Gr、Fm)	木里煤系(群、组)	63-0853	J_2	李祖银	1960	青海省	将木里组下部砾岩不含煤的部分划入大西沟组，中上部含煤段划入窑街组，停用木里组。
93	Nanmenxia Gr	南门峡群	63-0151	$\in_3$	青海省地层表编写小组	1980	青海省	南门峡群为原毛家沟群的上部层位，建议停用。
94	Nanshimenzi Fm	南石门子组	63-0255	O_2	尹赞勋等	1959	甘肃省	省内停用。岩性特征与该组定义不符合。
95	Narongpu Fm	那溶浦组	63-0562	C_1	(青海省地质矿产局)	(1991)	青海省	地层层序不清，岩性综合，无剖面资料，不符合两个地层指南的有关规定，故停用。
96	Niangmutun Fm	娘姆吞组	63-0851	J_1	青海地质大队	1965	青海省	相当于大西沟组的一部分。停用该组。
97	Nidanshan Gr	泥旦山群	63-0152	$\in_2$	青海省第二区测队	1976	青海省	是深沟组的同物异名，建议停用。
98	Noumuhonghe Fm	诺木洪河组	63-0559	C_2	王增吉	1990	青海省	资料来源不明，是缔敖苏组的一部分，故停用。
99	Nouyinhe Gr	诺音河群	63-0659	P_2	杨遵仪等	1962	青海省	该群为生物地层，已归入巴音河群，建议停用。
100	Qiancengshan Series	千层山统	63-1063	N_1	中国科学院、石油部综合研究队	1955	青海省	是干柴沟组的一部分，建议停用。
101	Qiangmulequ Fm	羌姆勒曲组	63-0886	J_3	蒋忠惕	1983	青海省	该组现正式划分为：雪山组、索瓦组两个正式组级岩石地层单位名称，停用羌姆勒曲组。
102	Qigaisu Series	契盖苏统	63-0452	D_{2-3}	青海省地质局石油普查大队	1962	青海省	经清理与牦牛山组为同物异名。
103	Qijiachuan Fm	祁家川组	63-1052	E_1	黄有元	1979	青海省	该组为西宁群一部分，故停用。
104	Qingshuihe Gr	清水河群	63-0862	J_{1-2}	顾知微	1962	青海省	该群相当于大煤沟组一部分，停用清水河群。
105	Qugou Fm	曲沟组	63-1078	N_2	地质部石油队	1960	青海省	因该组岩性与贵德群相同，故归并于贵德群，建议停用该组。
106	Redangba Fm	热当坝组	63-0762	T_2	四川省地质局第二普查大队	1970	四川省	该组为一年代地层单位，建议停用。
107	Reshui Fm	热水组	63-0850	J_1	青海省煤田地质公司132队	1975	青海省	岩性与大西沟组基本一致，并归大西沟组，停用热水组。
108	Riyueshan Fm	日月山组	63-0856	J_1	(何元良)	(1984)	青海省	该组仅相当于大西沟组中段，停用日月山组。
109	Saiqu Fm	赛曲组	63-0763	T_1	青海省区调综合地质大队	1991	青海省	该组为隆务河群的一部分，建组依据不足，不符合两个地层指南规定，建议停用。

序号	地层单位名称		编号	地质年代	创名人	创建时间	所在省	不采用的理由
	英文	汉文						
110	Saishiteng Gr	赛什腾群	63-0354	S	青海省地层表编写小组	1980	青海省	停用,归入滩间山群,相当滩间山群的一部分。
111	Saixi Series	赛西统	63-1066	E_{1-2}	青海省石油局科研所古生物室	1961	青海省	是路乐河组的同物异名,建议停用。
112	Shajia Fm	沙家组	63-0061	Anz	青海省地质局东部队	1962	青海省	为化隆(岩)群的一部分已归入化隆(岩)群。
113	Shaliuhe Gr	沙柳河群	63-0051	Pt_1	全国地层委员会	1964	青海省	与达肯大坂(岩)群为同物异名,建议停用。
114	Shaliushui Gr	沙流水群	63-0453	D_3	甘肃省综合地质大队钾盐分队	1963	甘肃省	停用。据甘肃省填制的卡片,认为与老君山群为同物异名。
115	Shangdahonggou Fm	上大红沟组	63-1070	N_2	裴文中、周明镇、郑家坚	1964	青海省	是油砂山组的同物异名,并包括狮子沟组的一部分,建议停用。
116	Shangganchaigou Fm	上干柴沟组	63-1073	N_1	赵秀玉、朱宗浩	1979	青海省	是干柴沟组的一部分,建议停用。
117	Shangyoushashan Fm	上油砂山组	63-1075	N_2	青海省石油局地质研究所	1973	青海省	因该组是油砂山组的一部分,建议停用。
118	Shaosilanganlong Fm	捎斯兰赶陇组	63-0560	C_2	李璋荣等	1986	青海省	纯系生物地层单位,是浩特洛哇组的一部分,故停用。
119	Shiguan Fm	石关组	63-0654	P_2	黄振辉	1962	甘肃省	系生物地层,现归入尕海群,建议停用。
120	Shimengou Fm	石门沟组	63-0872	J_2	青海省煤田物测队	1974	青海省	属生物地层单位,相当大煤沟组"G"煤组,停用石门沟组。
121	Shinacun Fm	史纳村组	63-0857	J_1	青海省煤田地质公司132队	1985	青海省	与大西沟组在横向上为同一地质体,划入大西沟组,停用史纳村组。
122	Shixia Gr	石峡群	63-0873	J_2	青海省煤田地质公司132队	1988	青海省	与羊曲组(1984)为同物异名,停用石峡群。
123	Sijiaoyanggou Fm	四角羊沟组	63-0556	C_2	(青海省地层表编写小组)	(1980)	青海省	该组纯系生物地层单位,是缔敖苏组的一部分,故停用。
124	Suli Fm	苏里组	63-0072	Ch	甘肃省地质矿产局	1989	青海省	为小别盖组的同物异名二者均为南白水河组的一部分。
125	Suoerkuli System	索尔库里系	63-0258	O—S	青海省石油普查大队	1962	新疆维吾尔族自治区	停用。据岩性特征及相对位置归入达肯大坂岩群。
126	Taiyuan Gr	太原群	63-0570	C_2	翁文灏	1925	山西省	已归入克鲁克组,故建议停用。
127	Tandonggou (System) Gr	炭洞沟(系)群	63-0761	T_3	(罗中舒)	(1962)	青海省	苗祥庆1952—1954年命名。1962年罗中舒改属上三叠统,在青海与南营儿组同物异名,建议停用。
128	Tanggula Gr	唐古拉群	63-0885	J	地质部石油局综合研究队	1966	青海省	该群为雁石坪群一部分,且雁石坪群知名度高,故停用唐古拉群。

序号	地层单位名称		编号	地质年代	创名人	创建时间	所在省	不采用的理由
	英文	汉文						
129	Taxiergou Fm	塔西尔沟组	63-0067	Ch	庄庆兴、孙广智等	1982	青海省	为白沙河(岩)组的一部分,已归入白沙河岩组。
130	Tianshuigou Fm	甜水沟组	63-0870	J_1	李佩娟、何元良等	1988	青海省	该组相当于本书大煤沟组部分岩性,归入大煤沟组,停用甜水沟组。
131	Tieshan Gr	铁山群	63-0457	D_3	叶连俊、关士聪	1944	甘肃省	建议停用。归入尕海群,因宏观岩性与其一致,野外实难区分,不具备可填图性。
132	Tieshidasi Gr	铁石达斯群	63-0260	O_3	(青海省地层表编写小组)	(1980)	青海省	该群为滩间山群的同物异名单位,建议不采用。
133	Tumengela Gr	土门格拉群	63-0782	T_3	青海省区域地质测量队	1970	西藏自治区	层位及接触关系不清,早已证实属结扎群(本书归巴贡组)。未推广使用,建议停用。
134	Waerga Fm	瓦尔尕组	63-0751	T_3	(杨遵仪等)	(1983)	青海省	青海省煤田105队1975年始建,仅为尕勒得寺组的一部分,含义不明,使用不广,建议停用。
135	Wenquan Bed	温泉层	63-0883	J_3	詹灿惠、韦思槐	1957	青海省	相当于雪山组上部,停用。
136	Wenquan Fm	温泉组	63-0884	J_2	地质部石油局综合研究队	1966	青海省	温泉层、群及温泉组,含义不一,均为异物同名,建议停用。
137	Wucaishan Gr	五采山群	63-0759	T_{2-3}	地质部632队	1962	青海省	五采山群为默勒群的同物异名单位,因使用不广泛,代表性差,建议停用。
138	Wulandawu Fm	乌兰达乌组	63-0071	Ch	钱家骐、宫保军	1981	青海省	为南白水河组的一部分,已归入南白水河组中。
139	Wulonggou Fm	五龙沟组	63-0557	C_1	(青海省地层表编写小组)	(1980)	青海省	岩性、化石来源及产地等均不清楚,故停用。
140	Xiadahonggou Fm	下大红沟组	63-1069	N_1	裴文中、周明镇、郑家坚	1964	青海省	是干柴沟组的同物异名,建议停用。
141	Xiaganchaigou Fm	下干柴沟组	63-1072	E_3	赵秀玉、朱宗浩	1979	青海省	是干柴沟组的一部分,建议停用。
142	Xiangadong Fm	香阿洞组	63-0768	T_2	青海区测队综合地质大队	1964	青海省	香阿洞组为一年代地层单位,其岩性组合特征属隆务河群一部分,故建议停用。
143	Xiangqucun Sandstone	相曲村砂岩	63-0771	T_3	陈庆宣、李玉龙	1956	青海省	该砂岩(组)经后人证实为隆务河群的一部分,建议停用。
144	Xianshuihe Fm	咸水河组	63-1057	N_1	中国地质科学院	1982	青海省	因本组为贵德群的一部分,建议停用。
145	Xiaobiegai Fm	小别盖组	63-0070	Ch	钱家骐、宫保军	1981	甘肃省	为南白水河组的一部分,已归入南白水河组。

序号	地层单位名称		编号	地质年代	创名人	创建时间	所在省	不采用的理由
	英文	汉文						
146	Xiaogaolu Gr	小高炉群	63-0153	$\in_1$	王云山、庄庆兴等	1978	青海省	小高炉群的三个组，即皱节山组、红铁沟组和黑土坡组已归并为黑土坡组，建议停用。
147	Xiaohongshan Se-ries	小红山统	63-0864	J_3	青海省石油局102队	1959	青海省	根据地层特征及位置，相当于采石岭组上部层位，停用小红山统。
148	Xiaomeidong Fm	小煤硐组	63-0760	T_3	鲁益钜	1981	青海省	本组是依据生物组合特征从窑街群划分出的，其顶部的平行不整合依据不足，建议停用。
149	Xiaomeigou Fm	小煤沟组	63-0868	J_1	杨藩、狄恒恕	1972	青海省	为大煤沟组的下部层位，建议停用。
150	Xiaoqiacuo Fm	肖恰错组	63-0776	T_3	马福宝等	1984	青海省	是波里拉组（四川省第三区测队，1974）的同物异名，创名在后，建议停用。
151	Xiaoshihugou Fm	小石户沟组	63-0353	S_1	（穆恩之、张有魁）	(1964)	青海省	据穆恩之介绍由青海省区测队1959年创名，查无出处，停用。
152	Xiaoxia Fm	小峡组	63-0858	J_2	林文良	1986	青海省	相当于窑街组上部的油页岩段，停用小峡组。
153	Xiaqiuling Fm	下丘陵组	63-1071	N_2	青海省石油局科研所	1965	青海省	是狮子沟组的一部分，建议停用。
154	Xiawuna Fm	下吾那组	63-0454	D_2	张研	1961	甘肃省	停用。省内归入尕海群，因宏观岩性与其一致。
155	Xiayoushashan Fm	下油砂山组	63-1074	N_1	青海省石油局地质研究所	1973	青海省	因该组是油砂山组的一部分，建议停用。
156	Xidatan Fm	西大滩组	63-0879	J_1	赵宗溥等	1957	青海省	创名时无剖面，是羊曲组的一部分，建议停用。
157	Xihansitegou Fm	西汉斯特沟组	63-0555	C_1	王增吉	1983	青海省	该组是大干沟组的同物异名，故停用。
158	Xishantou Fm	西山头组	63-0855	J_2	（何元良）	(1982)	青海省	相当于原木里组砂泥岩段及过渡段，现已划入窑街组。停用西山头组。
159	Xitieshan System	锡铁山系	63-0054	Pt	（青海省石油普查大队）	(1962)	青海省	锡铁山系由青海省石油普查大队(1956)创名，后归并于达肯大坂(岩)群，建议停用。
160	Xiejia Fm	谢家组	63-1055	N_1	黄有元等	1979	青海省	因本组为贵德群的一部分，建议停用。
161	Xieshuixia System	泻水峡系	63-0251	O—S	青海省石油普查大队	1962	青海省	停用，归入滩间山群，相当该群的一部分。
162	Yamatu System	亚玛图系	63-0356	S—D	青海省石油普查大队	1962	青海省	停用，建立后再未为后人用过。无层型。该套地层现称滩间山群。
163	Yangkang Gr	阳康群	63-0757	T_1	（西北区断代地层会议）	(1976)	青海省	涂光炽1962年创名阳康系，指祁连山二叠系，该群又指下三叠系，均为年代地层单位，故停用。

序号	地层单位名称		编号	地质年代	创名人	创建时间	所在省	不采用的理由
	英文	汉文						
164	Yanta Bed	雁塔层	63-0887	J_3	詹灿惠、韦思槐	1957	青海省	相当于雪山组下部。停用。
165	Yanxinku Fm	岩心库组	63-0073	Jx	庄庆兴、孙广智等	1982	青海省	为狼牙山组的一部分,已归入狼牙山组中。
166	Yaomoshan Fm	妖魔山组	63-0256	O_2	尹赞勋等	1959	甘肃省	省内停用。原引用有误,所指岩性特征与妖魔山组岩性特征不符合。
167	Yaqu Fm	亚曲组	63-0058	Anz	青海省地质局东部队	1962	青海省	为化隆(岩)群的一部分,归入化隆(岩)群。
168	Yemananshan Gr	野马南山群	63-0057	Pt_1	(青海省地质矿产局)	(1991)	甘肃省	经核查甘肃省地层表未命名此地层,该群为误传,建议不采用。
169	Yematan Fm	野马滩组	63-0875	J_2	何元良	1984	青海省	该组是羊曲组同物异名。停止使用野马滩组。
170	Yinmagou Fm	饮马沟组	63-0871	J_2	李佩娟、何元良等	1988	青海省	该组相当于本书大煤沟组一部分,停用饮马沟组。
171	Yiwagou Fm	益哇沟组	63-0569	C_1	秦锋、甘一研	1973	甘肃省	纯系生物地层,是尕海群的一部分,故建议停用。
172	Yuandingshan System	圆顶山系	63-0867	J_3	青海省石油局102队	1959	青海省	相当于采石岭组上部层位,停用圆顶山系。
173	Yuka Fm	鱼卡组	63-0865	J_3	青海省地质局石油普查队	1962	青海省	为大煤沟组的一部分,故停用。
174	Zairigou Fm	在日沟组	63-0784	T_3	青海省第三地质队	1988	青海省	该组相当德亥龙组的一部分,建议停用。
175	Zhabusagaxiu Fm	扎布萨尕秀组	63-0554	C_2	青海省地质局石油普查大队	1962	青海省	纯系生物地层单位,其岩性特征、岩石组合类型与克鲁克组无异,故停用。
176	Zhaermage Gr	扎尔马格群	63-0754	T_1	(杨遵仪等)	(1983)	青海省	甘肃省第二区测队1972年硫磺山幅1:20万区调时试建,未正式发表利用,建议停用。
177	Zhageyong Fm	扎格涌组	63-0651	P_1	青海省第二区域地质调查队	1982	青海省	该组是尕笛考组的同物异名,故停用。
178	Zhasu Fm	扎苏组	63-0652	P_2	刘广才	1993	青海省	为那益雄组的同物异名。建议停用。
179	Zhaworong Fm	扎窝茸组	63-0889	J_3	青海省区调综合地质大队	1987	青海省	扎窝茸组与雪山组为同物异名,按优先权原则,停用该组。
180	Zhigaang Fm	智尕昂组	63-0062 63-0063	Anz	青海省地质局东部队	1962	青海省	为化隆(岩)群的一部分已归入化隆(岩)群。

序号	地层单位名称		编号	地质年代	创名人	创建时间	所在省	不采用的理由
	英文	汉文						
181	Zhongpu Gr	中堡群	63-0257	O_2	甘肃省第一区域地质调查队	1964	甘肃省	省内停用。相当该套地层称大梁组，因大梁组创名在前。
182	Zijiapu Gr	自家浦群	63-0564	C_1	西藏综合地质大队	1979	青海省	该群归入杂多群，建议停用。
183	Zuoshitu Fm	佐士图组	63-0859	J_2	青海省煤田地质公司132队	1983	青海省	相当于窑街组(J_2y)下部层位，停用佐士图组。

附录Ⅳ　北祁连山蛇绿（混杂）岩岩群

北祁连山蛇绿（混杂）岩岩群　Z∈OB　（05-63-0033）

北祁连山蛇绿（混杂）岩岩群，是本书新建岩石地层单位。意指：分布于北祁连山中、西段一套中基性海底喷发火山岩、基性岩、超基性岩和海相复理石沉积物组成的地层组合体。它们在成因上、空间分布上密切相关，是一套客观存在的地层组合体，故新建蛇绿（混杂）岩岩群概括上述特定组合”。依据它们分布的地理位置及岩性组合特征进一步可分三个次级非正式岩石地层单位：即托莱山蛇绿混杂岩、黑河蓝闪石片岩带和玉石沟-川刺沟蛇绿混杂岩。

北祁连山蛇绿（混杂）岩岩群的总体范围，为前人所称“北祁连裂谷带（或北祁连优地槽带）”的中、西段。省内部分西起托莱山北坡指哈拉山口，东至祁连县东祝英台山一带，南界为北祁连南缘断裂，北界在甘肃省境内。北祁连山蛇绿（混杂）岩岩群，在以往的地质调查研究中因受传统统一地层学（狭义）的影响，未将它作为一个地层组合的整体，而是孤立地从地层、岩浆岩及构造的各自学科领域考虑，将此统一地质体分割。

一、托莱山蛇绿混杂岩

为非正式岩石地层单位，隶属于北祁连山蛇绿（混杂）岩岩群。

托莱山蛇绿混杂岩，系指“分布于托莱山北坡指哈拉山口—热水达坂一带，由震旦纪、寒武纪、奥陶纪海相中基性火山岩建造、复理石沉积建造和蛇绿岩构造混杂在一起的地层组合体。”肖序常等（1978）在描述朱龙关河一带震旦纪蛇绿岩剖面时写到：“甘肃区域地质调查队等在朱龙关河南、北两侧发现不少叠层石，又作了少量孢粉、震旦纪存在无凝。但由于后期构造运动，震旦系层序、组合及分布范围，还需进一步查明。”继而又说：“经我们一些片断观察，有部分震旦系是逆掩在寒武纪、奥陶纪蛇绿岩带上的‘推覆体’，但在一些剖面，也见到确切的震旦纪蛇绿岩组合。”

由肖序常的描述，可明确的断定，分布于朱龙关河两侧的所谓“朱龙关群”是甘肃省地矿局（1989）在《甘肃省区域地质志》中创名（青海省未曾用过），实质上是一套构造复杂由不同地质时代地层和蛇绿岩组成的有层无序的地层组合体。本书以甘肃省肃南县祁青乡熬油沟剖面（98°13′，39°03′）作为层型，代表这一有层无序的地层体（甘肃省第二区测队，1974，祁连山幅区域地质调查报告）。该剖面从北到南主要由三部分组成：即北段主要为中基性熔岩，包括具枕状构造的细碧岩等，夹中厚层结晶灰岩、白云质结晶灰岩。灰岩中含较多的叠层石和藻灰结核；中段主要为辉长岩和蛇纹岩，后者原岩以橄榄岩和辉橄岩为主，前者多以包裹体呈现于后者中；南段主要为杂色砂板岩夹结晶灰岩。

上述剖面在其北段的结晶灰岩和白云质灰岩中，分别产叠层石?*Colonnella* 和 *Kussiella*。另据肖序常介绍，根据结晶灰岩中所含大量藻类化石判断，可初步认为剖面北段之结晶灰岩、白云岩为晚震旦世沉积（肖序常等，1978）。

托莱山蛇绿混杂岩由熬油沟向东在小龙口西支沟一带，为一套灰绿色、暗灰绿色中基性火山熔岩夹正常沉积碎屑岩、碳酸盐岩和超基性岩。超基性的角闪岩同位素年龄值为391 Ma（湖北地研所测定，1971）。板岩夹层中含微古植物 *Leiominuscula*，*Protospaeridium*，

Trematosphaeridium。向西北约10 km的朱龙关河南侧祁青乡一带，主要为中基性火山熔岩和具复理石沉积特征的砂板岩、基性岩、超基性岩。在其中的杂砂岩、钙质细砂岩的薄层砂质灰岩夹层中，肖序常等采得小型三叶虫（2～5mm）：*Peronopsis*，*Triplagnostus*，以上化石均属中寒武世。靠近朱龙关河谷，这套地层断裂、褶皱发育，厚度变化急剧，常见震旦纪灰岩逆掩于该层之上。在朱龙关河北侧的小班赛尔山南麓，所见岩性和上述岩性大体相似，但出现较多的厚层结晶灰岩和硅质岩。在硅质板岩中发现放射虫 *Xiphosphaera*，时代可能为早古生代。

由上述可见，出露于托莱山北坡祁青—哈拉山口—热水达坂一带的，由中基性火山熔岩、碳酸盐岩和具复理石沉积特征的地层及其所含基性、超基性岩体，并非同一时代，它们是由不同地质时代地层，因构造作用而混杂堆积的地层组合体。往日研究仅依据部分地段所获化石，曾简单地将该套地层归属于统一地层划分的地方性年代地层单位之中。

在综合分析研究前人资料成果的基础上，本书认为该套地层虽依据部分化石、同位素成果确定局部地层（块体、岩片）归属，但总体观之层序并非十分清楚，故建立正式岩石地层单位依据不足，暂以非正式岩石地层单位——托莱山蛇绿混杂岩，代表这套因构造混杂而堆积的地层组合。

托莱山蛇绿混杂岩在横向上岩性变化较大，在熬油沟以东龙孔至热水一带，下部以含黄铁矿、菱铁矿的黑色灰岩、硅质泥质板岩为主，夹有中—基性火山岩；上部以巨厚的基性火山熔岩为主，向东火山岩减少，灰岩、硅质泥质板岩夹层增多变厚。地层中断裂纵横，将地层切割成形状各异的大、小块体。

托莱山蛇绿混杂岩依据现有资料分析，形成时代为震旦纪—早古生代。

二、黑河蓝闪石片岩带

为非正式岩石地层单位，隶属于北祁连山蛇绿（混杂）岩岩群。

黑河蓝闪石片岩带指“分布于西起甘肃省肃南县石居里，东至青海省门源县景阳岭，黑河断裂以北，由灰绿色变中基性、中酸性火山岩建造、变类复理石建造和蓝闪石片岩及含大量基性、超基性岩的地层组合体。以含蓝闪石片岩为主要特征而区别上覆、下伏地层”。

黑河蓝闪石片岩带层型剖面为祁连县黑河北侧卧龙沟剖面（王云山、陈基娘，1987）。层型剖面顶底出露不全，以其涵义厘定之：即凡分布于北祁连山含蓝闪石片岩的变火山岩建造、变类复理石沉积建造及含有基性岩、超基性岩的地层组合体，均属于此岩石地层单位之列。

黑河蓝闪石片岩带，呈带状分布于北祁连山中段，西起甘肃省肃南县石居里，东至门源县景阳岭，全长约200 km。出露厚度可达2 km左右。空间上该岩带中间被泥盆纪—三叠纪盖层沉积分隔而划分为北带和南带。北带西起石居里，东至祁连县北拉硐，南带自居里大坂—拉克龙哇沟—清水沟—卧龙沟—大柳沟—下沟—香子沟—百经寺，研究程度较高地段属清水沟、卧龙沟、白杨沟和百经寺等处。

黑河蓝闪石片岩带，从层型卧龙沟向西在清水沟一带，与下伏黑茨沟组为断层接触。下部岩性主要为绢云（绿泥）石英片岩、片状石英岩、变砂岩、砾岩、含石榴蓝闪石片岩、变安山岩夹大理岩。上述不同岩石周期性重复出现，显示其韵律构造特点（基本层序）。每个韵律由200～300 m。顶部具冲刷遗迹，含数个超基性岩岩体，岩体与围岩断层接触；上部主要为中酸性火山岩及正常沉积碎屑岩。上、下之间为断层分割。向东在祁连县柴沟至拉硐河一带，下部以火山熔岩、凝灰岩为主，岩性为绿色块状细碧岩、绿帘石化基性熔岩、凝灰岩、千枚岩、硅质岩呈互层状，含有大小数十个超基性岩体和岩片；上部为灰绿色绢云千枚岩、绿泥千枚岩，夹凸镜状大理岩及千枚状砂岩。出露总厚度5 200余米。总体特征为西部以中基性、中酸性熔岩、凝灰岩为主夹少量碎屑岩。向东火山岩减少，碎屑岩增加。在百经寺一带，主要为一套安山质玄武岩类，含超基性岩体及数个岩片。上部夹大理岩、板岩，向下部片理化显著，渐变为绿泥片岩夹硅质凝灰岩和硅质灰岩；下部为较厚的片岩类，除绿泥片岩、石英云母绿泥片岩外，尚夹多层蓝闪石片岩。总厚度超过2 000 m。在硅质灰岩夹层中，镜下发现放射虫，初步鉴定为 *Cenosphaera*，*Staurosphaera*，*Stauraltoche*，其时代可能属早古生代。

黑河蓝闪石片岩带伴随超基性岩带出现，所含蓝闪石片岩岩石种类繁多。主要有：蓝闪石英片岩、含蓝闪白云母绿泥阳起片岩、蓝闪白云母纳长片岩、含绿帘白云母蓝闪片岩、斜黝帘蓝闪片岩、含石榴绿帘蓝闪片岩、白云母蓝闪片岩、含石榴白云母蓝闪片岩、白云母石榴透辉蓝闪片岩、含蓝闪绿帘方解片岩、含绿泥蓝闪白云母片岩、含蓝闪石榴白云母绿泥片岩、石榴蓝闪白云母片岩、片状含蓝闪石英岩和含绢云蓝闪阳起片岩等。

黑河蓝闪石片岩带，除其所夹硅质灰岩夹层中发现放射虫外，未获得任何可靠时代依据。王云山、陈基娘（1987）依据在前人所划中寒武统变火山岩中，见有蓝闪石片岩夹层，而确定蓝闪石片岩与中寒武统的变火山岩是同时代的一套岩石组合。本书认为北祁连山构造复杂，褶皱发育，断裂广布，在研究程度尚低的条件下，蓝闪石片岩带的形成时代有待进一步研究。

黑河蓝闪石片岩带如从地层学的角度考虑，理应在恢复其原岩的基础上，将其归并于时代相当、岩性组合特征一致的岩石地层单位中，目前对原岩认识持有歧义，又鉴于岩石组合特征较为特殊，故将其单独分开，以资区别。

三、玉石沟—川刺沟蛇绿混杂岩

为非正式岩石地层单位，隶属于北祁连蛇绿（混杂）岩岩群。

玉石沟—川刺沟蛇绿混杂岩系指“分布于北祁连山中段玉石沟—川刺沟一带，含大量基性、超基性岩体、海相变中基性火山岩建造和具复理石沉积特征的碎屑岩、碳酸盐岩建造组合而成的地层组合体”。该套地层组合体前人将其划归下奥陶统。

上述组合体以祁连县玉石沟地区较为典型。本书以玉石沟地层剖面作为该套地层的代表剖面，剖面为肖序常等1978年测制。

剖面从北向南主要为基性岩、超基性岩，具复理石沉积特征的砂岩、板岩、中基性火山岩为主的海底喷发岩和具复理石沉积特征的砂板岩。后三者厚度达3 000～4 000 m。剖面岩体总体产状倾向北东-北北东。值得提出的是：①在北部砂、板岩所夹结晶灰岩凸镜体中采获三叶虫和腕足类。三叶虫为 *Amphoton*，*Solenoparia*，*Anomocarella*，*Crepicephalids*，以上化石除 *Crepicephalids* 属中寒武世—晚寒武世外，其余均为中寒武世。在剖面南部砂、板岩所夹的薄层结晶灰岩中采获 *Orthis*，时代为寒武纪—奥陶纪。北段砂、板岩与中基性火山岩之间未见间断，其时代应以中寒武世为主。南段砂、板岩在剖面东南出露较完整，与中基性火山岩间虽有掩盖，但相距不远，故应为晚寒武世—早奥陶世。剖面所见基性熔岩枕状构造凸面多向南，显示剖面内地层为一北倾的倒转背斜。②超基性岩沿复背斜轴部侵位于中寒武世地层中，在其东北不远处，可见“超基性砾岩”（砾石和胶结物均为蛇纹岩），逐渐过渡为含超基性岩碎屑的杂砂岩、砂板岩和含中奥陶世化石的薄层钙质板岩和结晶灰岩，说明中寒武世到中奥陶世有超基性岩活动。

由上述可见分布于玉石沟一带的中基性火山岩建造、具复理石沉积特征的碎屑岩建造以及侵位于其中的基性岩、超基性岩，并非单纯的早奥陶世产物，其中大部分属中寒武世到晚寒武世产物。由此可见仅凭局部地段所含化石，将大套构造复杂的地层组合体归属于统一地层划分理论指导下的地方性年代地层单位中，将会造成对客观事物的歪曲。由此出现众多学者依据个人所掌握的资料而对同一地层组合体阐释各自的观点并招致冗杂的争论实所难免。

玉石沟—川刺沟蛇绿混杂岩，由绿色基性火山岩夹中性火山岩、火山砾岩、大理岩、硅质岩、千枚岩组成。在川刺沟主要为一套灰绿色细碧岩、变辉石安山岩、杏仁状玄武岩、中基性火山角砾岩夹石英砂岩、结晶灰岩、硅质岩及铁矿层。该套地层中的火山岩具枕状构造，且富含钠质，并具大理岩、结晶灰岩夹层，说明属海底火山喷发作用产物，其中所含超基性岩、基性岩侵位体呈条带状断续出露，与围岩接触关系多变，并非均为侵入接触。

玉石沟—川刺沟蛇绿混杂岩形成时代，依据现有资料为早古生代。需要说明的是，玉石沟—川刺沟蛇绿混杂岩与托莱山蛇绿混杂岩处于同一构造条带，又紧密相邻，而二者研究成果却截然不同。这种现象的出现是自然客观真实性的反映呢?还是由于不同调查研究者所获资料的局限性而造成的?是值得亟待研究的课题。本书认为二者为同一地质体，即同为早古生代不同地质时期形成的蛇绿岩受加里东多旋回构造影响而混杂堆积的蛇绿混杂岩带。但不排除前人的工作成果。在研究程度尚低的条件下，暂将二者分开，建立两个非正式岩石地层单位，望能引起未来调查研究者的瞩目。

北祁连山蛇绿（混杂）岩岩群，由震旦纪、寒武纪、奥陶纪蛇绿岩组成，它们相伴出现，呈北西-北西西向延伸长达600 km，其中以甘肃省肃南县、青海省祁连县一带较为集中，其岩石组合、顺序特征综合如下：

（1）从下向上为：辉长岩、辉绿岩→含放射虫硅质岩，复理石建造→中基性、中酸性海底喷出岩→超基性岩，构成本区三期蛇绿岩的主体，超基性岩一般发生（侵位）于晚期。

（2）三期蛇绿岩从宏观上分析，彼此的岩石组合大体相似，具有多期重复出现（多旋回）特征。

（3）蓝闪石片岩带经常伴随超基性岩带出现，其组合特征与世界上一些古生代，尤其是早古生代的蓝闪石片岩组合相似。据其组合特点及所发现的放射虫可以判定北祁连山由蓝闪石片岩等组成的变质岩，一部分应属早古生代。

附录Ⅴ　通天河蛇绿混杂岩

通天河蛇绿混杂岩　CPT*t*　（06-63-0610）

【创名及原始定义】　1959年中国科学院南水北调考察队将通天河两侧的变质岩系命名为通天河群①，时代归古生代。1980年青海省地层表编写小组认为通天河群是“一套中浅变质的浅海—滨海相沉积的碎屑岩及火山喷发岩组成，沉积厚度可达4 200余米。地质时代为二叠纪。”

【沿革】　1980年青海地层表编写小组根据青海省区测队（1970），《1:100万玉树幅（I-47）区域地质调查报告书（一分册）》中的原始资料（即称多县年藏寺—通天河大桥剖面及玉树县古镇—新赛剖面），综合成他们所称的通天河群，并自上而下分火山岩组、碎屑岩组、火山岩碎屑岩组，各组间关系不明确。1983年青海省第二区调队在《1:20万上拉秀幅（Ⅰ-47-[25]）区域地质调查报告》中改称“石炭—二叠系”，自下而上分为片岩、变火山岩组、千枚岩砂岩组及变砂岩组，但各组间关系不清，又无化石佐证；1986年该单位在《1:20万玉树县幅（Ⅰ-47-[26]）区域地质调查报告》中新建克南群，自下而上分为下部碎屑岩组、中部火山岩碳酸盐岩组和上部碎屑岩，时代归属晚三叠世。1987年叶松龄等沿用这三个岩组，但仍称“通天河群”。1994年张以茀等在《青海可可西里及邻区地质概论》中，自下而上分别建立“西金乌兰群”、“叶桑岗群”与“汉台山群”，三者大都未见直接接触或接触关系不清。由上不难看出，对通天河群的涵义、岩组划分及时代归属等都是各抒其见的。为此，刘广才（1984）在清理该群过程中，对上述所涉及的剖面资料进行了分析，并依据岩性特征、岩石组合形式及在空间上的展布格局、所含各类化石总貌等，将通天河群修改为通天河蛇绿混杂岩，并赋予新的涵义。本书采纳之，并认为克南群、通天河群、西金乌兰群、叶桑岗群和汉台山群等都是通天河蛇绿混杂岩的同物异名，建议停用。

【现在定义】　指沿西金乌兰湖—通天河一线呈带状或断续零星展布的多类岩石混杂的地质体。主要由板岩、千枚岩、片岩、变砂岩、辉长岩、辉绿岩、辉长堆晶岩、枕状玄武岩、硅质岩、大理岩、灰岩及正常碎屑岩组成。各岩片间关系不清或断层接触，含放射虫、遗迹、䗴、腕足类及双壳类等化石。

【层型】　以张以茀等（1994）的西金乌兰湖北岸路线剖面（90°20′，35°19′）及治多县汉台山南坡蛇形沟路线剖面（90°45′，35°21′）、青海省第二区调队（1983）的玉树县扎拉陇Ⅰ剖面（96°58′，32°02′）为例，代表这一非正式岩石地层单位的地质特征及区域变化。

西金乌兰湖北岸路线剖面②

上覆地层：**巴颜喀拉山群**　灰白色石英砂岩、底砾岩或风化壳

～～～～～～～～不　整　合？～～～～～～～～

---

①　据青海省第二区调队（1986）《1:20万玉树县幅（Ⅰ-47-[26]）区域地质调查报告》；另据青海省地质科学研究所编图组（1981）《青海省地质图说明书（1:100万）》中称北京地质学院南水北调地质调查队（1959）创建通天河群。

②　西金乌兰湖北岸路线剖面及治多县汉台山南坡蛇形沟路线剖面中的化石均删减过。

通天河蛇绿混杂岩　　总厚度＞2 500 m

5. 灰、黄灰色中层状不等粒长石杂砂岩及灰色粉砂质板岩，向上两者呈互层　　约500 m

4. 暗绿色辉长堆晶岩　　约250 m

3. 灰绿色等杂色中—薄层状硅质岩，偶夹粉晶灰质白云岩，硅质岩产放射虫：*Archaerpyramisa globosa*，*Astroentactinia mirousi*，*Polyentactinia* cf. *tortispin*，*Trilonche cimelia*　　约120～300 m

2. 灰绿色片理化蚀变火山岩，含苦橄岩，角闪辉长岩、辉长辉绿岩等凸镜体和团块　　约1 200 m

1. 灰黑色中层状不等粒岩屑石英砂岩、石英砂岩夹粉砂质板岩（未见底）　　＞300 m

治多县汉台山南坡蛇形沟路线剖面②

通天河蛇绿混杂岩　　总厚度＞2 900 m

7. 灰、灰白色中—厚层状微晶灰岩夹角砾状灰岩、灰质砾岩（因断层破坏未见顶）。产丰富的有孔虫：*Tuberitina collosa*，*Glomospira vulgaris*，*Tetrataxis minima latispiralis*，䗴：*Reichelina changhsingensis*，*Codonofusiella*；钙藻类：*Cymnocodium* cf. *exile*，*Permocalculus plumosus* 及双壳类等　　500 m

6. 浅灰绿色中层状不等粒岩屑长石石英砂岩、石英岩屑砂岩与粉砂质板岩、粉砂岩互层，夹砂质灰岩　　1 200 m

══════ 断　层 ══════

5. 黄绿色石英砂岩、砾岩　　150 m

4. 灰色石英岩屑砂岩夹板岩　　150 m

3. 暗绿色辉长岩，辉长辉绿岩　　150 m

2. 灰、灰绿色中—薄层状硅质岩。产放射虫：*Pseudoalbaillella chilensis*　　300 m

1. 深灰色枕状玄武岩（因断层破坏未见底）　　450 m

玉树县扎拉陇Ⅰ剖面

通天河蛇绿混杂岩　　总厚度＞1 093 m

12. 灰白色硅化大理岩（未见顶）　　＞51 m

11. 灰绿色绢云石英片岩夹大理岩　　41 m

10. 灰褐色凝灰岩片岩　　17 m

9. 白色硅化大理岩　　56 m

8. 灰绿色绢云绿泥片岩夹大理岩　　19 m

7. 黑云钙质片岩　　31 m

6. 浅灰绿色绿帘变粒岩　　81 m

5. 灰色绢云石英片岩　　318 m

4. 绢云片岩夹大理岩　　26 m

3. 绢云石英片岩　　118 m

2. 白色硅化大理岩　　15 m

1. 绢云石英片岩夹大理岩（未见底）　　＞320 m

【地质特征及区域变化】　该套地层沿西金乌兰—通天河呈带状或断续零星展布。西金乌兰湖北岸路线剖面的岩性为长石杂砂岩、粉砂质板岩、辉长堆晶岩、硅质岩、片理化蚀变火山岩、岩屑石英砂岩夹白云岩及凸镜状或团块状苦橄岩、角闪辉长岩。第3层硅质岩中产石炭纪、二叠纪有孔虫。该套地层与上覆巴颜喀拉山群不整合接触，未见底界，总厚度约2 500 m。

汉台山南坡蛇形沟路线剖面的岩性为角砾状灰岩、微晶灰岩、长石石英砂岩、石英岩屑砂岩、粉砂岩、粉砂质板岩、辉长岩、辉长辉绿岩、硅质岩、枕状玄武岩。第7层产丰富的晚二叠世有孔虫、晚二叠世早期䗴及钙藻。第2层产放射虫。剖面因断层及覆盖，未见顶底，总厚度2 900 m。向东南至玉树扎拉陇，岩性主要为石英片岩和大理岩，未见顶底，出露厚度1 093 m。扎拉陇向北约1 km 处岩性以片岩为主，还有阳起片岩、石英片岩、角闪片岩等，次有中基性岩、中酸性凝灰岩和石英变砂岩等，未见顶底，出露厚度增至2 565 m。克南剖面为长石石英砂岩、石英变砂岩、粉砂岩、板岩、千枚岩、片岩、大理岩、灰岩、中基性火山岩，偶见砾岩等，未见顶底，出露厚度8 193 m。根据西金乌兰湖北岸路线剖面第3层硅质岩中所含放射虫，既有石炭纪 Tournaisian 期的属种，又有早二叠世的分子；第2层辉长辉绿岩 K－Ar 同位素年龄值为（449±20 Ma）；蛇形沟路线剖面第7层灰岩内所含早三叠世双壳类、牙形石与晚二叠世有孔虫、䗴等混生，这些不同时代的化石在同一层内混杂在一起，本书用混杂堆积予以解释。从上述两条路线剖面结构分析，似为无层无序，而且滨浅海相的碎屑岩、灰岩与含放射虫硅质岩、辉绿岩、辉长堆晶岩、辉长岩等洋壳的产物同在一个剖面中交替出现，本书认为具有板块缝合带特色。

该套地层的地质时代前人有归属早古生代、泥盆纪、石炭纪、石炭—二叠纪、石炭纪—早二叠世、晚二叠世—早三叠世和晚三叠世等不同认识。本书根据其内所产放射虫、有孔虫、䗴、腕足类、双壳类、菊石和牙形石等化石，其地质时代应为石炭纪早 Tournaisian 期—早三叠世。

附录Ⅵ　阿尼玛卿山蛇绿混杂岩

阿尼玛卿山蛇绿混杂岩　PT*a*　(06-63-0724)

【创名及原始定义】　本书新建的岩石地层单位，指：分布于阿拉克湖-玛沁断裂以南，阿拉克湖-江千南断裂以北，一套由不同地质时代变质结晶岩系岩块、生物碎屑灰岩岩块、。各岩块、岩片间均为断裂分割。

【沿革】　对于这套地层组合因往日的调查研究受统一地层学影响，加之构造复杂，断裂发育，前人未曾正式创名，只是依据各岩块、岩片的变质程度和所采得的化石鉴定成果分别划归前寒武系、二叠系、三叠系等年代地层单位中。该套地层因构造破坏，尚未测得较为完整的地层剖面，本书依据青海省第一地质矿产勘察大队（1993）1:5万玛沁县幅（I-47-57-C）区调成果，创建阿尼玛卿山蛇绿混杂岩，代表该套地层。

【现在定义】　同原始定义。

【层型】　本书以玛沁县龙格日门—园池西山综合剖面（100°01′，34°21′）为例，描述这一岩石地层单位组合特征。

上覆地层：羊曲组　杂砂岩、细砾岩

～～～～～～～～不　整　合～～～～～～～～

阿尼玛卿山蛇绿混杂岩①　　　　总厚度>8 121.00 m

13. 灰白—浅肉红色厚层状生物碎屑灰岩、灰白色中厚层状灰岩。产䗴：*Reichelina* sp.，*Neoschwagerina* sp.；腕足类：*Squamularia* sp.，*Haydenella* sp.，*Neophricodothyris asiatica* 等化石　　　　>1 083.00 m

══════ 断　层 ══════

12. 深灰色厚层状生物灰岩—亮晶生物碎屑灰岩，厚层状灰白—粉红色灰岩。产䗴 *Rugosofusulina* sp.，*Pseudofusulina* sp.，*Triticites* sp.，*Pamirina* sp.，*Eoparafusulina* sp. 等化石。时代为石炭—二叠纪

══════ 断　层 ══════

11. 碎裂岩—糜棱岩　　　　>80.00 m

══════ 断　层 ══════

10. 角砾状蛇纹岩　　　　>100.00 m

══════ 断　层 ══════

9. 片岩夹大理岩、压碎大理岩。Sm-Nd 等时线年龄值为（1 098±14）Ma　　　　>400.00 m

══════ 断　层 ══════

8. 角砾状蛇纹岩，出露宽度约100 m 左右　　　　>100.00 m

══════ 断　层 ══════

7. 碳质板岩　　　　>100.00 m

══════ 断　层 ══════

6. 斜辉辉橄岩。Sm-Nd 等时线年龄值为（1 358±63）Ma，出露厚度约500 m　　　　>500.00 m

---

① 因地质构造复杂，无法测制连续剖面，据1:5万区调成果由北向南描述，不代表层序。

断 层

5. 紫红色泥质硅质板岩为主夹薄层灰岩、砂岩，含大量的灰岩外来体。灰岩外来体岩块中产䗴、珊瑚、腕足类等石炭纪、二叠纪化石 >1 125.00 m

4. 青灰色、灰褐色长石石英砂岩与泥质板岩、硅质板岩互层 >405.00 m

断 层

3. 灰—浅灰绿色长石石英砂岩为主夹硅质板岩、泥质板岩 >1 463.00 m

断 层

2. 浅灰色长石石英砂岩、板岩互层夹不稳定砾岩 >640.00 m

1. 灰—灰黑色碳质板岩、泥质板岩、硅质板岩为主夹石英砂岩、长石石英砂岩，含大量灰岩外来体岩块，岩块中产䗴：*Afghanella ozawai*；腕足类：*Neophricodothyris* cf. *asiatica*；双壳类：*Wilkingia* sp.；珊瑚：*Iranophyllum* sp.。砂板岩中产孢粉：*Lundbladispora*，*Aratrisporites*，*Taeniaesporites* 等组合 >995.00 m

依据现有资料成果，阿尼玛卿山蛇绿混杂岩所含的地层计有：中—晚古生代沉积变质地层，其岩性组合复杂，有以花岗质、长英质糜棱岩为主夹片岩、大理岩构成的具韧性剪切带特征的糜棱岩组合。有以浅灰色、灰绿色绿帘石、绿泥阳起片岩、钠长绿帘阳起片岩、灰黑色云母石英千枚岩、云母石英片岩组合的片岩组合和以灰白色大理岩为主夹斜长角闪片岩及石英质碎屑岩的岩石组合。有石炭纪沉积的轻微变质的火山岩、碳酸盐岩组合。二叠纪沉积的地层有碎屑岩、碳酸盐岩组合。三叠纪地层有砂质板岩岩石组合。它们之间均为断层切割，基性岩、超基性岩呈岩（片）块侵位于石炭纪、二叠纪岩块之中，其中超基性岩的 Sm－Nd 等时线年龄值各地也有差异，德尔尼矿区为（1 358±63）Ma，但在阿尼玛卿山南坡却为260 Ma。就包含其中的中酸性侵入岩分析，前三叠纪的多为构造混杂；三叠纪，尤其是晚三叠世，多为侵入关系。另在三叠纪砂板岩中，常耸立着产二叠纪生物群的石灰岩岩块。由此可见，该混杂堆积带的形成时间大体在晚古生代晚期到中生代早期。

阿尼玛卿山蛇绿混杂岩，就其所包含的不同时代岩块局部地段可能有层有序，但总体分布较为杂乱，无规律可寻，为一较典型的混杂堆积带。

总观东昆仑山南坡的所谓“东昆仑中央断裂”以南、“东昆仑南坡断裂”以北为一褶皱构造复杂、断裂发育、地层归属争议较大的地段，不同地质时代地层呈大小不同的断块出露，如从岩石地层研究的角度出发，本书认为将其称“东昆仑南坡蛇绿混杂岩岩群”（代表晚古生代混杂堆积）更为适宜，其中包含构造、沉积混杂而堆积的前晚三叠世所有地层。类似于该带的地段在青海北部尚有“南祁连山-拉脊山蛇绿岩带”和“柴达木盆地北缘青海湖南山蛇绿岩带”，它们的性质及其岩石组合特征有待进一步深入研究。